IRSP
DSM

INTEGRATED RESOURCE STRATEGIC PLANNING AND POWER DEMAND-SIDE MANAGEMENT

综合资源战略规划与电力需求侧管理（第二版）

胡兆光　韩新阳　温权　郑雅楠 等 编著

中国电力出版社
CHINA ELECTRIC POWER PRESS

内 容 提 要

本书探索了电力市场改革之后如何在国家层面开展综合资源战略规划，并将能效电厂引入其中；构建了几种综合资源战略规划模型，并进行了应用；阐述了电力需求侧管理的核心概念、运作机制、分析方法等理论和实践经验；介绍了政府、电网企业、节能服务公司（能源服务公司）、电力用户在电力需求侧管理中的角色及开展电力需求侧管理工作的途径和方式、相关分析评价方法，并介绍了国内外经验；展望了未来电力需求侧管理发展方向，探讨了需方响应、清洁发展机制、白色证书等几种切实可行、方便有效的措施和途径；从基本概念、总体结构、关键技术、主要模块功能、分析方法等角度介绍了电力需求侧管理实验室的一些构思。

本书通过主导者、实施主体、中坚力量、重要参与者等不同角色分别进行了阐述，针对性强、实用性高，适合政府部门、电力行业、节能服务公司（能源服务公司）、电力用户、大专院校研究人员等参考使用。

图书在版编目（CIP）数据

综合资源战略规划与电力需求侧管理/胡兆光等编著. —2版. —北京：中国电力出版社，2015.8
ISBN 978-7-5123-7802-5

Ⅰ. ①综… Ⅱ. ①胡… Ⅲ. ①综合资源规划－研究②用电管理－研究 Ⅳ. ①F205②TM92

中国版本图书馆 CIP 数据核字（2015）第 108226 号

中国电力出版社出版、发行
（北京市东城区北京站西街 19 号 100005 http://www.cepp.sgcc.com.cn）
航远印刷有限公司印刷
各地新华书店经售
*
2008 年 2 月第一版
2015 年 8 月第二版 2015 年 8 月北京第二次印刷
787 毫米×1092 毫米 16 开本 24 印张 572 千字
定价 **68.00** 元

本书编写人员（按姓氏笔画排序）

马轶群　王永培　王成洁　代红才
邢　璐　朱发根　孙　薇　吴姗姗
吴　鹏　宋瑞礼　宋墩文　张成龙
陈　伟　陈　磊　陈睿欣　罗　智
周渝慧　郑雅楠　单葆国　赵　静
胡兆光　贾德香　顾宇桂　郭利杰
董力通　韩新阳　温　权　谭显东
霍沫霖

第二版序言

随着人们对气候变化及环境的重视，发展低碳电力将是我国今后电力供应与电力消费的主题。电力供应、电力消费、用电技术以及电力体制与机制的根本性变革，即电力革命，将是开拓我国发展低碳电力之路的关键。如何以最小的电力供应满足经济发展及人们生活对电力的需求，今后我国最低的电力需求是多少，要减少无效需求、达到最低电力需求需要采取什么样的政策支持，怎样将节约的电力作为一种重要的战略资源纳入国家电力规划中……这些问题就是本书中讨论的综合资源战略规划（integrated resources strategic planning，IRSP）与电力需求侧管理（demand-side management，DSM）的主要内容。IRSP 是在电力市场的条件下，通过价格、税收、补贴标准及法律法规等多种需求侧管理措施，激励人们节约用电、合理用电、科学用电，减少电力需求，减少发电装机容量及发电量，特别是减少化石能源的发电量，从而达到减少污染物排放、改善环境的目的。我们将通过 DSM 节约的电力看作能效电厂（efficiency power plant，EPP），将其与常规发电厂一同在 IRSP 模型中给予优化，得到 EPP 的装机容量及其发电量即为需求侧管理节约的电力与电量，也是电力用户的节能潜力。据初步测算，在一定的条件下，2035 年我国 EPP（通过 DSM 可以节约的容量）潜力为 6.68 亿千瓦，发电量（可以节约的电量）可达 8830 亿千瓦·时。同时，IRSP 模型还可以通过调整某些参数，如对燃煤发电厂征收污染排放费（税），对 EPP 给予一定的补贴（优惠）等激励措施，尽可能地提高 EPP 的份额，降低常规电厂的装机及发电量，达到以最小的电力供应满足经济发展及人们生活对电力需求的战略目标。因此，IRSP 模型也是一种政策模拟的工具，通过多种不同的参数（政策）模拟实验，寻找一些可行的政策及电力发展规划。当然，要实施 IRSP 规划，还需要智能电网的配合。我们认为：

低碳电力=综合资源战略规划+智能电网

本书自 2008 年出版以来，得到了广大读者的支持，作者应邀在美国麻省理工学院、美国阿贡国家实验室、世界银行集团、欧盟能源委员会等国际组织及国际会议上演讲，得到国际同行的关注。2013 年中国电力出版社与斯普林格（Springer）出版社联合出版了本书的英文版本，国际读者也很有兴趣了解 IRSP 模型及中国实施 DSM 的成果，这对我们是一种激励，在此对关注本书的读者表示感谢。

在第二版中，我们结合新形势下电力市场及电力用户的特点，对 IRSP 模型做了一些改进，与清华大学朱万山副教授及其学生 Qiyam Padriansy、Jesper Ornerud 共同研究，提出了以发电设备利用小时数为变量的 IRSP 非线性模型（IRSP-N）；针对发电企业的市场定位及电力用户的参与，提出了发电企业及用户收益率最大化模型（IRSP-R）。另外，我们也更新了各章节的一些数据及资料信息。目前正值国家准备“十三五”能源、电力规划之年，希望本书能够为此提供一些帮助与参考。

各章的具体编写、修订和审校人员如下：第一章为胡兆光、韩新阳、温权、郑雅楠、单葆国、朱发根、谭显东，其中郑雅楠博士在模型的建立与程序编写方面做了大量工作；第二章为周渝慧、韩新阳、胡兆光、张成龙、王永培、陈睿欣；第三章为胡兆光、韩新阳、顾宇桂、董力通、赵静、吴鹏、郭利杰、贾德香、吴姗姗；第四章为赵静、董力通、吴鹏、陈伟、胡兆光、韩新阳；第五章为孙薇、陈磊、陈睿欣、韩新阳、马轶群、唐伟、霍沫霖；第六章为韩新阳、董力通、代红才、吴鹏、陈睿欣、宋墩文、罗智、王成洁、宋瑞礼；第七章为单葆国、温权、代红才、陈磊、胡兆光、韩新阳、邢璐；第八章为胡兆光、谭显东、李军、吴鹏。

在本书的编写、修订过程中，得到了许多专家的指导与帮助，名单见第一版序言。在本书的修订过程中，徐敏杰、黄清、司政、周景宏、肖潇、段炜、姚明涛、张健、张宁、孙祥栋、王向等在材料搜集、数据更新、案例完善、稿件审校等方面做了大量工作。在此一并表示感谢。

虽经反复斟酌推敲，书中仍难免有不准确、不全面之处，恳请读者批评指正、沟通交流。我们坚信：真理在批评中发展、谬论在赞美中滋生。

编　者

2015 年 6 月于北京

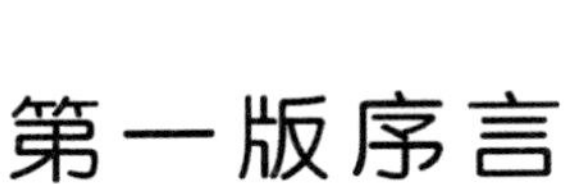

第一版序言

20 世纪 70 年代，由于中东石油危机、土地成本上升及环境压力加大，导致美国垄断体制下的电力企业重新思考如何以最小的投入保障电力供应，如何协调售电量和扩大再生产之间的关系，使得企业投入最小，利润最大；是单纯追求扩大装机规模，还是通过电力用户节约用电、调整用电方式延缓新建电厂、满足电力供应为企业带来经济效益？这是一个电力企业的综合规划问题。

此时，综合资源规划（integrated resource planning，IRP）与电力需求侧管理（demand-side management，DSM）应运而生。IRP/DSM 从根本上改变了单纯注重依靠能源供应来满足需求增长的传统思维模式，将需求侧可以节约的能源也纳入规划，与供应侧能源统一优化，使电力企业的投入最小、利润最大。IRP 与 DSM 是相辅相成的，IRP 是 DSM 的理论基础，DSM 又是 IRP 的实践。

IRP/DSM 通过微观上的企业行为达到全社会减少对一次能源的需求、缓解环境压力的宏观效果。因此，IRP/DSM 得到许多国家政府的大力支持。经过 30 多年的探索和实践积累了丰富的经验。在节约能源资源、改善生态环境、增强电力资源竞争能力、实现最低成本能源服务等方面取得了显著的经济效益和社会效益。许多国家把节约能源置于突出地位，制定了一系列法规、标准和政策，鼓励节能技术研究和开发高效节能产品，强化民众的节能意识，大力培育节能市场，特别是积极研究更适合现代社会发展要求的资源优化配置方法和管理方式，使现代的管理职能符合市场经济体制的要求。

随着全球气候变化问题日益突出，环境保护呼声不断加大，各国政府认识到 DSM 的重要性，大力支持和推动 DSM 项目的实施。然而，随着电力体制改革的不断深入，打破垄断、引入竞争、厂网分开、发电侧竞价上网，发电企业、电网企业不再具备发、输、配、用统一规划和经营的功能。企业无力再做 IRP，IRP 与 DSM 被迫分割开来，DSM 也失去了其理论基础和理论支持，这些都使 IRP/DSM 的实施面临极大的挑战。

跨入 21 世纪，电力市场改革在不断探索与推进。我国厂网已经彻底分开，发电侧开始引入竞争；电网作为自然垄断环节接受国家监管。随着我国经济的快速发展，人们生活水平的不断提高，电能作为最理想的二次能源，其高效、便捷、清洁、安全等特点，使得电能占终端能源消费的比例不断上升。电已成为人们日常生活必不可少的生活资料，也是经济活动中必需的生产资料。电气化几乎成为现代化的代名词，电力在能源中的地位和作用越来越重要。从长远来看，经济、社会的发展对电力的需求必将大幅增加。为了保持我国经济的可持续发展，建设资源节约型、环境友好型社会，政府提出了节能优先战略，DSM 是节能减排的有效工具，在新的节能法中明确要求国家采用财税价格等政策支持推广 DSM，为 DSM 提供了政策支撑。

虽然厂网分开了，IRP/DSM 不能作为电力企业（发、输、配、用）的工具，但在国家层面上，政府仍有宏观调控发电侧资源与需求侧资源的能力，IRP 的理念还是可以拓展到政府的宏观战略规划中的。

我国既是“发展中的大国”，又是“人均资源拥有小国”，同时也是“资源利用低效国”。能源资源短缺、环境污染等问题对我国经济可持续发展提出了严峻挑战。对此，政府提出节能优先、先节约后开发的能源战略。如何将其落实在电力规划中呢？在制定规划时，政府与企业的区别在于前者制定战略规划，后者制定其生产经营发展规划。对电力行业而言，政府的战略规划是根据经济发展、区域发展、能源供应安全、环境保护等国情制定各时期不同类型发电机组（如煤电、气电、水电、核电、风电等）的总体规模、不同品种能源的需求量、对社会环境影响等宏观战略规划。电力企业的规划则是根据电力需求预测，提出其发电装机进度、生产模拟等制定具体到每台机组的开工、建设、生产、运行甚至检修等企业的生产经营发展规划，从而使企业的利润最大化。如果将综合资源规划的理念扩展为国家战略规划方法（称之为综合资源战略规划，integrated resources strategic planning，IRSP），使之在综合资源规划无法成为电力企业实施工具时，能在国家战略规划中发挥作用，则综合资源战略规划将是解决经济发展中所遇挑战的有效手段，将对 DSM、节能减排、应对全球气候变化等措施提供理论支撑。IRSP 作为政府制定政策的工具及政策模拟的手段，可以将设定的政策输入 IRSP 模型，观察其实施效果。通过多次模拟实验，选择一些较好的政策措施作为决策依据。根据我国节能优先战略，政府可以设定更多鼓励 DSM 的政策。显然，IRSP 可以作为优选 DSM 政策的平台，以最少的常规电厂的建设满足经济社会发展及人们生活对电力的需求。这正是低碳电力的内容，因此，IRSP 也是低碳电力的一部分。

对此，本书探讨了在国家层面上制定 IRSP/DSM 的理论、方法和模型，建立了 IRSP 与 DSM 的对应关系，使得 IRSP 成为 DSM 的理论基础，DSM 又是 IRSP 的实践。本书也讨论了如何将 DSM 分解到政府、电网企业、节能服务公司及电力用户不同环节，如何推动各方参与 DSM 项目。

本书是在国网能源研究院多年从事电力需求侧管理研究工作的基础上进行理论上的探索，并结合大量国内外资料编著而成，全书按照电力需求侧管理参与角色的不同分别描述，具有一定的针对性。全书共分八章，分别为：

第一章 综合资源战略规划的基本理论

第二章 电力需求侧管理的基本理论

第三章 电力需求侧管理的主导者——政府

第四章 电力需求侧管理的实施主体——电网企业

第五章 电力需求侧管理的实施中坚力量——节能服务公司

第六章 电力需求侧管理的重要参与者——电力用户

第七章 电力需求侧管理的发展前景

第八章 电力需求侧管理实验室介绍

第一章介绍了 IRP、IRSP、DSM、EPP 等理论知识和实践经验，探索了如何在国家层面开展 IRSP，提供了几种 IRSP 模型，并进行了应用。

第二章介绍了 DSM 的核心概念、运作机制、分析方法等理论和实践经验，有助于读者了解 DSM 的基本概念、明确 DSM 的内涵和实质。

第三章介绍了政府作为 DSM 主导者的原因以及一些国家的成功经验，政府可以采取的 DSM 措施，并通过案例介绍了政府进行社会效益评价的方法。

第四章介绍了电网企业作为 DSM 实施主体的原因、国内外实践经验，重点介绍了具有中国特色的 DSM 内容之一有序用电及其成效。

第五章介绍了节能服务公司作为 DSM 中坚力量的原因及其促进 DSM 健康发展的经验，主要涉及节能服务公司的内涵、合同能源管理项目实施流程，以及节能服务公司进行节能分析、融资分析及项目风险分析的方法等。

第六章介绍了电力用户作为 DSM 重要参与者的原因，从工业、商业以及其他领域分别介绍电力用户参与 DSM 的途径和方式。

第七章对 DSM 的未来进行展望，探索了重点发展方向，提供了几种切实可行、方便有效的措施和途径，主要有需方响应（也称为电力需求侧响应，demand-side response，DR）、清洁发展机制（clean development mechanism，CDM）、白色证书（trade white certificate，TWC）等，读者可以结合我国国情深入思考。

第八章从基本概念、总体结构、关键技术、主要模块功能、分析方法等角度介绍了电力需求侧管理实验室的一些构思。

读者可以根据如下框图的标示阅读此书，从相应的章节得到翔实的资料，进一步了解综合资源战略规划和电力需求侧管理的内涵、发展历程和前景，了解我国的节能节电潜力和电力需求侧管理潜力，并了解如何参与、如何开展电力需求侧管理，以更好地为我国电力需求侧管理工作做出贡献，为建立资源节约型、环境友好型社会做出积极贡献。

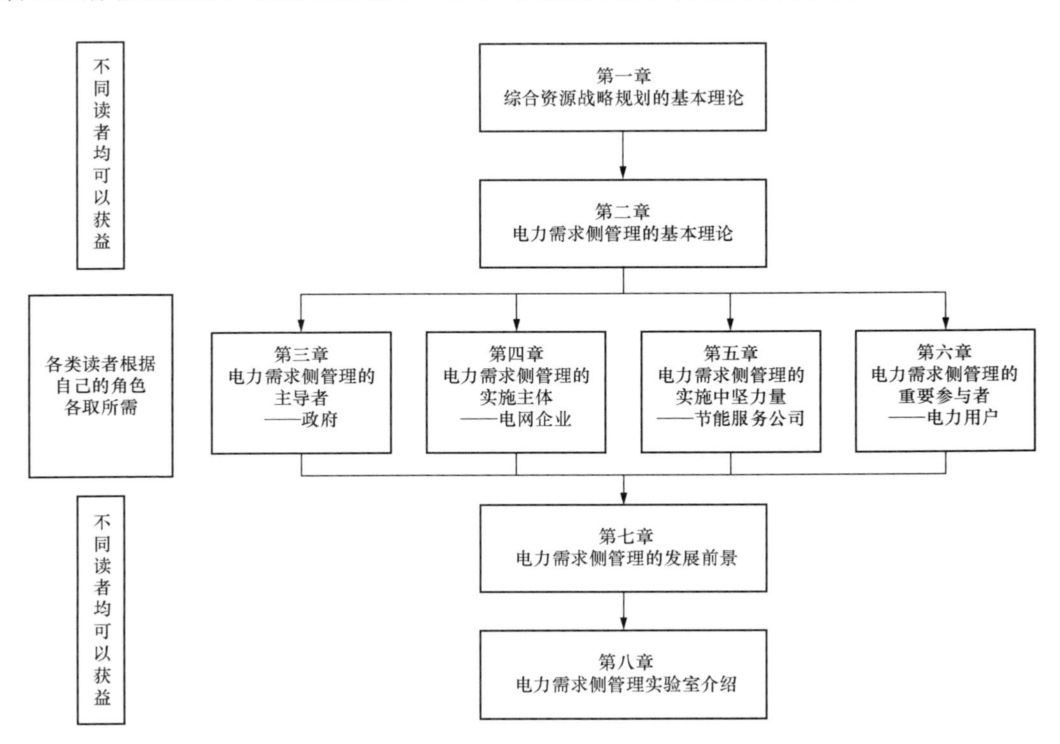

各章的编写人员如下：第一章由胡兆光、韩新阳、温权、郑雅楠主笔，第二章由周渝慧、韩新阳、胡兆光主笔，第三章由胡兆光、韩新阳、顾宇桂、董力通、赵静、吴鹏、郭利杰主笔，第四章由赵静、董力通、吴鹏、陈伟、胡兆光主笔，第五章由孙薇、陈磊、陈睿欣主笔，第六章由韩新阳、董力通、代红才、吴鹏、陈睿欣主笔，第七章由单葆国、温权、代红才、陈磊、胡兆光、韩新阳主笔，第八章由胡兆光、谭显东主笔。

在本书的编写过程中，得到了许多专家的指导与帮助。张运洲、葛正翔、雷体钧、韩丰、李英、冉莹、王信茂、叶运良、蒋莉萍、王耀华、刘德顺、胡江溢、纪洪、盛晓萍、鲁俊岭、夏鑫、刘琼、金文龙、周峰、李琼慧、李琼、李敬如、周海洋、李蒙、胡红生、周莉、曹荣、张健、马莉、申晓刚等提出了很多建设性意见和建议，关于综合资源战略规划（IRSP）的理念，我们同国际能源署需求侧管理项目主席（Chairman of IEA DSM-Programme）Hans Nilssion、将需求侧管理理念首次引入我国的国际资深专家 Hameed Nezhad（美国）、长期推动我国需求侧管理工作开展的国际资深专家 David Moskovitz 和 Barbara Finamore（美国），以及国内资深专家王慧炯、杨志荣、杨富强、谢绍雄、叶荣泗、王万兴、王庆一等人进行了充分讨论，得到他们的大力支持并提出宝贵意见。在此一并表示感谢。

由于知识浅薄、书中难免有不准确、不全面之处，恳请读者批评指正。我们坚信：真理在批评中发展、谬论在赞美中滋生。

作　者
2008 年 1 月于北京

目　录

第二版序言

第一版序言

第一章　综合资源战略规划的基本理论……1

第一节　综合资源规划的理念……1

第二节　综合资源战略规划的基本概念……9

第三节　我国经济发展需要综合资源战略规划与电力需求侧管理……25

第四节　综合资源战略规划模型的应用……35

本章参考文献……40

第二章　电力需求侧管理的基本理论……42

第一节　电力需求侧管理的理论框架……42

第二节　电力需求侧管理的目标及其分解……49

第三节　在不同电价机制下的电力需求侧管理运作……60

第四节　电力需求侧管理成本效益分析……62

第五节　电力需求侧管理各参与方的成本效益分析……71

第六节　电力需求侧管理项目管理……88

本章参考文献……92

第三章　电力需求侧管理的主导者——政府……94

第一节　政府是电力需求侧管理的主导者……94

第二节　国外政府开展电力需求侧管理的成功经验……96

第三节　我国政府开展电力需求侧管理的成绩和经验……107

第四节　推进电力需求侧管理工作有效开展的举措……118

第五节　社会效益分析评价……139

第六节　案例分析……141

本章参考文献……147

第四章　电力需求侧管理的实施主体——电网企业……148

第一节　电网企业是电力需求侧管理的实施主体……148

第二节　电网企业实施电力需求侧管理的工作内容……150

第三节　促进电网企业积极开展电力需求侧管理的条件……156

第四节　电网企业实施需求侧管理的国际经验……158
第五节　电网企业实施需求侧管理的国内经验……162
第六节　负荷管理与有序用电……169
第七节　案例分析……189
本章参考文献……193

第五章　电力需求侧管理的实施中坚力量——节能服务公司……194
第一节　节能服务公司是电力需求侧管理的实施中坚力量……194
第二节　节能服务公司是节能市场的专业化服务机构……196
第三节　节能服务公司在我国发展的现状和前景……200
第四节　国外节能服务公司发展概况……204
第五节　节能服务业务的主要内容……211
第六节　节能服务公司的市场开发……214
第七节　节能服务项目的节能分析……221
第八节　节能服务项目的融资分析……229
第九节　合同能源管理项目的风险和对策……234
第十节　案例分析……239
本章参考文献……252

第六章　电力需求侧管理的重要参与者——电力用户……253
第一节　电力用户是电力需求侧管理的重要参与者……253
第二节　国内外电力用户参与电力需求侧管理的经验……255
第三节　电力用户参与电力需求侧管理的途径和方式……264
第四节　工业用户参与电力需求侧管理的途径和方式……273
第五节　商业用户和居民用户参与电力需求侧管理的途径和方式……278
第六节　其他用户参与电力需求侧管理的途径和方式……289
第七节　案例分析……295
本章参考文献……301

第七章　电力需求侧管理的发展前景……303
第一节　电力需求侧管理的发展……303
第二节　需方响应……313
第三节　清洁发展机制……319
第四节　白色证书……328
本章参考文献……338

第八章　电力需求侧管理实验室介绍……339
第一节　电力需求侧管理实验室的基本概念……339

第二节　电力需求侧管理实验室的总体结构……340
第三节　电力需求侧管理实验室的关键技术……343
第四节　电力需求侧管理实验室的主要模块……346
第五节　重点功能模块……352
第六节　重点分析方法……366
本章参考文献……369

第一章

综合资源战略规划的基本理论

第一节　综合资源规划的理念

一、综合资源规划的基本理念

电力企业的服务目标十分明确，就是以最低的成本为电力用户（简称用户）提供充足、优质、可靠的电力服务。由于获准和建造新的发电站需要较长的前期工作，有些需要两三年，有些则需要十年左右，如大型水电站、核电站等。因此，很有必要对未来的电力发展作出相应的规划。电力是一个投资密集和一次能源消耗很大的行业，它对国民经济的发展有着巨大的影响，电力规划的失误会给国家建设带来不可弥补的损失。相反，合理的规划方案可以带来巨大的经济效益和社会效益。

电力规划存在两种思路，即传统电力规划（traditional resource planning，TRP）和综合资源规划（integrate resource planning，IRP）。

（一）传统电力规划

传统电力规划方法相对简单，是以方案比较为基础，从几种给定的可行方案中，通过技术经济比较选择出推荐的方案。参与比较的方案往往是由规划人员根据经验提出的，并不一定包括客观上的最优方案。因此，最终推荐方案就包含着相当大的主观因素。

从20世纪60年代起，电力系统规划成为真正意义上的优化规划，根据电力系统的自身特点提出各种优化模型，并结合系统论、决策论和运筹学等领域的研究成果，应用计算机程序求解，使得人为主观因素大大减少，增强了决策的科学性。

传统电力规划的基本原理是以负荷预测为基础，即根据系统内最大负荷、需电量和负荷曲线的预测结果，确定开发电源的类型、布点和建设时间、投产数量，以及如何进行电网建设，尽可能经济、合理、可靠地满足用户的电力需求（传统电力规划视需求为一种给定目标，从供应侧的角度被动地提出满足这一需求的方案，即以尽可能少的发、输、配电设备投资和运行费用，为需求侧提供可靠的电力服务）。传统电力规划的主要特点是仅仅立足于加大供给满足需求，属于“供给型”规划。

电力规划的实施步骤主要包括：确定规划目标；预测电力需求；根据供应侧资源设定一些方案或者评估供应侧资源；对选定的方案进行优选、排比或者根据供应侧资源进行优化、规划；实施所选择的各种资源，包括电源建设、电网建设、购电合同等；对规划进行监测和评估，其流程如图1-1所示。

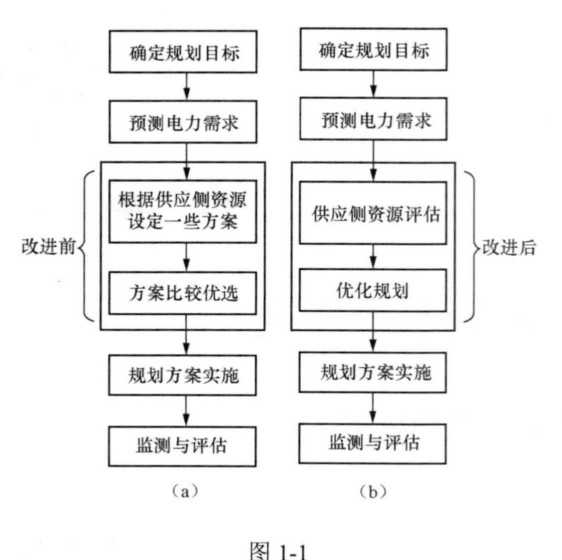

图 1-1

（a）最初的传统电力规划；（b）改进后的传统电力规划

（1）确定规划目标。也就是要提出以最小的成本满足未来某段时期电力需求的目标。例如，要进行 2020 年某电力企业的电力规划，这就是规划目标。

（2）预测未来的电力需求。电力需求预测是在某一时间点对未来一定时期（可分为长期、中期、短期等）的电力需求增长作出判断，预测未来电力需求增长范围。

在预测前，要根据需要确定是对全口径数据进行预测，还是对统调口径（或调度口径、电网口径等）数据进行预测。根据多种方法模型对未来的经济发展趋势作出判断，继而预测未来的电力负荷需求、电量需求，还要对年负荷曲线、负荷率、典型日负荷曲线等负荷特性指标作出预测。

电力需求预测方法很多，如回归分析、时间序列、趋势外推、灰色模型、神经网络、产值单耗、弹性系数、负荷密度、类比、部门分析、LEAP 模型、计量经济模型、小波分析、协整模型、专家系统、智能模拟等，这不是本书的重点，此处不再赘述，有兴趣的读者可以参考电力负荷预测方法相关的文献资料。

（3）根据供应侧资源设定一些方案或者对供应侧资源进行评估。由于没有计算机的帮助，传统电力规划是根据专家经验设定一些比较合理的方案，很可能会遗漏最优方案。后来有了计算机的帮助，可以对成千上万的方案进行分析比较，改进后的传统电力规划在这一环节的主要工作就是搜集供应侧资源的投资成本、运行成本以及相关的参数（如燃料价格、发电机组容量、年发电能力、调峰深度、发电曲线等）。

（4）对选定方案进行优选或者根据供应侧资源的数据优化方案。传统电力规划是对选定的多个方案进行分析比较，选择费用最小且可以满足未来电力需求的方案。改进后的传统电力规划，就是以供应侧资源数据为基础，根据规划期内最小费用原则设定目标函数，并将未来的电力需求、供应侧资源、燃料资源、发电曲线等一系列因素作为约束建立规划模型，通过规划软件包的帮助得出最优规划方案。常用的规划软件包有 CPLEX、GESP、GAMS、WASP、DECADES、PROSCREEN、EGEAS、EFOM、MARKAL、MESSAGE、MRESM 等。

这一环节的目的是选出最优方案，给出该方案从规划初始年到目标年的电源投产和退役计划、发电计划、投资成本、运行成本、燃料费用、供电可靠性指标、互联效益、污染物排放数量、长期边际成本等，并针对一些参数的不确定性作出敏感性分析。

（5）规划方案实施。方案确定后即可实施该方案，安排合理的电源建设项目及机组出力。这一环节属于规划后的实施环节。这一环节能否顺利实施，主要取决于规划方案是否合理。

（6）监测与评估。根据实际情况与该方案进行比较，对方案进行评估。这一环节属于后评估阶段，是在实际情况发生后对原先规划的方案进行评估，主要目的是为了不断提高规划水平。

（二）综合资源规划

传统电力规划的主要特点是把用户的用电需求和需求方式作为外在因素，而专注以新建电厂增加电力供应来满足用户的需求。在1973年石油危机的影响下，电力企业开始深入思考，是单纯追求扩大装机规模，还是通过电力用户节约用电、调整用电方式延缓新建电厂、满足电力供应为电力企业带来经济效益。电力企业逐渐开始重视需求侧资源，把提高用户的用电效率和改变用户的用电方式所能挖掘的节电资源也一并纳入电力规划，列为可以调动的资源，将需求侧资源同供应侧资源一同竞争，发展成为综合资源规划。

综合资源规划是把电力供应侧和需求侧各种形式的资源综合成为一个整体进行电力规划，通过高效、经济、合理地利用供应侧和需求侧资源，在保持能源服务水平的前提下，使整个规划的总成本最小。

IRP 的基本思路：除供应侧资源外，也把需求侧因实施需求侧管理项目而减少的电量消耗和降低的电力负荷视为一种资源参与电力规划，对供电方案和节电方案进行成本效益分析，经过优选组合形成成本最低、又能满足同样能源服务的综合规划方案。

IRP 的目标：通过合理有效地利用供应侧和需求侧的能源资源、减少电力建设投资、降低企业运营支出，为电力用户提供最低成本的能源服务。

IRP 的资源选择通常有传统的常规电厂、可再生能源发电厂、独立发电厂、外购电力、热电联产、输配电系统改进、电力需求侧管理等。其中 DSM 在 IRP 中起着关键作用，便于电力企业改变用户负荷曲线的形状。经验表明，包含 DSM 的电力优化方案的成本低于只考虑供应侧资源的优化方案的成本。

IRP 是由电力企业开展的电力规划，是考虑了供应侧和需求侧资源做出的最优规划，其实施步骤主要包括：确定规划目标；预测电力需求；评估需求侧资源和供应侧资源；对筛选的资源进行综合优化；实施所选择的综合资源，包括电源建设、电网建设、购电合同及电力需求侧管理等；对 IRP 进行监测和评估。其流程如图 1-2 所示。

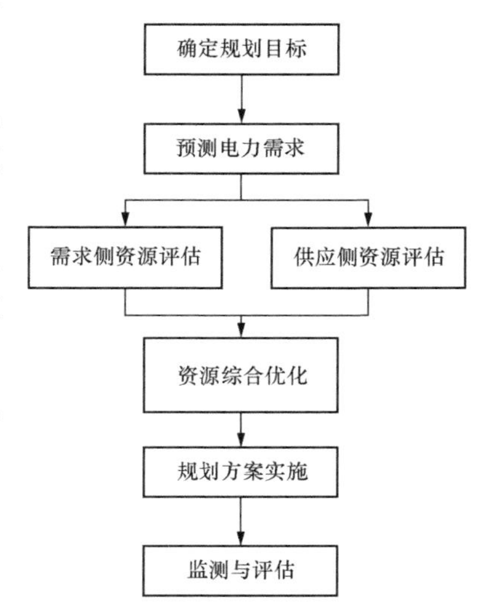

图 1-2　综合资源规划的流程

（1）确定规划目标，即要以最小的成本满足未来的电力需求。例如，要进行2020年某电力企业的电力规划，这就是规划目标。

（2）预测未来的电力需求。同传统电力规划一样，根据多种方法模型、软件系统对未来的经济发展趋势作出判断，继而对未来不考虑需求侧资源情况下的电力负荷需求、电量需求以及年负荷曲线、负荷率、典型日负荷曲线等负荷特性指标作出预测。

（3）评估供应侧资源（包括现有的和未来可能新建的各类机组、燃料供应等）和需求侧资源（包括各种 DSM 措施）。需要搜集这些资源的投资成本、运行成本以及相关参数（供应侧资源需要搜集燃料价格、污染物排放费用、发电机组容量、年发电能力、污染物排放量、调峰深度、发电曲线等，需求侧资源需要搜集投资、节电量、节约负荷量等）。

（4）资源综合优化。结合综合资源规划模型对供应侧资源和需求侧资源进行综合优化，确定未来的电源建设及出力方案。同传统电力规划不同的是，综合资源规划是一个庞大的分析计算过程，一定需要计算机帮助。根据最小费用规划的目的设定目标函数，并将未来的电力需求、供应侧资源、需求侧资源、燃料资源、电厂排污等一系列因素作为约束建立规划模型，通过规划软件包的帮助得出最优规划方案。这一环节属于电力规划的核心环节。

这一环节的目的是选出最优方案，给出该方案从规划初始年到目标年的电源投产和退役计划、发电计划、电源投资成本、需求侧管理项目投资成本、发电运行成本、电力需求侧管理项目运行成本、燃料费用、可靠性指标、污染物排放数量、同传统电力规划相比的减排数量、需求侧管理项目的效益、长期边际成本等，并针对一些参数的不确定性作出敏感性分析。

（5）规划方案实施。方案确定后即可实施该 IRP 方案，安排合理的电源建设及机组出力。这一环节属于规划后的实施环节，是实践环节。这一环节能否顺利实施，主要取决于规划方案是否合理。

（6）监测与评估。最后根据实际情况与该方案进行比较，对方案进行评估。这一环节属于后评估阶段，是在实际情况发生后对原先规划的方案进行评估，主要目的是为了不断提高规划水平。

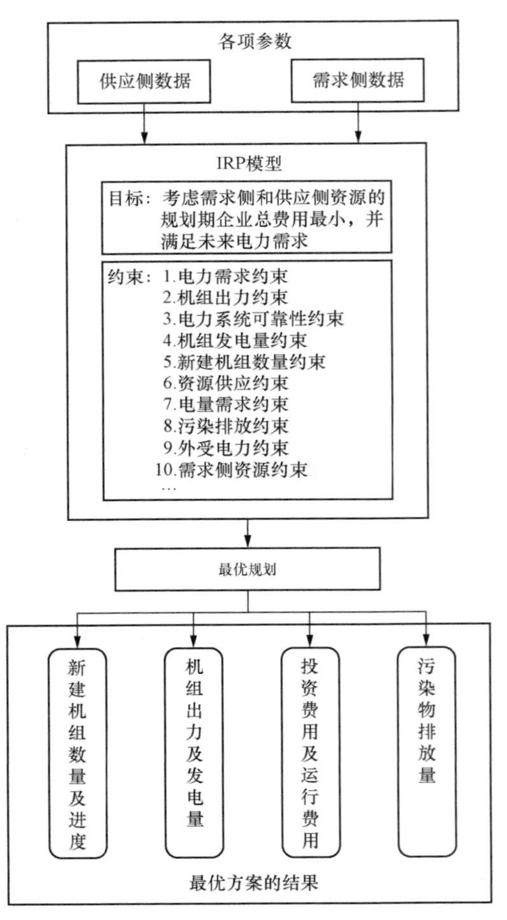

图 1-3　综合资源规划的模型

在 IRP 的实施步骤中，资源综合优化环节最为重要，它的主要任务就是建立 IRP 模型并得出最终的 IRP 方案。对于从事电力规划的人员来讲，在此环节中的主要工作内容是将软件中需要用到的数据（如未来的电力需求，供应侧资源的投资、运行、燃料资源、电厂排污，需求侧资源投资及运行等）输入，提交给软件即可自动得到规划结果。

要了解规划的方法和机理，就需要了解如何设定规划的目标函数及约束条件，了解如何建立 IRP 模型。一般而言，规划模型可以用图 1-3 表示。

如前所述，IRP 的目标是综合考虑需求侧资源和供应侧资源，以最小的成本满足未来的电力需求，这就是规划的目标函数。IRP 所要考虑的成本主要包括新建机组的初始投资，现有机组与新建机组的运行成本、各类机组在规划期末的残值（此项为收入）、开展 DSM 的初始投资及后续的运行费用等。规划的目标就是要使得这些投资费用与运行费用之和最小化。

IRP 所指的最小成本费用是有一定条件约束的，必须保证电力系统的安全稳定运行、能源供应可靠等，其约束条件主要包括未来的电力需求约束、机组最大出力和最小出力约束、电力系统可靠性约束、机组发电量约束、新建机组的最大数量约束、电煤等燃料资源供给约束、电量需求约束、污染排放约束、外受电力约束及需求侧资源约束等。

电力需求约束就是先前预测的电力负荷需求必须得到满足，因为电力规划的目标就是要满足合理的用电需求，尽量不能出现拉限电情况，避免电力供需出现紧张局面。其实质就是要求装机容量和DSM项目削减负荷之和大于所预测的电力负荷需求。

机组出力约束主要是考虑到机组的安全稳定运行情况，包括最大出力和最小出力两个约束。每一个机组都有额定容量，一般情况下不能超过额定容量运行，即使可以超过额定容量运行，也只能是在较短的一段时间内。在长期规划中，应该按照不超过额定容量来考虑，受锅炉、汽轮机等运行工况、方式的限制，机组要么停机，要么必须保证大于某一个出力，这就是最小出力约束，与调整深度有关。

电力系统可靠性约束主要是要保证电网安全稳定运行，其实质就是要保证电力系统具有一定的备用容量。

机组发电量约束是为了避免过多的发电机组闲置而设的约束。每个发电机组都有盈亏的临界发电利用小时数，也就是说，如果一个机组发电利用小时数低于某一临界点，该企业就会出现亏损，这主要出现在装机容量远大于电力需求，即供大于需的情况下。因此，必须保证每个机组的利用小时数在合理值之上。

新建机组数量约束主要是考虑到新建机组要么受制于可提供的能源资源量，要么受制于设备供货量，因此，每年新增机组不能超过一定的数量。

资源供给约束主要是全社会能够提供资源的能力。如水电站的来水量是有限的，不可能无限制或者长期快速增长，考虑到资源开发的可持续发展，资源供应是电力发展的主要约束条件之一。

电量需求约束同电力需求约束类似，是要求发电机组在合理的利用小时数情况下所能提供的发电量，以及需求侧资源等效节约电量之和必须满足预测的电量需求。

污染排放约束主要是控制每年的污染物排放情况。目前环境保护压力日益增大，污染物排放逐渐成为电力规划的一个主要约束条件。如果不考虑污染物排放情况，规划结果可能新增较多的普通燃煤机组；如果考虑污染物排放情况，规划结果就可能增加投资，将部分普通燃煤机组更改为整体煤气化联合循环发电（integrate gasification combined cycle，IGCC）、增压流化床联合循环发电（pressurized fluidized bed combustion combined cycle，PFBC-CC）等机组，或者增加脱硫设备，或者增加水电、风电等可再生能源发电机组。污染物排放约束数据可以在传统电力规划结果的基础上给出，如传统电力规划最优方案是某年的二氧化硫排放量为 10 万吨，可以设定该年的二氧化硫排放量不超过 10 万吨的 95%，也可以根据政府的约束性控制目标来设定。

外受电力约束主要是考虑到同周边地区的电力交换能力而设置的约束。例如，山西、内蒙古、陕西、宁夏等地区在电力规划中要考虑未来向其他地区送电能力或其他规划，京津唐、上海、江苏等地区要考虑区外来电的规模情况。

需求侧资源约束主要是考虑电力需求侧管理项目的稳步增长性、每年可以实施的数量等。

在具体的规划中，还有其他一些约束，如需求侧资源的节电曲线、根据负荷曲线进行生产模拟等。

通过 IRP 模型进行优化，即可得出满足约束条件的最优规划方案结果，包括未来新建机组的数量及时间、各时间段机组的出力及发电量、规划期间的投资费用及运行费用、各种污染物的排放数量，还可以计算得出其他相关的指标。

（三）电力需求侧管理

电力需求侧管理是指通过采取有效措施，引导电力用户科学用电、合理用电、节约用电，提高电能利用效率，优化资源配置，保护环境，实现最低成本（包含社会成本，保证重点用户、居民、医院等）电力服务所进行的用电管理活动。

DSM 在 IRP 中的地位是非常重要的，它的主要目标是降低电力负荷需求、节约电量，同时改善负荷特性，可以通过负荷曲线看出这些特点。

例如，某电网的典型日负荷曲线如图 1-4 中的实线所示，通过图 1-4 可以看出，DSM 可以削减高峰负荷，或者将部分高峰负荷转移到低谷时段。原先最大负荷为 5850 万千瓦，通过 DSM 削减了 5%（大约 280 万千瓦），最大电力需求下降为 5570 万千瓦，负荷率由原先的 0.85 上升到 0.89。可以看出，DSM 可以削减或转移高峰负荷 280 万千瓦，也就是说可以至少减少装机容量 280 万千瓦；同时，电网负荷率也提高了 4 个百分点，为发电调度带来了方便。

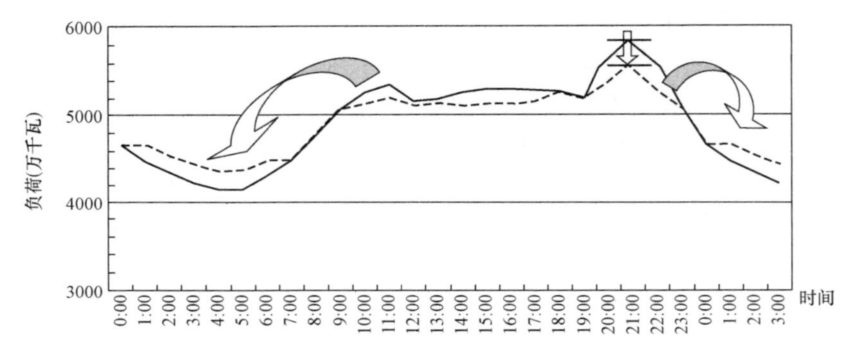

图 1-4　通过典型日负荷曲线透视 DSM 在 IRP 中的地位

—— DSM参与前　---- DSM参与后

近年来，全国各电网大于年最大负荷 95%、97%的负荷小时数较少。表 1-1 列出了某电网 2000～2012 年的负荷特点，大于年最大负荷 95%的负荷小时数除了 2004 年、2006 年和 2011 年在 100 小时以上外，其余年份均在 100 小时之内。

表 1-1　2000～2012 年某电网大于最大负荷 90%、95%和 97%的负荷小时数（单位：小时）

年份	大于年最大负荷 90%的负荷小时数	大于年最大负荷 95%的负荷小时数	大于年最大负荷 97%的负荷小时数
2000	431	78	21
2001	401	76	36
2002	372	61	10
2003	469	44	11
2004	751	197	73
2005	403	82	31

续表

年份	大于年最大负荷 90%的负荷小时数	大于年最大负荷 95%的负荷小时数	大于年最大负荷 97%的负荷小时数
2006	780	159	50
2007	415	85	27
2008	203	41	13
2009	407	86	27
2010	315	64	20
2011	503	103	35
2012	465	93	25

如果将负荷较大时段的负荷进行部分转移，则可以节约大量电力需求。尖峰负荷的下降主要是靠 DSM 实现的，在年持续负荷曲线图中可以清晰地看出 DSM 在 IRP 中的地位，如图 1-5 所示。

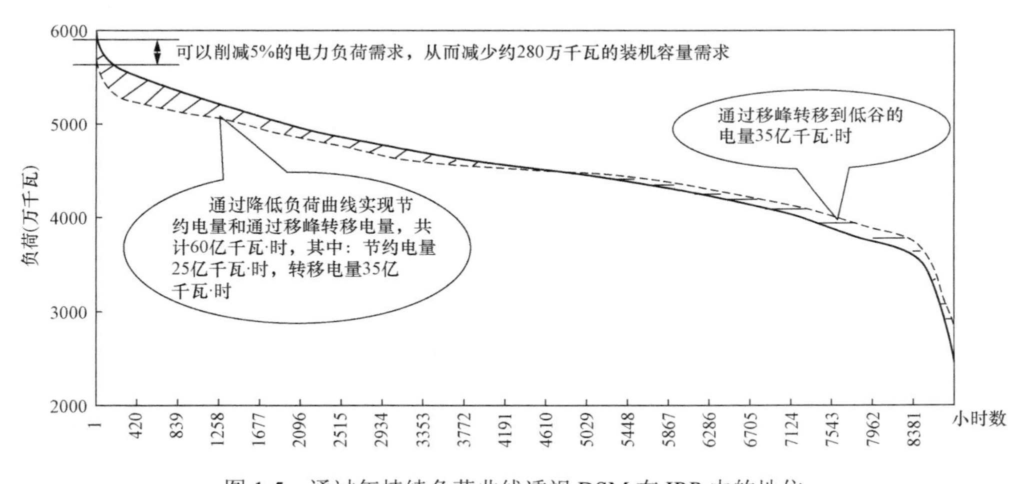

图 1-5　通过年持续负荷曲线透视 DSM 在 IRP 中的地位

—— DSM参与前　---- DSM参与后

电力需求侧管理有三个功能：①削减高峰负荷，从而减少装机容量需求（如图 1-5 中，大致节约了 280 万千瓦），这是一个时间点的概念。如图 1-6 所示，将高峰时段的电力负荷削减了一部分。②节约电量（如图 1-5 所示，大致节约了 25 亿千瓦•时），这是一个时间段的概念。如图 1-6 所示，电力需求侧管理项目实施前后两条负荷曲线之间的面积就是节约的电量。③将部分高峰电量转移到低谷（如图 1-5 所示，大致转移了 35 亿千瓦•时），虽然没有减少电量需求，但由于提高了电网负荷率，可以促进电力系统整体耗煤（气、油）量的下降，提高电力系统的能效水平，也实现了节能。

自 20 世纪 90 年代初以来，电力需求侧管理作为优化配置电力资源的有效方式，在平衡电力电量、提高电网负荷率、节约能源资源、保护环境等方面发挥了重要作用，已经为我国带来了较大的经济、社会和环保效益。20 世纪 90 年代早期我国缺电，DSM 通过移峰填谷有效地转移了高峰负荷，保证了全国生产和居民生活用电需求；在 2003 年前后的全国缺电时

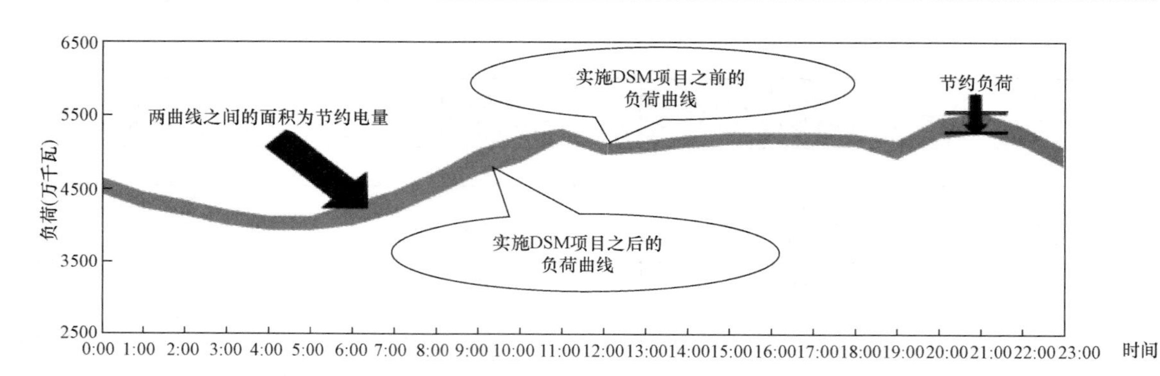

图 1-6　节约电力负荷和节约电量示意图

期，70%以上的电力缺口是通过 DSM 的有序用电措施得以缓解的[1]。近年来，各地都大力实施电力需求侧管理推进节能环保，既转移负荷，又节约电量，为国家节能减排做出积极贡献。例如 2012 年，国家电网公司通过建设节能服务体系，节约电量 97 亿千瓦 • 时（俗称度），折合标准煤 316 万吨，减排二氧化碳 788 万吨；推广电力蓄能技术项目 432 个，有效削峰填谷转移负荷 1488 万千瓦；推广绿色照明、高效电动机、无功补偿设备、节能变压器等项目 75389 个，累计节电 26.4 亿千瓦 •时；推广热泵项目 942 个，新增热泵供热（冷）面积 3111 万米^2；推广电代煤、农业电力灌溉、陶瓷窑炉电加热等能源替代技术项目 26641 个[2]。

二、综合资源规划的特点和优点

同传统电力规划相比，综合资源规划方法在资源选择、资源所有权、规划准则、规划效果方面有很大改进，如表 1-2 所示。

表 1-2　传统电力规划和综合资源规划的对比

项目	传统电力规划（TRP）	综合资源规划（IRP）
资源选择	仅着重于供应侧的电源资源，如大型电厂	同时考虑供应侧和需求侧的资源多样化
资源所有权	电力企业所有	所有权多样化：电力用户、节能服务公司、电网公司、发电公司
规划准则	电价及可靠性	兼顾用户电费、燃料多样化、风险和不确定性、环境
参与者	电力企业	政府、电力企业、节能服务公司、电力用户、节能产品生产与供应商、环境与公共利益团体
规划效果	（1）高成本/高风险； （2）环境恶化； （3）非良性循环	（1）资源选择灵活性、低风险； （2）改善服务质量，用户欢迎； （3）降低污染； （4）最小费用增长

从国外实践经验和我国的试点示范研究来看，综合资源规划方法有如下特点和优点：

（1）改变了传统的资源概念，把节电作为一种资源纳入电力规划，将能源开发和节约置于同等地位参与优选竞争，能更合理地配置、有效地利用能源资源。

IRP 的创新之处在于它考虑了广泛的资源及扩大了规划方案可选范围，克服了传统电力规划只注重电源开发、忽视终端用电的倾向。参与考虑的资源包括大型电厂发电、用户自备电厂发电、能效管理、负荷管理、战略性负荷增长及电力交换等。它不是把电源开发规划与需求侧的节电规划分开进行，而是把节电规划作为电源开发规划的一个方面的内容，并把节电资源与供电资源置于同等地位参与竞争，达到合理配置资源的目的。因此，节电不仅仅是弥补电力供应的缺口，更主要的是更大效率地利用能源资源。

（2）改变了传统的电力规划模式，把综合经济效益置于突出位置。IRP 克服了传统电力规划只注重部门效益、忽视社会整体效益的倾向，对电力规划过程中各个方面的相互作用都给出明确的评价。它把电力供应与终端利用界定在一个规划系统之内，以成本效益为准则，以社会效益为主要评价标准，注意协调供需双方的贡献和利益，达到改善社会整体经济环境的目的。实质上，综合资源规划是一个开发、节能、效益、运营一体化的资源规划。

（3）改变了传统电力规划在节电方面的模糊性，把终端节电的实施作为一个重要的规划领域。IRP 克服了重节能规划、轻节能实施、规划与实施脱节的倾向。在传统的电力规划中，节能的落脚点通常是在行业或部门的产品单耗上，节能缺乏透明度，仍处于不同程度的“黑箱”状态，增加了节能的不确定性，给实施和效果评价带来了困难。综合资源规划把节能落脚点放置在终端的具体用能技术设备上，关注的是实在的节能节电活动，便于通过电力需求侧管理采取有针对性、易操作的推动政策和技术措施及相适应的运营策略，使节能规划容易付诸实施。

（4）在提供同样的能源服务条件下，所得方案是真正的费用最小的方案。传统电力规划仅局限于供应侧资源的提供，忽视了需求侧资源的潜力，而实施需求侧管理节约每千瓦的投资可能低于新建电厂的单位千瓦造价，在提供同样能源服务条件下，可减少电力建设规模和投资，优选的方案是真正的费用最小的方案。综合资源规划的方案可减少发电燃料的消耗，更有力地遏制环境的恶化，保护人类赖以生存的空间和地面环境，减少二氧化碳、二氧化硫、氮氧化物和烟尘等的排放。

（5）可推动全社会节电活动，提高电力系统的运行效益，促进高新节能节电技术产业的发展。综合资源规划重视需求侧资源，通过需求侧管理可有力刺激用户改变粗放型的能源消费行为，主动参与节能节电活动，并获得相应的收益；可强烈推动电网移峰填谷，缓解供需矛盾，改善电力系统运行的经济性和可靠性，提高电力系统的运行效益。

第二节　综合资源战略规划的基本概念

IRP 最初是由垄断的电力企业开展的。随着电力市场化改革的推进，电力企业发、输、配、售一体化的经营模式被打破。厂网分开、发电侧引入竞争、电网自然垄断环节接受政府监管，发电企业与电网企业被割裂开来，发电企业、电网企业都无法全面制定 IRP，DSM 也失去了理论基础[8, 11, 12]。此时国外有些电力企业也不再有兴趣从事 DSM 工作了。

应该看到，IRP 的理念是很好的，在国家层面上，它仍然可以发挥巨大作用。需要政府从全社会的角度、从战略的高度进行规划，最大限度地优化利用供应侧和需求侧资源，最大限度地提高整个电力系统的效益。但是，IRP 是一个企业规划模型，若要提升为国家层面的战略规划，还需要做一些改进。为此，本书提出国家战略规划方法，称为综合资源战略规划（integrated resources strategic planning，IRSP）。

一、综合资源战略规划的概念

（一）综合资源战略规划

综合资源战略规划是根据国家能源电力发展战略，在全国范围内将电力供应侧资源（如煤电、气电、水电、核电、风电等）与引入的能效电厂（efficiency power plant，EPP）等各种形式的电力需求侧资源综合统一优化，从战略的高度，通过经济、法律、行政手段，合理利用供应侧与需求侧的资源，在满足未来经济发展对电力需求的前提下，使得整个规划的社会效益最优。

IRSP 的基本思路：充分体现国家能源、电力发展战略，综合考虑供应侧、需求侧资源进行电力规划，经过优选组合形成不仅社会效益最优，又能满足同样能源服务的综合规划方案，并用以指导电力行业及 DSM 的发展。

IRSP 的目的：通过合理有效地利用供应侧和需求侧的能源资源，对全社会的资源进行优化配置，在减少全社会成本的同时尽可能减少对能源资源的消耗和污染物的排放，为发电企业制定最大利润方案，为电力用户提供最低成本、最大效益的能源服务。

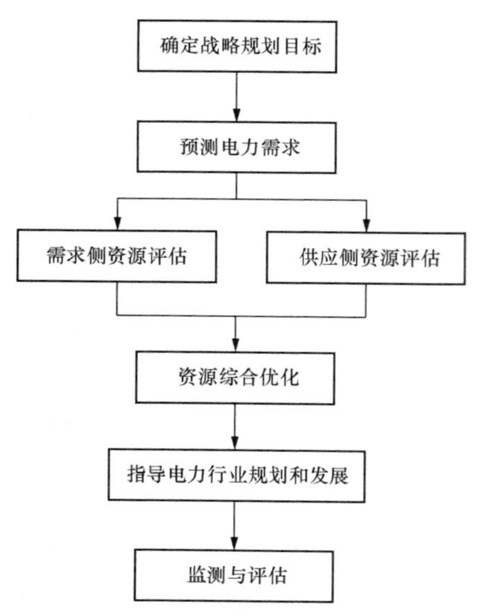

图 1-7　综合资源战略规划的流程

IRSP 的实施步骤主要包括：确定战略规划目标；预测电力需求；评估需求侧资源和供应侧资源；对筛选的资源进行综合优化；指导电力行业和 DSM 的规划和发展；对 IRSP 进行监测和评估。其流程如图 1-7 所示。

（1）确定战略规划目标，即以社会效益最优化来满足未来的电力需求。它与 IRP 的最大不同之处在于 IRP 使电力企业的投入最小（利润最大），而 IRSP 是在满足污染排放的约束下，可以实现各类常规电源和能效电厂（不同类型的 DSM 项目的汇总）的投入最小，也可以使供需两侧资源的收益最大化。

（2）预测未来的电力需求。与 IRP 一样，根据多种方法模型、软件系统对未来的经济发展趋势做出判断，继而对未来不考虑能效电厂等需求侧资源情况下的电力负荷需求、电量需求做出预测。

（3）评估供应侧资源（包括现有的和未来可能新建的各类机组、燃料供应等）和需求侧资源（主要是各种能效电厂规模）。需要搜集这些资源的投资成本、运行成本以及相关参数（供应侧资源需要搜集燃料价格、污染物排放费用、发电机组容量、年发电能力、污染物排放量等，需求侧资源需要搜集各种能效电厂的投资、节电量、节约负荷量等）。

（4）资源综合优化。结合综合资源战略规划模型对供应侧资源和需求侧资源进行综合优化，确定未来的电源（常规电厂和能效电厂）建设方案。

（5）指导电力行业的规划和发展。方案确定后即可用于指导发电企业、电网企业的规划和发展。

（6）指导需求侧管理的规划和发展。特别重要的是 IRSP 方案确定的各类能效电厂的规模可以用于指导 DSM 项目的规划与实施，使得 IRSP 真正成为 DSM 的发展依据。

（7）监测与评价。最后根据实际情况与 IRSP 方案进行比较，对方案进行评估。这一环节属于后评估阶段，是在未来实际情况发生后对原战略规划的方案进行评价，主要目的是为了不断提高战略规划的水平。

图 1-8 所示为 IRSP 理论原理。IRSP 包含传统电厂、能效电厂以及政府的调控政策，通过调整传统电厂与能效电厂的比重（支撑点 *C*），实现经济效益及社会效益最大化。同样在市场机制下，若电价高、节电设备价格低，电力建设投资高、运行费用高，都将使得支撑点 *C* 向 *A* 处移动；反之，若电价低、节电设备价格高，电力建设投资低、运行费用低，都将使得支撑点 *C* 向 *B* 处移动。政府作为宏观调控机构，有能力设计出有效的市场机制及激励政策，调整 IRSP 中支撑点 *C*，使其尽可能向 *A* 方向移动，充分利用需方能效电厂资源，发挥 IRSP 对资源优化配置的能力。如果支撑点 *C* 向 *B* 处移动，需要政府制定相关政策和措施，鼓励加大需求侧资源的合理开发，使得支撑点的移动方向改变[8, 11~12]。

与 TRP 和 IRP 之间的区别类似，将常规的不考虑需方资源的规划称为常规资源战略规划（traditional resource strategic planning，TRSP），它没有能效电厂的相关变量约束，也不存在支撑点的问题。

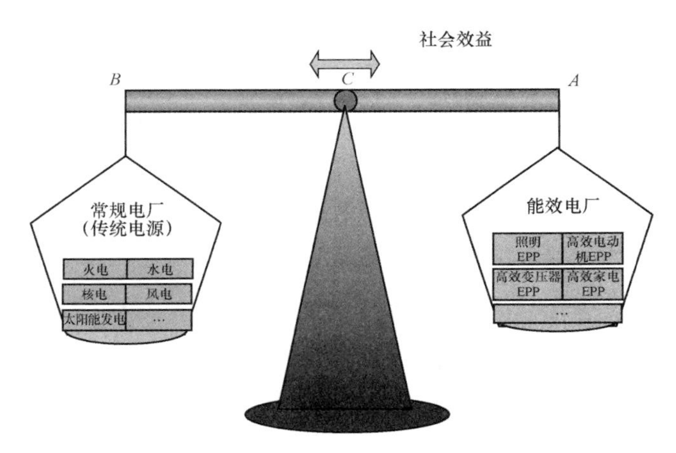

图 1-8　综合资源战略规划（IRSP）理论原理

（二）能效电厂

在 IRSP 中引入能效电厂（EPP），可以很方便地评估需求侧资源的成本效益。由于电力需求侧管理项目众多，尤其是一些小项目的效益不易测算或运作，需要将一些同类的项目进行归类、汇总成能效电厂。

能效电厂是指通过采用高效用电设备和产品、优化用电方式等途径，形成某个地区、行业或企业节电改造计划的一揽子行动方案，达到与新建电厂相同的目的，将减少的需求视同“虚拟电厂”提供的电力电量，实现能源节约和污染物减排。能效电厂的概念形象地描绘了 DSM 项目的作用，简化了供应侧资源和需求侧资源的选择与比较，使得具有成本优势的 DSM 项目更容易被纳入选择范围。

与实际新建电厂相比，能效电厂是在原供电系统中进行电能优化而获得的，它不再额外占用土地、消耗煤炭等资源，具有巨大的社会效益和经济效益。为了与常规电厂提供的发电量相区别，能效电厂提供的电力电量一般称为“负电量”。这是能效电厂作为需方资源同供方资源的相同之处，都“提供”发电量。它与供方资源的不同之处在于，供方资源可以通过电力系统的测量表计实时测量，而能效电厂是通过改变负荷曲线形状提供“电量”，无法通过传统的测量表计进行实时监测，只能通过 DSM 实施前后负荷变化进行测算。

对电力规划来讲，如果分析单一设备或者较少设备，一般效益很小，但是对于大量的设备一起进行分析，则可以体现很大的效益。为了便于成本、效益等各项指标的对比测算，便于决策者进行决策，也为了便于操作实施，一般将具有相同属性的产品进行归类、汇总，定义为一类能效电厂。例如，可以将推广节能灯的 DSM 项目汇总为绿色照明 EPP。能效电厂一般分为绿色照明 EPP、高效电动机 EPP、变频设备 EPP、移峰设备 EPP、高效家电 EPP、可中断设备 EPP、节能变压器 EPP 等，这些都是狭义能效电厂。广义能效电厂不仅仅将节电项目，而且将其他节能项目纳入能效电厂的范畴，包括余压余能利用、可燃废气发电等其他节能措施。本书中所提的能效电厂如不做特殊说明均指狭义的能效电厂。

1. 绿色照明 EPP

将照明设备进行归类、汇总，作为节约电力的途径时，不仅可以将一个地区的照明设备进行归类、汇总，也可以将多个地区的照明设备进行归类、汇总。近几年，我国积极采取相应的政策和激励措施，大大推进了绿色照明技术的发展和实施，节电照明产品质量逐渐改善，节电率和寿命不断提高。目前，我国很多节能灯具在达到普通白炽灯相同照度［一般用流明（lm）表示］、光效的情况下，节能率达 60%～80%。

有专家测算过，我国照明耗电大体占全国发电总量的 10%～12%[13，14]。据此测算，2012 年全国照明用电量超过 4500 亿千瓦·时，相当于三峡水电站年发电能力的 4 倍多。如果全国 80%的照明灯具都换成节能灯，一年就能节约电量 2500 亿千瓦·时，按照 2010 年发电煤耗 312 克标准煤/（千瓦·时）、发电厂厂用电率 5.43%、火电厂厂用电率 6.33%、供电煤耗 333 克标准煤/（千瓦·时）、线损率 6.53%[15] 进行测算（本章测算节能减排系数，下同），相应可以节约能源约 9000 万吨标准煤，减少二氧化碳排放 2.2 亿吨，减少二氧化硫排放 100 万吨，减少氮氧化物排放 59 万吨，可以为节省电力建设投资、节能减排做出巨大贡献。如果以 2000 年或 2005 年数据为基础进行测算，节能量和减排量会更大。

再如，目前，普通人家照明灯具一般是 25～40 瓦的普通白炽灯，按照一年运行 2000 小时测算，需要耗电 50～80 千瓦·时，如果换成 5～8 瓦的节能灯，则可以节约用电负荷 20～32 瓦，一年可以节约电量 40～64 千瓦·时。如果将 1 亿只照明设备进行归类、汇总形成照明 EPP，则可以节约用电负荷 200 万～320 万千瓦，一年可以节约电量 40 亿～60 亿千瓦·时，相应节约能源 140 万～210 万吨标准煤，减少二氧化碳排放 350 万～530 万吨，减少二氧化硫排放 1.5 万～2.0 万吨，减少氮氧化物排放 0.9 万～1.5 万吨。如果以 LED 灯替代白炽灯，其效益更大。

绿色照明 EPP 是将一定数量的照明设备统一归类、汇总进行改造，分析成本效益，决定是否实施。如果可以实施，则可以纳入综合资源战略规划中作为一项资源统一考虑。

实施绿色照明 EPP 不仅可以减少负荷需求，还可以减少电量需求。

2. 高效电动机 EPP

电动机是将电能转换为机械能的设备，应用范围比较广，其用电量占工业用电量的 60%

左右。按2010年用电量测算，电动机的用电量在1.9万亿千瓦·时。针对电动机进行节能，不仅潜力巨大，意义也十分重大。电动机的节电途径主要有两个：一是提高电动机的效率，采用高效电动机替代相对低效的普通电动机，这是提高运行效率和功率因数的基础，也是长期以来通行的一个主要节电技术措施；二是提高电动机的运行效率，采用调速技术改善启动性能和运行特性，提高电力拖动的系统效率。

目前我国实际运行的电动机中，以0.55～100千瓦的三相异步电动机为主，其中70%为Y系列，10%为Y2系列。电动机的效率低于国外平均水平3～5个百分点。如果将所有Y2系列电动机更换为高效电动机，将效率提高5个百分点，则一年可以节约电量93亿千瓦·时，相应节约能源330万吨标准煤，减少二氧化碳排放810万吨，减少二氧化硫排放4万吨，减少氮氧化物排放2万吨。

高效电动机EPP主要是针对第一个途径，将需要进行更新改造、提高效率的电机设备统一归类、汇总，分析它们在完成同样功能、满足同样需求的情况下，由于效率的提高带来的效益以及需要支出的成本等指标后决定是否实施，如果可以实施，则可以纳入综合资源战略规划中作为一项资源统一考虑。

实施高效电动机EPP主要是可以减少电量需求。

3. 变频设备EPP

每个电动机都连接有某种形式的拖动设备，如起重机、水泵、机床等。有些电动机受到负载工况的限制，输入或输出功率经常变化，或者需要频繁启动、断续运行等，经常处于非经济运行区间，效率较低。调速设备改善电动机的启动性能和运行特性，提高运行效率，尤其是变频调速设备可以改变电动机电源频率，从而改变其同步转速，具有良好的速度控制性能，效率高，应用范围广，有利于实现集中控制。例如，在冷却水泵系统中，变频调速系统可以保持稳定的进机流量，以保持冷冻机的需要流量。在流量小的时段，可以降低负荷需求，在整个运行时段，可以节约电量。

近十多年来，我国在坚持研究推广高效电动机的同时，大力推广了电动机调速技术，例如风机水泵调速节能技术可提高运行效率25%～30%，2～3年可回收初投资。目前，各行各业都在一定程度上采用了电动机调速技术。

例如某纺织厂投资300万元对105台电动机共计1575千瓦应用了变频调速技术，可以实现年节约电量150万千瓦·时，则一年可以节约能源500吨标准煤，减少二氧化碳排放1300吨，减少二氧化硫排放6吨，减少氮氧化物排放4吨。

再如某城市有容量10千瓦以上的电动机2万台左右，装机容量170万千瓦，年用电量27亿千瓦·时，其中风机、水泵、压缩机共计6183台，容量为53万千瓦，占总量的31%，主要分布在冶金、化工、纺织、建材、化肥、机械和国防等行业部门。据统计，适合变频调速的电动机约1855台，容量为16万千瓦，年用电量10亿千瓦·时。对105台电动机共计3418千瓦应用了变频调速技术，可以实现年节约电量615万千瓦·时[17]，则一年可以节约能源2200吨标准煤，减少二氧化碳排放5500吨，减少二氧化硫排放25吨，减少氮氧化物排放15吨。

变频调速器EPP就是将需要进行更新改造的变频设备统一归类、汇总，分析它们在完成同样功能、满足同样需求的情况下，由于运用变频技术提高效率带来的效益以及需要支出的成本等指标后决定是否实施。如果可以实施，则可以纳入综合资源战略规划中作为一项资源统一考虑。

实施变频调速器 EPP 主要是可以减少电量需求，在部分时段可以节约电力负荷需求。

4. 移峰设备 EPP

DSM 的一项措施是采用蓄冷、蓄热等移峰设备，通过技术手段达到移峰填谷的目的。目前比较成熟的技术项目有：

（1）煤炭、矿山采掘业排水系统。排水系统的负荷约占这些行业总负荷的 30%左右，利用废弃巷道，适当进行蓄水池扩容，完全可以只在电网低谷时段排水。由于执行峰谷电价，某矿务局仅通过此一项措施，就实现年节约电费支出 180 万元。

（2）水泥企业的矿石破碎设备、（生）熟料磨机，造纸行业的木材破碎机、磨浆机等。这些设备均为重点耗电设备，约占这些行业总负荷的 30%～40%。将料仓或浆池适当扩容，即可将这部分负荷安排在电网非峰时段，电网、用户双方都会受益。

（3）盐化工（氯碱）、电解铝等行业的电解工艺。建设一套自控设备对工艺进行微调，即可将最高负荷的 15%～20%转移到电网低谷时段。

（4）蓄能空调技术。这类技术主要包括水蓄能、冰蓄冷、化合物蓄能等技术，起源于 20 世纪 70 年代的石油危机，应用范围从工业冷却到建筑物空调、区域供冷供热。我国自 90 年代初开始引进和研制该技术，目前各种蓄冷系统都有工程实例，如：水蓄冷、直接蒸发式冰盘管、机械制冰、外融冰盘管、完全冻结式塑料盘管、不完全冻结式盘管、冰球、冰板式盘管等，其推广应用受到越来越多的重视。例如南京某企业安装冰蓄冷空调后，将 1000 千瓦高峰负荷转移到低谷时段，按照峰谷电价结算电费，3 年共计节约 144 万元。

移峰设备的安装使用是将某时间段的负荷需求转移到其他时间段，一般是多耗电的。虽然多用了电量，但由于抬高了低谷负荷，优化了电网负荷特性，有利于电力系统效率提高，从而促进节约燃煤。某省利用 6 年时间推广各类蓄热电锅炉、蓄冰空调 654 台，总容量 27 万千瓦，其中蓄能设备用电容量 14 万千瓦，投运后可转移高峰负荷约 10 万千瓦；若以每年运行 1000 小时计算，需要多耗电 2.75 亿千瓦·时。对电力系统来说可以减少 10 万千瓦的装机容量，虽需多发电量 2.75 亿千瓦·时，但由于低谷负荷的抬高可以提高电力系统的整体运行效率，依然可以减少发电耗煤，达到节约耗煤的目的。以 2003 年数据为基础，在社会需求不变的条件下，假如将电网负荷率提高一个百分点，由于提高了发电厂机组运行效率，全国每年节约燃料约 700 万吨标准煤[19]。

移峰设备 EPP 就是将可以通过采用蓄冷、蓄热等移峰设备实现移峰填谷的项目统一归类、汇总，分析它们在满足同样需求的情况下提高电网负荷率带来的效益以及需要支出的成本等指标后决定是否实施。如果可以实施，则可以纳入综合资源战略规划中作为一项资源统一考虑。

实施移峰设备 EPP 主要用于减少高峰负荷需求，但不节约电量。

5. 高效家电 EPP

这里的家电是指除了照明设备之外的家用电器，主要包括空调、电冰箱、热水器、洗衣机、电风扇、电炊具、洗碗机、电烤箱等。随着科学技术的不断进步，家电的效率不断提高，目前已经有大量的具有高等级能效的家用电器，即高效家电。

如果将普通的家电更新为高效家电，可以节约用电。例如，目前的普通冰箱每年耗电量是400千瓦·时，若更换为可以节约50%电量的高效冰箱，每年即可节约电量200千瓦·时。如果更换1万台，每年可以节约电量200万千瓦·时，相应可以节约能源700吨标准煤，减少二氧化碳排放1750吨，减少二氧化硫排放10吨，减少氮氧化物排放6吨。我国居民生活用电量占总用电量的12%左右（发达国家占比在30%左右），将来还会快速上升，推广高效家电EPP具有巨大的节电潜力。

高效家电EPP就是将需要进行更新改造的空调、冰箱、热水器、电炊具等设备统一归类、汇总，分析它们在满足同样需求的情况下产生的效益以及需要支出的成本等指标后决定是否实施。如果可以实施，则可以纳入综合资源战略规划中作为一项资源统一考虑。

实施高效家电EPP不仅可以减少电量需求，还可以减少负荷需求。

6. 需方响应（又称需求侧响应、需求响应，demand response，DR）EPP

近年来，很多地方通过可中断负荷降低电网高峰时段电力需求。这是一项很好的DSM措施，一般适用于大企业用户，因为大企业有部分负荷（生产设备、生产线、非生产负荷等）是可以调控的，在高峰时段可以压下，如炼钢的电弧炉。这些负荷可以在提前通知的前提下（一般提前1小时）压负荷1～2小时，且不带来任何人身伤害和设备损伤，但用户的产值、效益可能会有少量损失。工业发达国家大都将此激励措施纳入电价，我国江苏、河北、上海等地对此执行了适当的补贴政策。

前些年，部分省份对参与可中断负荷避峰的用户，每1千瓦负荷停电1小时，补贴1元。如果参与的负荷有30万千瓦，每年可以中断50小时，则每年需要补贴1500万元。此途径可以实现减少装机容量30万千瓦，如果按照1千瓦装机需电力系统投入5000元测算，通过减少建设电厂实现节约投资15亿元；按照电厂寿命期20～30年测算，需要补贴3亿～4.5亿元。可以看出，即使不考虑电厂的运行费用，需要的补贴费用也远低于电厂投资。

某省为促进企业参与DR，将峰谷分时电价进行调整，峰、平、谷时段电价分别提高了5.18%、5.15%和3.56%，峰谷电价比达到3.63。调整后，该省化工企业负荷特性调整效果显著，峰电量占比下降0.64个百分点，而谷电量占比则上升1.27个百分点，典型日负荷率提高了2个百分点左右。

在电力市场中，可以在价格的调控下，通过DR降低高峰负荷，提高低谷负荷，起到移峰填谷的作用，同时DR还可以吸纳更多的可再生能源。一般情况下，一个用户参与响应的负荷不大，将多家企业参与响应的负荷归类、汇总形成需求侧响应EPP，则可以分析它们在满足同样需求的情况下产生的效益以及需要支出的成本等指标后决定是否实施。如果可以实施，则可以纳入综合资源战略规划中作为一项资源统一考虑。

实施需求侧响应EPP可以降低高峰负荷。

7. 节能变压器EPP

由于受经济发展水平、投资力度、改造规模等外界条件的限制，我国目前仍有大量的高耗能变压器，如S7系列及以下高耗能变压器容量仍有1.9亿千伏·安，占配电变压器容量的28%左右，先进的S11系列和非晶合金节能变压器占配电变压器容量的12.9%左右，高耗能设备比重较大。变压器更新改造将是未来节能降耗的重点工作。

如果将目前S7系列及以下高耗能变压器中的500万千伏·安因地制宜更换为非晶合金节能变压器，可以减少损耗40%以上，全年空载、等效满载小时数按照8600、2200小时测算，一年可以节约电量1亿千瓦·时，相应节约标准煤3.6万吨，减少二氧化碳排放8.8万吨，减少二氧化硫排放410吨，减少氮氧化物排放230吨。

节能变压器EPP就是将需要进行更新改造的变压器统一归类、汇总，分析它们在满足同样需求的情况下产生的效益以及需要支出的成本等指标后决定是否实施。如果可以实施，则可以纳入综合资源战略规划中作为一项资源统一考虑。

实施节能变压器EPP主要是可以节约电量。

8. 各类EPP的节电情况

不同类型的EPP实现的总目标都是节能减排，但在节电功能和效果上有所不同，有些既节约电力负荷，又节约电量；有些主要节约电力负荷；有些主要节约电量，不节约电力负荷；还有些节约了高峰电力负荷，但多耗电量，具体如表1-3所示。

表1-3　　各类EPP节电类型

EPP种类	节约电力负荷或浪费电力负荷	节约电量或多耗电量
绿色照明EPP	节约电力负荷	节约电量
高效电动机EPP		节约电量
变频设备EPP	节约部分时段电力负荷	节约电量
移峰设备EPP	节约高峰电力负荷	多耗电量
高效家电EPP	节约电力负荷	节约电量
需方响应EPP	节约电力负荷	
节能变压器EPP		节约电量

二、综合资源战略规划的特点和优点

IRSP是IRP理念的拓展，它们既有相同之处，也有区别之处。IRSP同IRP的区别之处如表1-4所示。

表1-4　　IRSP与IRP的区别

项目	综合资源规划（IRP）	综合资源战略规划（IRSP）
实施条件	电力垄断（发、输、配、售一体化）	各时期
性质	电力企业规划	国家电力战略规划，可以指导电力行业及用户节能的规划
目标	企业的总成本最小、经济效益最大	全社会的总成本最小、供需双方资源利润率最大、社会效益最优
制定者	电力企业	政府
关注重点	（1）注重微观； （2）电力企业根据其电力需求及可行的DSM项目预测，提出其发电装机进度、生产模拟，并制定具体到每台机组的开工、建设、生产、运行甚至检修等规划	（1）注重宏观； （2）政府制定各时期不同类型发电机组（如煤电、气电、水电、核电、风电等）及EPP的总体规模、对能源种类的需求量、对社会环境影响等宏观规划

续表

项目	综合资源规划（IRP）	综合资源战略规划（IRSP）
资源优化的范围	可以将电力企业所经营区域内供应侧与需求侧的资源进行优化配置	可以将全国范围内供应侧和需求侧的资源进行优化配置
国家政策的体现	可以体现一部分	能体现国家的大政方针和政策

（1）IRSP 解决了由于厂网分开对 IRP 实施条件的冲击。IRP 是电力企业在电力垂直一体化时期用来指导自身发展的电力规划。厂网分开给综合资源规划的理论基础、实施条件带来冲击。虽然电力的发、输、配、售、用等环节的联系没有改变，但是发电企业、电网企业在开展自身的经营发展规划过程中都会片面地追求自身利益最大化，无法全面地考虑全社会整体的成本效益。也就是说，IRP 不能再作为发电企业及电网企业的工具了，但在国家层面，政府采用 IRSP 即可消除这一弊端，全面考虑社会的效益。

（2）IRSP 追求的目标是真正意义上的全社会的效益最优。电力企业在开展 IRP 的过程中，虽然考虑了供应侧、需求侧两方面的资源，但其追求的目标是企业自身的利益最大化。IRSP 的目标上升到全社会的效益最大化，追求的目标是更高层次的。以社会效益为主要评价标准，注意协调供需各方的贡献和利益分配。

（3）IRSP 实现对电力生产、传输和使用全过程真正意义上的综合优化。电力企业开展 IRP 的过程中，对发、输、配、售环节的因素考虑比较全面，但对需求侧资源，侧重于电力企业开展的 DSM 项目和涉及的用户，考虑因素比较片面。政府开展 IRSP 的过程中，可以对发、输、配、售、用各个环节的因素全面考虑，尤其是对需求侧资源、电力用户的考虑可以全面覆盖，可以考虑采用不同的激励政策对 DSM 的影响，实现真正意义上的全过程综合优化规划。另外，IRSP 可以更有效地将全国范围内的资源进行优化配置，达到全社会节约能源资源的目的。

（4）IRSP 关注点更宏观。电力企业开展 IRP 的过程中，约束条件除了包括电力需求、电量需求等指标外，还包括发电机组的发电负荷曲线、需求侧管理资源的节能节电负荷曲线等微观约束。IRSP 只需考虑总体电力发展是否满足电力负荷需求和电量需求（留有一定的备用），限定污染物排放等宏观因素，从宏观的角度审视未来的电力发展，而不必过多地考虑生产过程，也不必考虑需求侧资源的节能节电负荷曲线。

（5）IRSP 可以为政府引导发电企业、电网企业规划和发展提供依据。要保持电力行业的健康发展，就需要电网电源协调发展。厂网分开给电网电源的协调发展带来一定的难度。政府可以从宏观战略的高度开展综合资源战略规划，以此来指导发电企业、电网企业的规划与发展，解决这一难题。

（6）IRSP 引入能效电厂，可以为制定各类 DSM 项目规划提供依据。由于能效电厂是许多具有相同属性的电力需求侧管理项目的汇总，将 EPP 纳入资源，可以更好地评价需求侧资源，比如可以在需求侧资源的经济分析中将电力供应部门、节能服务公司、设备供应商、参加与未参加项目的电力用户及全社会等角度的成本考虑在内，可以为制定各类 DSM 项目规划提供依据。

（7）IRSP 可以更有效地将国家的大政方针等政策融入其中。IRP 是由电力企业在垂直一

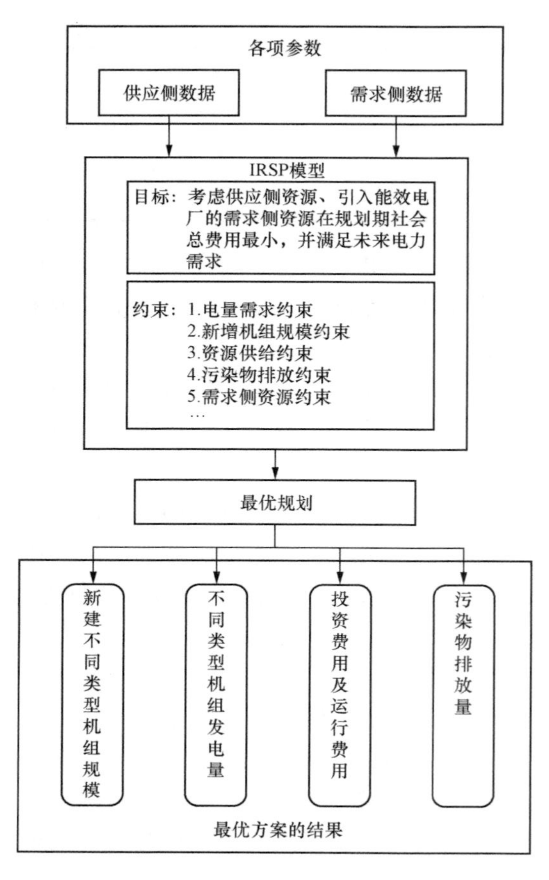

图 1-9　IRSP 的模型

体化时期开展的生产经营发展规划，更多地关注企业自身利益的最大化。而 IRSP 由政府来制定，可以充分地体现国家的大政方针。

三、综合资源战略规划模型的构建

同 IRP 一样，资源综合优化环节最为重要，它的主要任务就是建立 IRSP 模型并得出最终的 IRSP 方案。下面介绍三种 IRSP 模型。

（一）投资最小的 IRSP 线性模型（IRSP-L）

IRSP 模型如图 1-9 所示。

如前所述，IRSP 的目标是综合考虑供应侧资源和需求侧资源，以全社会最小的成本满足未来的电力需求，这就是战略规划的目标函数，主要关注的是全社会的费用（包括电源建设、运行、EPP、环保等）之和最小化。IRSP 所要考虑的成本主要包括全社会新建各类机组的投资、现有机组与新建机组的运行成本、各类机组在规划期末的残值（此项可以理解为收入）、开展能效电厂的投资及后续的运行费用等。

规划的目标就是要使所有投资费用与运行费用之和，即总费用最小化，即规划目标=总费用最小=所有投资费用和运行费用之和最小。

总费用包括所有投资费用和运行费用，可以细分为如下各项：

总费用=规划期内所有新增机组的投资费用–所有新增机组在规划期末的残值+所有新增机组的运行费用+所有已有机组的运行费用+购买外来电的费用+所有 EPP 的投资费用+所有 EPP 的运行费用

IRSP 也是在一定约束条件下的总费用最小的规划，与 IRP 的不同之处体现在 IRSP 关注的是一些宏观约束条件，包括未来的电量需求约束、机组发电量约束、新建机组的最大数量约束、电煤等燃料资源供给约束、污染排放约束、外受电量约束及需求侧资源约束等。

通过对 IRSP 模型进行优化，可得出满足约束条件的最优规划方案结果，包括未来各水平年各类机组的装机规模和发电量、规划期间的投资费用和运行费用、各种污染物排放量等，还可以计算得出其他相关指标。

根据上述模型构建机制，我们编制一个 IRSP-L 模型软件，其目标是寻求在满足全国目标年电力需求基础上的煤电、气电、水电、核电、风电等及能效电厂的最优组合方案。这里的最优是指规划期内新增的各类机组（含能效电厂）的固定成本和变动成本最小。目标函数为：

$$\min Z=\min\{GF+BF-CZ\} \tag{1-1}$$

式中　Z——电力建设的总成本；

GF——规划期内各年投产机组的固定费用之和（考虑资金时间价值）；

BF——规划期内各年所有机组的运行费用之和（考虑资金时间价值）；

CZ——规划期内各年投产机组在规划期末的残值（考虑资金时间价值）。

三个分项分别用公式表示为：

$$GF=\sum_{y=1}^{Y}\left[\sum_{m=1}^{M}(C_{y,m}\times F_{y,m})\times\beta_{y}\right] \tag{1-2}$$

式中 Y——规划期的时间段；

y——年份；

M——机组类型的数量，在此例中，机组类型有13个；

m——机组类型的序号，1，2，3，…，13依次代表煤电、气电、水电、核电、风电、太阳能发电、绿色照明EPP、高效电动机EPP、变频调速器EPP、移峰设备EPP、高效家电EPP、可中断设备EPP、节能变压器EPP，前6个为常规电源，后7个为能效电厂；

$C_{y,m}$——第y年第m类机组的新增装机容量；

$F_{y,m}$——第y年第m类机组的单位容量成本；

β_y——第y年的资金时间价值系数。

$$BF=\sum_{y=1}^{Y}\left\{\left[\sum_{m=1}^{M_1}(E_{y,m}\times V_{y,m})+\sum_{m=M_1+1}^{M}(E_{y,m}\times V_{y,m})\right]\times\beta_{y}\right\} \tag{1-3}$$

式中 $E_{y,m}$——第y年第m类机组的总发电量；

$V_{y,m}$——第y年第m类机组的单位变动成本；

M_1——常规电源类型数量，在此例中为6（即煤电、气电、水电、核电、风电、太阳能发电等）。

$$CZ=\sum_{m=1}^{M}(R_{y,m}\times\beta_{y}) \tag{1-4}$$

式中 $R_{y,m}$——第y年新增的第m类机组在规划期末的残值。

更进一步，式（1-3）中的$E_{y,m}$可以由第y年第m类机组的年平均利用小时数确定，即：

$$E_{y,m}=(C_{y,m}^{0}+\varphi_{y,m}\times C_{y,m})\times H_{y,m} \tag{1-5}$$

式中 $C_{y,m}^{0}$——第y年第m类机组的期初装机容量；

$\varphi_{y,m}$——第y年第m类机组新增容量折算等效平均容量的系数；

$H_{y,m}$——第y年第m类机组的年平均利用小时数。

约束条件有：

（1）电量需求约束。每年扣除损失后的常规电源与能效电厂的合计发电量等于需电量的预测值。

$$\sum_{m=1}^{M}E_{y,m}\times(1-\eta_{y})=E_{y} \tag{1-6}$$

式中 η_y——发电量同用电量之间的损失率；

E_y——第 y 年的需电量预测值。

（2）装机规模约束。每年的常规电源与能效电厂的装机规模之和不超过一定的限度。

$$C_{y,m}^{0}+C_{y,m}\leqslant C_{y,m}^{\max} \tag{1-7}$$

式中 $C_{y,m}^{\max}$——第 y 年第 m 类机组的最大装机容量限度。

（3）燃料资源约束。每年对某种燃料资源的消耗不应超过该资源的可供数量。

$$b_{y,m}\times E_{y,m}\leqslant X_{y,m} \tag{1-8}$$

式中 $b_{y,m}$——第 y 年第 m 类机组单位发电量所消耗的资源数量；

$X_{y,m}$——第 y 年第 m 类机组所对应资源的最大供应量。

（4）污染物排放约束。每年燃煤、燃气机组排放的二氧化碳、二氧化硫、氮氧化物不大于设定值。

$$E_{y,1}\times O_{y,1}+E_{y,2}\times O_{y,2}\leqslant O_{y,\max} \tag{1-9}$$

$$E_{y,1}\times S_{y,1}+E_{y,2}\times S_{y,2}\leqslant S_{y,\max} \tag{1-10}$$

$$E_{y,1}\times N_{y,1}+E_{y,2}\times N_{y,2}\leqslant N_{y,\max} \tag{1-11}$$

式中 O_y、S_y、N_y——第 y 年的二氧化碳、二氧化硫、氮氧化物排放量；

下标——1 代表火电机组、2 代表燃气机组；max 表示排放量的最大限度。

（二）投资最小的 IRSP 非线性模型（IRSP-N）

在 IRSP 线性模型（IRSP-L）中，式（1-5）中第 y 年第 m 类机组的年平均利用小时数 $H_{y,m}$ 为给定值，如果将其设为变量，那么就是非线性规划问题。以规划期内新增各类机组的固定成本、所有投产机组的运行成本和排放成本之和最小为目标函数，目标函数为：

$$\min Q=\min(GF+BF+EF) \tag{1-12}$$

式中 Q——电力建设、运行和排放费用的总成本；

GF——规划期内各年投产机组的固定费用之和（考虑资金时间价值，装机成本平均分摊到机组寿命期各年）；

BF——规划期内各年投产机组的运行费用之和；

EF——规划期内各年投产机组的排放费用之和。

三个分项分别用公式表示为：

$$GF=\sum_{y=1}^{Y}\left[\sum_{m=1}^{M}\left(\sum_{yy=y}^{yy\leqslant Y}C_{y,m}\times F_{y,m}\times K_{y,m,yy}\times\beta_{yy}\right)\right] \tag{1-13}$$

式中 Y——规划期的时间段；

y——年份；

M——机组类型的数量；

m——机组类型的序号；

$C_{y,m}$——第 y 年第 m 类机组的新增装机容量；

$F_{y,m}$——第 y 年第 m 类机组的单位容量成本；

$K_{y,m,yy}$——第 y 年第 m 类新增机组在规划期内的成本平均分摊系数，例如，规划期为 20 年，$K_{y,m,yy}$ 为 $20×M×20$ 成本平均分摊系数矩阵元素，表示新增装机在以后寿命期各年成本分摊情况；

β_{yy}——第 yy 年的资金时间价值系数。

$$BF=\sum_{y=1}^{Y}\left\{\sum_{m=1}^{M}\left[E_{y,m}\times(V_{y,m}-DS_{y,m})\right]\right\} \tag{1-14}$$

式中 $E_{y,m}$——第 y 年第 m 类机组的发电量；

$V_{y,m}$——第 y 年第 m 类机组的单位变动成本；

$DS_{y,m}$——第 y 年第 m 类机组的单位电量补贴。

$$EF=\sum_{y=1}^{Y}\left[\sum_{m=1}^{T}(E_{y,m}\times O_{y,m}\times P_{y,\mathrm{O}}+E_{y,m}\times S_{y,m}\times P_{y,\mathrm{S}}+E_{y,m}\times N_{y,m}\times P_{y,\mathrm{N}})\right] \tag{1-15}$$

式中 T——常规机组类型的数量；

$O_{y,m}$——第 y 年第 m 类机组的二氧化碳排放强度；

$P_{y,\mathrm{O}}$——第 y 年单位二氧化碳排放费；

$S_{y,m}$——第 y 年第 m 类机组的二氧化硫排放强度；

$P_{y,\mathrm{S}}$——第 y 年单位二氧化硫排放费；

$N_{y,m}$——第 y 年第 m 类机组的氮氧化物排放强度；

$P_{y,\mathrm{N}}$——第 y 年单位氮氧化物排放费。

式（1-14）中的 $E_{y,m}$ 可以由第 y 年第 m 类机组的利用小时数确定，即：

$$E_{y,m}=(C_{y,m}^{0}+\varphi_{y,m}\times C_{y,m})\times H_{y,m} \tag{1-16}$$

式中 $C_{y,m}^{0}$——第 y 年第 m 类机组的期初装机容量；

$\varphi_{y,m}$——第 y 年第 m 类机组的新增容量折算等效平均容量系数；

$H_{y,m}$——第 y 年第 m 类机组的平均利用小时数。

约束条件有：

（1）电量需求约束。每年常规电源与能效电厂的合计发电量等于负荷需求电量的预测值。

$$\sum_{m=1}^{M}E_{y,m}=E_{y} \tag{1-17}$$

式中 E_{y}——第 y 年的需求电量预测值。

（2）电力需求约束。每年扣除备用后的常规电源与能效电厂的合计出力不小于负荷需求的预测值。

$$\sum_{m=1}^{M}P_{y,m}\times(1-v_{y})\geqslant P_{y} \tag{1-18}$$

式中 $P_{y,m}$——第 y 年第 m 类机组的出力；

v_{y}——第 y 年的备用需求；

P_{y}——第 y 年的负荷需求预测值。

（3）装机规模约束。每年的常规电源与能效电厂的装机规模不超过一定的限度。

$$C_{y,m}^{0}+C_{y,m}\leqslant C_{y,m}^{\max} \tag{1-19}$$

式中 $C_{y,m}^{\max}$——第 y 年第 m 类机组的最大装机容量限度。

（4）污染物排放约束。每年常规电厂排放的二氧化碳、二氧化硫、氮氧化物不大于设定值。

$$\sum_{m=1}^{T}E_{y,m}\times O_{y,m}\leqslant O_{y,\max} \tag{1-20}$$

$$\sum_{m=1}^{T}E_{y,m}\times S_{y,m}\leqslant S_{y,\max} \tag{1-21}$$

$$\sum_{m=1}^{T}E_{y,m}\times N_{y,m}\leqslant N_{y,\max} \tag{1-22}$$

式中 T——常规机组类型的数量；

$O_{y,\max}$——第 y 年第 m 类机组的二氧化碳排放最大限度；

$S_{y,\max}$——第 y 年第 m 类机组的二氧化硫排放最大限度；

$N_{y,\max}$——第 y 年第 m 类机组的氮氧化物排放最大限度。

（5）利用小时数约束。每年机组的平均利用小时数在设定的范围内。

$$H_{y,\min}\leqslant H_{y,m}\leqslant H_{y,\max} \tag{1-23}$$

式中 $H_{y,\max}$——第 y 年第 m 类机组的平均利用小时数最大值；

$H_{y,\min}$——第 y 年第 m 类机组的平均利用小时数最小值。

（6）补贴约束。每年各类新增机组的容量补贴和各类机组的电量补贴之和不大于补贴上限。

$$\sum_{m=1}^{M}(C_{y,m}\times RS_{y,m}+E_{y,m}\times DS_{y,m})\leqslant TS_{y,\max} \tag{1-24}$$

式中 $RS_{y,m}$——第 y 年第 m 类机组的单位容量补贴；

$TS_{y,\max}$——第 y 年补贴的上限。

（三）社会收益率最大的 IRSP 模型（IRSP-R）

以规划期内投产各类电厂收益率最大为目标函数，目标函数为：

$$\max R=\max\left(\frac{RE}{GF+BF}\right) \tag{1-25}$$

式中 R——各类电厂（含常规电厂和能效电厂）的总收益率；

RE——规划期内各年投产各类机组的收益之和；

GF——规划期内各年投产各类机组的固定费用之和（考虑资金时间价值，装机成本平均分摊到机组寿命期各年）；

BF——规划期内各年投产各类机组的运行费用之和。

三个分项分别用公式表示为：

$$RE=\sum_{y=1}^{Y}\left[\sum_{m=1}^{M}(P_{y,m}\times G_{y,m}+E_{y,m}\times T_{y,m})\right] \quad (1\text{-}26)$$

式中 Y——规划期的时间段；

y——年份；

M——机组类型的数量；

m——机组类型的序号；

$P_{y,m}$——第 y 年第 m 类机组的出力；

$G_{y,m}$——第 y 年第 m 类机组的容量电价；

$E_{y,m}$——第 y 年第 m 类机组的发电量；

$T_{y,m}$——第 y 年第 m 类机组的电量电价。

$$GF=\sum_{y=1}^{Y}\left[\sum_{m=1}^{M}\left(\sum_{yy=y}^{yy\le Y}C_{y,m}\times F_{y,m}\times K_{y,m,yy}\times\beta_{yy}\right)\right] \quad (1\text{-}27)$$

式中 $C_{y,m}$——第 y 年第 m 类机组的新增装机容量；

$F_{y,m}$——第 y 年第 m 类机组的单位容量成本；

$K_{y,m,yy}$——第 y 年第 m 类新增机组在规划期内的成本平均分摊系数，例如，规划期为 20 年，$K_{y,m,yy}$ 为 $20\times m\times 20$ 成本平均分摊系数矩阵元素，表示新增装机在以后寿命期各年成本分摊情况；

β_{yy}——第 yy 年的资金时间价值系数。

$$BF=\sum_{y=1}^{Y}\left\{\sum_{m=1}^{M}\left[E_{y,m}\times(V_{y,m}-DS_{y,m})\right]\right\} \quad (1\text{-}28)$$

式中 $V_{y,m}$——第 y 年第 m 类机组的单位变动成本；

$DS_{y,m}$——第 y 年第 m 类机组的单位电量补贴。

更进一步，式（1-26）中的 $P_{y,m}$ 可以由第 y 年第 m 类机组的装机容量确定，即：

$$P_{y,m}=(C_{y,m}^{0}+C_{y,m})\times\phi_{y,m} \quad (1\text{-}29)$$

式中 $\phi_{y,m}$——第 y 年第 m 类机组的折算等效平均出力系数；

$C_{y,m}^{0}$——第 y 年第 m 类机组的期初装机容量。

式（1-26）中的 $E_{y,m}$ 可以由第 y 年第 m 类机组的利用小时数确定，即：

$$E_{y,m}=(C_{y,m}^{0}+\varphi_{y,m}\times C_{y,m})\times H_{y,m} \quad (1\text{-}30)$$

式中 $\varphi_{y,m}$——第 y 年第 m 类机组的新增容量折算等效平均容量系数；

$H_{y,m}$——第 y 年第 m 类机组的平均利用小时数。

约束条件有：

（1）电量需求约束。每年常规电源与能效电厂的合计发电量等于负荷需求电量的预测值。

$$\sum_{m=1}^{M}E_{y,m}=E_{y} \quad (1\text{-}31)$$

式中　E_y——第 y 年的需求电量预测值。

（2）电力需求约束。每年扣除备用后的常规电源与能效电厂的合计出力不小于负荷需求的预测值。

$$\sum_{m=1}^{M} P_{y,m} \times (1-\nu_y) \geqslant P_y \tag{1-32}$$

式中　ν_y——第 y 年的备用需求；

P_y——第 y 年的负荷需求预测值。

（3）装机规模约束。每年的常规电源与能效电厂的装机规模不超过一定的限度。

$$C_{y,m}^{0} + C_{y,m} \leqslant C_{y,m}^{\max} \tag{1-33}$$

式中　$C_{y,m}^{\max}$——第 y 年第 m 类机组的最大装机容量限度。

（4）污染物排放约束。每年常规电厂排放的二氧化碳、二氧化硫、氮氧化物不大于设定值。

$$\sum_{m=1}^{T} E_{y,m} \times O_{y,m} \leqslant O_{y,\max} \tag{1-34}$$

$$\sum_{m=1}^{T} E_{y,m} \times S_{y,m} \leqslant S_{y,\max} \tag{1-35}$$

$$\sum_{m=1}^{T} E_{y,m} \times N_{y,m} \leqslant N_{y,\max} \tag{1-36}$$

式中　T——常规机组类型的数量；

$O_{y,m}$——第 y 年第 m 类机组的二氧化碳排放强度；

$O_{y,\max}$——第 y 年第 m 类机组的二氧化碳排放最大限度；

$S_{y,m}$——第 y 年第 m 类机组的二氧化硫排放强度；

$S_{y,\max}$——第 y 年第 m 类机组的二氧化硫排放最大限度；

$N_{y,m}$——第 y 年第 m 类机组的氮氧化物排放强度；

$N_{y,\max}$——第 y 年第 m 类机组的氮氧化物排放最大限度。

（5）利用小时数约束。每年机组的平均利用小时数在设定的范围内。

$$H_{y,\min} \leqslant H_{y,m} \leqslant H_{y,\max} \tag{1-37}$$

式中　$H_{y,\max}$——第 y 年第 m 类机组的平均利用小时数最大值；

$H_{y,\min}$——第 y 年第 m 类机组的平均利用小时数最小值。

（6）补贴约束。每年各类新增机组的容量补贴和各类机组的电量补贴之和不大于补贴上限。

$$\sum_{m=1}^{M} (C_{y,m} \times RS_{y,m} + E_{y,m} \times DS_{y,m}) \leqslant TS_{y,\max} \tag{1-38}$$

式中　$RS_{y,m}$——第 y 年第 m 类机组的单位容量补贴；

$TS_{y,\max}$——第 y 年补贴的上限。

为了便于比较，在 IRSP 模型的目标函数和约束中不考虑能效电厂等需求侧资源的竞争，称为传统电力战略规划模型（traditional resource strategic planning，TRSP）。

第三节　我国经济发展需要综合资源战略规划与电力需求侧管理

我国经济的粗放型发展方式使电力生产和使用面临能源短缺、环境污染的严峻挑战。我国单位产值能耗虽然总体呈下降趋势，但同国外发达国家相比还存在较大的差距，能耗的居高不下所导致的生态环境恶化会破坏经济增长的综合效果。实施 DSM 是提高电力生产和使用效率、降低资源消耗水平、优化能源消费结构、改变粗放型经济增长方式的重要途径，也是促进资源节约型和环境友好型社会建设的重要选择。

一、经济发展现状

2013 年，我国国内生产总值（GDP）达到 56.9 万亿元（当年价）❶，已经从 1978 年的世界第 10 位跃居世界第 2 位，仅次于美国；人均 GDP 达到 38420 元，折合 6086 美元[13，21~25]。我国的 GDP 增长情况如图 1-10 所示。

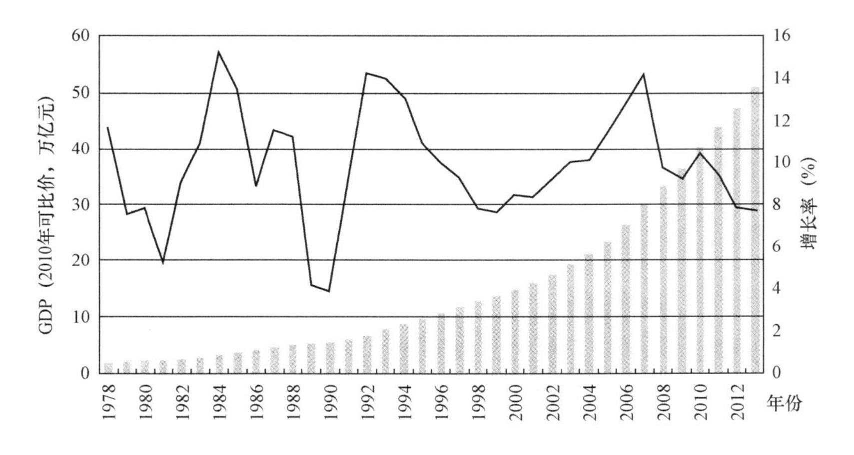

图 1-10　1978 年以来我国 GDP 的增长趋势图（2010 年价）

1978～2013 年，我国 GDP 增长了 25.1 倍，年均增长率达到 9.8%，其中第一产业增长 3.8 倍，年均增长率 4.6%；第二产业增长 40.2 倍，年均增长率达到 11.2%；第三产业增长 34.2 倍，年均增长率达到 10.7%。从产业结构来看，第一产业增加值比重不断下降，1978 年以来累计降幅达 18.2 个百分点；第二产业比重从 1978 年的 47.9%下降到 1990 年的 41.3%，2006 年波动上升到 48%，近几年波动下降，2013 年为 43.9%；第三产业比重总体保持上升趋势，2013 年达到 46.1%，首次超过第二产业，并且高出 2.2 个百分点。1978 年以来我国三次产业结构变动如图 1-11 所示。

改革开放以来，我国经济发展大体可以分为三个阶段：第一阶段，1978～1990 年，解决人民温饱问题。得益于改革开放及实行家庭联产承包责任制为核心的农村改革，GDP 年均增

❶ 数据来源：《2013 年国民经济和社会发展统计公报》。初步核算，全年国内生产总值 568845 亿元，比 2012 年增长 7.7%。其中，第一产业增加值 56957 亿元，增长 4.0%；第二产业增加值 249684 亿元，增长 7.8%；第三产业增加值 262204 亿元，增长 8.3%。第一产业增加值占国内生产总值的比重为 10.0%，第二产业增加值比重为 43.9%，第三产业增加值比重为 46.1%，第三产业增加值占比首次超过第二产业。

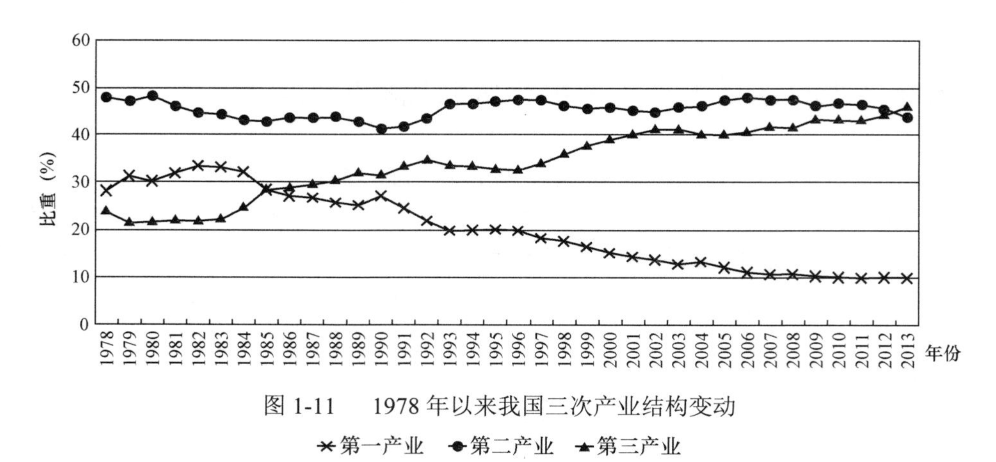

图 1-11　1978 年以来我国三次产业结构变动

—×—第一产业　—●—第二产业　—▲—第三产业

长 9.01%，但总体波动较大。第二阶段，1991～2000 年，实现总体小康。由于 1997 年亚洲金融危机等因素的影响，经济增速前高后低，GDP 年均增长 10.43%。第三阶段，2001 以来，进入全面建设（建成）小康社会的阶段，经济保持较快增长，虽然 2008～2009 年经济增速受国际金融危机影响回落较多，但 21 世纪前十年 GDP 年均增长率仍达到 10.5%。2011～2013 年受欧债危机的影响，市场需求疲软，加之主动调控使得经济增速有所放缓。从增速来看，出现放缓；从结构来看，更加优化；从增长动力来看，要素驱动逐步强化，我国经济发展逐步进入“新常态”。

二、电力发展现状

随着经济的快速发展，电力消费也呈现快速增长态势，如图 1-12 所示。目前，我国发电装机容量、全社会用电量均已跃居世界第一位。2013 年，全社会用电量达到 5.34 万亿千瓦·时；截至 2013 年底，电力装机容量达到 12.58 亿千瓦，其中火电装机容量达到 8.70 亿千瓦，占 69.18%[13，21～25]。

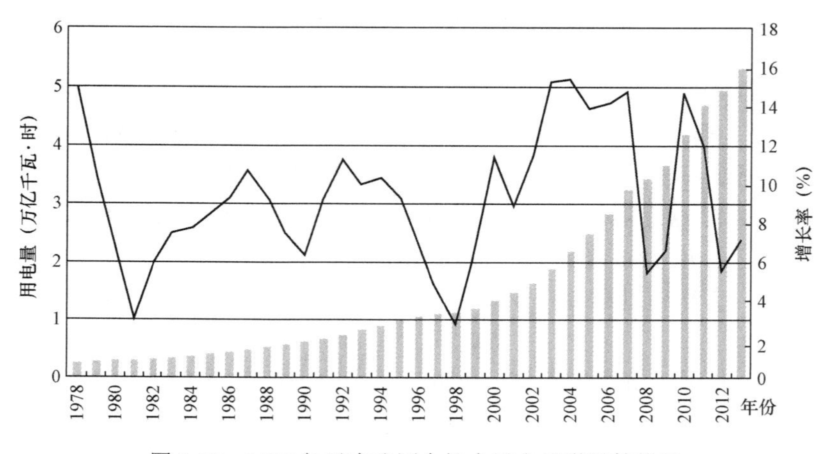

图 1-12　1978 年以来我国全社会用电量增长趋势图

1978～2013 年，发电装机容量增长 21.0 倍，其中水电增长 15.2 倍，火电增长 20.8 倍，核电、风电、太阳能发电等从无到有，近年来高速增长。2002 年以来，受到电力消费快速增长以及供需矛盾日益趋紧的影响，全国范围内掀起新一轮的电源建设热潮，电力装机以前所未有的速度发展，是新中国成立以来电源发展最快的一个阶段。“十五”期间共计新增装机容量1.98亿千瓦，年均增长率10.1%；“十一五”期间共计新增装机容量4.49亿千瓦，年均增长率13.3%，其中2006年新增装机容量突破1亿千瓦，达到1.07亿千瓦。2011～2013年，每年新增装机容量都在8000万千瓦以上。1978年以来我国主要年份装机容量如表1-5所示。值得一提的是，2005年以来，以风电为代表的可再生能源发电得到迅猛发展。2005年底，全国并网风电装机容量仅106万千瓦，2013年底达到7652万千瓦，年均增长70.7%，占总装机容量的比重达到6.1%。2008年底，全国并网太阳能发电装机容量几乎为零，2013年底达到1589万千瓦，占比达到1.3%。

表1-5　　1978年以来我国主要年份装机容量变化情况

年份	装机容量（万千瓦）	其中：水电		火电	
		装机容量（万千瓦）	比重（%）	装机容量（万千瓦）	比重（%）
1978	5712	1728	30.3	3984	69.7
1980	6587	2032	30.8	4555	69.2
1985	8705	2641	30.3	6064	69.7
1990	13789	3605	26.1	10184	73.9
1995	21722	5218	24.0	16294	75.0
2000	31932	7935	24.9	23754	74.4
2005	51718	11739	22.7	39138	75.7
2010	96641	21606	22.4	70967	73.4
2011	106253	23298	21.9	76834	72.3
2012	114676	24947	21.8	81968	71.5
2013	125768	28044	22.3	87009	69.2

1978～2013年，电力消费总量增长20.3倍，年均增长率达到9.1%。其中1995年前电力消费增长迅速，电力消费长期处于供不应求的局面。“九五”时期（1996～2000年），受亚洲金融危机和内需不旺的影响，电力消费增速逐年降低。2000年以来，受经济高速增长尤其是经济结构重型化的带动，电力消费保持了快速增长，其中“十五”时期（2001～2005年）年均增长率为13.0%，“十一五”时期（2006～2010年）年均增长率为11.1%，增速高于1978年以来的各个时期。2011、2012年分别增长12.0%、5.6%。受亚洲金融危机、国际金融危机、欧债危机的影响，1997年、1998年、2008年、2009年、2012年电力需求增速受到一定抑制，处于较低水平。

在用电结构中，由于工业用电比重大，第二产业用电始终占据主体地位。“八五”和“九五”期间，第二产业用电量比重有所下降；“十五”期间，由于工业用电的快速增长，第二产业用电比重又出现上升趋势。在1998～2001年，工业用电比重最低，但也在70%以上。2002年以后，伴随着我国经济结构出现重型化趋势，在黑色金属、有色金属、化学工业和建材行业四个高耗电行业用电快速增长的带动下，工业用电量比重开始回升；四个高耗电行业用电比重逐步攀升并超过1990年前后的水平，2006年最高达到33.8%，工业用电比重于2007年达到75.5%，与1995年的比重基本持平。受国际金融危机及国内主动调整经济结构的影响，高耗电行业增长趋缓，工业用电比重波动下降，2013年，四个高耗电行业用电比重为31.3%，工业用电比重为72.4%。1990年以来我国工业及四个高耗电行业用电比重变化如图1-13所示。

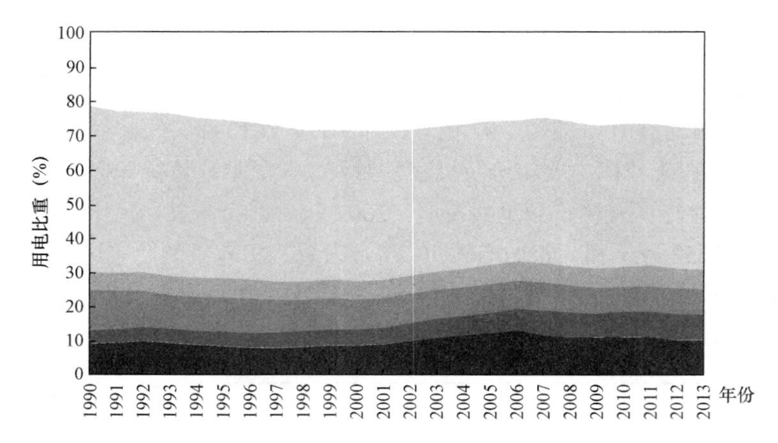

图 1-13　我国工业及四大高耗电行业用电量占全社会用电量的比重变化情况

■工业内其他行业 ■建材 ■化工 ■有色金属 ■黑色金属

三、能源资源现状

我国国土资源丰富，蕴藏的能源品种齐全，储量也比较丰富，然而，从结构看，煤炭比较丰富，而石油、天然气资源总量偏少；从地区分布上看，资源分布不够均衡；从人均水平看，属于资源贫瘠国，人均探明矿产资源储量只占世界平均水平的 58%，居世界的第 53 位。根据英国石油公司（British Petroleum，BP）资源数据，2010 年我国煤炭剩余可开采储量 1145 亿吨，占全球的 13.3%，而人均可开采储量仅为世界平均值的 69%；石油和天然气剩余可开采储量分别为 20 亿吨、2.81 万亿米^3，仅占全球的 1%～2%，人均可开采储量仅为世界平均值的 5%和 8%；水能资源虽然总量比较丰富，排名靠前，但人均拥有量也非常贫乏，在世界平均数量以下。从 2010 年的一次能源产量构成来看，煤占 76.5%，石油占 9.8%，而天然气仅占 4.3%，水能、核电仅占 9.4%[22, 24, 25]。可见我国水能资源的开发比重与其资源量是不相称的，煤炭资源生产比重偏大。中国能源资源及占全球比重如表 1-6 所示，近年来中国部分资源人均占有情况如表 1-7 所示。

表 1-6　　2009、2010 年中国能源资源及占全球的比重[22~27]

项　目	2009		2010		
	资源量	占全球的比重（%）	资源量	占全球的比重（%）	储采比
煤炭剩余可采储量	2040 亿吨	22.3	1145 亿吨①	13.3	35.34
石油剩余可采储量	20.26 亿吨	1.08	20.20 亿吨	1.07	9.95
	148.32 亿桶		147.84 亿桶		
天然气剩余可采储量	2.75 万亿米^3	1.47	2.81 万亿米^3	1.5	29.02
经济可开发水能资源	4.02 亿千瓦	15.6	—	—	—
淡水资源	24180 亿米^3	5	30906 亿米^3	—	—
耕地面积	1.22 亿公顷	9	1.22 亿公顷	—	—

① 为技术可开发量。

注　可采储量是可从探明储量中开采出来的数量。

表 1-7　　2009～2010 年中国部分资源人均占有情况

项　目	相当于世界平均水平的百分比（%）	项　目	相当于世界平均水平的百分比（%）
煤炭人均剩余可采储量	60.0	天然气人均剩余可采储量	6.7
石油人均剩余可采储量	6.2		

据海关统计资料表明，1993 年起，我国成为石油净进口国，1996 年起成为原油净进口国。2014 年，我国原油对外依存度已高达 59.6%。经济发展和能源结构调整决定了我国石油的对外依存度还会上升，按照当前能源消费模式，预计 2020 年我国石油对外依存度将超过 70%，远高于 50%的“国际警戒线”。此外，一些重要矿产资源不足的矛盾也日益突出，一些重要原材料需要长期进口。据预测，我国未来能源供应的缺口将越来越大。能源缺口与资源环境约束已成为制约未来经济可持续发展的重要因素。

能源资源的稀缺性与可持续发展的协调就在于通过终端用能的电力需求侧管理实现节能降耗、提高能效和促进电气化和现代化的可持续发展。为了解决我国能源战略和能源安全问题，不能走发达国家以前走过的过多消耗资源的老路，必须大力开展节能降耗，走新型工业化道路，才能实现可持续发展。

四、能耗指标现状

（一）我国能耗指标变化趋势

随着产业结构不断优化、科学技术不断进步，我国单位 GDP 能耗、单位 GDP 电耗总体呈下降趋势，分别从改革开放初期的 2.930 吨标准煤/万元（2010 年可比价）、1281 千瓦·时/万元下降到 2013 年的 0.739 吨标准煤/万元和 1050 千瓦·时/万元（如图 1-14 所示），但同发达国家相比还存在较大差距。

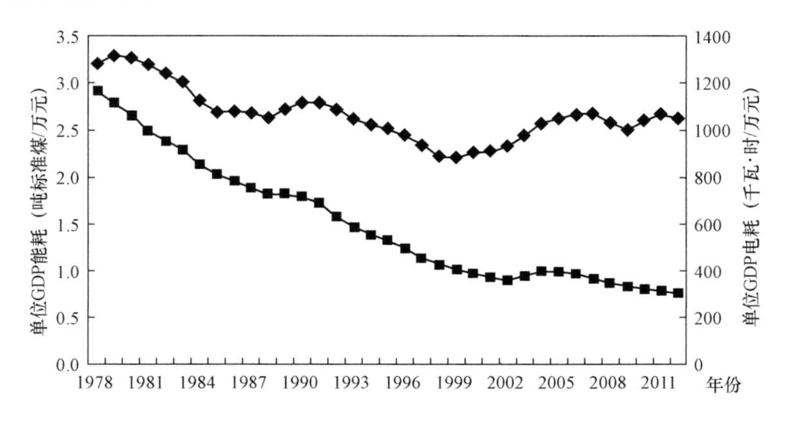

图 1-14　1978 年以来我国单位 GDP 能耗、单位 GDP 电耗变化趋势图（2010 年可比价）

-■-单位GDP能耗　-◆-单位GDP电耗

分时期来看，单位 GDP 电耗呈阶梯状下降，除了在 1988～1990 年和 2000～2007 年有些反弹外，总体呈持续下降的态势。1999 年最低，达到 885 千瓦·时/万元。“十五”以来，高耗能行业得到较快发展，带动单位 GDP 电耗有较大幅度的上升，2007 年上升到 1073 千瓦·时/万元，但同 1978 年相比仍下降了 15%以上，与 1990～1992 年基本持平。受国际金融危机和国内主动调控经济结构的影响，近年来单位 GDP 电耗波动下降。第二产业增加值的比重大，单位产值电耗数值大（是第三产业的 6 倍多），是影响总体 GDP 单位产值电耗变化的主导因素，如表 1-8 所示。

表 1-8　　1978 年以来我国单位产值电耗变化（2010 年可比价）（单位：千瓦·时/万元）

年份	GDP 单位产值电耗	行业 单位产值电耗	第一产业 单位产值单耗	第二产业 单位产值单耗	第三产业 单位产值单耗
1978	1281				
1990	1116	1032	242	3301	286
1995	1010	907	292	2286	318
2000	909	796	289	1867	324
2005	1054	934	337	2139	337
2010	1046	920	349	2027	341
2011	1072	943	349	2053	357
2012	1051	919	329	1979	368
2013	1050	917	323	1966	374

注　根据《中国统计年鉴 2014》、1949～2000 年《电力工业统计资料汇编》、2000～2013 年中国电力资料汇编数据计算。

我国电力需求与经济增长有着密切的相关性，这主要与我国电力消费结构有关。我国电力消费的大户是第二产业。无论是在第二产业用电比重下降期间还是上升期间，第二产业一直起着主导作用。1978～2013 年我国各产业单位产值电耗变化如图 1-15 所示。

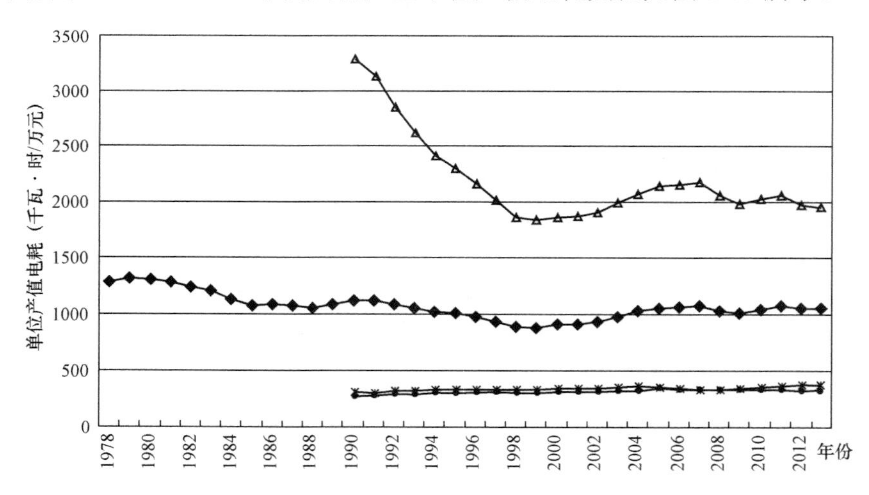

图 1-15　1978～2013 年我国各行业单位产值电耗变化趋势图（2010 年可比价）

—◆— 全社会　—•— 第一产业　—▲— 第二产业　—✱— 第三产业

图中，1990～2013 年我国第一产业、第三产业单位产值电耗均总体呈上升趋势，如图 1-16 所示。

1990 年（1990 年前后三次产业电量数据口径不一致）以来，第一产业单位产值电耗波动较大，但总体呈上升趋势，按 2010 年可比价计算，从 242 千瓦·时/万元上升到 2013 年的 323

千瓦·时/万元，上升了 81 千瓦·时/万元左右，年均增幅为 1.3%；第三产业单位产值电耗总体也呈上升趋势，从 286 千瓦·时/万元上升到 374 千瓦·时/万元，上升了 89 千瓦·时/万元左右，年均增幅为 1.2%；而第二产业单位产值电耗总体呈下降趋势，从 3301 千瓦·时/万元下降到 1966 千瓦·时/万元，下降了 1335 千瓦·时/万元左右，年均降幅为 2.2%。

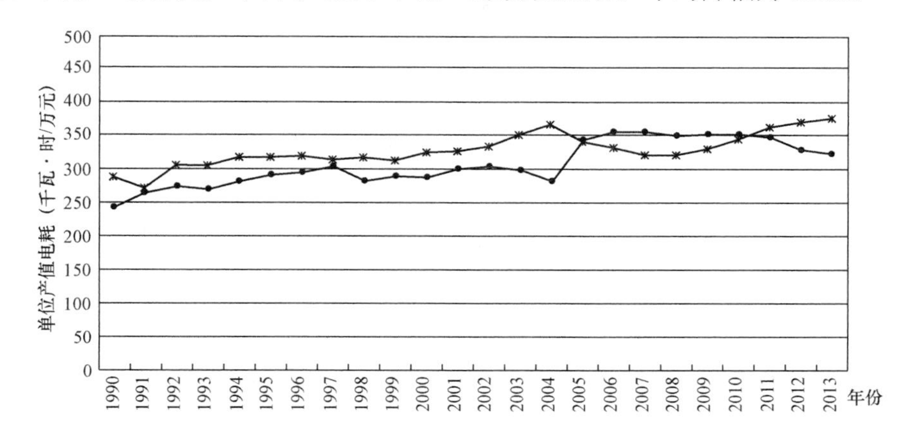

图 1-16　1990～2013 年我国第一产业和第三产业单位产值电耗变化趋势图（2010 年可比价）

—●— 第一产业　—✱— 第三产业

第二产业单位产值电耗的变化趋势同全社会的单位 GDP 电耗的变化趋势基本相同，是决定 GDP 单位产值电耗变化的一个主要原因。因此，需要针对第二产业用电加强节电管理和引导。

（二）我国产品单耗（单位产量电耗）在世界中的位置

目前我国各主要用电行业产品的电耗水平参差不齐，一些新建企业的产品电耗水平已经达到或接近了当今国际的先进水平，例如华能玉环电厂 2012 年发电煤耗 272 克标准煤/（千瓦·时）、供电煤耗 288 克标准煤/（千瓦·时）；中铝广西分公司推广“多参数平衡”技术，吨铝直流电耗降至 12700 千瓦·时。但仍有很多企业由于规模小，工艺、技术装备落后，经营、管理粗放等原因，其产品的电耗水平与国外的先进水平相比仍然存在着较大的差距。根据我国 2013 年能耗水平以及国际先进水平测算，我国工业领域八个高耗能行业节能潜力约 3.58 亿吨标准煤。2012、2013 年我国一些典型高耗能产品电耗水平如表 1-9 所示。

表 1-9　　2013 年我国高耗能产品能耗及国际比较

产品能耗	我国		国际先进水平①	2013 年我国与国际先进水平的差距	2013 年产量	节能潜力（万/吨标准煤）
	2012 年	2013 年				
煤炭开采和洗选②						
综合能耗［千克标准煤/吨］	31.8	—	—	—	36.8 亿吨	—
电耗（千瓦·时/吨）③	23.4	—	17	—	36.8 亿吨	
石油和天然气开采（千克标准煤/吨标准煤）④	126	121	105	16	3.374 亿吨标准煤	765
火电发电煤耗［克标准煤/（千瓦·时）］⑤	305	303	294	9	42216 亿千瓦·时	

续表

产品能耗	我国		国际先进水平①	2013年我国与国际先进水平的差距	2013年产量	节能潜力（万/吨标准煤）
	2012年	2013年				
火电供电煤耗［克标准煤/（千瓦·时）］⑤	325	321	275	46	39679亿千瓦·时	18252
钢可比能耗［千克标准煤/吨］⑥	674	662	610	52	7.79亿吨	4051
电解铝交流电耗（千瓦·时/吨）	13844	13740	12900	840	2206万吨	559
铜冶炼综合能耗［千克标准煤/吨］	451	436	360	76	649万吨	49
水泥综合能耗［千克标准煤/吨］⑦	127	125	118	7	24.16亿吨	1691
墙体材料综合能耗（千克标准煤/万块标准砖）⑧	449	449	300	149	11700亿块标准砖	1743
建筑陶瓷综合能耗（千克标准煤/米 ^{2}）	7.3	7.1	3.4	3.7	97亿米 ^{2}	3589
平板玻璃综合能耗（千克标准煤/重量箱）	16.0	15	13	2	7.8亿重量箱	156
原油加工综合能耗（千克标准煤/吨）	93	94	73	21	47800万吨	1004
乙烯综合能耗（千克标准煤/吨/吨）⑨	893	879	629	250	1623万吨	406
合成氨综合能耗（千克标准煤/吨）⑩	1552	1532	990	542	5745万吨	3114
烧碱综合能耗（千克标准煤/吨）⑪	986	972	910	62	2859万吨	177
电石电耗（千瓦·时/吨）	3360	3423	3000	423	2234万吨	285
合计						35841

① 国际先进水平是居世界领先水平的国家的平均值。

② 煤炭开采和洗选电耗国际先进水平为美国。2011年，美国露天矿产量比重为69.0%，我国为11.0%；露天开采吨煤电耗约为矿井的1/5。

③ 中外历年产品综合能耗中，电耗均按发电煤耗折算标准煤。

④ 油气开采综合能耗国际先进水平为壳牌公司和英国石油公司。

⑤ 火电厂发电煤耗和供电煤耗我国为6兆瓦以上机组，国际先进水平火电发电煤耗为日本九大电力公司平均值，国际先进水平火电供电煤耗为意大利。油、气电厂的厂用电率和供电煤耗较低。由于日本、意大利的燃气机组比重较高，而我国煤电比重较高，国际先进水平括号内数据折算为与我国电源结构可比。火电节能潜力按照可比数据测算。

⑥ 我国钢可比能耗为大中型企业，2013年大中型企业产量占全国的80.6%，国际先进水平钢可电能耗为日本。

⑦ 水泥综合能耗按熟料热耗加水泥综合电耗计算，电耗按当年发电煤耗折算标准煤。国际先进水平水泥综合能耗为日本。

⑧ 墙体材料综合能耗国际先进水平为美国。

⑨ 中国乙烯生产主要用石脑油作原料，乙烯综合能耗国际先进水平为中东地区，主要用乙烷作原料。

⑩ 我国合成氨综合能耗是以煤、油、气为原料的大、中、小型企业的平均值。2012年中国合成氨原料中煤占76%，天然气占22%。国际先进水平合成氨综合能耗为美国，天然气占原料的98%。

⑪ 2013年建筑陶瓷、烧碱、纸和纸板综合能耗为估计值。

资料来源：国家统计局；工业和信息化部；中国煤炭工业协会；中国电力企业联合会；中国钢铁工业协会；中国有色金属工业协会；中国建筑材料工业协会；中国建筑陶瓷工业协会；中国化工节能技术协会；中国造纸协会；中国化纤协会；日本能源经济研究所，《日本能源和经济统计手册》（2014年版）；日本钢铁协会；韩国钢铁协会；日本水泥协会；日本能源学会志；IEA，Energy Statistics of OECD Countries。

总体来看，我国主要工业产品的单位电耗与国际先进水平相比较高，平均高出约20%，能耗水平与中等发达国家20世纪90年代初期的平均水平接近。

我国电动机的总体效率同国际先进水平相比还存在一定差距。21世纪初期，实际运行的电动机中，以0.55～100千瓦的三相异步电动机为主，其中70%为Y系列，10%为Y2系列。前者相当于20世纪70年代末的世界水平，后者相当于20世纪80年代末的世界水平。与国外产品相比，我国的电动机在能源效率、使用寿命、运行可靠性、材料用量、噪声和振动等方面均存在差距。国内外电动机效率对比如表1-10所示，从表中看出，我国电动机的效率低于国外平均水平3～5个百分点，实际运行过程中电动机系统效率低于国外平均水平10～30个百分点。

表1-10　　国内外电动机效率比较

额定功率（千瓦）	Y系列（%）	Y2系列（%）	美国XE型（%）	美国MAC型（%）	法国MLE型（%）
1.5	79			81.5～84	
5.5	85.5	86	88.5～90.2	88.5～90.2	
7.5	87	87	88.5～90.2	88.5～90.2	
22	91.5	89.5	91.7～95	91.3～93	92.5
55	92.6	91.5	94.1～95	93～94.1	94.4
75	92.7	92	94.1～95	94.1～95	95
90	93.5		94.1～95	94.1～95	95.4

以上数据说明，尽管目前我国某些工业产品的电耗水平已经接近国际先进水平，但总体来讲，大多数的高电耗产品电耗水平仍然和国外存在着很大的差距。据测算，到2020年，我国总体节电潜力在1500亿～3500亿千瓦•时，转移负荷潜力在3000万～6000万千瓦，节电前景十分可观。

五、温室气体排放现状

目前世界上能源消费以煤为主的国家为数不多，而且绝大部分为经济较落后或欠发达国家。我国是世界上煤炭消费第一大国，而且在短期内要改变以煤炭为主的能源结构比较困难。煤炭消费比重过大是形成我国环境污染问题的主要原因之一。

能源环境问题主要有两方面：一是化石燃料燃烧排放的二氧化碳造成的全球气候变化；二是化石燃料燃烧排放的二氧化硫、氮氧化物造成的酸雨污染。目前我国是世界上二氧化碳、二氧化硫第二大排放国，生态环境形势十分严峻，尤其是近几年的冬季出现大范围、长时间的雾霾天气，对人们的生活质量带来很大影响，从而对我们的节能减排工作提出更高要求。据有关部门统计，我国二氧化碳、二氧化硫等污染物80%以上是由燃煤引起的，其中发电和供热消耗的煤炭所排放的二氧化碳占总排放量的35%左右，所排放的二氧化硫占总排放量的52%左右。能源生产和使用对环境的损害，是我国环境问题的核心。目前全国酸雨区面积占国土总面积的30%以上，63.5%的城市二氧化硫年平均浓度超过国家二级标准。

2012年，全国一次能源消费达到36.17亿吨标准煤（此数据按发电煤耗计算法），其中煤炭消费量占到66.6%、石油占到18.8%；二氧化硫排放总量达到2118万吨、氮氧化物达到

2338万吨、烟尘达到1236万吨[23, 24]。这说明我们的节能、节电潜力巨大，同时节能减排的压力也很大。

谈到温室气体排放，很有必要提及《联合国气候变化框架公约》（United Nations Framework Convention on Climate Change，UNFCCC）和《京都议定书》。

《联合国气候变化框架公约》是1992年5月22日联合国政府间谈判委员会就气候变化问题达成的公约，于1992年6月4日在巴西里约热内卢举行的联合国环发大会（地球首脑会议）上通过。《联合国气候变化框架公约》是世界上第一个为全面控制二氧化碳等温室气体排放，以应对全球气候变暖给人类经济和社会带来不利影响的国际公约，也是国际社会在对付全球气候变化问题上进行国际合作的一个基本框架，其最终目标是："将大气中温室气体的浓度稳定在防止气候系统受到危险的人为干扰的水平上。这一水平应当在足以使生态系统能够自然地适应气候变化、确保粮食生产免受威胁并使经济能够可持续进行的时间范围内实现。"这一目标并未明确到底要将大气中的温室气体稳定在什么浓度水平上，这表明目前科学界对此问题的认识还有很大的不确定性。同时，这一浓度水平还具有重大的经济意义。一旦这一浓度水平得以确定，将对全球经济活动产生重大影响[28, 29]。

《京都议定书》旨在限制全球二氧化碳等温室气体排放总量。从1992年通过《联合国气候变化框架公约》开始，历经八届会议，终于在1997年形成了关于限制二氧化碳排放量的成文法案。在第三届缔约方大会上对这一法案内容的研讨、磋商成为大会的主要议题，最终公约以当届大会举办地京都命名，始称《京都议定书》。经过国际社会多年的共同努力，《京都议定书》在2005年2月16日正式生效。它根据共同但有区别的责任原则，为发达国家和经济转型国家规定了具体的、具有法律约束力的温室气体减排目标，要求这些国家在2008～2012年间总体上要比1990年排放水平平均减少5.2%。

随着《联合国气候变化框架公约》和《京都议定书》的生效，三十多个工业化国家努力实现定量化的减排或限排目标，催生了国际碳排放交易市场，促进了清洁发展机制（CDM）项目发展，为全球减排二氧化碳做出了积极贡献。

我国是发展中国家，不承担二氧化碳减排的义务，但我国政府积极推动节能减排。虽然我国正处于重工业化阶段，能耗可下降的空间非常有限，但我国政府在2010年的哥本哈根世界气候大会前，向世界作出郑重承诺，"到2020年单位GDP碳排放减少40%～45%"。2012年，党的十八大把生态文明放在突出地位，将生态文明建设提到与经济建设、政治建设、文化建设、社会建设并列的位置，纳入"五位一体"总布局。实现中华民族永续发展，避免重蹈西方为发展经济导致生态灾难的覆辙，这是中国发展道路的选择，更为全球应对气候变化发挥示范作用。

六、应对经济发展面临的挑战需要综合资源战略规划与电力需求侧管理

预计未来一段时期我国经济发展仍将保持在中高速，电力消费、能源消费的增速也将较快。

开展综合资源战略规划可以充分利用供应侧和需求侧两方面的资源，以最小的社会成本满足未来的电力需求，并用于指导电力企业的可持续发展，用于指导DSM项目的规划和发展。电力需求侧管理被引入我国后，受到政府和有关部门的高度重视，做了大量工作，并取得了一定的成效。据估算，1991～2010年，通过开展电力需求侧管理，我国实现累计节电2800亿～3000亿千瓦·时左右，最大转移负荷超过3000万千瓦（2004年电力供应紧张时期，通过有序用电缓解供需矛盾），节约能源超过 1 亿吨标准煤，减排二氧化碳约 3.3 亿吨，减排二氧化硫约 330 万吨。为了强化节电工作，政府在重视供应侧资源供应的同时也重视需求侧资源的挖掘，目前正大力倡导电力需求侧管理，有效调动各参与方的积极性，通过实施 DSM 来有效挖掘我国巨大的终端节电潜力。

提高电力生产和使用效率，降低能源资源消耗，特别是降低煤炭、石油、天然气等不可再生能源的消耗，对促进资源节约型和环境友好型社会的建设、促进我国经济、社会的可持续发展具有重要作用。因此，应对经济发展面临的挑战，IRSP/DSM 是一项重要的选择。

第四节　综合资源战略规划模型的应用

我国已经进入工业化发展进程的后期阶段，工业经济增长模式一改以往的以数量扩张为主，逐步转向以质量提高为主，轻工业、服务业将成为支撑产业，在不久的将来就会完成工业化发展。届时我国电力需求将会达到什么水平，需要多少发电装机容量及配套的电网建设？针对全球 231 个国家（地区）的历史情况模拟分析，可以得到一个国家（地区）工业化进程与人均用电量之间存在较强的相关关系：完成工业化进程时，人均用电量约为 4500～5000 千瓦·时，且人均生活用电量约为 810～900 千瓦·时，居民生活用电比重接近 18%[30, 31]。假定我国在 2020 年前后完成工业化进程[32, 33]，此后将进入后工业化阶段。预计 2035 年我国全社会用电量将在 11.47 万亿千瓦·时左右[34~36]。此时，电力供应如何满足经济发展对电力的需求呢？

本节用 TRSP 及 IRSP-N 模型分析测算 2035 年全国需要装机容量、投资、耗煤量、污染物排放量及节电潜力等。

一、情景 1：TRSP

采用 TRSP 进行规划，仅考虑供应侧资源来满足未来的电力需求，则参加优化的资源有供应侧的煤电、气电、水电、核电、风电等。电网建设投资纳入到电源投资中参与优化。按照图 1-1 的流程进行优化规划，得到的结果如表 1-11 所示（2010 年价，本节下同）。

表 1-11　　TRSP 规划结果

项　　目	新增装机容量（万千瓦）	期末装机容量（万千瓦）	固定投资（亿美元）	运行费（亿美元）	总成本（亿美元）
2014 年		135795			
2016～2035 年合计	268000	347600	20110	77249.8	97360
其中：煤电	123200	167600	7371.3	68699	76070.4
气电	20500	25000	595.5	4607.1	5202.6
水电	32900	55000	1610.6	891.9	2502.5
核电	13000	18000	918.6	2538.6	3457.2
风电	50400	50000	4230.3	399.8	4630
太阳能发电	28000	32000	5383.9	113.4	5497.3

根据 TRSP 优化规划结果，要满足全国 2035 年的电力需求，届时装机容量需要达到 34.76 亿千瓦，其中，煤电、气电、水电、核电、风电、太阳能发电等装机容量分别为 16.76 亿、2.5 亿、5.5 亿、1.8 亿、5 亿千瓦和 3.2 亿千瓦。

2016～2035 年，全国电源、电网建设需累计投资 2.01 万亿美元，运行费累计达到 7.725 万亿美元，两者合计达到 9.736 万亿美元。

各类常规电厂的发电量如图 1-17 所示，煤电由 2016 年的 4.479 万亿千瓦·时持续上升到 2035 年的 5.97 万亿千瓦·时，还没有达到峰值。2035 年各类电厂发电比重分别为：煤电 52.01%，水电 15.59%，核电 10.71%，风电 9.29%，气电 7.39%，太阳能发电 5.02%。

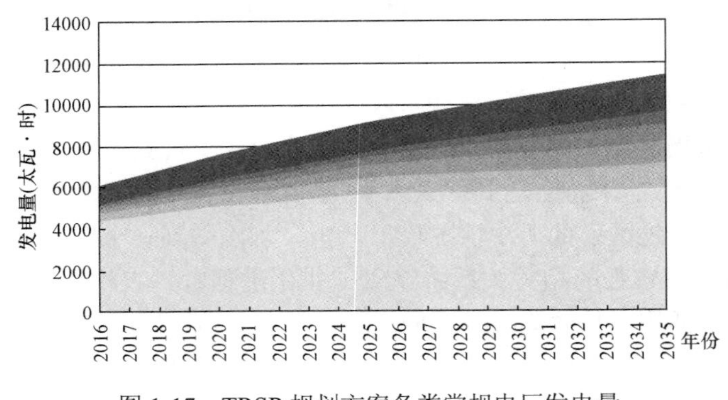

图 1-17　TRSP 规划方案各类常规电厂发电量

■水电 ■太阳能发电 ■气电 ■风电 ■核电 ■煤电

二、情景 2：IRSP-N

采用 IRSP-N 进行规划，参加优化的资源有供应侧的煤电、气电、水电、核电、风电、太阳能发电等，还有需求侧的能效电厂（如节能灯、高效电动机、高效变压器、变频调速器、高效家电、冰蓄冷空调及需求响应等）资源。按照图 1-7 的流程进行优化规划，得到的结果如表 1-12 所示。

表 1-12　　IRSP-N 规划结果

项　目	新增装机容量（万千瓦）	期末装机容量（万千瓦）	固定投资（亿美元）	运行费（亿美元）	总成本（亿美元）
2014 年		135795			
2016～2035 年合计（不含 EPP）	215400	295000	17810	70020	87830
其中：煤电	64700	109100	4853.2	61476.7	66329.9
气电	20500	25000	594.7	4600.5	5195.2
水电	32900	55000	1610.6	891.9	2502.5
核电	13000	18000	920.6	2534.1	3454.7
风电	50400	50000	4230.3	399.8	4630.1
太阳能发电	33900	37900	5600.6	117	5717.6

续表

项　目	新增装机容量（万千瓦）	期末装机容量（万千瓦）	固定投资（亿美元）	运行费（亿美元）	总成本（亿美元）
合计值（不含EPP）同TRSP方案相比较	–52600	–52600	–2300.2	–7229.8	–9530
EPP		66800	134.6		134.6
合计值（含EPP）		361800	17944.6	70020	87964.6
合计值（含EPP）同TRSP方案相比较			–2165.6	–7229.8	–9395.4

考虑能效电厂等需求侧管理措施后的优化规划结果显示，到2035年，全国装机容量（含能效电厂）达到36.18亿千瓦，比TRSP规划方案的装机容量多1.42亿千瓦；但是常规机组仅29.5亿千瓦，比TRSP规划方案的装机容量节约了5.26亿千瓦。能效电厂为6.68亿千瓦。电源、电网、能效电厂等需求侧管理项目累计投资1.79万亿美元，运行费用7万亿美元，二者合计8.796万亿美元。其中，能效电厂等需求侧管理项目投资和运行费累计为134.6亿美元，但由于节约了电厂、电网投资和发电运行费用，累计可以比TRSP规划方案节约9395.4亿美元。

IRSP-N规划方案各类常规电厂的发电量如图1-18所示。可以看出，燃煤电厂将在2025年发电量达到峰值5.26万亿千瓦•时，此后，逐年下降到2035年的4.98万亿千瓦•时；其他类型的发电厂基本保持逐年递增的发电趋势。2035年非化石能源发电量占总发电量的44.99%。另一方面，由于采用需求侧管理，各类EPP的发电量也是需求侧管理节约的电量。需求侧管理（各类EPP发电量）节约电量如图1-19所示。从图中看出，2035年EPP的总发电量将达到8830亿千瓦•时，占当年电量需求的7.69%。2016～2035年期间通过需求侧管理可以节约电量109703亿千瓦•时。各类常规电厂、EPP高峰时段出力如图1-20、图1-21所示。2035年全国高峰负荷时段的发电出力，其中常规电厂出力22.97亿千瓦（见图1-20），EPP出力6.68亿千瓦（见图1-21），这也是EPP的移峰负荷，其中需求响应达到1.8亿千瓦。

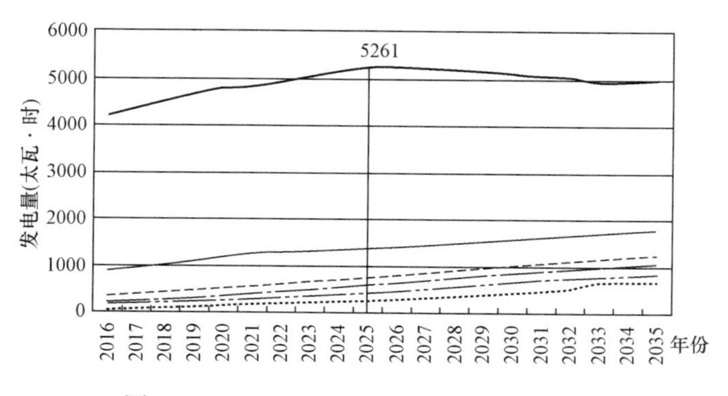

图1-18　IRSP-N规划方案常规电厂发电量

—— 火电　—— 水电　---- 核电　—·— 风电　—·-— 气电　········ 太阳能发电

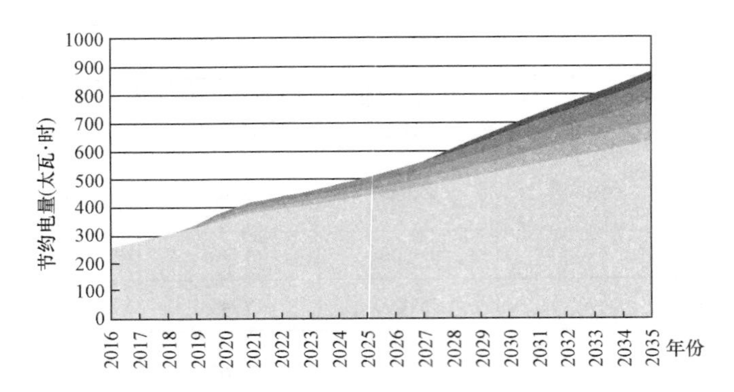

图 1-19　需求侧管理（各类 EPP 发电量）节约电量

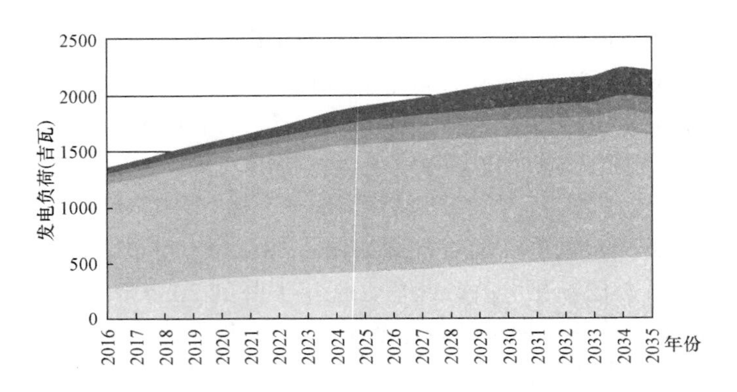

图 1-20　各类常规电厂高峰时段出力

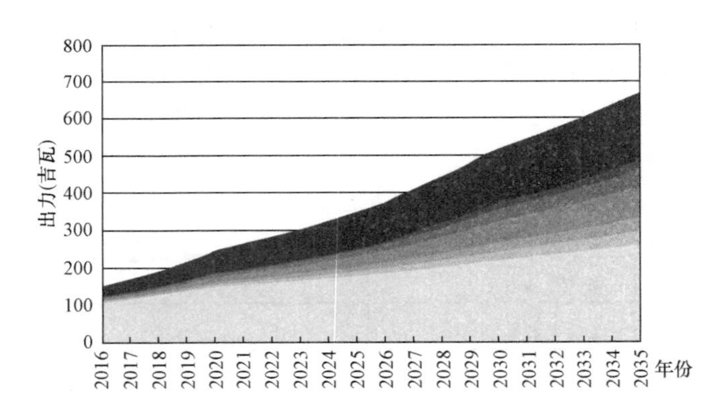

图 1-21　各类 EPP 高峰时段出力

如图 1-22～图 1-25 所示，2016～2035 年，IRSP-N 规划结果比 TRSP 规划结果节约 26.01 亿吨标准煤左右；二氧化碳、二氧化硫、氮氧化物累计排放量分别比 TRSP 规划结果减少 90.69 亿、4600 万吨和 310 万吨。

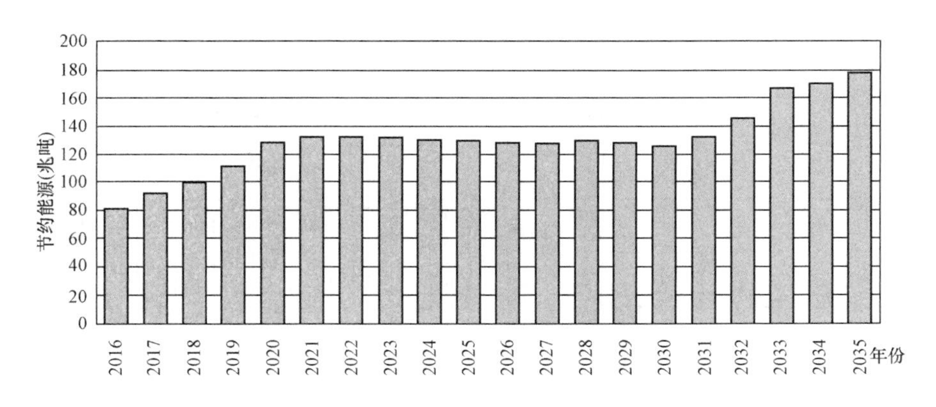

图 1-22 IRSP-N 规划方案相对 TRSP 规划方案每年节约标准煤量

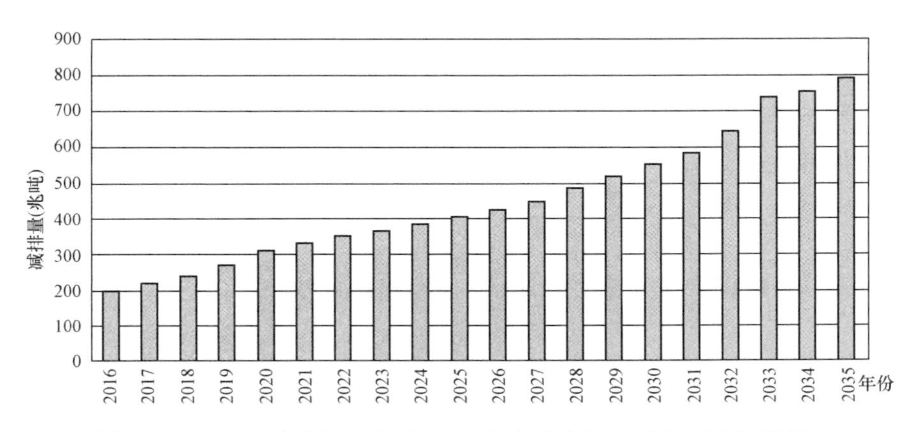

图 1-23 IRSP-N 规划方案相对 TRSP 规划方案每年减少二氧化碳排放

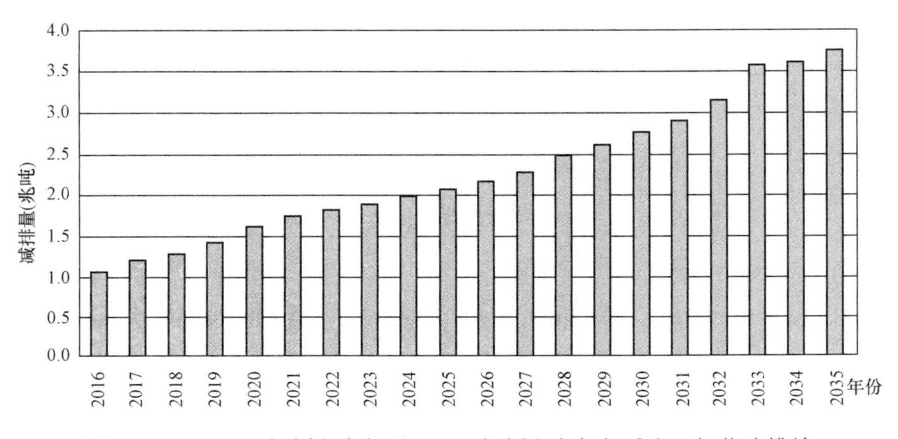

图 1-24 IRSP-N 规划方案相对 TRSP 规划方案每年减少二氧化硫排放

由于 IRSP-N 规划方案结果同 TRSP 规划方案结果相比，节约的电量数据是逐年增加的，因此二氧化碳、二氧化硫、氮氧化物的减排量也是逐年增加的。

通过分析对比可见，采用综合资源战略规划一方面可以节约投资、减少装机容量、减少能源消耗；另一方面可以减少温室气体等污染物排放，具有明显的经济效益、社会效益与环

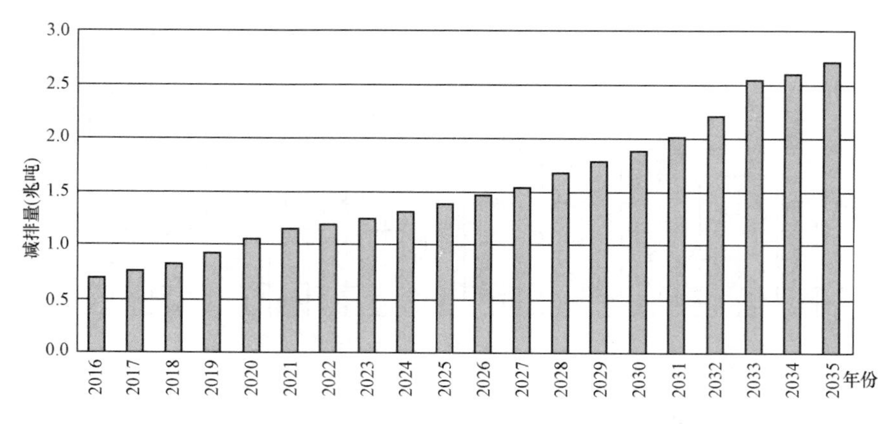

图 1-25 IRSP-N 规划方案相对 TRSP 规划方案每年减少氮氧化物排放

保效益。如果政府在建立需求侧管理的市场机制方面不断完善，如价格、税收、资金等财税政策的支持力度不断加大，其效益将会更加明显。

当前，全社会对电力的依赖程度越来越高，对电力供应的质量也提出了更高的要求。一方面社会的发展客观上要求电力工业必须以一定的规模和速度发展，另一方面电力工业发展受资源和环保因素制约的问题将进一步显现。因此，IRSP 及 DSM 是我国电力可持续发展的战略选择。

本案例是在许多假设条件下通过 IRSP-N 模型计算而得，如果假设参数发生变化，其结果也将改变。

本章参考文献

[1] 国家发展和改革委员会经济运行局，国网北京经济技术研究院．中国电力需求侧管理报告，2007.

[2] 国家电网公司．社会责任报告（2012)．北京：中国电力出版社，2013.

[3] 河北省电力需求侧管理指导中心网站．http://www.hbdsm.com/.

[4] 美国加州能源委员会网站．http://www.cpuc.ca.gov/puc/.

[5] 林伯强．中国能源发展报告 2010．北京：清华大学出版社，2010.

[6] 国家发展和改革委员会，等．美国加州 30 年来 GDP 翻两番，人均用电量不变的启示——美国能效电厂政策及实践考察报告，2007.

[7] Amory B.,L. Hunter Lovins. Mobilizing Energy Solution．The American Prospect, 2002, 13（2).

[8] Zhaoguang Hu, Xiandong Tan, Fan Yang, Ming Yang, Quan Wen, Baoguo Shan, Xinyang Han. Integrated resource strategic planning： case study of energy efficiency in the Chinese power sector. Energy Policy, 2010（38)：6391-6397.

[9] 国际能源署网站．http：//www.iea.org.

[10] 国家统计局．国际统计年鉴 2013．北京：中国统计出版社，2013.

[11] Zhaoguang Hu, Quan Wen, Jianhui Wang, Xiandong Tan, Hameed Nezhad, Baoguo Shan, Xinyang Han. Integrated resource strategic planning in China. Energy Policy, 2010（38)：4635-4642.

[12] Zhaoguang Hu, Jiahai Yuan, Zheng Hu. Study on China's Low Carbon Development in an Economy-Energy-Electricity-Environment Framework. Energy Policy. 2011（39）: 2596-2605.

[13] 国网能源研究院. 2013中国节能节电报告. 北京：中国电力出版社，2013.

[14] "绿色照明"是节电大计. 农村电气化，2004（7）.

[15] 中国电力企业联合会. 电力工业统计资料汇编.

[16] 黄学庆，叶家齐. 变频器在细纱机上的应用. 电力需求侧管理，2003（6）.

[17] 东南大学，南京供电局. DSM负荷特性及预测理论及其分析方法的研究，2001.

[18] 田华，向阳. 推广蓄冷空调技术，促进电力供需平衡. 电力需求侧管理，2006（3）.

[19] 国网北京经济技术研究院. 电力重组中的电力需求侧管理研究，2005.

[20] 国家电网公司发展策划部，国网北京经济技术研究院. 我国电力工业节能调研及政策措施研究，2007.

[21] 国网能源研究院. 2014中国节能节电报告. 北京：中国电力出版社. 2011.

[22] 国网能源研究院. 综合资源战略规划（IRSP）相关知识和基础数据（2011）. 2012.

[23] 国家统计局. 中国统计年鉴2014. 北京：中国统计出版社，2014.

[24] 国家统计局. 中国能源统计年鉴2013. 北京：中国统计出版社，2014.

[25] 王庆一. 能源数据手册（2014）. 2014.

[26] BP. Statistical Review of World Energy. 2011.

[27] IEA. Electricity Information. 2011.

[28] 涂瑞和.《联合国气候变化框架公约》与《京都议定书》及其谈判进程. 环境保护，2005（3）.

[29] 中国气候变化信息网站. http://www.ccchina.gov.cn.

[30] 胡兆光. 电力经济学引论. 北京：清华大学出版社，2013.

[31] 胡兆光. 我国经济发展对电耗的影响及电力的需求浅析. 中国能源，2007，29（10）.

[32] 陈佳贵，黄群慧，钟宏武，王延中，等. 中国工业化进程报告——1995～2005年中国省域工业化水平评价与研究（工业化蓝皮书）. 北京：社会科学文献出版社，2007.

[33] 崔民选. 2006中国能源发展报告（能源蓝皮书）. 北京：社会科学文献出版社，2006.

[34] 刘振亚. 中国电力与能源. 北京：中国电力出版社，2012.

[35] 胡兆光，单葆国，韩新阳，等. 中国电力需求展望——基于电力供需研究实验室模拟试验（2010）. 北京：中国电力出版社，2010.

[36] 胡兆光，谭显东，许召元，等. 2050中国经济发展与电力需求探索——基于电力供需研究实验室（ILE4）模拟试验. 北京：中国电力出版社，2011.

第二章

电力需求侧管理的基本理论

第一节 电力需求侧管理的理论框架

电力需求侧管理（DSM）是能源经济与电力经济相结合的产物，经过多年的发展，已经构建了一套建立在核心概念群基础上的理论框架。

一、电力需求侧管理核心概念群[1~6]

DSM在能源开发与能源节约、现代商业盈利模式与环境保护之间，建立了把需求侧节约的能源作为供应方的一种可替代资源的新概念，也就是说DSM也是一种资源，是水电、火电、核电、可再生能源之外的第五电力能源[1~4]。DSM理论中的核心概念如表2-1所示，可以分为基本概念类、评价指标类和评价方法类。

表2-1 DSM理论中的核心概念

类别	基本概念类	评价指标类	评价方法类
概念名称	DSM	可避免成本	DSM成本效益分析
	能效管理	可避免电量及其成本	容量、电量投资评价
	负荷管理	可避免峰荷容量及其成本	尖峰电价及收益评价
	有序用电	单位节电成本	节能效益评价
	需方响应	年纯收益	机会成本评价
	电价响应	节电效益	节电效益评价
	用户用电特性	投资回收期	社会效益评价
	企业能源审计	节电收益率	综合统计评价
	DSM长效机制	DSM项目投资回报率	—
	DSM节能潜力	电能强度结构份额、效率份额	—

1．基本概念类

（1）DSM是指通过采取有效措施，引导电力用户科学用电、合理用电、节约用电，提高电能利用效率，优化资源配置，保护环境，实现最低成本电力服务所进行的用电管理活动。DSM是一种重要的节能减排途径，主要包括能效管理、负荷管理和有序用电，其目标是通过对电能的有效利用，实现节约能源、保护环境，促进经济和社会的可持续发展。要实现其目标，需要设计相应的激励机制和政策。机制设计是 DSM 的生命力所在，好的机制可以调动各参与方的积极性，主动挖掘节能潜力，提高能效，实现科学用电。在建立科学有效的机制的前提下，配套相应的激励手段，可以推动电力需求侧管理工作的顺利开展。

（2）能效（即能源效率）管理是通过计划、组织、激励和控制，采用各种先进技术、管理手段和高效设备提高终端用电效率，来降低单位产品能耗或单位产值能耗。其目标是减少提供同等能源服务的能源投入。

（3）负荷管理是指通过加强管理或采用蓄能技术改善用电方式，降低用电负荷，实现削峰、移峰、移峰填谷，减少或延缓对发供电资源的需求。提高管理手段，一般要借助负荷管理系统。该系统可以通过一系列措施对电力系统的终端用电设备进行监控，达到对负荷曲线进行调整的目的。

（4）有序用电是指在电力供应紧张的情况下，采用行政、经济、技术等手段调节电力需求，通过有保有限的原则引导用户有效利用电能，确保电力供需平衡，保障社会秩序，最大程度降低缺电损失。

（5）需方响应的概念是美国在进行了电力市场化改革后，针对 DSM 如何在竞争市场中充分发挥作用以维护系统可靠性和提高系统运行效率而提出的。从广义上来讲，需方响应是指电力用户针对市场价格信号、激励，或者来自于系统运营者的直接指令增减用电负荷的一种用电行为。通过需方响应可能影响或改变其固有习惯用电模式。根据对有序用电与需方响应的对比分析，可以认为，有序用电是在电力市场处于初级阶段时实施需方响应的主要手段，通常是通过行政指令使用户“被动”响应；但当电力市场发展到高级阶段，需方响应更多是通过价格信号、激励措施等引导用户“主动”调节用电方式或强度，以实现移峰、节能或电网运行的可靠性。

（6）电价响应是指用户在不同的电价方式下对电力的需求行为选择。DSM 实施者通过对电价的各种要素和种类进行设计，从而唤起用户科学用电、合理用电、节约用电的积极性，最终实现 IRSP 的社会效益目标。

（7）用户特性主要是指用户使用电能的特征和规律。例如工业用户以基本平稳、连续的负荷需求为特征；而居民用户具有使用电网高峰电力的特征，但其价格弹性相对较小，小幅度的电价上涨难以对居民用电需求起到长期调整的作用。研究 DSM 对象的用电特性是实施 DSM 的出发点，针对不同用户，以采用单一电价、组合电价、相关技术措施等手段实施 DSM。

（8）企业能源审计是企业能源核算系统、用能评价体系和用能状况审核机制的统称。用户参与的状况、DSM 方案的设计和节能效益的分享等，都要由能源审计的结果来确认，它采用能效评审方法进行地区、行业的能源管理。在实际应用中，这是选择用户参与执行 DSM 项目的机会和途径。

（9）DSM 长效机制是通过有效的制度建设、机制设计等途径实现电力需求侧资源的合理配置，改变负荷特性，使科学用电、合理用电、节约用电成为全社会的普遍行为方式。

2. 评价指标类

（1）可避免成本：当决策方案改变时某些可避免发生的成本，或者在几种方案可供选择时，所选方案不需支出而其他方案需要支出的成本。

（2）可避免电量及其成本：是 IRSP 及 IRP 中特定的概念。根据分析对象的不同，可避免电量可以分为电力用户可避免电量和电力系统可避免电量，其中电力用户可避免电量是指由于节电，使电力用户避免多使用的电量；电力系统可避免电量是指由于节电，使电力系统避免的新增发电量。应当指出，并不是所有需求侧管理项目都会使电力用户或者电力系统获得可避免电量，一些移峰填谷项目还要求系统增供电量。相应地，可避免电量成本也分为电力用户可避免电量成本和电力系统可避免电量成本，分别是指由于节约电量使电力用户避免新增的电费支出和使电力系统避免新增电量的成本。一般情况下，多指电力系统可避免电量及其成本。

（3）可避免峰荷容量及其成本：IRSP 及 IRP 中特定的概念。可避免峰荷容量是指由于节电及移峰降低了高峰电力负荷需求，使电力系统避免的新增装机容量。它等于发电端的可避免高峰发电负荷加上与其相应的系统备用容量。可避免峰荷容量成本是指由于节电使电力系统避免新增装机容量的投资成本。

（4）单位节电成本：DSM 项目寿命期内为节约单位电量而支出的成本。其数值等于节电总成本除以总节电量。

（5）年纯收益：实施节电项目的收益与成本之差，是项目能否获利的指标。只有用户、电力企业和项目执行者的年纯收益均大于零的情况下，该节电项目才能考虑实施。

（6）节电效益：实施节电项目的效益。它是指同没有实施此项目的情况相比的电量、负荷或与之相对应的电费支出的减少、产值的增加等效益。

（7）投资回收期：节电项目以全部获利偿还原始投资所需要的年数。为了减少节电投资风险和获得较高的投资回报，项目投资人总是期望所投项目有较短的投资回收期。该指标往往与年纯收益指标配合使用。

（8）DSM 项目投资回报率：实施 DSM 项目的节电收益与项目总投资之比。

（9）益本比：DSM 项目将技术方案年金折现后的产出资本和投入总成本折现值之间的比值。这是指 DSM 项目在经济运行期内所获得的节能收益净现金流的现值与运行成本的现值之间的比值。

3. 评价方法类

DSM 成本效益分析是一种通过成本和效益的比较来评价 DSM 项目可行性的方法，其结果可以用多种方式表示，包括可避免成本、可避免峰荷容量、DSM 项目内部收益率、净现值、投资回收期和益本比等指标的对比。这种方法通常需要考虑货币的时间价值，因此要对项目的成本和效益产生的各种现金流按照时间价值折现后的现值进行计算。

二、电力需求侧管理概念及方法的联系

目前我国正在推行的只是 DSM 的一些外在的、可操作的手段。如何通过机制设计建立一套能够给 DSM 经济主体提供激励的制度，已成为当代电力经济研究的一个核心问题。

DSM 是一种制度设计，是一项系统工程，通过对电力需求侧资源的规划和有效调度，可使全社会能效大大提高。它应该成为或部分成为一种捆绑在主导者和实施者利益上的自利行为，否则就只能停留在“宣传”的层面而无法真正实施。

我国 DSM 的概念及方法关联如图 2-1 所示，表达了 DSM 理论框架中各个基本要素之间

的逻辑关系，它反映出 DSM 的目标层、决策层和方法层之间的关系。

目标层主要体现 DSM 项目的社会目标——最大社会效益和最小节能成本。目标层包含着作为 DSM 主导者的政府所追求的社会效益、作为实施者和参与者的电网企业、节能服务公司（能源服务公司）、电力用户等追求的商业利益成本节约。

决策层主要表示 DSM 决策方案的选择过程及其评价手段。

方法层主要说明各个参与方都可以根据各自的用能目标和能源效率状况，进行节能方法的选择和组合，从而形成有针对性的 DSM 方案。例如，对新用户的电力工程项目，其电源或电气规划都应贯彻 IRSP 及 IRP 思想，运用 DSM 项目预算技术，事先进行节能与环保评估；对于老用户实施 DSM 进行能源审计和节电技术改造，辅之以组合电价方案设计，引导用户有针对性的调整负荷、节约用电。

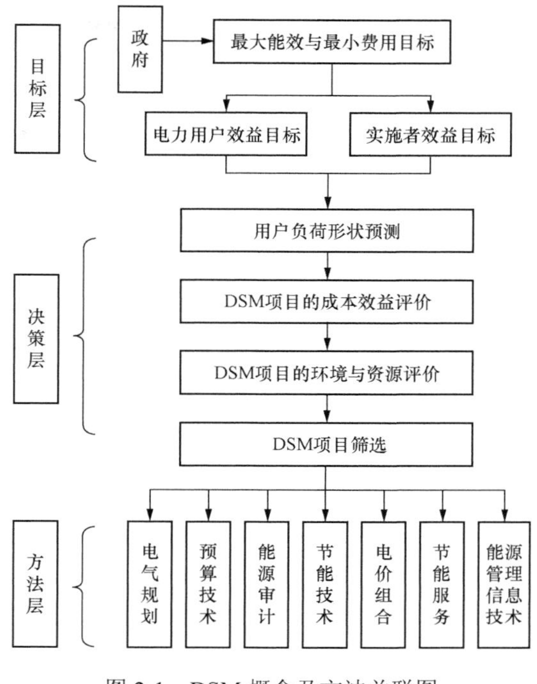

图 2-1 DSM 概念及方法关联图

三、电力需求侧管理技术与方法

1. DSM 的主要技术

DSM 的主要技术是指在实施 DSM 项目时所涉及的主要技术手段，按照 DSM 的资源进行分类，主要有以下几个方面：

（1）工业用户常用的 DSM 技术：工艺节电改造，如电解、加热；绿色照明，如节能灯；电机更新，如淘汰陈旧电动机设备；电机改造，如对风机、泵、压缩机等机械实施交流变频改造；多台变压器并联运行或更新选用节能变压器；安装无功补偿装置，提高功率因数等。

（2）商业用户及公用事业部门常用的 DSM 技术：绿色照明技术；空调的蓄能技术，如中央空调的改造、建筑的制冷、采暖蓄能项目；节能电机技术等。

（3）居民用户常用的 DSM 技术：绿色照明技术、空调节能技术、蓄热技术以及具有高能效标识的家用电器。

2. DSM 的主要方法

DSM 的方法与流程是决定 DSM 项目成本效益的重要内容之一。DSM 的主要方法如图 2-2 所示。

从图 2-2 中可以看到，DSM 的方法主要是行政方法、经济方法、环境资源评价方法、法律方法四大类。前两类侧重于 DSM 项目的经济效益评估；后两类侧重于对社会效益的保证、评估和监管。

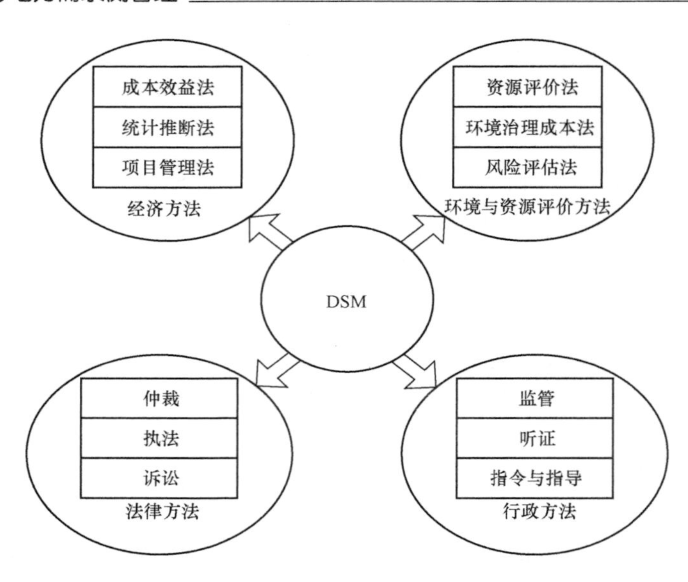

图 2-2　DSM 的主要方法

随着政府倡导的节能减排工作的日益深入，实施 DSM 越来越受到人们的重视，其方法也层出不穷。实施 DSM 不仅有利于电力系统的安全可靠，有利于移峰填谷，更有利于抑制能源价格的波动、保护气候与环境、降低系统成本、促进经济与社会的可持续发展。将 DSM 的主要方法——行政方法、经济方法、环境与资源评价方法和法律方法进一步分解，如表 2-2 所示。在实际管理过程中这些方法可能是同时或交叉使用的。

表 2-2　　实施 DSM 的具体方法分类

<table>
<tr><th>方法分类</th><th>内容</th><th colspan="2">示　范</th><th>适合采用的对象</th></tr>
<tr><td rowspan="4">行政方法</td><td>节能规划目标监管</td><td colspan="2">（1）最低绩效回报——必要报酬率；
（2）分享效益门槛——期望节能率</td><td>政府监管部门
消费者咨询会</td></tr>
<tr><td>目标责任书约束</td><td colspan="2">（1）志愿者协议；
（2）节能技术支持；
（3）节能管理咨询；
（4）能效审计；
（5）能源专家后评估</td><td>节能服务公司
（能源服务公司）
电力用户</td></tr>
<tr><td rowspan="2">政府授权
自主节能</td><td colspan="2">（1）中央政府代理机构；
（2）省政府；
（3）市政府</td><td>政府
电力用户</td></tr>
<tr><td colspan="2">（1）签订目标责任书；
（2）能效中心强制认证</td><td>电力用户
节能服务公司
（能源服务公司）</td></tr>
<tr><td rowspan="2">经济方法</td><td>需求价格响应用户</td><td colspan="2">（1）征税、减税；
（2）价格弹性（需求响应）；
（3）DSM 费用化[①]</td><td>节能服务公司
（能源服务公司）
电力用户</td></tr>
<tr><td>非需求价格响应用户</td><td>（1）白色证书；
（2）电网能效服务；
（3）用能效标识推广节能；
（4）DSM 资本化[②]</td><td>分享效益方法</td><td>节能服务公司
（能源服务公司）
电网企业
发电企业
电力用户</td></tr>
</table>

续表

方法分类	内容	示范	适合采用的对象
资源评价法	资源折耗	（1）减排算法； （2）碳指标交易法； （3）环境污染风险评估法； （4）环境补偿和污染处理成本法	电力用户
法律方法	节能法规能效标识	（1）守法与执法； （2）仲裁； （3）诉讼	所有参与方

① DSM 费用化是指通过将 DSM 成本一次性计费从用户收取的方式，在节能服务的规划中所形成的 DSM 价值。这种 DSM 的服务价格，容易加大用户的成本，造成电价上涨。

② DSM 资本化是指通过将其折算成现金流，逐年回收，在节能服务的规划中所形成的 DSM 价值链。政府监管部门可以将 DSM 投资回收期定为 5～7 年，从而使组织实施者和用户都不会对 DSM 的项目及其实施产生障碍和资金压力。事实上，DSM 项目也可以通过银行贷款等方式，完成 DSM 项目投资，获得社会效益。

由于电价在我国尚未市场化且总体水平偏低，用户对价格的敏感度响应度不高，使得 DSM 方案和节能技术很难起到作用。所以，实施 DSM 只有走节能产业化的道路，才能将 DSM 理念和节电技术推广到市场，实现节能的目标。也就是说，一是将商业利益体现在价格上，调控和激励终端用户的节能行为；或者通过实施者自身的商业化运营，将 DSM 的激励点退回到实施者的组织机构内部，通过节能服务公司之间的竞争，加上政府的资助，将节能效益以商业化的结果传递到用户，从而实现节能技术的推广，提升用户对 DSM 的参与度。否则，即便建立一些激励制度，也无法真正发挥作用，这在制度经济学里被称为“激励不相容”——即该制度下的制定者、实施者和受益者各自的利益是背道而驰的，这就很难将 DSM 的理念传递下去，真正收到绩效。

四、电力需求侧管理的电价机制

新制度经济学研究激励机制设计，其一般原理是“激励相容”原则。制度设计的主要功能是通过确定一个有效的激励结构，帮助缓解信息不对称问题，从而为制度所涉及的各个成员提供有效的激励。判断一项制度的好坏，运用制度经济学所提出的交易成本标准和激励相容度，即判断实施这项新制度的“交易成本”、制度实施成员的目标和制度目标三者之间的一致性程度。所以，提高 DSM 制度的激励相容度，需要从节能激励结构、各种节能信息披露、节能文化、节能资产（包括节能固定资产、节能流动资产、节能的知识产权等）的产权界定与 DSM 实施者的风险保障五个方面开展我国的 DSM 制度建设。

在过去 DSM 推广的十几年中，人们不难看出，引入 DSM 这一管理模式的全过程中，交织并融合了两大目标——经济效益和社会效益，这两大目标之间存在着轻重权衡、利弊取舍和长短兼顾的问题。所以，对 DSM 的激励机制设计是一项复杂的系统工程。

根据著名经济学家亚当·斯密关于市场机制的学说，人们在市场中的本质行为是以自利为特征的。如企业追求商业利润、员工追求物质利益等都是追求自利的合理行为表现。首先，对 DSM 激励机制的设计是一个制度经济学的现实难题。只有从理解人类的本质行为出发去建立制度框架，逐步加以完善，才可能形成一整套尊重客观、尊重科学的研究方法论，由此建立起来的制度才是有实效、有生命力的；其次，市场机制以价格、竞争和供求三大机制为组成部分。

所以，要带动我国 DSM 发展，必须通过一定的盈利模式、组织机构、信息流程的设计，来保证和促进这三大机制的形成，通过机制创新，实现 DSM 的“责、权、利”的统一。

电价机制是实施 DSM 最为核心、最为有效的杠杆之一。它可使 DSM 业务有针对性地组合，调控用户的需求行为，达到用户节能的目的。电价可以分为：

（1）平均电价——提高能效、节能减排的基础。平均电价是所在电力营业区域电力商品价格的平均值，任何一种商品价格的形成都是在各种价格水平下，市场供需实现相对平衡的一个动态过程。电价是国民经济价格体系和价格品种中一种专业化、综合性较强的类别，也是能源价格的重要组成部分。衡量电价水平通常采用综合平均电价的概念来表示用户电价水平的高低或电网企业电费收入水平的高低。电价的重要功效是调节需求，促进电力供需的平衡。在可持续发展的战略下，电价还能够成为 IRSP 及 IRP 的调节杠杆。因此，科学用电、提高能效需要通过电价来调控。

在公共产品的规制手段中，价格水平的规制已经成为重要的选择。当前，节能减排已经成为社会、政府对电力工业发展的重要规制手段之一。平均电价水平既是投资者、生产者和消费者之间的利益平衡杠杆，又是鼓励需求侧节能、吸引节能资金，以及对 DSM 投资进行合理补偿的前提。

在不同的国家里，由于国情的不同，通常表现为两种平均电价水平：高电价水平和低电价水平。

从低电价的美国等国与高电价的欧盟各国的政府 DSM 资金来源看，不同的电价水平会使得 DSM 的资金来源不同。在高电价的国家里，政府对 DSM 资助的资金来源于高电价带来的税收及其带来的用户节能的价格空间；而低电价的国家里，政府将从电价之外的财政和税收获得其他资金，对 DSM 项目给予资助。

（2）峰谷分时电价——促进科学用电的杠杆，对于实施 DSM 具有重要调控作用，多年来理论界与学术界对此都进行了十分翔实的探索和应用。然而，在节能减排的大环境中，在电力市场竞争的前提下，电价的市场化具有更加重要的意义。

在电力市场环境中电价的市场化机制正在逐步形成。峰谷分时电价不再被固定成终端售电的价格表，它作为发电市场和用电市场均衡价格的形成机制，传递了需求侧的“峰”与“谷”的含义，这意味着电价不再是多年一贯制的目录价格，可以通过电价的可选择性和灵活性去调节电力需求，达到用户自发节能的 DSM 目标，使电力工业增长和环境保持协调。

（3）组合型电价——挖掘需求侧资源的工具。组合电价是指从电能资源的耗损及供需平衡出发，通过对不同电价品种的重新开发和适当组合，达到平衡不同时段的电力供求、促进能源资源的有效利用和疏通电能全流通环节的资金瓶颈的目的。组合型电价产生于组合电力需求，如：旅游、交通及娱乐业和居民的用电消费的共生共涨。组合电力需求与组合电价之间的平衡机理需要通过组合电价有针对性地匹配用户的用电特性，达到既满足需求，又平抑高峰、节约用电的目的。其中：

1）通过尖峰电价，分解组合负荷，将有移峰能力的负荷置换到非尖峰期，以实现错峰或避峰的目标。

2）通过高峰电价和低谷电价的有效组合，调控高峰负荷转向低谷，实现移峰的目标；另外，从价格的角度看，高峰负荷需求的价格弹性高于一般电能需求的价格弹性，所以，高峰电价对于移峰具有较明显的效果，如典型的高峰用电——居民和商业用电中的洗衣机、录像机、蓄热和蓄冷可以转移到后半夜用电，以获得三至五倍的价格差的费用节省。从实施的效果看，有的地区在采用峰谷电价之后，在后半夜还形成了小的用电高峰。这就是设计电价机制所获得的调控效果——满足电网经济运行的电力供求新平衡。

3）通过可中断负荷电价降低高峰负荷，达到避峰的效果。

4）通过阶梯电价，平抑电能的过度消费和浪费行为，可以促进用户养成节约用电的习惯。

一般情况下，电力市场具有以下几种不同形式：单一购电型、批发竞争型和零售竞争型。不同市场模式下的 DSM 具有不同的价格机制，DSM 功能及其效益会产生在发电、输电、配电或零售等不同的市场环节，在不同的市场领域里，运作 DSM 的方法也会有所差异。

第二节　电力需求侧管理的目标及其分解

1954 年，美国管理学家彼得·德鲁克在《管理实践》一书中首次提出著名的目标管理（management by object，MBO）思想，后来发展成为一种系统制定目标并依此进行管理的有效方法，被全世界广泛采用。目标管理的基本理念是“以人为中心”——参与者共同制定目标、自我控制，其实质是“目标期望与目标分解相结合”。这一理念和贯穿这一理念的方法论对于电力需求侧管理的创新实践具有很重要的现实意义。DSM 效益主要依靠用户的参与才能实现，这与目标管理基本理论是相一致的。事实证明，采用 MBO 的方法进行 DSM 将会更具有科学性、规划性和可执行性。

一、电力需求侧管理的目标设计

DSM 的目标可以分为以下三类。

1. 第一类：技术目标

技术目标表示在 DSM 项目中实现的技术改进的目标，是描述 DSM 效率的指标。如高效电动机、高效照明、交流电机变频技术、加工工艺节电等。技术型指标又可以分解为节省型和调控型两类，如图 2-3 所示。

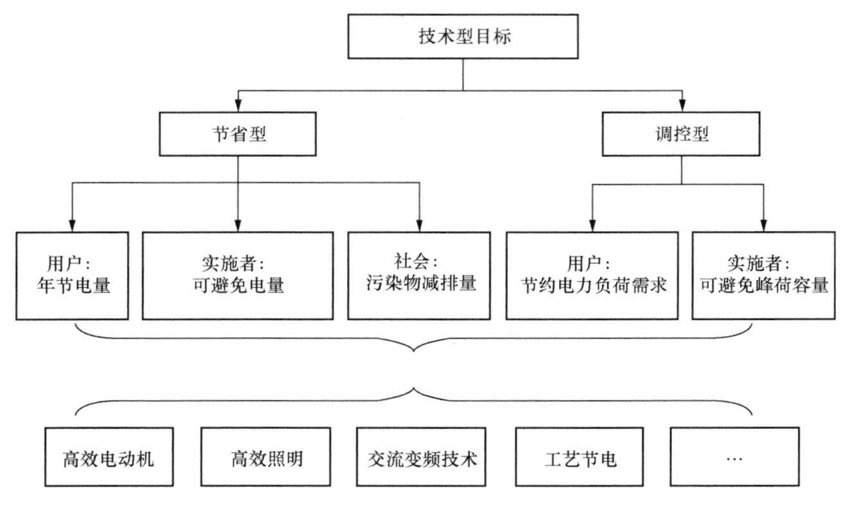

图 2-3　实施 DSM 技术指标设计图

其中，节省型技术目标主要是对电量的节约，调控型主要是对电力负荷需求的调整。在实践中，这两类节约类型是不可截然分开的，例如在进行 DSM 规划时，进行技术选择、成本估算或推广路径选择，可以分别有所侧重。在发达国家，电气化水平较高，其电机的电力消耗占工业耗电量的比例高于发展中国家。我国的电解、电热加工等初级加工工业正在向现代化的以电机传动型加工为主转变，节约型的技术在 DSM 项目里将更受到工业企业的重视。

2. 第二类：经济目标

经济目标是 DSM 项目所带来效益的衡量指标，是 DSM 计划的核心指标，可分为绝对指标和相对指标，如图 2-4 所示。

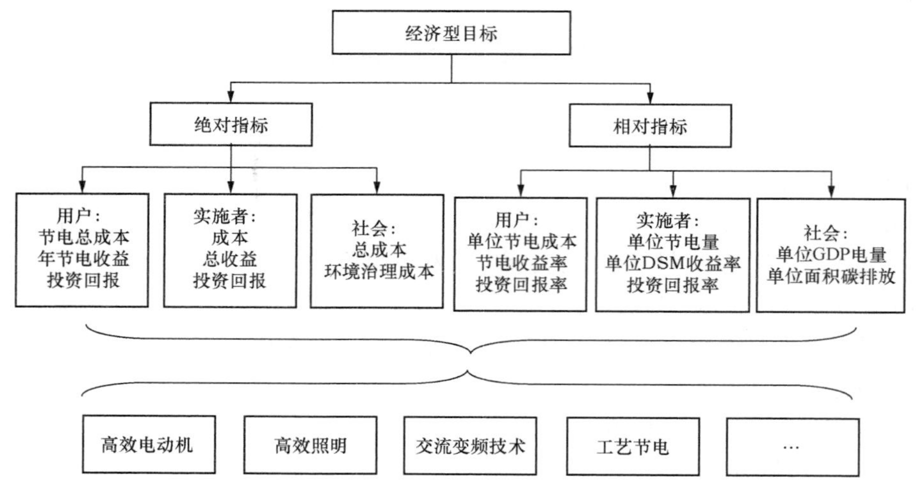

图 2-4　DSM 经济效益指标设计图

绝对指标主要是表示 DSM 项目的实物量绩效，如节电电量、DSM 投入成本、可避免峰荷容量，而相对指标表示 DSM 项目的效率特征，如 DSM 项目投资回报率、节电收益率等。

3. 第三类：DSM 推广（应用）目标

DSM 推广（应用）目标反映单个或一批用户实施 DSM 项目之后 DSM 设备使用的比例大小。这是描述 DSM 的一种推广效果的指标，也是 DSM 项目效益得以实现的基础。它主要说明了 DSM 技术的推广力度。指标可分为静态和动态。

静态推广率表示用户在参加 DSM 项目计划时，通过对原有设备的技术改造或优化运行实现节能，没有新购设备。所以，这是静态的实施 DSM 的效果指标，可表示为式（2-1）。

$$\chi_0 = \frac{N_0}{M} \times 100\% \tag{2-1}$$

式中　χ_0——DSM 的静态推广率（力度）；

N_0——DSM 项目计划实施后设备运行数量；

M——可参与 DSM 的设备总数量。

动态推广率表示用户在参加 DSM 项目时，新增了节能设备，可用式（2-2）表示。

$$\chi_1 = \frac{N_1}{M} \times 100\% \tag{2-2}$$

式中　χ_1——DSM的动态推广率（力度）；

N_1——DSM项目计划实施后新购节能设备运行数量。

实践证明，在全面实施阶段，当政府、DSM实施者都具备全面的激励政策、刺激措施时，DSM的推广力度会得到逐步提高。例如，建立DSM专用资金或者提升电价之后，能够留出一部分资金用于实施DSM，使用户能够享受到节电的效益；用能设备的租赁管理方式便于推广DSM节能设备，用电设备节能管理信息化的直接数据监控等都是提高DSM市场推广力度的良好途径。

二、电力需求侧管理的目标管理过程

将目标管理的理念运用到DSM的目标分解之中，具有四个过程。

1. 共同商定、制定总目标

DSM组织实施者根据对用户负荷形状的分析，设计DSM项目的试探性目标，进一步与用户一同反复讨论修改，—确立DSM项目的技术与效益目标，针对预测的结果进行分析、测算，从而获得DSM项目的规划目标。

2. DSM的效益目标分解与验收过程

（1）建立完整协调的DSM项目目标体系，参数包括可避免电量、可避免容量、分享效益、工期和投资回收期等，将目标细化到时间、部门和人。

（2）每个目标都要进行人员、技术路线、部门的验收。

（3）针对拟定的目标体系的结构，分配DSM资源，这些资源包括政府的能效资金支持或其他资金、人员、设备、材料等。

3. 目标实施

围绕目标，各个参与方分别履行职责。

4. 绩效的目标考核

通过定期检查，对成果即DSM业绩进行评价。如：DSM项目实施后的节能量（率）、分享效益、社会效益。对于措施不到位的、未达到效益而导致投资损失的DSM项目，应分析原因。根据业绩考核的结果，及时兑现奖惩。例如，美国加利福尼亚州政府将DSM实施后的效益与政府资助的DSM能效资金的发放紧密挂钩，达不到要求就停止资助。

三、电力需求侧管理项目的指标分解方法

电力需求侧管理的目标一般用一些指标来体现，以下介绍指标的分解方法。

（一）电力需求侧管理的指标分解方法综述

1. 能源利用水平评价指标

在进行分析之前，需要了解能源利用水平的评价指标。为了衡量能源的利用水平，一般用两类技术指标，一类是能耗指标，它是考核地区或企业生产“单位产量”的产品或完成万元产值所消耗的能量。另一类是设备效率，能源利用率，它用来考核耗能设备，地区、企业或车间对于供给能量的有效利用程度。

（1）单位产品（产量）能源消耗量，指统计报告期内每生产单位产品所消耗的能源量，主要有下列几种：

1）单位产值综合能耗：某地区、企业或车间所有产品单位产值消耗的各种能源量，计算公式为

$$e_{\mathrm{g}}=\frac{E}{G} \tag{2-3}$$

式中　e_{g}——单位产值综合能耗，千克标准煤/万元；

G——统计报告期内产出的总产值或增加值，万元；

E——统计报告期内耗能量，千克标准煤；地区、企业或车间消耗的所有能源之和，折算为标准煤，可按下式计算：

$$E=\sum_{i=0}^{n}(e_i\times p_i) \tag{2-4}$$

式中　n——消耗的能源品种数；

e_i——统计报告期内生产和服务活动中消耗的第 i 种能源实物量；

p_i——第 i 种能源的折算系数，按能量的当量值或能源等价值折算。

2）单位产量综合能耗：某地区、企业或车间某种产品单位产量消耗的各种能源量，计算公式为：

$$e_j=\frac{E_j}{P_j} \tag{2-5}$$

式中　e_j——第 j 种产品的单位产量综合能耗，千克标准煤/千克（或米、箱、条等）；

E_j——统计报告期内第 j 种产品的耗能量，千克标准煤；

P_j——统计报告期内第 j 种产品的总产量，依据产品类型不同，单位可为千克、米、箱、条等。

对同时生产多种产品的情况，应按每种产品实际耗能量计算；在无法分别对每种产品进行计算时，折算成标准产品统一计算，或按产量与能耗量的比例分摊计算。

3）针对某能源品种的单位产量能耗：某地区、企业或车间某种产品单位产量消耗的某种能源量，计算公式为：

$$e_{ij}=\frac{E_{ij}}{P_j} \tag{2-6}$$

式中　e_{ij}——第 j 种产品针对第 i 种能源的单位产量能耗，千克标准煤/千克（或米、箱、条等）；

E_{ij}——第 j 种产品消耗第 i 种能源的数量，千克标准煤。

4）可比能耗：同行业内可以用来进行对比的能耗水平。产品单位产量可比综合能耗只适用于同行业内部对产品能耗的相互比较之用。目前有两种算法：

$$e_{\mathrm{kb}}=\frac{E_{\mathrm{b}}}{P_{\mathrm{b}}} \tag{2-7}$$

或

$$e_{\mathrm{kb}}=\frac{E_{\mathrm{gx}}}{P_{\mathrm{gx}}} \tag{2-8}$$

式中　e_{kb}——产品单位产量可比综合能耗，千克标准煤/千克（或米、箱、条等）；

P_{b}——统计报告期内标准产品产量，千克（或米、箱、条等）；

E_{b}——统计报告期内标准产品产量消耗的能源总量，千克标准煤；

E_{gx} ——统计报告期内标准工序消耗的能源总量，千克标准煤；

P_{gx} ——统计报告期内标准工序对应的产量，千克（或米、箱、条等）。

所谓标准产品是指行业所规定的基准产品，以该基准产品的能耗为基准，并制定出其他产品能耗的折算系数，从而进行产品产量的折算。

所谓标准工序是指行业所确定的基本工序，并以此基本工序为基准计算能耗，当实际工序与标准工序不同时，其缺少的工序必须予以补足，多余的工序能耗要加以剔除，剔除时，要按实际能耗计算；补足时，或按规定的平均能耗，或按供应厂的实际能耗计算。

（2）能源效率（能源利用率）。能源效率的高低与生产设备的先进程度、工艺流程是否合理、设备的完好情况、维护保养工作的好坏以及能源管理工作水平都有关系。对于社会能源效率，涉及能源的开采、加工转换、输送、分配，直到终端利用等各环节。计算公式为：

$$\eta = \frac{E_a}{E_s} \times 100\% \tag{2-9}$$

或

$$\eta = \left(1 - \frac{E_{loss}}{E_s}\right) \times 100\% \tag{2-10}$$

式中　η ——社会、企业总体或者设备个体的能源利用率，%；

E_a——有效能量，焦耳；

E_s——供给能量，焦耳；

E_{loss}——损失能量，焦耳。

（3）能源回收率，指企业由于采取余热回收和重复利用等措施所带来的节能效果。计算公式为：

$$\gamma_e = \frac{E_r}{E_{whr}} \times 100\% \tag{2-11}$$

式中　γ_e ——能量回收率，%；

E_r——已回收总能量，焦耳；

E_{whr}——可回收能量，一般为余热资源量，焦耳。

$$\gamma_h = \frac{E_{rh}}{E_{whr}} \times 100\% \tag{2-12}$$

式中　γ_h ——余热回收率，%；

E_{rh}——已回收余热，焦耳。

综上所述，这几类技术指标相互联系又有区别，各有特点，互相补充。“能耗”是一个直观性很强的技术指标，适用于考核产品的耗能水平。设备效率和企业能源利用率则反映了设备和企业的用能水平。通过热效率和企业能源利用率的测试、分析，为企业指明了浪费所在，能量回收率与余热资源回收率则反映了企业余热资源利用的程度。

2. DSM 绩效指标分析方法

DSM 指标分解方法论是衡量 DSM 绩效的方法集合，通常包括有按性质分解方法（定性分析）和按数量分解方法（定量分析）两大类。定性分解常用的是主观的分析方法，如专家咨询法等。定量分解是对研究对象的数量特征进行分析的方法，具体如下：

（1）DSM 绩效指标的定性分解法。

1）专家经验法。主要是依靠专家的直觉、经验来开展工作。

2）标杆对比法（benchmarking），也称对标法。这是一种很实用的管理方法，一般是在行业里寻找最优企业的相关指标作为标杆，以此为目标，进行对比，寻找差距，纠正不足，以获得最好的绩效。在 DSM 项目绩效评价时，可以把国际或者国内 DSM 项目绩效最好的企业作为标杆，逐一对比相应的节能目标值，分析差距，修改流程，以实现同等的节能效果。

（2）DSM 绩效指标的定量分解法。

1）节能份额换算法。此分解方法是按照“份额—指标—计划”进行指标的分解。例如，国家“十一五”能源强度降低 20%的节能目标是参照各省（自治区、直辖市）GDP 在全国总 GDP 中所占的份额分解到各省（自治区、直辖市）的。

2）固定系数推导法。这是一种时序分析方法，根据历史上 DSM 的节能绩效，对未来节能绩效进行恰当的递推。

3）节能量测算法。节能量又称能源节约量，是指一定时期内节约能源的数量。它是制定节能目标、考核节能工作绩效的重要指标。包括：

①理论节能量。采用给定的理论计算所节约的能源数量。这是由理论极限所决定的，超过这一界限，节能技术与资金的投入将大大增加。

②实际节能量。指技术可行、经济合理、环境和社会接收、时间和工期允许的节能量。

③直接节能量。通过提高能源管理水平，进行节能技术改造，采用节能新技术、新设备、新工艺，使单位产品能耗降低而节约的能源数量。

④间接节能量。由于推行新的能源管理政策（如能源消费总量控制政策等），调整产业结构、产品结构等使单位产值（产品）能耗降低而少用的能源数量。

节能量的计算可以有多种形式。无论采用哪一种形式，节能量都是一个相对值，可以按报告期与基期、当年与上年同期、当年实际值与计划值、实际值与设计标准等之间的差值来确定。在此提出四种方法：

①设备性能比较法。比较节能改造前后所投入的新旧设备的性能，结合设备运转时间，即可简单地评价出节能效果。该方法适合于负荷输出较恒定、种类较单一的场合，例如灯具的更换，对于负荷变化大的设备亦有参考价值。

②项目实施（节能改造）前后能源消耗比较法。节能改造前后，比较相同时间段的能源消耗，即可评价出节能效果。该方法适合于负荷输出较恒定、种类较繁杂的场合。例如星级宾馆、连锁商场，这类企业管理比较规范，全年的能源消耗与历年比较变化不大。

采用节能改造前后能源消耗比较法，首先要确定比较基期，以前期单位能源消耗量为基准。前期，一般是指上年同期、上季同期、上月同期及上年、上季、上月等。也有以若干年前的年份（例如五年计划的初年）为基准。由于基准期选择不同，节能量的计算结果也会不同。特别是在计算累计节能量时，有定比法和环比法两种。其中，定比法是将计算年（最终年）与基准年（最初年）直接进行对比，一次性计算节能量；环比法是将统计期的各年能耗分别与上一年相比，计算出逐年的节能量后，累计计算出总的节能量。两个方法计算的结果不同，见表 2-3。

表 2-3　　定比法与环比法计算的节能量的对比

项　目		2000 年	2001 年	2002 年	2003 年	累计节能量
钢产量 A_i（万吨）		200	210	220	230	
年综合耗能量 B_i（万吨标准煤）		560	525	528	506	
吨钢综合能耗（吨标准煤/吨），$C_i=B_i/A_i$		2.8	2.5	2.4	2.2	
节能量（万吨标准煤）	定比法 $E=(C_0-C_n)A_n$					138
	环比法 $E_i=(C_i-C_{i+1})A_{i+1}$	—	63	22	46	131

一般评价某一年比几年前的某一年节能能力或节能水平时，用定比法计算；评价某年至某年的节能量时，用环比法累计计算。

③产品单耗比较法。企业的营业额、产量等均与能源的消耗量有直接的关系，例如，商场的营业额越大、宾馆的接待旅客越多、工厂的产量越多、写字楼的出租率越高等，能源的消耗量就越大。针对不同类型企业，统计不同类型的产品单耗，比较改造前后的单耗数据，即可得出节能率的大小，结合实际消耗的能源费用，即可计算出节能效益。该方法适合于负荷变化较大、生产品种单一的用能场合。

以节能改造前的产品单耗作为基准，实际节能量就是节能改造后的产品单耗与企业自身前期相比的节能量。它反映企业在能源利用水平上的提高和进步。式（2-13）是以基期和报告期的单位产值能耗为基础计算的节能量；式（2-14）是以基期和报告期的单位产量能耗为基础计算的节能量。

$$\Delta E=\left(\frac{E_0}{G_0}-\frac{E_1}{G_1}\right)\times G_1 \tag{2-13}$$

式中　ΔE——节能量；

E_0——比较期期初（基期）能源消费量；

E_1——比较期期末（报告期）能源消费量；

G_0——基期总产值；

G_1——报告期总产值。

$$\Delta E=\left(\frac{E_0}{P_0}-\frac{E_1}{P_1}\right)\times P_1 \tag{2-14}$$

式中　P_0——基期总产量；

P_1——报告期总产量。

【例 2-1】 2012 年，某个地区的单位地区生产总值电耗（本例中产值数据为 2012 年可比价）为 828.5 千瓦・时/万元；2013 年为 819.2 千瓦・时/万元。2013 年该地区产值为 7720 亿元，则该地区节能量为：

ΔE=（828.5−819.2）×7720×10^4=7.2×10^8（千瓦・时）=7.2（亿千瓦・时）

【例 2-2】 2012 年，某钢铁厂炼铁工序单位产量可比能耗为 396.3 千克标准煤/吨；2013 年为 390.5 千克标准煤/吨。2013 年该厂炼铁产量为 500 万吨，则该钢铁厂炼铁工序节能量为：

ΔE=（396.3−390.5）×500×10^4=2.9×10^7（千克标准煤）=2.9（万吨标准煤）

④模拟分析法。建立改造前后两套计算机仿真系统，用分析软件计算项目实施前后的能源消费量，并结合实际测量数据校正计算结果。该方法可独立计量节能效益，也可作为上述三种方法的补充方案。该系统的投入不会增加太多的成本。

4）节能率测算法。表示节能效果的衡量指标是节能率，它反映节能潜力大小，是在某一计量期间节能量与原先能源消耗量之比，常常采用以下几种表达方式。

①以单位产品（产值）能耗表示：

$$j=\frac{\Delta e}{e_1}\times 100\%=\left|\frac{e_2-e_1}{e_1}\right|\times 100\% \tag{2-15}$$

式中　j——节能率；

Δe——单位产品（产值）能耗的降低数量；

e_1——比较期期初（基期）的单位产品（产值）能耗量；

e_2——比较期期末（报告期）的单位产品（产值）能耗量。

【例 2-3】 某燃煤电厂 2013 年的供电煤耗为 327 克标准煤/（千瓦·时），2012 年的供电煤耗为 333 克标准煤/（千瓦·时），则火电厂 2013 年相对 2012 年的节能率为：

$$j=\left|\frac{327-333}{333}\right|\times 100\%\approx 1.8\%$$

②以能源利用效率表示。能源节约的效果还可以通过某一生产环节的效率提高来表示。

$$j=\frac{\Delta\eta}{\eta_1}\times 100\%=\frac{\eta_2-\eta_1}{\eta_1}\times 100\% \tag{2-16}$$

式中　j——节能率；

$\Delta\eta$——比较期末期（报告期）的能源利用效率与比较期初期（基期）相比的提高值；

η_1——比较期期初（基期）的能源利用效率；

η_2——比较期期末（报告期）的能源利用效率。

【例 2-4】 在某年初，某地区能源加工转换效率中发电与供热效率为 43.46%，年底上升到 43.87%，则该地区在这一年度发电与供热的节能率为：

$$j=\frac{43.87-43.46}{43.46}\times 100\%=0.94\%$$

如果原有的效率值较高，进一步提高能源节约率的难度较大，即提高一个相同的 $\Delta\eta$ 值，要比低效产品付出更大的努力。

③以平均节能率表示：

$$\bar{j}=\left(1-\sqrt[n]{\frac{\bar{E}}{E_0}}\right)\times 100\% \tag{2-17}$$

式中　$\bar{j}$——平均节能率；

$\bar{E}$——比较期期末（报告期）单位产量（或产值）能源消费量；

E_0——比较期期初（基期）单位产量（或产值）能源消费量；

n——基期与报告期间隔的年份数。

式（2-17）可用于在计划期间对每年节能速度进行测算。

【例 2-5】 2010 年，我国某发电企业供电煤耗为 350 克标准煤/（千瓦·时），在政府节能减排工作推动下，预计 2015 年该企业的供电煤耗下降到 330 克标准煤/（千瓦·时），“十二五”期间平均节能率为：

$$\bar{j}=\left(1-\sqrt[5]{\frac{330}{350}}\right)\times 100\% \approx (1-0.9883)\times 100\% = 1.17\%$$

这表明，近几年我国大型发电企业在供电煤耗的下降方面，年均节能率可超过 1%。

5）结构节能与技术（效率）节能测算法。由于电网企业是电力工业的窗口，可以掌握终端用户用电的信息、用户节约用电的行为规律等，因此电力需求侧管理就成为电网企业的核心业务之一。在 DSM 的实施进程中，其节能潜力的大小是十分重要的。节能潜力包含两个方面的含义：一是节能总潜力。节能总潜力的技术极限取决于现有的或预计在一定时期内可商业化应用的技术，以及根据热力学计算的理论极限值。这一指标是节能服务公司的基本目标约束。二是可实现的节能潜力。指技术成熟、经济合理、预计在一定时期可以实现的节能量。可实现的节能潜力取决于 DSM 实施所采用的技术、投资、社会、环境和其他政策等因素。在预测时，须进行全面的调查和分析。节能潜力可以反映能源消费与产值增长之间的关系。而节能潜力可以从形成产值的产业结构、技术效率的角度分析。所以，节能潜力可以采用多因素分析法进行测算。电力需求侧管理过程中，节能效果也可以通过技术、结构和制度三个方面获得，一般分析结构节能和技术节能。

电能强度的结构份额（即结构节能量 e_{s}^{k} ）为：

$$e_{\mathrm{s}}^{k}=\frac{e_0^k \times (x_i^k - x_0^k)}{e_i^k \times x_i^k - e_0^k \times x_0^k} \tag{2-18}$$

式中 e_0^k 、e_i^k ——第 0 年（基年）、第 i 年第 k 个产业或地区的电能强度；

x_0^k 、x_i^k ——第 0 年（基年）、第 i 年第 k 个产业或地区的产值。

电能强度的结构份额表明工业增加值中因为结构变化而提供贡献的部分。这里的结构可以引入不同的结构参数，如各类用电结构、各地区比重等。

电能强度的效率份额（即技术节能量 e_{n}^{k} ）为：

$$e_{\mathrm{n}}^{k}=\frac{(e_i^k - e_0^k)\times x_i^k}{e_i^k \times x_i^k - e_0^k \times x_0^k} \tag{2-19}$$

电能强度的效率因素是指各产业或地区用电单耗的改变值对电能强度的影响程度。

通过多因素分解，可以分析出影响节电效率因素和结构因素的强度，从而做出 DSM 规划。

这是源于宏观经济分析中关于能效与经济增长的研究方法，然而如何在结构和效率方面将多项 DSM 的综合效益挖掘出来，节能服务公司需要进一步结合 DSM 规划进行综合平衡，根据相关调研数据进行分析和评判。

（二）电力需求侧管理项目节能分析

DSM 项目可以在以下几个主要方面获得节能效益。

1. 移峰填谷

移峰填谷可以通过提高负荷率节能，获得可避免容量成本和电量成本。DSM 通过低谷电价鼓励用户安装蓄热式电锅炉、建造或改造蓄冰空调，以达到转移高峰负荷、提高负荷率的目的。

随着我国经济增长和人民生活水平的提高，用电峰谷差逐渐加大，导致电网负荷率逐渐降低。为了保证可靠供电，电网企业可以通过 DSM 进行移峰，提高电网负荷率，使电力系统的效率稳步提高。

观察国内用电市场，集中于高峰用电的现象也是比较突出的，高耗能工业用电、各行业空调用电、居民用电等，都是造成夏季高峰负荷持续攀升的重要原因，要解决这种用电的趋同行为，主要对策是价格调控。

只有这些措施综合运用起来，才能实现错峰用电，达到科学用电的目标。

2. 绿色照明

发达国家照明用电占总发电量的 20%～25%，而我国该比例大致为 10%～15%。我国目前照明电量的总体水平远远低于发达国家，而且照明电能效率也远低于发达国家，照明技术节能是推行终端用电节能的重要内容之一。

节能照明前期评估。实施节能照明是一项庞大的系统工程。从电力企业的角度，其营销业务应实行“前向一体化”策略，为各类用户提供照明用电的 DSM 服务，即针对用户照明的房间面积、光源强度和照明质量要求，以节能降耗和经济成本为约束条件，为用户分析测算不同房间的光源、功率，并推荐和设计节能灯的位置和数量。

将节能型 LED 灯推广到每一个用户。全力推广照明灯具的更新换代战略——将替换节能灯具的措施切实落实到每一个用户，通过政策税收与法律手段，从严淘汰高耗能的照明灯具和生产线。

推广使用节能镇流器。我国的照明用电市场节能潜力巨大，仅镇流器一项每年可以节约高峰时段电量 9 亿千瓦·时，相应可以节约标准煤 36 万吨，可减少二氧化碳排放 100 万吨，减少二氧化硫排放 7000 吨，减少氮氧化物排放 2300 吨。从用户的前期成本的角度看，节能型镇流器的价格是传统镇流器的 1.8 倍，但其使用寿命却是传统镇流器的 2～6 倍，一年左右就可以收回投资。

3. 能效标识家用电器

随着生活质量的提高，在居民家用电器中，空调和冰箱已经成为城市电能消耗的主力。能效标识制度可以产生巨大的节能和环保效益。首先，能效标识能够给用户一个家用电器能效等级的性能指标，引导消费者购置节能商品；其次，政府统一标识，形成统一的产品目录，为 DSM 实施主体鼓励用户、政府采购节能电器提供了可能；第三，强制实施，形成市场化的节电自律能力，强化用户的能效意识；最后，能效标识的监督可促进形成高效家用电器制造、销售、使用的全流程节电体系，帮助电力用户轻易识别电器产品能效、准确定位能效等级，使电力需求侧管理具有一个坚实的基础。

4. 需方响应分类电价及 DSM 分享效益

这是 DSM 理论与实践的一个新的研究视角。主要是按照用电负荷的分类及其需求价格弹性来进行 DSM 分享效益的测算。

（1）居民节能产生的分享效益用可避免电量成本指标计算。基本上是借助于居民对峰谷分时电价的响应进行调节，居民节能产生的可避免电量是随着居民电价弹性的变化而变化的，然而居民电价比较单一，所以，居民类用电负荷的可避免容量成本不易计算，其决定的因素是峰谷电价的比值、能效标识的引导。

（2）工业和商业用户的分享效益可以从两个方面考虑。第一，可避免成本可以根据其容量电价的节约值来计算，即依靠技术节电措施和技术改造来实现。所以，可分享效益可以按照新增节能设备对容量的节约量计算；第二，工业和商业的电量电价存在峰谷分时电价，需要针对不同的用户进行电价、电量的统计数据分析，研究其弹性值的分布规律，得出该类用户在电量上的价格响应度，从而计算出工商业用户的可避免电量成本，得出该 DSM 项目的可分享效益。

四、DSM 的评价指标体系

对 DSM 项目进行评价是发挥 DSM 项目作用、推进节能减排的基础性工作和基本途径。DSM 项目虽然不像电源、电网建设项目那样投资大、周期长，但是要将 DSM 真正提高到 IRSP 下的需求侧资源综合平衡的高度，必须通过一系列指标对 DSM 项目进行综合量化评价。

评价指标有利于将分散的信息转化为更容易理解的形式，使人们能够方便地分析 DSM 实施过程中关于耗费、投资和环境效益等规律性问题。

DSM 评价指标体系是指通过一系列指标的逻辑分类和组合汇总，建立起来的一整套用于反映 DSM 项目基本内容和执行效果的数据和方法体系。

这一评价指标体系由三个部分组合而成：用户评价指标，组织实施者评价指标和政府（社会）评价指标。这三类指标分别从不同的利益角度对 DSM 的实施效果加以衡量，如图 2-5 所示。

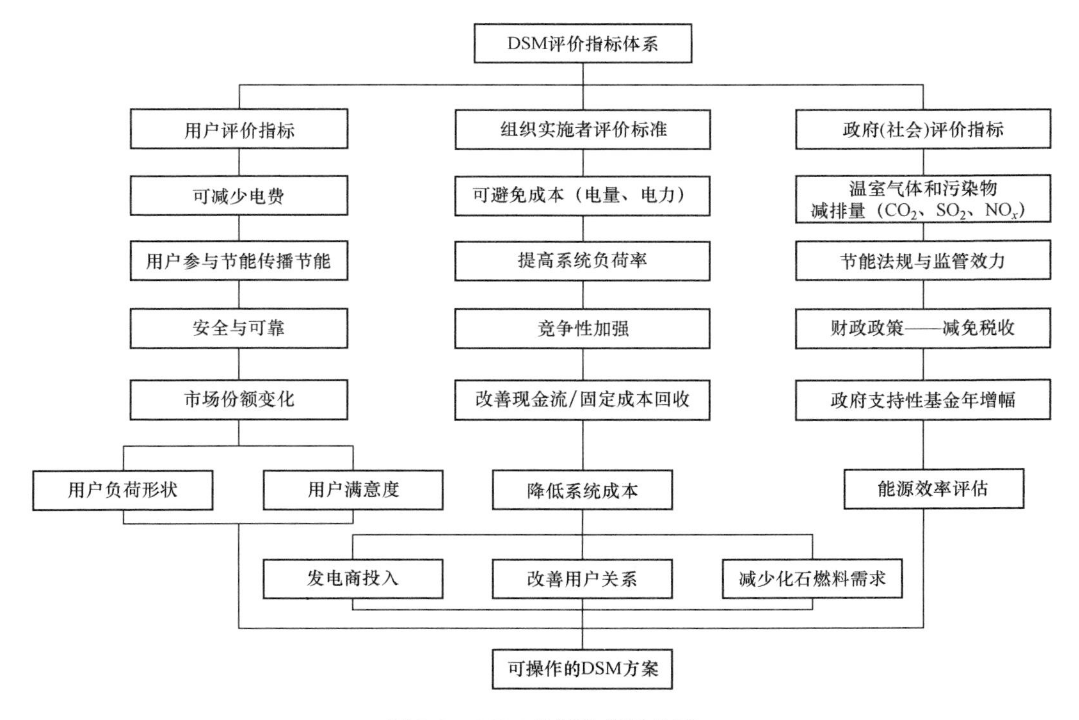

图 2-5　DSM 的评价指标体系

第三节　在不同电价机制下的电力需求侧管理运作

目前，DSM 已经成为国际上先进的能源管理活动，也是发达国家实现可持续发展的重要手段。在美国、法国、德国、韩国、加拿大等 30 多个国家和地区得到成功实施。这些国家所采用的政策和管理体制不尽相同，推行的方法和激励的手段也有所不同。但是，经过对世界各国 DSM 经验的分析，可以找到他们的众多经验和规律中存在的差异，各国推行 DSM 的方式主要有两大类，即“低电价资金支持型”和“高电价税收推动型”，这两种模式都是战略型的，具体的策略与战术需要同具体节能目标相融合。

一、低电价模式及适应性

低电价资金支持型模式是指一国的电价水平相对较低，DSM 资金主要从电价外的渠道获取。这在发展中国家、能源资源较为丰富的国家应用居多，如我国、美国、加拿大等，这种低电价水平直接导致用户用电缺乏有力约束，对用户节约用电的激励效果非常低。当社会面临节能减排的环境压力，低电价的局面很难改变时，就需要政府通过行政的方法配合节能专项资金资助的方式将 DSM 切实开展起来。如第一章提到的，自 20 世纪 70 年代石油危机以来，美国因为采取了 DSM 等措施，通过各种激励政策及 DSM 资金支持，使能源强度大约降低了 50%，2000 年消耗的一次能源与 1973 年几乎相等，但是 2000 年所创造的 GDP 价值增长了 74%。美国的电价发展状况如图 2-6 所示。即使到 2012 年，工业电价和居民电价也处于较低水平，分别为 6.8 美分/（千瓦·时）和 11.9 美分/（千瓦·时），分别为 OECD 国家当年平均水平［分别为 12.6 美分/（千瓦·时）和 20.3 美分/（千瓦·时）］的 50%～60%。

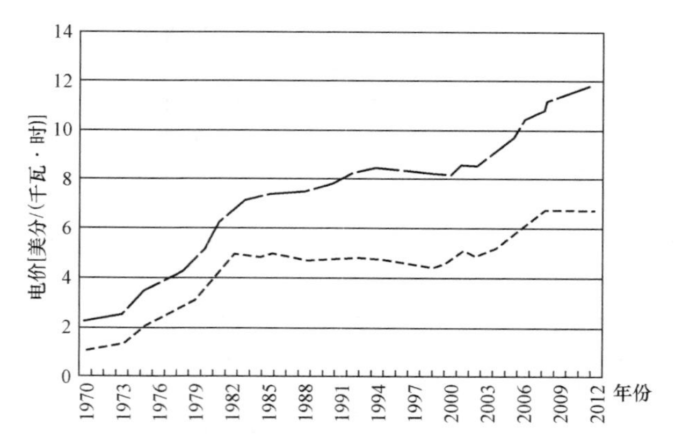

图 2-6　1970～2012 年美国居民与工业电价示意图

—·— 居民电价　---- 工业电价

低电价模式是对价格机制不足的弥补。通常每节约 1 千瓦容量的投资只有新增相同容量造价的 20%；每节约 1 千瓦·时电量的投资约为新增相同电量成本的 40%。国际上，一些国家因其历史原因采取的是较低电价水平模式，考虑到国家能源安全和国际市场能源价格惯性上涨的紧迫性，推行附加能效考核、评价、监管与激励的政府节能资金支持电力需求侧管理越来越重要。

美国几十年的经验表明，推行 DSM 工作必须采取政策方面的行动，仅靠市场本身是无法实现节能目标的。

为了充分挖掘电力和天然气公司、政府监管部门及其相关部门的潜力，向能源效率项目提供充分、及时而稳定的项目资金，从而使能源资源获得最佳配置，美国于 2006 年 7 月 31 日宣布了国家节能行动计划，提出了全国能效目标。该计划建议：

（1）充分认识到能源效率是很重要的资源；

（2）长期坚定地承诺节能是一项重要的资源；

（3）广泛宣传能源效率带来的好处和机会；

（4）为成本效益好的能源效率项目提供充分、及时而稳定的项目资金；

（5）将激励机制和实现成本效益的能效项目统一起来，改变费率制定政策、刺激能效项目的投资。

由此可以看出，低电价模式下通过政府建立资金来源渠道，实现对 DSM 项目的经济杠杆调控、行政激励和法律规制，促进全社会节约用电、科学用电，从而可以在减少和减缓电力建设投资、改善电网运行的经济性和可靠性、控制电价上升幅度、减少用户电费开支、降低能源消耗、改善环境质量等方面取得显著绩效。这是一种适合我国国情的 DSM 运作方式。

二、高电价模式及适应性

高电价税收推动型模式是指一国的电价中税收比重较大，使电价水平相对较高，政府通过税收获得资金，再从财政拨出资金资助 DSM 项目，进行节能和可再生能源的研发。高电价税收推动型模式的 DSM 节能资金来源于政府强有力的税收，使 DSM 项目易于实现市场化运作。在注重能效管理和需求侧管理方面比较成功的典范是欧盟成员国，他们普遍认为保障能源安全、提高能源效率、保护生态环境是实施需求侧管理的重要动因。为此，主要采用两种途径推行高电价的 DSM 模式。

（1）通过增加能源使用成本，高电价高税收，刺激用户采用 DSM，提高能效。

（2）通过政府财政投入给予 DSM 项目以适当的补贴，降低其能效投资和投入，从而降低项目风险，促进参与者的积极性。

以欧盟国家为代表的电力需求侧管理模式代表了用户在高成本背景下的电力需求侧管理模式。

欧盟许多国家对高耗能行业的污染物排放征税，向用户征收能源税用于公共节能计划资金，鼓励 DSM 等提高能效的活动。如图 2-7 所示，显示了部分欧盟国家居民和工业电价变化情况及其与美国电价的差异。通过用户自觉增加高能效设备的投入来改进能源管理，降低能耗。如丹麦对家庭和工业部门征收高水平的 3.3 欧元/吨的二氧化碳税，签订了节能自愿协议的用户可以降低为 0.4 欧元/吨。这些税收都会对能源消费的成本带来较大幅度的增长，从而增加能源消费者的成本，约束其用能行为。但是，政府将税收用于节能激励，支持环境恶化的预防和治理，促进了欧盟国家节能减排的顺利发展。因此，这种电价水平和 DSM 这种运作模式是促进这些发达国家经济可持续发展的重要因素之一。

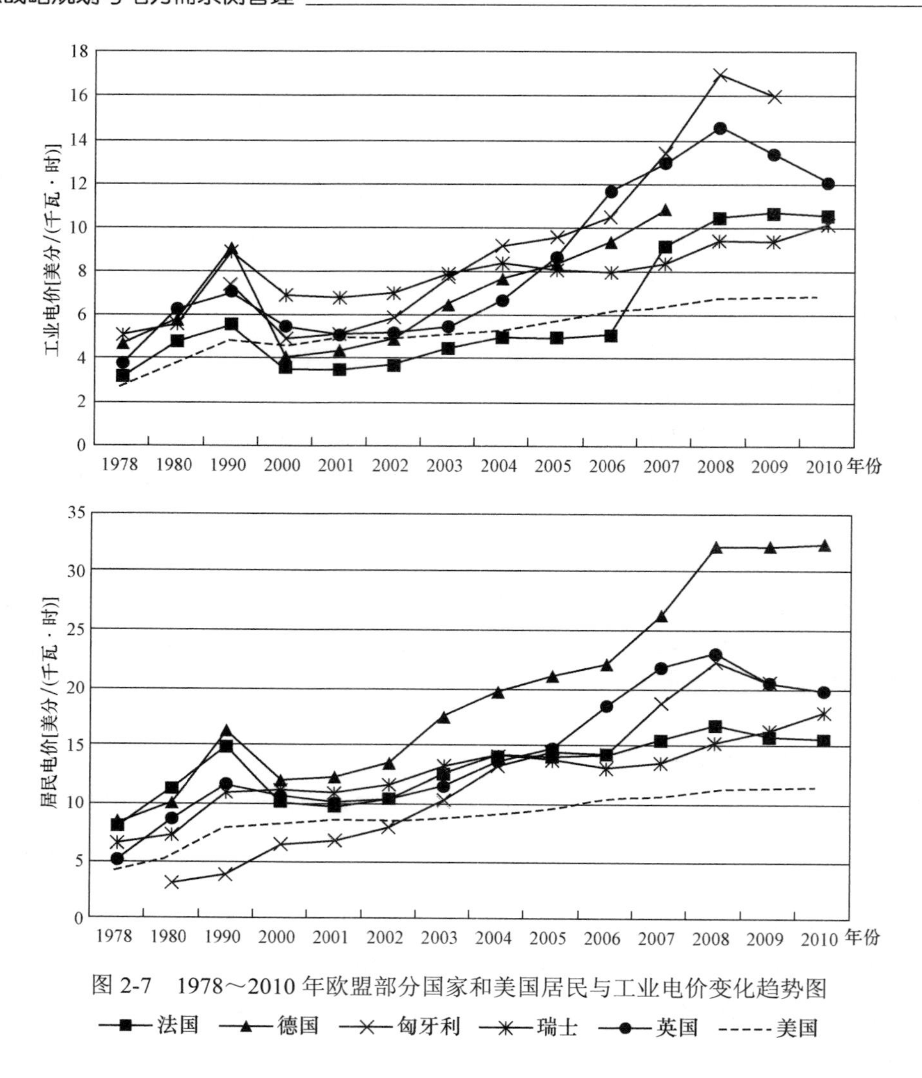

图 2-7 1978～2010 年欧盟部分国家和美国居民与工业电价变化趋势图

第四节 电力需求侧管理成本效益分析

一、电力需求侧管理成本效益分析的基本原理

DSM 的成本效益分析是指针对基于节能活动中的复利现金流，以货币价值作为统一衡量的尺度，对 DSM 项目的系统效益（DSM 项目实施后的可避免成本，一般用 E 表示）和节能投资（一般用 I 表示）进行对比测算，通过有效的判别条件进行分析，确立 DSM 项目是否可以实施的一种方法。

DSM 的成本效益分析主要分为两个层面：一是 DSM 的经济成本与效益；二是 DSM 的社会成本与效益。由于评价的层面不同，所以评价的方法也有所不同。经济成本效益分析是以经济增长和利润最大化为目标。所以，对它的评价采用“经济成本效益”的评价方法，比较单一；而社会成本效益则以“社会成本效益”为评价方法，以公平分配、环境的可持续、国民福利最大化为目标，对 DSM 来说，它的实施具有一部分社会公共受益的性质，但是由此形成的外部成本和效益是没有计算边界的，需要将外部成本内部化，将环境成本折算到实施者的经济利益里，通过政府的激励性资助，实现其社会效益最大。如表 2-4 所示，汇总了 DSM 项目在不同层面进行成本效益分析在目的、目标、影子价格、DSM 服务价格计算和运用者等方面的特点。

DSM 实施者是否选择实施某一类 DSM 项目，主要以经济、技术、环境、市场潜力等四个方面为基础，其依据主要是对 DSM 项目进行成本效益分析。

表 2-4　　经济成本效益分析与社会成本效益分析的区别

方法类别	目的	目标	影子价格	DSM 服务价格计算	运用者
经济成本效益	使有限的电力资源达到最有效的分配	利润增长	财务效率	机会费用法	电网企业 发电企业 节能服务公司（能源服务公司） 电力用户
社会成本效益	改进电能资源的配置	经济增长 社会公平 保护环境	经济可持续 环境承载力	社会价值判断	政府

二、电力需求侧管理的现金流分析

一般情况下，现金流一词是用来描述交易行为的货币结果的用语，也就是以货币的方式反映交易行为。DSM 项目的现金流（也称现金净流量）是指 DSM 项目实施过程中发生的现金流入和现金流出之差。它主要表现为 DSM 各项业务实施过程中的资金流动。这种现金流存在着多种资金形态：DSM 项目成本效益的现值（P）、未来值（F）、年金（A）以及每年的投入和产出（R），在不同时段的分布如图 2-8 所示。

现金流是 DSM 项目决策模型中十分关键的因素，DSM 投资决策模型是根据各种 DSM 投资决策方案形成的现金流及所得回报的高低，在各种方案中做出理性选择的模型。

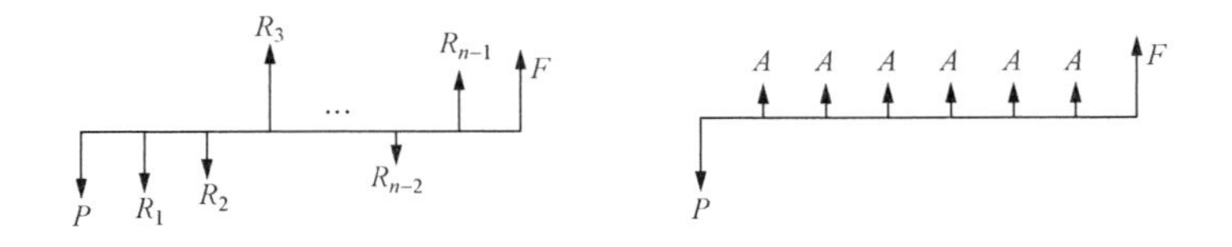

图 2-8　DSM 项目的投资和效益现金流示意图

（一）影响 DSM 现金流的主要因素

DSM 项目的现金流是该项目的成本效益在时序上的一种资金流分布，是计算 DSM 项目的投资、估值、经济效益和社会效益的基础，其影响因素包含以下六个。

1. 节能成本

节能成本是 DSM 项目资金利用的决策判别标准，也是 DSM 项目决策的重要前提。如果约束成本超过了效益评估值，则 DSM 项目难以实施，而且它与约束条件的类型、多与少、宽与严的程度是相联系的。例如，最大的成本约束就是节能（电）量目标，通过电价折算可以得到节能效益水平。在美国加州，政府建立了非常稳定的系统效益收费，以保证能效项目、可再生能源项目及其研发的最低经费来源。但是，各电力企业会因此必须完成严格的节能目标，经过能效专家严格评审才有可能得到相应的政府资助的系统效益收费。如太平洋天然气及电力公司（PG&E）年度节能目标相当于年售电量的 1%～1.5%，年平均节能成本为 3.02 美分/（千瓦·时）。

2. 利率（贴现率）设计

在 DSM 方案的形成过程中，可避免成本是最大的一项现金流，但是测算这笔现金流需要进行利率选择。利率设计也是进行 DSM 成本效益分析的重要内容。在进行 DSM 项目效益分析时，利率有多种选择。

（1）必要报酬率。人们愿意进行投资的最低报酬率。一般情况下，这是节能服务公司的主要决策判别标准之一，当一项节能服务不能获得该公司对实施 DSM 项目决策后的必要报酬率要求时，这个项目就难以得到实施，并且这也是 DSM 项目现金流形成的重要的、敏感的影响因子。

（2）期望报酬率。投资人期望获得的报酬率。它是使净现值（NPV）为零的报酬率，所以，通常又被称为内部收益率。这是 DSM 项目的原始回报率，是判别 DSM 项目内在获利能力的重要指标，也是节能项目投资与贷款成本的起点。如果期望报酬率都无法达到，那么这一节能项目不具备经济可行性；另外，在评价社会效益时，将环境成本等外部因素内部化，进行社会效益优劣的综合判别。

（3）实际报酬率。在特定时期，实施 DSM 项目后实际赢得的报酬率。这一指标与 DSM 项目方案设计和实施者的经营决策能力相关。

利率设计与必要报酬率、期望报酬率、实际报酬率三者之间的关系取决于决策者的判定和对 DSM 项目评价的角度。在项目的成本效益分析过程中，期望报酬率与实际报酬率相似，只是期望报酬率没有考虑风险。也就是说二者的差别在于风险导致的利率差额。

3. 需求侧资源

需求侧资源主要表现为需求侧负荷的减少及电量需求的减少，这是 DSM 各方分享节电效益的基础。

4. 电力市场

电力市场竞价交易是 DSM 得以真正发展的土壤，因为在比较规范的市场交易流程中，能源效率、环境、可再生能源发电等成本能在电价中充分体现，终端能效项目才可能真正形成节能服务的利益驱动，电力企业（电网企业和发电企业）才会真正有动力去实施 DSM，节能服务公司才有推动 DSM 项目的积极性，也才会使 DSM 现金流具有相对稳定性。例如，美国加州各私有电力企业每年必须制订出能够平等对待电力供应源和需求源的投资计划，并且能够证明本单位没有违背《加州能源计划》的宗旨，被要求在建设新的电厂之前，要拿出低成本的需求方案。该方案需事先测算 DSM 项目的效益，如果通过需求侧管理节能可以满足电力负荷需求，就不批准电源建设投资计划，这些都是综合资源战略规划与电力需求侧管理得以实现的市场基础，否则成本和效益不可能成为真正的节能服务的利益杠杆。

5. 配电系统管制

管制来源于政府的行政干预，主要是对配电公司的能效进行监管的政策。如果政府通过专项资金资助 DSM 的实施，必然会有相应严格的能效考核制度。如果能效目标达不到，相应的节能资助资金便会取消。

6. 可靠性和风险管理

可靠性和风险管理是对 DSM 节能业务的一种担保。比如，确定节能效益分享基准值为50%，就是一种保证节能合同得以实现的可靠性和风险防范的规则。

（二）现金流分解

现金流的分解就是将所选择的会计期间里多个 DSM 项目的资金流入、流出进行分类，编制损益表，进而绘制现金流的分布图，再选择不同的利率进行资金时间价值的测算，最后得出不同时间点的成本和效益值，提供给 DSM 项目决策者判别。

【例 2-6】 美国佛蒙特能效中心的一项简要的容量节约现金流明细表，如表 2-5 所示。

表 2-5　　美国佛蒙特能效中心能源与容量节约现金流分解表

序号	社会成本测试的输入和结果	公式	工商业部门		居民		所有项目	
			（万美元）	（%）	（万美元）	（%）	（万美元）	（%）
1	年度节约负荷（折算成资金）		7841.4	58	5753.8	42	13595.2	100
2	能效测试成本		2035.6	53	1780.8	47	3816.4	100
3	参与者和第三方成本		1504.6	60	1020.7	40	2525.3	100
4	管理成本		75.7	50	75.7	50	151.4	100
5	无风险总成本	序号 2+序号 3+序号 4	3615.9	56	2877.2	44	6493.1	100
6	用来判别风险的总成本		3254.3	56	2589.4	44	5843.8	100
7	资源节约的效益		6342.9	62	3867.0	38	10209.9	100
8	环境效益		54.9	58	40.3	42	95.2	100
9	总效益	序号 7+序号 8	6398	62	3907	38	10305	100
10	电量（万千瓦·时）		152328		139535		291863	
11	单位电量社会净效益［（美元/（千瓦·时）］	序号 9÷序号 10	0.042		0.028		0.035	
12	公共事业成本测试（每万千瓦·时电量的成本节约值）		0.027		0.038		0.032	
13	电力企业减少收入	序号 10×序号 12	4113		5302		9340	
14	益本比	序号 9÷序号 6	1.97		1.51		1.76	

注　根据美国佛蒙特能效中心网站 2002～2004 年数据整理。

此案例数据显示，该节能项目期的 DSM 项目在带来 1 亿美元社会效益的同时，为工商业和居民用户节约了大约 9300 万美元的电费。

在实际实施 DSM 项目时，现金流中要分别详细地分解出现金流入和现金流出两部分。

1. DSM 项目的现金流入

它是形成 DSM 规划可分享效益的基础，包括以下几项：

（1）项目的效益资金流入。具体的可以表示为 DSM 项目实施之后节约的年度电费、可避免容量成本、从用户处收取的能效测试成本、参与方和第三方投入的成本等。

（2）系统效益收费（system benefits charges，SBC）。这是按用电量征收的一种保证能效项目、可再生能源项目及研发项目所需的最低经费来源。该项收入是所有用户都必须分担的，而且收费标准相同。在美国加州，按照每千瓦·时电量的电费中提取 0.025 美元[7]。

（3）DSM 项目的固定资金流入。这是指由于实施 DSM 项目和节能项目所形成的固定资产的价值。实际值包括节能设备的年度折旧以现金流入的形式实现的价值转移。

（4）DSM 项目的流动资金流入。将项目过程中形成效益的流动资金纳入，有两种计价方式，一种是一次计价回收方式，此种方式容易造成财务上的不平衡；一种是在项目全生命周期内均衡提取。

（5）DSM 项目的残值资金流入。一般按照节能设备原值的 3%～5%提取。

（6）DSM 项目的赞助资金。这应该是 DSM 项目的一项重要的、甚至是比例较大的现金流入。包括来自于社会捐助、发电企业捐助、绿色组织、各国政府或国际组织的支持。

2. DSM 项目的现金流出

DSM 项目的现金流出是指 DSM 项目考虑风险后的总成本支出。包括 DSM 项目的前期可行性分析成本，节能改造的材料、设备和人工等投资和管理成本。其中管理成本包括：DSM 项目的计划控制资金（实施 DSM 项目所需的计划管理工作所需要的资金支出）、成本控制（成本预算、控制及其统计分析等支出）、财务控制（财务费用、利息支出、贷款选择等支出项目）。这些日常开支如材料费、人工费、利息费和管理费等，是保证节能项目顺利进行的必要的资金支出。

在进行 DSM 项目社会成本效益分析时还有一项总利益，它的计算与一般的公司财务净现金流分析不同，这一现金流的计算边界是全社会利益最大化、环境损失最小化等，所以称之为社会利益，具体体现在环境治理成本的改善、公平性、福利性等方面。这一部分的评价很难定量，尤其是外部成本和长期效益，难以用财务上的现金流指标来表示，也是进行成本效益分析的难点。

DSM 成本效益分析的主要指标及其作用如表 2-6 所示。

表 2-6　DSM 成本效益分析的主要指标及其作用

<table>
<tr><th>指标</th><th>表达式</th><th>应用于成本效益分析的主要指标及其作用</th><th>说　明</th></tr>
<tr><td>现值 P</td><td>$P = F \times \frac{1}{(1+i)^n}$
$P = \sum\left[R_t \times \frac{1}{(1+i)^t}\right]$
P=A×ADF（i，n）</td><td>DSM 项目投资分析</td><td>P——现值；
R_t——第 t 年的现金流；
F——未来值（终值）；
A——年金；
ADF（i,n）——年金现值系数；
ACF（i,n）——年金终值系数；</td></tr>
<tr><td>未来值（终值）F</td><td>$F = P(1+i)^n$
$F = \sum\left[R_t \times (1+i)^{n-t}\right]$
F=A×ACF（i,n）</td><td>评价 DSM 项目经济效益和社会效益</td><td rowspan="2">SFF（i,n）——偿还资金系数；
CRF（i,n）——资本回收系数；
i——资金的时间价值比率（贴现率、投资回报率、资金成本等）；
n——项目实施的年限</td></tr>
<tr><td>年金 A</td><td>A=F×SFF（i,n）
A=P×CRF（i,n）</td><td>计算 DSM 项目年金成本</td></tr>
</table>

（三）DSM 效益未来值（future value，用 F 表示）分析

DSM 的成本效益未来值分析，主要研究 DSM 项目中用现金流表示的成本投入和效益产

出到项目结束时的价值。

1. DSM 的一般未来值

DSM 项目的未来值用 F 表示。计算 DSM 项目未来成本效益值的基本分析模型为

$$F=\sum_{t=0}^{n}(R_t-C_t)\frac{1}{(1+i)^{n-t}} \tag{2-20}$$

式中 F——未来值；

R_t——DSM 项目实施后第 t 年的年度效益；

C_t——第 t 年 DSM 项目的投入成本；

i——资金的时间价值比率（贴现率、投资回报率等）；

n——DSM 项目实施的年限。

式（2-20）适用于 DSM 项目各年的收入、支出不统一、现金流进、现金流出不规律的情况。所以这是一个具有一般意义的成本效益评价公式。任何复杂的节能成本效益、年度支出与收入，都可以用式（2-20）计算 DSM 项目的未来值的总和。由于式（2-20）的结果是各资金在未来年度的总和，所以这一方法适合用于评价社会资源的价值。

2. DSM 项目的年金未来值

当 DSM 项目投资是以每年等额的资金净流量进行、或者每年的投入和产出都相对稳定时，年金终值 F 可以用年金等量值 A 来表示，则 DSM 项目的年金终值为

$$F=A\frac{(1+i)^n-1}{i} \tag{2-21}$$

一般，年金终值系数用 ACF（i，n）表示，即

$$ACF(i,n)=\frac{(1+i)^n-1}{i} \tag{2-22}$$

【例 2-7】 某企业实施节能改造的 DSM 项目前期总投资为 120 万元，预计实施后三年每年收回节能分享效益 100 万元，投资回报率为 10%，问项目结束后，该项目总的可分享效益为多少？

解：本项目投资现值 I 为 120 万元，实施后每年收回节能分享效益为 100 万元，是年金未来值求和问题。

$$F=A\frac{(1+i)^n-1}{i}-I\times(1+i)^n$$

$$=100\times\frac{(1+10\%)^3-1}{10\%}-120\times(1+10\%)^3$$

$$=331-159.72$$

$$=171.28\text{（万元）}$$

所以，该项目总的可分享效益为 171.28 万元，如图 2-9 所示。

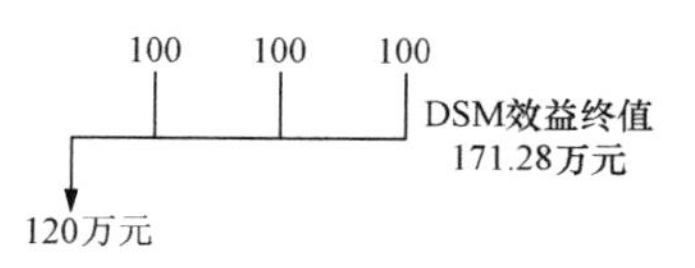

图 2-9 现金流分布图

3. DSM 项目的偿债年金

当 DSM 项目需要评价最终效益时；通过项目的期末投资额分摊到每个年度，以年金方式支出；若进行投资，一般情况下

可以通过式（2-23）计算年金，获得每年的效益评估标准值。

$$A = F\frac{i}{(1+i)^n - 1} \tag{2-23}$$

式（2-23）常常被用于 DSM 项目贷款实施后，在未来需要偿还银行的贷款 F，或者 F 可以是对投资人的节能效益承诺。从借贷的角度看，F 相当于一笔债务，即通过 DSM 项目逐年实现的等额效益值。

【例 2-8】 某节能服务公司与用户签订 DSM 协议，约定五年后项目总分享效益预计为 586.7 万元，若该公司的资本成本为 8%，在项目实施进程中逐年回收效益，如果项目实施采取资本化方式而非费用化（资本化是逐年按年金收回，费用化是一次收回），那么，该节能服务公司后五年每年收回节能可分享效益为多少？

解：根据已知条件，预计五年后的终值为 586.7 万元，如果将其资本化，每年的效益值为

$$A = F\frac{i}{(1+i)^n - 1} = 586.7 \times \frac{8\%}{(1+8\%)^5 - 1} = 100\text{（万元）}$$

所以，该项目每年可分享效益为 100 万元。

显然，式（2-23）比较适用于节能服务公司和用户进行 DSM 项目谈判时，对年度分享效益的测算。

（四）DSM 效益现值（present value，用 P 表示）分析

1. DSM 项目的一般现值

$$P = \sum_{t=1}^{n}(R_t - C_t)\frac{1}{(1+i)^t} \tag{2-24}$$

式（2-24）是将 DSM 项目的现金流逐年贴现求和的公式。一般用于对 DSM 项目的投资成本和未来效益的现值之间进行判断，在 DSM 项目的投资估算、概算和预算当中使用。

【例 2-9】 某 DSM 项目的实施，前期投资第一年为 10 万元，第二年末为 14 万元，第三年末为 20 万元，银行贷款利息为 10%，问现在需要准备多少投资？

解：本项目前三年收入 R=0，投资现值和为

$$\begin{aligned}P &= \sum_{t=1}^{n}\left[(0 - C_t)\frac{1}{(1+i)^t}\right] \\ &= (0-10)\frac{1}{(1+10\%)^1} + (0-14)\frac{1}{(1+10\%)^2} + (0-20)\frac{1}{(1+10\%)^3} \\ &= -35.67\text{（万元）}\end{aligned}$$

此例中，负值代表投资。

本例说明，当 DSM 的项目的收益与投资现金流已知，可以使用式（2-24）计算项目的总投资现值，此计算方法一般运用于 DSM 项目的前期投资预算。

2. DSM 年金现值（annuity present value，APV）

这是现值公式的特例，即当 DSM 项目每年的投入支出都相等时，可以直接用式（2-25）计算项目的现金流现值。

$$P = A\frac{(1+i)^n - 1}{i(1+i)^n} \tag{2-25}$$

3. DSM 年费用

当 DSM 项目进行方案的决策和融资，需要进行多方案比较时，采用年费用的方法进行比较是 DSM 项目成本效益分析的重要方法。

$$A = P\frac{i(1+i)^n}{(1+i)^n - 1} \tag{2-26}$$

这是用以测算 DSM 项目的投资回报的公式，主要是用于对投资评估和效益预测的计算，这是一个较为重要和实用的参数，可以用于测算节能服务公司的 DSM 项目投资回收效益。

【例 2-10】 某节能服务公司拥有一笔 3993 万元的资金，希望通过年金回收的方式，进行下一轮 DSM 项目的滚动发展，历史上该类项目的投资回报率为 8%。若投资五年，问每年需要多少年金效益，该节能服务公司的 DSM 投资效益才有利？

解：

$$A = P\frac{i(1+i)^n}{(1+i)^n - 1} = 3993 \times \frac{8\%(1+8\%)^5}{(1+8\%)^5 - 1} = 1000 \text{（万元）}$$

本例说明，当节能服务公司在寻找 DSM 项目时，已知节能公司拥有的投资，需要计算这些项目中每年能够获得多少分享效益，判断是否值得投资时，便可以使用式（2-26）进行计算。

总之，分析 DSM 的成本效益是进行节能项目评估和决策的财务依据。例如，需要计算节能服务公司的财务利润时，我们通常采用年金终值公式；在计算 DSM 项目贷款偿还金时，需要测算偿债资金参数；需要评估 DSM 对资源节约带来的社会效益时，通常利用终值法。

为方便使用，将前边的公式进行汇总，如表 2-7 所示。

表 2-7　　DSM 成本效益分析参数汇总表[8]

名称	已知	待求	换算系数	计算公式
复利终值系数	P	F	$CF(i,n)=(1+i)^n$	$F=P\times CF(i,n)$
复利现值系数	F	P	$DF(i,n)=(1+i)^{-n}$	$P=F\times DF(i,n)$
年金终值系数	A	F	$ACF(i,n)=\frac{(1+i)^n-1}{i}$	$F=A\times ACF(i,n)$
偿还资金系数	F	A	$SFF(i,n)=\frac{i}{(1+i)^n-1}=\frac{1}{ACF(i,n)}$	$A=F\times SFF(i,n)$
年金现值系数	A	P	$ADF(i,n)=\frac{(1+i)^n-1}{i(1+i)^n}$	$P=A\times ADF(i,n)$
资本回收系数	P	A	$CRF(i,n)=\frac{i(1+i)^n}{(1+i)^n-1}=\frac{1}{ADF(i,n)}$	$A=P\times CRF(i,n)$

注　资料来源：周渝慧，王建功，等．企业工程经济学．中国科学技术出版社，1993。

（五）DSM 效益净现值（net present value，NPV）分析

净现值是为进行 DSM 项目决策时采用的方法。DSM 分享效益的净现值为项目未来收益

现值与投资现值之差，采用项目收益的复利计息方式，可以用式（2-27）计算。

$$NPV_{\mathrm{DSM}}=\sum_{t=1}^{n}[R_t-C_t]\frac{1}{(1+i)^t} \tag{2-27}$$

式中 NPV_{DSM}——DSM 项目的净现值；其余变量同于复利终值公式（2-20）。

判别条件：

当 $NPV_{\mathrm{DSM}}>0$ 时，DSM 方案可以获得分享效益，方案可行；

当 $NPV_{\mathrm{DSM}}\leqslant 0$ 时，DSM 方案保本或亏损，方案不可行。

【例 2-11】 某节能服务公司有两个 DSM 投资方案，因为资金有限，只能选取其中一个，甲方案投资 2 亿元，能够回收年度可避免成本 4000 万元，乙方案投资 2.5 亿元，能够回收年度可避免成本 4200 万元，两个方案的经济运行期为十年，投资报酬率为 10%。问选择哪一个方案对该节能服务公司的 DSM 投资效益更有利？

解：显然，应计算两个方案的收益现值与投资现值加以比较，也就是计算净现值，根据其大小做出决策判断。

将收益折算为现值可以采用公式 $P=A\frac{(1+i)^n-1}{i(1+i)^n}$，两个方案的净现值分别为：

$$NPV_{甲}=4000\times\frac{(1+10\%)^{10}-1}{10\%(1+10\%)^{10}}-20000=4580\ （万元）$$

$$NPV_{乙}=4200\times\frac{(1+10\%)^{10}-1}{10\%(1+10\%)^{10}}-25000=807\ （万元）$$

由此看出，两个方案的净现值均为正，可以获得分享效益；但甲方案的净现值相对较大，对该节能服务公司更有利。

（六）DSM 效益现值指数（present-value index，PI）分析

由于 NPV 表示的是节能效益的绝对数，但是有可能是一笔大的投资才获得这笔效益，为了分析 DSM 项目的获利能力，需要计算成本和效益的相对比例，这种分析方法称为现值指数法。

$$PI_{\mathrm{DSM}}=\frac{\sum_{t=1}^{n}\left[R_t\frac{1}{(1+i)^t}\right]}{\sum_{t=1}^{n}\left[C_t\frac{1}{(1+i)^t}\right]} \tag{2-28}$$

式中 PI_{DSM}——DSM 项目的现值指数；其余变量同式（2-20）。

判别条件：

当 $PI_{\mathrm{DSM}}>1$ 时，DSM 方案可行；

当 $PI_{\mathrm{DSM}}\leqslant 1$ 时，DSM 方案不可行。

（七）DSM 效益的内部收益率（intern revenue rate，IRR）分析

采用内部收益率法评价 DSM 项目是选取成本与效益的盈亏平衡点，也是净现值为零时对应的收益率临界值 IRR_{DSM}，即

$$NPV_{\mathrm{DSM}}=\sum_{t=1}^{n}[R_t-C_t]\frac{1}{(1+IRR_{\mathrm{DSM}})^t}=0 \tag{2-29}$$

式中　IRR_{DSM}——DSM 项目的内部收益率；其余变量同于式（2-20）。

判别条件：

当 IRR_{DSM}＞银行贷款利率时，则 DSM 方案至少具有偿还贷款的获利能力，说明该方案可行；

当 IRR_{DSM}≤银行贷款利率时，则 DSM 方案实施后不够支出财务费用，说明该方案不可行。

第五节　电力需求侧管理各参与方的成本效益分析

DSM 的实施涉及政府、电力企业（电网企业和发电企业）、节能服务公司（能源服务公司）、电力用户、节能技术/设备生产供应商、金融机构等。在我国现阶段，四个主要参与者的角色可以描述为：政府是 DSM 的主导者，电网企业是 DSM 的实施主体，节能服务公司是 DSM 的实施中坚力量，电力用户是 DSM 的重要参与者。任何一个 DSM 项目，只有在考虑资金时间价值的前提下，收益大于成本，在合理时间内能回收投资的情况下才能考虑实施。

具体地讲，用户采用先进技术设备节约电量，改变用电方式降低电力需求，期望在寿命期内少支出电费，并能在较短的时间内回收投资；对电力企业来说，节电一方面减少了高于平均成本的新增电量成本支出；另一方面又因少售电量减少了销售收入，只有减少的支出高于减少的收入时，才是有利的；对社会来说，只有单位节电成本低于新增电量成本，或节电峰荷容量成本低于新建电厂的造价，才能抑制边际成本的过快增长，平稳电价，减少社会资金投入，只有污染物排放低于一定的限度才能促进社会和谐和可持续发展；对非参与用户来说，虽未少用电，但由于电价低于预期电价，也会从减少电费支出中得到好处。

本节分别介绍这些主要参与者如何对 DSM 项目进行成本效益分析。

一、政府的社会成本效益分析

我国电网企业能够借助政府的宏观政策最大限度地实现电能价值的公平分配和社会福利的提高。公平主要体现在对不同收益人群、不同用户的电价设计，如差别电价、阶梯电价、峰谷分时电价等。社会福利的提高主要表现在低电价水平和环境友好，其中社会福利方面的成本效益是指 DSM 项目可以追求的是帕雷托（Pareto）最优，它指在一个制度下，理想的目标是可以实现所有人的利益都趋向于优化。从政府的角度看，能源节约、环境改善等全社会的公共效益可以通过 DSM 的资源优化配置实现。例如美国加州政府制定的系统效益收费就是一种既实现能效目标、又体现公平的制度设计，用电多的用户缴纳的系统效益费相应就多。

（一）DSM 的全社会公共效益的评价指标

推行 DSM 的全社会公共效益的评价的通用方法是资源与环境效益评价、能源利用效率及其对公共产品生产商社会责任的评价，如表 2-8 所示。

表 2-8　　政府对 DSM 实施的社会成本与效益评价指标体系

评价	社会目标	DSM 效果指标
能源效益	（1）通过 DSM 实施节电，提高能源效率； （2）促进消费者以较少的能源投入满足其需求； （3）保证能源供应的高质量和安全性	（1）单位 GDP 电耗降低； （2）电能/能源弹性系数的合理性； （3）电能的利用率

续表

评价	社 会 目 标	DSM效果指标
资源配置	（1）不可再生能源减量化及提高电能综合效率； （2）促进可再生能源开发和利用	（1）化石燃料电源的份额； （2）可再生电源建设及上网销售份额； （3）照明节电、节能电动机推广比例、普及率
大气环境	保证电能需求侧资源的环保质量	（1）主要温室气体和污染物CO_2、SO_2年排放量； （2）酸雨强度（pH）、频率（%）
生态保护	保证电能需求与生态的和谐性	（1）保护生态敏感区空气质量、安全性、DSM新建项目噪声等污染的临近程度； （2）DSM项目建设用地； （3）发电与电网减量对水资源的保护
节能技术及管理	（1）节能技术创新性和安全性； （2）节能管理模式的可操作性	（1）节电技术的推广程度； （2）节电设备的普及程度； （3）DSM管理模式的国际认可度
社会责任	保证能源效率的真实性和优质服务	（1）保证对DSM推广后能效认证的公平、公正、公开； （2）节能服务诚信

（二）DSM的减排量计算及社会效益

目前我国传统的火电厂主要采用煤炭、石油、天然气等化石燃料发电，主要的排放物有二氧化碳、二氧化硫和氮氧化物等。节约电力需求，会减少发电量，从而节约燃煤、减少温室气体和污染物排放。所以，实施DSM项目给社会带来的效益表现为在最小社会成本目标下的资源优化配置，具体表现为减少因化石能源燃烧所导致的环境破坏。除了用节电量（可避免电量）、节能量以外，还可用温室气体和污染物减排量来体现。所以，因实施DSM项目带来的社会效益——温室气体和污染物减排测算是DSM社会效益评价的重要内容。

1. 节煤量的计算

（1）根据节约电量测算相应节约标煤量，可以采用式（2-30）、式（2-31）。

$$\Delta W_1=\frac{\Delta W_2}{(1-\alpha)(1-\beta)} \tag{2-30}$$

$$f_a'=b\times\Delta W_1\times10^{-6}=b\times\frac{\Delta W_2}{(1-\alpha)(1-\beta)}\times10^{-6} \tag{2-31}$$

式中 f_a'——节约标准煤量，吨标准煤；

b——发电标准煤耗，克标准煤/（千瓦·时）；

ΔW_2——用户可避免电量，即节电量，千瓦·时；

ΔW_1——电力系统可避免电量，千瓦·时；

α——电网线损率，100%；

β——发电厂厂用电率，100%。

（2）根据移峰填谷效果测算节约标准煤量。通过移峰填谷，即使没有节约电量，也会由于提高电网负荷率减少发电耗煤，从而实现节能减排的效益。提高负荷率带来的节煤量可以采用式（2-32）计算。

$$f_a'=\frac{W}{W_0}\times\xi\times\Delta\gamma\times10^4 \tag{2-32}$$

式中 W——报告期电网用电量，千瓦·时；

W_0——基准年电网用电量，千瓦·时；

$\Delta\gamma$——电网年平均负荷率变化量，100%；

ξ——常数项。各地区的机组构成不同、煤质不同，系数有差异，一般可取300～500。

（3）标准煤同原煤的折算关系。如果节约的电量由燃煤电厂承担，则可以将节约的标准煤量折算为原煤量，如式（2-33）。

$$f_a=kf_a' \tag{2-33}$$

式中 f_a——节约原煤量，吨；

k——标准煤折原煤的系数。各地区的煤质不同，系数有差异，一般取1.4左右。

2. 温度气体和污染物减排量的计算

（1）二氧化硫减排计算。

$$M_{SO_2}=\mu\times f_a \tag{2-34}$$

$$\mu=\theta_S\times\tau_{SO_2}\times(1-\bar{\varphi}_S) \tag{2-35}$$

式中 M_{SO_2}——二氧化硫减排量，吨；

μ——二氧化硫减排系数；

θ_S——燃料的含硫率，100%；

τ_{SO_2}——由硫向二氧化硫转换的系数；

$\bar{\varphi}_s$——电力系统的平均脱硫率，100%，如式（2-36）所示。

$$\bar{\varphi}_S=1-[\sigma\times(1-\varphi_S)+(1-\sigma)] \tag{2-36}$$

式中 σ——安装脱硫设备的机组比例，100%；

φ_S——安装脱硫设备的机组的平均脱硫率，100%。

各参数的取值同电源结构、燃煤情况、脱硫设备的安装情况及脱硫情况有关。

【例2-12】假设某地区的火电机组均为燃煤机组，其中安装脱硫设备的比例为σ=15%，脱硫设备的平均脱硫率为φ_S=85%，燃煤的平均含硫率为θ_S=1.0%，发电煤耗b=340克标准煤/(千瓦·时)，厂用电率为β=6.5%，线损率为a=6.3%。其他相关系数取值为τ_{SO_2}=1.6，k=1.4，试计算节约用电量ΔW_2=2亿千瓦·时情况下二氧化硫的减排量。

解：

根据式（2-30）、式（2-31）和式（2-33），有

$$\Delta W_1=\frac{2\times10^8}{(1-6.3\%)(1-6.5\%)}=2.28\times10^8\text{（千瓦·时）}=2.28\text{（亿千瓦·时）}$$

$$f_a'=340\times2.28\times10^8\times10^{-6}=77520\text{（吨）}$$

$$f_a=1.4\times77520=108528\text{（吨）}$$

根据式（2-36），有

$$\bar{\varphi}_s=1-[15\%\times(1-85\%)+(1-15\%)]=12.75\%$$

根据式（2-35），有

$$\mu = 1.0\% \times 1.6 \times (1 - 12.75\%) = 0.01396$$

根据式（2-34），有

$$M_{SO_2} = 0.01396 \times 108528 = 1515 \text{（吨）}$$

（2）二氧化碳减排计算

$$M_{CO_2} = \nu \times f_a' \tag{2-37}$$

$$\nu_{CO_2} = \nu_{CO_2-C} \times \tau_{CO_2} \tag{2-38}$$

或

$$M_{CO_2-C} = \nu_{CO_2-C} \times f_a' \tag{2-39}$$

式中 M_{CO_2}——二氧化碳减排量，吨；

M_{CO_2-C}——以碳计的二氧化碳减排量，吨；

ν_{CO_2}——二氧化碳减排系数；

ν_{CO_2-C}——以碳计的二氧化碳减排系数；

τ_{CO_2}——由碳转向二氧化碳的转换系数，取 3.667。

【例 2-13】 若某地区通过实施 DSM 项目实现年节约标准煤 77520 吨，ν_{CO_2-C}=0.799。试计算二氧化碳的减排量。

解：

根据式（2-38），有

$$\nu_{CO_2} = 0.799 \times 3.667 = 2.93$$

根据式（2-37），有

$$M_{CO_2} = 2.93 \times 77520 = 227108 \text{（吨）} = 22.7 \text{（万吨）}$$

经过数据测算结果显示，DSM 减排的社会效益是明显的。【例 2-12】和【例 2-13】中的节电量为 2 亿千瓦・时，也许仅仅是某地区一天的用电量，当人们忽略这一部分计算时，也可能忽略了一个重要的事实——自然环境、生态和谐，其实就在于我们每一天的节约之中。

二、电力企业的成本效益分析

未来全球发、输、配电环节的投资规模很大，保守估计 2030 年之前会达到 10 万亿美元，其中 10%可由 DSM 节约下来。

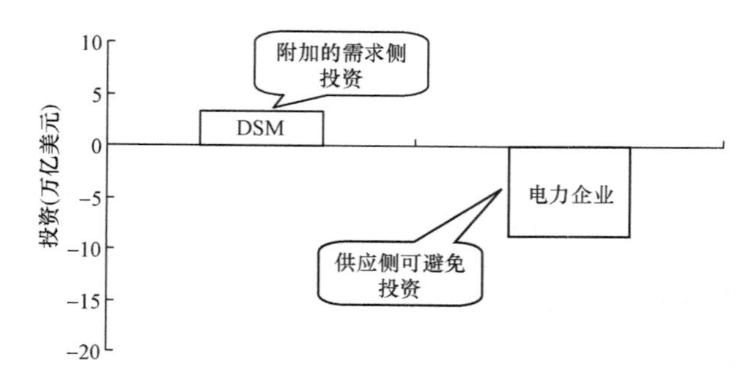

图 2-10 DSM 带来的可避免投资对比图

如图 2-10 所示，显示的是对 DSM 的较少投资可避免在电力供应环节的大规模投资。

1. 电网企业实施电力需求侧管理项目的成本效益分析

电网企业实施 DSM 项目后的最直接效益将表现在因可避免容量和可避免电量所节约的固定资产投资费用和流动资金。

电网企业实施 DSM 的效益表示为总收益和总成本的差额，其中：电网企业 DSM

总收益等于电网考虑备用容量的可避免容量成本加上政府补贴给电网企业的因推行DSM后减少的售电收入。可由式（2-40）表示：

$$E_{\text{grid}}=\sum_{i=1}^{k}\left[\sum_{j=1}^{m}\frac{\Delta Q_{ij}\times\Delta P_{ij}+F_{ij}-C_{ij}}{(1+\lambda_g)^j}-I_{\text{s}}\right]+\frac{I_{\text{grid}}}{1-\omega} \tag{2-40}$$

式中 E_{grid}——表示电网企业某一DSM项目经济运行期的节电效益；

I_{grid}——表示电网企业因终端节电而减少的电网扩容的投资（包括对应的备用容量）；

ω——电网备用容量的比例；

I_{s}——是电网因节电项目一次性投资的现值，若逐年投资则与收益贴现的计算方法相同；电网企业常见的DSM项目投资 I_{s} 主要包括：负荷管理装置、DSM信息系统、蓄能项目对用户的鼓励、DSM示范工程、峰谷表安装、节电或变频电机购买与安装等；

F_{ij}——第 j 年政府补偿电网企业售电量损失的资金；

C_{ij}——电网企业DSM业务发生的日常经营费用，如电网企业的可中断电费等支出，DSM信息系统的折旧费等；

ΔQ_{ij}——地区电网因采用节电项目在第 j 年的第 i 项DSM项目所节约的电量，可以通过统计数据获得；

ΔP_{ij}——电网企业因采用节电项目在第 j 年的第 i 项DSM项目的电价（购入批发与终端零售）的价差，可以通过统计数据获得；包括峰谷电价移出获得节电费用，可中断电价补偿给用户的电费等；

λ_{g}——该节电项目必要报酬率，也可以采用银行贴现率；

k——采用或实施的节电技术或节电工程数量；

m——该节电项目的经济运行期。

电网企业实施DSM项目的成本还应包括宣传费用、指导费、推广费等。例如上海电网企业在DSM示范项目中的激励性支持费比例占DSM项目全部投资的10%。大工业用户、商业用户、高校等用户实施DSM，为用户执行峰谷电价，每块峰谷表投资200元，近年DSM相关总投资已达几十万元。电网企业实施DSM的成本表达式如式（2-41）所示：

$$C_i=C_{\text{d}}+C_{\text{a}} \tag{2-41}$$

式中 C_i——电网企业DSM总成本；

C_{d}——DSM项目直接成本（费用），包括项目的支持费用和管理费用等；

C_{a}——其他附加费用或者间接成本（费用），主要包括高效输配电设备投资，优化电网结构、电源结构和用电结构所需投资，以及财务风险损失费（比如峰谷电价的错峰电费减收风险、可中断电费补偿风险、DSM项目风险等）。

电网企业需要和用户一起分享该DSM项目的效益。根据美国加州的经验数据显示，电网企业分享的比例占净效益的30%～40%[9]。

2．发电企业DSM项目成本效益分析

DSM在发电环节的效益主要体现在可避免成本。可避免成本是发电企业本应投资的装机容量的节约，这一份投资额可以转移另作其他投资，所以它是一种机会成本。可避免成本分为固定可避免成本和变动可避免成本。固定可避免成本是指发电企业因为DSM减少的装机容量的投资；变动可避免成本为发电企业减少发电的煤耗、人工成本、环境成本（脱硫脱硝）等。可避免成本为：

$$I_a=\Delta L\times F+\Delta E\times C_v-C_p \tag{2-42}$$

式中 I_a——发电企业的年度可避免成本；

ΔL——用电负荷减少量；

F——发电企业装机容量的单位造价，即单位容量表现的固定可避免成本；

ΔE——电量减少量；

C_v——发电企业减少发电的煤耗、单位人工成本、单位环境成本（脱硫脱硝）等；

C_p——电源规划的前期投入的规划设计成本、贷款利息等。

由此可见，可避免成本 I_a 即为 DSM 项目实施者与发电企业可以分享的节电效益。比如某个地方通过 DSM 可以使得社会装机容量减少 200 万千瓦。如果按照火力发电的单位平均造价 4000 元/千瓦，发电企业因 DSM 获得总的固定可避免成本为：

$$I_a=200\times10^4\times4000=80\text{（亿元）}$$

三、用户的成本效益分析

用户参与 DSM 项目需要激励，其成本效益计算相对简单。

（1）用户自主节能，在国家颁布的相关节能政策法规引导下，用户自行投资、自行管理实现节约用电，此时的成本效益即为用户节能收益减去节电设备投资和节电管理费用。

（2）用户参与 DSM 项目，由节能服务公司专门为之实施节约用电、负荷管理。成本和效益构成的现金流结构比较简单。用户如何与节能服务公司分享效益，成为 DSM 项目的中心问题。用户的成本在可分享效益中扣除，因此，节能服务公司必然有一个节能基准值（又称为节能服务的门槛值）。在美国加州，这一基准是由政府制订的能效计划规定的。节能基准值定在 50%之上，也就是说，只有超过 50%，实施 DSM 的公司才有权分享节能效益。当然，如果是不同的用户类别，如商业用户、居民用户或工业用户等，这个基准比例是可以浮动的。这就是用户成本效益分享的基本原则。

对于用户参与 DSM 项目的效益可以分为：节电投资（I_s）和节电收益（R_s）两个部分。而且，用户参与节电可以是多项（i=1，…，k）节电项目同时进行，节电项目的经济运行期为 m 年，所以该用户的节电成本效益（E_{user}）目标函数为：

$$E_{user}=R_s-I_s=\sum_{i=1}^{k}\left[\sum_{j=1}^{m}\frac{F_{ij}+\Delta Q_{ij}\times\Delta P_{ij}}{(1+\lambda_g)^j}-I_s\right] \tag{2-43}$$

式中 E_{user}——表示用户的节电效益；

R_s——表示用户的节电收益，如减少的电费支出；

I_s——表示用户和/或节能服务公司的节电总投资额；这里假设它为节电项目一次性投资的现值；若逐次投资则与收益计算方法相同，常见的 DSM 项目投资 I_s 包括峰谷表计安装、节电或变频电机购买与安装、蓄能项目造价等，可中断负荷管理用户投资主要在于负荷控制终端装置的投资，电力企业主要是对负荷管理装置的投资；

F_{ij}——第 j 年政府节能资金，当政府的节能资金是从电价里提取时，F_{ij} 也可表示为节能服务公司对用户的激励资金；

ΔQ_{ij}——用户因采用节电项目在第 j 年的第 i 项 DSM 项目所节约的电量，可以通过统计数据获得；

ΔP_{ij}——用户因采用节电项目在第 j 年的第 i 项 DSM 项目的电价价差，可以通过统计数据获得；包括峰谷电价移出的节电费用，可中断电价补偿给用户的电费等；

λ_g——该节能服务公司的节电项目必要报酬率，也可以采用银行贴现率；

k——该用户采用或实施的节电技术或节电工程数量或类别；

m——该节能服务公司的节电项目的经济运行期。

【例 2-14】 某住宅小区用户 DSM 项目成本效益算例。

该小区有 16 幢居民楼，每幢楼 102 户居民，共有 1632 户住宅用户，小区参加了节能服务公司的 DSM 项目，实行峰谷分时电价和阶梯电价，电价表如表 2-9 所示。

表 2-9 该小区实行的居民累计电量峰谷分时电价表

月度用电量（千瓦·时）	0～50		50～200		200 以上	
时段	峰	谷	峰	谷	峰	谷
电价［元/（千瓦·时）］	0.56	0.28	0.59	0.31	0.66	0.38

根据调查，每户平均月度用电量为 285 千瓦·时，居民采用峰谷电价之前住宅电价为 0.48 元/（千瓦·时），如果按照表 2-9 提供的峰谷电价表，该小区的住宅用户参加 DSM 项目之后，随即选择采用节能灯照明，洗衣机用电部分转移到低谷时间，电采暖使用低谷价，并且尽量将空调错开高峰使用。经过这些 DSM 项目的实施，该小区居民平均月电量约为：峰电量 150 千瓦·时，谷电量 135 千瓦·时，按照递进式累计电价计算如表 2-10 所示。

表 2-10 住宅用户峰谷递进电价电费计算表（月度）

序号	项目	公式	阶梯电量（千瓦·时）		
			0～50	51～200	200 以上
1	非峰谷电费		0.48×285=136.8		
2	峰谷电价比		2		
3	高峰电价		0.56	0.59	0.66
4	高峰电量		26	79	45
5	高峰电费	序号 3×序号 4	14.7	46.6	29.5
6	低谷电价		0.28	0.31	0.38
7	低谷电量		24	71	40
8	低谷电费	序号 6×序号 7	6.6	22.0	15.3
9	峰谷电费	序号 5+序号 8	21.4	68.6	44.8
10	峰谷电费合计		134.8		
11	Δp	序号 10－序号 1	2		

如果会计期间内部电费按照单利计算，该小区用户的年度节约电费 24 元，项目经济运行期为 6 年，每年的贴现率为 5%，之前参与 DSM 项目的费用有：每户参与住宅节电项目租用一块峰谷电能表需要 300 元，其中，电力企业资助 200 元（拥有这块表计的产权），每户居

民投资 100 元[1]。则居民小区的节能服务成本效益差额为：

$$E_{user} = R_s - I_s = 1632 \times \left[200 + \sum_{j=1}^{6} \frac{24}{(1+5\%)^j} - 100 \right]$$

=1632×［200+24[2]×ADF（5%，6）−100］=362016.786（元）=36.2（万元）

本例说明，对于住宅电价的峰谷比为 2 时，该居民住宅小区的居民 DSM 项目成本效益和为 36.2 万元，运行期为 6 年。

根据该地区现行峰谷电价的测算，当谷电量占总用电量的 10.71%时，是 DSM 实施前后电费的临界点[10]。也即，当谷电量占比超过 10.71%时，峰谷电费开始降低，DSM 的效益开始呈现。

四、节能服务公司的成本效益分析

节能服务公司是指履行节能服务的中介机构，他们通过专业化的节能技术服务与节能管理服务，降低用户的能源消耗，与用户分享效益，自我生存发展。

（1）节能服务公司的成本效益[3]，主要是年度经费开支和能效提高后得到的能效节约量，然后与用户进行分享，这类节能服务公司的业务也可以由电网企业来履行。

节电成本效益（E_{ESCO}）目标函数为：

$$E_{ESCO} = \Psi[R_s - C_s] = \sum_{i=1}^{k} \left[\sum_{j=1}^{m} \Psi \frac{F_{ij} + \Delta Q_{ij} \times \Delta P_{ij} - C_{ij}}{(1+\lambda)^j} \right] \tag{2-44}$$

式中 E_{ESCO}——表示节能服务公司的 DSM 项目效益；

R_s——表示用户的节电收益，如减少的电费支出；

C_s——表示节能服务公司对用户的激励等投资额；

Ψ——节能服务公司在用户效益中的分享比例，如图 2-12 中的合同价占电网销售电价的份额；

F_{ij}——第 j 年政府节能资金；当政府的节能资金是从电价里提取时，F_{ij} 也可表示为节能服务公司对用户的激励资金；

ΔQ_{ij}——节能服务公司为用户采用节电项目在第 j 年的第 i 项 DSM 项目所节约的电量，可以通过统计数据获得；

ΔP_{ij}——节能服务公司为用户采用节电项目在第 j 年的第 i 项 DSM 项目的电价价差，可以通过统计数据获得，包括峰谷电价移出的节电费用等；

λ——该节能服务公司的节电项目必要报酬率，也可以采用银行贴现率；

k——该节能服务公司为用户采用或实施的节电技术或节电工程数量（或类别）；

m——该节能服务公司的节电项目的经济运行期。

如图 2-11 所示，表示 DSM 节能服务在为用户实施 DSM 项目时，事先进行能源审计。在第一年的能效测量确认的基础上，进行 DSM 项目全寿命周期内的可避免容量分析，将能效合同和电网电价相比较，显示出节能项目服务公司通过节能项目所带来的效益。

---

[1] 数据来源：我国各大重点城市 95598 电话查询数据。

[2] 这里是每月的电费节约 2 元，在 DSM 项目经济运行期里按复利应该是 72 个月的本利和，为方便计算起见，按年度总节约电费 2×12=24 元计算。

[3] 本章仅就分享型节能服务进行测算。

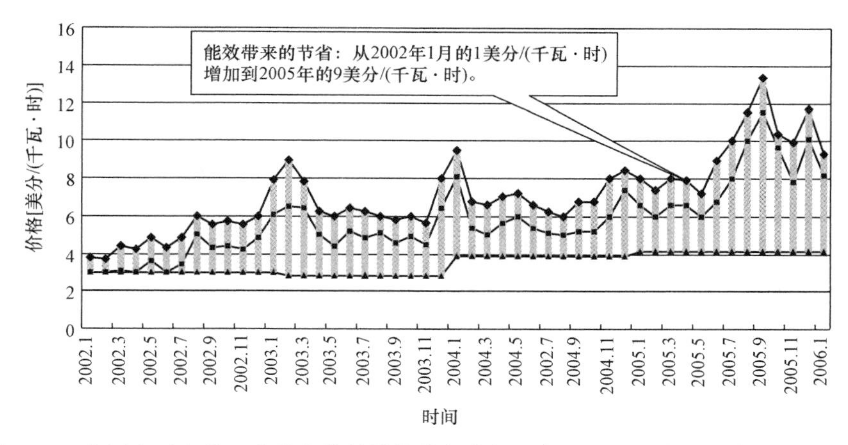

图 2-11　电网实时电价、含输电价的销售价与节能服务公司能效合同成本三者对照图

—◆— 含输电的销售价　—■— 实时市场批发价　—▲— 能效合同成本

（2）节能服务公司的成本项目及其大约份额如下：

1）给予终端用户的激励（34%）；

2）给予终端用户的技术支持费用（22%）；

3）市场推广费用（17%）；

4）对经营合作者的技术支持费用（1%）；

5）日常运营管理费（1%）；

6）给予经营合作者的激励（少量）；

7）后续服务等（售后服务）费用（22%）；

8）管理信息系统（3%）。

比如，美国佛蒙特节能服务公司的大致成本支出构成如图 2-12 所示。

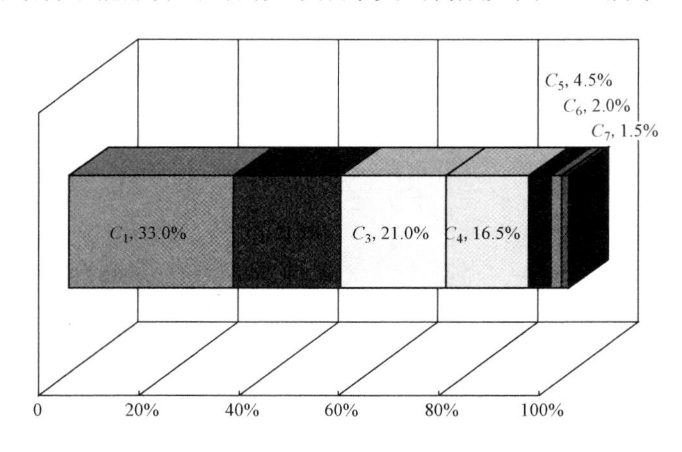

图 2-12　节能服务公司的成本支出构成

注：根据美国佛蒙特能效中心网络数据整理[11]。其中，C_1 是给予终端用户的激励，C_2 是给予终端用户的技术支持费用，C_3 是售后服务费用，C_4 是市场开拓费用，C_5 是管理信息系统费用，C_6 是日常管理费用，C_7 是针对合作方的技术支持费用。

由此，通过财务账目（参见表 2-5），可以得到 DSM 项目的现金流，从而进行成本和效益的计算。

【例 2-15】 美国佛蒙特能效中心的实际评价案例[11]。

美国佛蒙特州的佛蒙特能效中心（efficiency vermont，EVT），是政府专门设立的利用地方税收支持的能效机构，这一机构通过专门的计划程序对节能绩效进行独立的、没有偏见的评价，这样的评估报告在每年的一月份完成，并因此决定公共事业部门（电力企业）获得的政府节能资助金的多少，进而决定其成本和效益的高低，而这些资助方案是需要经过佛蒙特州纳税人通过的。

2002～2004 年的每年测量节约电量为 1.36 亿千瓦·时。在平均寿命周期为 14.3 年的这项测量中，他们测量出总共节约了电量 19.5 亿千瓦·时。

对公用电力企业的成本测试分析工具是采用以提高能效方式供电的成本进行对比，EVT 以包括运费在内的每千瓦·时 3.13 美分（能销中心与用户签订的合同价）的价格送给佛蒙特州的用户，而电力公共事业部门的边际购电电价是 6.63 美分，由于 EVT 的单位成本比该州电力企业的发电成本还低，说明了能源效率是一种面对电力系统需求增长的有生命力的成本途径。

如果采用社会效益评价，包括降低环境污染影响的价值，EVT 计划的效益超过他们的成本 3.66 美分/（千瓦·时）；另一方面，在 EVT 计划基础上，能效中心每花出去 1 美元，可平均收回 1.76 美元利润，具体地讲，这个计划如果在商业或工业领域投入 1 美元的回报是 1.97 美元，在住宅领域则是 1.57 美元❶。

五、电价对电力需求侧管理成本效益的影响

电价是建立在成本基础上的电能商品的货币表现，因此，电价是决定 DSM 成本效益的关键因素。采用最多的工具是峰谷分时电价。

我们知道，DSM 成本效益模型的基本目标形式是：不同电价水平下的获利，形成 DSM 可分享效益，减去实施 DSM 所应当投入的成本（包括 DSM 业务中涉及的固定成本和变动成本）。这里的假设条件是，DSM 项目是在节能服务公司下实行独立核算的子公司财务管理方式，实行先和用户分享后，再与母公司（节能服务公司）分利。

$$E_{DSM}=R_t+(C_p+C_e)-(F+C_v) \tag{2-45}$$

式中 E_{DSM}——实施 DSM 后的可分享效益；

R_t——在 t 时段的电价水平之下实施 DSM 后的收益；

C_p——可避免容量成本；

C_e——可避免电量成本；

F——DSM 项目运营的固定资产投资；

C_v——DSM 项目运营的流动资金。

不同电价水平和品种下的收益 R 可以分别表示为：向用户征收的服务费收益、政府系统效益资金、社会捐助等。如果只考虑电价水平的影响，则仅仅是在各种电价水平下的能效提升、需求下降得到的可避免容量成本 C_p 和可避免电量成本 C_e。

一般情况下的成本效益分析主要是针对电价总水平而言的。从电价总水平观察 DSM 的获利空间，这项业务在这样一种价格水平下是否能够带来效益，这是电价设计者、宏观管理

❶ 数据来源：佛蒙特能效中心网站。

者和电力企业都十分关注的内容。

一般情况下，平均电价代表了电价总水平的特征，所以，分析电价与 DSM 效益之间相关性的时候，一般都利用平均电价指标进行分析。电力市场均衡电价是通过电力市场购售电交易完成的价格水平，它是测算电网企业主营业务纯利润的基础数据。此时，销售电能的电价是政府规定的各地方目录电价。所以，这是形成电网企业盈利的重要基础。公式中的价格主要在前三项，即 R_t、C_p 和 C_e，其中，R_t 是项目实施者的各项 DSM 规划服务性收益。同时，根据对佛蒙特的案例观察，节能服务公司的测算价由电网企业从市场直接批发的电量，按合同计算成本价、批发价和包含运输的销售价。所以，节能服务公司的利润不仅仅是在可避免成本范围内获利，还有批发与零售电价之间的盈利潜力。

节能服务公司是电力需求侧管理部分业务的实施者。将资金项目具体化可以得到以下公式：

$$E_{B-C}=\sum_{t=0}^{n}\{[F_P+f_G(t)-R_{lose}(t)]-C_{DSM}(t)\}\frac{1}{(1+i)^t} \tag{2-46}$$

式中 E_{B-C}——DSM 项目的全寿命周期的成本效益；

F_P——年度千瓦投资的节约值；

f_G——可避免发电电量节省的燃料成本；

R_{lose}——电力企业因为实施 DSM 损失的电量成本。

在 DSM 项目中的成本主要包括 DSM 计划的实施成本 C_{DSM}，主要包括能效测试费用、参与和第三方成本、管理费用（包括成本控制、财务控制、计划控制的成本之和）。

在运用这一公式过程中，有两点需要注意：

（1）政府资助的经费投入 DSM 计划的项目之中，但是这项资金不能计入节能服务公司的成本，因为，成本抵扣税金，这笔资金不是节能服务的耗费，而是专项资金，所以不可以重复计算。

（2）电量的损失成本，在许多国家是由政府补贴，所以也不可以计入成本。

六、电力需求侧管理成本效益的敏感性分析

对于 DSM 项目的长期综合成本效益的评价，我们对未来的动态数据估计很难准确，也就是说将来实际发生的数据与现在预测的数据难免有出入。敏感性分析是指在考虑影响 DSM 项目成本和效益的一个或几个因素——投资额、运行成本、价格、效益测算时期等发生变化的情况下，研究评价 DSM 项目对这些因素的反应程度的方法。这种反应程度主要表现在投资回报率、NPV、IRR 等指标的变化上。如果初始指标有所变动，但投资项目的效益指标变动幅度小或几乎不变，则认为投资项目对这一因素不敏感，可靠性较高；反之则可靠性低。

对于一项 DSM 节能投资进行敏感性分析，可以事先计算出表示 DSM 项目成本效益的净现值 NPV，然后设定不同因素不同幅度的调整，从而获得该 DSM 方案的敏感性分析结果，结合下例介绍如何进行敏感性分析。

【例 2-16】 假设 DSM 项目的成本与效益如表 2-11 所示。

表 2-11　　DSM 成本与效益统计表

方案	初始 DSM 投资（万元）	年平均节能收益（万元）	参数
A 方案	14000	1780	贴现率：10% 运行期：20 年
B 方案	15000	1860	

计算出

$$NPV(A)=1780\times ADF(10\%,20)-14000=1154.9\text{（万元）}$$

$$NPV(B)=1860\times ADF(10\%,20)-15000=836.0\text{（万元）}$$

因为 $NPV(A)>NPV(B)$，所以应该选择 A 方案。

1. 对于初始投资的敏感性分析

人们通常关心：投资 DSM 项目的风险多大，如何才能避免只投资不见效益？两个方案中，选择 A 方案这一决定对于初始数据投资额的敏感程度如何？假设 A 方案的初始投资为 X，那么需采用年金现值指数 $ADF(i,n)$ 进行计算。

$$NPV(A)=1780\times ADF(10\%,20)-X=15154.9-X$$

只有当 $NPV(A)>NPV(B)$ 时，A 方案才是最优的。

所以有　$15154.9-X>836.0$

也即　　$X<14318.9$

这是 A 方案初始投资的选择上限 X，也是 DSM 项目在分享效益时，节能服务公司与用户分享利益临界点的谈判要点之一。

敏感性分析还多用于对电价水平、DSM 项目贷款利率等干扰因素的敏感性分析上。

2. 对于电价的敏感性分析

（1）平均电价水平对 DSM 分享效益的影响——作用于总成本；这里的前提是电价（Price Tariff）总水平，没有考虑电价品种对 DSM 的影响。平均电价水平事实上是 DSM 业务的基本生存空间。

因为

$$\text{效益}=\text{收入}-\text{成本}$$

$$E_{DSM}=P_{DSM}\times Q_a-C_{DSM}$$

式中　Q_a——可避免电量；

P_{DSM}——终端电价，实施 DSM 项目之后的平均电价，用户的可避免成本就是实施 DSM 之前和之后的电费差值；

$P_{DSM}\times Q_a$——节约的电费支出；

C_{DSM}——实施 DSM 的成本。

在电力企业年度总平均电价中，按分类用电分析，平均居民电价比较便于进行敏感性分析。

（2）电价弹性值计算。测算居民参与 DSM 项目之后的可避免电量，如表 2-12 所示。

表 2-12　　某市城乡居民电价弹性表

年份	电价（P）[元/（千瓦·时）]	年度城乡居民用电量（Q）（亿千瓦·时）	居民电价的弧弹性系数（λ）（绝对值）
1958～1994	0.164	—	—
1995	0.25	18.1	—
1996	0.28	22.3	1.83
1997	0.31	26.5	1.75
1998	0.36	29.4	0.70

续表

年份	电价（*P*）[元/（千瓦·时）]	年度城乡居民用电量（*Q*）（亿千瓦·时）	居民电价的弧弹性系数（λ）（绝对值）
1999	0.37	38.5	4.90
2000	0.39	47.6	5.92
2001	0.42	53.0	1.44
2002	0.44	62.6	2.25
2003	0.46	70.5	2.66
2004	0.48	80.2	2.83

注　电价的弧弹性表示在相对区间内电价波动幅度的大小，计算公式为：$\lambda=\dfrac{Q_2-Q_1}{P_2-P_1}\times\dfrac{P_2+P_1}{Q_2+Q_1}$。

电价弹性的大小给了节能服务公司设计 DSM 项目一个前提，当电价无弹性时，通过峰谷价的措施获得的效益比较低。所以，电价弹性是电价与电量之间的响应。同时，还需要进行敏感性分析，以分析影响 DSM 效益的各种因素，这些因素中，最重要的是电价对 DSM 效益的影响程度。

表 2-13　　电价的敏感度及分享效益测算表

居民平均电价变化幅度/%	0	10	20	30
居民电价［元/（千瓦·时）］	0.50	0.55	0.60	0.65
居民电价弹性预测值（近三年均值）	2.58			
可避免电量（亿千瓦·时）	4.81			
可避免成本（万元）	24061	26468	28874	31280
效益 E_{DSM}（万元）ADF（10%，6）=4.355	104786	115268	125746	136224

注　假设居民参与 DSM 后有 6%的节电率。

如图 2-13 所示，图中敏感趋势线的斜率说明，DSM 分享效益与项目的组合与设计有关，通过用户的节能潜力与电价变化之间的相互关联而使节能效益呈现一个变化，所以敏感性是指电价波动对可分享效益的影响程度。

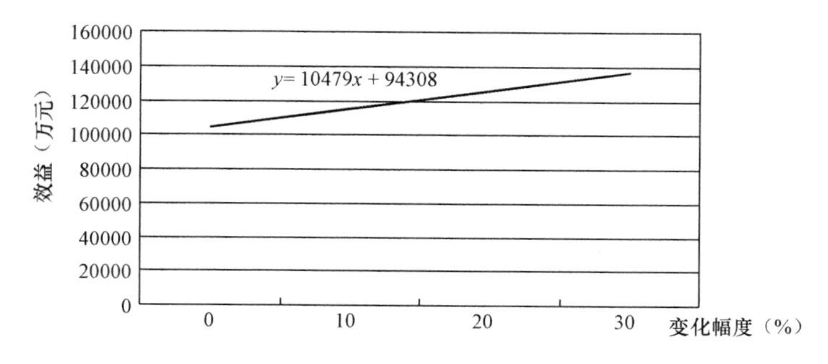

图 2-13　DSM 分享效益的电价敏感性分析示意图

【例 2-17】 居民 DSM 分享效益潜力分析案例。

居民用电的峰谷电价效益是十分明显的。如表 2-14 和图 2-14 所示，显示了我国 1997～2005 年的总体用电设备容量、居民用电设备容量、用电量、电价等数据。根据历年的电价与用电量数据，利用 SPSS 软件中各种曲线拟合居民电力需求函数，结果如表 2-15 所示。通过分析可知：S 曲线的 R^2 值为 0.97，非常接近 1，F 值也最大，特征值（sig.）检验接近于 0，所以 S 曲线回归模型拟合最优，可用式（2-36）表达，拟合曲线如图 2-15 所示。

表 2-14　　我国用电设备容量、居民用电设备容量及电量统计表

年份	1997	1998	1999	2000	2001	2002	2003	2004	2005
用电设备总容量（万千伏安）	55310	59395	64449	72935	83148	95732	100470	135075	161204
增长率（%）		7.4	8.5	13.2	14.0	15.1	4.9	34.4	19.3
总电量（亿千瓦·时）	11039	11347	12092	13509	14683	16386	18891	21761	24689
增长率（%）		2.6	6.5	11.4	8.7	11.6	15.3	15.2	13.5
居民用电设备容量（万千伏安）	8492	9858	12926	15474	21949	26895	28151	39411	47293
增长率（%）		16.1	31.1	19.7	41.9	22.5	4.7	40.0	20.0
居民电量（亿千瓦·时）	1253	1387	1470	1692	1835	2001	2238	2456	2838
增长率（%）		9.8	5.9	13.7	8.7	9.1	4.8	10.1	16.2

注　资料来源：周渝慧，《某地区可中断与高可靠性电价调整方案研究报告》。

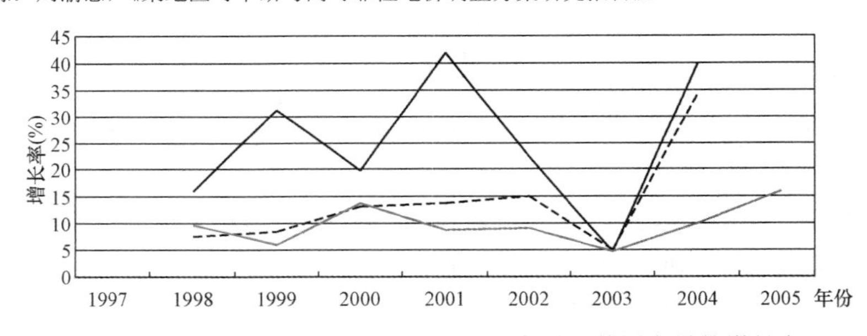

图 2-14　我国用电总容量、居民用电容量及其用电量的增长率

---- 全国用电总容量增长率　—— 居民用电容量增长率　—— 居民用电量增长率

表 2-15　　电价预测回归模型概要与参数评估

模型名称	模型汇总					参数评估			
	误差：R^2	F	d_{f1}	d_{f2}	sig.	常数项	b_1	b_2	b_3
线性回归	0.920	45.764	1	4	0.002	0.223	3.38×10^{-7}		
对数曲线回归	0.969	123.399	1	4	0.000	−1.512	0.146		

续表

模型名称	模型汇总					参数评估			
	误差：R^2	F	d_{f1}	d_{f2}	sig.	常数项	b_1	b_2	b_3
倒数曲线回归	0.952	80.141	1	4	0.001	0.522	−51045.194		
平方回归	0.954	31.409	2	3	0.010	0.148	7.24×10^{-7}	-3.95×10^{-13}	
三次方回归	0.975	26.481	3	2	0.037	−0.008	1.95×10^{-6}	-3.15×10^{-12}	1.85×10^{-18}
龚帕兹函数	0.863	25.303	1	4	0.007	0.242	1.000		
幂函数回归	0.946	70.602	1	4	0.001	0.002	0.410		
S 曲线回归	0.970	131.288	1	4	0.000	−0.584	−145837.154		
增长曲线回归	0.863	25.303	1	4	0.007	−1.421	9.26×10^{-7}		
指数曲线回归	0.863	25.303	1	4	0.007	0.242	9.26×10^{-7}		
逻辑斯谛函数	0.863	25.303	1	4	0.007	4.140	1.000		

注　因变量为电价 P，自变量为用电 Q。

$$P = \mathrm{e}^{\left(-0.584-\frac{145837}{Q}\right)} \tag{2-47}$$

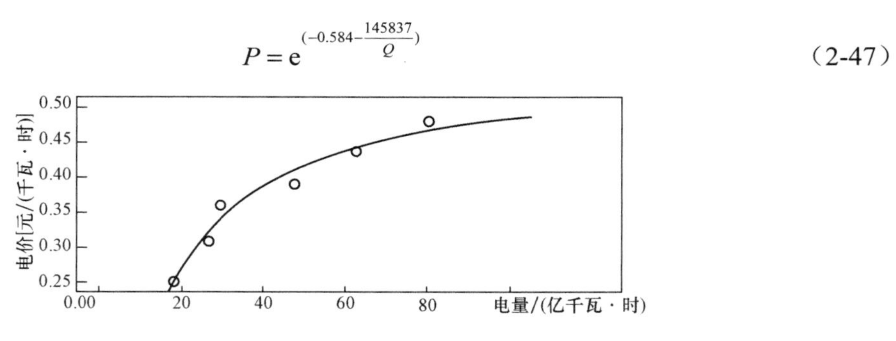

图 2-15　居民用电需求函数图

进而，可以对居民用户的需求弹性进行分析。1995～2004 年某城市城乡居民电价需求弹性系数如表 2-16 所示，该城市居民电价的需求弹性值变化趋势如图 2-16 所示。

表 2-16　居民电价及其弹性系数

年份	电价［元（千瓦·时）］	城乡居民用电量（亿千瓦·时）	电价点弹性系数
1995	0.25	18.1	0.55 无弹性
1997	0.31	26.5	1.87
1998	0.36	29.4	3.18
2000	0.39	47.6	2.62
2002	0.44	62.6	2.95
2004	0.48	80.2	2.99
2005	0.48	88.9	
2012	0.48 居民电价长期不变	161.8	

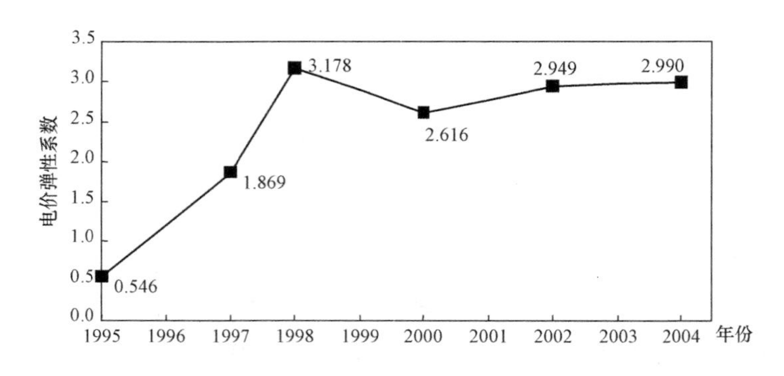

图 2-16　某城市居民电价的需求弹性系数变化趋势

除 1995 年电价弹性系数小于 1 呈现非弹性特征之外，随后电价弹性值大于 1。分析以上居民电价弹性计算方法所得的数据结果，说明 1995 ~ 2005 年之间的电价需求弹性始终大于 1，证明电价的上升可以在一定程度抑制居民用电量的增加。但是调节能力还是有限，究其原因有以下两点：

（1）GDP 快速增长，城市化进程的加快，人民收入水平的提高，所带来的是对电能需求的迅速增长，单靠小幅度、普涨性地提高电价或煤电联动不可能有效地抑制居民用电需求量的迅速攀升。

（2）电力市场机制不完善。因为现行电价不由价格直接关系者竞价形成，而主要由政府制定，因此不能形成价格对市场资源配置的信号功能。

所以，居民电价不能有效引导电力供给与需求均衡，对居民节电行为的调控效果有限。

总而言之，居民电价的弹性值说明平均电价在提价与降价的时候，可以由价格水平的变动所带来的弹性电量，即为居民用户的可避免电量，通过居民电价就可以测算出该 DSM 项目的可避免电量总成本，从而获得可分享效益。当计算出的结果为无弹性，则通过调整平均电价的水平将不会有更多的可避免电量产生，而应采取组合电价，获得一部分 DSM 分享效益。

“三班制”（连续生产的）工业负荷基本上是无弹性的电力需求，那么，其可避免电量成本就几乎为零，而主要是可避免容量成本，即通过技术节电的方式降低容量，减少基本电费的支出以求得 DSM 的分享效益。

3. 综合案例分析

电价仅仅是影响 DSM 的一个因素，许多因素可能对 DSM 的效益产生综合作用，因此，可以将影响因素扩展开来，同时观察单位电价、回报率、项目投资、折旧等对 DSM 效益的影响。

【例 2-18】 某企业 DSM 项目敏感性分析案例。

某企业 DSM 项目的综合敏感性分析年费用如表 2-17 所示。

表 2-17　　DSM 项目效益敏感性分析

项　目	电量（亿千瓦·时）	负荷（万千瓦）	年	年折旧（万元）	现金流（万元）	I（%）
年数			6			
DSM 项目回报率						10

续表

项　目	电量（亿千瓦·时）	负荷（万千瓦）	年	年折旧（万元）	现金流（万元）	I（%）
照明设备可避免电量和成本	1.83				9856	
减免拖动容量		2.80		1982.2		
可避免峰荷		3.03				
可避免容量		4.08				
年度需求侧项目投资					5202	
年度需求侧项目流动资金					437.2	

DSM 项目经济效益测算：

照明可避免电量实现的经济效益为［电价取 0.54 元/（千瓦·时）]：

$$1.83\times10^{8}\times0.54$$
$$=9856\times10^{4}\text{（元）}$$
$$=9856\text{（万元）}$$

按机组容量造价提折旧为：

$$\frac{(2.80+3.03+4.08)\times10^{4}\times5000}{25}$$
$$=1982.2\text{（万元）}$$

年金为：

$$9856+1982.2-5202-437.2$$
$$=6199\text{（万元）}$$

$$ADF(10\%,6)=\frac{(1+10\%)^{6}-1}{10\%(1+10\%)^{6}}=4.36$$

$$NPV=A\times ADF(10\%,6)$$
$$=6199\times4.36$$
$$=27000\text{（万元）}$$

在其他指标数据不变的情况下，单一指标数据变化 10%、20%、30%等情况下的 *NPV*，即为 NPV 对这些指标的敏感值。电价变化、DSM 项目回报率变化、需求侧管理投资、折旧年限变化等对应的敏感分析表见表 2-18～表 2-21。

表 2-18　　电价变化的敏感值

Δ（%）	0	10	20	30
单位电价［元/（千瓦·时）］	0.54	0.594	0.648	0.702
NPV（万元）	27000	31292	35585	39878

表 2-18 说明，电价上涨越多，可避免成本越多，效益越好，即 *NPV* 越大。

表 2-19　　DSM 项目回报率变化的敏感值

Δ（%）	0	10	20
回报率 i（%）	10	11	12
NPV（万元）	27000	26225	25487

表 2-19 说明，回报率越高，年金现值系数越小，NPV 则越小。

表 2-20　　需求侧管理投资变化的敏感值

Δ（%）	0	10	20	30	40
需求侧投资（万元）	5202	5722.2	6242.4	6762.6	7282.8
NPV（万元）	27000	24734	22468	20203	17937

表 2-20 说明，在达到同样效果情况下，DSM 项目投资越多，效益越差，即 NPV 越小。

表 2-21　　折旧年限变化的敏感值

n（年）	3	4	5	6	7	8
NPV（万元）	15416	19536	23500	27000	30179	33071

表 2-21 说明，项目的折旧年限越长，年金现值系数越大，则 NPV 越大。

表 2-18～表 2-21 的敏感性如图 2-17 所示。

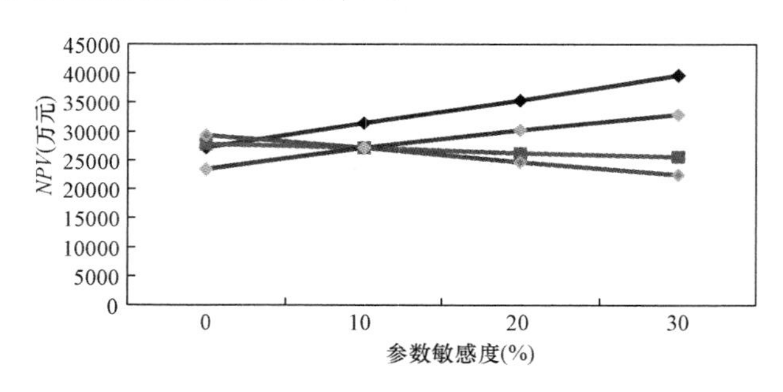

图 2-17　DSM 效益对 NPV 各种影响参数的敏感性分析图

图 2-17 说明敏感性分析的结果可以对影响程度大小进行排序：电价对 DSM 项目净现值的影响是最大的；其次是项目折旧年限、需求侧投资，最后是回报率。

如果要进行社会效益影响因素的敏感性测算，则要加入社会效益的评价指标。

第六节　电力需求侧管理项目管理

DSM 项目涉及的技术措施很多，如各种高效节能灯具（绿色照明）、高效家电（电冰箱、空调器、热水器等）、高效电动机、变频调速技术、蓄冷蓄热技术、节能变压器、自动控制技术（无功补偿等）等。在实际项目中，这些措施又分为改造和新增两类，其中改造是指使用高效设备替换现有的低效设备，每年按一定比例替换；新增是指用户新增设备时，选用高效设备。

一、项目层级关系

DSM 项目层级包括措施、工程、项目、项目组合，层级关系如图 2-18 所示。

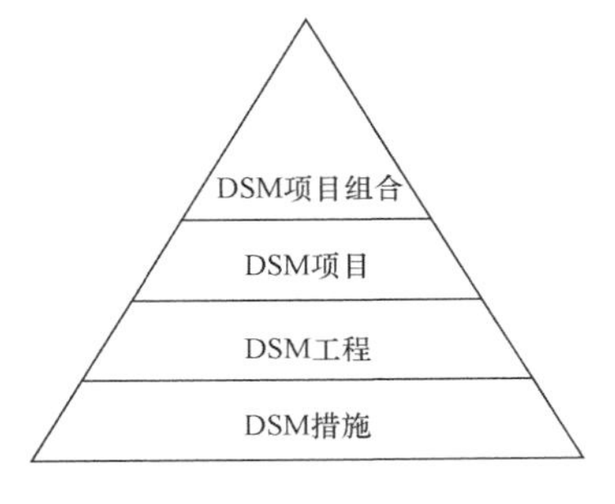

图 2-18 DSM 项目的层级关系

DSM 措施是组成 DSM 项目的基本单元，有的是一个具体的做法，有的是安装高效设备代替原有设备，也有的是改造原有系统。比如照明系统的改进、压缩空气系统泄漏检查程序的升级、电动机的更新换代等。

DSM 工程是指在某一设施或某一组相关设备上安装一系列节能措施和需求削减措施。因此，对一个企业而言，一个 DSM 工程可能包括多个措施。比如某钢铁厂高速线材车间生产线节能改造工程，既有技术节电，如电机节能，又有管理节电，如调整工作班次、移峰填谷等。

DSM 项目是指各参与方的一系列有组织、有计划的合作活动，目标是获得在规划阶段确定的针对某个特定用户群或某一组技术的需求侧资源，通过用户自身或专业承包商开展的节能工程或需求削减工程来实现。

DSM 项目组合是内容广泛的一整套项目，它通过将一系列具有成本效益的项目和措施组合到一起共同实施，寻求实现节能量的最大化，为各种类型用户提供节能机会。通过项目组合可以提高快速适应市场变化的能力，降低各类风险。

二、项目组合的要点

（1）设定目标。一个 DSM 项目组合的设计应明确规定节能量、需方响应、经济发展和环境指标等目标。设计项目组合时应考虑预算约束，满足成本效益指标。为了达到这些目标，政府监督管理部门、DSM 项目管理者和有关各方须紧密合作。

（2）多样性和风险管理。项目组合和项目的设计要注意三种类型的风险：①由于 DSM 节能方案设计或实施问题达不到预定绩效的风险；②能效技术达不到预期节能标准的技术风险；③用户响应项目的程度不如预期的市场风险。项目管理者处理风险有如下两种常用方法：①重点实施节能量稳定的成熟项目，而不是具有很大不确定性的新项目；②投资长期项目或具有项目多样性和技术多样性的技术开发项目，通过多种途径节能，减小长期风险。一般情况下，以范围广、数量大的工业设施为目标的 DSM 项目都具有很高的效益。相反，目标市场较小的项目通常是低效益的，主要是因为这些项目往往需要通过额外的营销和管理工作来影响不同的能源用户。然而，通过包含小范围市场的节能、节电用户项目的组合设计，可以实现项目的多样性和社会目标。

（3）适应性。在项目组合中，有些项目的效益可能达不到最初的预期，也有一些可能超出预期。理想的项目组合应根据市场情况对项目进行灵活调整。一个可以根据市场变化扩大或者缩小规模的项目组合，一方面可以避免达不到预期目标而产生的投资损失；另一方面，当效益超出预期目标时，可以抓住机会，增加投入。因此，项目的控制规则应足够灵活，使管理者能快速将资金从一个尚未实施的项目转移到其他更好的项目中去。

（4）成本效益。进入项目组合的项目要进行有效性检验，从多个角度检查项目的成本效益，并且体现市场的公正性。

三、项目管理者的任务和责任

DSM 项目管理者负责项目组合或项目的设计、管理、监督和验收等工作，一般是由政府机构或者政府指定的机构或单位承担。成功的项目和项目组合管理源于良好的项目设计和实施。下面介绍与项目组合管理相关的典型任务和责任。

（1）策略和分析。DSM 项目管理者负责监控项目组合的节能量和成本效益。在项目进展过程中，应持续进行这方面的分析工作，以保证迅速做出关于项目组合资源分配的正确决策。随着管理者对用户行为了解程度的加深，项目组合就会更加完整和有效。

（2）规划和设计。DSM 项目管理者通常进行最初的项目设计和分析，包括技术和经济等多个方面，以确保与项目组合的目标、市场需要和预算相一致，然后由政府监督管理部门组织第三方评审机构进行审查。最终的详细项目设计一般是项目实施方负责的，由项目管理者进行审查和批准。

（3）项目实施。DSM 项目管理者可以选择他们自己的人员、雇佣实施承包方、或者两种方式相结合的方法来实施项目。

（4）协作。DSM 项目管理者应该定期与政府监督管理部门的人员以及评估、监测和核证签约方进行讨论交流、现场检查，以利于项目组合中各项目团队间的协调、实地验证节能效果。

（5）管理支持。对于雇佣实施承包方这种方式，项目管理者日常的管理职责不仅包括雇佣和管理负责项目实施的承包方，而且应提供额外的管理服务。管理者通过招标选择项目实施承包方，在签订实施合同后，管理者负责管理合同、监控项目成果、向政府监督管理部门报告项目成果等。

（6）预算。与预算相关的任务有两个：一是日常预算管理，包括项目预算、预算执行情况跟踪、支付等工作；二是预算分析，定期提供每个项目成本效益的最新评估。

（7）交流沟通。DSM 项目组合的管理要进行两类交流：一是外部交流，包括项目营销和其他直接面向能源用户的交流；二是内部交流，包括与实施承包方的日常沟通和直接向政府监督管理部门的报告。

（8）评估。项目管理者要建立与节省量、成本效益、质量控制、用户服务相关的度量标准，根据评估结果调整实施活动。

四、工程实施者的责任

DSM 工程实施者是在用户设备上建设和管理能效工程的实体，可以是一个工厂、一个企业、节能服务公司（又称能源服务公司，energy service company，ESCO；或 energy management company，EMCO）、专业承包人、工程公司或项目管理者指定的其他有资质的实体。不同的 DSM 项目对实施者的资质有不同的要求，实施者在规划、建设、运行阶段的主要工作有如下内容。

在规划阶段，安排能效工程的采购和安装进度，有的 DSM 项目还需要负责工程融资。项目的规划过程包括工程预期的节能量和需求减少量的计算，能源成本的节省量和项目获得的激励都包含在工程财务分析中。申请项目激励时，实施者要向项目管理者提交一个规范的实施进度计划。如果管理者有要求，实施者还需要在规划期编制测量和核证计划。

在整个建设期，负责工程建设，履行工程实施者的职责。提供阶段性（重要节点）报告，阶段性报告可能包括项目管理者或其代表对工程现场进行检查的具体情况；负责在设备安装结束时的工程调试（包括任何为了报告节能量所需要的特殊测量）。

在运行阶段，测量与核证。工程设备安装完成后，根据项目要求进行测量与核证（M&V）工作，以量化和确认节省量。一般是在下一年的能源审计工作中对实施项目的节能量和节能率加以追认与核实。

五、节能服务公司的角色及业务特点

ESCO 是伴随电力需求侧管理项目一起成长的企业，在具备相应资质的前提下协助政府和配合电力企业实施 DSM 计划或自主开展 DSM 项目。在 DSM 起步阶段，主要由政府、电力公司、大型设计咨询企业及其他有实力的企业组建，通过为客户提供各种形式的能源服务获得节能收益，实行与客户共同承担节能投资风险、共同分享节能收益。合同能源管理的运营机制，大幅度降低了电力用户的节电投资风险。它的优点是提高了克服客户初始投资障碍的能力，驱动资源合理配置，提供更多的就业机会。ESCO 的业务活动主要包括：能源审计（节能诊断），项目设计，项目融资，原材料和设备采购、施工、安装及调试，运行、保养和维护，节能及效益监测等。ESCO 是主要的工程实施者之一，它具有能源规划、成本控制、节能设备和节能策略的专业知识，专业化的运作有助于降低因达不到目标节能量而带来的风险。ESCO 所开展的合同能源管理业务具有以下特点：

（1）商业性。ESCO 是商业化运作的公司，以合同能源管理机制实施节能项目来实现赢利的目的。ESCO 是市场经济下的节能服务商业化实体，在市场竞争中谋求生存和发展，与从属于地方政府、具有部分政府职能的节能服务中心有根本性的区别。

（2）整合性。ESCO 的业务不是一般意义上的推销产品、设备或技术，而是通过合同能源管理机制为客户提供集成化的节能服务和完整的节能解决方案，为客户实施“交钥匙工程”；它不是金融机构，但可以为客户的节能项目提供资金；它不一定是节能技术所有者或节能设备制造商，但可以为客户提供先进、成熟的节能技术和设备；它自身不一定拥有实施节能项目的工程能力，但可以向客户保证项目的工程质量。对于客户来说，能源服务公司的最大价值在于，可以为客户实施节能项目提供经过优选的各种资源集成的工程设施及其良好的运行服务，以实现与客户约定的节能量或节能效益。

（3）多赢性。合同能源管理业务的一大特点是：一个项目的成功实施将使介入项目的各方（能源服务公司、电力用户、节能设备制造商/供应商和银行等）都能从中分享到相应的收益，从而形成多赢的局面。对于分享型的合同能源管理业务，能源服务公司可在项目合同期内分享大部分节能效益，以此来收回其投资，并获得合理的利润；客户在项目合同期内分享部分节能效益，在合同期结束后获得该项目的全部节能效益及能源服务公司投资的节能设备的所有权。此外，还获得节能技术、设备建设和运行的宝贵经验；节能设备制造商的产品得到了推广，收回了货款；银行可连本带息的收回对该项目的贷款等。正是由于多赢性，使得合同能源管理具有可持续发展的潜力。

（4）风险性。ESCO 通常对客户的节能项目进行投资，并向客户承诺节能项目的节能效益，因此，能源服务公司承担了节能项目的大多数风险。可以说，合同能源管理业务是一项高风险业务。业务的成败关键在于对节能项目的各种风险的分析和管理能力，另外，节能对象本身的风险也可能叠加到 DSM 项目的风险中来。

六、项目管理的过程

需求侧资源分散在不同类别的各种用能设备中，通常项目管理的第一步就是确定不同用户群和不同设备类型的节能潜力、节能目标；接下来针对不同的用户和设备类别设计多个项目，每一个项目都有其特定的项目目标；第三步由相关的实施方进行项目实施；第四步由相关方对项目进行评估、测量及核证；第五步根据报告反馈，对潜力大小或者项目内容进行修正，以保证项目的社会、经济、环保效益都充分发挥出来。DSM 项目管理的具体过程如图 2-19 所示。

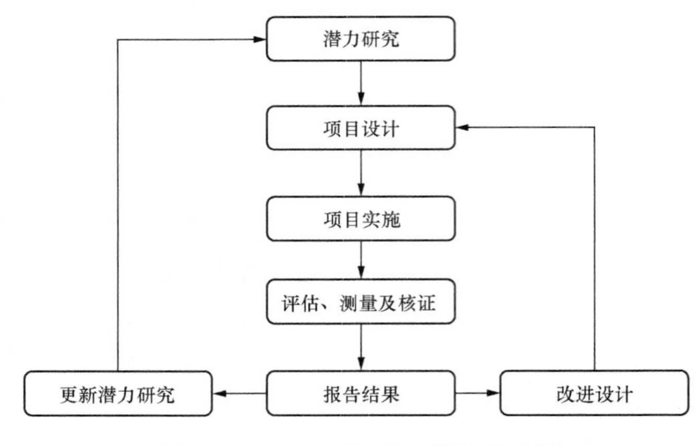

图 2-19　DSM 项目管理的具体过程

本章参考文献

[1] 国家发展和改革委员会能源局，国家电力监管委员会供电部．电力需求侧管理工作资料汇编，2004.

[2] State Grid Demand-side Management Instruction Center. Practical Technology of Demand-side Management. Beijing：China Electric Power Press, 2005.

[3] National Development and Reform Commission. Power Demand-side Management in China（White Book）. Beijing：China Electric Power Press, 2007.

[4] Zhaoguang Hu, David Moskovitz, Jianping Zhao. Demand-side Management in China's restructured Power Industry——How regulation and Policy Can Deliver Demand-side Management Benefits to a Growing Economy and a Changing Power System.2005.

[5] Ministry of Electric Power, Beijing Management Office for Planned, Economic and Safe Use of Electricity, Electric Power Research Institute. Seventh Report on Research and Implementation on Beijing Peak Load Shifting Measures：Electricity Use Auditing of Typical Customers in Beijing, 1997.

[6] Zhirong Yang, Derong Lao. Demand-side Management（DSM）and Its Application. Beijing：China Electric Power Press, 1999.

[7] 芭芭拉·费雯丽，惠宇明．加州开展能效项目的新进展．电力需求侧管理，2007，9（1）.

[8] Yuhui Zhou, Jiangong Wang, etc. Enterprise Engineering Economics. China Science & Technology Press, 1993.

[9] 曾鸣．电力需求侧管理的激励机制及其应用．北京：中国电力出版社，2002．
[10] 施建锁．浙江推广居民峰谷电价的成效．电力需求侧管理，2006，8（3）．
[11] Website of Efficiency Vermont. http：//www.efficiencyvermont.com/Index.aspx．
[12] Yuhui ZHOU. Report of Research on Interruptible and Highly Reliable Electricity Price Adjustment Scheme of a Certain Area. 2005．

电力需求侧管理的主导者——政府

第一节　政府是电力需求侧管理的主导者

政府是 DSM 的主导者和推动者，主要是因为在参加电力需求侧管理的各个参与方中，只有政府才是全社会的责任主体和整体利益的代表；要协调各个参与方的利益分配，只有政府才能做到公平客观；要创造合适的政策环境，只有政府才能制定相关的法律法规、监管体系和运营机制。

政府是全社会的责任主体和整体利益的代表。电力需求侧管理的直接目的是用最小的成本满足全社会的电力需求，同时节能降耗、改善环境，促进电力行业和经济社会的可持续发展。在电力需求侧管理的规划、设计、实施等运作过程中，涉及包括政府、电力企业（电网企业和发电企业）、节能服务公司（ESCO）、节能技术/设备生产供应商、电力用户、金融机构等主体的利益。

其中，电力企业（电网企业和发电企业）是电力供应方的利益代表。电力用户（简称用户）是需求方的利益代表，节能服务公司是希望通过实施 DSM 获得利润的中介机构的利益代表，节能技术拥有者和节能设备生产供应商、金融机构等是同 DSM 有部分联系的相关方的利益代表。这些参与者都是各个利益主体的代表，只有政府才是全社会的责任主体和整体利益的代表。

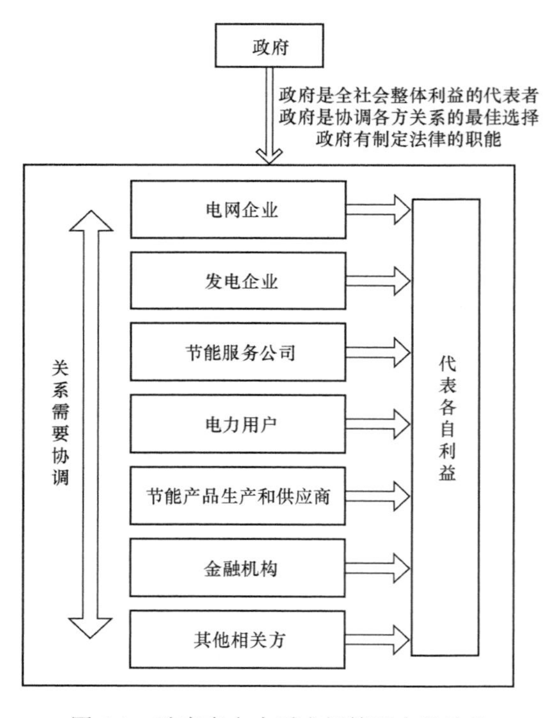

图 3-1　政府在电力需求侧管理中的地位

政府是协调各方利益的最佳选择。各利益主体都有各自的利益要求，各方的出发点不同，一般都是力求自身效益、利润最大化。如电网企业和发电企业希望降低预期的运营成本、增加售电量；节能服务公司等中介机构希望减少投资风险、获得更多收益；电力用户希望减少电费支出等。各方的利益交织在一起，可能会存在一定的矛盾。因此，客观上需要有一个各方认同的客体来协调各方利益，使各方利益都得到维护和满足，以充分调动各方参与电力需求侧管理的积极性。谁能承担这一协调方的角色呢？答案只有政府。政府在电力需求侧管理中的地位如图 3-1 所示。

政府关注和支持 DSM 活动主要是出于经济社会可持续发展的长远考虑，在谋求经济社会发展的同时，不超越资源和环境的承载能力，不损害当代的生活质量，不剥夺后代可持续发展的机会。政府把社会效益作为衡量 DSM 成效的主要标准，在保证各方协调发展的同时提高能效、节约用电、减少污染排放、保护地球健康的生态系统。

政府是创造适宜制度环境的主体。电力需求侧管理需要依靠法律环境和经济激励等手段实现节约用电和移峰填谷，在减少电力建设投资、节约土地占用、改善电力系统经济性和可靠性的同时减少电力用户电费开支、降低能源资源消耗、改善社会环境质量，从而实现最佳社会效益和最低成本电力服务，促进社会可持续发展。DSM 是一项庞大的社会系统工程，牵涉到体制、法规、标准、金融、财税、物价等诸多方面，并且还存在市场失灵和诸多市场障碍，如果没有适宜的法律环境和强有力的经济激励政策支持，电力需求侧管理很难得到长期有效的开展，其对电力、经济、社会可持续发展的促进作用将因此而大打折扣。DSM 的有效实施需要政府创造一个健全的、适宜的制度环境，在终端节电领域全面实行以鼓励为主的政策，在财政、税收、信贷、价格等方面制定和实施具体的、可操作的激励措施，在组织机构方面建立强有力的电力需求侧管理部门，用行政和经济技术相结合的手段推动，对各方在节电效益的分配上进行协调，并在实施中进行监督和指导[1]，保证这些经济激励政策落实到位。

电力需求侧管理与电源开发不同，具有量大、面广、分散的特点。它的个案效益一般有限，而规模效益非常显著，因此，可采取能效电厂（EPP）进行运作。尽管实施电力需求侧管理可以带来巨大的经济效益、社会效益和环保效益，但实现这些效益的前提，是电力需求侧管理得到全面、有效的实施，而这需要全社会为之共同付出长期不懈的努力。政府具有社会号召力，只有通过政府动员，才能调动全社会力量共同参与，也才能聚沙成塔、集腋成裘，才能获取最好的综合效益。国外电力需求侧管理实施的成功经验表明，政府部门的强力介入和推动，是有效实施电力需求侧管理的基本保障。

政府在电力需求侧管理方面的主要职责包括制定法律法规、建立激励和监督的市场机制、开展诱导宣传和推动。要促进电力需求侧管理工作的长效开展，需要建立一个职责分明，运作有效的组织结构和管理体系。在我国现有政策框架下，已经逐步形成了由政府推动和主导、电网企业为重要实施主体、节能服务公司和用户共同参与的电力需求侧管理组织机构和管理体系，如图 3-2 所示。作为 DSM 的主导者，政府主要组织制定电力需求侧管理相关政策、

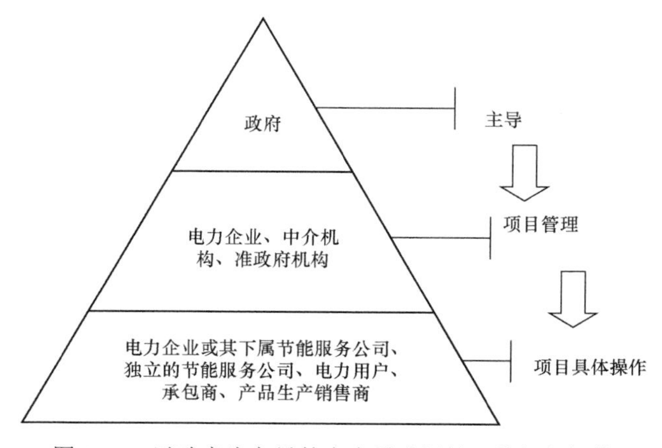

图 3-2　以政府为主导的电力需求侧管理的组织机构

规章及规划，完善相关法律法规；研究并建立健全电力需求侧管理运作机制及信息发布机制；建立并完善经济激励机制；协调社会、电力企业、节能服务公司和电力用户等各参与方的利益；通过法律法规、经济政策、先进技术推广、宣传及行政措施等多种手段，构建有利于电力需求侧管理实施的环境，积极推动和促进电力需求侧管理工作的有效开展。

国家级政府部门应该在中央层面主导全国的电力需求侧管理工作，充分发挥中央行政管理优势，根据各地电力需求侧管理工作的开展情况制定总揽全局的政策、规章、标准和中长期目标，作为各地制定具体电力需求侧管理相关政策及规划的指导性意见；从全局入手、建立健全电力需求侧管理的运作机制；建立完善电力需求侧管理的信息发布制度，吸取各地宣传电力需求侧管理的经验、逐步建立经济激励机制、并结合多种宣传手段积极推动和促进电力需求侧管理工作的有效开展。

各级地方政府应该通过当地政府下设的电力主管部门主导当地电力需求侧管理工作的开展，以国家颁布的相关法规为依据，组织制定当地的电力需求侧管理规章、标准和规划，出台相应政策，研究提出开展电力需求侧管理工作的内容和目标；建立健全当地电力需求侧管理的具体运作机制，大力培育能源服务产业，推动节能服务公司的发展；建立大电力用户能源效率评价制度；协调当地社会、电力企业、节能服务公司和用户的利益，充分调动各方积极性，推动和促进当地电力需求侧管理工作的健康发展。

第二节　国外政府开展电力需求侧管理的成功经验

通过分析世界各国多年来开展电力需求侧管理的成功经验，可以发现，政府在电力需求侧管理法规的制定、政策的提出、标准的颁布、监管的实施、服务的落实等方面起着主导作用。政府的激励机制，尤其是经济激励机制，对于创造有利于电力需求侧管理实施的环境，推动电力需求侧管理工作的顺利开展起着至关重要的作用。

电力需求侧管理实施较为成功的国家，政府部门的经验主要有：一是建立健全有利于电力需求侧管理实施的法律法规和政策支持；二是制定合理的电价体系；三是实施产品强制性能耗标准；四是政府积极推动引导。

一、完善法律法规、建立长效机制

（一）建立、健全相关法律、法规

电力需求侧管理的法律、法规主要包括两个层面的内容：一是在立法层面，为了让用户参与竞争的电力市场，支持用户为竞争的电力市场提供能源服务和辅助服务，鼓励建立电力需求侧管理系统，从整体能源优化利用的高度用立法的形式对电力需求侧管理予以界定，尤其是强调政府部门要对电力企业开展需求侧管理的全过程进行支持；二是在执行层面，根据立法规定的整体框架制定了强制性法规。

美国先后出台了《国家能源政策法》及《公共事业管理政策法》等法律法规，并制定了大量强制性能效标准，对电力企业、节能服务公司及电力用户均提出了很多明确的、具体的法律要求，为电力需求侧管理的开展提供了强有力的保障。

欧盟国家关于能源节约和能源效率颁布了若干指令。《欧盟能源效率指令》提出明确要求，在 2008～2016 年连续九年中要节能 9%，每年节能 1%。此指令对公共部门、能源供应

商都规定了具体的义务，并设计了详细的测算、审计和报告方法。《用能产品生态设计指令》规定了锅炉、热水、办公自动化设备、电视机、充电器、办公照明、街道照明、空调等十四种产品或设施的技术与经济标准。

属于欧盟的德国从 1976 年以来，先后颁布了建筑物节能法、机动车辆税法、热电联产法、节能标识法、生态税改革法、可再生能源法等八部法律。这些法律都由相应的政府部门负责实施，如联邦经济技术部负责节能和提高能效工作；环境与核安全部负责二氧化碳减排、可再生能源和核能工作；交通、建筑与城市发展部负责交通、建筑物的节能工作等。

电力需求侧管理在 20 世纪 90 年代被引入日本，并得到逐步发展，越来越受到日本政府及相关部门的重视。随着高峰负荷从冬季转向夏季，而夏季持续高温，高峰负荷也呈现出快速增长的态势，导致负荷率降低。例如 1994 年的负荷率仅为 55%，为了满足负荷的增长，电力企业对于发电设备、输配电设备的投资也越来越大，这无疑对电力企业造成了极大的经济压力。为了缓解这一压力，电力需求侧管理越来越受到重视。政府通过立法的形式强制企业提高能源使用效率。日本现行《节能法》于 2006 年 3 月 28 日由经济产业省发布，共有八章 99 条，包括涉及工厂、运输、建筑物、机械器具的节能措施，以及总则、基本方针、附则和罚则等条款。要求一类和二类能源管理单位每年至少减少 1%的能源消费，节能达标的单位可以得到一定时期内的减免税奖励，未达标单位将受到通报批评和 100 万日元以下罚款的处罚。同时，要求一类能源管理单位建立节能管理体制，任命专人负责，并定期向政府报告能源使用情况，提交节能计划；对建筑物节能提出明确要求，规定新建、改建项目必须向政府有关部门提交具体节能措施；并提高了各项用电设备的节能市场准入标准等。根据《节能法》，日本建立了能源指定制度、能源管理师制度、节能产品领跑者制度和节能标识制度。

【例 3-1】 美国联邦/州政府为电力企业实施电力需求侧管理提供政策支持。

在 20 世纪 90 年代初，美国联邦/州政府从维护全社会电力公共利益的角度考虑，制定和实施了相应的激励政策和措施，支持 DSM 的深入开展。这些方法的实施取得了很好的效果，电力企业参与实施 DSM 项目的积极性较高。

美国约半数的州监管委员会试图减少那些抑制电力公用事业实施 DSM 项目的障碍，主要是电价。在传统的电价设计方式下，容量电价（volume electric rates）通常高于电力企业的短期边际成本。其结果是，当电力企业的售电量因电力用户用电效率的提高而减少时，其收入和利润下滑。这些州的监管委员会应对这一问题的解决方案包括[2]以下几点。

（1）建立收入净损失调整机制：允许电力企业设法挽回因能效项目导致的收入净损失（能效项目导致的收入损失减去相应的成本节约量）。

（2）将电力企业的收入同售电量脱钩：使电力企业的获利能力与其实际的售电量水平脱钩。

（3）建立 DSM 绩效激励机制：基于电力企业实现的节电量，对电力企业给予经济激励。

（4）建立了“系统效益收费”（system benefits charge，SBC）制度：系统效益收费，也称为公共利益费用或输电费用，是通过从所有电力用户电价中提取一定费用来筹集促进节能和可再生能源发展的公益基金（public benefits fund，PBF）的一种方式，PBF 是在不能完全依靠市场机制的领域提供公共服务、维护公共利益的一种基金。通过“系统效益收费”制度的实施筹集资金，用于支持能效类 DSM 项目，同时也用于支持可再生能源发展等。美国已有一半以上的州建立了公益基金，通过 SBC 筹集，电力附加费征收标准平均为 1.1 美元/（千千瓦·时）。PBF 用来支持节能、可再生能源开发利用以及低收入者补助。其中 2005 年，用于节能的 PBF 达 19 亿美元，削减电力负荷需求 2571 万千瓦，节约电量 599 亿千瓦·时。按照 DSM 投入资金相当于新建电源与电网的 1/3 测算，1989～2005 年美国通过实施需求侧管理节约投资 600 亿美元，美国历年 DSM 资金及效果见图 3-3。

一些专家建议美国建立一个国家级系统效益信用基金，向各州合格的 DSM 项目提供相应的资金。这些项目对各州和各电力企业发展能源效率项目是一个有力的激励。节能联合会评估认为美国联邦公益基金到 2020 年可节省 1.3 亿千瓦的装机容量，相当于 200 多个大型发电机组[3]。

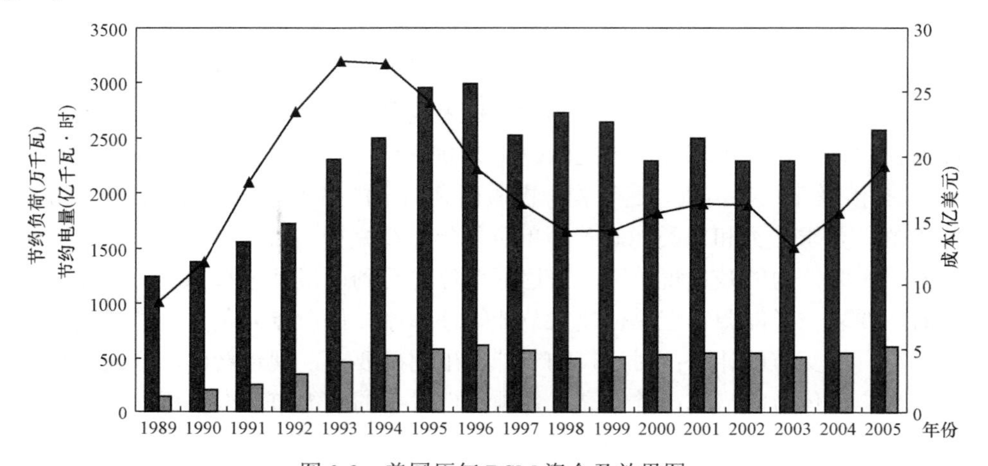

图 3-3 美国历年 DSM 资金及效果图

节约负荷　节约电量　成本

注 数据资料来源：美国加州事业委员会。

【例 3-2】 英国建立相应基金支持小用户开展 DSM 活动。

20 世纪 90 年代初电力行业重组后，英国电力管制办公室（OFFER）意识到电力行业本身难以在用户领域发挥推动能效的作用，开始实施由居民和小商业电力用户出资建立能效专项基金的制度，专门用于支持小用户的 DSM 活动。

英国在 1994 年成立了一个支持小用户开展 DSM 活动的系统效益收费机制，要求年均用电量低于 1.2 万千瓦·时的用户每年承担 1.6 美元的能效专项资金。1998 年 3 月累计筹集 16500 万美元，投资到 500 多个提高能效的项目中，为用户节电 68 亿千瓦·时。这些 DSM 项目由 OFFER 管理，由节能信用公司（节能信托公司）协助实施，以完成节约能源和减少污染排放的计划目标。

（二）出台强制性标准

1. 实行能效标准

欧盟的经验是将设备能效标准分为三类，即指令性标准、最低能效标准和平均能效标准。指令性标准最严格，要求所有新产品安装专门的部件或装置（如汽车等的催化式排气净化器）；最低能效标准规定了最低效率（或最高能耗），且制造商的每一种产品均必须达到该标准，在执行中比指令性标准具有一定的灵活性，因为后者未规定产品的技术或者设计细节，而仅规定了最低能效，只要超过了最低门槛即可；平均能效标准规定了成品的平均效率，在执行中最具灵活性，因为只要达到了整体平均值即可。

能效标准最初主要是针对电冰箱和洗衣机提出的，后来逐步推广到所有的能耗装置，如家居设备、办公设施、变压器、电动车、小型封装、通风、空调（采暖、通风及空调系统）设备等，大多数标准与电器有关。每一种标准既可强制实施，也可以按照自愿准则来实施。使用较多的是最低能效标准，它由一系列欧盟指令组成，要求某种类型家用电器产品必须符合最低标准的能耗要求，否则不得生产与销售。能效标准通常与标签结合使用，以便为消费者提供设备的能耗信息，共同引导产品能效的提高，大大促进了节能效率的提高。有研究表明，20 世纪 90 年代末，欧盟家用电器节能效率比 90 年代初提高了 30%。

美国加利福尼亚州非常重视能效标准，自 21 世纪初的能源危机以来，进一步提高了许多常用电器设备的最低能效标准，并于 2001 年 6 月施行了全美最严格的建筑能效标准，该标准要求建筑师和建设者必须严格重视空调和加热管道等容易发生泄漏的地方，并且减少太阳能通过窗户和阁楼辐射进建筑物。

针对能耗标准的确定，国际上已有 37 个国家和地区建立和实施了能效标识制度，每一个国家确定能效标准的方法是不同的。欧洲使用统计法，将市场上各种已有设施的能效作为确定最低能效的基础，按照将市场上设施平均能效提高 10%～15%的方法来确定标准，而其他一些国家（如美国）则根据成本—利润评估来确定标准，通过年度投资的固定回收数量来确定设施的能效等级。

【例 3-3】 欧盟的电器标签计划。

在欧盟，家用电器耗能大约占总能源消费量的 1/4，并且呈现快速增长的趋势，因此，控制家用电器的耗能增长非常重要。欧盟实行家用电器强制性标签计划，要求所有家用电器生产企业和销售部门，都有义务以标签形式明确标明该电器的耗能参数和耗能级别。强制性标签计划由一系列欧盟指令组成，几乎每种家用电器都制定了标签标准。例如，欧盟 92、75、ECC 指令（1992 年 9 月 22 日发布的用标志和标准产品信息明示家用电器能源及其他资源耗费的理事会指令，标签计划“框架”指令）、2003/66EC 指令（电冰箱、冰柜及制冷设备）、2002/40/E 指令（电烤炉）、2002/31/EC 指令（空调）；98/11/EC 指令（电灯）、97/17/EC 指令（洗碗机）、95/12/EC 指令（洗衣机）等。

同时，有关电器产品的生产商、分销商、进出口商以及零售商也可以自愿方式，向欧盟委员会申请“能源之星”（Energy Star）标签（见图 3-4），以标识其产品满足或超过有关节能标准。最初，欧盟“能源之星”标签主要应用在办公用品领域，现在有越来越多的家用电器生产商也积极参与到这场自愿活动中来。

图 3-4 能源之星标识

【例 3-4】 日本的节能标签制度。

日本的节能标签制度是用来标识家用电器的能源效率以提高能效产品质量的。截至 2006 年 4 月，标签已运用于空调、冰箱、冰柜、荧光灯、电视机、燃气灶具、燃气热水器、油热水器、电动马桶、磁盘和变压器等产品。

2006年4月修订的节能法中，要求从2006年10月开始，零售商必须提供能效信息，其中包括使用统一的能效标识（见图 3-5）来提供信息。统一的能效标识如下：第一部分是多级的等级系统，节能信息用五级来标识，从一颗星至五颗星，表示市场中产品能效从低到高的情况，星形之下的箭头显示是否达到了领跑者的标准。第二部分是节能标识系统，即节能标签，其式样有绿色和黄色两种（见图 3-6），其中绿色“e”标识说明该电器能效领先，标识中还有其他相应的信息，如目标年度、节能率、节能灯的光效或电器的年耗电量等。第三部分是预期的年电费。

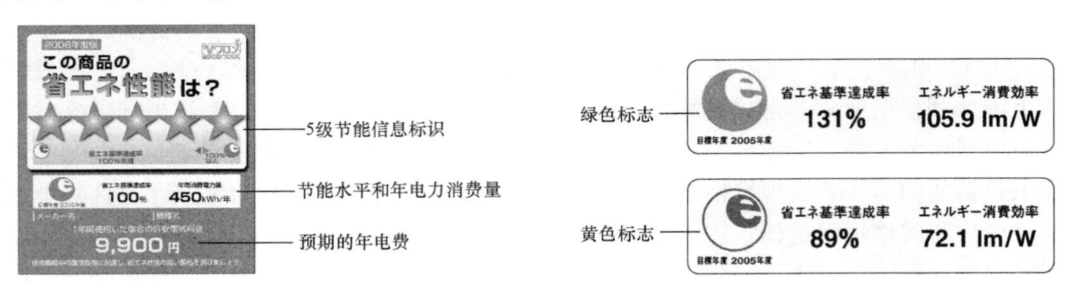

图 3-5　日本的能效标识式样

图 3-6　日本的节能标签式样

【例 3-5】 日本的节能产品领跑者制度。

所谓节能产品领跑者制度，是指把同类产品中耗能最低的产品作为领跑者，比如，根据汽车的耗油量标准及电器产品等节能标准，各种机器均必须向现有的商品化的同类产品中节能性能最好的产品看齐并逐步超越。目前，日本已在汽车、空调、冰箱、热水器等21种产品中实行了节能产品领跑者制度。

2. 推行建筑物节能证书制度

发达国家对于节能建筑制定了强制的标准，并对满足标准的建筑商给予减免税等优惠。

美国加州在20世纪70年代末首次制定发布了本州建筑节能标准，此后，相继在20世纪80年代和20世纪90年代对标准作了几次修订，2001年再次推出了新标准，节能标准分为规定性指标和功能性指标两部分，前者必须强制执行，后者提供达到规定性指标的各种方式和途径。标准的先进性、实用性和指标控制程度的灵活性，激发了设计师、开发商等标准使用者的创新精神，同时也为标准的下一轮修订奠定了基础，为了鼓励建筑节能，美国政府在年度财政预算中，对新建的节能住宅、高效建筑设备等都实行了减免税收政策，最高可以减税20%以上。

欧盟建筑能效指令（2002/91/EC）提出了计量建筑物能耗的方法，设立了新建筑物最低能效标准，建立了建筑物能效标识制度。业主在出租、出售房屋时必须出具能耗等级证书；公共建筑物上必须标示能耗证书；规定所有新建建筑物都必须符合最低节能标准的要求，要为节能设施提供或预留接入口；老建筑在维修时也要尽量参照最低节能标准施工。该指令还要求，符合节能标准的建筑物应颁发节能证书，有关管理机构要对获得节能证书的建筑物及其内部使用的锅炉及空调设施等进行定期检查，以评价其节能情况。

【例 3-6】 德国建筑节能。

德国能源匮乏，石油几乎100%进口，天然气80%进口。节约能源和保护环境是德国政府开发利用能源的一贯政策。

德国《能源节约法》于2002年2月生效，它取代了以往的《供暖保护法》和《供暖设备法》，制定了新建建筑的能耗新标准，规范了锅炉等供暖设备的节能技术指标和建筑材料的保暖性能等。按照新法规，建筑的能耗要比2002年的全国平均能耗低30%左右。

德国建筑保温节能技术新规范的一大特点，是从控制单项建筑维护结构（如外墙、外窗和屋顶）的最低保温隔热指标，转化为控制建筑物的实际能耗。建筑的总能耗包括供暖、通风和热水供应。新法规规定，新建建筑必须出具采暖需要能量、建筑能耗核心值和建筑热损失计算结果，特别是建筑外围结构热损失计算结果。建筑能耗总量只有满足其对应的节能标准才被允许开工。

在新的法规中，建筑安装工作的质量也成为一个比以前重要的参数。消费者在购买住宅时，建筑开发商必须出具一份“能耗证明”。该证明清楚地列出该住宅每年的能耗，提高了建筑的能耗透明度。自1995年开始，德国法律要求新建筑必须说明其能耗状况。2002年以前只有供热系统的能耗被要求在能耗证明书中加以说明，随着《能源节约法》的实施，需要说明的主要能耗指标范围也随之扩大。

德国还有大批老建筑没有采用新型保温技术措施。《能源节约法》鼓励企业和个人对老建筑进行现代化的节能技术改造，并实行强制报废措施。例如，新法规规定，在1978年10月1日前安装的约200万个采暖锅炉必须在2006年底前报废，由新型节能锅炉取代。在政府的推动下，天然气和太阳能等清洁能源、可再生能源近年来在住宅供暖市场上得到越来越普遍的应用。

在法定技术规范的基础上，德国政府还推出了各项节能资助项目，以促进法规的落实和普及。2000年成立的德国能源局，主要工作包括房屋供暖和保温、节电装置和照明、太阳能发电、风能等可再生能源及电热耦合装置的应用。为方便公众，德国能源局开设了免费电话服务中心，解答人们在节能方面碰到的问题，德国联邦消费者中心联合会及其下属的各州分支机构也提供有关节能信息的咨询服务。

（三）建立电力需求侧管理机制长期规划目标

欧盟非常重视提高能源的利用效率，将其与实现《京都议定书》确定的减排义务、发展可再生能源和确保能源安全供应等一起列为能源政策的四大目标之一，正在讨论、酝酿的“提高能源利用效率和促进能源服务”指令将时间范围设定为2006～2012年，义务方包括所有重要能源供应者（分配商和零售商）和最终用户部门。欧盟委员会希望通过的指令是强制性的，而部分成员国则希望通过的指令是指导性的。各国只是希望执行标准的力度有所不同，但都具有重要的意义。其内容主要有：

（1）建立国家节能发展纲要。各成员国应鼓励和促进能源审计咨询公司、节能服务公司等市场中介组织的发展，鼓励和促进为节能而产生的融资工具的发展。

（2）提供能源服务和能源审计。各成员国应确保能源供应方在为用户提供能源时，也提供有关改进节能的服务和审计（评价能源消耗情况并提出改进建议）。

（3）及时提供信息数据。各成员国应确保最终用户能够及时了解电量使用情况，主要通过改进计量服务和更精确的用电情况报告来解决。

（4）为节能服务创造良好的环境。如废除有碍于节能的法令法规，实行成本补偿办法，实行能源服务提供者的资格认证制度。

（5）制定强制性的节能目标。各成员国总体上每年要节约1%的能源消费量（以2005年之前的五年平均计算），其中公共部门的目标是每年多节约1.5%，主要是为了向社会公众做出表率。2012年，各成员国年度总的能源消耗量比2006年减少6%。

二、经济措施

经济措施是DSM最主要的激励手段，也是政府制定政策、引导社会积极开展DSM工作的重要领域，可以对各参与方进行激励，调动其参与积极性。

【例3-7】 美国针对电力公司、能源服务公司和电力用户的激励机制。

（1）对电力公司的激励。目前美国政府采用的鼓励电力公司实施DSM的措施可以分为三类：奖励金机制、分享效益机制和补贴机制。奖励金方面，根据电力公司实施DSM项目的节约量（电量和容量）进行经济上的奖励；分享效益方面，允许电力公司按一定比例分享实施DSM取得的经济效益；补贴方面，政府允许电力公司将实施DSM费用计入成本，同时对电力公司开展电力需求侧管理的开支进行补贴，补贴比例一般在5%～10%之间。

（2）对能源服务公司的激励。在美国，由于得到了联邦政府的支持，采用合同能源管理机制运作业务的能源服务公司得到了迅速发展。1985年以来，美国联邦政府曾以25亿美元的财政预算支持政府机构实施节能项目。后来，大力发展能源服务公司来开展节能项目的实施，通过引进合同能源管理机制，来促进能源服务公司的发展，通过银行来对能源服务公司提供资金支持，鼓励企业和居民接受能源服务公司的服务，并且对取得良好效果的能源服务公司进行奖励，从而使得能源服务公司成为一个新兴的节能产业。

（3）对电力用户的激励。20世纪90年代以来，美国的电力公司针对用户实施了一些激励措施，主要有：提供免费的技术及服务，如家用节能系统、冰箱更换、蒸发型制冷器维修等；提供现金补贴（对非居民用户安装的高效节能设备或能源管理系统）；电价激励政策，包括可中断电价、峰谷分时电价、超低谷电价、农业及泵类电价。

【例3-8】 法国针对电力公司、能源服务公司和电力用户的激励机制。

（1）对电力公司的激励政策。法国政府从政策上对电力公司进行倾斜，如制定优惠的税收政策；积极为电力公司实施项目进行融资，不仅将这些项目的经费列入政府预算，另外也将部分政府收入来源划归为DSM项目的专项基金，为电力公司实施电力需求侧管理项目提供资金保障；政府积极倡导有关银行，并建立政策性银行，为电力公司实施项目提供低息贷款优惠政策。

（2）对能源服务公司的激励政策。主要措施有减免税收，对节能进行投资的公司在节能设备使用和租赁中的盈利免税；协助能源服务公司开拓能效服务市场，比如对年耗能5000吨标准煤以上的1500个用能单位定位重点用能企业，要求其做出资源节能保证，鼓励其接受能源服务公司的服务，并通过中介组织向其推广节能措施；通过电视公益广告、发放宣传资料、设立公用咨询电话等形式和全国建立的100个信息宣传点，进行节能宣传，将节能理念深入人心，并积极宣传能源服务公司的巨大作用。

（3）对电力用户的激励政策。实施税收减免政策，主要包括对家庭保温和供暖设备以及高效锅炉的安装减免所得税。电价方面，法国的电价调控权掌握在国家手中，国家通过法律的形式确定电价结构和电价水平，电价主要分为绿色电价（适用于工业用户）、黄色电价（适用于第三产业用户）和蓝色电价（适用于居民用户），这三类电价都是建立在实时电价、峰谷分时电价和季节性电价的基础之上的。执行这种电价可以通过调整峰谷时段、适当改善负荷曲线的形状，起到移峰填谷、提高负荷率的作用。

针对用户，政府最常用的是通过实施峰谷分时电价、季节性电价、可中断电价等电价政策，引导用户尽可能将高峰时期的用电转移到低谷时期（不仅包括一天内峰谷时段的转移，还包括不同季节的峰谷时期转移）。此外，政府还可对用户购置节电设备给予贷款优惠、税收减免、财政补贴等方式吸引用户购买高能效用电设备。这些措施可以归并为五类：降价政策，税收制度，财务政策，技术支持，证书贸易制度。如图 3-7 所示，左边的措施比较直接，就是简单的降价或者提供相应的补贴，右边的措施比较高级，是将价格和市场开发手段结合到一起，综合引导用户参与电力需求侧管理。

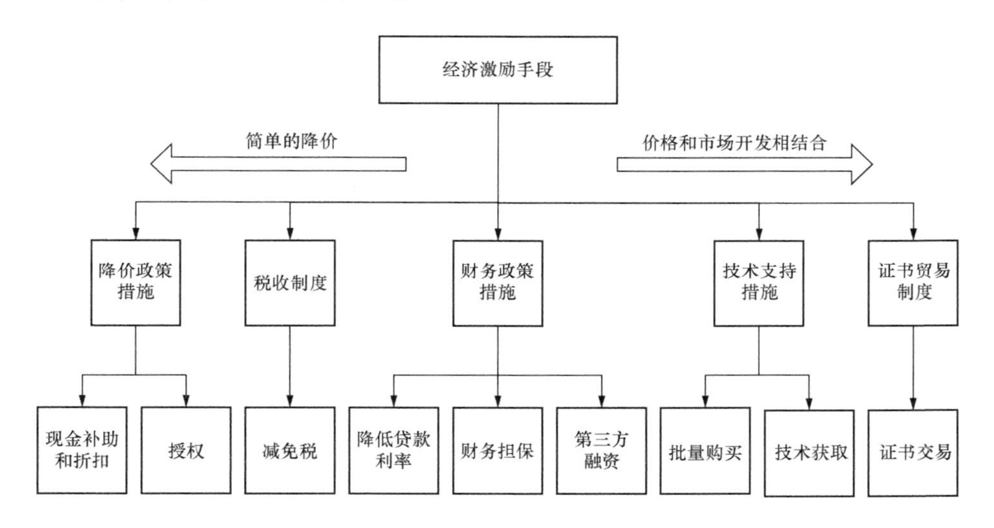

图 3-7　经济激励手段的分类

第一类措施：降价政策。其焦点放在简单、直接的电价调整上，包括项目或与生产相关的补贴或折扣。例如，对于带来节电量的用户给予电价优惠。

【例 3-9】 美国加州政府利用电价优惠、降价措施等电价机制调整用户消费习惯。

美国加州政府为电力企业实施“20/20”项目提供了很好的政策环境，即政府支持电力企业对那些能在夏季用电高峰期减少用电 20%以上的用户给予至少 20%的电费回扣。通过回扣这种资金激励机制，再结合向用户宣传有效的节能方法（即空调温控器定在 26℃、晚上七点以前尽量不用大的家用电器、人走灯灭等），使“20/20”项目受到了居民用户的热烈欢迎，并取得了成功。300 多万户家庭达到了减少 20%用电量的目标，并获得 20%的电费回扣奖励，另外还有数百万家庭节电达到了 10%～20%。在居民用户方面，共减少 16.9%的居民尖峰负荷，并且，在能源危机时所采取的对住房进行保温隔热改造、选用节能电器等许多削减负荷的措施都产生了长期的节能效果。

第二类措施：税收制度。主要包括各种有利于节能的税收计划。国际能源署（IEA）各成员国自从 20 世纪 90 年代早期以来，极大地加强了税收政策和各种措施。1999 年，为了鼓励降低温室气体排放的行为，制定了 65 种税收政策，对购买节能产品的用户减免税收、某些支出可以在税前列支等。虽然有些政策并不会直接减少温室气体排放，但会间接、长期影响相关领域的用能行为。有关能源的税收也可用于DSM项目的集资，一些国家如挪威和丹麦，收取二氧化碳税（碳税）或能源税。

第三类措施：财务政策。主要包括各种降低贷款利息、提供财务担保等政策。财政支持的资金来源渠道比较广泛，但所有类型均被要求在使用特殊贷款进行融资时，必须根据节能情况提供返还款。同时政府也可以通过其相关金融机构参与到此项工作中，如巴西国家发展银行为节能项目建立了特殊的贷款。但是为了保证消费者的兴趣，必须保证辅以成功的市场营销计划，这在一定程度上为节能项目的市场化运作机制提供了土壤。

【例3-10】 纽约州电力需求侧管理资金的来源及用途。

纽约州能源研究和发展局为DSM的研究和项目实施、提高能源利用效率、加强环境保护等方面提供资助。开展夏季DSM的资金有三方面的来源：一是纽约州投资者所有（私有）的电力及天然气供应公司跨州销售电能及天然气时的评估费用，二是纽约电力局和长岛电力局每年都提供一笔资金，三是一些合作基金。

在资助用户进行DSM项目研究的同时，纽约州能源研究和发展局自身也开展了一些项目研究：一是帮助居民用户更好地利用能源。例如积极推广美国能源部开展的能源之星家用电器用电效率评定工作，在家用电器的外包装上要对其用电效率进行标定，推荐用户使用节电型电器。同时，也为购买节电型电器的家庭提供减息贷款，对购买某些节能产品（如太阳能产品）的用户减免地方税务。二是对于大用户，如商业、工业等大机构，提供了相对比较大型的能效设备，量身定制了一系列比较完善的能效服务，并对其新建的节能建筑和装置提供资助。三是进行能源分析。其分析报告使投资者和决策者能够更加全面地把握本州未来的能源形势，避免了电力发展和能源供应的大起大落，并收到了良好的效果。

第四类措施：技术支持。所包含的政策将价格与确保最低限度的市场份额结合在一起，要么通过批量购买来降价，要么通过新产品来占有市场。

瑞典工业发展部开发的公共技术采购计划，通过支付和签订订单的方式激励制造商开发生产了高效冰箱、高效保温材料、高频照明镇流器等产品，均获得了理想的市场占有率。

第五类措施：证书贸易制度。目前开展较多的是“可交易白色证书”制度。“白色证书”表示能源供应企业实施了节能工程和采用了节能技术，符合法定的节能标准，在规定的时间内完成额定标准的节能量。这种“白色证书”是可交易的，责任方可以通过自己努力实现节能要求，也可以向其他用户购买这些证书，以完成自己的节能任务。目前，英国、意大利、法国等实施了“白色证书”计划。

“可交易白色证书”制度的实施机制是：到期末时（通常为一年），能源供应企业需要向监管部门提交一定数量的“证书”，若完不成节能任务，将接受相应的惩罚。这种惩罚将超过购买（同样数量）“证书”的花费。因此那些难以完成节能任务的供应企业，为避免惩罚愿意购买“证书”；而那些超额完成任务的企业，则可以从售卖“证书”中获利。

“可交易白色证书”制度，不但能更有效地实现全社会的节能目标，而且可大力促进节能服务市场的发展。目前还有一种正在兴起的“能源效率执照交易”证书交易机制。该机制以市场机制为基础，将约束机制的优点和市场交易机制的经济效率融合在一起。在能源效率交易中，可以将电卖回到电力交易库（负瓦）。如果这样的市场能够建立，电力企业就可能将能源效率执照交易发展为一种商业行为。

【例 3-11】 意大利“可交易白色证书”制度的执行情况。

在能源市场日益自由化的今天，意大利政府认为，实行预定的节能目标，除坚持传统的政策工具外，更需要新的政策工具。2004 年 7 月。意政府以部长令的形式颁布“可交易白色证书”制度，它的设计、实施和监督由意大利电力和煤气管理局（AEEG）负责。新政策工具在设计过程中坚持两条标准，即成本优势和可竞争性，其显著特点是融行政命令和基于市场的可交易机制于一体。

根据规定，责任方（能源提供者）可以有四种选择完成其节能目标：①自行设计和开发节能技术以达到节能要求；②与第三方（设备制造商、安装商、节能服务公司等）合作开发节能技术以达到节能要求；③通过签署双边协议或者直接从市场上购买“可交易白色证书”以完成任务；④接受罚款（完不成义务者）。目前，意大利“白色证书”的责任方限于能源供应企业。

三、信息普及与引导措施

信息普及与引导政策主要是指通过知识普及、信息传播、技术示范、宣传培训等措施，大力宣传节能、环保意识和电力需求侧管理的理念，倡导科学用电，提升电力需求侧管理在全社会的认知度，提高用户主动参与电力需求侧管理的积极性，使电力需求侧管理成为人人重视并参与的社会行动。信息普及与引导措施可以从以下几方面着手：公益广告宣传（通过各种媒体）、展览展示、能效标识认证（配合能效标识标签）、能效信息中心、能源审计、教育与培训、政府推广项目，如图 3-8 所示。其中，对于直接的公众性活动，主要由政府引导或委托电力企业以及社会组织进行，通过各种公益广告、展览展示、能效标识、能效信息中心的日常宣传，不断将节能的信息传达到用户，政府通常不直接介入，而在对全社会整体节能技术和项目的推广中，政府的介入往往起到关键作用，可以通过能源审计、教育和培训以及政府推广项目来引导用户节能、引导节能产品生产商开发高效产品和设备。

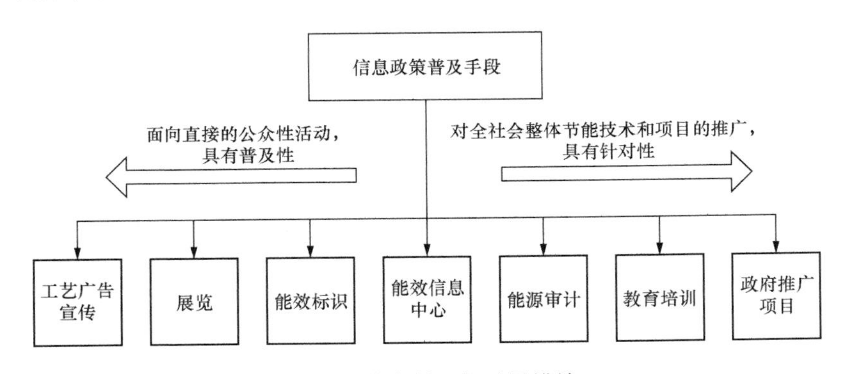

图 3-8　信息普及与引导措施

四、政府引导企业参与自愿协议

《自愿协议》是一种多方计划，是政府部门同某一行业或某一企业签订的旨在降低商业和工业企业能耗的协议，一般情况下根据行业分支或者贸易领域来定义。典型的《自愿协议》包括下列几项内容：

（1）商定能耗降低目标。国家政府部门同能源消费者或者其行业协会签订协议，以确定能效目标。这些目标可以用各种方式来说明：单位产量能耗、单位产值能耗等指标相对于基准值所降低的百分比，各种能源的使用达到工业特定标准，以及总能耗降低到一定水平等。协议还应规定能耗降低目标的实现期限。在某些情况下，参与者在《自愿协议》中的承诺是具有法律效力的。

（2）测量计划。大多数《自愿协议》都包括一份测量计划，规定了目标设置标准、能源用量的量化方法，并对基准值进行定义。

（3）技术援助服务。很多《自愿协议》都会包含为签署协议的最终用户提供技术援助的机制。这些服务可以包括发布技术信息、培训、设施用能审计咨询、项目设计检查以及测量计划实施时的援助。

（4）奖惩制度。《自愿协议》的发起人通过大量的政策制度来鼓励企业签订自愿协议，履行自己的义务。这些制度包括：

1）用法律来规范。由于长期以来一直存在违规现象，而且人们拒绝签署《自愿协议》，因此，有些政府已经暗示，将强制执行严格的污染物排放限制规定或指令性设备能耗标准。

2）扣留运营许可证。在部分国家，《自愿协议》规定，环境许可证必须更新，否则将扣留运营许可证。

3）免税。英国、丹麦及荷兰等国对于履行了《自愿协议》规定义务的业主，免除他们的燃油税。

4）排放贸易贷款。很多政府如加拿大，对于在《自愿协议》框架内采取了降低排放的行为，提供可贸易的“早期行为贷款”。

5）经济激励。签署《自愿协议》后，在实施能效措施时，可以享受财税优惠，比如折扣、免交所得税或者获得降息贷款等。

《自愿协议》必须与国家各种现有政策相结合，并与能效措施联系起来。一般情况下，在设计《自愿协议》时，现有的税收政策、法律法规、补助计划等均应考虑在内。从各个国家的经验来看，《自愿协议》特别考虑了税收政策。由于得到了欧盟关于能源税收指示的许可，丹麦、芬兰、英国及荷兰等国家将签署《自愿协议》当作确定是否免税的“标准”。制订了能源审计计划的国家，为了实现环境目标，可以采用《自愿协议》设计一种看得见的、更具灵活性和有效性的框架。

【例 3-12】 欧盟鼓励自律性行业协议。

这是产业界为节能而实施的自律行为，通常在产业界与政府之间签署。欧盟鼓励自律性行业协议，因为它往往是政府制定强制性标准的替代或先导。自律性行业协议在荷兰、挪威、瑞典等国家实施比较成功，并且协议内容不断得到升级。目前，在欧盟实施的自律性行业协议范围涉及电视机、电冰箱、洗衣机、洗碗机、电动汽车、热水器、声学设备等，其中《电视和盒式录像播放机待机损耗协议》与《家用电冰箱和洗衣机协议》被认为是实施效果最好的两个协议。

五、制定合理的电价政策

价格杠杆是调节利益关系最直接、最灵敏的手段，许多国家的实践证明，用户会积极响应电价信号，主动改变其电力消耗模式，包括用电时间和电力需求大小。

不同国家制定的电价政策不同。美国、加拿大等国家由于煤炭、水能等资源禀赋条件较好，采取的是低电价政策；欧盟国家由于能源资源相对贫乏，采取的是高电价政策，从电价水平方面抑制电力需求的过快增长。欧盟将实行新的废气排放协议，一些相关国家的电价还将上涨。

不同用户电价存在一定差异。由于在电网输送电能的过程中存在电能损失，变电环节越多，损失越多。一般，居民用户接于低压电网，工业用户接于高压电网，因此在不交叉补贴的情况下，居民用户的电价应该高于工业用户电价。比如，欧美发达国家的电价结构中居民电价最高，是工业电价的两倍左右，可以体现电能的实际价值。

很多国家都根据自身情况出台了一系列分时电价。实施峰谷电价、丰枯电价政策，可以使销售电价充分反映资源状况和电力供求关系。

对工业用户取消优惠电价政策。20 世纪 90 年代之前，许多国家的工业用户享受优惠电价政策。美国的一些州在其电力行业重组过程中，将这些电价优惠取消，从而使工业电价增长，促进更多用户投资 DSM。

第三节　我国政府开展电力需求侧管理的成绩和经验

DSM 引入我国以后，受到政府的高度重视，相关部门为推动其在我国的开展做了大量的工作。虽然一些障碍还没有彻底解决，但政府相关部门通过制定相应的政策法规，加大宣传推广力度，为 DSM 的广泛开展创造了较好的环境。国家政府相关部门将 DSM 纳入到国家的相关专项政策法规中，出台了相关的指导意见、实施办法、激励机制等，地方政府相关部门也根据当地的实际情况出台了相关的地方法规。

一、电力需求侧管理逐步纳入国家专项法规

1998 年，我国制定并实施了《中华人民共和国节约能源法》(简称《节约能源法》)，将节能提高到国家法律的高度进行约束，体现了我国政府对节约能源的重视；2000 年又制定了《节约用电管理办法》，将 DSM 纳入其中专列一章，丰富了 DSM 的内涵，进一步推动了 DSM 的深入开展。之后的一系列政策法规、规划中都将 DSM 作为重要的一部分。在进一步深化节能减排工作的环境下，于 2007 年 10 月 28 日颁布了修正后的《节约能源法》，将节能工作进一步细化，并以法律的方式确定了“节约资源是我国的基本国策”，“国家将支持推广需求侧管理”，为 DSM 的开展创造了很好的法律环境。

1.《节约能源法》

1998 年颁布的《节约能源法》首次将节能及能源的合理利用上升到国家经济发展长远战略方针的高度，同时，对节能管理机构的组织体系、国家鼓励的重点节能技术类型及重点用能用户的节能责任、违规的高耗能行业用能的法律责任进行了系统规范，为后续电力行业相关政策的出台奠定了基础，也成为 DSM 开展的重要依据。

我国自 2006 年开始对《节约能源法》进行修订，并于 2007 年 10 月 28 日颁布。修订的《节约能源法》进一步明确了政府的职责，明细了各行各业的节能要求，重点对工业、建筑、交通运输、公共机构、重点用能单位提出了明确的节能要求和措施；以法律的形式将节能提升为任何单位和个人都应当履行的义务，任何单位和个人都有权检举浪费能源的行为。

《节约能源法》第六十六条中提出：“国家实行有利于节能的价格政策，引导用能单位和个人节能。”同时明确了 DSM 的法律地位，国家将运用财税、价格等政策，支持推广电力需

求侧管理、合同能源管理、节能自愿协议等节能办法。为电力需求侧管理的进一步发展提供了保障，明确了财税支持。

国家将建立强制性的用能产品、设备能源效率标准和耗能高的产品的单位产品能耗限额标准，鼓励节能服务机构的发展，并制定了相关的激励措施和法律责任。

《节约能源法》的修订，将极大地促进我国节能工作的开展。

2.《节约用电管理办法》

2000 年 12 月 29 日，由国家经济贸易委员会（简称国家经贸委）、国家计划委员会联合制定的《节约用电管理办法》作为《节约能源法》具体落实的配套政策，对 DSM 做了明确的深化定义，不但明确将需求侧管理作为电力规划、综合资源规划的包含内容，而且还提出了国家鼓励和推广的电力需求侧管理技术，这极大地推动了电力需求侧管理工作的开展。

（1）诠释了电力需求侧管理的定义。指出它是“通过提高终端用电效率和优化用电方式，在完成同样用电功能的同时减少电量消耗和电力需求，达到节约能源和保护环境的目的，实现低成本电力服务所进行的用电管理活动”。

（2）明确了推动需求侧管理的部门。指出各级经济贸易委员会是电力需求侧管理的推动者。对终端用户进行负荷管理，推行可中断负荷方式和直接负荷控制，以充分利用电力系统的低谷电能。

（3）提出了对重视节能的单位给予优惠。规定对应用国家重点推广或经过国家节能认证的节约用电产品的电力用户，可向省级价格主管部门和电力行政管理部门申请减免相关费用，对使用列入《国家高新技术产品目录》的节约用电技术和产品的用户，享受国家规定的税收优惠政策。

（4）提出了宣传推动电力需求侧管理工作的部门。要求电力企业加强电力需求侧管理的宣传和推动工作，所发生的有关费用可在管理费用中据实列支。

3.《电力需求侧管理办法》

2010 年 11 月 4 日，国家发展和改革委员会（简称国家发展改革委）等六部委出台了《电力需求侧管理办法》（发改运行〔2010〕2643 号），确定了电力需求侧管理的定义，明确了电力需求侧管理工作的责任主体和实施主体，并提出了电力需求侧管理工作的十六项管理措施和激励措施。这为进一步提高电能利用效率、促进电力资源优化配置、保障用电秩序提供了良好的法律环境。

（1）明确了电力需求侧管理定义。该《办法》将电力需求侧管理定义为提高电力资源利用效率，改进用电方式，实现科学用电、节约用电、有序用电所开展的相关活动。

（2）确定了电力需求侧管理工作的责任主体和实施主体。国家发展改革委负责全国电力需求侧管理工作，县级以上人民政府电力运行主管部门负责本行政区域内的 DSM 工作；电网企业是电力需求侧管理工作重要的实施主体，自行开展工作并为其他各方提供便利条件；电力用户是电力需求侧管理的直接参与者。各地区政府、各有关部门、各单位都应积极推进电力需求侧管理工作的开展。

（3）强化将电力需求侧管理纳入电力工业发展规划、能源发展规划和地区经济发展规划。要求政府相关部门做好电力需求侧管理资源潜力调查、市场分析等工作，推动并完善峰谷电价制度，鼓励低谷蓄能，在具备条件的地区实行季节电价、高可靠性电价、可中断负荷电价等电价制度。

（4）对有序用电工作提出明确要求。各省级电力运行主管部门每年根据电力供需形势和国家有关政策，组织编制本省（自治区、直辖市）有序用电方案，经本级人民政府同意后组织实施，并报国家发展改革委备案。电力运行主管部门应组织好信息发布、监督检查及相关统计工作，电网企业应做好配合，电力用户应按照有序用电方案采取相应措施。

（5）规定了电网企业的年度电力电量节约指标。规定节约指标原则上不低于有关电网企业售电营业区内上年售电量的 0.3%、最大用电负荷的 0.3%。电网企业可通过自行组织实施或购买服务实现，通过实施有序用电减少的电力电量不予计入。鼓励通过第三方机构认定电力电量节约量。

（6）对电网企业的负荷监控能力提出了具体要求。提出电网企业应通过电力负荷管理系统开展负荷监测和控制工作，负荷监测能力达到本地区最大用电负荷的 70%以上，负荷控制能力达到本地区最大用电负荷的 10%以上，100 千伏安及以上用户全部纳入负荷管理范围。

（7）对电力需求侧管理资金来源及应用进行了界定。规定电力需求侧管理所需资金来源于电价外附加征收的城市公用事业附加、差别电价收入、其他财政预算安排等；电力需求侧管理资金应主要用于电力负荷管理系统的建设、运行和维护，实施试点、示范和重点项目的补贴，实施有序用电的补贴和有关宣传、培训、评估费用；电网企业开展电力需求侧管理工作合理的支出，可计入供电成本。

（8）对节电技术提出了相关建议。提出鼓励电网企业采用节能变压器，合理减少供电半径，增强无功补偿，引导用户加强无功管理，实现分电压等级统计分析线损等，稳步降低线损率；鼓励用户采用符合国家有关要求的高效用电设备和变频、热泵、电蓄冷、电蓄热等技术，合理配置无功补偿装置，加强无功管理，优化用电方式，配合政府主管部门和电网企业开展电力需求侧管理。

4.《有序用电管理办法》

2011 年 4 月 21 日，国家发展改革委出台了《有序用电管理办法》（发改运行〔2011〕832 号），进一步确定了有序用电的定义、原则、责任主体和实施主体，并从方案编制、预警管理、发案实施、奖惩措施等方面提出了明确意见，为进一步加强电力需求侧管理，促进有序用电工作落地提供了具体的指导。

（1）明确了有序用电的定义。该《办法》将有序用电界定为在电力供应不足、突发事件等情况下，通过行政措施、经济手段、技术方法，依法控制部分用电需求，维护供用电秩序平稳的管理工作。

（2）确定了有序用电的责任主体和实施主体。国家发展改革委负责全国有序用电管理工作，国务院其他有关部门在各自职责范围内负责相关工作；县级以上人民政府电力运行主管部门负责本行政区域内的有序用电管理工作，县级以上地方人民政府其他有关部门在各自职责范围内负责相关工作。电网企业是有序用电工作的重要实施主体，电力用户应支持配合实施有序用电。

（3）将有序用电的方案编制进行制度化。各省级电力运行主管部门应组织指导省级电网企业等相关单位确定年度有序用电调控指标、分解下达指标、汇总各地（市）有序用电方案、编制本地区年度有序用电方案；各地（市）电力运行主管部门应组织指导电网企业，根据调控指标编制本地区年度有序用电方案。有序用电方案涉及的电力用户应加强电能管理，编制具有可操作性的内部负荷控制方案。

（4）明确有序用电方案的编制原则。编制年度有序用电方案原则上应按照先错峰、后避峰、再限电、最后拉闸的顺序安排电力电量平衡，不得滥用限电、拉闸措施，影响正常的社会生产生活秩序。规定了优先保障用电的用户和重点限制的用户类型，其中优先保障的用户有：应急指挥和处置部门，主要党政军机关，广播、电视、电信、交通、监狱等关系国家安全和社会秩序的用户；危险化学品生产、矿井等停电将导致重大人身伤害或设备严重损坏企业的保安负荷；重大社会活动场所、医院、金融机构、学校等关系群众生命财产安全的用户；供水、供热、供能等基础设施用户；居民生活，排灌、化肥生产等农业生产用电；国家重点工程、军工企业。重点限制的用户有：违规建成或在建项目；产业结构调整目录中淘汰类、限制类企业；单位产品能耗高于国家或地方强制性能耗限额标准的企业；景观照明、亮化工程；其他高耗能、高排放企业。

（5）明确预警管理措施。各级电力运行主管部门应定期向社会发布电力供需平衡预测、有序用电方案、相关政策措施等供用电信息，并可委托电网企业披露月度及短期供用电信息。各省级电网企业应密切跟踪电力供需变化，预计因各种原因导致电力供应出现缺口的，应及时报告相关省级电力运行主管部门。各级电力运行主管部门和电网公司应及时向社会发布预警信息，预警信号一般分为四个等级。一级为特别严重，用红色表示，代表电力或电量缺口超过当期最大用电需求的20%；二级为严重，用橙色表示，代表电力或电量缺口占当期最大用电需求的10%～20%；三级为较重，用黄色表示，代表该比例为5%～10%；四级为一般，用蓝色表示，代表该比例低于5%。

（6）给出了方案实施的条件和原则。有序用电方案的启动，应根据电力供需情况确定。在有序用电方案实施期间，电网企业应加强地区间余缺调剂和相互支援、优化有序用电措施，发电企业应加强设备运行维护和燃料储运，电力用户应加强节电管理，有序用电方案涉及的用户应按要求采取相应措施。

（7）明确了奖惩措施。各地可利用DSM等方面的资金，对除产业结构调整目录中淘汰类、限制类企业外实施有序用电的用户给予适当补贴，鼓励有条件的地区建立可中断负荷电价和高可靠性电价机制。对积极采取DSM措施并取得明显效果的电力用户，可适度放宽对其用电的限制。对方案执行情况组织监督检查。

5. 其他相关规划和节能文件

2001年1月1日，国家经济贸易委员会发布了《能源节约与资源综合利用“十五”规划》。在其中的“政策与措施”中，将DSM与综合资源规划列为市场经济条件下推动能源节约与资源综合利用的新机制之一。

《国务院办公厅关于开展资源节约活动的通知》（国办发〔2004〕30号）将“加强电力需求侧管理”列入“资源节约活动的目标与基本要求”。

2004年11月25日，国家发展改革委发布《节能中长期规划》。这是改革开放以来我国制定和发布的第一个节能中长期专项规划，将“推行综合资源规划和电力需求侧管理”列入“推行以市场机制为基础的节能新机制”。

《国务院关于做好建设节约型社会近期重点工作的通知》（国发〔2005〕21号）在“大力

推进能源节约”中要求“加强电力需求侧管理。落实电力需求侧管理及迎峰度夏工作的部署，加强以节电和提高用电效率为核心的需求侧管理，完善配套法规，制定有效的激励政策，推广典型经验，指导各地加大推行力度。”

2005年底，国家发展改革委开始组织制定《电力需求侧管理实施办法》和《电力需求侧管理规划》。这标志着我国的需求侧管理工作将由之前的探索试点阶段逐步进入起步实施阶段。

《国务院关于加强节能工作的决定》（国发〔2006〕28号）要求“充分发挥电力需求侧管理的综合优势，优化城市、企业用电方案，推广应用高效节能技术，推进能效电厂建设，提高电能使用效率”。

2006年3月14日，《中华人民共和国国民经济和社会发展第十一个五年规划纲要》在第二十二章第六节“强化促进节约的政策措施”中规定要“加强电力需求侧管理”。

2006年7月25日，国家发展改革委同科技部、财政部、建设部、国家质检总局、国家环保总局、国务院机关事务管理局、中共中央直属机关事务管理局等有关部门发布了《“十一五”十大重点节能工程实施意见》，在“保障措施”一章中明确提出要因地制宜地推行电力需求侧管理等行之有效的节能新机制。

2008年4月18日，国家发展改革委发布《节能项目节能量审核指南》（发改环资〔2008〕704号），从审核依据、审核原则和方法、审核内容、审核程序、审核报告等方面，为审核机构对节能项目（工程）进行节能量审核工作提供了详细指导，促进了第三方机构审核水平的提高。

2010～2013年，国家发展改革委分批发布了节能服务公司备案名单，为各方寻找节能服务公司提供了很好的平台，为节能服务体系建设做出积极贡献；分批发布了高效电动机、空调、洗衣机、电视机、电冰箱、热水器、汽车等“节能产品惠民工程”，为人们在改善生活的同时实现节能环保做出了积极贡献。

国务院于2011年发布《“十二五”节能减排综合性工作方案》（国发〔2011〕26号），于2013年发布《大气污染防治行动计划》（国发〔2013〕37号），为未来淘汰落后产能、加快技术改造、优化能源结构、促进节能减排等提出了具体任务、目标和措施；财政部、国家发展改革委于2012年发布《电力需求侧管理城市综合试点工作中央财政奖励资金管理暂行办法》（财建〔2012〕367号）明确规定，中央财政安排专项资金对电力需求侧管理城市综合试点工作给予适当奖励：对通过实施能效电厂项目、移峰填谷项目等实现的永久性节约/转移高峰电力负荷，每千瓦奖励440～550元；对通过需求响应等措施临时性减少的高峰电力负荷，每千瓦奖励100元。这些政策的出台将推动中国节能及电力需求侧管理工作的持续、有效开展。

二、电力需求侧管理指导意见不断丰富

2002年以来，国家政府相关部门相继制定了《关于推进电力需求侧管理工作的指导意见》（国经贸电力〔2002〕470号）、《加强电力需求侧管理工作的指导意见》（发改能源〔2004〕939号）等。通过这些文件，政府不断推动电力需求侧管理工作在我国的开展，并取得了一定成效。这些文件的内容不断丰富，为以后开展需求侧管理指明了方向，提供了思路。

1.《关于推进电力需求侧管理工作的指导意见》

2002年7月2日，国家经贸委为进一步推动全国电力需求侧管理工作，对《节约用电管

理办法》进行了细化和补充，印发了《关于推进电力需求侧管理工作的指导意见》（国经贸电力〔2002〕470 号）。对电力需求侧管理在法规中的补充、完善主要体现在以下四个方面。

（1）明确了各相关主体的责任和职能。提出“开展电力需求侧管理工作，需要政府、电力企业、用户、用电设备研发制造单位和有关中介服务机构共同参与，共同努力”，并具体划分了各地经贸委、各省级电网企业、用户尤其是高耗电单位应做的工作。

（2）将电力需求侧管理的地位提高。要求把电力需求侧管理放在与增加发电装机容量同等重要的地位。

（3）规定了电力需求侧管理应用技术与产品应具备的功能。电力需求侧管理应用的技术与产品应具备“削峰填谷，优化电网运行方式，实现电网经济运行；改善用能结构，降低环境污染；提高电能利用效率”等功能。

（4）对重点推广的技术和产品提出了指导意见。提出了当时条件下重点推广的技术与产品包括“电力负荷管理技术；蓄冷、蓄热技术；绿色照明技术、产品和节能型家用电器；热泵、燃气—蒸汽联合循环发电技术；远红外、微波、大功率中频感应加热技术；大功率低频电源冶炼技术；交流电动机调速运行技术；高效风机、水泵、电动机、变压器的应用技术；热处理、电镀、铸造、制氧等专业化生产；无功自动补偿技术；高效蓄电池应用技术及可再生能源发电技术”等十一类。

2.《加强电力需求侧管理工作的指导意见》

2004 年 5 月 27 日，国家发展改革委、国家电力监管委员会（简称国家电监会）印发了关于《加强电力需求侧管理工作的指导意见》的通知（发改能源〔2004〕939 号）。从组织管理、规划管理、负荷管理、节电管理、宣传与培训、资金来源与使用等方面为新形势下的电力需求侧管理和节电工作提出了具体的指导意见。

（1）各级政府要大力推动和主导。提出电力需求侧管理工作要由各级政府大力推动和主导，加强规划管理、负荷管理、节电管理，大力开展宣传与培训，监管机构实施有效监管。

（2）将电力需求侧管理作为一种资源纳入发展规划。各省（自治区、直辖市）政府应根据本地区经济发展目标和电力供需特点，将通过电力需求侧管理节约的电力和电量，作为一种资源纳入地区电力工业发展规划、能源发展规划和经济发展规划。

（3）提供了一些可操作的经济激励政策。各省（自治区、直辖市）政府有关部门应制定积极的经济激励政策，引导用户移峰填谷、合理用电。经济激励政策包括：

1）适当扩大电网销售环节峰谷分时电价执行范围和峰谷分时电价价差。具备条件的地区、中小企业和居民用户也可实行峰谷分时电价。电网尖峰负荷突出的地区，可根据具体情况实行尖峰电价，尖峰电价水平适当高于高峰时段电价。

2）具备条件的地区在发电上网环节实行与电网销售环节联动的峰谷分时电价。

3）水电比重大或用电随季节变化大的地区可实行丰枯电价或季节性电价。

4）逐步扩大两部制电价执行范围，适当提高两部制电价中基本电价的比重。

5）研究可中断负荷和高可靠性电价政策，具备条件的地区，可制定可中断负荷与高可靠性电价实施办法。

三、多次出台电力需求侧管理的相关通知和文件

“十五”期间，我国遇到了新一轮的电力供应紧张局面。在应对这轮供需矛盾的过程中，

电力需求侧管理得到了充分重视。相关部门多次发出通知，给予推动和指导，使得需求侧管理工作规范、有效、持续开展，在保证电力安全、稳定供应方面发挥了很大成效。

2002年下半年，部分地区开始出现电力供应紧张局面，国务院办公厅于2003年4月20日下发了《国务院办公厅关于认真做好电力供应有关工作的通知》（国办发〔2003〕21号），要求国务院有关部门、地方各级人民政府以及电力企业“加强用电侧管理，充分发挥价格杠杆作用，科学引导电力消费，缓解电网峰谷差矛盾”。

为了利用电价政策引导用户合理用电，国家发展改革委于2003年4月15日下发了《关于运用价格杠杆调节电力供求促进合理用电有关问题的通知》（发改价格〔2003〕141号），在利用电价杠杆促进电力需求侧管理工作方面做了明确的规定。主要包括：

1）在保持电价总水平基本稳定的前提下，大力推行峰谷分时电价，鼓励发电企业充分利用发电能力，促进用户用电移峰填谷。

2）对水电比重大的地区，可按照不影响电价总水平、有利于调节和平衡丰枯季节电力供求的原则，在上网和销售环节实行丰枯电价，合理安排丰水、枯水期电价价差。

3）逐步完善两部制电价制度，促进发用电设备利用效率的提高。

4）试行避峰电价制度，引导和鼓励用户合理移峰。

5）合理形成跨省、跨区域送受电价格和专项输电工程的输电价格，促进电力资源的优化配置和合理利用。

6）认真落实整顿电价，规范电价管理的各项政策措施，为电力发展提供宽松的环境。

7）各地要根据电力供求形势变化，对电力供应紧张地区实行的增供扩销电价政策进行清理规范，并积极推广电能利用效率高的技术和产品，引导用户合理、节约用电。

为贯彻国办发〔2003〕21号文件的精神，深入开展电力需求侧管理，国家发展改革委于2003年6月3日下发了《国家发展改革委关于加强用电侧管理的通知》（发改能源〔2003〕469号），从“制定加强用电侧管理方案，制定错峰、避峰措施，制定应急预案，大力做好节电工作，运用价格杠杆引导电力消费，正确引导高耗能产业发展，加强宣传和培训工作，加强监管工作”等方面提出要求，对各地开展电力需求侧管理工作给予了很好的指导和规范，保证了全社会安全、稳定、有序用电。

为了给电力需求侧管理工作提供资金支持，保证迎峰度夏期间的用电安全稳定，国务院办公厅于2004年6月7日下发了《国务院办公厅关于做好电力迎峰度夏工作的通知》（国办发〔2004〕47号），要求各地区要积极筹措电力需求侧管理专项资金，主要用于电力需求侧管理的宣传培训，支持节电产品研究开发、用户节电技术改造、实行可中断负荷的补贴、电网企业负荷管理系统建设等。

在每年的工作重点、工作要点，以及五年或更长期的工作任务中，电力需求侧管理都作为一项重要内容加以强调，为电力需求侧管理长效机制的建立奠定了良好的基础。

四、制定相关的配套措施

（一）主要用电产品强制性能效标准

（1）建立了节能产品认证制度。1998年底，原国家经贸委同国家质量技术监督局颁布《节能产品认证管理办法》，启动了节能产品认证工作。节能产品认证是依据相关的标准和技术要求，经节能产品认证机构确认，并通过颁布节能产品认证证书和节能标志证明某一产品为节能产品的活动。虽然节能产品认证采用自愿的原则，但随着节能意识的强化，如果某些产品没有节能产品认证证书或节能标志，就会在市场竞争中处于劣势。

（2）建立了能效标识制度。截至 2014 年底，我国共发布终端用能产品能效标准五十多项[5]，这一数字还将上升，目前主要涉及家用电器、照明器具、商用设备、工业设备和交通工具五大类产品。能效标准的研制和颁布实施，对于我国与国际水平接轨、节能减排和克服绿色贸易壁垒等具有重要作用。

能效标识是附在用能产品上的一种信息标签，表示产品的能源消耗性能、效率指标，特别强调标明“产品达到节能标准”的高低程度，以引导消费者选择能效更高的产品。我国空调、冰箱等家电的标识样式如图 3-9 所示。

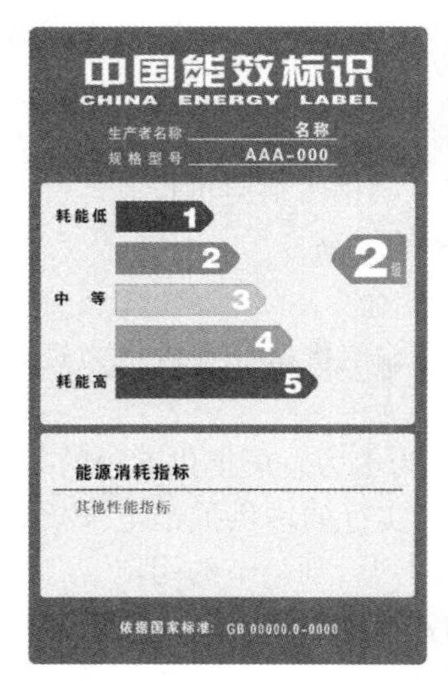

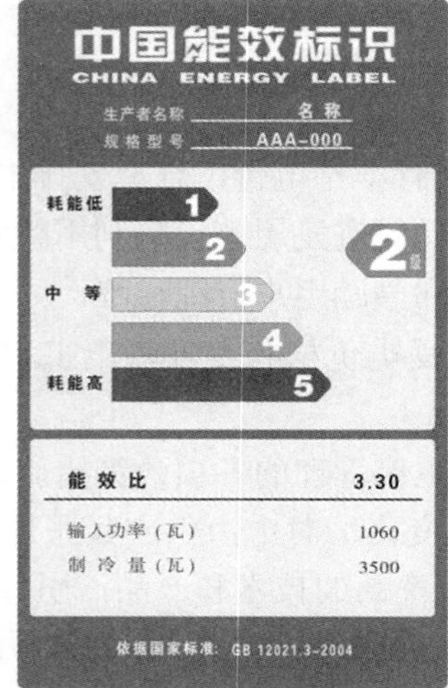

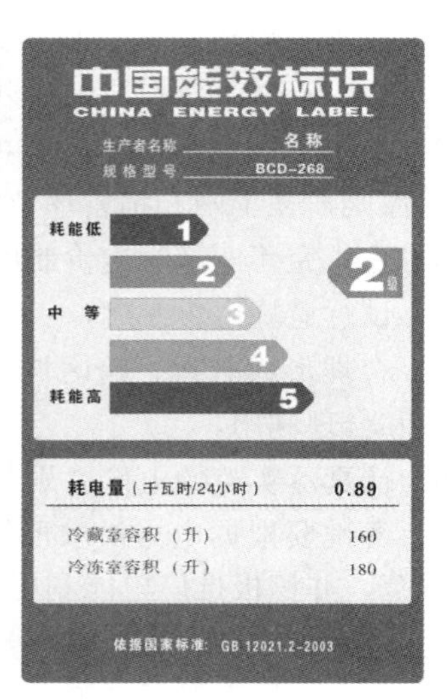

图 3-9　我国空调、冰箱等家电的能效标识样式

在充分调研论证并向全社会征求意见的基础上，国家发展改革委、国家质量监督检验检疫总局于 2004 年 8 月 13 日发布了《能源效率标识管理办法》，建立了能效标识制度，2005 年 3 月家用冰箱和空调开始正式实施这项制度。

最初的强制性能效标准包括能效限定值、节能评价值。目前，我国能效标准正步入全面提升阶段，其标志除了产品范围的扩展，更重要的是技术内容的变化。新近制定和修订的部分能效标准，借鉴国外经验，结合我国节能工作需要，在原有的能效限定值和节能评价值之外，还规定了能效等级和超前能效限定值等指标，以便更有力地引导企业加快技术进步，同时为建立能效标识制度奠定了基础。

目前，全国能源基础与管理标准化技术委员会已对首批家用电器能效标准进行了全面修订，其中有些标准已进行了第二次修订。照明产品、商用设备和工业用能产品领域的能效标准制定工作也在积极进行中，目前已完成制定和修订的家电能效标准涉及冰箱、空调、洗衣机和彩电等。

国家标准和行业标准是在大量的调查研究、理论分析和试验验证的基础上出台的，但在制定和修订工作中，由于要考虑到某些技术指标和参数的先进性、合理性和可操作性，以及出台后对行业健康发展的影响，有时可能需要对某一问题进行反复论证或试验验证。总的来说，国家标准和行业标准的制定关键在于符合行业和市场的发展，与时俱进，适时、适度。标准并不一定越新越好，出台的速度也并非越快越好，数量也不是越多越好。评判一项标准，关键是它要与国内相关行业生产状况、市场需求相符合，能够对行业的健康发展起到积极的促进作用。旧标准不能成为市场的阻碍，但新标准也要考虑行业的长远发展和承受能力。

（二）基于市场的节能技术服务机制

1998 年，以“世界银行/全球环境基金中国节能促进项目”为基础，在北京、辽宁、山东建立了三个示范性节能服务公司以及一个非营利性的节能信息传播中心。这三家公司以“合同能源管理”、“节能效益还贷”等国际上通行的节能融资和服务形式开展节能项目，到 2005 年底共计实施了 400 多个节能技术改造项目。

2002 年，国家经贸委委托国务院发展研究中心组织开展了“市场经济条件下政府节能管理模式研究”，总结我国实践经验，借鉴国际节能发展趋势与经验，提出了加强我国节能管理的总体思路，并指出，目前节能服务公司数量还比较少，它们的风险还比较大。

新的《节约能源法》中明确了国家将运用财税、价格等政策，支持推广电力需求侧管理、合同能源管理、节能自愿协议等节能办法，国家将鼓励节能服务机构的发展，支持节能服务机构开展节能咨询、设计、评估、检测、审计、认证等服务。这些规定为促进电力需求侧管理工作的持续有效开展及培育能源服务产业的发展奠定了良好的基础。

五、各地方政府出台相关政策办法

在国家颁布全国性的《节约用电管理办法》之前，部分省（自治区、直辖市）就已经根据当地情况制定了本省的节约用电管理办法，例如河南省政府于 1994 年 9 月 7 日发布的《河南省节约用电管理办法》，湖北省政府于 1995 年 12 月 2 日发布的《湖北省节约用电管理办法》等。

2000 年以来，部分省（自治区、直辖市）在国家相关政策的基础上结合地方特点，出台了地方性的《电力需求侧管理实施办法》和一些政策，对促进地方电力需求侧管理起到了较好的作用。

2002 年 4 月，江苏省经济贸易委员会、建设厅、环境保护厅、物价局率先出台《江苏省电力需求侧管理实施办法（试行）》。明确了政府有关部门、电力企业、电力用户、节能服务公司的职责，阐述了 DSM 规划、宣传及其实施所需要采取的政策和技术措施，初步建立了 DSM 组织机构和运行机制，在主导电力需求侧管理工作中产生了积极的影响。

紧随其后，河北、山西、江西、辽宁、北京、广东、湖南等十余个省（自治区、直辖市）政府相继出台类似文件或转发了国家文件，虽然印发单位、文件名不尽相同，但都是政府相关部门为推动电力需求侧管理工作的持续有效开展而出台的，并对当地 DSM 工作起到了一定的促进作用。例如，2002 年，河北省经济贸易委员会、财政厅、物价局、地方税务局、建设厅、环境保护局联合下发的《关于大力开展电力需求侧管理的意见》（冀经贸电力〔2002〕342 号）；黑龙江省经济贸易委员会转发国家经贸委《关于推进电力需求侧管理的指导意见》的通知（黑经贸电力发〔2002〕356 号）；广东省经贸委下发《关于推进我省电力需求侧管理工作的实施意见》（粤经贸电力〔2002〕409 号）；2005 年，北京市人民政府办公室印发《关于做好 2005 年夏季电力需求侧管理工作的通知》（京政办发〔2005〕17 号）；湖南省经济委员会下发《2005 年电力需求侧管理工作意见》（湘经电力〔2005〕135 号）；湖北省人民政府办公厅印发《关于转发省经委、省物价局<湖北省电力需求侧管理实施办法（暂行）的通知>》（鄂政办发〔2005〕92 号）等。

其他如河南、浙江、青海、内蒙古、广西、重庆、新疆、福建等省（自治区、直辖市）虽然没有出台相应的专门针对电力需求侧管理的文件，但政府及其相关部门均在有关供用电文件中对加强电力需求侧管理提出了具体要求。

国家层面的政策改革可促进 DSM 的实施，省级政府也可以根据当地的实际情况探索适合本省的 DSM 项目实施的机制与流程。近年来，各级政府对需求侧管理的正确引导对缓解电力供需紧张局面做出了重要贡献，其中部分省份还积极推动了能效电厂的建设，带来很大的节能减排效益和经济效益。常规电厂与能效电厂的单位成本与效益比较如表 3-1 所示。

表 3-1　常规电厂与能效电厂的单位成本与效益比较

项　　目	常规电厂	能效电厂
发电量（万千瓦）	30	30
每年生产/节约的电量（亿千瓦·时）	15	15
发电标准煤耗［克/（千瓦·时）］	≈340	0
CO_2 排放［克/（千瓦·时）］	≈940	0
SO_2 排放［克/（千瓦·时）］	≈4	0
平均发电成本［元/（千千瓦·时）］	350～400	150

注　资料来源：2007 年中国电力需求侧管理国际论坛。

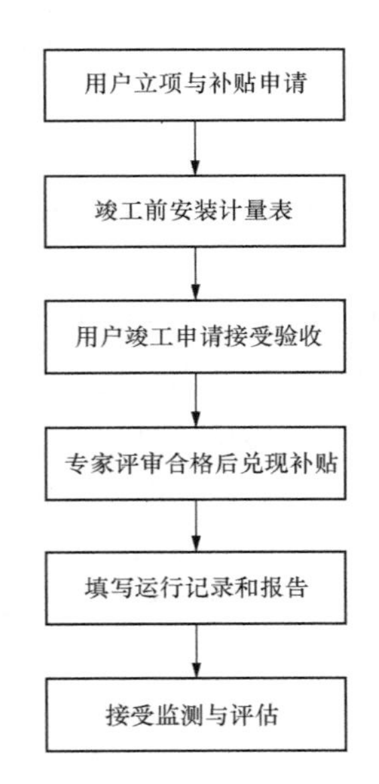

图 3-10　自愿安装蓄冷空调用户享受政府补贴的申报流程

注　资料来源：北京电力需求侧管理网站。

北京市从 20 世纪 90 年代初期开始引入 DSM，做了大量工作，并取得一定成效。北京市政府支持国网北京市电力公司开展需求侧管理示范工程，引导用户采用先进的需求侧管理技术、设备和工艺，大力推行峰谷电价，引导用户移峰填谷，在蓄冷空调、蓄热电锅炉等方面成效显著。北京市政府出台相关文件，对自愿参与蓄冷空调项目的用户给予政府补贴，促进了蓄能技术的推广使用。凡参与在北京地区实施蓄冷空调用电技术（包括冰蓄冷空调、水蓄冷空调）工程项目、自愿申报北京市蓄能空调示范项目、接受专家评审、享受政府补贴金、并自愿做好蓄冷空调用电统计工作的用电客户，可以按如图 3-10 所示的流程进行申报。

2007 年，在国家政府部门、北京市政府的支持下，由国网北京电力建设国家级的电力需求侧管理展示厅，为全国的电力需求侧管理宣传、展览创造良好的条件。

广东省开展 DSM 工作主要是从行政和经济手段两方面着手。错峰用电有效地缓解了系统高峰时期的供电压力。其中 2002 年在预计高峰用电缺口达 250 万千瓦的情况下，实际错峰负荷近 130 万千瓦。自 2001 年开始试点峰谷电价，逐步在全省范围内推广，并扩大峰谷电价差距，增强削峰填谷效果[7~9]。

广东省还利用亚洲开发银行（简称亚行）贷款能效电厂项目，对实施能效电厂项目的机制作了有益探索。2006年3月，经广东省政府申请，亚行和国家有关部门批准由广东省作为能效电厂项目试点省，列入国家利用亚行贷款2007～2009年备选项目规划。项目由广东省经贸委设立项目办负责实施，广东省财政厅负责转贷。项目先在工商企业的电机工程改造、绿色照明、用高效变压器替换低效变压器、空调系统节能改造等方面实施。经过几年的努力，2008年9月29日，中国政府及广东省政府与亚行正式签署了第一批项目《贷款协议》和《项目协议》，项目贷款于2009年1月9日正式生效。广东能效电厂项目从亚行贷款总额1亿美元，分批次实施，第一批次项目贷款3500万美元，子项目贷款期限为三年；第二批次项目贷款6500万美元。所涉及的项目涵盖照明、电网、变压器等多类改造项目及太阳能光伏发电等新能源项目。

第二批子项目实施完成后，预计年节电量达1.38亿千瓦·时，折合节能4.56万吨标准煤，相当于每年减排10.77万吨二氧化碳、1243吨二氧化硫、276吨氮氧化物以及462吨总悬浮颗粒物。

第三批次子项目主要集中在电机、绿色照明、暖通空调、低压饱和蒸汽回收、数字化电厂、高压变频器、注塑机节能、低损耗空心复合管母线等领域。据测算，第三批项目全部实施完成后，年节电量2.8亿千瓦·时，节约标准煤9.3万吨，减排二氧化碳22万吨、二氧化硫2539吨、氮氧化物564吨、总悬浮颗粒物945吨[10, 11]。

江苏省通过大力开展DSM，以较少的能源消耗实现经济又好又快的发展。政府积极筹措资金，重点用于推广DSM示范项目，鼓励企业采用先进的节电技术和管理措施，引导企业进行技术改造和设备更新，提高整体电能使用效率。编制了《江苏省电力需求侧管理战略规划》，从政策、经济、技术等多层面入手，提出了江苏省DSM实施体系的构想和相应对策，并提出建设江苏能效电厂的创意。2006年，在江苏省经贸委的支持下，国网江苏省电力公司首先在包括冶金、机械、化工、建材等六大行业的309家用电大户实施了能效电厂的运作：通过对电动机、拖动类、调速和照明等设备的共计660个项目的技术改造和新上高能效设备，建成了15万千瓦的能效电厂。其中，改造设备总功率87万千瓦，安装变频调速电动装置15286台，实现节约电力8.4万千瓦；更新电动机和拖动设备16486台，实现节约电力4.5万千瓦；改造照明设备35万只，实现节约电力2.1万千瓦。

2007～2009年进一步推广能效电厂，到2009年共计实现能效电厂容量60万千瓦，提前完成“十一五”期间的目标。截至2009年，每年实际节约峰荷68.7万千瓦，节约电量达42.1亿千瓦·时，为企业节约电费可达21亿元。相应节约标准煤超过130万吨，实现减排二氧化碳387万吨，减排二氧化硫1.9万吨[11~14]。

河北省政府把DSM列为和电源建设同等重要的资源，从建立长效机制出发，在电力需求侧管理组织体系的建立上进行了有益的尝试，率先在全国设立了“河北省电力需求侧管理指导中心”。参照国外“系统效益收费”的做法，从每年电价所含的城市附加费中，每千瓦·时提取1厘钱，作为省电力需求侧管理专项资金，用于DSM技术改造、新技术和新产品开发、研制等项目的资金补贴。2004～2006年三年间，全省重点组织实施了DSM示范工程项目227项，累计节约电量近5亿千瓦·时，折合节约原煤20万吨，减排二氧化碳55

万吨，减排二氧化硫 3900 吨，减排氮氧化物 1300 吨[11, 14, 15]。河北省积极推动能效电厂建设，分别于 2010 年 1 月 4 日和 2010 年 9 月 15 日下发《关于建立省能效电厂利用外资项目库的通知》和《关于建立能效电厂项目库即时申报机制的通知》，对符合条件申请参与河北省能效电厂利用外资项目建设的单位建立项目库。对入选项目将按照实施一批、储备一批、谋划一批的模式，有计划、有重点地分期分批组织落实。为河北省积极采用市场化运作模式，利用合同能源管理方式，充分利用和吸收国际金融资本、外商投资和社会资本，有效解决节能改造项目资金不足的问题提供了有效的途径。

2010 年 12 月 8 日，国家发展改革委、财政部将河北省利用亚行贷款节能减排促进（能效电厂）项目，作为新补充项目提前列入国家利用亚行贷款 2010～2012 年备选项目规划。从 2011 年 3 月份项目前期技术援助工作正式启动，到 12 月 14 日顺利通过亚行执董会的审议。2012 年 3 月 6 日，河北省利用亚行贷款节能减排促进（能效电厂）项目《贷款协议》和《项目协议》在亚行所在地菲律宾马尼拉顺利签约，标志着河北省节能减排促进（能效电厂）项目正式进入实施阶段。6 月 20 日，该项目《贷款协议》和《项目协议》正式生效，进入正式提款期。河北省利用亚行贷款节能减排促进（能效电厂）项目贷款采用“财政转贷和中间金融机构服务”方式，由省政府统一借款。贷款为美元贷款，期限为十五年。该项目由多个子项目组成，且子项目贷款期限原则上不超过五年，子项目贷款资金回收后，继续选择后续子项目，以实现贷款资金的循环滚动使用。首批子项目建设内容主要包括干熄焦发电、资源综合利用发电项目、热电设备改造、能源管理中心、能量系统优化、循环水余热余压利用和中高温热集中式太阳能热水节能服务等。项目总投资约 11.7 亿元人民币，申请亚洲开发银行贷款一亿美元（美元兑人民币汇率按 1:6.5 计算），折合 6.5 亿元人民币，企业配套资金约 5.2 亿元人民币。经初步计算，首批子项目建成后，预计年节约标准煤约 27.3 万吨，减排二氧化碳约 70 万吨，减排二氧化硫约 1600 吨。据预测，该项目在 15 年贷款期内按至少循环使用三次计算，相当于利用外资三亿美元，按照亚行贷款金额占项目总投资的 70%计算，相当于促进约 28 亿人民币的节能减排项目的投资。据测算，河北省能效电厂建设所筛选确定的项目建设完成后，将形成年节电约 30 亿千瓦·时的能力，相当于建设 60 万千瓦规模的发电厂和相应的输配电系统，可减少 30 亿元新建电厂的资金投入，每年可减少使用标准煤 102 万吨，减排二氧化碳约 300 万吨，减排二氧化硫约 3 万吨[11, 14, 15]。

第四节 推进电力需求侧管理工作有效开展的举措

自 1990 年以来，我国通过 DSM 节约了大量能源，减排了大量污染物，但仍存在一些体制、机制、法律、政策等方面的问题。要促进 DSM 长效机制的建立，必须克服目前存在的问题，完善目前的法律法规，创造良好的法律环境；完善财税、价格等政策，建立有效的激励机制；并通过技术、行政等方面的宣传诱导手段，促进全社会积极参与电力需求侧管理，从而大力推动 DSM 工作的持续有效开展。将这些手段和措施按照近期和长期划分，具体如表 3-2 所示。

表 3-2　近期与长期的政策

工作领域	手段措施		
	细项	近期	长期
创造良好的法律环境	完善法律法规	以2007年10月28日通过的修订后的《节约能源法》为依据，对《中华人民共和国电力法》（简称《电力法》）、《电力供应与使用条例》等相关法规进行修订	《电力需求侧管理实施办法》起草与完善，建立需求侧专项资金
建立有效的激励机制	财税政策	需求侧管理基金	对实施DSM的企业减免企业所得税，用节能节电专用设备投资抵免企业所得税
	价格政策	差别电价全部用于节能事业；取消所有高耗能行业的优惠电价	取消电价的交叉补贴，逐步建立合理的反应资源稀缺程度的电价体制
促进全社会参与DSM	技术手段	能效限定值、能效执行标准	能效水平超过标准
	行政手段	有序用电，千家企业节能行动	所有用电协议在315千伏安以上的企业纳入节能监测网
	诱导手段	宣传培训	

一、完善法制环境

（一）激励原则

目前开展DSM工作较好的欧洲国家在出发点上与我国有较大的不同。欧洲国家的电力需求虽有增长，但属于供需完全平衡状态下的小幅增长，开展DSM，一方面是考虑合理减少需求增长从而减少电力供应，降低温室气体排放对生态的影响，提高能源供应安全性；另一方面，其重要目标是为了通过研究推广先进技术和新行业的国际标准，掌握技术和标准的指导权，争夺和控制国际市场。

我国开展DSM，是为了满足电力需求的快速增长，保障供需平衡以支持经济可持续发展和人民生活水平的提高。为保证高速增长的经济对电力的需求，从供应侧和需求侧两个方面着手，是我国做好电力供需平衡的主要特点。由此产生一个问题：供需紧张时，重视电力需求侧管理；而当供需矛盾趋缓时，DSM的重要性也随之下降。DSM不是在电力紧张时期的应急手段，而应当作为一种长效机制。

我国制定DSM政策时应注重政策的长期性和前瞻性。一方面，DSM实施项目的投资回收需要一定的时间，政策的长期性有助于激发社会各方的积极性，形成良性循环；另一方面，在制定政策时，带有一定的前瞻性，可使我国DSM工作的地位进一步提高，不仅可作为电力供需紧张时的有益补充，而且，通过鼓励前瞻性技术研究，可以使我国掌握新的标准和技术，突破发达国家的贸易壁垒和技术壁垒。

（二）法律法规

国外DSM成功的关键在于建立了相应的法律法规体系，通过法律明确需求侧管理的实施主体和各有关方的权利和义务。目前，我国DSM相关的法律法规还不健全，不利于调动各方的积极性，各种资源难以得到优化配置。

开展DSM工作，必须要有完善的法律法规，对有关主体的权、责、利予以规范，对主要工作手段和措施予以明确，对市场失灵的地方予以政府调控。从财税、价格等方面完善配套政策，深化激励约束机制，使DSM工作更加深入持久地开展下去。我国能源领域的法规群见图 3-11。

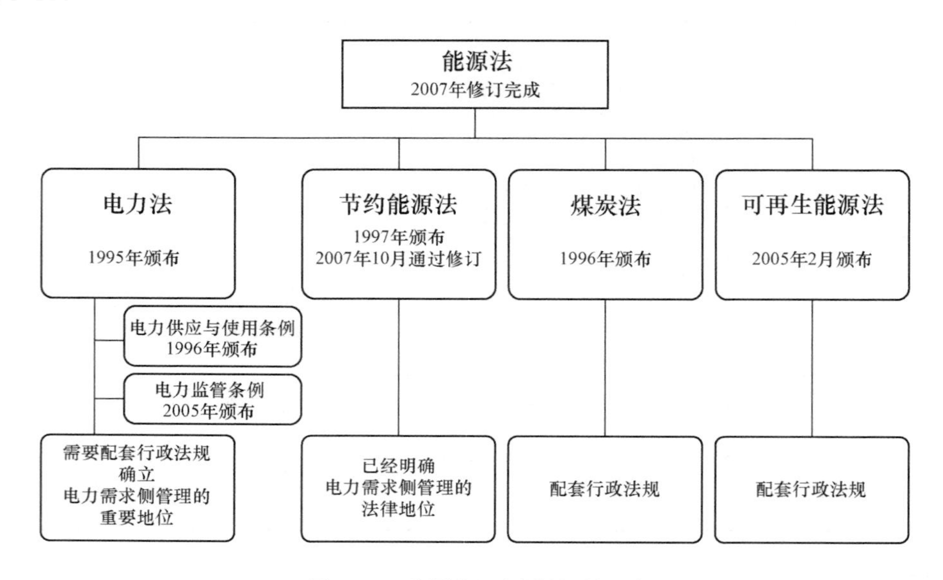

图 3-11　我国能源领域的法规群

在 2007 年修订完成并颁布的《节约能源法》中，明确了 DSM 的法律地位。在《节约用电管理办法》中对 DSM 做了深化定义，明确将需求侧管理作为电力规划、综合资源规划的包含内容，但仍缺乏有效实施的法律基础，实施主体以及各参与方的权责也需要以法律文件的形式进行规定。还需要在《节约用电管理办法》、《电力法》、《电力监管条例》以及《电力供应与使用条例》等有关法律法规的修订过程中，增加有关内容，并适时出台《电力需求侧管理办法》和《电力需求侧管理条例》等，明确实施主体以及各参与方在 DSM 中的职责和目标，明确 DSM 的组织机构、资金来源及监督机制等，将需求侧管理规范化、法制化。

1. 确立电力需求侧管理的法律地位

《节约能源法》于 1997 年 11 月 1 日第八届全国人民代表大会常务委员会第二十八次会议通过，自 1998 年 1 月 1 日起施行。由于各方面的形势发生了很大变化，比如经济体制改革、电力体制改革等，国家根据需要进行了修订，并于 2007 年 10 月 28 日获得通过。新的《节约能源法》由原来的共六章 50 条拓展为七章 87 条，增加激励措施一章，可操作性进一步增强。其中第 66 条指出国家运用财税、价格等政策，支持推广 DSM、合同能源管理、节能自愿协议等节能办法。新的《节约能源法》明确了 DSM 的法律地位，为 DSM 营造了良好的法制环境，DSM 工作将会迈上新的台阶。

《电力法》共十章 75 条，经 1995 年 12 月 28 日第八届全国人民代表大会常务委员会第十七次会议通过，自 1996 年 4 月 1 日起施行。电力法的颁布和实施结束了我国电力工业无法可依的历史。其中，第 24 条指出：国家对电力供应和使用，实行安全用电、节约用电、计划用电的管理原则。第 34 条指出：供电企业和用户应当遵守国家有关规定，采取有效措施，做好安全用电、节约用电和计划用电工作。为适应改革的发展，新电力法正在修订。

《电力监管条例》自 2005 年 5 月 1 日起执行，共六章 37 条，其主要内容是维护市场秩序，依法保护电力投资者、经营者、使用者的合法权益和社会公共利益，保障电力系统安全稳定运行，但其中未提及DSM。

《电力供应与使用条例》是1996年随《电力法》出台颁布实施的电力法规，共九章45条。其中，第5条指出国家对电力供应和使用实行安全用电、节约用电、计划用电的管理原则；第29条指出供电企业和用户应当制订节约用电计划，推广和采用节约用电的新技术、新材料、新工艺、新设备、降低电能消耗。该条例出台时间较早，一些规定已不适用于市场经济下电力供应与使用的管理，也未提及DSM。条例的修订工作已启动。

新的《节约能源法》已经明确了DSM的法律地位，《电力法》、《电力供应与使用条例》的修订过程中，要进一步确立DSM的重要地位，确保DSM工作的长期深入开展。基于当前国情，需要将DSM作为电网企业的主营业务之一，同时明确发电企业也必须开展DSM。为提高工作的系统性，要研究制定专门针对DSM的部门规章，研究起草《电力需求侧管理实施办法》及《电力需求侧管理条例》。

2. 切实将需求侧管理纳入电力发展规划

我国人均资源匮乏，资源、环境的约束对经济发展提出了巨大的挑战，将需求侧管理作为一种资源纳入电力工业发展规划、能源发展规划和地区经济发展规划，对于全面落实科学发展观，建设资源节约型、环境友好型社会，促进电力工业、经济和社会可持续发展具有重大战略意义。

由于担心气候变化的不利影响，各国纷纷做出节能计划或规划。1997年12月，《京都议定书》规定，从2008～2012年间，发达国家温室气体的排放量要在1990年的基础上减少5.2%。美国加州气候变暖解决法案要求，到2010年将温室气体排放量维持在2000年水平（比无减排计划低11%），到2020年将温室气体排放量维持在1990年水平（比无减排计划低25%）。

21世纪前20年是我国走出低收入国家并向中等收入国家迈进的关键发展阶段，由于工业化和城镇化加速发展，经济发展将对电力保持持续旺盛的需求。未来各国对温室气体的减排达成何种程度的共识将在很大程度上决定我国的电力消费状况。能源消费总量控制、大气污染防治行动计划等政策陆续出台，坚持电力开发与节约并举、把节约放在首位的原则，是通向可持续发展道路的正确选择，将DSM纳入电力发展规划将大大促进我国的节能事业。

（三）能效标准

能效标准是指规定产品能源性能的程序或法规。它主要是在不降低用能产品的其他特性，如性能、质量、安全和整体价格的前提下，对其能源性能作出具体的要求。

1. 我国能效标准的分类

同其他国家类似，我国能效标准依据其规定的内容不同可以分为四类：指令性标准、最低能效标准、平均能效标准和能效分级标准。

指令性标准一般要求所有新产品增加一个特殊的性能或安装/拆除一个独特的装置。

最低能效标准规定了用能产品的最低能效（或最大能耗）指标，也称为能效限定值指标，要求制造商在一个确定日期以后生产的所有产品都必须达到标准的规定，否则禁止该产品在市场上销售。最低能效标准是最常见的一种能效标准，它对用能产品的能源性能有明确的要求，但不对产品本身的技术规格或设计细节提出要求，允许创新和具有竞争性的设计，由实验室测试决定是否符合标准。美国、欧盟的家用电器能效标准均为此类标准。

平均能效标准规定了一类产品的平均能效，它允许各个制造商为每款产品型式选择适当的能效水平，只要其全部产品按销量加权计算出的平均能效水平达到或超过标准规定的平均值要求即可。提高平均能效水平可通过增加新技术所占比例、而不需要完全淘汰旧技术来实现，因此平均能效标准在实现提高产品能效目标方面赋予制造商更多的灵活性和创新性。

能效分级标准对用能产品能源效率的规定采用了分等级指标，其指标一般包括能效限定值、目标能效限定值、节能评价值及能效等级指标中的几个或全部。我国、韩国的能效标准都属于能效分级标准，所不同的是：韩国的能效标准中规定的是能效限定值和目标能效限定值，而我国的能效标准是世界上包含内容最多的标准，包含的基本指标是能效限定值和节能评价值，部分标准还包含了目标能效限定值和能效等级指标。

此外，能效标准按照实施准备时间及指标水平的不同也可分为现状标准和超前标准两类。现状标准一般从颁布到实施只有半年或最多一年的时间，标准中规定的能效限定值一般低于近期市场上产品的平均能效水平；超前标准的实施准备期比较长，一般为3～5年。标准中规定的能效限定目标值通常高于目前市场上的平均能效水平，有时甚至高于目前市场上的最高能效水平。我国目前的能效标准属于现状标准；欧盟、美国、日本等绝大多数国家的能效标准属于超前标准。

2. 能效标准的作用

能效标准的实施目的是通过规定用能产品能效限定值来限制高耗能产品的生产、销售和进口，并最终淘汰市场上能效最低的产品型号，从而促进高能效产品市场份额的增加，推动市场从低效向高效转换。主要通过以下几个方面实现：

（1）直接淘汰能效低于最低能效限定值要求的用能产品，大量减少能源的浪费，有利于经济健康持续发展。

（2）迫使制造商必须改进技术、加强研发，生产更多能满足最低能效限定值的产品来维持销售和获取利润，促进节能技术的进步及其推广应用，增强产品竞争力，满足国家贸易的需要。

（3）在不降低用能产品服务的基础上减少运行成本，为消费者节约能源开支。

（4）通过市场引导，促进企业调整产品结构和行业发展，从用能终端环节为政府调控市场提供手段。

（5）能效标准的执行可以是强制性的，也可以是自愿的，但大多数能效标准都采用强制性方式执行。这是因为二者相比强制性具有明显的优点：成为市场准入的基本要求，用能产品只有符合能效标准的规定才被允许上市和销售；具有公正性，平等对待所有制造商、批发商和零售商；成本效益高，可以在不限制经济增长的情况下限制能源消费的增长。

3. 推广实施产品能效标准

我国的能效标准制定和市场渗透能力距国际水平相比有一定差距，这是我国开拓能效市场的一个薄弱的环节，加快对用能用电产品的认证和标识工作，把它纳入法制轨道是节能减排一个值得关注的领域。

20世纪80年代末，我国制定了第一批共九项家用电器能效标准，于1990年正式实施。进入20世纪90年代以来，能效标准设计的产品范围，已由家用电器逐步扩展到照明电器及工业耗能通用设备。1998年原国家经贸委正式成立了中国节能产品认证管理委员会和中国节能产品认证中心，制定了中国节能产品认证管理办法，建立了能效标识制度，使我国的能效标准向前跨进了一步。截至2013年底，我国能效标准的产品范围已扩展到50种以上。但与国外相比，仍有较大差距。从评估标准看，除了空调、冰箱和节能灯具等少数产品有能效标准外，大部分工业耗能设备、通用设备和家用电器、照明器具等，还需要真正建立起设计、生产、使用的节能标准体系。

虽然我国家电的节能工作取得了一定成绩，但我国家电协会、美国能源基金会和美国促进能源效益经济委员会共同开展的一项评估研究项目调查结果却显示，我国在能效标准的制定和修订、执行、监督和节能产品的推广方面仍存在一些问题，影响了标准所能发挥的作用。如因为缺乏配套的政府激励政策和公共宣传，能效标准、节能产品和节能认证目前缺乏公众认知度和影响力，在一定程度上影响着家电行业产品能效水平的整体提高；在能效标准的执行及监控中也存在市场监管不力，执法部门对边远地区、农村市场管理薄弱、执法不到位等问题；另外，还有对能效产品管理不严，存在虚假宣传的现象[16]。

政府部门要不断强化实施《能源效率标识管理办法》，制定全面的能效强制标准，淘汰高耗能产品和设备，提高产品的市场准入门槛；要强制实施能效标准制度，实行以经济鼓励为主的配套政策，限期提高用电产品的设计和生产标准，全面推动节电工作的深入进行；要完善并推广实施主要耗能行业节能设计规范、建筑节能等能效标准。具体如下：

（1）扩大能效标准的产品范围。能效标识可以使消费者获得大量的信息，便于同类产品的比较。通过表彰奖励、政府采购、补贴等措施，调动企业生产、使用节能产品的积极性。为提高产品的国际竞争力，应当将能效标准的产品范围扩大到工业产品、家用电器、办公用品、照明设备等所有用电设备。

（2）扩大产品能效标识指标范围。在能效标识中增加能使消费者易于确认的费用比较信息（如寿期成本），以便更有力地引导消费者去购置高效产品。

（3）建立完整的能效标准体系。能效标准规定了产品最低要达到的能效。对一时还不能推出的产品目录，应当制定最低能效标准，并进行超前标准的研究、定期公布主要用电设备和产品的国内先进指标。主要针对大规模普及的家用电器产品、办公用品和工业通用耗能设备制定超前的能效标准，有实力的厂家会根据企业的营销战略选择更严格的能效标准，提高产品的竞争力，从而提高我国产品在国家高端节能产品的市场份额。

（4）能效标准与激励机制相结合。在节能政策上要鼓励制造商提高产品能效的积极性，在经营策略上要采用市场工具激励用户购置节电产品。对于购买《实行能效标识产品目录》所指定高能效设备和技术并正常使用的电力用户，政府机构可以对其进行资金的补贴或政策的扶持，调动企业生产、使用节能产品的积极性。

（5）最低能效控制标准和经济制裁相结合。对达不到最低能源效率标准的产品，一律禁止销售和生产，遏制低效产品进入市场。加强对能效标识的监督管理，保证能效标识的公平、公正与权威性，在强化社会监督、举报和投诉处理机制的同时，加强能效标识实施效果的检查，严厉查处违法违规行为。

二、建立市场机制

（一）价格政策

1. 电价在DSM中的作用

电价是DSM中重要的经济手段，是建立DSM市场机制的重要环节。电价科学合理，可以促使DSM项目在市场中运作并发展；反之，不合理的电价会抑制DSM工作的开展。

2. DSM的电价机制

要促进DSM有效开展，就要建立合理的基准电价和峰谷分时电价、丰枯电价结构，调节消费行为和峰谷差，使社会获得经济性的电力供应。

（1）合理的峰谷电价。峰谷电价比越大，电价的调节效果越好，但不是无限制拉大，峰谷电价比存在最优值，应根据各地实际情况，搜集大量的数据，进行相应的测算。

（2）执行尖峰电价。对大于最大负荷97%的、负荷小时数较少的电网，可以在高峰电价的基础上，将部分时段的电价进一步提高，执行所谓的尖峰电价。将尖峰电价超收部分，用作DSM专项资金。

（3）合理的峰谷时段。执行峰谷分时电价的目的，是为了将高峰负荷降低，将低谷负荷提高，从而提高负荷率。如果峰谷时间段划分不合理，将会使得高峰负荷过度削减，低谷负荷过度提高，原先低谷时段的负荷将会超过原先高峰时段的负荷，不能取得很好的效果。应根据各地实际情况，搜集大量的数据，进行相应的测算，将峰谷时段同分时电价合理搭配。

（4）分级电价制。对鼓励用电的行业，以用电量来确定电价，即用电量越多，电价越低；对限制用电的行业，用电越多，则电价越高。

（5）建立发、供电联动的峰谷电价。由于实施峰谷电价，造成了电力企业和用户之间的利益变化，若只实行售电侧的峰谷电价，电网企业购电成本不变，会造成电网企业收益减少，低谷电越多，收益受损越多，因此实行发供联动的峰谷电价是必要的。

（6）适当提高居民用电价格。居民用户对电价不是非常敏感，但对居民执行有效的电价措施，可促进居民用户节电意识的增强，积极选用高效家用电器。比如2012年实施的阶梯电价，保证80%家庭电价稳定，当电量消耗高于当地平均水平一定幅度时，开始实施“二档”、“三档”不同电价，在一定程度上提高了居民电价水平，起到了促进节约用电的作用。

（7）加大差别电价的执行力度，促进产业结构调整。我国近年来用电高速增长，其中一个原因是由于各地出于发展经济考虑给予企业一定的优惠电价，促进了高耗能行业的发展。为了引导合理的生产，促进高耗电行业的健康发展，对钢铁、有色金属、建材、化工和其他主要耗能行业的企业，分淘汰、限制、允许和鼓励类实行差别电价政策很有必要。另外，还要同能效标准相结合，定期更新标准及企业名录。

从长远看，电价中应当考虑DSM成本。从欧美等国的实施效果来看，较高的电价有利于DSM的开展。适时出台包含DSM成本的电价政策很有必要。在电价水平较低的环境下，建立DSM专项基金是开展DSM的重要手段，将从机制上保证DSM项目的实施。

3. 我国的电价水平

我国现行电价水平及电价政策对实施DSM起不到促进作用。发电侧的定价机制不合理，进而导致销售电价制定不合理，也增加了电网企业能效项目、负荷管理项目的实施难度，无法依靠电价杠杆促使用户积极参与DSM项目。电网企业的收入取决于电量的销售，销售电量减少将导致电网企业利润降低。通常情况下，实施能效项目会导致售电量减少，由于负荷转移使之牺牲了高价电量（高峰时段电量的电价高），负荷转移项目也会降低电网企业收入。

（1）电价水平总体偏低。各国电力终端用户中，工业与居民用电比重较大，因此这两类用户按电量加权平均计算出的销售电价水平，能在一定程度上反映该国销售电价总水平，2012年，部分国家（地区）的工业电价与居民电价按电量加权平均电价水平如表3-3和图3-12所示，为0.081～0.291美元/（千瓦·时）。其中，中国电价为0.101美元/（千瓦·时），处于偏低水平，没有充分反映资源的稀缺性和环境容量成本。欧盟国家在电价中约50%为政府税收，政府用这部分资金支持补贴节能、可再生能源项目，达到减少温室气体排放的目的。美国电价水平相对较低，建立了DSM专项资金——系统效益费，即在电费中增加0.3～0.4美分/（千瓦·时）资助DSM项目，用于节能产品、蓄能设备、用户移峰等补贴，开展DSM项目宣传培训等，推动了DSM的有效开展。

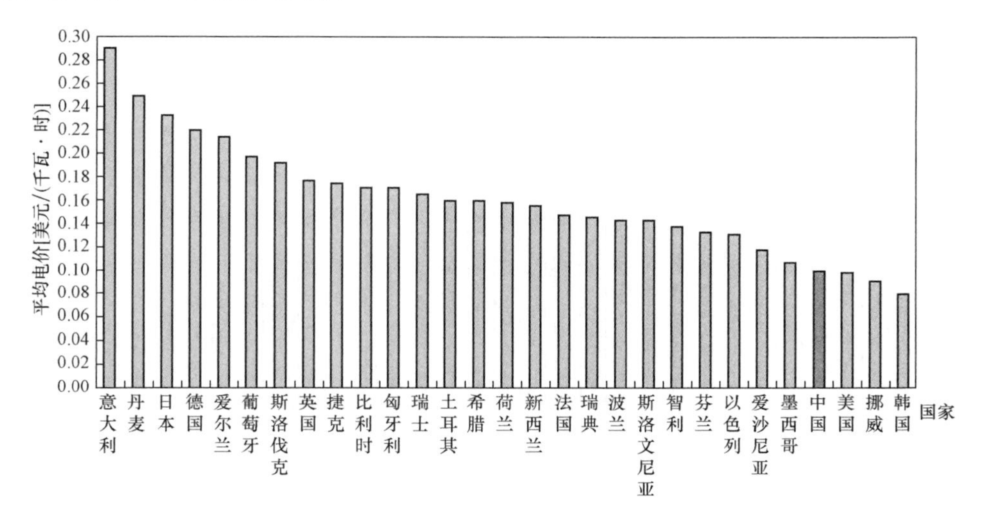

图3-12　2012年部分国家（地区）工业与居民电价平均水平比较

表3-3　　2012年部分国家（地区）工业和居民用户平均销售电价水平比较

国家/地区	平均销售电价［美元/（千瓦·时）］	国家/地区	平均销售电价［美元/（千瓦·时）］
意大利	0.291	新西兰	0.156
丹麦	0.249	法国	0.148
日本	0.233	瑞典	0.146
德国	0.221	波兰	0.144
爱尔兰	0.214	斯洛文尼亚	0.144
葡萄牙	0.198	智利	0.138
斯洛伐克	0.193	芬兰	0.135
英国	0.177	以色列	0.132
捷克	0.175	爱沙尼亚	0.118
比利时	0.172	墨西哥	0.107
匈牙利	0.171	中国	0.101
瑞士	0.166	美国	0.099

续表

国家/地区	平均销售电价 [美元/（千瓦·时）]	国家/地区	平均销售电价 [美元/（千瓦·时）]
土耳其	0.161	挪威	0.091
希腊	0.159	韩国	0.081
荷兰	0.159	平均	0.161

（2）居民生活电价偏低。2012 年，部分国家（地区）的居民电价如表 3-4 和图 3-13 所示，其水平为 0.082～0.383 美元/（千瓦·时）。其中，中国的居民电价最低水平，仅为其余所列国家平均水平的 39%，约为美国的 69%、日本的 29%、韩国的 88%。

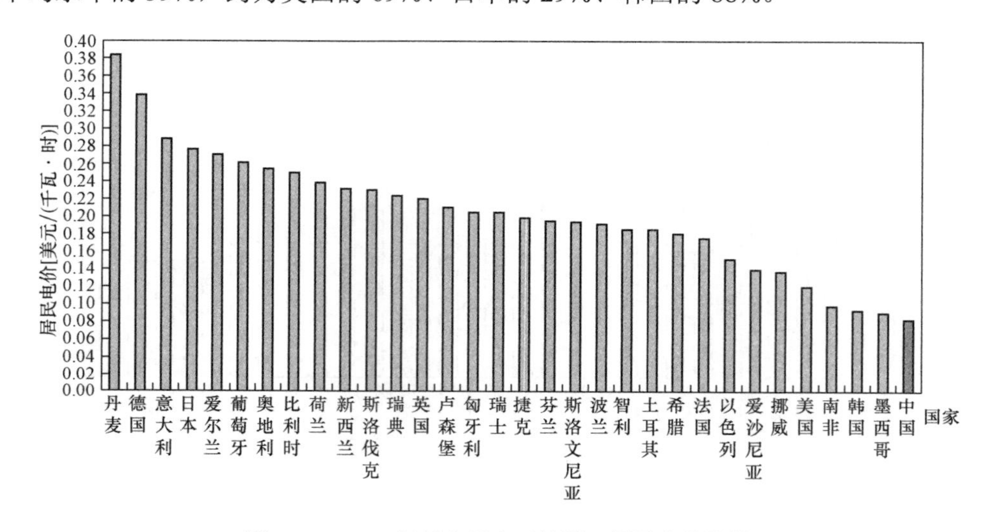

图 3-13　2012 年部分国家（地区）居民电价比较

表 3-4　　2012 年部分国家（地区）居民电价水平比较

国家/地区	居民电价 [美元/（千瓦·时）]	国家/地区	居民电价 [美元/（千瓦·时）]
丹麦	0.383	捷克	0.199
德国	0.339	芬兰	0.195
意大利	0.288	斯洛文尼亚	0.193
日本	0.277	波兰	0.191
爱尔兰	0.270	智利	0.185
葡萄牙	0.261	土耳其	0.185
奥地利	0.254	希腊	0.181
比利时	0.250	法国	0.175
荷兰	0.238	以色列	0.151
新西兰	0.232	爱沙尼亚	0.139
斯洛伐克	0.230	挪威	0.136

续表

国家/地区	居民电价 [美元/（千瓦·时）]	国家/地区	居民电价 [美元/（千瓦·时）]
瑞典	0.224	美国	0.119
英国	0.221	南非	0.097
卢森堡	0.209	韩国	0.093
匈牙利	0.204	墨西哥	0.090
瑞士	0.204	中国	0.082
平均		0.203	

注　表中中国的居民电价含基金及附加0.004美元/（千瓦·时）。

（3）居民生活电价与工业电价的比值偏低。由于居民生活用电通常是接入低压电网，而工业用电通常是接入高压电网，生活用电的供电成本一般比工业用电的成本高30%以上，如果不考虑交叉补贴，生活用电价格比工业电价高30%以上是合适的，也就是说，居民生活电价应该是工业电价的1.3倍以上。2012年，部分国家（地区）的居民电价与工业电价比价如表3-5和图3-14所示，比价水平为0.73～3.68，平均约为1.7。除意大利、墨西哥、中国以外，其他国家的居民电价与工业电价比价均大于1。中国的居民与工业电价比价最低，为0.73，表明交叉补贴严重，与国际通行做法及其电价走势相背离。

表3-5　　2012年部分国家（地区）居民电价与工业电价比价情况[16~20]

国家/地区	电价比值	国家/地区	电价比值
丹麦	3.68	瑞士	1.57
新西兰	2.66	匈牙利	1.55
瑞典	2.51	法国	1.50
挪威	2.36	智利	1.46
德国	2.28	日本	1.42
荷兰	2.18	以色列	1.41
比利时	1.97	爱沙尼亚	1.38
南非	1.89	希腊	1.35
芬兰	1.88	斯洛伐克	1.29
葡萄牙	1.77	土耳其	1.25
美国	1.74	捷克	1.24
爱尔兰	1.74	韩国	1.21
英国	1.70	意大利	0.99
波兰	1.67	墨西哥	0.79
斯洛文尼亚	1.64	中国	0.73
平均		1.71	

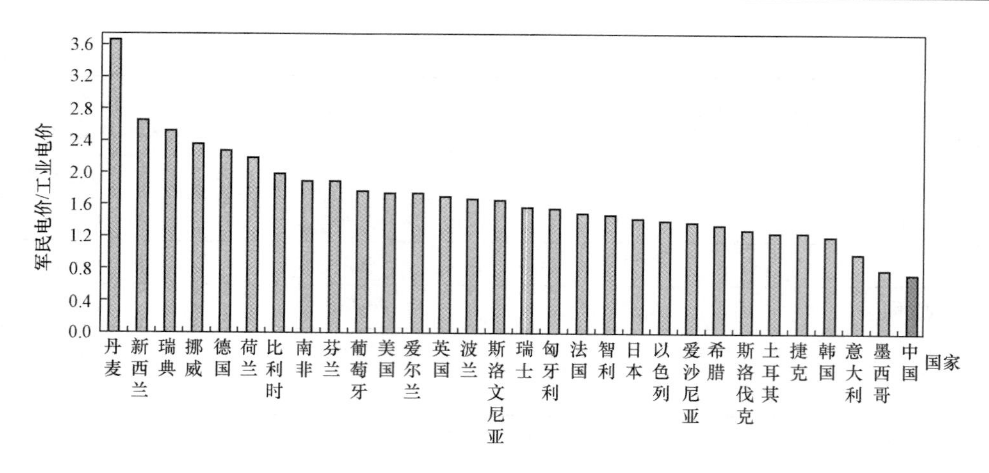

图 3-14　2012 年部分国家（地区）居民电价与工业电价比价情况

（4）电价水平同其他能源价格水平相比较低。通过比较电价、天然气和汽油价格，可以发现，由于天然气和汽油价格逐步与国际接轨，上涨较快，而电价的上涨受到国家有关部门的严格控制，相对其他能源上涨很慢。体现资源稀缺性的上网电价应传递到用户电价中，引导用户合理消费电能，促进用户节能和环保。

（5）峰谷电价比偏小。尽管峰谷分时电价在我国的 DSM 中具有移峰填谷的作用，使电能的使用效率有所提高，电力负荷曲线有一定的改善。但是，目前价格的杠杆作用并没有带来用电负荷率的大幅提高，分时电价对调荷节电的作用并不明显。峰谷电价比应该处于合理区间，如果峰谷电价比过小，非高峰价格的边际效用降低，消费者调整其消费行为的愿望也较低，峰谷价格的优势无法体现；但如果峰谷电价比过大，则电力公司可能会出现利润下降。我国早期实行的峰谷电价比一般为 3，虽然也起到了一定的调峰作用，但是，还不足以激励企业避峰用电，取得的效果不是很理想。因此，部分省份根据具体情况调整了峰谷电价比，由原先的 3 调整到 5 或 4，这对于缓解紧张的用电矛盾，实现电网企业和用户的双赢无疑大有好处。近年来，部分地区在迎峰度夏期间进一步丰富峰谷电价，增设尖峰时段，进一步提高尖峰时段电价，出台尖峰电价的地区有北京、天津、河北、山东、上海、江苏、浙江、福建、湖南、重庆等，尖峰电价一般按基础电价上浮 70%。总体来看，我国目前的峰谷电价比一般在 2～5 之间，与国外的比值差别较大，如法国每年 7、8 月设立若干避峰日，避峰日的峰谷电价比超过 10；英国 12 月和 1 月的峰谷电价比也超过 10；美国有几个州实行居民用电分时电价，峰谷电价比达到 8。

（二）财税政策

DSM 是与供应方资源同等重要的资源，DSM 项目所需资金比供应侧所需资金少很多，但也需要投入。如何获得实施 DSM 所需的资金，是关系 DSM 项目能否实施的关键问题。但在我国，由于 DSM 市场机制尚不完善、相关的财税政策单一、不健全，使全社会对 DSM 资金投入不足，导致企业和个人缺少实施 DSM 的内在动力。

1. DSM 专项资金

由于我国电价水平偏低，市场机制不足以激励 DSM 项目的开展，因此需要辅以经济激励政策（如 DSM 专项资金等）建立稳定的 DSM 资金机制。美国等国家的经验表明，政府通过 DSM 基金，提高该基金使用透明度和监管力度，对 DSM 成功实施将发挥决定性的作用。

美国、英国、西班牙、挪威、丹麦、巴西、印度、泰国等20多个国家建立了有关基金，支持DSM工作。其来源主要是设立电费附加，即以美国为代表的低电价模式是在零售电价基础上征收少量附加费，以欧盟为代表的高电价模式是从电价包含的政策性税收中提取部分资金。我国应当建立支持能源节约的财税政策，为长期开展DSM工作提供可靠的资金保障，引导社会投资方向。这也是建立DSM市场机制的重要内容[6, 14]。

我国已有天津、河北、山西、江西等部分省份从城市附加费中提取0.1～0.2分/（千瓦•时）用于DSM。国家可以将这些省份的经验加以推广，还可以在各级财政中以国债等方式加强对电力需求侧管理项目财政资金支持。

利用DSM实验室中的“DSM专项资金政策模拟”功能对政府建立DSM专项资金的影响进行分析测算，略微提高电价水平，将这部分收益作为DSM专项资金，可以取得显著的经济效益和社会效益。

2. DSM税收政策

政府可以对生产和制造节能节电设备和产品的企业实施一定的优惠政策。比如给予一定的减免税等优惠政策，帮助企业降低节能产品的生产成本，实现“价廉物美”。加大扶持节能生产企业的力度，考虑对节电、调荷产品和设备的开发和应用予以适当的鼓励。税收政策可以重点从以下几个方面给予倾斜：一是加大对节能设备和产品研发费用的税前抵扣比例，如可规定企业当年发生的用于节能设备、产品的研发费用可以在所得税前据实列支，并可按已发生费用的一定比例（如50%～100%）在所得税前增列，建立研发专项基金，用于以后企业节能设备、产品的开发与研制；二是对生产节能产品的专用设备，可以实行加速折旧法计提折旧；三是对购置生产节能产品的设备，可以在一定额度内抵免企业当年新增所得税。

研究促进DSM发展的税收政策。可以制定节能节电、资源综合利用和环保产品（设备、技术）目录及相应税收优惠政策。对实施DSM项目的企业减免企业所得税，以及用节能节电专用设备投资抵免企业所得税；对节能节电设备投资给予增值税进项税抵扣；实行鼓励先进节能环保技术设备进口的税收优惠政策。

3. 奖励政策

各级政府要在财政预算中安排一定资金，采用补助、优惠信贷、减免税收、加速折旧等奖励方式，支持DSM重点项目、高效节能产品和节能新机制推广、节能管理能力建设等。进一步加大财政基本建设投资向节能节电项目的倾斜力度。对购买使用节能产品的居民、商业用户，给予折扣补贴，即用户和政府共同为节能产品付款，用户可以用比较便宜的价格购买到高效节能产品。对自行设计、进行节能技术改造的工商业用户提供政府财政激励，减轻用户因采用节能技术而多支付的费用，增强工商业开展电力需求侧管理工作的自觉性和积极性。

4. 培育节能市场

我国节能市场尚处于发展的初级阶段，DSM的推进面临投资、技术风险、信息不畅等诸多市场障碍。我国节能市场和资本市场存在严重的信息脱节，金融机构、民间投资者对需求侧管理项目的可盈利性缺乏了解，致使电力需求侧管理融资艰难。

《节约能源法》中已明确要扶持节能服务公司的发展，政府要积极培育节能服务产业，引导节能服务公司健康发展。目前我国多数节能服务公司实力较弱，同时承担着巨大的资金风险，属于“弱势群体”，政府在制定DSM指导办法和规划时，应明确培育市场的必要性，明确节能服务公司的地位和权利义务，完善信息统计和能效评价系统，为其融资和开展工作创造良好的外部环境。政府应加强和改善中小企业金融扶持政策，改善节能服务公司的节能项目融资环境，包括进一步完善中小企业贷款担保体系，设立中小企业政策性银行等。

三、诱导手段

（一）技术手段

技术和设备是实施 DSM 的重要载体，无论是节约用电还是改善用电方式，真正实现都要靠相应的实用技术和设备，要考虑技术的承受性和经济可行性。现在较为成熟、应用面广、适于推广的技术主要是高效电动机、节能变压器、伺服电机、变频调速、节能家电、绿色照明、无功补偿、负荷管理系统、蓄冷蓄热技术和建筑节能等。在推广这些技术设备时，要注意加强运行管理和数据积累。一方面要让这些设备处在较好的运行状态下，充分发挥作用；另一方面注意运行数据的积累，进行效果评估。负荷管理系统可以有效促进 DMS 的开展，要注重负荷控制装置的再开发与利用。负荷控制终端可广泛地应用于厂矿、企业、宾馆、娱乐、大型空调机组等用户，对调整负荷分布、削峰填谷，确保电力系统安全发挥重要作用。"十一五"电力供需紧张时期，70%以上的电力缺口都是依靠负控装置，通过有序用电措施得以缓解。但是负荷控制装置的功能并不仅限于有序用电，稍加改造后，可同时为管理决策及措施细化提供科学依据，成为电力企业或用户开展电力需求侧管理项目的重要平台。

《电力需求侧管理办法》明确提出，负荷监测能力要达到本地区最大用电负荷的 70%以上，负荷控制能力要达到 10%以上，100 千伏安及以上用户全部纳入负荷管理范围。《电力需求侧管理城市综合试点工作指导意见》提出，试点城市相关电网企业要加大 DSM 工作力度，加强负荷管理系统建设，负荷监测能力要达到本地区最大用电负荷的 75%以上，负荷控制能力要达到 15%以上，100 千伏安及以上用户全部纳入负荷管理范围。

（二）行政手段

行政手段，是指政府有关部门，通过法规、标准、政策来规范电力消费和市场行为，以政府的行政力量来推动节能，约束浪费，保护资源和环境，确保 DSM 健康发展。

1. 组织体系建设

DSM 工作是一个庞大而且复杂的系统工程。根据目前我国的现状和发展，能源与环境仍然是经济发展的两大制约因素，要立足于长远的战略眼光，把加强政府能效管理机构的能力建设纳入深化改革的进程。我国应适时建立相应的 DSM 执行机构，可以利用现有节能监测机构转型，也可以通过组建各级 DSM 指导、展示中心，鼓励电力企业成立节能服务公司等形式实现。以政府为主导的 DSM 的组织结构见图 3-2。

更新观念，转变职能。实行法制化管理、政策性鼓励和指导性服务，提高决策、监督和协调的能力。把职能工作的重点逐步转移到市场机制失灵的领域，集中力量培育能效市场和解决能效市场的障碍，才能形成可持续的节能活动。

把节能运作机制的培育作为能效管理能力建设的重要任务。政府要为机制服务，为以市场为导向的运作机制开辟道路，才能疏通节能的实施途径和采取有效的操作方法，使节能节电切实落实到终端。

2. 扶持和推进示范项目实施

示范项目是政府通过具体的节能项目树立节能样板，借以推动节能活动的一种国际上通常采用的手段。就其类型来说，有的是先导性的研究试点，验证它的可行性；有的是项目推广前的经验探索，借以取得推广的指导经验，虽然它是由政府发起的市场外部的驱动，但却可起到对能效市场的拉力作用。发展中国家由国际上资助的节能节电项目也多属于示范性质。

20 世纪 80 年代以来，节能示范项目是我国政府采用最多的一种节能节电管理手段。被列入政府计划的节能节电示范项目，还享有部分拨款补助或贴息贷款。某些成功的典型示范项目还通过现场参观和经验交流方式进行推广活动。20 世纪 90 年代以来，随着经济体制改革的不断深化和国际交流的不断扩大，政府加强了有关节能节电机制改革和政策研究的项目示范活动。

要促进示范项目的顺利开展，制定 DSM 示范项目实施管理办法很有必要，可以建立项目申报、评审、立项、验收、审计等管理制度，规范项目管理。要重点扶持节能节电、环保的新技术、新产品和新工艺，加强公共机构节电，提高用电效率。研究并提出基于清洁发展机制的节能示范项目方法，积极探索运用市场机制开展需求侧管理工作，扶持节能服务公司成立，推动合同能源管理模式的深入开展，同时试点推行工业企业与政府签订节能（节电）协议，增强工业企业开展节能节电工作的自觉性和积极性。

3. 节能监测与考核制度

目前，国际上有代表性的能源消耗目标评价体系主要有：英国能源行业指标体系，国际原子能机构可持续发展能源指标体系，欧盟能源效率指标体系，世界能源理事会能源效率指标体系。

从 20 世纪 80 年代初开始，为了加强企业节能基础工作，我国建立了能源三级管理网。但由于机构改革等原因，节能管理工作受到了一定影响。国家能源领导小组办公室、国家发展改革委、国家统计局联合下发通知，从 2006 年开始实施国内生产总值（GDP）能耗指标公报制度，定期向社会公布上一年度各地区万元 GDP 能耗、万元 GDP 能耗降低率、规模以上工业企业万元工业增加值能耗和万元 GDP 电力消费量指标，这一制度又促进了各地、各行业节能工作的开展。从统计局公报来看，2010 年全国单位 GDP 能耗为 0.97 吨标准煤/万元，比 2005 年的 1.22 吨标准煤/万元下降 19.06%，完成“十一五”目标任务。“十一五”期间实现节能 6.3 亿吨标准煤，减排二氧化碳 14.6 亿吨[23]。

为了促进节能工作的持续深入开展，各级政府和重点用能企业要按照统一领导、分级管理、分工负责、逐级落实、责任考核的原则，建立健全科学、完善的节能减排领导小组和工作小组，形成体系健全、层次清晰、运行有效的管理机构，建立健全行业统计制度和节能减排同业绩挂钩的考核制度，同时加强节能监督管理，促进全社会参与节能、参与 DSM 的积极性。

《节约能源法》指出要加强重点用能单位的节能管理。重点节能单位为年综合能源消费总量在 10000 吨标准煤以上（相当于年用电量 3000 万千瓦•时以上）或政府节能管理部门指定的年综合能源消费总量在 5000～10000 吨标准煤的用能单位。

针对重点用能单位，要建立明晰的节能管理体系，如图 3-15 所示，政府节能管理部门对重点用能单位的用能状况进行监测，对单位提交的用能状况报告进行审查、分析和比较；重点用能单位设立能源管理岗位，将节能责任落实到人；由负责人落实本单位的节能工作，对单位的用能情况进行分析、评价和改进，并经由单位领导层向政府部门上报能源利用状况。通过这样的管理体系，促进各重点用能单位能源利用效率的提高，带动全行业、全社会节能水平的不断提高。

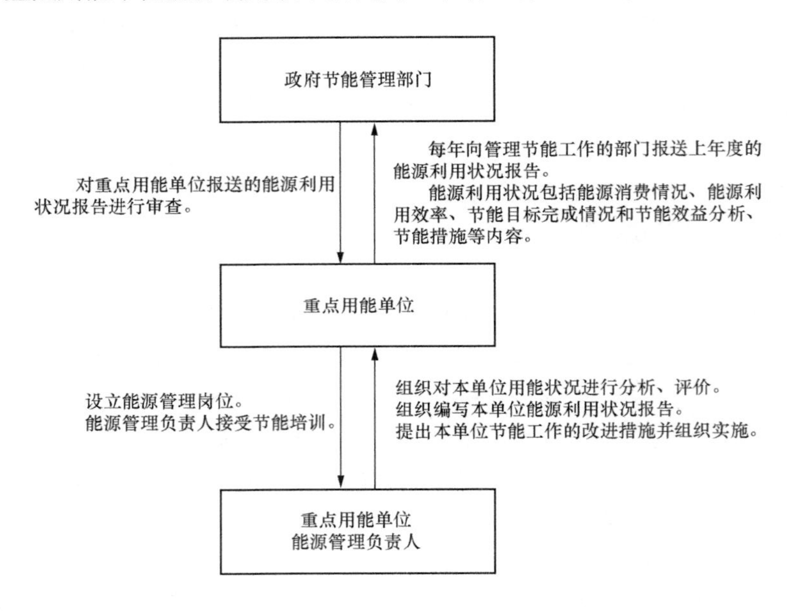

图 3-15　重点用能单位节能管理图

4. 对 DSM 实施主体的激励

电网企业是 DSM 的实施主体。现行体制下电力企业的收入和利润与售电量直接挂钩，国务院国有资产监督管理委员会考核国有资产的增值和利润，对电网企业考核售电量的增长和利润，促使电网企业努力增加售电量。而实施电力需求侧管理，改善用电效率会带来售电量的下降，会影响电网企业参与 DSM 的积极性，如果没有相应的激励机制，难以持续开展这一工作。为了使 DSM 顺利开展，必须要通过政策支持和激励机制使电网企业积极参与。

为鼓励我国电网企业实施 DSM，以缓解和最终解决电源建设不足、用电效率不高、供应侧调峰形势严峻等问题，并最终达到节能减排的目的，可采取分几步走的战略，划分短期、中期和长期目标。

短期内可以参考美国加州政府数十年来一直执行的用于资助电力企业对高能效项目研发和实施的“系统效益收费”政策，从电价中提取一定的资金用作 DSM 政策及相应机制的落实，并建立 DSM 专项资金，以此资金激励电网企业开展高能效项目的研究和实施。这个做法在现行管理体制、财务体制及政策法规框架下就可以实现，简单易行。

中期内可以采取让电力企业和用户共同分享节能效益的方式，激励电网企业对电力需求侧管理的实施。电网企业可以通过专门下设的节能机构，与电力用户进行节能项目的合作，从而和用户共同分享由于采用 DSM 项目而获得的成本节约效益，此举也降低了电力用户开展 DSM 项目所需要的初期投资和承受的风险，从而大大激励了电力用户的节电积极性。在一定环境下，由电网企业专门下设节能机构为电力用户服务的模式更能得到电力用户的认可，更加可行。

长期目标可以参考美国加州所实施的“电力企业年收入与销售分离”政策，将电网企业的赢利与售电量脱钩，鼓励电网企业实施 DSM，节能降耗，并对于电网企业由于实施 DSM 而导致的赢利减少，政府予以相应的补偿。这样的话，电网企业的收益不受由于实施 DSM

而带来的售电量减少的影响，其实施DSM的积极性就大大提高。

5. 有序用电

我国经济发展较快，电力供应也会时紧时松，为了确保电力满足人们生活及经济发展的需要，有序用电作为DSM中的内容是符合我国国情的一项重要措施。《有序用电管理办法》中明确界定有序用电是在电力供应不足、突发事件等情况下，通过行政措施、经济手段、技术方法，依法控制部分用电需求，维护供用电秩序平稳的管理工作，它可以改变用户的用电方式，降低电网的最大负荷，取得节约电力、减少电力系统装机容量的效益。由于降温负荷、采暖负荷增长较快，这些负荷受气候变化的影响较大，在每年的“迎峰度夏”、“迎峰度冬”期间都可能会出现局部地区电力供应不足的情况。因此，各省（自治区、直辖市）都要编制有序用电预案，按照“先错峰、后避峰、再限电、最后拉路”的原则，制定错峰和避峰方案。由于我国电力供需长期偏紧，因此在有序用电方面积累了大量的经验。今后有序用电的工作重点应当是逐步由行政手段向市场手段过渡，如逐步提高电价水平，执行可中断负荷电价、尖峰电价等，充分调动用户参与DSM的积极性。

（三）扩大政府效率采购范围

政府效率采购是政府通过自身参与节能活动直接介入能效市场，借以树立政府的节能形象和推动节能活动的一种诱导手段。政府在公共财政体制下支持节能，对节能的重视程度是决定公共财政支持力度的重要因素。公共财政支持节能已经成为欧盟及其成员国推动节能工作的有效措施，欧盟目前用于能源研究方面的预算占欧盟全部预算的4.5%。

在降低生产者风险和鼓励高能效产品的生产与销售方面，政府采购会起到重要作用。将节能型技术和设备纳入政府采购目录范围，可采取两项措施，一是政府采购更多地集中于那些能效高的产品，以鼓励企业对节能型设备或技术的开发；另一方面是政府公布采购标准，引导企业向高标准迈进，从而促进全社会能效的提高。

节能产品、设备政府采购名录由省级以上人民政府的政府采购监督管理部门会同同级有关部门制定并公布。如表3-6所示，显示的是我国财政部和国家发展改革委于2007年公布的节能产品政府采购清单的简表，对部分节能效果显著、性能比较成熟的产品予以强制采购，可以促进新技术、新产品的发展。

表3-6　　节能产品政府购买清单

节能类别	序号	产品类别	备注
一、节能产品类	1	空调机	强制采购产品
	2	冰箱	
	3	双端荧光灯	强制采购产品
		自镇流荧光灯	强制采购产品
		高压钠灯	
		单端荧光灯	
		高压钠灯电子镇流器	
		管型荧光灯镇流器	
一、节能产品类	4	电视机	强制采购产品
	5	电热水器	强制采购产品
	6	电力金具	
	7	中小型三相异步电动机	
	8	计算机	强制采购产品
	9	打印机	强制采购产品
	10	传真机	
	11	显示器	强制采购产品

续表

节能类别	序号	产品类别	备注	节能类别	序号	产品类别	备注
一、节能产品类	12	复印机		一、节能产品类	23	数字投影机	
	13	电源适配器			24	不间断电源	
	14	三相配电变压器			25	燃气灶具	
	15	家用自动电饭煲			26	燃气热水器	
	16	家用自动洗衣机		二、节水产品类	1	便器	强制采购产品
	17	家用电动洗衣机			2	水嘴	强制采购产品
		DVD			3	便器冲洗阀	
	18	家用电磁灶			4	水箱配件	
	19	饮水机			5	水暖用内螺纹连接阀门	
	20	数字多功能办公设备			6	淋浴房	
	21	清水离心泵			7	淋浴器	
	22	开关电源					

（四）宣传培训

20 世纪 90 年代初，DSM 理念陆续介绍到我国，我国政府和电力部门对此高度重视，开展了多次研讨、交流和考察等活动。比如，1991 年，美国学者 Hammed Nezhad 来我国讲学，介绍 DSM 及其应用；1994 年 1 月在我国首次召开了 IRP 国际研讨会，国际能源促进会主席，联合国教科文组织官员，以及美国劳伦斯—伯克力国家实验室、橡树岭国家实验室、欧美电力企业的专家和学者参加了会议，向我国的政府官员和专家介绍了 DSM 的应用、进展、经验和障碍，我国向大会介绍了 IRP 和 DSM 在深圳电网试点研究的结果；1995 年，我国电力工业部邀请 E7 集团（七个最大的新兴市场经济国家，包括中国、印度、巴西、俄罗斯、印度尼西亚、墨西哥和土耳其）的专家来华讲课，并推广示范项目；1997 年起，我国开始参与亚太经合组织（Asia-Pacific Economic Cooperation，APEC）能源委员会 DSM 专委会交流研讨 DSM 的实施与推广。

进入 21 世纪，针对电力需求侧管理的培训、交流更加深入、多样，其中 2003～2005 年全国各地就培训两万余人次，增强了人员储备，为以后工作的开展奠定了良好的队伍建设和群众基础。北京、天津、黑龙江、河北、辽宁等省（自治区、直辖市）在省会繁华地带开设了电力需求侧管理产品技术展示厅，向广大用户和社会宣传电力需求侧管理等方面的知识、产品和技术。但与我国巨大的节能潜力相比，DSM 人才队伍建设仍显落后，DSM 专业人员培训依然不足。

抓住近年来国际组织、金融机构将节能作为优先支持领域的时机，我国政府和电力部门组织开展了广泛的国际交流与合作。由于 DSM 是我国能源工作中的一项长期事业，而且发达国家在理念、机制、和技术上不断创新，加强国家交流与合作将促进我国 DSM 工作的开展。

定期召开论坛、培训，将国外的先进经验引进我国，是促进我国 DSM 工作的有效途径。

比如2007年召开的中国需求侧管理国际论坛（见图3-16），以“电力需求侧管理与节能减排”为主题，重点围绕加强电力需求侧管理、促进节能减排工作，对相关政策措施和实践问题展开研讨。论坛由国家发展改革委和财政部联合主办，国家电网公司、南方电网公司和美国自然资源保护委员会协办。中央和地方政府有关部门、电力企业、行业协会等单位负责人，有关国际组织和国内外专家300多人出席了论坛。类似论坛的召开，可以加强交流、提高水平，促进DSM的持续、有效开展[6]。

图3-16　电力需求侧管理国际论坛

政府还可以给电力企业、节能服务公司提出要求，定期召开电力需求侧管理研讨会，交流经验，提高水平，促进DSM的有效开展。2004年3月23～24日，由国家发展改革委、国家电监会、国家电网公司主办，国网北京电力承办了“中美电力需求侧管理政策研讨会”，部分省政府、电力企业、行业协会及相关单位和专家参加了会议，会议特邀了八位美国专家介绍了美国部分州开展DSM的成功经验，促进了DSM工作在我国的有效开展。2005年2月24日，由国家电网公司DSM指导中心主办了江苏省DSM战略规划及能效电厂项目研讨会，江苏省政府部门和相关电力企业、东南大学、美国自然资源保护委员会、美国最优节能服务公司、美国援助计划、亚洲发展银行、瑞士政策咨询机构等参加会议并交流看法，提高了各方对EPP的认识。2010年9月7日，中国节能协会节能服务产业委员会在北京举办了“合同能源管理与节能服务公司发展”培训，旨在立足于“为促进节能服务产业持续发展，扶持节能服务公司快速发展”的宗旨，大力发挥行业协会的职能作用，推动产业又好又快地发展。为新兴节能服务公司、新加入EMCA的会员企业、部分跨国公司和上市公司的代表介绍了“合同能源管理”基本概念、经营模式与运作流程、节能市场潜力和节能服务公司发展潜力、实用节能技术和“合同能源管理”项目案例、节能服务公司融资渠道、财务管理等内容，取得良好效果。

为便于社会各界获取相关信息，国家发展改革委组织有关方面开发建设了国家电力需求侧管理平台，网址为 http://www.dsm.gov.cn。国家电力需求侧管理平台是国家发展改革委为广泛深入推进DSM工作而组织开发的综合性、专业化、开放式的网络应用平台，具有经济分析、电力供需形势分析、有序用电、需方响应、DSM目标责任考核、在线监测、网络培训、信息发布等功能，旨在向政府有关部门、电力企业、电力用户、电能服务商等各类群体提供最全面、最权威的决策支撑和技术服务，促进中国节能减排事业的发展。该平台于2014年6月25日正式上线。

在做好日常节能宣传的同时，有关部门每年组织“全国节能宣传周”活动。为了让节约意识深入人心，如表3-7所示，政府可以参考该表设定一个节能教育与公众参与时间表。

（1）节能月。由于夏季用电高峰期间，通常会由于用电负荷的迅猛增加使局部地区出现供电紧张的局面。将每年的7月作为节能月，可以通过全国范围内包括普通用户和公用事业的广泛参与，促进完善工业各部门的节能活动，并由政府、节能中心、电力企业和节能服务公司等举行一系列的节能活动达到良好的节能效果。

（2）节能宣传周。我国从1991年起每年11月举行一次节能宣传周活动，从2006年起，改在每年6月的第二周举行，目的是在夏季用电高峰到来之前，形成强大的宣传声势，唤起人们的节能意识，使节能观念得到普及，使节能技术和方法得到推广。每届全国节能宣传周都会有其特有的宣传主题与宣传口号，并且结合该主题在全国各地开展各项不同的活动，旨在不断地增强全国人民的“资源意识”、“节能意识”和“环境意识”。

（3）节能日。2013年6月6日，国家应对气候变化战略研究和国际合作中心召开媒体通气会，确定2013年6月17日为首个“全国低碳日”，并启动“低碳中国行”活动。2014年的“全国低碳日”为6月10日。各地区、各部门按照全国活动方案，组织开展各具特色的“低碳日”活动。为了增强节能力度，创造节能机会，保证节能效果，可以在每月选出一天作为节能日。

表3-7　　节能教育与公众参与计划建议表

1月	2月	3月	4月	5月	6月	7月	8月	9月	10月	11月	12月
●	●	●	●	●	●	●	●	●	●	●	●
将每月的第一天定为节能日											
					☆						
将6月的第二周定为节能宣传周											
						○					
将每年的7月定为节能月											

四、运作机制

DSM运作机制是为了克服政策和项目的障碍，达到国家能源政策目标而采取的方式。DSM和能效计划是指为了影响能源使用行为而由公用事业或其他组织采取的特定行动，而运作机制则是帮助完成项目计划，其目标在于发展和完成项目的组织。运作机制对DSM项目能否成功具有关键性的影响。据IEA的研究，在各种电力重组中有效的运作机制有25种[24]，大致可以分为控制机制（通过直接控制的手段改变用户的用能行为）、基金机制（向其他机制提供资金支持）、支持机制（给终端用户和能源商提供支持以改变其用能行为）、市场机制（用市场的力量引导终端用户和能源商改变其用能行为）等几大类。不同运作机制涉及的参与方见表 3-8。目前，我国应用较多的运作机制是合同能源管理，清洁发展机制和能效电厂正在起步阶段，白色证书具有很大的潜力。本章主要介绍合同能源管理和能效电厂。

表 3-8 几个运作机制涉及的参与方

项目	政府	电网企业	发电企业	用户	节能服务公司	节能设备制造商
清洁发展机制	√		√	√	√	√
合同能源管理		√		√	√	√
能效电厂	√	√		√	√	√
白色证书	√	√	√		√	√

（一）合同能源管理

1. 发展状况

合同能源管理是 20 世纪 70 年代以来，在市场经济国家中逐步发展起来的一种基于市场的节能项目投资机制。经过 30 多年的发展和完善，这一机制在北美、欧洲以及一些发展中国家逐步得到推广和应用，并出现了基于这种“合同能源管理”机制动作的、专业化的“节能服务公司”。目前，全球已有 80 多个国家通过节能服务公司采用新的能效提升技术、能源合同机制及对电力需求方的有效管理等方式来帮助用户提升电能使用效率。“合同能源管理”这种节能机制的出现和基于“合同能源管理”机制运作的节能服务公司的繁荣发展，带动和促进了北美、欧洲等国家全社会节能项目的加速普遍实施，也推动和促进了节能服务的产业化。国外的经验有韩国 ESCO 援助计划、英国 ESCO 发展计划、美国能源适应计划等[25，26]。

合同能源管理机制的实质是一种以减少的能源费用来支付节能项目全部成本的节能投资方式。这种节能投资方式允许用户使用未来的节能收益为企业的设备升级，并降低目前的运行成本。节能服务合同在实施节能项目的企业（用户）与专门的节能服务公司之间签订，由节能服务公司为用户的节能项目进行投资或融资，向用户提供能源效率审计、节能项目设计、原材料和设备采购、施工、监测、培训、运行管理等一条龙服务，它有助于推动节能项目的开展。

1998 年，我国政府与世界银行、全球环境基金共同实施的一个大型国际节能合作项目正式将“合同能源管理”带进我国。该项目拟定的目标是把这种节能机制引进我国，进而在全国推广，形成节能服务产业。该项目一期成立了三家示范节能服务公司，在我国拉开了示范、推广“合同能源管理”的序幕。2004 年 11 月，国家发展改革委将“推广合同能源管理”纳入《节能中长期专项规划》。中国节能协会节能服务产业委员会（ESCO Committee of China Energy Conservation Association，EMCA）于 2003 年 12 月经国家民政部批准成立，最初的会员 59 家，实施“合同能源管理”项目的投资额不到 10 亿元；经过 10 年的发展，2013 年全国从事节能服务业务的企业达到 4852 家，产业从业人员达到 50.8 万人；节能服务产业实现总产值 2155.62 亿元，合同能源管理投资达到 742.32 亿元；以上年为基础，节能量达到 2559.72 万吨标准煤，减排二氧化碳 6399.31 万吨[25，26]。

《节约能源法》提出国家要运用财税、价格等政策，支持推广 DSM、合同能源管理、节能自愿协议等节能办法，国家鼓励节能服务机构的发展，支持节能服务机构开展节能咨询、设计、评估、检测、审计、认证等服务。由此可见，合同能源管理节能机制仍有较大的发展空间。

2. 政府在合同能源管理中的作用

政府作为中间担保人的方式减少双方的经济纠纷。在我国现有的条件下，政府作为中间担保人，可以打消双方的顾虑，促进合同能源管理项目的开展。但在担保前，要加强能源审计。能源审计是开展合同能源管理项目的最前期工作，是对预改造设备的调研和节能效果的分析。

针对节能服务产业进行财税激励。合同能源管理项目的整个运作过程，涉及货物的采购和相关服务的提供，作为一种基于市场新机制、新事物，因为符合其运作模式特点的税收政策未能及时出台，影响了节能服务公司的业务发展。新《节约能源法》中指出：国家引导金融机构增加对节能项目的信贷支持，为符合条件的节能技术研究开发、节能产品生产以及节能技术改造等项目提供优惠贷款。

鼓励电网企业成立节能服务公司。电网企业是 DSM 重要的实施主体，但是，节能工作可能与电网企业的企业利益有冲突，影响了电网企业的积极性。鼓励电网企业成立节能服务公司，使电网企业在节能中损失的利益，可以通过节能服务公司的形式得到一定的补偿，将提高电网企业的积极性，促进合同能源管理在我国的发展。

化解信息、融资等方面的一些障碍。节能服务公司的商业机会多种多样，发展空间广阔，合同能源管理概念的传播工作还必须加大力度，特别是在帮助有兴趣的机构了解合同能源管理的基本概念、借鉴已取得的经验等方面还有许多工作要做。为节能项目直接融资的节能服务公司在我国市场仍然最具吸引力，但节能服务公司启动资本金的需要量非常大。由于节能服务公司的业务性质尚未被人们所认识，潜在的节能服务公司在初创时要从资本市场中筹措资金是十分困难的，因此政府应重点支持国有企业，提供可行的融资渠道、建立有效的贷款抵押或担保机制，促进节能市场的良性发展。

（二）能效电厂

1. 发展现状

能效电厂是一个虚拟的电厂，同常规电厂一样，必须经过规划、融资、施工和运行阶段，它的能效（即生产或节约的电量）也必须经过计量与核查，只要政府出台适当的政策，采取相应的行动，能效电厂也可采取与常规电厂一样的融资和支付方式。常规电厂的基本建设费和运行费通过发电回收，能效电厂的费用通过其节约的电量来分期偿付。

江苏省于 2004 年底规划的能效电厂，需要投入改造成本 10.5 亿元，可以累计实现收益 59.3 亿元。

广东省于 2006 年 3 月作为能效电厂项目试点省，列入国家利用亚行贷款 2007～2009 年备选项目规划。项目总投资约 17 亿元，利用亚行贷款共约 1 亿美元，项目由广东省经济贸易委员会设立项目办负责实施，广东省财政厅负责转贷，分批次实施。

2. 政府在能效电厂中的作用

从资金来源上建立可持续发展机制，有多种渠道可以采用，例如，财政拨款，争取国际组织赠款或低息贷款，电费附加，CDM 项目出售的收益，在城市建设附加明确一定的比例用于能效电厂项目的发展，将差别电价收入留给地方政府用于能效项目等。

建立贷款回收方式机制，学习国外经验，从体制和财务管理制度上鼓励电网企业在收取电费环节上为能效项目提供贷款回收服务。

逐步化解资金转贷存在的障碍。主要包括以下三个方面：

（1）能效电厂项目兼有公共性和经营性。一方面，节能政策是政府行为。政府推动企业开展节能工作，可带来社会效益，因此具有公共性；另一方面，使用贷款的项目属于不同所有制的企业，政府不能无偿提供资金开展节能工作，贷款必须向使用者收回。但在贷款资金成本高、企业积极性不高的情况下，开展节能工作需要政府给予适当的扶持。

（2）融资成本较高。由于该类项目除了利息和承诺费外，还需要列支节电能效检测和确认费用、贷款担保费、招标手续费、中间金融机构管理手续费以及管理费等，如果全部转嫁到项目单位，融资成本更高，项目将更加难以实施。

（3）贷款回收风险大。由于项目贷款对象大多数是中小企业，在相当一部分企业缺乏贷款担保（抵押）的情况下，转贷风险大，回收缺乏保证。

第五节　社会效益分析评价

从大的方面讲，DSM的社会效益应该是政府推动DSM执行后的结果，产品能效提高，从而减少耗能产品不必要的电力和燃料消耗，这部分能源节约将有力地推动国家节能工作的深化，缓解能源供需矛盾的尖锐化，为国家的能源安全和经济可持续发展提供保障。

DSM社会效益的评价，主要是从政府的角度，站在电力供需关系系统外的全社会的层面，对需求侧管理项目的实施收益进行评价。具体来说，实施DSM的主要效益体现在：可以提高用电效率，节约一次能源；可以减少电能总量消耗，减少污染物排放；可以降低高峰负荷增长，缓建或少建电厂，减少电力建设投资；可以平抑电价，提高社会整体资金利用率；可以稳定社会用电秩序，保障社会经济的正常运转与可持续发展。此外，由于实施DSM项目催生的新兴行业发展带来的就业机会的增加，也是DSM项目社会效益的体现。

一、电力需求侧管理的社会效益评价

1. 减少社会成本

DSM可以促使用电总体数量的减少，从而减少发电厂用于发电的燃料消耗，在未来燃料获取、交易和使用中的投资都将因此而减少，能源部门的许多支出可以直接用于支撑其他产品的生产和服务。所以一个高效的能源部门运行的结果会带来更高的经济效益。

假如通过挖掘能效电厂等需求侧资源，到2020年全国可以节约装机约9000万千瓦，即可节约投资和运行费1万亿元，节约的成本可以用于其他行业生产更多的产品和服务。

2. 增加消费者福利

由于DSM促进耗能产品能效水平的提高，可以大大降低用能产品的电力消耗，为消费者带来运行成本的下降。以实施能效标准与标识政策为例进行计算，尽管提高产品的能效必然带来购买成本的增加，但增加的部分相比于运行成本的下降则要小得多。如表3-9所示，显示了实施能效标准与标识可实现的经济效益，从中可以看出对大部分产品而言，用以提高产品能效的标准与标识的益本比平均达到3.4，2020年总净收益达5395亿元人民币。

表 3-9　　2020 年标准与标识的经济效益（亿元，折现到 2000 年）

项目	累积收益净现值	累积成本净现值	净收益	益本比（效益—成本比）
能效标准	6960.98	1900.96	5060.03	3.7
信息标识	682.48	346.98	335.50	2.0
总计	7643.46	2247.94	5395.52	3.4

3．节能减排

由于电力需求的减小，对化石燃料的需求相应减少，在发电过程中产生的二氧化碳、二氧化硫、氮氧化物、颗粒物等温室气体和污染物排放也相应减少。假如通过挖掘能效电厂等需求侧资源，到 2020 年全国可以节约装机约 9000 万千瓦，相应的可以累计减少用煤约 10 亿吨标准煤，减少二氧化碳排放 20 亿吨，减少二氧化硫排放 710 万吨，减少氮氧化物排放 750 万吨，具有明显的经济效益、社会效益、环保效益。

二、电力需求侧管理项目社会效益模拟分析

在 DSM 实验室中，通过“DSM 专项资金政策模拟”功能，以某年数据为基础，分析政府以电费附加的方式建立 DSM 专项资金，并用于补偿 DSM 工作对我国经济及电力行业造成的影响。具体结果是：如果将各行业的电价提高 1%，提取的 DSM 专项资金总额约为 80.88 亿元。

由于电价上涨，各行业的产品价格将会相应上升，具体变化幅度如表 3-10 所示。总体上升幅度不大，上升幅度最大的是化学工业、建材行业，均上涨 0.11%，农业产品的价格上升幅度最小，仅 0.03%。受产品价格上涨的影响，全国总体消费价格指数（CPI）提高 0.069%，国内生产总值（GDP）提高 0.061%。

表 3-10　　电价上涨 1%情况下各行业产品价格和用电量变化幅度表

行业名称	产品价格变幅（%）	用电量变化（亿千瓦·时）	行业名称	产品价格变幅（%）	用电量变化（亿千瓦·时）
农业	0.03	0	其他制造业	0.06	−1.8
采掘业	0.09	−6.2	建筑业	0.08	−0.7
食品制造业	0.04	−1	运输邮电业	0.05	−25.8
纺织、缝纫及皮革产品制造业	0.06	−0.5	商业饮食业	0.05	−3.4
炼焦、煤气及石油加工业	0.09	−0.3	其他服务业	0.04	−5.7
化学工业	0.11	−7	电力热力的生产和供应业	1	−5.2
建筑材料及其他非金属矿物制品业	0.11	−2.3	CPI	0.069	
金属产品制造业	0.12	−5	GDP	0.061	
机械设备制造业	0.08	−2.1	合计		−66.9

同时，各行业的用电量将会有不同程度的减少，合计减少 66.9 亿千瓦·时。如果将此专

项资金完全应用于节能产品的推广、行业设备的改造等方面，可以节约电量722亿千瓦•时，折合节约标准煤2800万吨，万元产值能耗将由1.111吨标准煤下降到1.093吨标准煤（2005年价），下降1.67%；同时还可以减少大量污染物的排放，减少二氧化碳排放8000万吨，减少二氧化硫排放56万吨，减少氮氧化物排放19万吨。由此可见，政府建立DSM专项资金支持DSM工作的持续开展具有显著的经济效益和社会效益。

第六节 案例分析

一、泰国能效标识项目[27]

泰国的能效标识制度，是亚洲地区较为成功和全面的能效标识制度之一。泰国的能效标识制度由政府批准，由泰国电力局负责管理执行，并被合并到DSM计划中作为它的组成部分。该制度自从推出以来，起到了良好的节能效果。当然，标识制度的顺利实施，得益于有据可循、引导政策和激励制度的建立、以及资金的投入和深入的宣传等。

根据相关统计，2013年，泰国人口超过6700万，人均国民生产总值约5900美元。原煤可开采储量为20亿吨，原油和液化天然气可开采储量7900万吨，天然气可开采储量1880亿米^3，属于贫油国。由于开发工作进展缓慢，石油主要依靠进口，经济发展受国际石油价格波动的影响较大，尤其是1997年的金融危机对泰国经济造成了重大打击。这从客观上要求泰国要重视节能，为DSM的开展带来了机遇。

泰国在国际援助机构的支持下通过电价附加费筹到一笔DSM费用。1993～2000年，DSM项目第一阶段的费用是6000万美元，每年降低了峰荷56.6万千瓦，节电31.4亿千瓦•时。开发了许多先进的项目，包括国内制造商的市场化转变、节能服务公司的试点项目等。

1992年泰国政府颁布实施了《促进能源节约法》，建立了完善的节能管理体系，以及包括能效标识、制造商自愿性目标协议和征收关税等在内的多项能源节约制度。同年，制订并批准了一项五年期、耗资1.89亿美元的国家需求侧管理计划。

（一）能效标识管理活动的开展情况

（1）泰国电力局承担实施能效标识制度的功能，推动能效水平提升。能效标识的管理机构为DSM项目的实施机构——泰国电力局。由电力部门直接实施能效标识制度，这也是泰国能效标识制度与其他国家实施的标识制度的不同之处。此外，泰国电力局为了保证消费者的权益，每年将随机抽取加贴了五级能效标签的产品，不符合标示能效等级的产品将会被取消加贴的标签或被降级。

（2）泰国电力局通过能效测试，建立平均能效标准。作为DSM项目中的一部分，自20世纪90年代中叶开始，泰国电力局陆续推出了泰国五大耗能家用电器——空调、电饭锅、电冰箱、荧光灯和电风扇的自愿性的能效标签项目（“Number 5” labeling program）。该项目呈现两个特点：一是自愿性，设备的制造商可选择是否参与该项目；二是能效标签作为一个高能效的“认可”标签，通常只有能效达到最高级（第五级）才选择进行贴附。可以制定能源标准或标识的部门有泰国电力局和其他政府机构，分别是国家能源政策办公室、泰国产业标准所、能源发展与促进部以及消费者保护办公室等。开展工作较多的重点是空调和电冰箱。

泰国电力局在1994年秋季选择了多种型号的冰箱进行了能效测试，建立平均能效水平，最后将能效水平高出平均水平不到10%的冰箱型号定为三级，高10%～25%的定为四级，高25%以上的定为五级。冰箱能效标识的级别从一到五排列，三级代表一般能效水平，五级代表最高能效水平。冰箱能效标识覆盖了规格在150～200升的冰箱，它们构成了泰国冰箱销售市场上的主流产品。

泰国电力局争取到 55 家空调制造商参与能效标识活动。该活动鼓励制造商增加高效的产品型号，并改进现有的型号以便达到节能的目的。空调能效标识项目覆盖了制冷量在2～7千瓦范围内的分体式和整体式（窗式/壁挂式）房间空气调节器，空调标识的分级情况如表3-11所示。

表 3-11　　　　空调标识的分级情况

等级数	空调能效系数分级定义	等级数	空调能效系数分级定义
1	ERR＜7.6	4	9.6＜ERR＜10.6
2	7.6＜ERR＜8.6	5	10.6＜ERR
3	8.6＜ERR＜9.6		

经过几年的实践，泰国的冰箱、空调能效标识分别于1999年、2000年变为强制实施。相关数据显示，截至2004年，EGTA发放了493万个紧凑型荧光灯的标签，280万个空调的标签，285万个镇流器的标签，1286万个电冰箱的标签，1131万个电风扇的标签。随后，在2009年推出了T5荧光灯、镇流器（电感）和吊扇等三类产品的能效标签，在2010年10月推出了针对电视机和计算机显示器的能效标签，在2011年推出电水壶和T5泛光灯两类产品的能效标签项目。

（3）政府设立专项节能基金、泰国电力局实施补贴。1992年，根据《促进能源节约法》第23条"要求政府设立专项基金，为用能产品建立能源效率标准和标识"的规定，泰国政府和国家电力局在国际节能组织的帮助下，通过向石油产品征税等措施，创立了能源节约基金，该基金总额达50亿美元，一年的资金注入量约为6000万～8000万美元，成为全世界最大的能源节约基金之一。

（4）泰国电力局实施补贴推广高效产品。1996年，泰国电力局开展了高效产品推广项目，目标是：到1998年底，年电力负荷减少4万千瓦，累计节能2.65亿千瓦·时。泰国电力局利用经济手段引导消费者购买高效产品，即对购买高效产品的消费者提供补贴，如：向购买达到最高能效等级（五级）空调的消费者提供售价25%～30%的无息贷款等。

（5）政府相关部门和电力局加入产品绿色标识认证活动。泰国环境研究所还为许多产品设立了绿色标识认证，该认证属于自愿参与的保证标识，绿色标识涉及四种耗能产品，分别是节能荧光灯、环保冰箱、低能耗空调和高效工业电机。泰国工业标准研究院、国家能源政策办公室和泰国电力局全都加入到了泰国环境研究所的行动中。

（二）泰国能效标识项目的效果

1. 推广能效标识的效果

在1995年2月泰国启动电冰箱能效标识时，只有一个样品达到五级。实施一年半后，市场中产品的32%为三级，55%为四级，13%为五级。到1996年底，贴有能效标识的冰箱产品翻了一倍，市场型号中有70%为五级。据泰国电力局估算，参与能效标识项目的冰箱平均能耗在第一个两年期间下降了 14%。空调的能效标识是在成功实施冰箱能效标识的基础上进行的，在两年间，空调的平均能效提高了四个百分点。

从 1995 年到 1998 年，通过推广冰箱和空调的能效标识，泰国减少了 6.5 万千瓦的高峰电力负荷需求，已经超过最初预期效益的 133%，累计节约电量 6.43 亿千瓦•时，相应减少了 70 万～80 万吨的二氧化碳排放。虽然节约的负荷仅占装机容量的 0.5%左右，但仍取得了良好的投资效益，泰国电力局电力长期边际成本为 0.05 美元/（千瓦•时），而所有实施 DSM 项目的成本仅为 0.012 美元/（千瓦•时）。因此能效标识活动成为泰国电力局所有活动中投入产出比最高的项目之一。

2. 产品能效标识的综合评估方法

能效标识的成功鼓励了泰国电力局启动其他能效项目，参加确定家用电器的最低能效标准活动。1999 年，泰国需求侧管理办公室启动了对能效标识的综合性评估。评估包括三个主要组成部分：

（1）收集有关消费者和制造商的行为和态度，以及他们对能效标识的反应等方面的定性数据。研究主要采用以下两种收集数据的方法：制造商进行调查，该方法必须确定详细的调查问卷，这些问卷用于对 50 家制造商及经销公司的营销和生产人员进行个人访谈；采用一份详细的、长达五页的调查问卷，由八个调查员组成的调查小组对曼谷及其他三个内地城市的 2000 个家庭进行调查。

（2）评估能效标识对制造商的决策和产品市场占有率的影响。

（3）评估能效标识在节约能源和减少需求方面的影响。

影响评估是建立在对几百个家庭的空调和冰箱直接测量的基础上进行的。评估人员将直接测得的数据与居民家庭和制造商调查所得数据以及有关产品型号大小尺寸和能效方面的规划数据结合起来，进而确定能效标识所产生的能源节约量和需求减少量。

（三）泰国能效标识的成功经验

泰国推广能效标识的顺利实施和成功，是由多方面因素共同推动的，主要有以下几个方面：

（1）国家立法和颁布相关法规是保证能效标识成功的首要条件。

（2）建立相应的国家激励机制、增加政策向导，是促进制度成功的必要措施。

（3）国家政府部门加大资金投入，开展大规模的宣传，是制度能够顺利启动和保持持续活力的重要因素。

（4）负责能源供应的电力企业从事能效标识的评估、推广，促使电气终端设备能效迅速提高。

正是通过这些制度和鼓励措施，泰国建立了完善的能效标识制度和节能激励机制，使其成为亚洲最成功、最全面的能效标识制度之一。能效标识项目已成为泰国政府产出率较高的项目之一。

二、美国能源之星项目[28]

美国对资源的依赖程度较高。2006 年 10 月，人口突破 3 亿，GDP 已于 2002 年突破 100 亿美元。美国自然资源丰富，2003 年统计数据表明，原煤可开采储量为 2696 亿吨，原油和液化天然气可开采储量 38 亿吨，天然气可开采储量 51980 亿米^3，但能源自给率（能源自给率=生产量/需求量）仅为 0.7 左右。

虽然美国是石油生产大国（2005 年生产石油 3.07 亿吨，位居世界第三），但同时也是石油进口大国（2005 年进口石油 5.77 亿吨，位居世界第一），进口量几乎为本国生产量的两倍。20 世纪 70 年代，能源自给率为 0.85 左右，1973 年和 1979 年的石油危机对美国经济发展带来深刻影响。因此，美国最先开始研究 IRP/DSM，到目前为止，形成了很多值得借鉴的经验和吸取的教训，并且一直对电力需求侧管理非常重视。

能源之星是美国能源部、美国环保署、制造商、公用事业部、能效倡导者、消费者和其他组织共同参与的合作项目，它通过将产品的保证标识与信息、宣传推广活动以及选择性的融资活动结合在一起来提高能效，既帮助用户省钱，又通过高效节能产品的推广利用实现保护环境的目的。能源之星的实施效果很明显，仅在 2010 年一年减少的温室气体排放量就等同于 3300 万辆汽车的排放量，同时帮助用户节省了近 180 亿美元的水电费。

对于居民用户来说，能源之星可以帮助你做出高效节能的选择，因为使用高效节能产品，在不牺牲功能、不影响舒适度的情况下，家庭的能源消费支出可以节省约三分之一，还可以为社会减排温室气体。如果购置新的家用产品，就要选择那些已经获得能源之星的产品，他们都符合环保署和能源部制定的严格的能源效率标准；购置房产，就要选择那些已经获得能源之星的节能建筑；如果要对你的房屋实现很大的改进，环保署会提供相应的工具和资源，帮助你规划和开展项目，实现又舒适又省钱。

对于商业用户来说，能源之星合作伙伴提供了一个成熟的能源管理策略，帮助用户测量能耗、设定节能目标、选择节能产品、开展节能跟踪、实施相关奖励等。环保署还针对建筑出台了一个能耗评级制度，认为表现出色的建筑物才符合能源之星，用于全国各地的 20 多万个建筑。

能源之星项目已经推广到了其他一些国家和地区，比如欧盟、日本、澳大利亚等。能源之星项目具有共同的能效规范和一个国际通用的标志。参加项目的国家对合格的产品提供相互认可，带有能源之星标识的产品在参加国均有效。

（一）美国能源之星项目的主要内容

（1）形成产品标识。经过美国能源部、美国环保署同制造商及与此有关系的其他团体共同努力，为现存的并已经得到证实的技术建立能效规范，超过这一规范要求的产品型号可以被能源标识认可。

（2）提供客观信息。该项目为顾客提供了非技术性的说明书、宣传小册子及交互式的网址，以便帮助消费者更好地了解使用高性能产品在经济与环境方面的益处。这些信息也为消费者核实制造商对其产品效率的声明提供了一条途径。

（3）能效推广活动。该项目与国家、地区和地方团体（包括能效倡导组织、公用事业部、零售商以及其他组织）积极合作，提高人们对能源之星项目和标识的认识度，而且还要确保这些信息能够反映当地公众关心的问题与请求。推广活动方式之一便是大众媒体广告。

（4）选择性融资。为了降低购买能效设备和产品的费用，该项目与金融机构一道合作，帮助他们为能源之星产品制定和推销选择性的融资业务。到 1999 年 11 月为止，共有 500 多家制造商提供了 13000 多种符合能源之星标识要求的产品。产品包括家用电器、加热与制冷设备、家庭电子产品、办公设备、照明器材和灯泡、窗户与建筑物等。此外，200 多名建筑商和开发商已经决定修建15000多套符合能源之星标准的住宅。1993年4月，美国联邦政府要求所有联邦政府机构必须购买有能源之星标识的电脑、监视器和打印机，对该项目起到了巨大的推动作用，对提高能源之星设备的市场占有率也产生了很大的影响，是该项目成功的主要推动力之一。

（二）能源之星项目的融资政策和措施

实施“能源之星”项目，具有投资少、见效快、影响大、节能和环保效果显著等优点，美国各级政府和组织都对“能源之星”项目给予高度重视。为了增强普通居民的节能意识，提高高效节能产品的市场销售量，美国政府将经济性激励政策和措施作为一个重要手段予以应用，收到了非常显著的效果。其中，联邦政府和各级州政府以及水、电、气等公用事业单位大力实施开展的“经济性激励项目”，也是促使节能产品走进千家万户、在社会形成良好节能意识和氛围的重要经济手段之一。

美国1992年颁布实施的《国家节能政策法案》中对公用事业单位实施激励性项目做出了如下明确规定：① 鼓励并授权一些机构参与提高能效和节水项目，或者参与对水、电、气等公用事业单位电力需求的管理工作；② 各个机构可以从水、电、气等公用事业单位得到一定的资金、实物或服务等资助，以提高能效，并对节水、节电等工作进行更加有效的管理；③ 鼓励各个机构与水、电、气公用事业单位共同协商，制定开展投资少、见效快的需求管理和能效管理的经济激励性项目。

联邦政府、州政府，以及水、电、气公用事业单位等都采取了一系列经济性激励措施来促进“能源之星”项目的展开，这些措施主要有节能产品现金补贴、减免税收、抵押贷款等三种形式。

1. 现金补贴

为了促进节约能源、保护环境，美国联邦政府、州政府、电力企业等在全国或地区范围内开展了节能现金补贴政策，既有全国性的政策也有地区性的政策。大多数节能现金补贴政策的主要目的在于鼓励用户购买节能产品，尤其是经“能源之星”认证的产品，也有少数政策同时还鼓励用户节约用电。开展节能产品现金补贴的特点有：

（1）参与的部门多。各级政府部门，水、电、气公用事业单位都积极开展节能产品补贴。经初步统计，2001年美国各州共有近40个单位和部门组织开展了节能家电产品现金补贴，16个单位组织开展了照明产品现金补贴政策。

（2）受益的人群多。大多数居民都能享受到节能产品现金补贴政策。例如在2001年，住宅家用电器现金补贴政策覆盖地区居民人数超过了4000万；而照明产品现金补贴政策覆盖地区居民人数超过了5600万。

（3）投入的资金多。美国各级政府和组织投入了大量的经费用于“能源之星”的宣传推广工作。2001年美国联邦政府用于推广“能源之星”的财政经费大约有3500万美元，其中，为节能型家用电器现金补贴政策提供的经费约为800万美元；40个州级政府部门或组织用于开展家用电器节能补贴的预算经费高达6330万美元，照明产品补贴预算经费为5000万美元。

（4）补贴的范围严。大多数政策都要求所补贴的产品必须是经“能源之星”认证的产品。根据产品的种类不同，节能产品的补贴现金数额也从几美元到几百美元，甚至上千美元不等。

为了确保更多的居民了解和参与此项活动，有些项目还专门设有配套的推广方案和措施，比如：

1）节能产品的用户只需将所购产品的基本数据以及购买凭据交给政府负责部门，即可领取补贴资金。如果用户所购产品的销售商与实施现金补贴的单位有协议，用户可在购买时直接从销售商处获取补贴现金。

2）有的项目将认证和培训包括在内，有助于节能产品现场销售的辅助性活动。

3）部分项目除了给购买者现金补贴外，还对制造商、经销商、房地产开发商等各级人员提供现金补贴项目，以便让更多的人参与节能项目、提高全社会的节能环保意识。

2. 税收减免政策

对节能产品减免部分税收，是美国联邦政府和各级州政府提高能源利用率和普通市民节能意识的重要措施之一。在政府2001年财政预算中，对高效设备实行了减免税收政策。

各种节能型建筑设备根据所判定的能效指标的不同，减税额度分别为10%或20%。例如，凡符合能源部测试程序和标准，能效系数经检测为1.7以上的节能型电热水泵，每台设备减税最高可达500美元；制热能效系数在1.25以上、制冷能效系数在0.70以上的节能型天然气热泵每台设备减税最高可达1000美元。对这两种设备的减税额度都在20%左右。

节能设备减免税收政策有效地促进了节能型产品和设备的大规模推广和使用，较好地实现了节能环保的目的。此外，各州政府还根据当地的实际情况。分别制定了地方节能产品税收减免政策。现以俄勒冈州节能产品减免税收项目为例进行简单的说明。

（1）家用电器。节能型洗碗机，洗衣机、水加热设备减税额度为50～200美元。但要求这些产品的型号必须是在俄勒冈州认证的节能电器产品目录范围之内，减税的多少取决于产品的节能效果及产品价格。

（2）测试和服务用热泵以及中央空调系统。主要提供一些检测服务机构，减税最多可达250美元。

（3）节能型管道系统。为减少管道系统漏气损失，凡对现有管道进行密封处理或在新住宅中安装密封性良好的管道系统，减税最多可达250美元。

（4）地热采暖系统。安装地热采暖系统，减税最多可达1500美元。

（5）太阳能水加热系统。购买太阳能水加热系统，减税最多可达1500美元。

（6）太阳采暖系统。凡是提供家庭所需能量10%以上的太阳能采暖系统，减税最多可达1500美元。

（7）太阳能发电。凡是提供家庭所需能量10%以上的太阳能光伏系统，减税最多可达1500美元。

3. 抵押贷款

一些贷款机构提供了“能源之星”抵押贷款服务，居民在购买“能源之星”认证的建筑时均可向这些银行申请抵押贷款。“能源之星”项目在建筑领域的实施，不仅有效地促进了节能建筑的建设和开发，降低了建筑物的能耗和维修费用，更重要的是带动了墙体保温隔热技术的发展，刺激了建材市场，增加了就业机会，促进了美国社会经济的发展。抵押贷款服务，将“能源之星”认证的建筑的价值提高了，同时为用户提供了便利的贷款渠道。

本章参考文献

[1] 赵永良. 电力需求侧管理综述. 中国科技信息，2006（24）.
[2] 国家电力公司动力经济研究中心，国家发展计划委员会能源研究所，国家经贸委资源节约与综合利用司，等. 美国电力 DSM 激励政策及其对我国的启示——赴美国考察报告，2002.
[3] 国家电力公司动力经济研究中心，国家计委能源所，美国自然资源保护协会. 中国实施需求侧管理政策研究，2002.
[4] 国家发展和改革委员会，等. 美国加州 30 年来 GDP 翻两番，人均用电量不变的启示——美国能效电厂政策及实践考察报告，2007.
[5] http://www.energylabel.gov.cn.
[6] 国家发展与改革委员会. 中国电力需求侧管理（白皮书）. 北京：中国电力出版社，2007.
[7] 桑雪骐. 标准提升引领行业竞争升级. 中国消费者报，2007.
[8] 中国环境报. 广东能效电厂项目年可节电两亿多千瓦时. http://www.cenews.com.cn/.
[9] 21 世纪网. "能效电厂" 助力广东节能减排中小企业列入 "十二五" 节能重点，2010.
[10] 广东省经济和信息化委员会网站. http://www.gdei.gov.cn/.
[11] 国家发展和改革委员会，等. 能效电厂理论与实践. 北京：中国电力出版社，2013.
[12] David Moskovitz1，Frederick Weston1，周伏秋，等. 大力推行能效电厂，支持实现国家节能减排目标. 电力需求侧管理，2007，4.
[13] 季强，李强，宋宏坤，等. 江苏省能效资源潜力及能效电厂研究. 电力需求侧管理，2005，4.
[14] 国家电网公司电力需求侧管理指导中心. 电力需求侧管理实用技术. 北京：中国电力出版社，2005.
[15] 河北省电力需求侧管理综合网. http://www.hbdsm.com/.
[16] 国网能源研究院，美国能源基金会. 综合资源战略规划基础知识和数据手册（2011）. 2012.
[17] IEA/OECD. Energy Prices & Taxes.
[18] IEA. Electricity Information 2011.
[19] 国网能源研究院. 2013 中国节能节电报告. 北京：中国电力出版社. 2013.
[20] 王熙亮，等. 世界主要国家电价水平的对比分析. 世界电力，2005，9（6）.
[21] IEA. ENERGY PRICE & TAXES, 2st Quarter 2013.
[22] 国网能源研究院. 国际能源与电力价格分析报告（2014）. 北京：中国电力出版社. 2014.
[23] 中华人民共和国国民经济和社会发展第十二个五年规划纲要. 北京：人民出版社. 2011.
[24] IEA. Developing Mechanisms for Promoting Demand-side Management and Energy Efficiency in Changing Electricity Businesses, 2000.
[25] 中国节能协会节能服务产业委员会（EMCA）. 中国节能服务产业 2011 年度产业报告. 2012.
[26] http://www.emca.cn/.
[27] http://cache.baiducontent.com.
[28] http://www.energystar.gov/index.

第四章

电力需求侧管理的实施主体——电网企业

第一节　电网企业是电力需求侧管理的实施主体

从20世纪80年代开始，我国的电力工业经历了多次体制改革。但无论如何演变，节约能源、提高电力终端利用效率的工作从未间断。从具有政府职能的电力工业部、水利电力部、能源部、国家经济贸易委员会，到没有政府职能的国家电力公司、电网企业（国家电网公司、中国南方电网责任有限公司、内蒙古电力有限责任公司），电力管理部门及电力企业作为全社会节约用电、科学用电、合理用电和DSM的主要实施主体，在促进社会整体用电效率的提高、推动DSM工作的开展方面发挥着重要的作用。

（1）电网企业是电力需求侧管理实施主体的最佳选择。厂网分开后，电网企业作为直接面向广大电力用户的窗口，具有开展DSM的有利条件，是DSM工作的当然承担者和实施者。2004年，国家发展改革委、国家电监会联合发布了《加强电力需求侧管理工作的指导意见》，第一次正式明确了"电网经营企业作为实施电力需求侧管理的主体"。国家电网公司、中国南方电网有限责任公司、内蒙古电力有限责任公司及它们所属的各级企业在DSM中承担重要任务。在后续的相关文件中都得到确认和强调，比如《电力需求侧管理办法》（发改运行〔2010〕2643号）、《有序用电管理办法》（发改运行〔2011〕832号）等。

1）在电力垂直一体化阶段，政府把DSM纳入电力企业的运营范围，使它在能效管理和负荷管理中发挥作用。随着电力市场化改革的不断深入，厂网分开、竞价上网、打破垄断、引入竞争等改革措施的实施，电力行业原有的管理体制发生变化。DSM实施主体的角色由电力企业过渡为电网企业。当然，发电企业也具有一定的实施功能。

2）在政府部门的支持下，电网企业采用市场工具和激励手段鼓励用户节约用电，不但为电力工业提供了一条可持续发展的道路，也符合社会发展的长远利益。

3）由于承担着供应与销售电能的任务及保持电力、电量平衡的重担，电网企业拥有对电力资源分配和负荷管理的技术优势和用电信息优势，便于开展负荷分析与预测、电量电费分析与预测，在DSM目标制定、计划决策方面具有其他主体不可替代的地位。

4）在供用电过程中，电网企业与用户存在着不可分割的联系，在用电信息咨询服务方面，电网企业具有得天独厚的优势，采用科学的管理方法和先进的技术手段，通过电力市场营销管理信息系统等支撑平台引导用户科学合理使用电能，同时向用户提供优质的电能服务。

5）发电、输电、配电和用电是由电网连接起来的统一体，从发电到用电是同时完成的。发电、输电、配电每个环节运行的可靠性和经济性在很大程度上与用户的用电消费行为有着直接的关系，其运行成本也要不同程度地反映在用户的电价上。电网企业与用户这种相互影响的互动关系是实施 DSM 的基础，电力体制改革并没有打断电力系统的流程，电网企业实施 DSM 的基本条件依然存在，它仍然是 DSM 实施主体的最佳选择。

6）电网企业作为 DSM 的实施主体，能更多地考虑到长远的发展目标，其运作规范、信誉度高、实施性强、规模效益显著，不但能够为 IRSP 提供比较完备的技术支持，而且能够兼顾群体利益，制订并实施一个易于被各方接受的 DSM 计划。

7）电网企业作为 DSM 计划的主要执行和操作者，可以把能效管理和负荷管理一道纳入商业化运营领域，既销售电力，又销售效率，实现供电和节电运营一体化，形成可持续的节电活动，在这方面具有成功的国际经验，也是我国 DSM 发展的一个主要方向。

（2）电网企业是连接各参与方的重要环节。电网企业具有其他相关主体不具备的独特优势，是连接政府、发电企业、节能服务公司、电力用户等各方的纽带。电网企业向政府提供 DSM 政策建议，在政府部门的总体指导下，进行 DSM 项目和技术推广（包括能效项目、负荷管理、有序用电等）、理念宣传等，将政府的法规政策贯彻到用户中，促进全社会能源资源的节约，以及整体用电效率、总体效益的提高。通过与发电企业实行 DSM 分时电价联动等手段，将用户与发电企业联系到一起，利用价格信号平台，将终端用户侧节电所产生的效益传递到发电企业。通过所属节能服务公司以及与第三方节能服务公司的战略合作，共同促进 DSM 项目的实施和推广。

电网企业在 DSM 中的地位如图 4-1 所示。

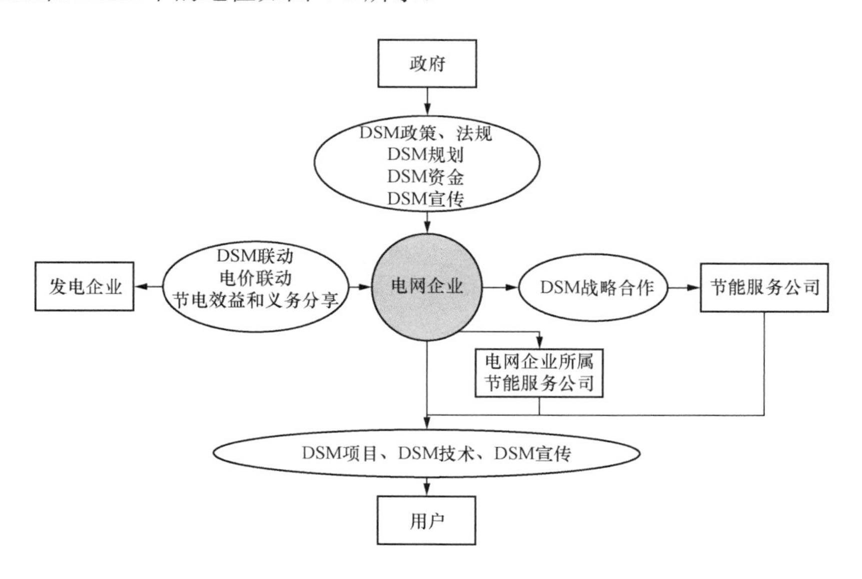

图 4-1 电网企业在电力需求侧管理中的地位

（3）实施电力需求侧管理是改善电力负荷特性、优化电网运行的有效途径。随着我国经济发展和人民生活水平的提高，电网高峰负荷需求快速增长，负荷特性发生变化，主要表现在负荷率下降；季节性负荷（夏季降温负荷、冬季采暖负荷）占最大负荷的比重不断提高，部分地区该比重达到 30%甚至 40%以上，致使电网峰谷差及峰谷差率不断加大；尖峰负荷更加突出，持续时间逐渐减小，比如大于 95%或 97%最大负荷的时间减少。单纯依靠扩大投资规模增加装机容量和输变电设备来满足短暂的尖峰用电，经济性较差。

通过削峰、填谷、移峰填谷等负荷整形技术将用户的部分电力需求从电网高峰负荷期削减或者转移到电网低谷期，可以提高电网负荷率，优化电网运行，提高电力系统运行的稳定性、可靠性和经济性。同时，通过开展DSM，可以帮助用户更加合理地用电，降低成本，减少电费支出，有利于提高电网企业优质服务水平。

（4）实施电力需求侧管理是电网企业落实科学发展观、构建和谐社会的重要基石。全面落实科学发展观和构建社会主义和谐社会，关系到我国经济、社会发展全局。科学发展除了要求必须以人为本、坚持人是发展的根本目的和根本动力之外，更重要的是要求经济、社会与环境实现全面、协调和可持续发展。同时“和谐社会”要求既要实现人与人的和谐，也要维护人与自然的和谐。电网企业通过实行DSM，超越单一的营利目标，考虑社会整体利益，全面关注企业再生产过程中的人、环境、资源等各个要素，主动承担社会责任，促进全社会节约用电、科学用电、合理用电，提高社会终端用电效率，为全面落实科学发展观、推动电力工业可持续发展、推进全社会节能减排，实现能源、电力、经济、社会协调发展，建设和谐社会提供了重要基础。

第二节　电网企业实施电力需求侧管理的工作内容

一、电网企业实施电力需求侧管理的组织结构

电网企业实施DSM的组织结构分为三个层次：国家级电网企业、省级电网企业、地（市）级电网企业。纵向来看，从国家级到地（市）级逐级进行指导，从地（市）级到国家级层层汇总；横向来看，各企业均同相应的政府部门紧密联系，在政府的指导、支持下开展工作，并向政府相关部门提出政策、建议，上报DSM实施情况。

电网企业DSM组织结构如图4-2所示。

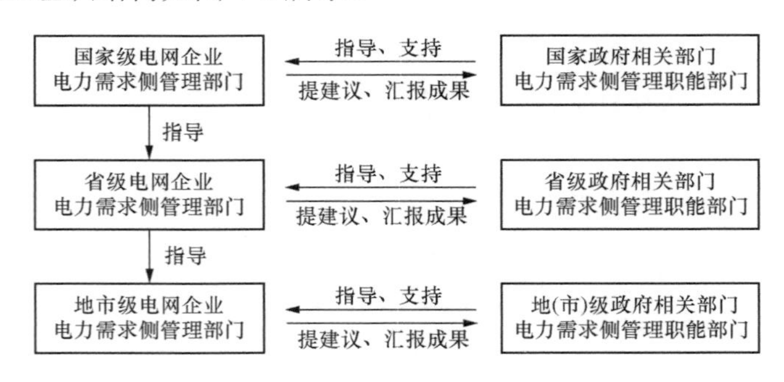

图4-2　电网企业电力需求侧管理组织结构

1. 国家级电网企业

国家级电网企业设立电力需求侧管理部门作为本系统DSM工作的归口管理部门，是实施DSM的主要责任部门。

2. 省级电网企业

省级电网企业的电力需求侧管理部门是本省（自治区、直辖市）DSM专管部门，是地方DSM的直接责任部门。

3. 地（市）级电网企业

地（市）级电网企业是DSM的重要执行部门，是面向用户实施DSM的主要部门。

二、电网企业实施电力需求侧管理的工作内容

（1）为政府制定电力需求侧管理政策、法规提供建议。各级电网企业配合政府有关部门制定DSM相关法规、政策措施和技术标准，并积极贯彻落实。配合政府进行策划、组织、领导、协调地区DSM活动，促进全社会各方共同参与。同时促进建立政府有关部门、电网企业、发电企业、节能服务公司及电力用户之间的快速反应机制，及时通报DSM实施情况，保证信息畅通。

根据DSM发展状况，研究制定内部科学合理的DSM条例、政策和标准，同时负责按规定收集、汇总、上报电力用户的生产用电负荷情况和产品单耗报表、DSM计划实施的分析报告等，报政府DSM主管部门审核、批准后执行。

负责统计、分析、评估DSM的资源节约情况，形成合理用能、节约资源分析报告，报政府电力主管部门、上级电力企业和规划管理部门。

使用政府部门建立的DSM专项资金，开展DSM工作的组织和专项活动。专项资金主要用于DSM的宣传、培训和示范项目，支持用户节电技术改造、购买节电产品、实行可中断负荷的经济补贴及建设负荷管理系统等。DSM专项资金要在政府监督下专款专用。年终向政府DSM主管部门报告全年资金使用情况，接受政府的监督和检查。

（2）建立有利于推动电力需求侧管理的机制。各级电网企业通过建立有利于推动DSM的机制，将DSM纳入电力规划建设、电网调度运行、电力供需平衡等工作中，并作为供电咨询和用户服务的具体内容纳入电力营销管理工作的全过程。

通过实施DSM，不断提高优质服务水平，拓展优质服务内涵。在各级电网企业内部配置专业人员从事DSM工作，重视并加强对其服务意识、业务能力及综合素质的培训，逐步实现DSM的规范化和制度化。

通过能效管理和负荷管理，促进用户终端节电，提高用电效率，把节电新技术引入终端服务中，与社会相关部门和生产商合作，研制和开发创新高效节电产品，应用信息、通信、自控、遥测、计量等新技术提高DSM服务功效。

（3）进行电力需求侧资源潜力及市场分析预测。各级电网企业通过对所辖区域需求侧资源潜力的调查分析，找出实施DSM的关键点，提出分地区、分行业、分项目DSM工作目标，为编制DSM规划提供基础。

通过电力市场分析预测工作，不断提高负荷预测水平。深入分析重点行业、重要用户负荷变化规律，挖掘转移电网高峰时段用电负荷与提高终端能效的潜力，为选择合理的DSM对象和目标提供参考。

（4）制定电力需求侧管理规划和工作计划。各级电网企业在充分调研所辖区域需求侧资源潜力的基础上，制定DSM战略规划，规划期可为3～5年。同时每年根据DSM规划编制年度工作计划，提出具体的DSM项目目标和实施方案，认真组织实施。

下一级电网企业编制的DSM实施计划，需报上级管理部门审核、批准后执行，并定期报告实施情况。

（5）配合政府制定促进电力需求侧管理电价措施。各省级、地（市）级电网企业结合本

地区实际情况，研究分析峰谷分时电价、尖峰电价、季节性电价和可中断电价（或可中断负荷补偿）等政策带来的移峰效果，分析测算上网与销售环节实行峰谷分时联动、可避峰电价等政策后可能达到的效果以及对用户的影响程度。在此基础上，向政府价格主管部门提出促进 DSM 开展的电价政策的范围、对象及具体方案等方面的合理化建议，促进制定合理的电价方案，引导用户移峰填谷，科学合理用电。

（6）通过负荷管理改善负荷特性。各级电网企业组织建立 DSM 技术和信息支持系统体系，进行需求分析、用电评价、用电延伸服务、转移负荷新技术的研究推广工作。建立具有掌握地区、行业、用户相关信息的负荷管理机制。通过削峰、填谷、移峰填谷、柔性负荷等负荷管理措施，改善负荷曲线形状、提高负荷率、降低尖峰负荷、平稳系统负荷，提高整个电力系统运行的可靠性和经济性。

（7）推广先进适用的电力需求侧管理技术。各级电网企业通过理念宣传、项目实施，不断推广先进适用的 DSM 技术和产品，从而调整负荷曲线，优化电网运行；改善用能结构，降低环境污染；提高电能利用率，节约能源资源。重点推广的技术包括以下几方面：绿色照明技术、产品和节能家用电器；电力蓄热、蓄冷技术；降低发电厂厂用电和供电线损的技术；余热、余压发电，热电联产、热电冷联产和综合利用电厂；对低效风机、水泵、电动机、变压器的更新改造，提高系统运行效率；高频可控硅调压装置、节能型变压器；交流电动机调速节电技术；生态循环产业链热处理、电镀、铸造、制氧等工艺的专业化生产；热泵、燃气—蒸汽联合循环发电技术；远红外、微波加热技术；无功自动补偿技术等等。

（8）开展电力需求侧管理宣传培训。各级电网企业配合政府或者独立开展 DSM 宣传活动，通过营业厅、展示厅、互联网站（比如建立电力信息网、DSM 网站等）、DSM 平台、客户服务电话、专业刊物、报纸、杂志、宣传手册、光盘、影视广播媒体等宣传渠道，向社会大众介绍 DSM 理念、知识、技术、产品和成功案例，将 DSM 展示厅作为宣传 DSM 的阵地，借此拓展用户服务内涵，不断引导用户采用先进的工艺、设备、技术和材料，采用科学合理的用电方式。

开展 DSM 队伍的培训，在“用电审计”、“电力资源管理”、“电能平衡测试”、“节电技术”、“蓄能技术”、“电采暖技术”等专题领域，有针对性地开展相关课题研究、试点工程建设、国际合作项目运作、相关技术讲座等，使 DSM 人员及时掌握新形势下 DSM 工作的方法手段，了解相关技术和设备，在更新知识的同时拓宽管理思路，提高业务能力和管理水平。

（9）配合政府做好有序用电工作。在电力供应不足、突发事件等情况下，为了确保安全供电，最大限度地满足不同用户的电力需求，各级电网企业应根据电力供需形势和电力平衡情况，充分考虑季节性、时段性特点，根据电网供电能力，明确用电比例，精心组织编制有序用电预案，并进一步细化落实，突出用电政策与产业政策、环保政策相协调，将不同生产特性的企业安排在不同的预案中。同时对移峰、错峰、避峰方案的落实情况进行督查。

有序用电是在电力供应紧张时期，为确保社会安定、电网安全而采取的一项特殊措施。编制有序用电预案需要遵循的原则主要是：根据电网的供电能力和负荷增长的预期，弥补高峰缺口并留有裕度；对社会影响面最小，经济损失最少，实施效果最好；首先企业积极主动错峰，然后调度指令错峰让电，最后启动控制手段限电；多种方案交替使用，滚动执行。

（10）建立电网企业所属节能服务公司。为了有效开展 DSM 项目，各级电网企业可以建立企业所属的节能服务公司。电网企业所属的节能服务公司提供的服务包括节能信息咨询、节能技术培训服务；电力用户的节能技术改造工作；经销节能新产品、新材料；开展节能产品租赁业务；节能新产品和新技术的展示及推广应用；支持国内企业的节能技术改造项目等。

建立电网企业所属的节能服务公司开展节能项目服务，是一个非常有效的推动实施 DSM 计划的措施。一方面，建立电网企业所属的节能服务公司有利于充分将负荷管理技术与节电技术相结合，利用自身的技术和信息优势，帮助用户合理安排用电方式，客观准确地进行节电诊断，制定合理的节能改造方案，帮助用户实现最大的节能效益。另一方面，电网企业所属的节能服务公司人员素质和技术水平较高、管理规范，易于赢得顾客的信赖。通过节能服务公司的服务，可以提高供电质量，保障供电的安全性和稳定性，电网企业也可以真实详细地了解到电力用户的用电情况，有助于准确把握社会用电需求的发展态势。

2010 年 4 月，国务院下发《关于加快推行合同能源管理促进节能服务产业发展意见的通知》，提出了大型重点用能单位可以利用自己的技术优势和管理经验，组建专业化节能服务公司，为本行业其他用能单位提供节能服务。国家电网公司积极响应，出台《节能服务体系建设总体方案》，提出国家电网公司节能服务体系建设的具体目标、实施措施等。国家电网公司于 2013 年成立国网节能服务有限公司，致力于从事国家积极倡导的电力需求侧管理、节能与新能源前沿技术项目和典型示范项目的投资、建设、运营工作，致力于以电代煤、以电代油等电能替代项目的推广应用，是立足电网企业、面向社会，市场化运作、专业化管理的节能服务与新能源应用集成供应商；2011～2014 年，在国网北京市电力公司、国网江苏省电力公司、国网福建省电力有限公司、国网青海省电力公司示范引领的带动下，各省陆续成立省属节能服务公司，在各省挖掘潜力，开展了大量 DSM 项目。

三、电网企业实施电力需求侧管理的主要职责

针对 DSM 工作内容，各级电网企业的主要职责具体如下。

1. 国家级电网企业的主要职责

（1）贯彻执行国家能源政策，根据国家的相关法律、法规和政策，建立健全企业电力需求侧管理的机制；并根据国内外经验和实践中存在的问题向国家政府相关部门提出制定、修改 DSM 法规、标准、规划等建议。

（2）将 DSM 纳入企业的常规工作，并纳入电网发展规划。

（3）制定企业的 DSM 工作制度，指导各省级电网企业电力需求侧管理工作。

（4）通过各种媒体宣传、推广 DSM 的新理念、新技术、新产品、新设备等，组织开展 DSM 技术、学术和经验交流培训，总结推广先进工作经验，推动 DSM 工作的开展。

（5）协助政府制定 DSM 规划和实施方案，包括电力需求预测，DSM 预案以及项目设计、推广和实施等。

2. 各省级电网企业的主要职责

（1）贯彻执行国家及地方有关 DSM 的法律、法规、政策和国家级电网企业制定的相关制

度、办法。

（2）将 DSM 纳入企业的常规工作，并纳入地方电网的发展规划。组织开展 DSM 技术的推广应用、信息交流、咨询服务和宣传培训等工作。

（3）开展 DSM 方案的设计和成本效益分析。

（4）负责 DSM 项目实施的跟踪及效果评价。

（5）负责对所属地（市）级电网企业的 DSM 工作进行指导、监督、检查和考核。针对本地区的 DSM 工作情况，进行系统研究，向政府提出有关政策和规划建议，协助当地政府制定地区 DSM 的法规、标准和规划等，发挥联系政府与企业的纽带作用，通过 DSM 项目，把需求侧资源转化为供应侧的替代资源，提高电力系统设备利用率，实现对现有生产能力的高效、合理、充分利用。

（6）负责编制 DSM 规划和计划，充分利用经济政策、市场机制和技术措施，推进当地 DSM 工作。

（7）开展有利于促进 DSM 的电价分析，编制电价调整申请报告，向地方政府提出合理化电价方案和建议。

（8）向省级政府及上级管理部门提交 DSM 资金使用报告和预算，其对 DSM 资金的使用受政府部门的监督；向地市级电网企业下发 DSM 专项资金，并监督其对专项资金的使用。

（9）DSM 网站信息发布与维护、计算机数据库管理与维护等。

3. 地（市）级电网企业的主要职责

（1）根据政府相关部门及上级电网企业下达的 DSM 计划，在当地 DSM 部门的指导下，负责具体实施 DSM 措施，并将实施情况报上级电力行政管理部门和省级电网企业备案。

（2）提出 DSM 的政策调整申请报告，制定 DSM 的相关奖惩条例，报送政府相关部门批准。

（3）设置专门岗位及人员进行 DSM 的具体工作，主持本地区 DSM 的日常工作，负责与 DSM 活动相关的其他行业、部门联系。

（4）负责组织 DSM 项目的实施，为用户提供优质、高效和低成本的电力服务。

（5）进行用户调查，深入了解用户需求，建立并管理用户信息档案和 DSM 项目档案。

（6）开展负荷统计分析与预测，尤其是季节性高峰负荷分析与预测。按照地区、行业、用户分类进行负荷调查与数据统计。根据地区负荷特性制定 DSM 目标与 DSM 实施方案。

（7）进行年度 DSM 实施情况、资金使用情况汇总，根据实现的负荷特性等技术指标修正年度计划。

（8）通过各种宣传渠道和 DSM 网站向广大用户发布 DSM 计划、项目和相关政策信息。

（9）DSM 网站信息发布与维护、计算机数据库管理与维护等。

（10）节能工程测试与评估，聘请参加 DSM 项目有关单位以外的科研院所和节能服务公司对 DSM 工程进行技术经济评估。

（11）开展 DSM 方案的技术分析与统计。

（12）根据 DSM 项目实现的技术指标，依照政府批准的奖惩条例，对用户进行奖惩。

四、电网企业实施电力需求侧管理的步骤

电网企业实施 DSM 的步骤如图 4-3 所示。

1. 分析选择电力需求侧管理目标

根据电力负荷数据、电力供需平衡调查分析的情况选择目标，确定实施对象。

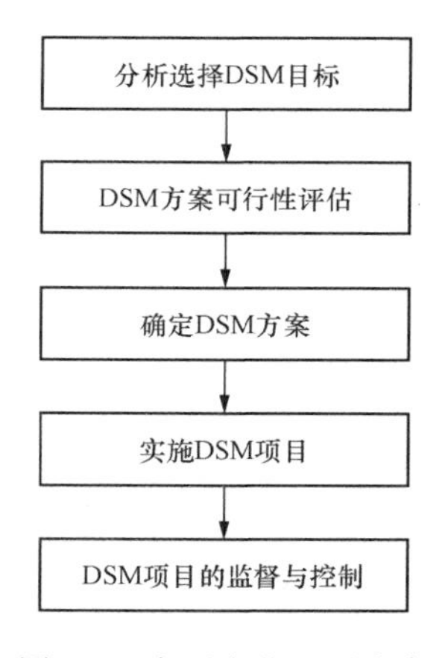

图 4-3 电网企业开展电力需求侧管理的流程图

电网企业负责开展电力电量供需平衡分析，选择 DSM 实施目标。确定地区 DSM 的总体目标、分行业和分地区的具体移峰调荷与节电目标、各类型典型用户的负荷形状目标。落实分解各层负荷目标的移峰调荷与节电指标。

要合理选择 DSM 目标，重要的是开展市场调研和分析研究工作。市场调研是 DSM 工作的一项重要内容，通过开展市场调研，逐步了解和掌握用电市场的状况以及负荷特性，寻找 DSM 的实施关键点，为推广 DSM 技术，加强能效管理、负荷管理和有序用电提供基础。可以开展地区电量增长与行业构成、负荷增长与构成、电力负荷特性等相关参数的调查分析，还可以通过发放调查表、深入用户现场了解情况和对典型用户进行用电审计等多种方式，进行 DSM 潜力评估；针对季节性高峰负荷，重点分析移峰调荷与节电潜力，掌握不同季节、不同行业用电构成，深入典型用户开展 DSM 试点工作。通过对影响 DSM 的关键环节、影响地区和用户电力电量增长的相关因素分析，提出 DSM 的应用重点，并结合各行业用户的用电特点，研究制定相应的 DSM 措施，为对大型工业和服务业的典型用户进行 DSM 的试点方案设计及效果评估（电力用能评估），对不同行业的用户开展需求侧管理工作摸索出一套行之有效的办法。

2. 电力需求侧管理方案可行性评估

对初步形成的 DSM 实施方案的技术指标与成本效益进行估算，以保证方案最佳。

依据电力用户信息，建立各类用户信息档案和 DSM 项目信息数据库，实现各种技术工程的不同方案对比分析和统计分析，调查、研究并发现问题，针对问题进行政策的调整、控制与创新。

开展不同地区、不同行业和典型用户多种灵活电价方案的电价水平分析和盈亏预测分析，确定不同目标、不同电价种类的电费收支平衡状况，对 DSM 实施前后负荷曲线变化带来的电费盈亏状况进行跟踪监测与分析。

3. 确定电力需求侧管理方案

筛选一些备选项目并进行分析，根据目标进行优化选择最佳方案，并制订实施计划。

针对不同目标，制定相应的 DSM 技术实施方案。与厂商、节能服务公司以及设计施工单位联手，通过示范项目案例分析、项目技术经济评估、电力用能审计和电能平衡测试等方法，针对不同电力用户制定行之有效的 DSM 方案，包括节能节电技术、蓄能用电技术和负荷管理技术等。

4. 电力需求侧管理项目的实施

项目实施包括建设示范项目、总结经验、制定政策全面推广等。

充分利用政府的 DSM 平台系统、电网企业的 DSM 决策支持系统，制定 DSM 实施方案，开展 DSM 培训与宣传活动。通过 DSM 网站做好案例分析和优惠政策信息发布，向广大电力用户宣传DSM的成果与收效。

建设DSM示范工程，获得进一步详实的决策分析基础数据。成功的示范工程，可以使电网企业、政府管理部门、广大电力用户对设计推荐的DSM规划和措施的有效性的信任度更进一步。通过总结示范工程的成果经验，对项目设计进行某种程度的修正、完善，从而使得DSM实施措施更加有效。

5. 电力需求侧管理项目的监督与控制

对DSM项目的实施情况进行监督，适当调整一些措施，控制项目的进度和实施情况。并根据采集的反馈信息，向政府提出相关的制定或完善相关法规、政策的建议。

对DSM计划、方案和措施进行效果评估，实施全过程评价，进行DSM实施过程的监督和跟踪，对DSM的市场潜力和影响DSM设计和实施的因素进行分析。随时对各项DSM项目的技术影响、节约效果、资金使用情况给出公正评价，并根据评价结果，对不足之处进行及时修正。通过项目跟踪和监督，确保DSM有效实施。

第三节　促进电网企业积极开展电力需求侧管理的条件

DSM工作是一项涉及全社会的系统工程，它需要全社会的有机配合与共同努力。在实行垂直一体化管理体制时期，电力企业可以将用户的节约视为资源的一部分，并给予统一规划。但随着电力市场化改革不断深入，厂网分开后，从利益关系及职能划分方面来讲，电网企业不再负责电源的规划与建设，所以需要建立一套完整的机制保障电网企业实施DSM的利益。

为了充分发挥电网企业作为DSM实施主体的作用，需要国家制定完善的政策法规、建立有效的激励机制、提供合理的资金来源，同时，电网企业也可以积极向政府部门提出相关政策建议，争取必要的支持。

1. 逐步完善的政策法规

完善的政策法规是促进DSM工作持续有效发展的基石。DSM的实施关系到各参与方的利益，需要政府发挥主导作用，协调法规、标准、财税、物价等多个部门，制定完善的政策法规。有了良好的法制环境，才能保障DSM项目各参与方的权益，保障他们及时得到收益和回报，增加他们的信心。

将DSM列入电网企业的主营业务范围。电网企业作为电力供应者，具有广泛的同用户联系的优势，可以在DSM工作中发挥主体作用。要明确电网企业是DSM的实施主体，就需要在政策法规中将DSM列入电网企业的主营业务范围。确定其主体地位，有利于推动电网企业积极开展DSM，也有利于电力用户支持电网企业的工作。比如美国联邦政府在1978年出台的《全国节能法》中就提出实施DSM是电网企业职能范围内的一项工作。

制定配套的鼓励政策。实施DSM节电计划的主要目标是减少用电量，而电网企业的经营目标是提高利润，二者之间存在着一定的矛盾，因此，从经营角度来讲，不是所有电网企业都愿意成为DSM的实施主体。要由作为商业运营的电网企业积极实施DSM节电计划，需要通过立法来实现，并给予电网企业相应的鼓励政策。比如美国是通过州政府立法要求电网企业实施 DSM 计划，同时为了消除它由于实施 DSM 带来的经济损失，对电网企业的考核不以利润指标为主，将考核同售电量的增长脱钩，还建立了 DSM 绩效激励机制，根据电力企业实现的节电量给予相应的经济激励。

建立效益分享机制。在电力需求侧管理过程中，各参与方都会获得一定的收益。因此必须建立相应的效益分享机制，使电网企业分享的效益同 DSM 所能取得的社会效益成正比，这样才能使电网企业追求自身盈利的目标和社会追求电力最小成本的目标一致起来，从而有效调动电网企业推广 DSM 项目的积极性。

2. 逐步完善的电价体系

科学合理的电价水平及结构是引导电力资源实现优化配置的关键，其前提是体现用户公平负担。不合理的电价水平、电价结构不利于节电意识的提高，不利于 DSM 资金的筹集，不利于 DSM 工作的开展。

逐步提高电价水平。电价水平偏低，不能反映资源短缺的问题，会促使人们仍停留在以往的“我国地大物博”的认识上，不易提高人们节约用电的意识。从科学发展观的角度来看，电网企业可以开展一些研究，提出合理化建议，让国家逐步提高电价水平。

逐步理顺电价结构。电网的线路损失率一般随电压等级的升高而减小。负荷率高、耗电多的工业企业一般接入高电压等级，商业、居民用户一般接入低电压等级。理论上讲，居民用户的电价应该高于工业用户的电价，否则电量损失率小的工业用户对电量损失率大的居民用户进行了补贴，加重了他们的负担。电网企业可以开展一些研究，提出合理化建议，让国家逐步理顺电价结构，让电价分类及电压差价真实反映相应的成本水平。

设置合理的峰谷电价比和峰谷时间段。在实行峰谷电价的基础上，尽力扩大峰谷电价的执行范围并确定合理峰谷电价比和峰谷时间段。如果一个地区直接参考其他地区的经验，不加以改进直接使用，从执行结果来看，虽然起到了一定的移峰填谷效果，但售电收入可能会减少，或者虽然原先的晚高峰负荷下降了，但出现了新的晚高峰（比如从原先的 19:00～21:00 转移到了 0:00～3:00），就达不到预期的效果。因此，需要针对当地的情况研究合理的峰谷电价比和峰谷时间段。

建立上网侧和销售侧电价联动机制（厂网结算的分时电价机制）。电网企业的收入同“两头”的电价有关，即上网侧电价和销售侧电价。如果某一侧的电价变化，而另一侧的电价不变、或者逆变，对电网企业的收入影响很大。如果销售侧执行峰谷电价，上网侧也能执行峰谷电价，则对电网企业移峰填谷的工作是一种激励。建立上网侧和销售侧电价联动机制还可以扭转电网企业越推广 DSM 项目、电费回收反而越少的局面，合理分配发、输、配电各方开展 DSM 所获得的经济利益，才能充分调动电网企业的积极性。

设置合理的居民阶梯电价档次。实施阶梯电价的目的是为了促进节能节电，我国居民阶梯电价分三档，第一档电量考虑保证绝大部分居民，尤其是低收入人群的基本生活用电需要，电价维持较低价格水平。第二档电量主要考虑满足居民正常合理用电需求，电价逐步调整到弥补电力企业正常合理成本并获得合理收益的水平。第三档电量考虑较高生活质量需求的用电量，电价在弥补电力企业正常合理成本和收益水平的基础上，适当体现资源稀缺状况，补偿环境损害成本，促进节能，相对较高。在实际操作中，各档电量按照覆盖一定比例的居民数量确定。第一档电量按照覆盖 80%居民用户的月均用电量确定，起步阶段不提价。第二档电量按照覆盖 95%居民家庭的月均用电量确定，起步阶段电价提价标准不低于每千瓦·时 0.05 元。第三档为超出第二档的电量，起步阶段电价提价标准不低于每千瓦·时 0.3 元。同时，对城乡低保户和农村五保户设置每户每月 10～15 千瓦·时的免费用电基数。

3. 切实有效的财税激励和电力需求侧管理资金机制

财税优惠等激励手段是提高电网企业主动推动 DSM 的有效手段。切实可行的财税政策可以有效促进电网企业积极推动 DSM，使之走上良性发展道路。相关政策主要有：国家对 DSM 项目提供国债等财政资金支持；电网企业按主营业务销售收入的一定比例提取 DSM 专项资金，并在税前列支；根据 DSM 项目实现的实际节能减排效益折算的销售收入纳入所得税优惠范畴，减计征收等。

建立稳定的 DSM 资金来源渠道是促进电网企业持续有效开展 DSM 工作的源泉。电网企业推动 DSM 工作的开展，从市场调研、项目评估、示范工程到宣传推广，从人员、机构到必要的设备仪器，都涉及投入和成本开支。DSM 既然是一种资源，而且是投资成本较低、效益较好的一种资源，就要和其他资源一样，解决好资金来源及投资渠道，建立一套完善的资金筹措和运作机制。国外发达国家的经验是通过系统效益收费［从电价中提取 1～2 厘/（千瓦·时）作为专项资金］、公益基金、能源税收扶持、政府直接集资、电厂集资等政策保证电网企业开展 DSM 的资金来源，该资金主要用于支付电网企业开展 DSM 活动必须支付的管理费用和补偿电网企业由于开展 DSM 减少的售电收入。

第四节　电网企业实施需求侧管理的国际经验

DSM 作为 IRP 及 IRSP 配置资源的有效手段，一直以来都是各国研究的重点，特别是在能源资源压力和环境压力下，各国都在研究推进 DSM 的有效措施和先进技术。电力企业也以不同手段推进 DSM 的实施。国外电力企业促使用户接受 DSM 的方法主要有六类：用户直接接触、用户教育、商业联盟合作、广告和促销、多种电价和直接经济刺激。

（1）用户直接接触。是指为使用户更多地接受电力企业的 DSM，电力企业代表和主动用户面对面地交流，帮助用户深入了解企业的规划并作出更加积极的反应。

（2）用户教育。是指通过在电费单中附加教育材料、手册、信息资料袋、展示材料等，直接提供给用户来提高用户对 DSM 的觉悟和兴趣。

（3）商业联盟合作。是指同住宅建设承包商、专业团体、技术产品商业组织、商业公司及用电设备批发商和零售公司等开展合作，包括标准制定、软件开发、技术转移、培训、检验、资格认证、市场拓展、安装和维修等，帮助促进 DSM 的实施。

（4）广告和促销。是指通过广播、电视、报刊等媒介宣传，向用户传递信息，说服用户接受 DSM，以及利用新闻发布、名人推销、展览、有奖竞赛等形式开展促销活动。

（5）多种电价。是指通过实施多种电价来刺激用户改变用电行为，主要包括最大需量电价、分时电价、季节电价等，分别适用于特定的 DSM 措施。

（6）直接经济刺激。是指通过减少购买设备所需的资金，或者通过缩短回收期（即增加回报率）来提高 DSM 项目的吸引力，从而增加 DSM 投资的短期市场推广力度主要方式有资金补助、折扣、低息或无息贷款等。

一、泰国电力局的能效标识管理活动和面向用户的方案设计

泰国的能效标识活动是其所有 DSM 活动中投入产出比最高的项目之一，此活动开始于1995年左右并获得了成功。泰国的能效标识活动是在政府的支持下，由泰国电力局负责管理执行的，对于电网企业参与 DSM 的形式有一定的借鉴意义。另外，泰国电力局还采用了面向用户促进节能的“绿色大厦方案”计划，在实施项目过程中同节能服务公司合作方面也有值得借鉴之处。

1. 泰国电力局面向用户的方案设计

泰国电力局采用了面向用户促进节能的“绿色大厦方案”计划。就项目大小、节能类型、资金要求而言，每个用户都具有独特性，所以，泰国电力局提出了灵活的方案设计，在设备的选择和投资方面来适应每个用户。例如，根据“绿色大厦方案”，泰国电力局在一家宾馆安装负荷监控设备，协助宾馆进行能源管理。这家宾馆对冷冻装置、厨房、洗衣房及会议中心等关键地点进行监控，并在不影响正常营业的情况下把不重要的负荷转移到非高峰时段。通过这些措施，这家宾馆的月用电量从1360千瓦·时减少到1200千瓦·时，下降了11.8%。大约380个建筑拥有者都同意参与“绿色大厦方案”安装了负荷监控装置。

2. 公私部门合作

为了鼓励私有部门参与能源服务，泰国电力局采用签订合同的做法，向工业节能服务公司的早期工程提供资金，这些工程被称之为降低工业成本计划。节能服务公司是一些私营公司，它们为拥有工厂、建筑的用户提供大范围的节能或降低负荷的有偿服务。收费标准根据节能的数量而定。根据降低工业成本计划，泰国电力局将按照节能合同提供资金，资助工程的进一步实施，包括能源审计、工程设计、项目管理和设备采购及安装。工业节能服务公司和用户签订提供节能投资的交钥匙工程合同，并保证所装设备的节能特性。用户将利用节能效益偿还合同期内的投资费用。在工程实施初期，泰国电力局向节能服务公司提供一定的无息贷款，节能服务公司只需偿还贷款本金。通过公私部门战略合作促进了 DSM 项目的开展。

二、美国电力企业在地区范围内开展节能现金补贴政策

美国电力企业节能现金补贴政策的主要目的在于鼓励用户购买节能产品，尤其是经“能源之星”认证的产品，也有少数政策同时还鼓励用户节约用电，以缓解电力紧缺矛盾。太平洋天然气及电力公司（PG&E）2001年现金补贴项目如表4-1所示。其中，家用电器现金补贴情况如表4-2所示。

表4-1　太平洋天然气及电力公司（PG&E）2001年现金补贴项目

名　称	针　对　对　象
节能设备现金补贴项目	购买节能产品和设备的用户
发光二极管交通信号指示灯项目	购买“能源之星”产品认证的发光二极管交通信号指示灯的城市或农村各部门
新建住宅	高能效住宅的房地产开发商、设计人员、业主、房屋运行管理人员等
商业住宅	高能效非居住建筑的设计人员
清洁空气运输项目	电能和天然气为主要能源的车主

表 4-2　　太平洋天然气及电力公司（PG&E）家用电器现金补贴情况表

名　称	说　明	
项目单位	太平洋天然气及电力公司	
补贴产品要求	必须是经“能源之星”认证的产品	
项目覆盖范围	加州北部和中部地区的 1300 万居民	
项目名称	节能设备现金补贴项目	
项目期限	照明灯具补贴项目	2001 年 3 月 21 日～2001 年 12 月 31 日
	洗衣机、洗碗机、电冰箱补贴项目	2001 年 3 月 21 日～2001 年 12 月 31 日
	房间空调补贴项目	2001 年 5 月～2001 年 9 月
2001 年预算经费	家用电器和照明共计 2500 万美元	
预期目标	2.5 万台洗衣机、1.2 万台洗碗机、5 万台电冰箱得到现金补贴	
补贴经费数额	照明灯具	补贴经费依灯具类型而定，最高补贴为 60 美元
	洗衣机	75 美元/台
	洗碗机	50 美元/台
	电冰箱	75～125 美元/台，如果用户更新旧冰箱，补贴费用还会有所变化
	房间空气调节器	50 美元/台
销售现场保证	项目现场代表对零售商进行培训，讲解项目的有关内容	
	零售商需要签订一个零售商参与合同，合同要求零售商所进的货物必须符合项目质量要求，而且商店中要保证有提供现金补贴的产品	
	2000 年，与太平洋天然气及电力公司签订合同的家用电器零售店大约有 400 多家，照明产品零售店有 71 家	
宣传项目	对项目采用了多种宣传方式，如广告、邮寄信息、网站宣传等，另外，还采取与厂商共同宣传的方式	

三、加拿大电力公司采取多种措施促进电力需求侧管理

1989～1992 年，加拿大实施 DSM 项目所节省的电力装机容量约为 70 万千瓦。电力企业所采取的主要措施包括以下几方面。

（1）对工业用户实施需求侧管理提供信息支持和金融鼓励。

（2）对商业用户购置节能灯进行补贴。

（3）对居民用户，主要协助政府制定和实施建筑节能标准，并要求对照明用电采用同商业用户一样的鼓励标准。

（4）内部节能工作。制订明确的节能计划、行动计划，提高全员节能意识，健全内部节能组织与机构等。除采用一系列技术措施外，对自用电一律照价收费。

（5）电价方面。对于有调荷能力的用户，采用反映短期边际成本的实时电价。实时电价包括两部分，即基于用户参考消费值的固定收费和基于用户实际消费与参考消费差额的边际收费，这一收费标准于 1994 年 11 月开始实施，一年后的实施结果是使用户用电需求增长率较一般情况下降了 3%；采用可中断电价，可中断电价的折扣部分基于高峰时段的长期边际

成本，在实施可中断计划的初期，减少峰负荷130万千瓦；峰谷分时电价，以魁北克为例，在实施峰谷分时电价的初期，居民的电费支出平均降低了44%，居民用户实现削峰60万千瓦，商业、工业及事业部门实现削峰95万千瓦。通过实施可中断电价和峰谷分时电价，合计削峰280万千瓦，接近高峰负荷的10%。

加拿大DSM项目主要集中在居民、商业和工业用户，其中：

（1）居民用户方面，实施的项目包括：免费为用户提供耗能分析和节能建议；对于购买节能型产品的用户提供经济鼓励，同时加强对零售商的激励，以使得节能产品得到广泛推广。

（2）商业用户方面，实施的项目包括：节能照明项目，为商业用户提供部分资金支持；建筑物能源分析项目（主要分析现阶段能耗情况、能源消费习惯，提出相应的推荐实施的节能措施；同时分析措施实施后的节能量、能源成本减少量、实施成本和投资回收期等；并列出可供选择但由于某些特定原因未推荐的节能措施，提供建筑设备清单和节能产品清单）和建筑物能效改进项目；高效电动机项目，根据对负荷降低的贡献情况提供相应的资金鼓励。

（3）工业方面，主要实施高效电动机项目和节能照明项目。据统计，约85%的工业用户可以从电动机节能方面获得较大收益，而约20%的工业用户可以从节能照明项目中获得一定收益。

四、德国电力企业对于购买家用节能产品的用户实施经济奖励

德国电力企业的奖励通过现金和从电费中扣除相应奖励金额两种方式进行。对于购买价格较高的节能产品的用户实施补贴政策；免费向用户提供节能咨询和其他有利于提高能效的服务，为工业用户提供节能方案。对于居民用户，提供的咨询服务包括照明、电采暖、热水供应、浴室、厨房设施的设计及相关产品技术方面的信息；对于商业用户，提供的咨询服务范围主要包括节能产品、蓄能产品、用电设备情况介绍及所采用的技术，进行节能改造后产生的效益；对于公共设施和市政机构，提供的咨询服务范围主要包括建筑节能技术、公共电动交通工具，清洁能源；对工业用户，咨询服务主要针对工业流程，推广高效热泵、压缩机；采用多种激励手段（主要是资金支持）鼓励使用可再生能源和清洁能源发电；为节能技术的研发、推广、普及提供资助；向开展节能项目的用户提供资助（例如高效照明设备、蓄热设备等）；与工业部门签订电力购买合同、可中断的供电合同，使其可以根据电价结构获得收益，进而使其优化用电模式；定期对DSM项目相关责任人员进行针对社交能力、业务能力、技术能力的培训。

【例4-1】 美国南加州爱迪生公司。

南加州爱迪生公司（SCE）是爱迪生国际公司的五个商业部门之一。爱迪生国际公司是南加州爱迪生、爱迪生诚信能源、爱迪生投资、爱迪生资源和爱迪生EV等公司的母公司。爱迪生国际公司是投资公司，其总资产超过240亿美元，收入为82亿美元。SCE拥有雇员16000名，是爱迪生国际公司最大的子公司，也是美国拥有用户数量第二大的电力企业。该公司已向加州南部、沿海和中部提供电力和服务达110多年，它的服务范围包括五万千米^{2}土地上的1300万人口。发电总容量为2160万千瓦。年销售电量743亿千瓦·时。SCE有五个业务部门：发电、电网、配电、QF合同（第三方电力采购）和用户策略。

30多年来，SCE对环境和自然资源非常关注，一直是美国DSM方面的主导企业之一。DSM的目标是提高所有用户的电力使用效率、减少能源浪费，主要途径包括硬件折扣，推广使用高效设备，推行节能建筑，负荷管理，技术转让和教育等。对于大用户，一般都有专人直接接触进行项目介绍；对于小用户，一般都是通过邮寄的方式介绍项目情况。所有的用户都可以通过 SCE 的网站（http: //www.sce.com/）得到项目的信息。

在 1973～1995 年间，SCE 投资了 1.23 万亿美元，节约了 210 亿千瓦·时，并削减了 805 万千瓦的最大电力负荷需求。

【例 4-2】 日本东京电力公司。

东京电力公司是日本最大的电力企业，负责为四万千米^{2}土地上的 4200 万人口提供电力。1960～1994 年，东京电力公司峰荷（即最大负荷）增长了 12 倍，达到 5900 万千瓦。1970 年以后，峰荷出现的季节从冬季转为夏季，每天峰荷出现的时间在下午 14:00～15:00，正是室外温度最高的一段时间。随着峰荷的线性增长，每年的负荷率逐步下降。

为了满足峰荷的持续增长，每年必须投资兴建大量的发输电设备。1994 年电力设备的投资达 140 亿美元。新建发电厂，除了需要大量的资金外，还需寻找合适的地点。此外，随着发电厂距离负荷中心越来越远，特别是东京地区，用于输配电设备投资占总投资的比例也越来越大。电力设备的投资在逐渐增加，而负荷率却在减小，这必将给企业造成经济上的压力。因此，DSM 近年来越来越受到人们的重视。东京电力公司研究、推行 DSM 的市场发展部（最初称为用户关系部节能中心）于 1983 年成立。目前东京电力公司从事与 DSM 有关工作的职员达 770 人，其中在公司总部工作的职员有 170 人，其余的职员在各地区的分支机构或在其他应用 DSM 的重点地区工作。东京电力公司 DSM 市场战略主要表现在以下几个方面：

（1）市场研究。

（2）技术的发展，现场试验。

（3）各种负荷管理措施的制定。

（4）公共关系与咨询服务。

（5）安排补助金宣传、普及 DSM 方法。

（6）DSM 有关事务的管理（分区供暖、供冷装置，储热装置）。

其中，东京电力公司在公共关系与咨询服务方面所做的工作最多，特别是咨询服务方面，实际上这种咨询服务主要提供给那些建设新工厂、建设或更新改造商业和居民用电。事实上，这种服务提供了一种提高现有设备能源利用效率的解决办法，提出了各种节能措施，包括储热供热和空调系统。

1995 年东京电力公司通过采取以上措施，峰荷比 1994 年下降了 310 万千瓦，下降 5.3%。

第五节　电网企业实施需求侧管理的国内经验

作为 DSM 工作的实施主体，电网企业的主要职责是在生产和运行管理中落实政府发布的 DSM 规章、标准、规划及政策。电网企业开展 DSM 工作是一项长久的系统工程，其体系的构成主要包括三个层面的工作：第一是基础推广和体系构建过程；第二是包括各种措施如电价激励项目、公众意识项目、能效激励项目等工作的实施，以及从试点到逐渐推广的活动；第三是在市场机制及电网架构逐渐完善的过程中，将 DSM 作为重要的资源嵌入电力市场的过程。以上三个层面从时间安排上具有逻辑上的递进关系，在实际执行中也是逐步深入、逐渐完善的过程。

经过20多年的努力，我国电网企业在需求侧管理体系的构建、战略规划的制定和实施、宣传推广、技术支持系统、需求侧管理项目的试点实施推广等方面积累了大量的经验。

一、不断完善电力需求侧管理组织体系

DSM实施过程中电网企业、发电企业、节能服务公司、电力用户等各方的角色定位及利益协调尤为重要。近几年，一些地方政府成立了由地方电力管理部门和电网企业等组成的DSM领导小组，建立了DSM工作小组，逐渐健全了组织体系，明确了管理部门和职能部门，积极开展DSM规划和政策、措施及激励机制研究，提供可行的方案建议，充分发挥了电网企业作为DSM工作实施主体的作用，推动了DSM工作的开展。

【例4-3】 华东某电网企业积极构筑组织和制度保障体系，推动电力需求侧管理工作有序开展。

华东某省在DSM工作开展初期成立了省DSM领导小组，由省经济贸易委员会领导任组长，省物价局、省电力公司领导任副组长，并建立季度工作例会制度，强化DSM工作的指挥协调。

省级领导小组成立后，省及各地（市）电网企业分别成立各级DSM领导小组及办公室，并设立DSM专责岗位。在逐步健全的DSM体系下，开展了一系列工作，主要有：

（1）强化规章制度体系建设。通过制定DSM实施细则、工作考核办法、统计分析管理办法、专项资金管理办法及有序用电管理办法、有序用电预案编制指南、电力供需预警处理办法等一系列规章制度，规范了DSM工作内容。

（2）强化专业管理队伍建设。配备了DSM专责，编写DSM岗位培训教材，举办DSM人员上岗培训，建设DSM工作网站，强化国家能源政策、DSM法律法规、标准制度、政策措施以及相关DSM技术、设备等知识的学习，培养了一支懂技术、善管理的DSM专业人才队伍，为更好地指导和帮助用户实施DSM奠定了良好的基础。

（3）积极开展政策措施研究。投入专项资金，深入研究电价的杠杆调节能力，开展了一系列重大课题研究，如峰谷电价、丰枯电价、可中断电价政策及实施办法研究，DSM措施研究，气候与电力、电量关系研究等。

（4）开展大用户DSM咨询服务。结合相关课题研究成果，组织开展大用户DSM咨询服务，通过对各地（市）选取的5～10家DSM潜力较大的用户，提供DSM咨询服务报告，在终端用户中推广了DSM的理念，同时也拓展了各种节能新技术的应用空间。

【例4-4】 国家电网公司组建能效服务活动小组。

国家电网公司借鉴欧洲经验，并结合我国用能、节能管理实际和公司自身优势，提出建立以能效服务活动小组为基本工作单元的能效服务网络的理念。能效服务活动小组的主要任务是通过开展公益性的活动，鼓励和发动社会企业用能单位开展节能节电，帮助企业寻找节能节电的最佳途径和方法，探索营销服务新模式，提升公司服务品质，推动社会节能减排。

能效服务活动小组最早源自瑞士，第一个小组于1987诞生在苏黎世，由八个企业自愿组成；目前已成立了涵盖近1000家企业的70多个能效小组。2009年，通过企业自愿实行的节能减排措施减少的二氧化碳排放，约占瑞士当年减排总目标的30%。

2011年4月，国家电网公司在江苏常州举办第一个能效服务活动小组启动仪式，截至2012

年6月底，公司系统先后共成立节能服务活动小组342个，覆盖经营区内全部地（市）供电公司，小组成员单位达4600家。

通过能效服务活动小组形式，为参与DSM的各方提供了一个很好的信息交流、技术交流的平台，推动了能效工作的深入开展，实现了节能减排效果。此项工作方式和工作成果都得到了各级政府的充分肯定。经验表明，与普通企业平均水平相比，参与能效网络活动的企业的能效提高速度要高出1～2倍。

二、制定规划目标，促进能效不断提高

各级电网企业根据DSM工作的开展情况，在认真总结经验的基础上，认真进行调研、分析，普遍确立了本地区DSM的中长期工作任务及目标，配合政府制定了相关的政策和法规。部分单位还开展了DSM相关课题研究，取得了一定成果。另外，根据本地DSM的工作情况，制订DSM工作计划，为进一步推进DSM工作创造了条件。例如：某电网企业明确DSM工作的目标，配合省政府出台相关文件，明确提出到2010年万元生产总值能耗强度（以2000年可比价格计算）比2005年下降20%、减少高峰负荷需求约100万千瓦等目标，并确定了节能降耗的十大重点和六项强化节能的措施。在“十一五”期间，该电网企业以节能降耗、节约优先等工作的推动下，开展大量DSM工作，圆满实现了节能降耗等目标。

三、争取政府支持，不断拓宽项目资金渠道

稳定可靠的资金来源渠道和资金保障是实施DSM项目持续开展的基础。在实施初期，电网企业就应积极与政府沟通协调，引起政府相关部门对DSM资金来源的重视，尤其是要在相关文件中明确发电企业、电网企业、能源服务部门、电力用户等各方的角色定位，以及利益平衡与协调机制，为形成各层面都积极参与的DSM工作机制奠定基础。开展DSM涉及可中断负荷的补偿、负荷管理系统的建设、节电产品的开发推广等，都需要一定的资金投入。自厂网分开以后，电网企业作为独立的经营实体，在电价没有放开的条件下，客观上需要政府通过价格、财政、税收等经济措施加以引导和激励。为保证DSM工作的可持续开展，在工作的开展初期，尤其应对DSM资金的筹集与使用进行完整的界定。

【例4-5】 从城市公用事业附加费中提取DSM专项资金。

某省级电网企业积极与政府部门协调，出台了需求侧管理资金来源筹措的地方性法规。2006年，省政府在《关于大力开展电力需求侧管理的意见》文件中，明确提出“从全省销售电价代收的城市公用事业附加费中，每千瓦·时提取1厘钱作为省电力需求侧管理专项资金”，资金的使用方向主要用于“实施电力需求侧管理的宣传、培训和示范项目建设及支持用户进行节电技术改造、新产品新技术开发和研制的资金补贴，以及电网企业建设负荷管理系统的资金支持”等。此外，在DSM项目具体实施方面，针对DSM专项资金的使用，该电网企业积极配合政府制定了该省的《电力需求侧项目管理暂行办法》，明确了DSM项目实施的专项资金的收缴程序、资金使用重点和方向及资金的监管措施。

资金运作一年的实践，通过对钢铁、有色、煤炭、电力、化工、建材等高耗能行业有较大节电潜力的五十个试点企业开展节能节电技术支持，极大地促进了低频冶炼、无功补偿、变频调速等技术在工业领域的推广，促进了DSM工作的开展。

【例4-6】 专项资金支持电力需求侧管理城市综合试点。

2012年10月，北京市列入全国首批DSM城市综合试点。为推进这项工作，北京市财政局、北京市发展改革委员会专门出台财政奖励资金管理办法。

2012 年北京第三产业增加值占 GDP 比重达到 76.5%，用电量占全社会用电量比重达到 42.7%，北京的试点工作也将聚焦在服务业。通过试点城市建设，2013～2015 年，北京预计可节约和转移电力负荷 80 万千瓦，中央财政奖励 3 亿元，市级财政配套奖励 1 亿元，带动社会投资约 70 亿元。

关于试点城市建设项目，北京计划三年内分五批进行征集。2013 年 11 月，北京市发展改革委向全市印发《关于组织申报北京市电力需求侧管理城市综合试点第一批项目的通知》（京发改〔2013〕2316 号），共征集到 67 家单位提交的项目申报书 141 份，项目数量 159 个，项目全部实施完成后累计节约或转移电力负荷约 25 万千瓦，占试点工作目标值的 32%。第一批项目申报工作为 2014～2015 年积累了较多项目储备[1]。

四、运用价格杠杆，合理配置电力资源

DSM 的目标之一是改变用户的用电方式，而这种改变往往会给用户带来一定的不便，所以需要对用户进行公平的补偿，其中采用最为广泛的是各种分时电价政策。在我国，一些省级电网企业会同政府相关部门制定出台了峰谷分时电价、可中断负荷补偿等政策，取得了一定的效果和推广经验。

【例 4-7】 华东地区电价激励手段[2]。

华东地区是我国实施电价措施调控需求最为全面的地区之一，目前实行的电价体系主要包括峰谷分时电价（部分省份在迎峰度夏期间增加尖峰电价）、季节性电价、可中断负荷补偿、蓄能优惠电价等。

1. 峰谷分时电价

峰谷分时电价是需求侧管理中较为基础的电价调控方式，华东地区各省（自治市、直辖市）基本都已制定峰谷分时电价机制，取得了较好的效果。其中：

江苏省于 1999 年开始在省内六大主要用电行业实行峰谷电价，峰谷电价比为 3:1，2003 年 8 月 1 日峰谷比扩大为 5:1，年可转移高峰负荷约 60 万千瓦以上。

安徽省于 20 世纪 90 年代初开始实行分时电价试点，于“十五”期间全面推行。通过分时电价价格杠杆作用，缓解了电网高峰用电压力，同时，实行分时电价的用户，年减少电费支出总额在 1 亿元左右，有效地提高了全社会的综合经济效益。

福建省在实行峰谷电价的基础上，推行尖峰电价，尖峰电价在平段电价的基础上上浮 70%，起到了很好的调峰效果。

2. 蓄能优惠电价

为鼓励用户使用蓄热式电锅炉和蓄冰制冷空调，江苏、浙江对此类用电实行优惠电价。其中，江苏省的优惠电价实施范围集中在宾馆、饭店、商场、办公楼、医院等，对使用蓄热式电锅炉和蓄冰制冷空调实行二段制电价，即谷时用电按低谷电价执行，其他时段均按平时段电价执行，低谷电价在平段电价的基础上下浮 50%以上。此外，为鼓励用户积极更换使用蓄冷设备，峰谷分时计量装置由电网企业负责安装和维护，其费用由电网企业承担，用户只需要积极配合电网企业进行分时电能表的调换工作。截至 2006 年底，采用蓄冰制冷空调技术

[1] 工业领域电力需求侧管理（IDSM）促进中心（http://www.idsmpc.org）。
[2] 资料来源：国家电网公司电力需求侧管理指导中心网站。

已实现转移高峰负荷6.7万千瓦。

3. 可中断负荷补偿

江苏省自2002年开始筹措资金对钢厂实行可中断负荷避峰方式，在高峰存在电力供应紧张的苏锡地区选取了五家钢厂，当年最大错峰负荷约40万千瓦。按照每1万千瓦停电1小时给企业补偿1万元的标准，合计补偿786万元。按照避峰的容量计算，建设同样容量机组和配套电网设备需投资约20亿元。2003年，最大中断负荷达到100万千瓦，效果显著。

4. 季节性电价

针对个别行业用电负荷峰谷差过大的情况，福建、上海等省（直辖市）推出了提高夏季用电负荷率的目标。其中，上海在调整电价时，实行夏季多加价和夏季拉大峰谷电价差的做法，夏季电价比其他季节多加0.03元/（千瓦·时），并将峰谷电价比从3.5:1调整为4.5:1，促进用户移峰填谷、节约用电。该项政策出台后，用户积极响应，低谷用电负荷的增长超过了高峰用电负荷的增长，用电负荷率从2003年的83.8%提高到2005年的85%。福建省在用电高峰季节对47家重点旅游宾馆、商贸企业的电价上浮10%，也取得了较好的移峰效果。

五、不断推广需求侧管理技术支持手段

传统的电力负荷管理系统大多只具有简单的终端设备，整体的用电负荷分析还要依靠人工处理。目前，全国35个省会城市和计划单列市、200多个地级市及县级市都不同程度地建立起了负荷控制系统。除了终端能够满足基本的控制功能外，信息的采集功能也进一步加强，软件系统的功能在进一步延伸，能够对采集来的数据进行有效分析、保存，为用电决策提供科学支持。

随着现代化管理的不断深入，电力负荷管理系统作为DSM的重要技术手段，已越来越显示出它的实用价值，其推广和应用的程度从某种意义上反映了DSM的现代化水平。负荷管理系统除了在有序用电方面发挥重大作用，在负荷监测、负荷分析、DSM方案设计等方面都有着很大作用。不断发展的计算机及通信技术为电力负荷管理系统新功能的扩展提供了有力的支持，新的技术不断出现，极大的方便了系统功能的扩展。DSM能否长期持续开展，负荷控制系统的完善与建设是重要的基础。

【例4-8】 某电网企业的负荷管理系统建设经验。

负荷管理系统的建设通常存在投资金额大、建设周期长的困难，某电网企业为实现DSM工作的持续推广，在资金缺乏的情况下，坚持完善负荷管理系统，提高需求侧管理的技术含量。

2005年，该电网企业开始将负荷管理系统建设作为综合利用错峰用电、峰谷电价、负荷控制、节能蓄能等行政、经济、技术手段的基础设施纳入电网发展规划中，当年筹措资金4亿元，完成全省21个供电局主站和5万台现场终端安装工作，2006年继续投资超过3亿元，安装了5万台现场终端。

经过两年的大规模集中建设，安装负荷终端近10万台，安装范围向100千伏安及以上专用变压器大用户延伸，监测大用户负荷覆盖面达85%以上，为政府建立节能降耗电价机制提供了巨大的支持。近年来，监测覆盖面已超过95%。

六、以点带面，推广电力需求侧管理项目实施

示范试点项目的推广对DSM工作推进具有重要意义。目前我国大部分省份已经结合自身特点，选取合适项目进行大规模推广的有益尝试，取得了良好的示范效果和进一步推广的经验。例如，某电网企业积极参加了2002年中国绿色照明工程促进项目办公室实施的“绿色照明公众宣传活动”，作为主要执行单位，参与了从基础宣传到大范围推广试点的整个过程。2003年，该电网企业在全省范围内积极开展了绿色照明媒体宣传活动，进行了问卷调查，举办了设计、采购、维修等人员的知识培训。在此基础上，2003～2004年选择了七家单位作为绿色照明示范点，累计销售七万支节能灯具，年平均节电量超过1100万千瓦•时。经过两年多的试点探索，在各项活动达到了预期效果后，2006年，又选择10户照明负荷较大的学校、商场、宾馆、写字楼，通过经济激励手段引导，进一步推广实施绿色照明工程。国家电网公司全面推进电能替代，积极推进工业锅炉、居民取暖厨炊等用煤改为用电，大幅减少直燃煤，大力推进电动汽车基础设施建设，减少对石油的依赖，同时改善电网负荷特性。2013年，国家电网公司累计推广热泵项目1000个，电采暖项目17.28万个，电蓄能项目453个。

【例4-9】 工业电机节能技术的推广应用。

2006年，某电网企业开展工作对一批重点耗能企业实施节能节电能效审计和跟踪管理。对重点行业（包括冶金、化工、煤炭、建材、电力、机械等六大高耗电行业）、重点地区的用电情况进行调查摸底，选择了50户耗电多且有较大节电潜力的企业作为实施DSM的试点企业，在资金、政策等方面给予扶持，积极进行低频冶炼、无功补偿、变频调速等技术改造，取得了很好的效果。

在2006年项目取得试点经验的基础上，2007~2010年进一步扩大试点企业的范围，在全省工业系统逐步营造出一个节约用电、科学用电、合理用电的良性环境。

【例4-10】 蓄冷、蓄热技术的推广应用。

随着国民经济的发展和居民生活水平的提高，空调降温、采暖负荷占最大负荷的比重呈现逐渐增大的趋势，并且受气候的影响，会加大电网的尖峰负荷，因此，通过蓄冷蓄热技术转移空调负荷对电力企业优化负荷结构具有重要意义。

某省电网企业选择有条件的居民住宅小区、大型购物中心、商厦、大学城、办公楼、写字楼、体育娱乐场所等新建项目和老用户技术改造项目，从示范工程做起，大力推广应用蓄冷空调技术。对于采用蓄冷技术的用户，该电网企业在蓄冷设备购置与安装时，利用电力需求侧管理专项资金，对新装和改造冰蓄冷空调分别给予100~200元/千伏安、300~500元/千伏安的补贴，极大地促进了蓄冷蓄热项目的推广。经济政策的实施有效激励了用户安装蓄冷空调设备的信心，仅2004年一年，该电网企业就在商场、学校、宾馆等场所推广项目七项，落实补贴资金115万元，削减电网尖峰负荷3300千瓦。

七、精心安排预案，组织落实有序用电

积极配合政府部门、提前编制有序用电方案，在电力供应紧张时期认真落实，多年来取得了良好效果。根据历史经验，即使全国电力供需总体平衡或富余，也不排除局部地区电力供应紧张的情形。因此，有序用电是解决这一情况的有效手段。

【例4-11】 某电网企业的多层次有序用电方案。

2003~2005年间，某电网电力需求一直保持高增长势头，电力供需呈现持续紧张的状态。在此期间，有序用电作为重要的保障用电手段发挥了重要作用，主要有以下经验。

（1）综合运用经济和技术手段。由于用电缺口很大，各地具体情况又千差万别，省级直接调度平衡，存在着管理重心过高的现象，也不能适应各地不同用户的供电要求，无法适应有序用电“有限有保”的要求。2004年，该电网企业下发了《统调用电指标分配办法》和《统调用电曲线考核办法》，对全省用电实行分级管理，将统调电力资源按比例分配到各市，由各地按照电力供应状况自行安排调节。同时，通过建立健全有序用电机构，实行分级管理，采取省、市、县、乡“四级联动”，层层落实错避峰任务。2005年年初，针对企业执行错避峰任务损失较大，但又得不到经济补偿的实际情况，该电网企业配合政府出台了对承担有效用电任务的电力用户试行电费补偿的政策，尝试用经济手段促进企业自觉执行错避峰任务的探索。同时，对错避峰负荷落实难以控制、外购电不确定、供电能力大幅波动的实际，决定在全省范围内加快推广应用新一代负荷管理系统。在很短的时间内完成了所有容量为100千伏安及以上用户的安装工作，真正实现了“停机不停线”。2006年，用电形势相对缓和，供需缺口缩小，该省有序用电压减负荷的方式从“以集中轮休为主”向“以错避峰为主”转变，加大了机动负荷安排和落实的力度，提高了错避峰负荷的响应速度，并为此进行全省的专项应急预演，实际检验快速决策和协调处理能力，努力实现错峰不拉路、力争不拉电的目标，有效保障城乡居民生活用电，维护社会的和谐安定和经济持续较快发展。通过卓有成效的有序用电工作，该省做到了对有限电力资源的最大利用。

（2）积极贯彻有序用电与产业、能源、环保政策相结合原则，通过压减不合理电力需求，促进社会和谐和可持续发展。2004年，根据负荷结构中高耗能、高污染企业用电比重上升的情况，该电网企业积极执行国家相关产业政策，出台了压减负荷八条具体措施，如对列入清理关停目录的企业和用电设备立即停止供电；水泥、石矿、制砖瓦企业列为首批停限错避峰对象，实行季节性的停产让电；电炉炼钢、铸造等高电耗的企业安排阶段性停产检修，且在夏季高温期间实行负荷减半运行；化工、造纸、化纤、玻璃等连续性生产企业（或生产线）按10~15天为一周期，轮流集中时间停产检修等。2005年，又对有序用电工作提出“影响小、损失少”的要求，制定100~900万千瓦的九级错峰限电方案，将经济效益优、技术含量高、市场前景好的企业，放在优先保证用电的序列，加快产业结构调整步伐，进一步淘汰立窑水泥等落后生产工艺的企业。通过积极落实高耗能行业差别电价政策，有力遏制了高耗能行业盲目发展，加快了生产能力落后企业的淘汰，减少了不合理的电力需求。

八、建立展示窗口，广泛宣传推动

DSM在实施初期仅作为一些电网企业供电紧张时有序用电的一种手段，目前逐步发展成社会各阶层广泛参与、具有经济激励与用户主动参与等丰富内涵的电力市场化调节手段，在此过程中，宣传工作的推广起了重要作用。各级电网企业通过电力需求侧管理展示窗口的建设及各种形式的宣传、推动，DSM理念不断引起社会各界广泛关注。如国网北京电力建立了电力需求侧管理展示中心，起到了很好的宣传效果。

北京电力需求侧管理展示中心[1]（简称展示中心）于1998年12月18日正式开展，是全国第一家面向全社会以宣传节能与需求侧管理、普及电力科技知识的展示厅。为发挥首都窗口的带动和辐射作用，提升“国家电网”的品牌价值，展现“人文北京、科技北京、绿色北京”的精神风貌，更好地服务社会大众，引导电力用户采用科学的用电方式、先进的用电技术和设备材料，提

[1] 资料来源：国网北京市电力公司网站。

高电能有效利用程度，降低消耗，减少浪费，促进用电设备的技术改造和工艺变革，从而达到提高劳动生产效率和产品质量，提高发、供电设备的利用率，节约资源，保护环境的目的，在国家发展改革委和北京市发展改革委的支持下，由国家电网公司负责、国网北京电力主办、国网北京电力客户服务中心承办的北京电力展示厅重新建设，并于2010年3月正式对外开展❶。

北京电力展示厅分为“电力百科”、“科学用电”、“和谐电力”、“科技创新”四个展区。展厅突出“人文、科技、绿色”理念，以翔实的史料、可靠的数据、精致的图片为基础，以先进的声光电技术为手段，通过现场观摩和互动操作，向广大电力用户和参观群众讲述“百年电力”的不平凡发展历程，阐释电力生产供应的运作原理和安全用电知识，讲解国内外DSM的新动向、新技术、新成效，描绘以“信息化、自动化、互动化”为特征的坚强智能电网发展蓝图和实施效果，充分体现了国网北京电力“立足首都、服务客户、面向社会”的发展思想，取得了较好的社会反响。如图4-4所示，显示了北京电力展示厅的一角。

图4-4　电力需求侧管理展示厅一角

北京电力展示厅处处体现着以人为本的理念。新展厅中大量采用了可回收的环保材料，大幅度降低了展厅的制作成本。在低成本的基础上，新展厅为帮助人们更加容易地理解电力的发展和原理，在多处采用高科技手段使设备的表现效果更加炫丽。展示厅增加了新能源政策法规的通报功能；节能新技术研讨与交流的会议功能；电力科普和需求侧管理技术的培训功能；高效用电设备的宣传推广功能等。同时，新展厅还针对不同人群设置了不同的展区，展示方式更加多样化，增加了更多的互动功能，增强了趣味性，能够使参展观众加深记忆了解。

第六节　负荷管理与有序用电

一、电网企业实施电力需求侧管理的重要手段——负荷管理

负荷管理可以有效地改善负荷曲线形状，使负荷曲线趋于平缓，减少峰谷差率，实现电力负荷在一定时空的最佳分布，从而提高发、供、用电设备的利用率，达到电力系统的安全

❶ 纪洪，计力，彭志军．北京电力展示厅开展．电力需求侧管理，2010（3）。

和经济运行，提高投资效益，对发电、供电都有很大好处。

随着国民经济的发展，电力负荷增长，负荷管理在电网调度中的作用越来越重要。负荷管理主要面向用户，借助于各种经济、技术手段，改变电力系统负荷曲线形状，为电力系统安全、经济运行服务。

负荷管理通常可分为直接、间接两种手段，直接手段是指在高峰用电时，允许电力企业单方面控制终端用户负荷，切除一部分可间断供电的负荷，事实上，这是一种技术手段。而间接手段是按用户的用电最大需量或峰谷时间段的用电量，以不同的电价收费来刺激用户、引导用户，使用户在电价信号的驱使下自主控制他们的负荷，借此来削峰填谷，事实上，这是一种经济手段。

对用户而言，通过负荷管理，便于其安排生产，且其可以直接从分时电价政策中受益。对发电企业而言，负荷管理可以协助其解决调峰问题，有利于提高发电经济性和安全性。对电网企业而言，表面上看，推行负荷管理削峰填谷有可能降低用电均价，这样会导致电网企业经济效益整体下降，但实际上实施负荷管理对电网企业而言，好处同样也十分明显，主要体现在：

（1）用户重视削峰填谷，会促使电网负荷率提高，输配电设备利用率相应提高，电网运行状况得以改善。此外由于线路损失与负荷的平方成正比，控制了峰荷，提高了负荷率，能降低输配电网络的线损，从整体上提高了电网的经济性。

（2）履行了电网企业的社会责任，节省电网企业的输变电投资。利用高峰期腾出的供电容量满足不同需求的用户，既可以大大降低拉闸限电的概率，满足社会合理用电，同时还提高机组和输变电设备利用率，减少或减缓电力建设，既履行了社会责任，又节省了投资。

（3）降低了电力生产成本，提高了市场竞争力，在求得自身生存和发展的同时，反过来又促进了电力事业的发展。除了节省建设成本如推迟装机、减少调峰机组外，还可以减少运行成本，例如通过实施若干电力需求侧管理措施可显著降低电量需求和峰荷容量需求，减少燃料需求，减少了线损带来的运行成本。

（一）负荷管理实现的手段

在合理、高效的原则下实现供方和需方共同的最小费用资源利用计划，这是负荷曲线调整的基本原则。为达到对负荷曲线调整的目标，可以有以下几种方法：

（1）通过负荷控制手段来强制实现。有些地方制定了“如果在高峰时段超计划用电，每超过 1 千瓦·时加收 0.05 元”的规定，这些方法可以平抑峰荷但不属于分时电价。所有这些单方面提供的措施，由于对需方考虑较少，一般不受用户欢迎。

（2）采用蓄冷蓄热技术。中央空调采用蓄冷技术是移峰填谷最为有效的手段，它是在午夜后电网负荷低谷时段制冰或冷水并把冰或水等蓄冷介质贮存起来，在白天或前夜电网负荷高峰时段把冷量释放出来转化为冷气，达到移峰填谷目的。蓄冷中央空调比传统中央空调的蒸发温度低，制冷效率相对低些，再加上蓄冷损失，在提供相同冷量的条件下要多消耗电量，但它却有利于电网的填谷电量。采用蓄热技术是午夜后电网负荷低谷时段，利用电气锅炉或电加热器生产热能并存储在蒸汽或热水蓄热器中，在白天或前夜电网负荷高峰时段将其热能用于生产或生活等来实现移峰填谷。用户采用蓄热技术不但减少了高价峰电支出，而且还可以调节用热尖峰、平稳锅炉负荷、减少锅炉新增容量。蓄热技术也是一种在用的成熟技术，是移峰填谷有效的技术手段，对用热多、热负荷波动大、锅炉容量不足或增容有限的工业企业和服务业尤为合适。当然，用户是否愿意采用蓄冷和蓄热技术，主要取决于它减少高峰电费的支出是否能补偿多消耗低谷电量支出电费，并获得合适的收益。因此，分时电价要合理制定。

（3）调整工业企业的生产作业程序。调整工业企业的生产作业程序是一些国家曾经长期采取的一种平抑电网日内高峰负荷的常用办法，在工业企业中把一班制作业改为二班制，把二班制作业改为三班制。作业制度大规模的社会调整，对移峰填谷起到了很大作用，但也在很大程度上干扰了员工的正常生活节奏，给企业增加了不少的额外负担，尤其是在硬性电价下，企业这种额外负担不能得到任何补偿，不易被社会所接受。实践证明，随着市场经济的发展，不顾及用户接受能力强制推行多班连续作业的办法将逐渐失效。对那些客观上不需要多班连续作业的企业，要通过调整作业程序来移峰填谷，必须采取更有力的市场手段。

（4）发展柔性负荷用户[1]。电力企业与用户达成协议，用户允许电力企业在紧急情况下中断或减小用户的部分用电，并享受一定比例的折扣电价。这种办法一般用于具有自备发电机组的用户，使用户愿意在必要时承担自备机组投运的超支费用。

（5）实行分时电价。分时电价是按照电网的负荷特性，将一天划分为峰时段、平时段、谷时段等不同时段，各时段的用电量按照不同的电价收取电费。一般情况下，峰、谷时段电价在平时段电价基础上分别上调和下浮一定比例。不同时段执行不同的电价，反映了电能的供给成本，有利于引导用户合理用电，移峰填谷，改善负荷曲线，达到 DSM 的目标。

（二）电力负荷管理系统

电力负荷管理系统是加强负荷管理，实现有序用电、节约用电和安全用电的有效手段，是实施 DSM 的一个重要技术手段。

在电力紧张时期，负荷管理系统可以发挥很大的作用，有些人会误以为负荷管理系统就是为有序用电准备的设备。事实上，真正意义上的 DSM 并不是有计划的拉闸限电，它强调的是在提高用电效率的基础上取得电力资源的最优化配置，使电网处于安全经济运行状态，既满足供电的要求，又具有良好的负荷特性，提高电网运行效率；使用户获得最小的用电成本，做到既节电，又不影响自身的生产、生活；从而建立电网企业和用户之间双赢互利的伙伴关系，引导用户主动优化用电方式。在电力供需平衡时期，负荷管理系统依然可以发挥很大的作用。

1. 负荷管理系统的结构

电力负荷管理系统是以计算机应用技术、现代通信技术、电力自动控制技术为基础的信息采集、处理和实时监控系统，由系统主站、负荷管理终端、主站与终端间的通信信道和用户的电能表、配电开关等组成，实现对电力负荷的监控、管理等综合管理功能。

电力负荷管理系统由系统主站（管理中心）、通信信道、负荷管理终端三部分组成，呈辐射状分布，系统结构如图 4-5 所示。

（1）系统主站。又称管理中心，是电力负荷管理系统的核心部分，是电力负荷管理系统运行和管理的指挥中心，是由计算机系统（服务器、前置机、工作站、存储设备等）、网络设备、专用通信设备等硬软件构成的信息平台。

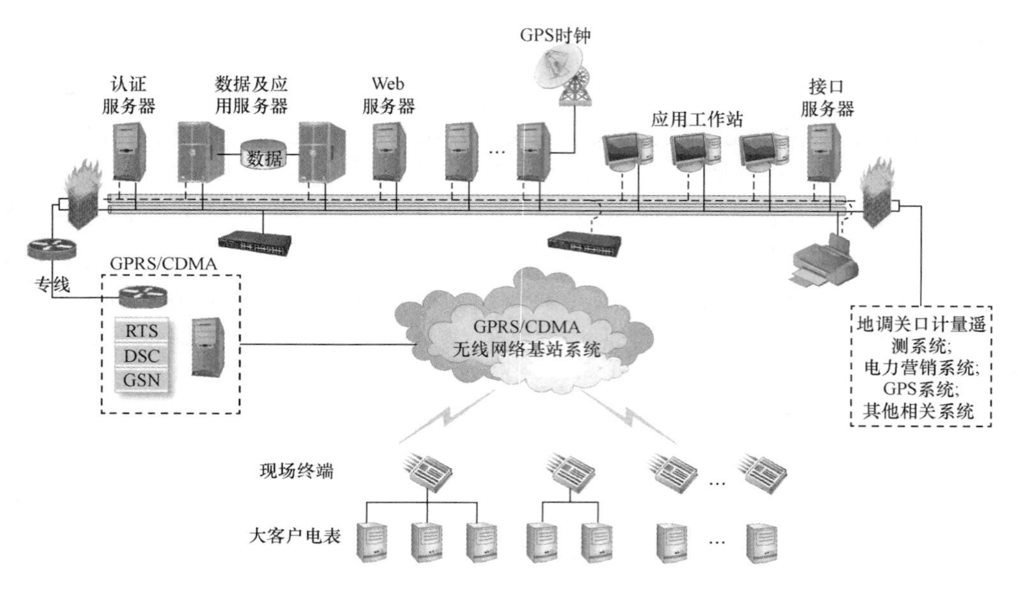

图 4-5　电力负荷管理系统结构图

（2）通信信道。是连接主站和终端之间的通信介质、有关的变换装置（如发送设备、接收设备、调制器、解调器等），以及传输和通信协议等的总称。其通信链路形式的选择，可视当地具体情况（包括地形、地貌、噪声源、频率复用等）而定，常用信道包括无线（GPRS/CDMA）、微波通道和载波通道等。

（3）负荷管理终端。是为实现电力营销、客户服务、需求侧管理的需要而开发研制的专用终端设备，由具有数据采集及处理能力的微处理机系统和数传通道系统组成，可广泛用于电力专用变压器用户负荷控制、状态监测、远方抄表，能够实时采集用户的用电信息、供电状况、电量信息、电表计量等各项用电数据，并通过数传通道发送到系统主站，有助于及时地了解各类用户的运行状态，为现场一次设备的安全运行提供技术保障。同时，该类设备还具有丰富的异常用电监测措施和功能，可及时发现并报告异常用电情况，为用电监察提供了有效的监测数据。

2. 负荷管理系统的作用

负荷管理系统的广泛应用是电力企业自动化技术发展的趋势，对电力企业的生产经营及开展 DSM 工作具有十分重要的作用。通过采取电力负荷管理技术，可以监视和控制电力用户的用电负荷、电量及时段变化情况，可以拓展提供用户信息服务功能和提供营销基础数据功能，最终实现电网负荷管理的现代化和多功能化。有些系统还不断拓宽功能，主要有：

（1）远程自动抄表。利用全电子多功能表的通信功能，结合电力负荷管理系统的无线电通道资源和终端设备，可以实现全部大用户的远程自动抄表。远程自动抄表的应用，解决了人工抄表所带来的错抄、估抄、漏抄等问题，提高了抄表的准确性和及时性，避免了电网企业的经济损失。

（2）负荷电量分析、预测。负荷管理系统的基本功能就是数据采集，能直接监测用户用电情况，不但能够采集用户的负荷、电量、电压、电流等各类用电数据，而且通过远程抄表功能实现电能表数据的实时或定时自动抄录，这些数据能满足负荷电量分析、预测的需要，为电力生产、市场营销及 DSM 提供强大的数据服务，也为用电分析提供了可靠的第一手资料。

将多种先进的预测模型和计算机技术相结合后，通过对负荷管理计算机网络所采集的数据进行统计分析，再依据用户及市场的实际情况，便可得出比较准确的预测结果。

（3）防窃电和计量回路监测。通过对用户实时数据和历史数据的分析比较，可判断是否有窃电行为发生。并能够了解电能表的工作状态，实现对电能表的现场监视，便于及时发现表计故障，快速处理并及时追收电费。

（4）购电管理。通过负荷管理终端可以实现预付费购电管理功能，即负荷管理中心将用户的预购电量定值及超额电量定值下发给负荷管理终端，终端将根据用户的电量并参照目前市场情况等外部因素，对用户进行电费催缴或者有选择地进行负荷控制，可有效减少欠费行为的发生。

此外，电力负荷管理系统还可进行削峰填谷，做到限电不拉闸，减少基建投资，减少机组启停调峰造成的损失。负荷管理还可进行配电线路负荷率调整，可对地方电厂和上网的企业自备电厂发电进行必要的监控，且通过管理终端的众多功能，向用户发送计划用电、紧急限电等用电信息，便于用户合理安排生产。部分地区如上海等地可以充分利用电力负荷集中控制的手段，配合法律和经济的措施，把用电管理深入到户，建立正常的供用电秩序[2]。目前，随着电力营销业务系统现代化建设的发展，电力企业将电力负荷管理系统与用电现场管理系统、低压集抄系统等统一整合为“电力用户用电信息采集系统”。

3. 国内外发展历程

电力负荷控制技术首先在欧洲得到广泛的应用。英国 20 世纪 30 年代就开始对音频电力负荷控制技术进行研究，第二次世界大战后，这种音频电力负荷控制技术在法国、西德、瑞士等国家得到广泛使用。日本从 20 世纪 60 年代开始研究电力负荷控制技术，从欧洲引进制造技术，到 20 世纪 70 年代已广泛安装使用了音频脉冲控制装置，美国从 20 世纪 70 年代开始重视电力负荷控制技术的发展，不仅从西欧引进了音频电力负荷控制系统设备的制造技术，而且着手研究和发展无线电力负荷控制技术。目前世界上已经有许多国家使用了各种不同类型的电力负荷控制系统。

发达国家使用电力负荷控制装置已有 60 多年的历史，是在不缺电的情况下发展起来的。目前国际上已有几十个国家采用了电力负荷控制技术，安装使用的终端已有几千万台。电力负荷控制技术在国际上已成为一项具有大量使用经验的成熟的实用技术。发达国家使用这项技术主要目的是改善电网负荷曲线，削峰填谷，提高电网运行的经济性、安全性和发电设备投资的效益，推迟电力设施的建设投资。国外正把注意力从一般的负荷控制转向配电自动化、DSM 和对电力市场的技术支持。

我国从 1977 年年底开始了电力负荷控制技术的研究和应用，过程大致可分为以下几个阶段[3]。

1977～1986 年为探索阶段。研究了国外电力负荷控制技术所采用的各种方法，并自行研制了音频、电力线载波和无线电控制等多种装置，同时由国外引进一批音频控制设备安装在北京、上海、沈阳等地。

1987～1989 年为有组织的试点阶段。主要试点开发国产的音频和无线电负荷控制系统，分别在济南、石家庄、南通和郑州安装使用，都获得了成功。

1989～1997 年是全面推广应用阶段。在试点成功的基础上，1989 年年底在郑州召开了全国计划用电会议，要求首先在全国直辖市、省会城市和主要开放城市重点推广应用，然后在所有地（市）级城市中全面推广。经过七年多的努力，全国近 200 个地（市）级城市供电系统建立了规模不等的负荷控制系统，还有部分县级市也开展了这项工作。这些系统普遍采用了无线电作为组网信道，有些系统部分采用了音频或电力线载波，也有采用分散性装置来补充无线电信道达不到的用户的控制。1996～1997 年，重庆、烟台、郑州、绍兴、合肥、武汉、福州、张家口等城市先后通过了电力部组织的负荷控制实用化达标验收，这标志着我国负荷控制的推广应用工作进入了一个新的阶段。电力负荷控制设备的投入运行，使各地区的负荷曲线有了很好的改善。

1997 年以后的电力负荷控制系统从单一控制转向管理应用的发展阶段。并且在“十五”期间电力供需紧张时期发挥了很大作用。在电力供需平衡时期，电力负荷控制系统的作用逐步转向建立正常的供电秩序、保障电网安全、营销管理等方面。系统增加了用电管理的功能，包括用电信息管理、远程抄表、用电信息服务等功能。这些扩展的功能，提高了电力负荷控制系统的经济价值和生命力。在系统的数据处理方面也打破了以前的局限性，扩展了网络功能。为了更确切地表述这个系统，电力负荷控制系统遂更名为电力负荷管理系统。目前，电力负荷管理中心可以通过数据库和网桥与不同的系统网络联结，将负荷管理系统的大量数据信息送到电力系统的管理网、调度网、营业网等，对于电网管理、电力营销及电力需求侧管理的科学化和现代化，都发挥了重要的作用。

随着智能电网的建设、大数据时代的到来，电力负荷管理系统将与用电信息采集等其他相关系统融合，进一步实现数据采集、挖掘、分析、处理、控制等功能，对电力需求侧管理发挥更大的作用。

（三）负荷管理案例分析

我国在负荷管理方面有较多的应用经验，下面以江苏省为例进行介绍。

【例 4-12】 江苏负荷管理的应用经验。

随着国民经济的快速发展，“十五”期间江苏省用电量快速增长，统调负荷逐年提高，峰谷差不断扩大，一度缓和的电力供需矛盾日益凸显，拉限电次数频繁，电力供应不足对经济的发展构成了新的“瓶颈”制约。为了缓解用电供需紧张的矛盾，在电力资源总量一定的情况下，国网江苏省电力公司积极发挥价格杠杆，努力运用经济手段削峰填谷，取得了良好的效果。

经原国家计划委员会批准，江苏省从 1999 年 10 月 1 日起，在机械、冶金、化工、医疗建材、纺织六大主要用电行业，对用电容量在 315 千伏安及以上的工业用户和电热锅炉（含蓄冰制冷）用电的电度电价实行峰谷电价，峰谷电价比为 3:1，即峰价在平价的基础上上浮 50%，谷价在平价的基础上下降 50%，峰谷分时电价的实施，对电网的削峰填谷起到了一定作用，每年可转移高峰负荷 60 万千瓦。同时减轻了部分用户的用电负担。

进入 2003 年，由于用电量急增，电力供需矛盾日益加剧，当年预计电力缺口 750 万千瓦，为缓解电力供求矛盾，江苏省充分发挥价格杠杆的调节作用，加大了峰谷电价的实施力度，将分时电价政策扩大到居民用户，并将企业用电峰谷电价比由原 3:1 调整为 5:1。对宾馆、饭店、商场、办公室使用蓄冰制冷、电热锅炉的用电实行两部制电价，即谷时用电按谷电价格执行，其他时段均按平电价格执行，以减少用户负担，调动这些行业的调峰积极性，试行居民用电峰谷分时电价政策，用电时段分为高峰和低谷两段，08:00～21:00 为峰段，21:00～次日 08:00 为谷段。峰段电价为 0.55 元/（千瓦·时），谷段电价为 0.30 元/（千瓦·时）。

峰谷分时电价的实行，运用价格杠杆引导企业和居民合理用电、削峰填谷，有效缓解了高峰用电紧张的局面，其积极作用十分明显。主要表现在以下几方面：

（1）促进了用户削峰填谷，提高了电网负荷率，有利于电网的安全运行。实行峰谷分时电价后，在价格杠杆的推动和引导下，企业和居民用户能自觉调整用电时间，避高就低，移峰填谷，其中 2003 年转移负荷 100 万千瓦以上，使最大峰谷差率明显降低，负荷率有所提高，对整个电网的安全、优质运行起到了良好的促进作用。

（2）减轻了用户的电费负担，促进了国内需求增长。从 2003 年 8 月 1 日至 2003 年底，全省减轻企业电费负担约 3.7 亿元，减轻居民用户电费负担 4500 万元。由于实施峰谷分时电价，推动了蓄冷蓄热技术和设备的推广使用，也带动了相关产业的发展，扩大了消费需求。

（3）促进了电力资源合理配置，有利于开发需求侧资源，提高社会效益。从 2003 年转移高峰负荷的效果看，相当于少建一个 100 万千瓦的电厂和相应的电网配套设施，可节省投资 50 亿元以上。与投资兴建电厂相比，开发需求侧资源、实施峰谷分时电价的优势很明显，不仅提高了发电机组利用率，避免重复建设和投资浪费，而且省去了兴建电厂较长的建设期。

（4）减少了行政手段的干预，发挥了经济杠杆的市场调节作用。实施峰谷分时电价，就是运用经济手段促进调控目标和用户利益的有机结合，改变了拉电限路等主要依靠行政手段调整电力负荷的做法，更符合市场经济规律的要求。

二、电网企业实施电力需求侧管理的必要手段——有序用电

有序用电是 DSM 工作的主要内容之一，是在电力供应不足、突发事件等情况下，通过行政措施、经济手段、技术方法，依法控制部分用电需求，维护供用电秩序平稳的管理工作。实现的手段包括行政措施、经济手段、技术手段，其中行政措施指的是编制有序用电方案，实施有序用电方案需要政府参与，经济手段指的是需要相应的电价政策、奖惩制度配合的手段，技术手段指的是错峰、避峰、限电等。目前使用较多的是行政措施和技术手段。

具体来讲，有序用电就是在电力供应紧张局面下，为使有限的电能发挥更大的作用，减少电源和电网建设投资、降低用户用电成本、节约资源和保护环境。有序用电需要深入调查、科学分析和预测、合理安排用电负荷，编制切实可行的负荷运行曲线，并把可用负荷及时落实到每台用电设备，应用各种现代化管理手段，使可调用电设备的部分高峰电力负荷转移到平时段、谷时段中使用。

“十五”期间，随着我国经济的快速发展，人民生活水平的不断提高，用电负荷急剧上升，年均增长率达到 13%，而“十五”初期电源建设相对滞后，我国于 2002 年下半年开始出现大范围的电力供需紧张局面。针对用电紧张的局面，为保证重要电力用户和居民的用电，做到“先错峰、后避峰、再限电、最后拉路”，各地电力企业配合政府制定了许多有序用电措

施。通过这些措施，减少了由于缺电所带来的影响，确保电网安全运行和供电秩序稳定。此外，即使在电力供需平衡的时期，也会出现局部地区紧张或者时段性紧张的情况，通过有序用电，也可以优化配置电能资源，提高用户用电水平，提高电能和电网设备利用率，提高电网企业优质服务水平。

“十五”期间，全国最大电力缺口约4000万千瓦，其中仅国家电网公司系统最大电力缺口就达2987万千瓦，为了应对这一巨大的用电缺口，各省公司积极、及时地制定有序用电方案，实现移峰2186万千瓦，占全部电力缺口的73.3%，从而保证了电网安全稳定运行，维护了社会生产生活正常的供用电秩序。

2008年，由于冰雪灾害导致国家电网公司经营区域16个省级电网出现严重的电力缺口，其中10个省级电网通过采取有序用电措施转移了全部电力缺口，没有出现拉闸限电情况。湖南地区组织用户限电27505户次，最大电力缺口接近全省负荷的一半（约1000万千瓦），在最大缺口日的应对措施中，限电负荷与拉电负荷比例达到 9.64:1，而在电力供需形势最紧张的2005年，这一比例为7.19:1。以上数据表明有序用电工作更加科学，负荷控制技术水平以及管理水平都有很大进步。

为了促进有序用电的科学发展，国家发展改革委于2011年出台了《有序用电管理办法》（发改运行〔2011〕832 号）。该办法明确了有序用电各参与方的职责，提出了有序用电工作的指导意见，细化了有序用电工作的要点、重点，强调了负荷管理技术手段的重要性，为各地有序用电工作的开展提供了法律依据。国家电网公司随后下发了《有序用电工作指南》，用于指导各省级电网企业更好地开展有序用电工作。

（一）有序用电工作内容

有序用电工作主要包括负荷管理、方案编制、方案演练、方案实施、方案发布、统计评估等内容。

有序用电应采用动态的、全过程的闭环管理模式，涵盖各管理环节，每个环节都环环相扣，每个步骤都为下一个步骤提供依据。负荷管理是对用电企业负荷调查数据进行细化、对负荷特性进行分类，为有序用电方案编制提供可靠的数据依据；方案编制、方案演练、方案实施及发布作为有序用电管理的主流程，要做到方案编制合理、演练查漏补缺、执行稳定高效；统计评估是通过对前一阶段的有序用电工作的整体评估，及时发现问题、矫正偏差。只有各环节协调规范运作，才能保证有序用电的合理有效开展。

（二）有序用电方案的制定依据和组织模式

1. 制定依据

准确的负荷预测是制定有序用电方案必不可少的依据，只有在了解了本地区未来的负荷需求之后，才可以有针对性地采取措施，改变电力需求在时序上的分布，将系统的电力需求从高峰期削减、转移到低谷期。

此外，合理的有序用电措施的制定必须建立在对用户负荷及负荷特性数据资料分析的基础上。通常在制定有序用电方案之前，各地电网企业首先要利用其营销系统数据资料和负控系统数据资料对各用户负荷数据进行分析，掌握各种类型企业生产用电规律，建立覆盖每一个重要用户的用电情况资料库，并做到定期更新。

当然，电网企业在调查用户负荷特性时，需要考虑用户的个性要求：

（1）摸清用户的配电变压器容量、用电设备容量、实际用电设备负荷、设备利用率、用电设备的装设位置、用电性质，以及该设备在生产流水线中的作用、生产流水线的归属等情况；

（2）摸清突然停电对用户甚至每个用电设备的影响，以及该设备停用对工作人员的影响；

（3）摸清用户可以间隔性用电的设备名称、容量、可间隔时间等；

（4）摸清用户等用电生产负荷同其他因素的关系，如气温等；

（5）摸清用户在不同用电时段的实际用电负荷。

2. 组织模式

“十五”电力供应紧张时期，我国部分地区有序用电组织结构如图 4-6 所示。

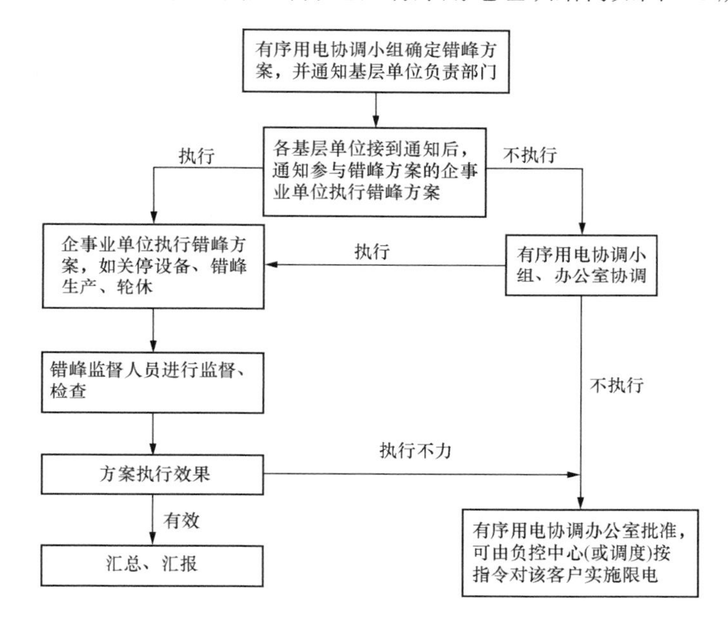

图 4-6 “十五”期间我国部分地区有序用电组织结构示意图

由于错峰限电对于用电企业的经济效益和生产安排会造成一定程度的损失和影响，因此企业自身缺乏主动错峰限电的工作积极性，因此有序用电方案的实施通常带有强制性质，电网企业虽然是其主要实施者，但政府部门的行政命令是保证错峰限电方案具体落实必不可少的条件。综合目前我国各地尤其是江苏、浙江等地的有序用电组织模式来看，往往是通过成立数级有序用电组织保证体系来落实有序用电工作。例如 2004 年南京市为保证有序用电工作顺利进行，分别成立了主要由南京市经济委员会和国网南京市供电公司人员组成的有序用电协调领导小组、有序用电协调领导小组办公室、有序用电侦察大队[4]。其中有序用电协调领导小组统一协调指挥全市错峰限电和有序供电工作，根据负荷变化的情况，不定期召开会议，研究决定保证全市正常供用电秩序的重要事项和重大决策；有序用电协调领导小组办公室则负责具体落实全市有序用电的各项措施，处理错峰管理日常事务，负责信息沟通与相关协调工作，承担全市错峰限电具体工作任务；有序用电侦察大队对用电中执行错峰方案的情况进行检查，对检查中发现的不执行或未按照要求执行的单位，上报有关单位给予相应的通报批评和停电的处罚，并每日汇总监督、检查情况，每周统计上报有序用电协调领导小组办公室，在电力供应异常紧张时期，也可以每日上报领导小组办公室。

为有效开展有序用电工作，我国各省、市在以往工作经验的基础上，切实加强组织领导，落实工作责任，完善工作和监督机制，统筹各部门之间的分工与联系，逐步成立了以政府为主导、电网企业为实施主体、发电企业积极参与、电力用户支持配合实施的有序用电工作体系，协调开展有序用电各项工作，形成的组织结构如图 4-7 所示。电网企业逐步成立以电网公司总部、各省公司和地（市）供电单位为核心的三级管理体系，其中，各级机构均设立专门部门、配置专业人员负责开展有序用电工作。

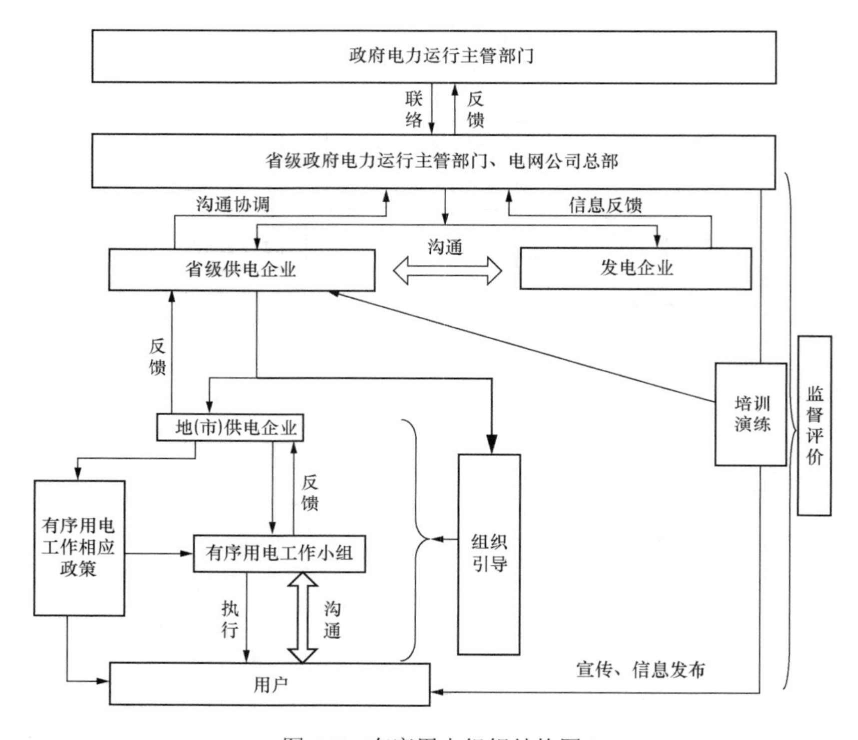

图 4-7　有序用电组织结构图

（三）有序用电方案的实施原则和实施手段

1. 编制和实施原则

为使有序用电方案落到实处，实现全社会的有序、有效用电，最大限度地满足社会经济发展和人民生活对电力的需求，通常各级电网企业在有序用电工作中要遵循“安全稳定、有保有限、注重预防”的原则。

（1）安全稳定。就是要科学调度，保证电网安全稳定运行、电力用户人身和设备安全，维持正常供用电秩序，确保社会和谐稳定、经济平稳发展。在有序用电工作实施过程中，要严格遵循“有多少、用多少；缺多少、错多少”和公平负担的原则，“先错峰、后避峰、再限电、最后拉路”，对错峰、避峰负荷实行“定企业、定设备、定容量、定时间”，做好有序用电方案的编制和实施工作。

（2）有保有限。就是要以人为本，与国家政策相结合，优先保障居民生活和涉及公众利益、国计民生、国家安全的重要用户用电需求；严格执行国家相关政策和要求，限制《有序用电管理办法》中界定的高耗能、高排放企业用电，压减不合理用电需求，促进经济增长方式改变，推动电力资源优化配置。

（3）注重预防。就是要设立电力平衡分级预警机制，加强电力供需平衡分析预测，及时发布电力供需预警信息，提前做好有序用电各项准备。

2. 实施手段

各地区在制定有序用电方案时，可以结合本地用电的实际情况，针对不同情况，实施不同的有序用电手段。通常而言，可采取以下几种手段：①高耗能企业避峰用电；②非连续性生产企业避峰用电；③安排企业轮休错峰用电；④利用负荷管理系统限电。

（1）高耗能企业避峰用电。由于目前我国大部分高耗能企业属于三班制企业，其用电负荷曲线较为平坦，对其生产环节采用限电措施很有可能带来严重的经济损失和安全问题，但高耗能企业中有部分用电设备能够参与错峰，基本不影响生产，可要求这类设备每天高峰时段定时停避，压下高峰时段的基础负荷，腾挪给社会及居民生活使用。

（2）非连续性生产单位避峰用电。由于许多地区电网一般都是晚高峰时负荷最大，其他高峰时段要低于晚高峰时段的负荷，因此可以利用这一特点，调整非连续性生产单位的工作时间，如将一班制企业的生产时间调整到晚高峰以后至次日早高峰以前，以避开电网早、晚峰用电，两班制生产则可以避开晚高峰时段安排生产。

（3）企业轮休错峰预安排。目前我国绝大部分企事业单位的周休日都集中在周六和周日，造成周六和周日高峰负荷低于周一至周五的负荷，适当增加周六、周日的用电负荷，可缩小工作日与周休日负荷差距。各地区可以安排各企业周一至周日轮休。

（4）负荷管理系统限电。有时由于机组临检、电网发生临时性故障等因素，可能导致电力供应不能满足需求的情况，这时就可以通过负荷管理系统采取相应的限电措施，并在执行方案时提前一段时间通知用电企业，以便企业有时间调整生产方式。负荷管理系统限电以用电企业自行控制为主，在用电企业自行控制不力的情况下方可利用负荷管理系统实施遥控跳闸操作，但注意遥控跳闸必须从低轮次至高轮次依次执行。

（四）我国有序用电工作的现状

近年来，面对极端自然灾害及持续的电力供应紧张局势，电网企业在我国政府部门的高度重视及大力扶持下，积极开展有序用电工作，不断加强用电市场的动态分析和预测，从多方面入手积极应对用电紧张局面，努力做到“限电不拉闸”，把缺电的影响降到最低，为保障全社会电力的有序供应发挥了积极作用。主要体现在以下几个方面。

1. 有序用电管理制度逐步健全

国家发展改革委于2011年出台《有序用电管理办法》（发改运行〔2011〕832号），明确了有序用电各参与方的职责，将有序用电工作进一步规范化、标准化，为各地有序用电工作的开展提供了法律依据。

在国家出台相应法律法规的同时，电网企业针对近年来受电煤供应不足和恶劣天气等因素影响，以及局部性、季节性、时段性缺电局面频繁发生的电力供需特点，也制定了一些具有较强针对性的规章制度。其中，国家电网公司按照专业化、标准化、规范化的要求不断深化有序用电管理，制定印发了《国家电网公司有序用电管理办法》、《国家电网公司短期电力市场分析预测办法》等管理制度，要求各省公司将电力供需分析预测和有序用电管理作为一项日常管理工作，每年都要按照“有保有限”的要求编制年度有序用电方案，并报地方政府审批备用，做到未雨绸缪、有备无患。预测有电力缺口的单位，有序用电方案落实的限电负荷应大于预计电力缺口；预测没有电力缺口的单位，有序用电方案落实的限电负荷应达到预计最大用电负荷的20%。

2. 有序用电措施不断完善

（1）超前谋划，周密安排。各省公司早准备、早部署、早落实、早安排，提前制定全年的有序用电方案，根据“有多少，用多少；缺多少，错多少”的原则提出错峰避峰的目标，并按照“先错峰、后避峰、再限电、最后拉路”的顺序，将目标合理分解落实到户，从而变被动限电拉电为主动错峰避峰。

（2）制定多级预案，做到有备无患。各地区根据本地区年度电力缺口大、错峰任务重的特点，为把各项工作做实、做细，许多地区在公司错峰方案基础上有所深化，分别制定了不同负荷水平下的多级预案，真正做到有备无患。例如，上海市制定黄、橙、红三级错峰预案，北京市制定了《电力需求侧调控措施》，按照预控、应急和紧急三个层次分步实施；浙江省制定了七级错避峰方案；江西制定了五级预案；福建制定缺口从5%～25%及以上的六级预案，把客户划分确保类、计划类、限制类、停止类等四类负荷。

（3）有保有限，确保重点。各地区在编制错峰避峰方案时，按照有保有限的原则，首先确保居民生活、农业生产和党政机关、医院、学校、金融机构、交通枢纽、重点工程、高科技企业等重要单位用电需要，充分挖掘高耗能企业和商业、市政等电力大用户的调荷节电潜力，电力紧缺情况下对不符合国家产业政策与规划布局、高污染的企业停止供电。

（4）上报政府主管部门审批。有序用电工作的基本目标是确保地区稳定供电、安全供电。因此，有序用电的主管部门是地方政府，电网实施有序用电的方案都要经过政府主管部门审批才可执行。

3. 有序用电工作效果显著

“十五”期间，冬季煤电运矛盾造成电力供需紧张的情况很凸显，最大电力缺口达到2716万千瓦，涉及范围达17个省（自治区、直辖市），其中包括山西、陕西、宁夏等产煤大省。面对严峻的形势，国家电网公司按照国家发展改革委要求，组织各省公司通过落实提前制定的有序用电方案，控制工业负荷需求，保障民生用电，有效避免了大面积拉闸限电，保证了人民群众每年都能度过欢乐祥和的新春佳节。

2008年历史罕见冰冻灾害期间，湖南、江西电网因受灾损失巨大，最严重时供电能力只有灾前正常水平的50%左右，湖南、江西两省迅速启动事先编制的有序用电方案，着力压限“两高”企业的用电需求，组织客户限电2.75万户次和4108户次，限电负荷最高达770万千瓦和470万千瓦，有效保障了灾害期间社会用电秩序，支持了抗灾抢险和促进灾后恢复重建工作。

针对近年来西藏藏中电网枯水期季节性缺电形势日益严重的局面，国家电网公司加强指导和管理，使西藏公司有序用电管理从无到有。通过实施有序用电，控制工业企业用电需求，有效保障了重要用户和居民生活用电。2009 年冬季，西藏藏中电网最大电力缺口达到 10.93 万千瓦，占到本地区负荷的一半左右。通过实施有序用电，彻底改变了以往严重拉路限电的局面，促进了地区的和谐稳定。

（五）有序用电案例分析

【例 4-13】 江苏省有序用电工作经验[5, 6]。

近年来，国网江苏省电力公司针对频繁出现的电力供需紧张局面，积极开展有序用电工作，通过全省范围内“变革组织架构，创新管理模式，优化业务流程，统筹公司内部资源，有效利用社会资源，加强总部管控能力”等措施，努力打造基于国家电网公司“大营销”体系下的有序用电规范、协调、高效的管理模式。力求通过实现有序用电管理流程顺畅贯通、操作精确规范、客户服务互动、政府协同密切，来大幅度提高公司有序用电管理水平和工作效率。2011 年，建成了省、市、县三级统一的有序用电监控指挥系统，对全省 10 万户电力用户实施全方位的有序用电管理，圆满完成了应对本地区 1500 万千瓦电力缺口的迎峰度夏工作。

1. 设定专业管理的指标体系及目标植

为保证有序用电工作的顺利有效开展，江苏省设定了对有序用电进行专业化管理的范围和目标。其中，专业管理范围包括：有序用电的方案编制、方案执行监督与考核、信息发布、方案演练、统计与分析等；专业管理目标为：通过全过程的专业管理，使有序用电方案编制完整准确率和执行到位率达到 100%，努力达到“限电不拉路”。江苏省有序用电工作专业管理的指标体系及目标值如表 4-3 所示。

表 4-3　　江苏省有序用电工作专业管理的指标体系及目标值

考核指标	序号	考核内容	检查内容	评分方法	目标值	备注
方案编制完整准确率	1	用电采集信息系统内用户信息设置准确性	用电采集信息系统内用户数据的完整、准确情况	方案编制完整准确率=（信息完整方案用户数/方案用户总数+组名正确方案组数/方案组数+定值准确用户数/方案用户总数+计划可限负荷/指标负荷）/4；计划可限负荷/指标负荷若大于 100%，计为 100%	100%	指标主要以系统数据为准；省电力公司对方案用户信息将做定期抽查，每发现一户数据异常的，指标下降 0.1%
	2	用电采集信息系统内方案组设置准确性	用电采集信息系统内方案组是否根据省电力公司要求编制			
	3	负控系统内方案用户定值设置准确性	负控系统内方案用户定值是否存在问题			
	4	有序用电监控系统内计划方案编制准确性	限电时编制计划与实际执行情况是否符合			
执行到位率	1	错峰完成情况	错峰负荷是否满足省电力公司下达指标	错峰负荷≥指标负荷，执行到位率=100%；错峰负荷＜指标负荷，执行到位率=（执行到位户数/实际执行户数）×（实际错峰负荷/计划错峰负荷）	100%	每被省电力公司通报或点名批评一次，指标下降 1%
	2	方案投入用户限电执行到位情况	限电用户实际执行情况，执行不到位情况有：控后负荷高于典型日负荷，控后负荷高于定值，用户曲线召测失败			
	3	通报、点名批评情况	省电力公司通报或点名批评的情况			

2. 建立健全的组织管理体制

为进一步推进“大营销”体系的建设，国网江苏电力设立市场处重点开展有序用电、市场拓展、能效服务、自备电厂管理等业务，全面提升市场拓展服务能力，成立省电力公司有序用电监控中心；各地（市）供电公司营销部设置有序用电与自备电厂管理专职；各地（市）所辖市客户服务中心分别设置需求侧管理专职、计量部用电信息采集专职、装表接电专职，并设立市场及大客户服务部市场拓展班，营业与电费部高、低压用电检查班；县供电公司客户服务中心设置计量管理专职、市场班、计量班、用电检查及反窃电班等。为有序用电工作的进一步深入开展打下了良好基础。

江苏省有序用电组织体系结构如图4-8所示。

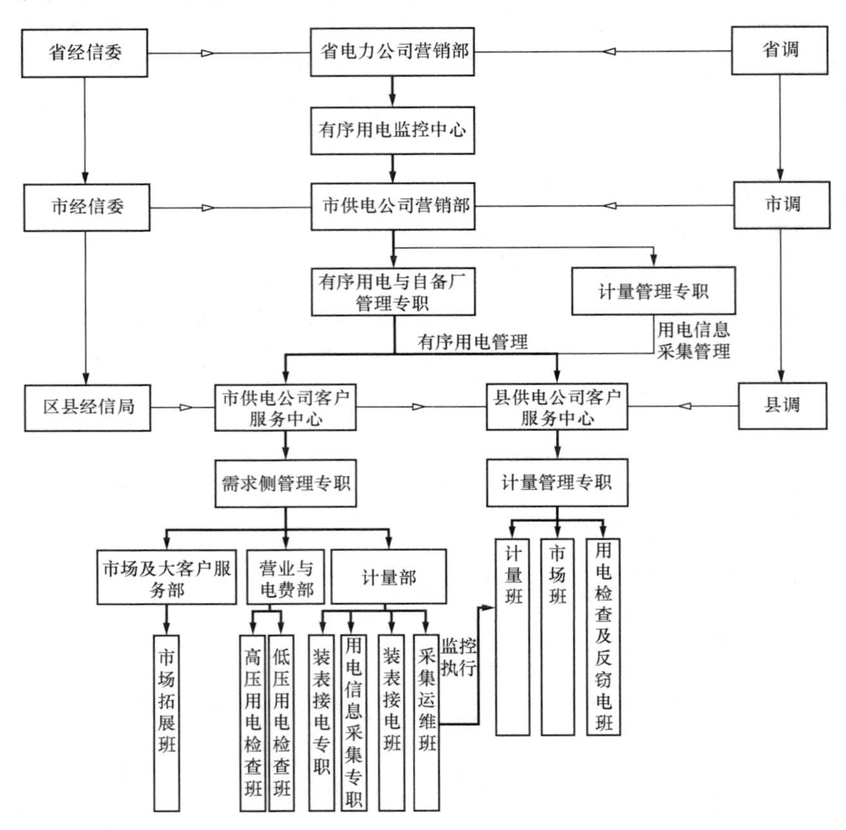

图4-8　江苏省有序用电组织管理体系结构

主要岗位职责要求如下。

（1）营销部有序用电与自备电厂管理专职：①负责贯彻落实上级有序用电工作要求，下达有序用电指标及工作要求，制定全市年度有序用电方案、超供电能力限电序位表及相关应急方案。②负责向政府部门汇报及协调处理有序用电管理相关工作。③负责指导市、县供电公司客户服务中心执行有序用电方案，开展有序用电管理工作。④负责全市有序用电管理的统计汇总、分析及执行效果的督查工作。⑤负责进行全市阶段性有序用电管理的有效性评估工作。⑥负责有序用电管理的用户调查、对外宣传、现场督查工作的部署及协调。

（2）需求侧管理专职：①负责贯彻落实有序用电工作要求，制定市区年度有序用电方案、超供电能力限电序位表及相关应急方案。②负责市区有序用电方案的演习落实、实施及协调工作。③根据电力供需平衡情况，按照市供电公司营销部的要求制定有序用电实施方案，并有效执行。④负责市区有序用电管理的统计汇总与分析工作。⑤负责进行市区阶段性有序用电管理的有效性评估工作。⑥负责有序用电管理的用户调查、对外宣传、现场督查工作的实施。

（3）用电信息采集专职：①负责全市范围内用电信息采集建设与运维管理等工作，对计量部采集运维班、装表接电班、市郊供电所的用电信息采集相关工作进行业务指导和监督检查。主要包括用电信息采集系统主站建设应用和负控终端、采集设备的现场运行管理等。②负责指导采集运维班开展有序用电方案的培训及演练工作。③负责指导采集运维班开展有序用电方案系统设定工作。④负责有序用电方案用户现场巡视及终端试跳工作的安排及协调。⑤负责有序用电方案实施的效果评估工作。

（4）计量管理专职：①负责贯彻落实上级有序用电工作要求，制定县区年度有序用电方案、超供电能力限电序位表及相关应急方案。②负责县区有序用电方案的演习落实、实施及协调工作。③根据电力供需平衡情况，按照市供电公司营销部的要求制定有序用电实施方案，并有效执行。④负责县区有序用电管理的统计汇总与分析工作。⑤负责进行县区阶段性有序用电管理的有效性评估工作。⑥负责有序用电管理的用户调查、对外宣传、现场督查工作的实施。

3. 制定标准的专业化管理工作流程

国网江苏电力分别针对方案编制、方案执行、信息发布制定了标准的专业化管理工作流程，流程图分别如图 4-9 ~ 图 4-11 所示。

4. 采取有效措施

为保证有序用电管理流程正常运行，国网江苏电力不断加强流程各环节的控制及绩效考核，配套制定了相应的标准制度，并加大负荷管理系统建设，具体措施如下。

（1）加强绩效评价指标与考核管理。建立了有序用电管理指标（有序用电方案编制完整准确率和执行到位率）的同业对标评价体系和绩效考核体系，每半年营销部负责对各地（市）供电公司有序用电情况提出考核意见；各地（市）、县供电公司客服中心、班组分别制定绩效考核办法，对照控制指标，分级进行绩效考核。

（2）不断完善和制定配套标准及制度。建立了《有序用电管理标准》、《有序用电执行管理流程》、《有序用电信息发布管理流程》等管理标准体系，各地（市）供电公司营销部建立了部门二级标准体系，包括《电力需求侧错峰工作指导书》、《负荷管理技术限电作业指导书》、《负荷管理系统建设作业指导书》、《负荷管理系统运行管理工作指导书》、《有序用电统计与分析工作指导书》、《负荷管理终端安装作业指导书》、《负荷管理终端检修作业指导书》、《负荷管理终端现场调试作业指导书》、《负荷管理系统主站故障处理作业指导书》，各县则根据实际制定三级实施细则等。同时，公司相继制定和完善了《江苏省电力公司有序用电管理实施细则》、《江苏省有序用电监控中心管理规定》等规章制度，做到有序用电有章可循，有章必循，执章必严，违章必究。

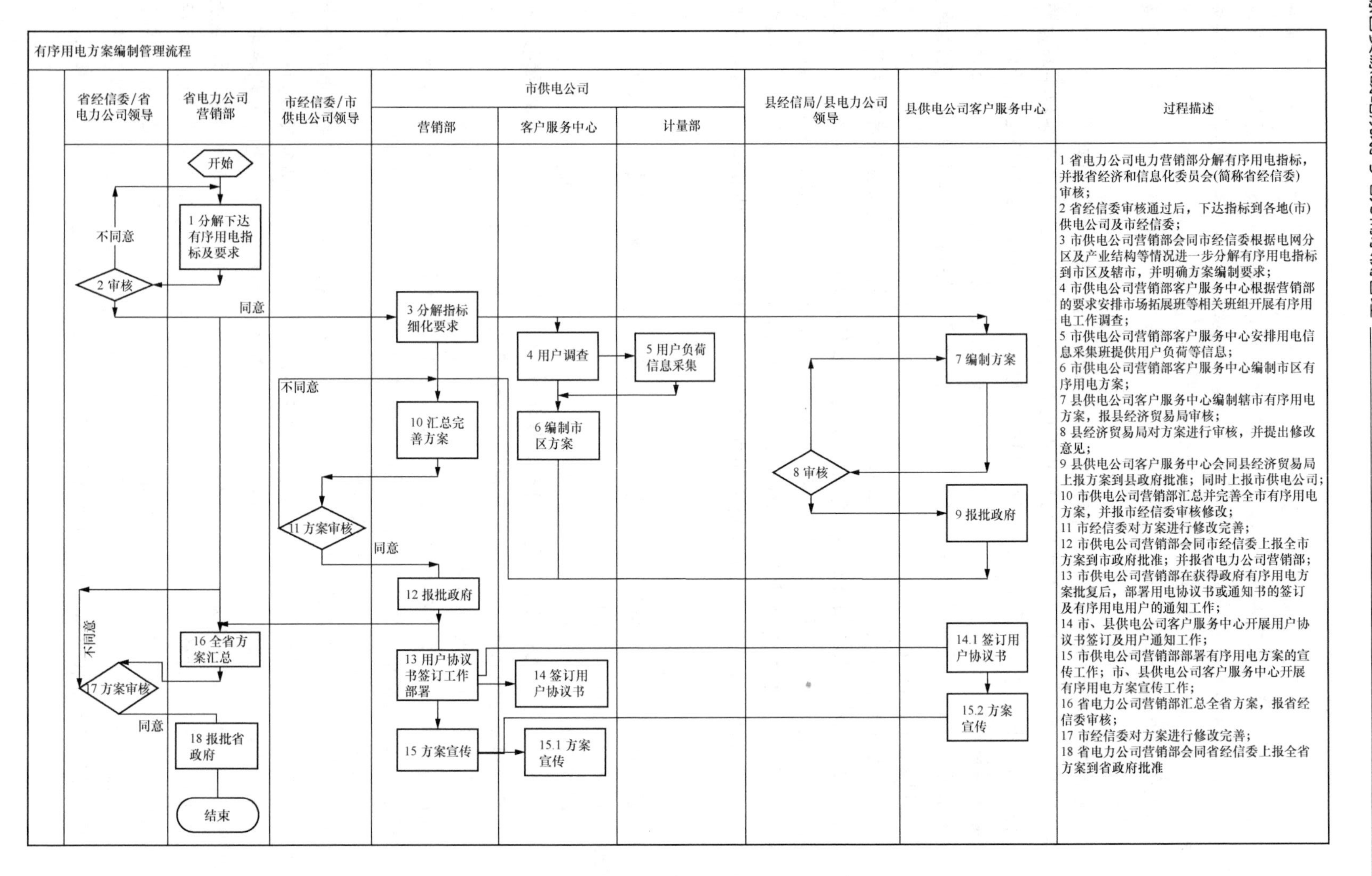

图 4-9　江苏省有序用电方案编制管理流程图

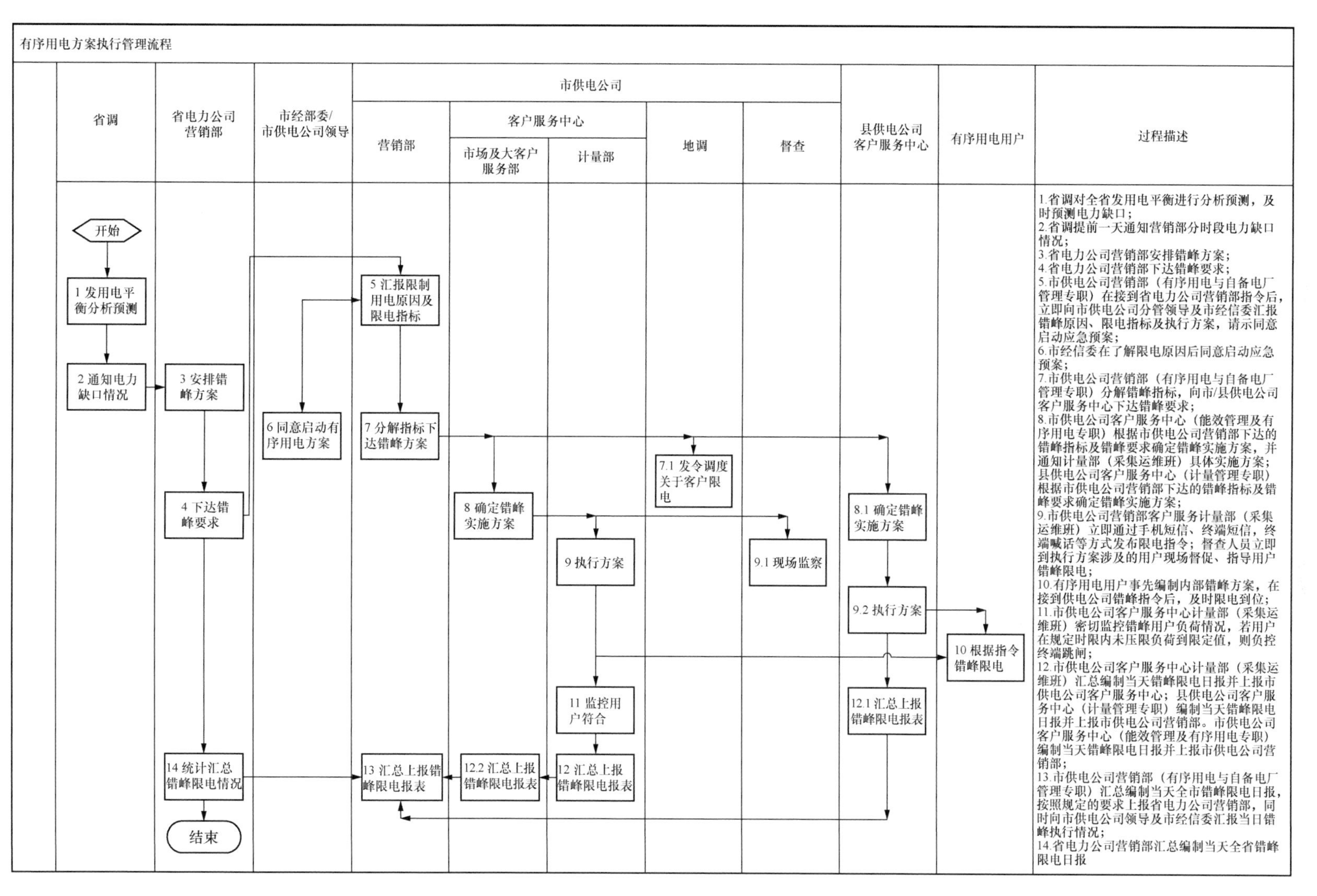

图 4-10　江苏省有序用电方案执行管理流程图

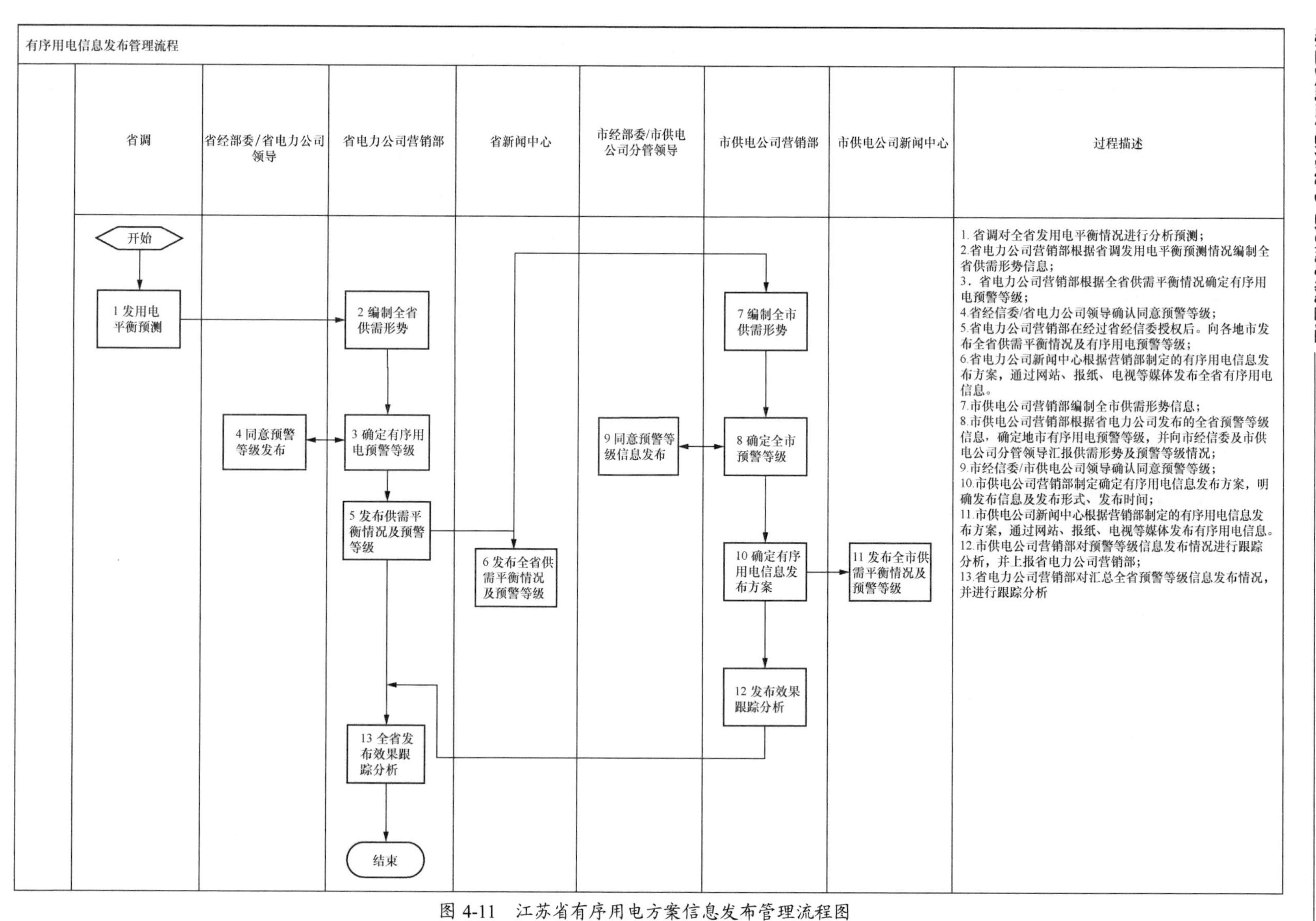

图 4-11　江苏省有序用电方案信息发布管理流程图

（3）加快专业管理信息支持系统建设。在省经信委、省物价局等政府部门的大力支持下，国网江苏电力不断加快负荷管理系统建设进度，建立和完善大用户负荷管理系统，努力扩大监控用户数量和范围，对用户负荷做到“看得见、分得开、控得住”。截至2011年底，全省各市建成了电力负荷管理中心，电力负荷管理终端数量已达17万套，总容量4800万千瓦，其中可监视容量3700万千瓦，可控制容量2800万千瓦，可监控面近80%，基本覆盖了100千伏安及以上所有用户。随着有序用电形势的发展，2011年，国网江苏电力建成了基于“大营销”体系统一的用电信息采集系统架构下的有序用电监测系统平台，其包括电力负荷管理系统、用电信息采集系统有序用电模块等子系统，为公司有效开展有序用电方案编制、执行效果监控、统计与分析等提供了系统和数据支撑。

【例4-14】 广东省有序用电工作经验[5, 6]。

2004年，由于电力、电量的短缺及部分地区供电能力不足，广东电网出现全年性、全网性缺电局面，错峰用电成为平衡电力的主要手段，从1月份就开始被迫提前实施全系统范围的错峰用电方案。仅1月份便有17个市实施了强制错峰，最大强制错峰负荷96万千瓦，强制错峰电量2871万千瓦·时，均已远远超出上年全年最大强制错峰负荷（46万千瓦）和总电量（1063万千瓦·时）。2月份强制错峰实施范围更是扩大至全省21个市，最大错峰负荷184万千瓦。3月份最大错峰负荷216万千瓦。

面对这种供应紧张局面，广东省政府和广东电网公司制定并下发了切实可行的有序用电管理制度，明确了错峰用电的实施方式、方案制定原则、操作流程、职责划分、指标考核等，并建立了错峰预警机制，通过下发不同的错峰预警信号对各地区的错峰程度进行控制。

在执行时，广东电网调度部门每天根据次日的有功平衡预测情况，制定次日各地（市）网供电指标，同时为避免在系统允许超用的情况下出现不必要的错峰行为，特制定了错峰预警机制。省调通过EMS自动化系统，分别传送特定含义的信号到各分公司地调的SCADA系统，各地调根据信号的含义执行不同程度错峰措施。

各分公司在制定本地区的错峰、避峰方案时，首先根据本地区的用户数据资料、负荷特性及当年的全社会用电需求预计，编制本地区避峰、错峰用电方案，报当地（市）政府批准后执行。制定方案时要执行强调压减工业为主，错峰不含居民及商业用户，尽力保证重要机关、重要市政设施、重点场所等用电需求的原则。在满足总的错峰容量的要求下，重要负荷所接的线路不纳入轮休安排，对于非电网事故，任何时候不能对该线路强制拉路。各分公司还对错峰用电实行动态管理，根据实际情况定期（部分分公司每日）调整避峰、错峰的实施方案。由于具体情况不同，各分公司形成了各具特色又行之有效的办法。

在执行有序用电方案之后，广东省峰谷电量比重明显发生变化。作为错峰避峰主要对象的大工业用户，峰段电量比重下降，谷段电量比重上升。5月份，全省大工业用户峰段电量比重26.03%，比2003年11月下降0.57%；全省大工业用户谷段电量比重31.24%，比2003年11月份上升1.99%。

此外，执行有序用电方案之后，系统负荷率不断上升。4月份广东省平均负荷率82.64%，同比升高3.34%；5月份广东省平均负荷率84.78%，同比增长5.19%；6月份广东省平均负荷率87.25%，同比增长6.92%；7月份广东省平均负荷率81.69%，同比增长4.48%；8月份广东省平均负荷率81.95%，同比增长3.69%。

【例 4-15】 宁波海曙区有序用电工作经验[11]。

海曙区地处宁波市中心，全区面积 28.7 千米^2，常住人口 26.3 万，是宁波市府所在的政治、经济、文化中心。全市规模最大的综合商场及涉外星级宾馆、主要金融机构及商检、海关等部门都集中在区内，用电具有极其明显的地方特色。

（1）全区有居民户数 132000 户、工业用户 526 户、大楼及商业性用户 6177 户、企事业办公用电户数 1647 户、银行证券 204 户。呈现出党政机关多、居民多、重要用户多、工厂企业少的特点。

（2）由于居民、机关、商场的负荷曲线随季节、温度变化的特征非常明显，加上空调用电，负荷随季节、温度变化的特征非常明显，此外峰谷差也较大。

（3）海曙区面积不到 30 千米^2，108 条线路中涉及双电源就有 46 条。双电源用户在一条线路停电的情况下，通过倒闸操作，可将负荷转移至另一条不限电的供电线路上，这样就会出现"线路拉的多，负荷却限不下来"的现象。若要控制在正常负荷内，就需拉其他相关线路，这样会造成辖区内许多城乡居民、党政重要机关、军队、医院、金融机构等重要单位和部门中的单电源用户大面积停电，造成极大的社会影响。

为应对 2004 年的缺电形势，做到以人为本、有保有限，优先确保居民的基本生活用电和重要用户用电，切实做好有序用电，海曙区具体做法如下。

（1）积极做好宣传工作，争取全社会的理解与支持。国网宁波市海曙区供电公司专门召集辖区内的相关部门集中宣传电力供应紧张形势，并共同探讨如何做好有序用电工作，征求意见和建议。并开展各类上门服务活动进行有序用电、安全用电、节约用电的各项宣传，分发各类节能宣传画册和节能小扇 2000 余件，增强了广大居民的节能意识，增进了居民对有序供电的理解。

（2）建立健全重要用户的基础数据，准确预测负荷变化趋势，为细化有序用电做准备。营销部门通过走访、联系收集了有关社区、部队、医院、银行储蓄所、证券公司营业部等用户的名单、用电地址、联系方式；生技部门挨家挨户落实供电电源。摸清了 190 余个居民小区、33 个医院、204 个银行储蓄所证券公司营业部、24 个军分区干休所、五个敬老院福利院的供电线路。同时根据各类负荷比例及历年随气温变化情况，精心计算，预测 2004 年负荷随温度变化的关系，为划定缺电等级及应对措施做准备。

（3）进一步细化有序用电方案，科学调度，合理编制限电序位表。调度部门合理编制限电序位表，对每条线路用户情况进行排查摸底，详细列出所涉及的居民小区、重要用户、金融证券、医院、学校的名称，并对每天的轮休线路按重要性分为三轮：第一轮为调度可直接发令拉闸的线路；第二轮为涉及重要用户，拉闸前需进行请示的线路；第三轮为目前不宜限电的线路。要求有关部门从大局出发，按规定的序位表有序拉闸限电。

（4）限、停、错峰相结合，尽力做到停机不停线。对工业企业，根据负荷变化情况，实行停三开四，限、停、错峰相结合。针对中心城区内白天晚上负荷峰谷差较大、负荷率低的实际状况，从 6 月 21 日起，对一般企业的生产时间从每周停三开四，调整为每日 21:30～次日 8:00，其余时间不得安排生产。对于一些连续运转企业，因停电对其产品质量影响、原材料浪费较大，或有保温要求的企业，可以按主管部门批准的容量和时段进行生产。但随着高温的加剧及负荷缺口的增大，又停止部分连续运转企业的应急负荷，以实现让电于民。对大型商场、宾馆、大楼，当出现用电尖峰，在万不得已的情况下，可通知大楼、宾馆等用户，要求他们临时停用空调 0.5～1 小时，以错峰让电，避免出现全线拉闸停电的被动局面。

（5）加大对企业、商场、宾馆的检查力度，进一步发挥负荷管理系统的调控作用。为保证贯彻落实上述措施，国网宁波市海曙区供电公司同区政府联合成立了有序用电督查小组，配备专用车辆和人员，责任到人，并专门设置了用电负荷实时自动监测网络，通过加强内部负控数据监测和外部实地流动巡检相结合的方式，有的放矢地开展有序用电大检查。对于违规单位，加大处罚力度，一律给予警告和曝光，引导用户做好有序用电的各项配合工作，并制定相应的节电方案，共度缺电难关。

（6）做好缺电情况下的优质服务，努力做到限电不限真情，缺电不缺服务，同时缺电不忘保供电，做好特殊时期的保供电服务。

通过上述措施，在当时持续高温的极端困难情况下，尽力做到停机不停线，国网宁波市海曙区供电公司辖区内负荷基本维持在 21 万千瓦左右，同最高负荷预测 29.5 万千瓦相比，下降了 8 万千瓦左右；并且通过有序调控，日最低负荷从 6 万千瓦上升到 10 万千瓦，削峰填谷达到预期要求，用电负荷率得到极大提高，有序用电取得显著成果。

第七节　案　例　分　析

一、河北省电力需求侧管理工作情况[12]

多年来，为缓解电力供需矛盾，国网河北省电力公司积极宣传组织发动和全面推进 DSM 工作，建立了电力需求侧专项资金固定来源渠道，积极开展试点项目的推广，总结经验、完善法规，目前已逐渐建立起需求侧管理工作长效机制，为今后需求侧管理市场化机制的建立奠定了良好的基础。

1. 健全的组织管理体制

为保障需求侧管理工作的稳步推进，河北省建立了政府主导，电力企业、社会支撑的多角度、全方位的 DSM 省、市分级组织体系，为 DSM 工作的深入开展打下了良好基础。

河北省电力需求侧管理组织体系结构如图 4-12 所示。

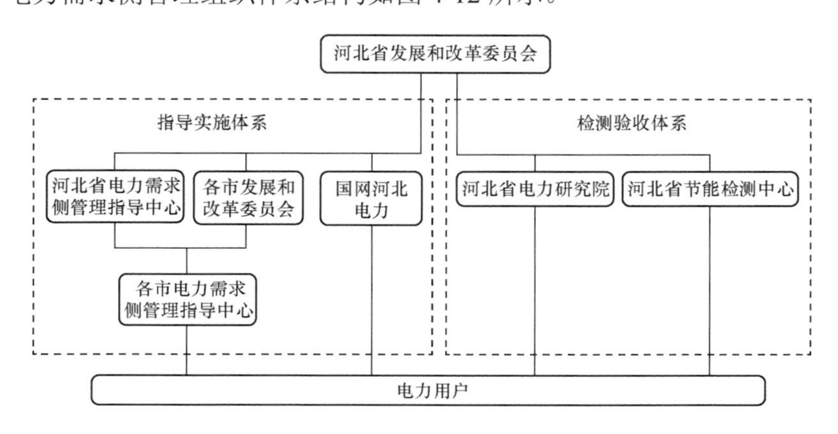

图 4-12　河北省电力需求侧管理组织体系结构图

经相关部门批准，河北省成立了河北省电力需求侧管理指导中心，在此基础上又创办了河北省电力需求侧管理产品技术展示展销中心。石家庄、邯郸、张家口等部分市也相继成立了电力需求侧管理专门机构。DSM 机构和队伍的建设，为全面加强 DSM 提供了有利的组织保证。

建立展示窗口、广泛宣传推动。在省会商业中心创办了“河北省电力需求侧管理产品技术展示展销中心”。通过展销结合的方式，普及电力需求侧管理的知识和政策，引导电力用户采用科学的用电方式、先进的用电技术和设备材料，成为广大生产、科研单位提供展示推介产品的场所。

2. 完善政策体系，保证需求侧管理工作的分层次进行

出台了《关于大力开展电力需求侧管理的意见》，对全省开展电力需求侧管理工作做出了全面的安排部署，并提出了明确要求。同时又围绕各种电力需求侧管理工作配套出台了《河北省电力需求侧管理专项资金管理办法》、《河北省南部电网可中断负荷补偿办法》、《河北省电力需求侧管理“变频调速”项目检测办法》、《河北省电力需求侧管理“双蓄”项目检测办法》等一系列基础性政策，指导 DSM 工作的广泛开展。

3. 积极争取资金支持，建立需求侧管理专项资金来源渠道

在国网河北电力的积极倡导下，河北建立了 DSM 专项资金。筹资途径为从每年电价所含的城市附加费中，每千瓦·时提取 1 厘钱作为省 DSM 专项资金，用于 DSM 技改、新技术和新产品开发、研制等项目的资金补贴，为实施 DSM 项目的宣传、推广提供了有效的资金支持。

4. 加强有序用电计划管理，多套保障预案确保电力供应

针对河北南部电网春、夏季电力供需矛盾突出的情况，为搞好地区间、行业间电力平衡，国网河北电力每年制定下发《河北南部电网春季用电指标分配方案》和《河北南部电网夏季用电指标分配方案》，每个方案按照每 30 万千瓦一个阶梯制定了 16 套调度预案，加强用电计划管理，努力实现有序供电、有序用电。完善的预案体系有力地保障了城乡居民生活和重要单位的用电要求。

5. 选取试点项目突破，大力推广节能产品

河北省绿色照明工程的实施是伴随着 DSM 工作的推进逐步开展起来的，是 DSM 工作的一项重要组成部分。为实施好全省绿色照明工程，河北省从 1996 年开始，每年拿出一定资金，实施推广使用高效节能灯项目。按照每支节能灯价格补贴 30%的标准，向各企事业单位示范推广，至 2005 年底累计推广 200 万支，项目终端首期节电量近 6.3 亿千瓦·时，二氧化碳减排量约 63 万吨。河北省还承担了我国政府与联合国开发计划署实施的中国绿色照明工程“电力需求侧管理照明节电示范项目”和“质量承诺”两个国际合作项目，在全省企事业单位示范推广 32 万支高效照明产品，联合国补贴到位资金 120 万元。2005 年，国家发展改革委和中国绿照办把河北当作试验点，研究《京都议定书》框架下的清洁发展机制（CDM）绿色照明试验项目的实施方案。政府按照平均每支灯补贴 50%的标准，向全市居民换购推广约 3000 支节能灯。

6. 尝试利用经济、技术手段控制高峰负荷

经省政府批准，国网河北电力在用电高峰期实施了《河北省南部电网可中断负荷补偿办

法》，即对尖峰时段自愿中断负荷的企业，按照每1万千瓦累计中断1小时补贴1万元的原则给予经济补偿。对一次可中断容量2000千瓦以上的企业，通过企业自愿申报，省发改委批准，列入参与可中断负荷企业名单。2003年共有36家企业实施可中断负荷，日最大削减高峰负荷20万千瓦；2004年实施可中断负荷企业52家，日最大削减高峰负荷23.7万千瓦。两年共安排补贴资金1001.5万元。同时，加强了电力负荷监控技术的推广应用。全省11个市全部建立起电力负荷监控系统，累计安装终端负控设备4000多台，可实时监控400多万千瓦，充分发挥了限电不拉路或少拉路的作用。

参照国外“系统效益收费”的做法，国网河北电力制定了《河北省电力需求侧管理专项资金管理办法》。按照管理办法规定，对节电、移峰填谷、提高电网运行稳定性等效果显著的电力需求侧管理项目和高效绿色照明产品，按照项目投资额30%的标准予以专项资金补贴。这项激励政策，每年可带动2亿元以上的DSM项目的投资。

7. 认真总结试点经验，建立推广体系

为全面推进DSM，2004年、2005年，国网河北电力会同河北省发展改革委、河北省财政厅等政府部门连续两年联合下达DSM项目计划，确定了“十项绿色工程”，主要有“百万绿色照明工程”、“高效节电工程”、“双蓄和蓄水滴灌工程”、“绿色窗口工程”、“绿色家电工程”、“绿色产业工程”等，以及以双蓄工程技术、调速节电技术和谐波治理技术为实施重点的115个重点项目。加大实施力度，并给予资金支持，两年共补贴资金超过3800万元。完成的变频改造项目平均节电率达到30%以上，年可节约电量超过1亿千瓦·时，年节约电费超过5000万元，项目投资不到两年即收回；“双蓄”项目年移峰填谷电量1800万千瓦·时，项目投资4年即收回；谐波治理项目对消除电网谐波影响，提高安全供电质量发挥了积极作用。

通过电网企业近几年工作的开展，社会各阶层已经深深意识到DSM不应仅仅是缓解电力供需矛盾的权宜之计，更应该是提高全社会电能利用效率，有效减少资源、环境和资金代价，实现供需资源的协同优化整合，激励民众直接参与节约型社会建设的战略之举。因此，无论在任何电力供需形势下都必须坚持开展、全面推进。但是也必须看到，当前DSM工作很大程度上还停留在初级和探索阶段，所采用的手段多以行政命令为主，缺少经济调节，特别缺少强有力的政策和法律支持。今后电网企业还需要不断总结经验，巩固和发展已取得的DSM成果，同时不断探索DSM新的领域，逐步建立起法律法规健全、政策配套、组织有力、机制灵活的长效工作机制。

二、江苏省电力需求侧管理工作情况[2]

近年来，为了推动DSM规范、长效开展，江苏省根据实际情况，将需求侧管理与能源可持续发展相结合，与提高能源终端利用效率相结合，与缓解电力供需矛盾相结合，在理论和实践上都进行了积极的探索。

1. 开展课题研究，出台实施办法

开展江苏电力需求侧管理课题研究，从政策、经济、技术等多个层面，提出江苏需求侧管理实施体系的构想和相应对策，出台《江苏省电力需求侧管理实施办法（试行）》。

2. 加强技术改造，推广示范项目

筹措资金重点用于推广DSM示范项目，鼓励企业采用先进的节电技术和管理措施，引导企业进行技术改造和设备更新，提高整体电能使用效率。4 年共筹措资金 2.4 亿元，组织实施了电蓄能、最大需量控制、绿色照明、变频调速等超过 400 个需求侧管理示范项目，实现减少高峰负荷 58 万千瓦，年节约用电量 20 亿千瓦·时，减少二氧化硫排放 9200 吨，减少二氧化碳排放近 200 万吨，经济效益和社会效益显著。

3. 运用经济杠杆，合理调节资源

2002 年开始，江苏省筹措资金对钢厂实行可中断负荷避峰管理，对高峰负荷紧缺的苏锡地区 5 家钢厂试行可中断负荷避峰方式，当年最大错峰负荷约 40 万千瓦。按照每 1 万千瓦中断 1 小时给予补偿 1 万元的标准对企业给予经济补偿，合计补偿 786 万元。按照避峰的容量计算，建设同样容量机组需投资约 20 亿元。2003 年最大中断负荷 100 万千瓦，有力地缓解了缺电矛盾，效果较好。

实施峰谷分时电价引导用户优化用电方式，提高电能利用效率。1999 年 10 月 1 日起，江苏省在六大主要用电行业实行 3:1 峰谷电价，2003 年 8 月 1 日又扩大为 5:1，对电网的削峰填谷起到了一定作用，每年可转移高峰负荷约 60 万千瓦。近年来，将尖峰电价进一步提高，每年可转移高峰负荷约 200 万千瓦。

4. 制订战略规划，实现长效管理

国网江苏电力与美国自然资源保护委员会编制的《江苏省电力需求侧管理战略规划（初稿）》提出，如实施为期 10 年的能效投资计划，至 2015 年，可实现年节电 424 亿千瓦·时，相当于 26 台 30 万千瓦发电机组一年提供的电量，同时可减少电力尖峰负荷需求 1533 万千瓦，年减少煤炭消耗总量 2120 万吨，所节约的能效资源将可满足江苏省 11%的新增电力需求和 25%以上的新增尖峰负荷。这些 DSM 项目的平均寿命周期约 14 年，在寿命周期内因实施能效投资计划节约电能的成本约为 0.12 元/（千瓦·时），只相当于新建发输电设备增加电力供应的成本的 1/4 左右。

5. 创新运作机制，建设能效电厂

为建立一套系统的 DSM 运作机制，江苏省提出“江苏能效电厂”概念，并着手开展江苏能效电厂建设工作。2005 年底，国网江苏电力统一印发调查方案和调查表，历时半年时间，对装接容量在 500 千伏安及以上的大工业、1000 千伏安及以上的商业、其他照明共 16276 个单位进行了能效潜力调查。调查范围内单位合计用电量近 750 亿千瓦·时，占当年全社会用电量的 40%。根据调查的数据进行分析，可改造容量潜力率为 12%，实施改造后，可实现年节约电力 140 万千瓦。在此调研的基础上，2006 年，全省组织专家评审，优选了 300 多个节电潜力较大的企业作为当年“能效电厂”建设的目标企业。投入 1 亿元对目标企业的照明设备、工业电机、电力拖动和电机拖动四个类别的 600 多个更新、改造项目给予补贴，补贴比例为项目投资的 30%，并以此带动企业自主投资 10 多亿元进行全方位的节电设备改造。

按照 5 年建设 60 万千瓦容量能效电厂规划目标，在工业行业中选取化工、冶金、建材、纺织、机械、电气电子六大行业及三产作为实施规划的目标行业，选取电力拖动装置调速、淘汰型电动机、拖动类设备，照明四种技术措施作为实施项目的首选措施。结合六大行业及三产技术改造措施实施规划的实际潜力情况，做出 2006～2010 年五年间每年参与改造功率和年节约峰荷的具体实施规划。

6. 广泛开展宣传，召开节电现场会

近年来，江苏省大力开展节电宣传，通过各种丰富多彩的形式，掀起了节约用电活动高潮。针对冶金、建材、化工和机械行业的产品耗能高的特点，为强化全省高耗能行业和全社会的节电意识，全面落实科学发展观和可持续发展的战略，江苏省分行业召开节电管理经验交流现场会，积极推广节能效果突出的企业在如何加强节电管理，实施全面的节电技术改造，节电增效方面好的经验和做法，倡导更多的企业深入开展DSM活动。

本章参考文献

[1] 国家发展与改革委员会．中国电力需求侧管理（白皮书）.北京：中国电力出版社，2007.
[2] 国家电网公司电力需求侧管理网站．http://www.dsm.com/.
[3] 北京电力需求侧管理网站．http://www.bjdsm.com/web/.
[4] 国家电网公司电力需求侧管理指导中心．电力需求侧管理实用技术．北京：中国电力出版社，2005.
[5] 国家发展与改革委员会经济运行局．负荷特性及优化．北京：中国电力出版社，2013.
[6] 张绍萍．电力负荷管理系统的功能及应用．云南电力技术，2006，34（3）.
[7] 王月志，赵跃，潘娟．电力负荷控制技术．东北电力技术，2003，24（3）.
[8] 蒋兵．南京各种错峰限电方法的实施成效分析．能源研究与利用，2004，（6）.
[9] 王卫平．建立完善用电机制科学合理实施有序用电．电力需求侧管理，2004，6（5）.
[10] 中国节能协会节能服务产业委员会网站（中国节能服务网）．http://www.emca.cn/.
[11] 邵伟明．宁波中心城区应对缺电的有序用电．供用电，2004，（6）36.
[12] 河北省电力需求侧管理网站．http://www.hbdsm.com/.

第五章

电力需求侧管理的实施中坚力量——节能服务公司

第一节　节能服务公司是电力需求侧管理的实施中坚力量

节能服务公司是伴随DSM项目一起成长，具备资格协助政府和配合电力企业实施DSM计划或自主开展DSM项目的中坚力量。

节能服务公司作为DSM的实施中介，是成功的国际经验。它通过为客户提供各种形式的能源服务获得节能收益，实行与客户共同承担节能投资风险、共同分享节能收益、合同管理的运营机制，大幅降低了电力用户的节电投资风险。它的突出优点是提高了克服客户初始投资障碍的能力、驱动资源合理配置、提供更多的就业机会。

根据发展条件，节能服务公司可大可小，不拘一格，可以是专业性的，也可以是综合性的，还可以是管理性的；可以是独立的经营实体，也可以是电力企业下属的子公司。它的服务对象除电力用户外，还涉足政府机构和公用事业等管理部门。很多发达国家的节能服务公司已经开展了跨国咨询和服务，其中有些公司还专门设置了DSM的咨询服务部门。从工业化国家二十几年来积累的实践经验来看，无论是独立经营的节能服务公司，还是电力企业下属的节能服务公司，通过协助政府和电力企业实施DSM计划，为用户提供有成本效益的节能节电服务，是实施DSM的一条比较有效的途径。

我国目前主要有以下几种类型的节能服务公司开展DSM业务。

1. 地方/行业节能服务中心

自20世纪80年代初以来，我国逐步建立起了世界上最庞大、最独特的节能体系。这一节能体系通过中央节能主管部门、地方/行业节能服务中心和企业节能管理部门三位一体的结构运作。国家为节能示范项目提供专项资金，地方/行业节能服务中心在这一计划性节能体系中发挥了重要的作用。

20世纪90年代以来，随着我国经济体制的改革，地方/行业节能服务中心为适应新的经济形势，逐步改变过去根据政府行政指令运作的方式，探索和开展了节能技术和服务的商业化经营模式，为各行业的企业提供信息、咨询和技术服务，主要包括：①节能技术改造工程；②推广节能技术、产品；③为企业进行能量平衡测试，指导企业节能降耗；④对企业节能技术改造项目进行评估；⑤开展软课题研究，为政府提供决策依据；⑥对企业节能进行监测。

2. 政府扶持的节能服务公司

“世界银行/全球环境基金中国节能促进项目”是我国国家发展改革委与世界银行（World Bank，WB）、全球环境基金（Global Environment Facility，GEF）共同实施的，旨在通过示范和推广合同能源管理机制，促进我国节能机制转换，从而实现节约能源、提高能效、减少温室气体排放、保护全球环境的目的，是我国政府利用外资进行机制转换的大型国际合作项目。

项目的核心内容之一是引进"合同能源管理"（energy management contract，EMC；energy performance contracting，EPC），利用欧盟（European Union，EU）、世界银行和全球环境基金这三个国际组织和机构的资金和技术支持，在我国引进、示范和推广"合同能源管理"这一国际上先进的节能项目新概念。主要是利用欧盟和全球环境基金的赠款以及世界银行的贷款，支持成立示范性的节能服务公司，引入市场化国家合同能源管理的新机制并逐步推广，最终在全国范围内形成一支基于市场化运作的节能服务产业队伍。

项目从1997年开始实施，在北京、辽宁、山东成立了三个示范性的节能服务公司和一个节能信息传播中心，它们是：北京源深节能技术有限责任公司、辽宁节能技术发展有限责任公司、山东节能工程有限公司和国家节能信息传播中心。这三个示范公司在成立之初得到了欧盟赠款、全球环境基金赠款和世界银行贷款的支持，同时原国家经贸委也提供了相关支持，以帮助三个节能服务公司克服初期的发展障碍。三个示范节能服务公司借鉴发达国家节能服务公司的运作方式进行商业化经营，与客户签订的"能源管理合同"因服务对象、项目的具体内容不同而不同，包括确保节能效益型合同、效益共享型合同和设备租赁型合同。

三个示范节能服务公司从成立之初开始按EMC机制实施节能项目，节能业务涉及照明改造、电动机变频调速改造、锅炉分层燃烧改造、电液锤替代蒸汽锤改造、电弧炉短网改造、工业炉窑改造等。三个节能服务公司利用赠款、贷款和自有资金实施节能项目，在客户企业中开拓出了初具规模的业务市场，担当着行业排头兵的角色。在它们的影响带领下，全国从事节能服务的企业已经多达几千家。到2006年年底，三个节能服务公司已在多个行业为405家客户成功实施了475个合同能源管理项目，累计投资总额约13.31亿元。通过实施这些项目，节能服务公司获得净收益4.2亿元人民币，而客户获得的净收益达到节能服务公司的8～10倍。这些项目产生的节能能力每年达到151亿吨标准煤，形成的二氧化碳减排能力为每年145万吨。实际完成的节能投资、节能量和碳减排量均超过了中国政府与世界银行预定的计划目标，示范显示节能服务公司在中国有强大的生命力，合同能源管理的节能机制在中国是可行的。

受示范成功经验的鼓舞和激励，很快出现了众多新兴节能服务公司。中国节能协会节能服务产业委员会（EMCA）成立后，有针对性地为新兴和潜在的节能服务公司提供技术援助，会员数从成立之初的59家增长到2012年的1000多家，使节能服务产业在中国快速成长起来。

3. 其他类型的节能服务公司

"十五"以来，为遏制单位GDP能源消耗的居高不下，节能减排工作日益受到重视，给节能市场带来了无限的商机，并涌现出大量的具有明显市场性质的节能服务公司。这些节能服务公司以民营企业为主，同时也吸引了诸如大陆希望、远大空调、ABB、西门子、施耐德、霍尼维尔等国内外知名大型企业和电力设备巨头进入我国，加入到我国的节能服务中来。

第二节　节能服务公司是节能市场的专业化服务机构

节能服务公司运作比较灵活，操作程序相对简单，实施的节能项目可复制性较强，易于把优质高效节能节电产品更快地转移到用户。具备资格的节能服务公司，在政府机构、公用事业、文教卫生、商业和服务业、中小型工业企业等有广阔的活动场所。尤其是2007年修订颁布的《节约能源法》明确了国家支持和培育节能服务产业的态度，使节能服务行业的发展前景更为广阔。

一、节能服务公司与合同能源管理

合同能源管理是一种有效的DSM运作机制，具体介绍见本书第三章第四节。节能服务公司是一种基于合同能源管理机制运作的、以赢利为直接目的的专业化公司。节能服务公司与愿意进行节能改造的电力用户签订节能服务合同，为电力用户的节能项目进行投资或融资，向电力用户提供能源效率审计、节能项目设计、原材料和设备采购、施工、监测、培训、运行管理等一条龙服务，并通过与电力用户分享项目实施后产生的节能效益来赢利和滚动发展。节能服务公司是一种比较特殊的产业，其特殊性在于它销售的不是某种具体的产品或技术，而是一系列的节能“服务”，为客户提供节能量。

节能服务公司运用合同管理模式为客户实施节能项目时，必须保证：

（1）节能服务公司与客户签订节能服务合同，为客户提供一条龙的综合性服务，并确保获得合同中规定的节能量。

（2）节能服务公司从节能项目的节能效益分享中回收投资并获得一定利润。

（3）节能服务公司为客户提供节能服务，承担了大部分项目风险，而客户对节能服务公司的还款以及自身的收益全部来自于节能效益，因此客户企业的现金流始终为正。

二、节能服务公司的业务特点[1]

节能服务公司所开展的合同能源管理业务具有以下特点。

（1）商业性。节能服务公司是商业化运作的公司，以合同能源管理机制实施节能项目来实现赢利的目的。节能服务公司是市场经济下的节能服务商业化实体，在市场竞争中谋求生存和发展，与从属于地方政府、具有部分政府职能的节能服务中心有根本性的区别。

（2）整合性。节能服务公司的业务不是一般意义上的推销产品、设备或技术，而是通过合同能源管理机制为客户提供集成化的节能服务和完整的节能解决方案，为客户实施“交钥匙工程”；它不是金融机构，但可以为客户的节能项目提供资金；它不一定是节能技术所有者或节能设备制造商，但可以为客户选择提供先进、成熟的节能技术和设备；它自身不一定拥有实施节能项目的工程能力，但可以向客户保证项目的工程质量。对于客户来说，节能服务公司的最大价值在于可以为客户提供经过优选的工程设施及其良好的运行服务，以实现与客户约定的节能量或节能效益。

（3）多赢性。合同能源管理业务的一大特点是：一个项目的成功实施将使介入项目的各方（节能服务公司、电力用户、节能设备制造商/供应商和银行等）都能从中分享到相应的收益，从而形成多赢的局面。对于分享型的合同能源管理业务，节能服务公司可在项目合同期内分享大部分节能效益，以此来收回其投资，并获得合理的利润；客户在项目合同期内分享部分节能效益，在合同期结束后获得该项目的全部节能效益及节能设备的所有权。此外，还获得节能技术/设备建设和运行的宝贵经验；节能设备制造商销售了其产品，收回了货款；银行可连本带息地收回对该项目的贷款等。正是由于多赢性，使得合同能源管理具有持续发展的潜力。

（4）风险性。节能服务公司通常对客户的节能项目进行投资，并向客户承诺节能项目的节能效益，因此，节能服务公司承担了节能项目的大多数风险。可以说，合同能源管理业务是一项高风险业务。业务的成败关键在于对节能项目的各种风险的分析和管理能力。

三、节能服务公司类型

运用合同能源管理机制实施节能项目的节能服务公司，由于在公司组建之初和运营的过程中，所依托的关键资源存在明显的差异，形成了不同类型的发展模式，主要有以下三种[1]。

（1）资金依托型。以三家示范节能服务公司为代表，包括少量的新兴节能服务公司。充裕的资金是他们进入市场的明显优势，他们的经营特征是以市场需求为导向，利用资金优势整合节能技术和节能产品实施节能项目。这种类型的节能服务公司不拘泥于专一的节能技术和产品，具有相当大的机动灵活性，市场跨度大，辐射能力强，能够实施多种行业、多种技术类型的项目，但需要加强在选择节能技术、节能产品和运作节能项目方面的风险控制能力。

（2）技术依托型。以某种节能技术和节能产品为基础发展起来的节能服务公司，节能技术和节能产品是公司的核心竞争力，通过节能技术和节能产品的优势开拓市场，逐步完成资本的原始积累，并不断寻求新的融资渠道，获得更大的市场份额。这种类型的节能服务公司大多拥有自主知识产权，实施节能项目的技术风险可控，项目收益较高。这种类型的节能服务公司目标市场定位明确，有利于在某一特定行业形成竞争力，如果既能保持技术不断创新，又能很好地解决融资障碍，企业的发展速度将十分可观。

（3）市场依托型。拥有特定行业的客户资源优势，以所掌控的客户资源整合相应的节能技术和节能产品来实施节能项目。这种类型的节能服务公司开发市场的成本较低，由于对客户的认知较深，来自客户端的风险较小，有利于建立长期合作关系。这种类型的节能服务公司需要很好地选择技术合作伙伴，有效地控制技术风险。

四、节能服务公司的服务类型

节能服务的技术有两大类：工艺节能和能源管理服务节能。

（1）工艺节能。指通过改造客户原有的工艺流程，或者对原工艺流程上的耗能设备进行节能改造或者更换，以提高整个流程或设备的用能效率的一种节能办法，一般通过以旧换新、改进工艺、加装节能器等方式实现。工艺节能的很多技术都已经成熟，投资回收期一般为 1～5 年。

（2）能源管理服务节能。指运用现代管理与服务技术，按照委托管理合同，对已投入使用的各类用能设备实施企业化、社会化、专业化、规范化的管理与维护，控制企业的能源消耗，提高能源的使用效率，保障企业能源的合理优化利用，满足企业生产与办公所需的动力与舒适度，为企业提供安全、高效、周到的能源管理服务。它是物业管理服务和企业管理的一个重要组成部分，是能源供给服务的延伸和补充。能源管理服务一般通过加强维护、错峰用电、计算机远程监控、加强管理等方式实现。

目前的节能服务一般以工艺节能为主，随着各种节能技术和设备在不断发展，社会上已经出现了一些技术成熟、经济合理的项目。管理节能在欧美有些国家已经成为节能服务行业重要的内容，客户把用能设备的管理类似委托物业管理一样委托给节能服务公司，节能服务公司通过承包客户能源费用等各种方式为客户提供能源管理服务。能源管理服务将成为未来节能服务的主要方式。

对于能源管理服务节能，节能服务公司内部首先必须拥有能源审计、能源管理方面的专家，拥有一批熟悉各种用能设备启停操作、运行管理、维护保养的专业技师，即首先要有自己的专业人才。其次，必须拥有各种仪器设备，用于监控用能设备的用能时间、用能状况，分析判断用能设备的运行状况，还要积极开发计算机远程监控信息系统，自动记录、分析、统计企业能源运行的各项参数，减轻维护人员的劳动强度和人员数量。再次，必须要拥有先进成熟的能源管理技术和经验，创立科学实用的能源管理方法，提供专业实用的节能技术与节能设备，实行有效的用户侧负荷管理。要为企业制定详细的设备操作、运行、保养、维护手册，制定严格的能源管理规章制度和工作流程。

五、节能服务公司运作模式

节能服务合同中最重要的部分涉及如何确定能耗基准线，如何计算和监测节能量，客户怎样向节能服务公司付款等条款，在合同中清楚地陈述上述有关内容并让客户理解，这一点是极为重要的。而根据客户企业和节能服务公司各自所承担的责任、客户企业向节能服务公司付款方式的不同，又可以将节能服务合同分成不同的类型。随着合同能源管理机制在我国的不断发展，已经发展出了如下几种不同的基本类型，与目前在北美和日韩等国的情况基本相似[1]。

1. 节能量保证支付模式

节能改造工程的全部投入和风险由节能服务公司承担，在项目合同期内，节能服务公司向企业承诺某一比例的节能量，用于支付工程成本。达不到承诺节能量的部分由节能服务公司负担；超出承诺节能量的部分双方分享，直至节能服务公司收回全部节能项目投资及相应的利润后，项目合同结束，先进高效节能设备无偿移交给企业使用，以后所产生的节能收益全归企业享受。该模式适用于诚信度较高、节能意识一般的企业。

2. 节能效益分享模式

节能改造工程的全部投入和风险由节能服务公司承担，项目实施完毕，经双方共同确认节能率后，在项目合同期内，双方按比例分享节能效益。项目合同结束后，先进高效节能设备无偿移交给企业使用，以后所产生的节能收益全归企业享受。该模式适用于诚信度很高的企业。

3. 能源费用托管模式

节能服务公司负责改造企业的高耗能设备，并管理其用能设备。在项目合同期内，双方按约定的能源费用和管理费用承包企业的能源消耗和维护。项目合同结束后，先进高效节能设备无偿移交给企业使用，以后所产生的节能收益全归企业享受。该模式适用于诚信度较低、没有节能意识的企业。

4. 改造工程施工模式

企业委托节能服务公司开展能源审计、节能整体方案设计、节能改造工程施工，按普通工程施工的方式支付工程前的预付款、工程中的进度款和工程后的竣工款。该模式适用于节能意识很强、了解节能技术的企业。运用该模式运作的节能服务公司的效益是最低的，因为合同规定不能分享项目节能的巨大效益。

5. 能源管理服务模式

节能服务公司不仅提供节能服务业务，还提供能源管理业务。对许多经营者而言，能源管理不是企业核心能力的一个部分，自我管理和自我服务是低效率、高成本的方式。通过使用节能服务公司提供的专业服务，实现企业能源管理的外包，将有助于企业聚焦到核心业务和核心竞争能力的提升方面。能源管理的服务模式有两种形态：能源费用比例承包方式和用能设备分类收费方式。

对上述每一种付款方式都可以适当变通，以适应不同耗能企业的具体情况和节能项目的特殊要求。但是，无论采用哪种付款方式，节能服务公司和客户双方都必须充分理解合同的各项条款，合同对节能服务公司和客户双方来说都是公平的，以维持双方良好的业务关系。合同应鼓励节能服务公司和客户双方致力于追求可能的最大节能量，并确保节能设备在整个合同期内连续而良好的运行，使双方都能从节能效益中获得最大的收益，这也是节能服务公司和客户共同追求的目标。

六、节能服务公司运作手段[1]

节能服务公司节能运作手段主要包括以下几个方面：

1. 以旧换新——提高能效

用先进的技术、科学的方法更新淘汰旧的、高耗能的用电设备，实实在在地提升用电设备的用能效率，达到节能的目的。例如用节能灯替换白炽灯，用 T5 灯替换 T8 灯，用金属卤化物灯替换高压汞灯，用能效比好的中央空调主机替换旧的空调主机等，都能带来非常显著的节电效益。

2. 改进工艺——挖潜增效

改进工艺流程，达到一机多用，充分挖潜增效，提高能源的综合利用。比如在水源丰富地区，采用水源热泵技术；在地形开阔地区，采用地源热泵技术供暖，同时提供生活热水；利用中央空调机组余热回收技术，提供生活热水。

3. 加强维护——减少损失

维护保养对用能设备很重要，可以减少设备疲劳磨损。通过采用先进科学的设备和技术，减少用能设备损耗，降低用能设备的维护成本，从而有效减少电力用户的能源消耗支出。

4. 加装节能器——定点节能

加装变频器，通过改变电动机的运转速度、软启动等技术手段，达到节电目的。适合风机、水泵等负荷经常变化、没有恒速要求的场合。加装节电器，通过降低电压、消除谐波、抑制浪涌、调节无功等技术手段，达到节电目的。适合对电压变化不敏感的用电场合。

5. 计算机远程监控——科学用能

利用计算机远程监控技术，监控用能设备的用能时间、用能状况，分析、判断用能设备的运行状况，合理地调度能源负荷，使用能设备长期处于最佳的用能状态，按“所需即所供”的原则科学用能，实现终端用能设备耗能的科学管理和有效利用。

---

[1] 资料来源：中国节能网。

6. 加强宣传和管理——节约用能

通过广泛的、形式多样的宣传教育活动，增强人们的节能意识；通过严格的规章制度，杜绝使用不合理的用能设备；通过现场巡视检查，制止能源浪费现象。

第三节　节能服务公司在我国发展的现状和前景

一、我国节能促进项目进展

1. 项目背景

“世界银行/全球环境基金中国节能促进项目”是原国家经贸委代表我国政府与世界银行和全球环境基金共同组织实施的大型国际合作项目。

本项目的目标是引进、示范、推广“合同能源管理”模式，建立基于市场的节能新机制，克服市场障碍，促使各类节能项目的普遍实施，提高我国的能源效率，减少二氧化碳及其他污染物的排放，保护全球及地区的环境；推广节能新机制，组建各种类型的新的节能服务公司，形成我国的节能产业；吸引各类投资者，向节能项目进行商业性投资，促使节能产业的迅速发展。

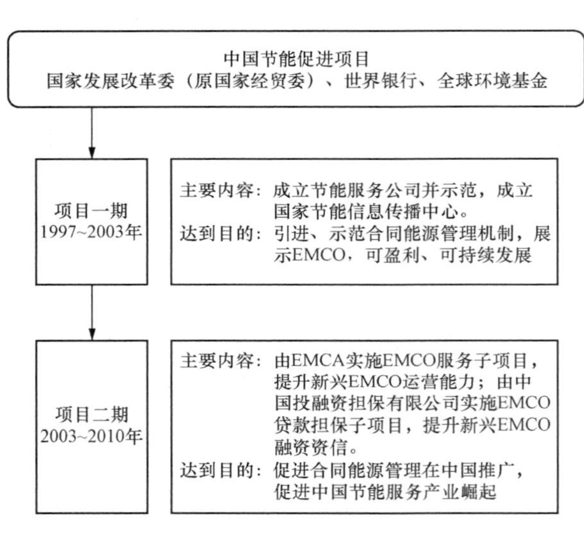

图 5-1　节能促进项目的进展及其对中国节能服务产业的贡献

项目分为两期，一期的内容主要是支持成立三个示范性的节能服务公司，建立国家级的节能信息传播中心，为项目提供技术援助；二期的任务是在一期示范成功的基础上建立更多数量、更多类型的节能服务公司，并为他们的组建、运营和发展提供强有力的支持，促使我国节能产业的形成。该项目的进展及其对中国节能服务产业的贡献如图 5-1 所示。

2. 项目一期的进展

WB/GEF 中国节能促进项目一期于 1997 年开始实施，支持组建了三个示范性的节能服务公司和一个国家级的节能信息传播中心。

（1）示范节能服务公司。建立三家示范节能服务公司是项目一期主要内容之一。分别是：北京源深节能技术有限责任公司（简称北京节能服务公司），辽宁省节能技术发展公司（简称辽宁节能服务公司），山东省节能工程有限责任公司（简称山东节能服务公司）。三家公司以往所运作的合同能源管理节能项目主要为效益分享型项目。

（2）节能信息传播中心。项目一期的另一项内容是支持建立一个国家级的节能信息传播中心，它的任务是代表国家节能主管部门收集、开发并无偿向相关用能单位发布有权威性和实用性的节能技术信息，推动全社会的节能与环保工作。

3. 项目二期的进展

项目一期示范的节能新机制获得很好效果，即三家示范节能服务公司运用合同能源管理模式运作节能技术改造项目很受用能企业的欢迎；所实施的节能技改项目基本都获得了较大的节能效果、二氧化碳减排效果和其他环境效益。鉴于此，国家发展改革委与世界银行共同决定于 2003 年 11 月 13 日启动项目二期。

（1）项目二期的目标：在全国推广节能新机制，促进节能服务公司产业化发展的进程，尽快形成我国的节能产业，力争在项目二期实施的七年间（项目寿命期）获得 3533 万吨标准煤的累计节能量及 1 亿吨二氧化碳的累计减排量；在项目二期结束时，将在我国形成持续发展的节能服务公司产业，期望这一产业的发展进一步促进我国提高能源效率，减少温室气体的排放。

（2）项目二期的任务：①节能服务公司服务子项目有针对性地对新兴/潜在的节能服务公司提供强有力的技术援助，帮助他们建立与提高各方面的运营能力，促成更多节能服务公司的建立与发展，最终形成我国节能产业；②建立节能服务公司商业贷款的担保机制。

（3）中国节能协会节能服务产业委员会（EMCA）是该项目二期节能服务公司服务子项目的执行机构。该项目的目标是通过示范和推广“合同能源管理”节能新机制，促进我国节能机制转换，扩大节能投资，提高能源利用效率，减少温室气体排放，保护地区和全球环境。EMCA 是 2003 年 12 月经民政部正式批准成立的非营利社会团体组织，从引进、示范合同能源管理机制，到培育、扶持一支遍布全国的节能服务公司队伍，进而奠基了充满朝气、高速发展、方兴未艾的节能服务产业，实现了从一个国际合作项目向一个新兴产业的成功跨越，促使中国节能服务产业实现了从量的积累到质的跨越，在相关政策的扶持下不断发展壮大，为我国节能减排事业做出积极贡献。运作合同能源管理项目的公司类型，早期以专业服务公司为主，逐步扩展到三种类型：专业的合同能源管理服务公司、节能产品的专业销售公司和节能产品的生产厂商，其中节能产品的生产厂商在运作合同能源管理项目上具有成本优势，但是一般不具备融资和项目运作方面的经验和实力。

2010 年 6 月 30 日，项目二期顺利完成，为促进中国节能服务产业崛起做出积极贡献，还为创新金融支持提供经验。项目一期，GEF 援助的资金为 2200 万美元（称为种子资金），项目二期为 2600 万美元。截至 2009 年底，这些资金所带动的合同能源管理项目累计投资总额达到了 426 亿元，约为种子资金的 130 倍，相当于减排二氧化碳 7 亿多吨。

政府陆续出台相关文件，安排奖励资金，支持推行合同能源管理，比如 2010 年 4 月份，国务院转发国家发展改革委、财政部、中国人民银行和国家税务总局联合制定的《关于加快推行合同能源管理促进节能服务产业发展的意见》；2010 年 6 月份，财政部和国家发展改革委印发《合同能源管理项目财政奖励资金管理暂行办法》。很显然，合同能源管理已经成为我国政府应对气候变化的重要抓手之一。

二、我国节能服务产业的发展现状

全国节能服务公司的节能投资总额大幅攀升，其中合同能源管理项目投资也稳步增长。2003 年的节能投资总额为 11.48 亿元，其中合同能源管理项目的投资为 7.6 亿元[3]。据 EMCA 不完全统计，截止到 2011 年底，全国从事节能服务业务的公司数量将近 3900 家，其中备案的节能服务公司 1719 家，实施过合同能源管理项目的节能服务公司 1472 家，节能服务产业产值首次突破 1000 亿元人民币，达到 1250.26 亿元，其中合同能源管理项目投资额达到 412.43 亿元，实现的节能量达到 1648.39 万吨标准煤，行业从业人数接近 40 万人。相关数据显示，近五年时间里，中央财政已投入600多亿节能减排专项资金，其中用于合同能源管理项目的投资额已达412.43亿元，占到三分之二以上，投资额较2003年增长了十多倍。

节能服务公司的目标市场涉及各个领域，从项目数量上来看，建筑领域最多，工业领域次之，交通领域比较少。从总的投资额来看，工业领域的投资较大，交通领域所占份额很低。

经过多年发展，我国“节能服务公司”队伍日渐壮大，遍布全国各地，实施节能项目的各项能力，包括市场开发、风险控制、项目融资、项目管理等也全面提高，节能服务项目分布在工业、建筑、交通等各个领域，涵盖钢铁、石化、建材、交通、电力、建筑等各行各业，节能项目类型主要有照明、供热供冷、锅炉改造、中央空调、工艺节能、变频调速、蓄热（冷）、综合节电等，节能服务产业的发展日趋成熟、壮大。

为了有效开展DSM项目，各级电网企业相继建立了企业所属的节能服务公司。一方面，这有利于充分将负荷管理技术与节电技术相结合，利用电网企业自身的技术和信息优势，帮助用户合理安排用电方式，客观准确地进行节电诊断，制定合理的节能改造方案，帮助用户实现最大的节能效益。另一方面，这有利于发挥电网企业人才素质高、技术水平高、管理规范等优势，可以真实详细地了解电力用户的用电情况，有助于准确把握社会用电需求的发展态势。具体见第四章第二节相关内容。

节能行业的巨大市场潜力和商业价值使其必定成为一个充满金矿的领域，但是，市场潜力和市场需求是一回事，而将潜在用户变为现实用户，将需求变为销售额又是一回事。这一论点在节能市场尤其适用。由于节能服务公司的投资收益取自节能项目的未来节能效益，项目合同期短则一年，长则五年，因此必须充分正视项目运作过程中可能出现的风险，将风险控制在萌芽状况。

（一）外部条件

1. 国家的扶持力度不断加强

2007年10月修订颁布的《节约能源法》虽然提出“国家鼓励节能服务机构的发展，支持节能服务机构开展节能咨询、设计、评估、检测、审计、认证等服务”和“国家运用财税、价格等政策，支持推广电力需求侧管理、合同能源管理、节能自愿协议等节能办法”等条款，但尚未配套制定一些实质性的鼓励政策，政府机构节能进度缓慢。同时，不合理的财税政策也妨碍了节能市场的充分发挥。在这种情况下，为具有公共事务性质的节能工作制定合适、宽松的政策显得非常重要。

2. 社会诚信不断提高

合同能源管理项目成功实施是节能服务公司与客户双方共同的目标，客户的利益是不投入或少投入资金即可得到优良的节能设备和长期的节能和环境效益，节能服务公司则要从项目成功中赚得利润。许多案例证明，双方的真诚合作是最重要的。在项目的初次接触时，客户通常会把节能服务公司当成节电产品的推销商看待，担心会损坏或降低设备的性能而不能或不愿提供真实准确的资料，致使节能服务公司所做的能源审计报告不科学、不实际，为后续的合同能源管理项目成败埋下阴影。等节能服务公司重资投入改造设备后，发现节能率并不如预期好，很大一个原因是客户的不诚信合作或节能服务公司的管理服务没有跟上，有限的节电率弥补不了管理的漏洞，致使节能服务公司难于防范技术与经济的风险。部分节能公司也缺乏严格管理，只管销售，不管服务，不能保证节能量，或者做试验时有很好的节能率，运行时却达不到应有的效果，损坏了节能行业的形象。

3. 节能经济效益评估的权威性不断提高

进行节能改造后，如何去评价节能量或节能效果是不是达到国家规定的要求，是不是确实给客户带来经济效益，这需要一套具有权威性的评价指标体系。目前多数能源管理部门对能源使用没有进行分类计量，而且市场缺乏节能效果评价机制。在进行节能改造后，哪些能源的节省是节能措施带来的，而哪些又是因为其他非节能因素带来的，没有一个具体有效的办法来审核，容易出现扯皮现象。为避免造成改造方投资无回报、技术方做工无工钱的状况，节能项目需要有权威的评估。

4. 企业的节能意识不断加强

很多企业只注重扩大生产规模和增加产品的市场份额，关心生产成本、运输成本、人工成本，唯独忽略了能源成本，没有建立能源消耗账本或统计产品能源单耗，对节能工作不够重视，加上没有政府强制性的措施，企业对节能工作积极性不高。

5. 节能信息传播宣传力度不断加大

一方面是节能服务公司看到了节能行业的巨大市场潜力，政府部门看到了节能对环保的巨大贡献；而一方面是企业决策者缺乏对节能知识和信息的了解，看不到权威的、实用的综合节能信息，特别缺乏节能项目成本、效益的经济分析和财务分析方面的信息，加上企业普遍存在投资紧缺，对节能缺乏积极性。节能行业市场和节能资金市场也存在严重的信息脱节，私人投资者、商业投资机构不了解节能项目的可盈利性和节能市场的潜力，对节能投资的潜在风险心存顾虑，致使节能项目的融资十分困难。

（二）内部因素

1. 资金实力要有竞争力

合同能源管理的市场机制要求节能服务公司必须拥有较大的资金实力，由于合同能源管理项目资金回收期较长，后续资金一旦断供，节能服务公司将难以发展。商业银行在节能项目的运作上也爱莫能助，毕竟合同能源管理项目是风险投资项目。因为世界银行或政府考察的是环保的社会效益，而节能服务公司关心的是节能的经济效益，两者的出发点不同，为便于融资，提高信用担保，节能服务公司要有必要的历史银行记录。

2. 要有核心竞争力

现阶段节能行业的准入门槛较低，节能服务公司良莠不齐，很多公司不具有持续立于不败之地的核心竞争力。有些公司规模偏小，人员综合素质不强，内部管理不规范，产品技术含量低，深入、持续的研发能力不强；有些公司没有自主产品，缺乏核心竞争技术，开拓市场更多地是依靠关系和各自的客户资源条件；有些公司在激烈的市场竞争中经过短暂的“辉煌”之后，所拥有的技术渐渐过时，后续研发跟不上，公司也随之难以运行下去。

3. 要有合理的人才结构

节能服务的涵盖面很广，涉及到建筑、设备、经济、融资、法律、营销、管理等多方面，需要一支具备研究型、技术型、管理型、服务型的专业人才队伍。

如何合理解决上述问题是合同能源管理业务在我国成功开展的关键所在。只有这样才有可能使节能服务公司从资本市场中获得足够的资本，同时从国内金融机构顺畅、持续地获得所需的商业贷款，扩大节能服务公司的业务规模，从而建立起一个使合同能源管理可持续发展的市场框架。

三、节能服务公司在我国的发展前景广阔

我国能源消费量已成为世界第一，但能源利用效率仍较低。与此同时，国内、国际市场的能源产品价格都在迅速上涨，大大增加了经济增长和企业发展的成本，而国内技术、产品和运作模式的落后也大大提高了我国单位 GDP 能耗，与国际先进水平相比有一定差距，这也说明了国内节能产业巨大的发展潜力和空间。目前大量技术上可行、经济上合理的节能项目完全可以通过商业性的节能服务公司来实施。从较成熟的市场经济国家的节能事业发展经验来看，合同能源管理这种节能新机制比较适合我国的情况，已有的节能机构和潜在的投资者完全可以结合我国的实际情况对节能项目进行投资并从中获得盈利和发展。

目前，节能减排已经成为国家和社会全体的共识，对此国家已经制定了大量的相关政策和规定，将进一步深化和完善节能工作的政策环境，支持节能生产工艺、技术和产品的发展，这对合同能源管理的发展具有积极的宏观推动作用。

另一方面，市场竞争的加剧促使各类企业积极寻求新的发展空间和利润增长点。“合同能源管理”机制将成为节能设备制造商/销售商进行产品营销的一种新的手段，成为节能技术服务提供商进行技术能力市场化的一种途径。同时采用“合同能源管理”机制实施节能项目的业务模式也为金融机构和潜在的投资商提供一种有稳定收益的贷款渠道和投资选择。

国外的合同能源管理产业已经发展了 50 多年，运作模式已经相对成熟，可以给我们提供很好的借鉴。国内的合同能源管理产业也已经发展了 10 多年，应该说已经有越来越多的企业了解、认识、理解和认同这种节能模式，现有的节能服务公司也已经开展了众多的成功项目，回报丰厚。随着国内的政策、融资、信用、管理、技术和能源市场等环境条件的逐渐成熟，“合同能源管理”机制在我国将得到良好的发展，将有力的推动我国节能环保事业，促进经济的可持续发展。

第四节　国外节能服务公司发展概况

在市场经济国家中，节能服务公司是在 20 世纪 70 年代中期以后逐步发展起来的，尤其是在北美和欧洲，节能服务公司已成为一种具有较大影响力的产业。世界节能服务公司产业概况见表 5-1。

表 5-1　　世界节能服务公司产业概况

国家名称	第一个节能服务公司成立时间	2001 年节能服务公司的数量	2001 年节能服务公司项目总额（万美元）	国家名称	第一个节能服务公司成立时间	2001 年节能服务公司的数量	2001 年节能服务公司项目总额（万美元）
阿根廷	20 世纪 90 年代	5	＜100	澳大利亚	1990	8	2500
奥地利	1995	25	700	比利时	1990	4	
巴西	1992	60	10000	保加利亚	1995	12	
加拿大	1982	25	5000～10000	智利	1998	3	20

续表

国家名称	第一个节能服务公司成立时间	2001年节能服务公司的数量	2001年节能服务公司项目总额（万美元）	国家名称	第一个节能服务公司成立时间	2001年节能服务公司的数量	2001年节能服务公司项目总额（万美元）
中国	1995	23	4970	哥伦比亚	1997	1～3	<20
捷克	1993	3	100～200	埃及	1996	6	
爱沙尼亚	1985	20	100～300	芬兰	2000	4	50～100
德国	1990～1995	500～1000	700	加纳	1996	1～3	<10
匈牙利	20世纪80～90年代	10～20	—	印度	1994	4～8	50～100
日本	1997	21	6170	肯尼亚	1997	2	<1
韩国	1992	150	2000	立陶宛	1998	3	
墨西哥	1998	7	—	尼泊尔	2002	2	25
菲律宾	20世纪90年代	7	—	波兰	1995	8	3000
斯洛伐克	1995	10	170	南非	1998	3～5	1000
瑞典	1978	6～12	3000	瑞士	1995	50	1350
泰国	2000	6	500～600	乌克兰	1996	5	250
英国	1980	20		美国	20世纪70～80年代	60	19000～21000

注　资料来源：中国节能技术与产品网。

节能服务公司的行业分布因各国国情不同而各有千秋，大多分布于多个行业，以商业、工业和市政为多。节能服务公司的行业分布见表5-2。

表5-2　　节能服务公司的行业分布

行业	各国节能服务公司的行业分布
居民	七个国家的节能服务公司在此行业有10%以上的业务，其中包括尼泊尔（30%）和南非（15%）
商业	许多节能服务公司在此行业的业务达10%～40%，其中印度、日本和墨西哥的业务在50%以上
工业	有50%以上国家的节能服务公司分布在此行业，其中保加利亚、埃及、肯尼亚、菲律宾、泰国和乌克兰的节能服务公司业务超过70%
市政	部分国家的节能服务公司有此业务，其中奥地利、加拿大、捷克和波兰的节能服务公司业务超50%
农业	只有爱沙尼亚和南非的节能服务公司分布在此行业

注　资料来源：中国节能技术与产品网。

在过去的20多年里，美国、加拿大等国家由于政府重视，推动节能服务公司的资金来源比较充足、信用体系较为完善、节能领域涉及面广，其成长较发展中国家早，很多经验值得借鉴。

下面简要介绍几个典型国家节能服务公司发展概况。

一、美国

美国节能服务公司产业起源于20世纪70年代末和80年代初。20世纪70年代的两次石油危机给降低用户能源费的业务提供了机会，促使一批节能服务公司应运而生。美国是节能服务公司的发源地，也是节能服务公司产业最发达的国家。在美国，联邦政府和各州政府都支持 ESCO 的发展，把这种支持作为促进节能和保护环境的重要政策措施。

在美国，由于得到了联邦政府的支持，采用合同能源管理机制运作业务的节能服务公司得到了迅速发展。1985 年，美国联邦政府曾以 2.5 亿美元的财政预算支持政府机构实施节能项目。后来由于财政紧缺，联邦政府开始考虑发挥节能服务公司的作用来为政府楼宇节能项目筹集资金。1992 年美国国会通过了一个法案（EPACT），允许政府机构与节能服务公司按合同能源管理机制开展节能项目，以达到既不需要增加政府预算，又能取得节能效果的目的。这为节能服务公司的发展打开了方便之门，新的节能服务公司在美国不断涌现，并发展成为一个新兴的节能产业。数以百计的节能服务公司在这一市场中展开竞争，而其中的 13 家公司占有该市场的大多数份额。根据美国能源公司协会的研究，20 世纪 90 年代，节能服务公司行业每年收益增值率达到 24%。虽然从 1996 年起，收益率增长有所回落，仅为 9%，但是近年来的节能服务公司市场范围估计仍在 20 亿美元左右[1]。

（一）节能服务公司的内部机制

从美国节能服务公司的产生与发展来看，其形式有很多种，但其本质只有一个，即项目的开发者，他们都以系统的步骤进行项目的开发。以下介绍美国节能服务公司普遍采用的内部机制。

1. 寻找潜在客户

所有节能服务公司都会直接或间接雇用人员或团队去寻找或确认潜在的客户、联系客户并介绍合同能源管理机制的基本原理。一旦客户有意向要进行节能改造，所雇用人员则通知节能服务公司与客户进行联系。

同时，节能服务公司还通过公用事业部门分享客户的信息并与客户建立关系，为客户进行能耗测量，并组织潜在的客户进行会议交流，一旦客户发现有节能改造的需要，就会请求节能服务公司进行合作。

2. 设备审计

如果客户在交流后有兴趣的话，一些节能服务公司会对客户的设备进行粗略的能源审计及诊断。初步审计后可向客户提出初步的技术经济方面的建议，对工程建设、测试、维护成本及节能量进行评估实施的初步审计通常称为投资等级审计。

3. 项目协议

节能服务公司在进行投资等级审计后，就和客户起草基本的项目协议。项目的协议签订可能包括第三方在内（如银行、租房公司等）。具体的不同协议有能源服务协议、节能效益保证合同、项目协议等。

4. 项目设计

项目协议签订后，节能服务公司准备节能项目设计的具体技术说明。一些节能服务公司由自己的工程师做项目设计，也有一些节能服务公司雇用工程顾问做这项工作。节能服务公司用这份技术说明进行招标。

[1] 资料来源：中国节能服务网。

5. 工程建设

大部分节能服务公司雇用项目经理监督节能设备的安装。这些项目经理以标准的建设合同为依据对承包商进行监督。工程建设的好坏影响着项目的节能量，所以节能服务公司尤其注意项目的这个阶段。

6. 工程验收

所有工程项目都要经过客户的验收，客户根据验收结果开始付款。

7. 维护和监测

节能服务公司在合同期内要对工程进行维护并负责监测。所有的项目还要检测能源的节省费，以此来决定节能服务公司的分享利益。

（二）节能服务公司类型

美国的节能服务公司有以下几种类型。

（1）独立的节能服务公司。美国最早出现的节能服务公司都是独立的，其服务范围比较广泛，有学校、医院、商业建筑、公共服务设施、政府机关、居民和工厂企业。这些公司的业务随市场需求的变化而调整，也常常有自己独特的专业优势。

（2）附属于节能设备制造商的节能服务公司。在美国，一些节能设备制造商注意到，通过节能服务公司的服务可以推销他们所生产的设备，因此，他们干脆自己创办附属的节能服务公司。这些节能服务公司以自己所生产的设备，组合各种成熟技术，打开节能服务市场。

（3）附属于公用事业公司（电力、天然气、自来水等企业）的节能服务公司。因为节能服务公司及其客户所获得的节电收益实际上就是电力企业收益的减少，因此许多电力企业开办了附属的节能服务公司。附属于电力企业的节能服务公司不仅能弥补因节电而引起的电力企业的销售损失，而且可以通过节能服务公司的服务提高供电质量和服务质量，改善电力企业在电力供应市场中的竞争地位，因为美国在推进电力改革（电力重组）以来，电力供应市场的竞争激烈起来。

（三）节能服务公司采用的合同种类

节能服务公司通常采用两种合同形式，都是以节能绩效为依据的。合同种类包括只涉及能源服务的履行合同、能源服务和资金筹备的履行合同，还有一些常用的履行合同形式：节能保证型、能源节余合同分享型、节能支付型、公用事业单位的需求侧管理合同，能源/产出收入协议和履行租赁。其中节能保证型合同应用最广。

在分享节能收入的合同中，节能服务公司定期验核节能收入，付款额也随节能收入的多少而变动。在节能收入付款形式的合同中，项目的资金成本有明确的定义。用户把节能收入的一定百分比（一般为80%～100%）用于支付项目的运行和资金成本，按一定的利率计算利息。当项目的成本及利息偿还以后，合同可以终止或用较低百分比（如25%）的节能收入支付其余应付合同项目款项。通常，合同的最长期限应该比用节能收入还清所有投资成本所需时间长一些。

在公用事业单位的需求侧管理合同中，节能服务公司同公用事业单位签订合同，替用户安装设备，公用事业单位支付节能服务公司经核验的节约负荷或者节约电量，通常项目期限为7～10年。

二、加拿大

加拿大也是较早引入合同能源管理的国家之一。加拿大的第一个节能服务公司是政府机构与电力企业合作成立的。该节能服务公司商业性运作，经过几年的努力，充分显示了它的赢利能力和生命力，得到了极大的发展，主要的业务市场涵盖了政府大楼、商业建筑、学校、医院、工业企业、民用住宅等方面。政府对节能服务公司的发展极为重视，不仅颁布了相关的政策和规范，带头接受节能服务公司的服务，同时也鼓励企业和居民接受节能服务公司的服务。六家大银行也都支持节能服务公司的发展，并对用户和项目进行评估，给予资金优惠支持[2, 3]。

与美国不同，加拿大的合同能源管理发展具有其独特的特点。

1. 政府和公用事业参与扶持

在加拿大，行业早期发展的模式与美国的不同，政府直接参与并扶持节能服务公司的发展，如公用事业部与魁北克工程公司合资创建的Econoler公司。受政府项目的支持，该公司在魁北克的业绩增长迅速。联邦政府成立国有节能服务公司，在安大略省和加拿大东部获得了主要特许银行和几个省政府的支持，节能业务得到快速成长。

2. 提升核心工程能力

加拿大节能服务行业成功的基础是始终将实现可信的和创新的工程作为业务的核心。在开始阶段，由已有的机械和电子工程公司来为项目提供服务。在能源价格低、利率高的时候，这些公司必须依靠他们的工程技术来实现他们的金融目标。

3. 成立可信赖的行业协会

如同其他所有服务行业一样，在很多成功项目中，出现一个失败项目就会对行业的成长产生严重的不利影响。鉴于此，1987年，在安大略省水电站、联邦政府和安大略省政府的大力支持下成立了加拿大节能服务公司协会（CAESCO）。CAESCO 通过鉴定、支持以及向节能项目承包商和客户提出建议等方式促进该行业的有序发展，会员单位包括节能服务公司、设备供应商、公用事业、政府、律师和顾问等。

4. 可信赖的工具和技术

节能服务行业成长和消费者信心的基础是期望风险最小化，且不可见费用能够被有效公平地处理。有效的标准合同、招标预审、资格鉴定、选择程序、监控认证工具和技术培育等带动了加拿大的节能服务行业成长。加拿大政府要求，购买节能服务是基于竞争性的增值服务，而不仅仅是成本。随着时间的推移，节能服务公司协会和政府之间的密切合作已经使得公文程序和项目成本大大缩减。

5. 金融机构的进入

就长期而言，节能服务行业的成功与否将与来自不同潜在机构的第三方资金筹措的可用性密切相关。加拿大的节能服务项目最初都是由节能服务公司自己融资的，现在有很多大型的且信誉度很高的金融机构对节能服务项目融入了大量资金。

虽然工业是加拿大能源消耗最多的用户，但是机关事业单位建筑和设备节能仍为加拿大的节能服务销售主体。这主要有两方面的原因：一是建筑节能的风险最低；二是在加拿大，节能服务的起源和发展与政府机构的参与有着千丝万缕的关系。政府和公用事业已经协助培育节能服务市场，使得机构的设施成为实施项目的主要方向。在1994年，85%的合同能源管理项目是针对事业单位的，主要是学校、医院，并且少部分是政府机关的。迄今为止，在加拿大的节能服务发展的经验说明，在中长期内仍具有重大潜力的目标市场，包括工业设备、民宅、私有办公建筑、零售设施和政府机关等。

三、欧洲

欧洲各国的节能服务公司是在20世纪80年代末期逐步发展起来的，公司项目运作的核心也是同用户进行节能效益分享。但是，欧洲节能服务公司运作的项目有别于美国和加拿大，主要是帮助用户进行技术升级以及热电联产一类的项目，项目投资规模较大，节能效益分享的时间较长，项目的融资及项目实施的合同也较为复杂。有些国家，如法国的节能服务公司多为行业性的，如在煤气、电力、供水等行业较发达，这些节能服务公司不仅提供节能方面的服务，而且还承担相应的类似物业管理方面的工作，他们的收益不仅来自节能，而且还来自与节能、能源供应有关的一系列服务。德国政府不仅给予政策扶持ESCO发展，而且在市场开拓、技术开发、风险管理、运行机制等方面为私人公司做出示范，一旦项目运作成功，就将有关的项目运行机制、市场潜力等通过各种媒体介绍给其他ESCO，由其他ESCO具体复制完成项目的实施。欧洲ESCO同美国、加拿大相比类型不是很多，其产生和发展除了市场的因素外，更多的是依靠政府有关能源开发、环境保护政策为其营造了一个发展的环境。截至2000年，欧洲共有七万个节能服务合同，总投资将近50亿欧元，其中采用合同能源管理机制的合同约占10%，主要集中在高层民用住宅楼、办公、政府楼宇及工业设施等用户[1]。下面以西班牙为例介绍欧洲的一些经验。

在欧盟国家中，西班牙是电力相对短缺的国家之一，这为西班牙节能服务公司产生、发展带来契机和动力。近几年，西班牙政府从节约能源保护环境的目标出发，制定、发布了一系列鼓励开发热电联产、可再生能源的“硬性”政策。

这种政策极大地鼓励了私人投资者向热电联产和风力发电项目发展。由于这些私人公司为用户开发热电项目提供一系列的服务，完全采用合同能源管理的新机制，这对用户来说既避免了直接投资所带来的资金风险和项目技术风险，还从项目中收益，很受用户的欢迎。因此，节能服务公司的业务发展很迅速，目前其业务每年以5%～10%的速度增长。此外，政府在扶持节能服务公司的发展方面不仅通过政策给节能服务公司创造一个良好的环境，而且在市场开拓、技术开发、风险管理、运行机制等方面为私人公司做出示范。具体的做法是：将20世纪80年代隶属于工贸部的能源研究所逐步改制为兼有政策研究和项目示范双重功能的能源机构（IDAE），该机构不仅为西班牙政府制定节能政策提供咨询服务和技术支持，而且也是一个地地道道的节能服务公司。IDAE作为节能服务公司所开发的项目带有拓展和示范性质，特别是在项目融资、合同能源管理形式及项目风险管理等方面，均在全国先行一步，一旦项目运行成功，就将有关的项目运行机制、市场潜力等通过各种媒体介绍给私人节能服务公司，私人节能服务公司启动这些项目后，IDEA就退出该市场，把好的市场和机会留给私人节能服务公司，然后再去开发新的项目和市场。西班牙私人节能服务公司之所以在全国发展迅速，除了其潜在的节能市场和政府的相关配套政策以外，IDAE的先导和示范发挥了很大的作用。

[1] 资料来源：中国节能服务网。

西班牙的ESCO项目运作机制同美国、加拿大基本相同，但也有其独到之处。

（1）西班牙的ESCO主要实施热电联产和风力发电项目，而工业节能改造项目和商厦照明项目较少。其原因是工业部门相对来说节能的潜力较小、项目实施的风险较大，而选择热电联产项目和风力发电项目，有政府政策的保证。而且，为了避免来自用户方面的市场风险，所选定热电联产的客户绝大多数为效益回报相对稳定的商业、医院、政府办公大楼等公益事业部门，这一点同美国、加拿大的ESCO选择政府大楼、医院、学校实施照明和楼宇控制系统改造的道理是一样的。

（2）ESCO具有融资和投资的能力，可以向银行贷款，也可以直接投资项目，这种投资方式称为“第三方融资”。具体的讲就是针对拟投资的项目成立专门的合资公司，由合资公司具体落实项目的投资、运营、管理和维护。

（3）西班牙ESCO与用户的合同方式较多，除了类似美国、加拿大ESCO的效益分享合同以外，还有BOT（建设、运行、转让）、BOO（建设、运行、拥有）和BLT（建设、租借、转让）三种形式。对节能服务公司而言，前两种形式投资的风险较小，项目建成后，完全由ESCO来运行、经营，而没有客户的介入，ESCO通过投资和项目的经营获得效益。第三种项目运营的方式，其实质是设备（项目）租赁。目前，私人公司开发的风电项目大多采用BOO形式，热电联产项目较多采用BOT和BLT形式。ESCO根据项目的技术和客户的情况选择不同的合同管理方式，与客户签订不同类型的合同，以保证降低项目的风险。

在西班牙，热电联产项目对客户的吸引力除了表现在可降低能源成本、不需要增加投入而获得高效设备外，还表现在如下两个方面：

1）热电联产和风电项目为客户建立了一套独立的能源供应系统，可以保证客户的能源供应，使客户免遭停电和停热的困扰；

2）节能服务公司为客户的能源供应系统升级，为客户提供优质的服务而不花费客户的精力和时间，使其集中精力考虑企业的运营和发展，这一点正迎合了西班牙经营者的观念。

四、亚洲

近几年来，节能服务公司在亚洲也发展起来，尤其是在市场经济比较发达的韩国和日本。

1. 韩国

政府通过划拨优惠贷款（其利率为银行利率的三分之一）的方式，通过企业协会支持节能服务公司的发展：由ESCO和用户企业向协会提出节能技术改造项目的可行性报告和贷款申请，由协会审查报告和申请，确认能源审计和项目可行性，批准项目并委托节能服务公司为客户企业实施节能项目，而后银行根据协会的批准向ESCO提供贷款，为ESCO的节能项目融资。项目实施后，通过节能效益分享，节能服务公司和协会利用回收资金向银行归还贷款。

2. 日本

日本政府对合同能源管理事业非常支持，经济产业省、节能中心等从政策层面，新能源及产业技术综合开发机构（NEDO）、政策投资银行等从资金层面给予大力支持。1997年，在日本节能中心内部成立了节能服务公司事业导入研究会，1999年10月，成立了节能服务公司协议推进会。节能服务公司协议推进会的主要任务是：①节能服务公司事业的普及、开发及市场开拓；②国内外节能服务公司的信息交流；③节能服务公司节能技术的研究开发支持；④推荐优良的节能服务公司；⑤解决与节能服务公司事业发展有关的政策问题和协调工作；⑥开展必要的活动。

第五节　节能服务业务的主要内容

一、节能服务公司业务流程[1]

节能服务公司的业务活动主要包括以下一条龙的服务内容。

1. 能源审计（节能诊断）

此阶段为节能服务公司为企业提供服务的起点，由节能服务公司的专业人员对客户企业的能源供应、管理、效率状况进行审计、监测、诊断和评价。此阶段需要企业的紧密配合，以尽可能全面地发掘节能改造的潜力，获得最佳的改造效果。能源审计的主要方法包括产品产量的核定、能源消耗数据的核算、能源价格与成本的核定、企业能源审计结果的分析等。企业通过能源审计，可以掌握本企业能源管理状况及用能水平、排查节能障碍和浪费环节、寻找节能机会与潜力、以降低生产成本、提高经济效益。

2. 节能项目设计

根据能源审计的结果，节能服务公司向客户提出如何利用成熟的节能技术/节能产品来提高能源利用效率、降低能源消耗成本的方案和建议。如果客户有意向接受，节能服务公司就为客户进行具体的节能项目设计。

3. 节能服务合同的谈判与签署

双方关于节能整体解决方案达到共识后，将本着公平、公正的原则签订节能服务合同，合同中将规定双方的责任和义务、改造工程的验收方式、效益分享的方式、节能量监测的方式等双方共同关心的要点。在某些情况下，如果客户不同意与节能服务公司签订节能合同，节能服务公司将向客户收取一部分能源审计和节能项目设计等前期费用。

4. 节能项目融资

节能服务公司在为客户企业实施节能项目时，一般负责所有与获得项目融资相关的事宜。可能的融资渠道有：客户自有资金、节能服务公司自有资金、银行商业贷款、租赁公司的融资租赁、从设备供应商处争取到的最大可能的分期支付及其他政策性资助。当节能服务公司采用通过银行贷款方式为节能项目融资时，节能服务公司可利用自身信用获得商业贷款，也可利用政府相关部门政策性担保资金为项目融资提供帮助，获得实施节能项目的资金。

5. 原材料和设备采购、施工、安装及调试

合同签订、设计图纸出台后，进入节能改造项目的实际实施阶段。由于采用合同能源管理的节能服务新机制，企业在改造项目的实施过程中不需要任何投资，而投资全部由节能服务公司承担，包括方案设计、设备采购、工程施工、监控系统安装及性能调试等一条龙服务工作，实行“交钥匙工程”。节能服务公司根据项目设计负责原材料和设备的采购，其费用由节能服务公司筹措。根据合同，项目的施工也由节能服务公司负责组织，通常由节能服务公司或其委托的其他有资质的施工单位来进行。由于通常施工是在客户正常运转的设备上进行，

[1] 资料来源：中国节能服务网。

因此，节能服务公司必须尽可能地不干扰客户的运营，而客户也应为节能服务公司的施工提供必要的条件和方便。

6. 运行、保养和维护

设备的运行效果将会影响预期的节能量，因此，节能服务公司应对改造系统的运行管理和操作人员进行培训。节能服务公司负责培训企业的相关人员，以增强企业的节能意识，引导企业的节能观念由"要我节能"转变到"我要节能"，以保证达到预期的节能效果。节能服务公司还要负责组织安排好改造系统的管理、维护和检修工作，派出现场维护与巡视人员，以确保用能设备和系统能够正常操作和运行，制定详细的设备保养、维护手册，降低企业维护成本。

7. 节能及效益监测

改造工程完工后，将由企业和节能服务公司共同按照合同中规定的方式对节能量及节能效益进行实际监测，作为双方效益分享的依据。节能服务公司与客户可共同监测和确认节能项目在合同期间内的节能效果，以确认合同中确定的节能效果是否达到，还可以根据实际情况采取"协商确定节能量"的方式来确定节能效果，这样可以大大简化监测和确认工作。

8. 节能服务公司与客户分享节能效益

对于节能效益分享项目，在项目合同期内，节能服务公司对与项目有关的投入（包括土建、原材料、设备、技术等）拥有所有权，并与客户分享项目产生的节能效益。在节能服务公司的项目资金、运行成本、所承担的风险及合理的利润得到补偿之后（即项目合同期结束），设备的所有权一般将转让给客户。客户最终获得高能效设备，并享受节能服务公司所留下的全部节能效益。

对于节能效益承诺项目，客户将按照约定的进度支付节能项目费用。

二、节能服务公司的业务程序

节能服务公司业务活动的基本程序是：为客户开发一个技术上可行、经济上合理的节能项目；通过双方协商，与客户就该项目的实施签订一个节能服务合同；履行节能服务合同中规定的义务，保证项目在合同期内实现合同中规定的节能量；享受合同中规定的权利，在合同期内收回用于该项目的资金及合理利润。主要过程如下。

1. 初步与客户接触

与客户进行初步接触，就客户的业务、所使用的耗能设备类型、所采用的生产工艺等基本情况进行交流，以确定客户重点关心的能源问题。向客户介绍节能服务公司的基本情况、节能服务公司业务运作模式及其对客户潜在的利益等。向客户强调指出具有节能潜力的领域。解释合同化节能服务的有关问题，确定节能服务公司可以介入的项目。

2. 初步审计

节能服务公司通过客户的安排，对客户拥有的耗能设备及其运行情况进行检测，将设备的额定参数、设备数量、运行状况及操作等记录在案。有时还会留心到客户没有提到、但可能具有重大节能潜力的环节。

3. 审核能源成本数据/估算节能量

采用客户保留的能耗历史记录及其他相关记录，计算潜在的节能量。有经验的节能服务公司项目经理可以参照类似的节能项目来进行这项工作。

4. 初步的项目建议

基于上述工作，节能服务公司起草并向客户提交一份节能项目建议书，描述所建议的节能项目的概况和估算的节能量。与客户一起审查项目建议书，并回答客户可能提出的关于拟议中的节能项目的各种问题。

5. 客户承诺/签署意向书

确定客户是否愿意继续该节能项目的开发工作。到此阶段为止，客户无任何费用支出，也不承担任何义务。节能服务公司将开展上述工作中发生的所有费用支出，计入公司的成本支出。在此节点，客户必须决定是否要继续该节能项目的开发工作，否则节能服务公司的工作将无法继续下去。节能服务公司必须就拟议中的节能服务合同条款向客户做出解释，保证客户完全清楚他们的权利和义务。通常情况下，如果详尽的能耗调研确实证明了项目建议书中估算的节能量，则应要求客户签署一份节能项目意向书，以使他们明确认可这一项目。

6. 详尽的能耗调研

这一步包括节能服务公司对客户的用能设备或生产工艺进行详细的审查，以及对拟议中的项目的预期节能量进行更为精确的分析计算。另外，节能服务公司应与节能设备供应商取得联系，了解项目中拟采用的节能设备的价格。必须在确定“基准年”的基础上，确定一个度量该项目节能量的“基准线”。

7. 合同准备

经与客户协商，就拟议中的节能项目实施准备一份节能服务合同。合同内容应包括：规定的项目节能量、双方的责任、节能量的计算方法及测量方法等。同时，节能服务公司方面要准备一份包括项目工作进度表在内的项目工作计划。

8. 项目被接受或拒绝

如果客户对拟定的节能服务合同条款无异议，并且同意由节能服务公司来实施该节能项目，双方就可以签订节能服务合同。在这一情况下，节能服务公司将把详尽的能耗调研过程中的费用支出计入到该项目的总成本中。假使客户无法与节能服务公司就合同条款达成一致，或者由于其他原因而最终放弃该项目，而详尽的能耗调研工作确实证明了项目建议书中的预期节能量，那么节能服务公司在准备详尽的能耗调研过程中的费用支出应由客户支付。

9. 签订合同

节能服务合同由节能服务公司与客户双方的法人代表签订。节能服务公司和客户双方的法律顾问或律师都应该参与节能服务合同条款的商定和合同文书的准备。

10. 确定基准线

在某些情况下，需对要改造的耗能设备进行必要的监测工作，以建立节能项目的能耗“基准线”。这一监测工作必须在更换现有耗能设备之前进行。

11. 工程设计

节能服务公司组织开展节能项目所需要的工程设计工作。并非所有的节能项目都需要有这一步骤，例如照明改造项目。

12. 建设/安装

节能服务公司按照与客户双方协商一致的工作进度表，安装合同中规定的节能设备，确保对工程质量的控制，并对所安装的设备作详细记录。

13. 项目验收

节能服务公司要确保所有设备按预期目标运行，培训操作人员对新设备进行操作，向客户提交记载所有设备变更的参考资料，并提供有关新设备的详细资料。

14. 监测节能量

根据合同中规定的监测类型，完成需要进行的节能量监测工作。监测工作要求可能是间隔的，也可能是“一次性”的，或者是连续性的。节能量的监测是确定节能量是否达到合同规定极其重要的环节之一。

15. 项目维护/培训

节能服务公司按照合同的条款，在项目合同期内，向客户提供所安装设备的维护服务。同时，对节能服务公司最为重要的是分享项目产出的节能效益。此外，节能服务公司要与客户保持密切联系，以便对所安装设备可能出现的问题进行快速诊断和处理，同时继续优化和改进所安装设备的运行性能，以提高项目的节能量产出。节能服务公司还应对客户的技术人员进行适当的培训，以便于合同期满后，项目设备仍旧能够正常地运行，从而保证能够持续地、无衰减地取得节能项目应产生的节能效益。

节能服务公司自身可能没有能力完成上述全部的服务，但是，作为专业化的节能服务公司，可以通过整合各类外部资源，达到合同规定的节能量。可能会涉及各类型的机构。

同节能服务公司相关联的各类机构及项目的运作流程如图 5-2、图 5-3 所示。

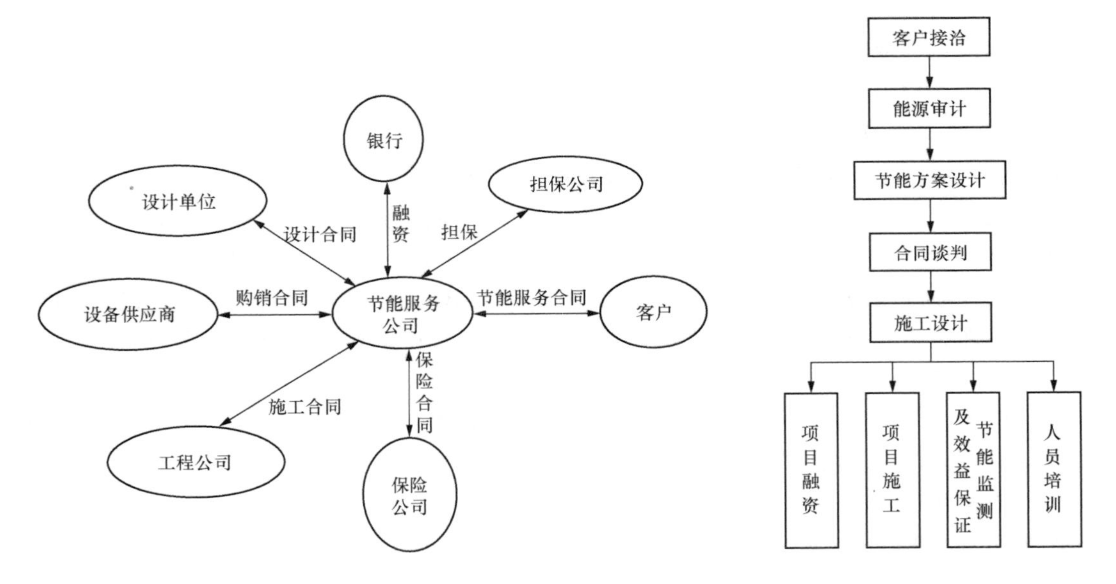

图 5-2　同节能服务公司相关联的各类机构

图 5-3　节能服务公司运作流程

第六节　节能服务公司的市场开发

一、我国节电潜力

尽管目前我国有些工业产品的电耗水平已经接近了国际先进水平，但总体来讲，绝大多数的高电耗产品电耗水平仍然和国际先进水平存在着很大的差距，特别是考虑到我国是一个工业产品生产大国，我国的节电潜力巨大，节电前景十分可观。

近年来，黑色金属、有色金属、化工、建材、纺织、化纤、石油加工这几个行业的用电量占到全社会用电量的35%以上，对全社会用电的影响非常大。据测算，这几个主要用电行业的节电潜力彼此之间有着很大的差别，黑色金属和化纤行业的节电潜力巨大，都在20%以上；而石油加工和非金属行业节电潜力相对较小，都在10%以下；其他行业的节电潜力居中，基本都在10%～20%之间，如表5-3所示。

表5-3 主要用电行业的节电潜力分析表

行业名称	行业节电潜力	行业名称	行业节电潜力
纺织业	13.6	有色金属冶炼压延加工业	12.3
石油加工业	8.7	化纤制造	20.3
化学工业	15.0	居民（照明）	10.0
建材及其他非金属矿制品业	9.5	居民（家电）	20.0
黑色金属冶炼压延加工业	21.9	其他	11.7

注 数据来源：国网北京经济技术研究院2004年报告“节能机制政策研究”。

从具有较大节能潜力的终端用电设备来看，我国的终端用电设备大多能效较低，泵类、风机、空气压缩机、工业电炉、轧机和矿用提升机、制铝和制碱电解槽、滚筒磨机、无轨电车及电力机车、电焊机、照明设备等，以及电力拖动、变压器等，都具有极大的节能潜力。以下简要介绍节能服务公司可操作的主要用电设备的节能潜力[6]。

1. 电动机

在我国，通过电动机消耗的电量约占全国工业用电量的60%。中小型电动机约占全部电动机的75%，提高中小型电动机的效率是电动机节能的主要方面。我国在20世纪80年代前大量使用J系列电动机，之后开发的Y系列比J系列启动转矩提高30%，体积和重量减少10%，安装尺寸和国际接轨，但效率只提高了0.412%。80年代后期又开发了YX系列，比Y系列效率提高了3%，达到92%。而美国、法国等国家的高效电动机效率达到94.5%。目前，我国仍有大量Y、J系列电动机在运行，据国际节能研究所预测，如果我国电动机效率达到美国水平，节能潜力将达330亿千瓦•时。

2. 配电变压器

在电力系统中，大量电能的输送和分配及各种设备的电能利用，都要通过变压器改变电压来实现。电能从发电厂到用户往往要经过多次变压，所有变压器自身消耗的电能是十分惊人的，其中配电变压器的损耗占输配电系统损耗的三分之一，占配电系统损耗的二分之一以上。据统计，2005年年底，我国S7及以下高耗能变压器容量达1.9亿千伏安，占配电变压器容量的28%左右。据国际节能研究所预测，我国变压器节能潜力达250亿千瓦•时。2006年，国家电网公司开始实施一个“用先进变压器替换老旧变压器”的CDM项目，主要任务是推广新技术、新材料、新设备应用，加强对老旧设备的改造和更换，用七年时间完成15个省（直辖市）公司的配变提前更换，将10千伏电压等级的S7、S8型共5.3万余台配电变压器更换为新型的高效节能变压器，累计减排二氧化碳140万～190万吨，为节能减排工作做出了积极贡献。

3. 风机、泵类、空气压缩机

我国风机、泵类、空气压缩机用电占全国电动机总耗电量的40%。这些用电设备的设计、制造、运行水平较低，品种规格少，只有先进国家的三分之一。在制造工艺方面，我国加工与制造精度低，影响其运行效率的主要因素有：①系统匹配不当，“大马拉小车”现象普遍存在；②现场监测、调控和调速设备缺乏或不完整；③管网布置不合理；④管理、维修不当。如果各企业认真执行风机、泵类、空气压缩机系统经济运行国家标准，使机组与负荷、管网匹配，全国可节电20%～40%。

4. 电炉

电炉按用途可分为熔炼和热处理两种，电炉用电量占全国用电量的5%～7%。我国熔炼用的电弧炉很大一部分为老产品，技术落后，能耗高，若采用短网、调节器和改造成直流电炉等节能技术措施后，可节电10%～20%；对作为热处理的电炉，若采用中频炉替代工频感应炉，可节电30%；低温热处理和烘干炉采用远红外线加热技术，可节电25%。

5. 轧机、矿用提升机和滚筒磨机

我国轧机、矿用提升机和滚筒磨机数量也很大。若采用晶闸管变流器替代变流机组，一般可提高效率20%～25%；采用变频调速技术，一般可节电30%左右。

6. 电力和内燃机车

用变频调速系统替代电力和内燃机车直流拖动系统，功率因数可提高20%～40%，系统效率可提高6%～7%，节电达25%。

7. 无轨电车和矿山机车

对无轨电车和矿山机车，采用直流斩波调速代替电阻器调速，可提高效率30%。

8. 电解和电镀直流电源

有色金属的铝、铜、锌、镍及化工行业氯碱等都采用电解工艺，其电源大多采用大功率整流器，若采用电力电子技术的高效率大功率整流器，节电潜力较大。我国电镀电源采用直流电源，其电镀质量差、时间长、耗材多、用电量大，若采用脉冲电源替代，可省时、省材、省电，并提高电镀质量。

9. 电焊机

我国拥有电焊机约300万台，其用电量约占全国用电量的1%左右。现使用交流电焊机较多，若以电力电子技术的硅整流管和晶闸管代替引燃管，以次级整流电阻焊机代替交流焊机，并发展无铁心直流、变流电源两用直流弧焊机以及逆变式电焊机，可节电30%以上。

10. 照明器具

我国照明用电占全国总用电量的12%～15%左右，住宅照明90%采用白炽灯。用电子镇流器代替电感镇流器可节电39%，用高效节能荧光灯代替白炽灯可节电75%。如果使用LED灯，节电率更高、使用寿命更长。

二、我国节能服务的潜在市场

目前我国年发电量、用电量已经成为世界第一，终端用电设备数量、容量巨大，但大多能效较低，具有极大的节能潜力。按领域分，潜在节能市场有以下几类。

1. 工业部门

我国节能投资潜力最大的部门是工业部门，在已经被证实了具有巨大节能潜力的工业节能项目中，包括废热、废气等资源的回收，热电联产，电动机驱动系统改造，炉窑改造，锅炉改造，配电变压器改造，电解和电镀直流电源改造，照明节电改造等。对于工业企业（特别是老企业）来说，企业本身一般具有较强的技术力量，熟悉具体的工艺过程和能源利用状况。对于这样的企业，通常节能服务公司开展节能项目改造的技术力量不如企业。因此，对于那些技术含量高的项目，一般企业不信任节能服务公司的技术力量和管理能力，而对于那些技术含量很低的项目，企业则认为不需要节能服务公司的帮助。目前寻求节能服务公司合作的部分工业企业（特别是主动寻求合作的企业），主要是缺乏项目的资金来源。如果不存在缺乏资金或融资困难，他们并不希望节能服务公司介入他们的节能项目。因此，在这些领域，ESCO需要提高专业能力，开拓节能市场。

2. 商业建筑

随着改革开放和经济发展，我国商业建筑的面积日趋增大，我国商业建筑的能耗高于国外发达国家的商业建筑能耗，与同纬度气候相近的发达国家相比，我国单位建筑面积采暖和空调能耗约高出1～2倍[1]。商业建筑消耗的能源主要用于空调、照明、热水供应及其他动力设备等方面，电能已成为商业建筑物的主要能耗。

近年来，中国政府更加重视节能建筑，并出台一系列政策加以引导。2005～2010年间，全国已经有49亿米^{2}节能建筑竣工，实现节约能源46万吨标准煤，节能减排效果显著。目前，全国城镇中节能建筑占比为23.1%左右，仍有很大提升空间。

3. 政府机构

我国政府机构的能源消费约占全国能源消费总量的5%，而政府机构节能潜力为15%～20%。能源费用开支一年超过800亿元，单位建筑面积能耗和人均能源消费总量远高于发达国家水平。有专家指出，如果政府机构通过技术层面、管理层面和意识层面的低投入或无投入改进，可以达到30%的节能效果，可见，政府机构的节能潜力巨大。但在这方面政府机构不仅缺乏资金，而且缺乏专业技术及维护管理、监测效能的能力，使政府节能措施难以实施。这是北美节能服务公司的主要服务市场，应该也是我国节能服务公司的业务市场。

4. 民用建筑

对于民用建筑，由于客户主体太多、协调成本大，主要在建筑节能上考虑，对于节能服务公司来讲操作难度较大。可以以小区为单位，进行统一打包项目的实施。

三、节能服务公司的目标市场

节能服务公司利润的根本来源是节能效益，因此，节能服务公司选择和确定目标市场的定位是节能潜力大、效益高、易于操作和实施的项目[5]。

基于上述原则，节能服务公司在选择和确定目标市场时，应综合权衡和考虑以下几点。

1. 高耗能行业

一般来说，化工、钢铁、建材等高耗能行业由于能耗高，能源成本占生产成本的比重大（目前我国钢铁行业＞25%，建材40%～50%，化肥70%～75%，石化约40%）。这些行业的

[1] 资料来源：中国住宅产业网。

节能机会多，节能效益显著。

2. 对节能重视的企业

选择重视能源利用效率和能源费用的企业。这些企业的决策者通常对节能的重要性、必要性有足够的认识，因此节能的积极性高，节能措施易于实施。列入千家企业行动的企业单位肯定重视其节能工作。

3. 能源利用率低的行业

国内一些行业的能源利用效率低，设备能耗高，影响到产品的质量、产量和企业的经济效益。国家陆续发布机电等产品淘汰目录，可以选择与之相关的行业进行市场开发。

4. 经营状况良好、稳定，发展潜力大的行业

对潜在目标市场内的行业状况和发展要有充分认识和了解，要特别关注行业的稳定性以及对市场变化的适应性，从中选择那些有能力接受节能服务并为之付费的行业和部门。

5. 项目可复制性较好的企业

项目的可复制性对节能服务公司来说非常重要。如锅炉、照明、风机水泵变频调速等项目，可以覆盖许多行业，相应地可以给节能服务公司带来较多的业务机会，同时还可以减少用于市场开发的费用。

6. 预算稳定的机关事业单位

预算稳定的机关单位风险相对较小，如学校、医院等。

需要注意的是，同任何一个市场一样，节能市场也是多变的。节能服务公司应根据节能市场的变化，相应地调整自己的目标市场。

四、节能服务公司的客户选择

客户是节能服务公司市场和项目的载体，是节能服务公司的投资对象，是具体项目的开发、实施、运行、维护过程中的合作伙伴，也是负有偿付节能服务公司对具体项目的投资及其利润的义务的债务人。客户的选择是节能服务公司业务成功的关键之一。节能服务公司在选择客户时，应权衡考虑以下基本原则。

（1）客户中有见效快、投资回收期短的项目机会。节能服务公司目标市场内的潜在客户具有不同的潜在节能项目，但这些潜在节能项目实施所需的投资、建设期和节能效果不尽相同。节能服务公司对目标市场内的潜在客户应有所取舍，优先选择那些具有见效快、投资回收期短的项目机会的客户。

（2）同一客户具有延伸开展节能服务公司业务的机会。节能服务公司目标市场内可能有一些特殊的潜在客户，这些客户是能源消费大户，同时能源技术装备水平较低，具有数个、甚至数十个节能服务项目的开发机会。它们是节能服务公司潜在的大客户，是在其他条件相当的情况下应优先选择的客户对象。节能服务公司可以从这类潜在的大客户那里获得延伸开展节能服务业务的机会，同时可以降低市场开发成本。

（3）客户信誉好。客户能否按时给节能服务公司付费，是节能服务公司能否及时收回投资并获得利润的关键。节能服务公司可通过银行、其他与客户有业务来往的单位了解客户的信誉情况，应优先选择重合同、守信誉的客户。

（4）客户在本行业中有较大的影响力。不同的潜在客户在其所处的行业的地位和影响力是不同的。节能服务公司在其他条件相当的情况下应优先选择那些在同行业中影响力大的企

业作为自己的客户，这有利于扩大节能服务项目的影响力，提高公司知名度，也有利于吸纳更多的客户。

（5）对技术可靠性尚存怀疑的企业。这些企业对项目的技术可靠性和节能效益尚有一定的怀疑，或者企业的管理人员认为实施这些项目有一定的风险。如果节能服务公司承担项目风险，他们会愿意让节能服务公司为他们实施项目。待项目成功后，企业就可以从项目中获得效益。对于这类项目，节能服务公司应当具备较强的技术能力和风险管理能力。

（6）技术能力较低的企业。对于单纯的设备更新升级项目，企业一般认为直接与设备供应商合作更为可取。因为注意到占领和扩大这一市场的重要性，许多设备供应商愿意以设备质量承诺和提供优良售后服务的方式为客户提供服务，并允许企业分期支付设备贷款。设备供应商的这种服务方式与合同能源管理方式类似，而且更节省费用和具有优势。对于看重节能专有技术的企业，如果节能公司具有专门的成熟的节能技术，在性质上基本属于专利技术，企业就会愿意接受节能服务公司的技术和服务。问题是这类技术的获得需要花费一定的资金来购买，而且节能服务公司人员也应具有相应的技术能力。

（7）缺乏节能技术和能源管理人员的企业。一般来讲，新兴企业（如新兴的商贸公司或工业企业、三资企业、私营企业等）机构精简、工作任务繁重、技术人员短缺，没有能力自己寻找和开发节能技术，更没有精力自己实施和管理节能项目。他们认为依靠节能服务公司实施节能项目是可行的，既省心又省钱，而且还能获得长期的经济效益。

（8）项目融资有困难的企业。这些企业多数因为过去的财务状况不好或以往的信誉纪录不佳，银行对它们的贷款申请的审查比较严格，而且手续繁琐。因此它们很难得到贷款或需要等待较长时间的审批过程。如果节能服务公司能与银行建立良好的信誉关系，发挥自己的融资优势，有可能在这样的企业实施项目。但是，如上所述，如果节能服务公司在这些以项目融资为主要目的的企业开展项目，项目的资金回报率不可能很高，而且有很大的资金回收风险，这就要求节能服务公司必须有很强的项目运作和管理能力来减少来自客户的风险。

五、节能服务公司的项目线

节能服务公司项目线是指可以为节能服务公司带来较好的投资收益，同时可以在节能目标市场的潜在客户群中具有较大的推广复制潜力，有利于节能服务公司业务成长的节能项目类型。通过我国节能项目的实践，下面简要介绍几个对能源效率提高显著、有益于改善地区环境、实施潜力较大的项目[6]。

1. 电动机拖动系统节能改造

使用适当形式的调速装置，对可变负荷的风机、泵类及其他电动机拖动的机器设备速度进行调节，以满足负荷变化的需要。变频技术和变频器在各种电动机调速技术中属于功能最佳者；晶闸管调压技术调节电动机速度的效果也很好，虽然它的设备造价较高，但使用范围依然广阔。该项目线节约的是电能，节能幅度随着负荷变化幅度与频繁程度而异，约在20%～40%之间，投资可在2～3年回收。

2. 照明设备节能改造

采用高效节能实用的新光源（如紧凑型荧光灯、细管型荧光灯、高压钠灯、金属卤化物灯等）、附件（如电子镇流器、环形电感镇流器、高效优质反射灯罩等）、节能控制器（如调光装置、声控、光控、时控、感控及智能照明节电器等）以及科学的维护管理（如定期清洗照明灯具、定期更换老旧灯管、养成随手关灯的习惯等）。这一项目线的可复制性较大，很多企业都可以开展。

3. 配电系统节能改造

配电系统节能改造既可以在供电部门实施，也可以在用电单位实施，主要有以下内容：配电电压升级、缩短供电距离、功率因数补偿、配电变压器更新、选用合理容量的节能型变压器，既可减少变压器的损耗，又可使变压器实现经济运行。

4. 蒸汽锤节能改造

以蒸汽（空气）为动力的锻锤能源效率极低，不足 10%，用电动液压传动装置代替蒸汽（空气）汽缸，把蒸汽（空气）锤改造成电液锤，可以少耗 80%以上的能源。

5. 供暖热源和供冷系统节能改造

集中供暖供冷供水系统主要用于办公楼、宾馆、写字楼、商场、娱乐、体育场馆等，节能改造的措施有如下几项。

（1）热泵空调系统主要包括空气源热泵技术、水源热泵技术和地源热泵技术。热泵机组以空间大气、自然水源、大地土壤为空调机组的制冷制热载体。冬季借助热泵系统，通过消耗部分电能，采集空气、水源、地源中的低品位热能，供给室内取暖；夏季把室内的热量取出，释放到空气、水源、地源中，以达到制冷的目的。该技术具有高效节能、一机多用的特点。这种系统利用的是地温，常用的是浅层地下井水，也有用河、湖、海水和城市中水的。热量提取设备是热泵，效能系数较高，除电能外不需要消耗其他能源，所以，这种节能改造项目的环境效益是很好的。

（2）蓄热式电锅炉。用这种采暖方式取代燃煤锅炉采暖，一方面电锅炉的热效率比燃煤采暖炉高约 20 个百分点，而且蓄热装置选择得当可使锅炉经常处于高效运行状态；另一方面由于利用廉价的低谷电力，其经济性较好。

（3）蓄热式电暖器。利用这种采暖方式取代燃煤炉，可以获得较好的节能及环境效益，而且可以提高居住环境的舒适度和清洁、安全性。

（4）实施蓄冷空调系统。在常规空调系统中，加入适当蓄冷装置。由于负荷冷量由制冷机组和蓄冷装置共同供给，能适当减少制冷机组容量，这样的系统可促使制冷机组经常处于满负荷高效运行状态，可以取得节能及环境效益。

（5）用节能高效制冷机组取代高耗能直燃冷水机组。

（6）中央空调余热回收。该项目利用空调制冷过程中产生的热量，通过热交换器将余热回收，产生 50～60°C 的热水，将热水储存后供客房及各个区域使用。空调在制冷时，排放掉的热量约为制冷量的120%以上。空调经过余热回收，大大降低了冷凝器的热负荷，使冷凝温度和压力降低。在增大单位制冷量的同时，减少了压缩功率，使制冷主机功率下降，也相应减少了冷却水的用量。此系统不仅代替了原来用于产生热水的锅炉，直接节约了燃油，而且使整个制冷系统的电耗有一定幅度（约 5%～20%）的降低，使能源得到了充分的利用。

6. 冷热电联产技术

该系统将发电和空调系统合为一个系统，集成和优化了多种设备，解决了建筑物电、冷、热等全部需要，可实现终端能源的梯级利用和高效转换，以避免远距离输配电损失，使得能源利用总效率由 25%～35%提高到 70%～90%以上，大幅度降低建筑能耗和环境污染。

7. 自动扶梯相控节能装置（红外感应+相控节能控制器）

相控节能控制器能自动判断电动机所处运行负荷和效率状态，通过优化运算适时调节加于电动机的电压和电流大小，以调整对电动机功率的输入，实现“所供即所需”，使电动机处于高效节能状态。

红外感应装置，增加自动扶梯自动感应开停的功能，达到自动扶梯“人来自动开启，人去自动停止”。

第七节　节能服务项目的节能分析

节能分析是节能服务公司实施节能项目中最为关键的环节之一。以合同能源管理模式实施项目，首先要分析项目的可行性，即分析有项目和无项目情况下的能源消费量、能源成本及节能监测和确认的可行性。其次，节能改造结束后的实际节能效果和节能效益的监测和评估不仅是检验节能改造成败与否的重要指标，也是直接影响节能服务公司资金回收和效益获取的关键环节，特别是对采取“节能量保证支付模式”及“节能效益分享模式”的节能项目尤为重要。这里所提到的节能效果主要是指节能技术改造项目中无项目（改造前）情况下的能源消费量和有项目（改造后）情况下的能源消费量的差额及其成本，对项目的影响是决定性的，因为利用合同能源管理运作的节能项目的效益主要反映在节约能耗的成本上。如果通过改造，能源消费量的减少所带来的能源成本的减少量不明显，那么项目的收益也不会很好，势必影响节能服务公司资金的回收和效益[7],[8]。

节能服务公司节能分析主要包括能源审计、节能量和节能效益计算、节能监测等环节，计算中需要用到能量利用水平的评价指标，具体参见第二章相关内容。

一、能源审计

能源审计是合同能源管理项目最前期的工作，通过对拟改造现场耗能设备能耗情况的调研，分析其改造后所能达到的节能效果，从而为从节能潜力上判断项目的可行性提供依据。

企业能源审计是一套集企业能源核算系统、用能评价体系和能源利用状况审核考察机制为一体的科学方法，它科学、规范地对用能单位能源利用状况进行定量分析，对企业能源利用效率、消耗水平、能源经济与环境效果进行审计、监测、诊断和评价，从而寻求节能潜力与机会。它的基本原理是企业的能量平衡、物料平衡的原理，能源成本分析原理，工程经济与环境分析原理及能源利用系统优化配置原理等。

开展企业能源审计的基本方法，便是依据上述基本原理，对企业的能耗、物耗的投入产出情况进行审计、诊断、评价，主要方法包括产品产量的核定、能源消耗数据的核算、能源价格与成本的核定、企业能源审计结果的分析等。企业能源审计的具体实施，就是以企业经营活动中能源的收入、支出的财务账目和反映企业内部消费状况的台账、报表、凭证、运行记录及有关的内部管理制度为基础，以国家的能源政策、能源法规、法令，各种能源标准，技术评价指标、国内外先进水平为依据，并结合现场设备测试，对企业的能源使用状况系统的审计、分析和评价。

在实际的能源审计中，可以根据工作需要选择部分内容或全部内容开展能源审计工作。

能源审计的分类方法很多，可以按工作范围的不同分为专项能源审计和全面能源审计。在节能服务项目中多为专项能源审计，经常应用的是节能改造项目审计，主要内容包括项目投入总资金、节能量及节能效益、其他辅助效益及财务经济分析评价，为开展能源服务项目提供基础依据。

节能服务公司项目中的节能诊断有初步能源审计和详细能源诊断。前者的目的是判断项目是否可行，属简易诊断。后者是为了提出节能方案而进行的详细诊断。有二者为基础，就可以进一步用有说服力的节能方案和节能图示说服用户采用节能服务公司的节能方案。

1. 初步能源审计

进行能源审计的对象比较简单，花费时间较短，其主要工作有两个方面：一是进行能源管理的调查，二是进行能源数据统计与分析。通过对企业能源管理状况调查，能源审计人员可以了解企业能源管理状况。如果在统计分析中发现数据不合理，还需要使用便携式测试仪表进行必要的能源测试，取得基本数据，进一步观察与分析，这种工作也要看实际情况（如时间、资金、人力等条件）随时处理，这样可以快速地诊断企业用能情况。初步能源审计工作可以找出明显的节能方向，并且在短期内就可以找到提高能源效率的简便措施，这是十分有效的。有的企业初步能源审计只用 1～2 天就可以完成，在国外有“星期日”的能源审计工作。目前我国大部分的企业与节能服务公司合作进行节能改造项目都是预先已确定了节能改造方向，在这种情况下，初步能源审计仅就企业需改造项目来收集能源数据和能源管理情况，并进行初步分析，以判断项目是否可行。

2. 详细能源审计

在初步能源审计确定项目可行之后，要对企业用能系统进行更深入的分析与评审，即详细能源审计。要采集企业用能的数据，必要时还要做一些能源监测工作，补足一些重要数据，提出节能技术改造方案，对其方案进行经济技术评价和环境效益评估。对投资项目还要进行可行性研究、环保评价等详细的能源审计工作，并讨论投资风险和资金筹措途径等。诊断者的经验和知识对节能服务项目方案的可行性有很大影响。

在能源审计的基础上，由节能服务公司向客户提出专业的节能项目评估，编制能源质量分析报告、节能率预测报告、节能投资分析报告等，并提出先进、适用、经济、可行的节能解决方案，供客户参考，并报请客户批准。

3. 能源审计的实施步骤

企业能源审计的实施分为技术准备、现场审计测试和系统分析评价三个阶段。

（1）技术准备阶段。该阶段是审计实施的前期阶段，分三个步骤进行。

1）用户基本情况调查：用能系统类型、服务对象、用能特点、规模大小、设备配置，主要工作参数、管理水平、运行状况、能耗原始记录、能源构成、能耗水平、存在的主要问题及发展概况。通过基本情况调查，便于从总体上对其合理用能的程度进行诊断分析，也有利于与其他同类的用能系统进行比较。

2）现场初步调查：考察企业并现场了解企业生产工艺、主要用能设备、能源管理、能源计量、主要生产情况等基本情况。

3）编制审计技术方案：根据考察的情况，编制审计技术方案，方案包括划分系统、确定调查数据资料的种类、制定设备和装置的测试方案。

（2）现场审计测试阶段。该阶段是实施能源审计的重要阶段，要在企业有关人员的配合下进行。

1）收集有关数据和资料：主要收集能源管理资料、企业用能数据、拟节能改造系统或设备的数据资料，生产数据资料等。

2）现场调查分析：通过检查、盘点等手段核查分析收集的各种数据，必要时与企业共同核对。

3）现场测试：根据需要选择必要的设备和装置进行现场测试。

（3）系统分析评价阶段。该阶段是企业能源审计实施的关键阶段，它直接关系到项目是否可行。在基本情况调查、现场调查的基础之上，系统收集各种记录、统计数据。继而运用有关知识、能耗标准和节能经验，整理计算得出各种能耗指标，并根据拟采用的改造技术和设备，分析计算节能潜力，进行项目投资和节能效益估算。

能源审计一定要仔细和慎重，以保证得到最准确的能耗量和可能的节能潜力，否则，错误的结论将会给整个项目带来损失。以变频调速应用项目为例，影响审计结果的因素很多，主要包括待改造电动机的型号、规格、拖动机械的特征曲线、负荷变化等。其中任何一项调查、审计得不准确，都会影响分析计算的结果，尤其是与负荷变化有关的各种因素。从而给决策带来风险。如果计算偏大，可能会使项目实际改造后的效果达不到节能服务公司对客户承诺的效果，势必影响到节能服务公司的声誉和收益；计算偏小，就可能会使节能服务公司失去一个得到好项目、好收益的机会。

二、节能量计算[1]

节能量是指在某一统计期内的能源实际消耗量，与基准能源消耗量进行对比的差值；节能率是节能量与基准能源消耗量的比值。

节能量是企业衡量节能服务公司节能技术能力的标准，也是节能服务公司评价节能项目可盈利性的标准，因此节能量的计量对节能服务公司与企业都很重要。在实施节能改造之前，节能量是假设的推测值；实施节能改造之后，节能量是各种数据的综合统计值。节能量在各个时期都不是恒定不变的，它随气候、使用条件（如面积、人数、设备、产量、时间）、能源价格等许多因素的改变而改变。节能率也是一个动态的概念。

1. 节能量确定原则

（1）项目节能量是指所实施的节能技改项目正常稳定运行后，用能系统的实际能源消耗量与改造前相同可比期能源消耗量相比较的降低量，如果无特殊约定，比较期为一年。

（2）项目节能量只限于通过节能技术改造提高生产工序和设备能源利用效率、降低能源消耗实现的能源节约，而不包括扩大生产能力、调整产品结构等其他途径产生的节能效果。

（3）项目的节能量等于项目范围内各产品（工序）的节能量之和。单个产品（工序）的节能量可通过计量监测直接获得，不能直接获得时，可以用产品单位产量能耗的变化来计算。

（4）除技术以外，还应对影响能源消耗的因素加以分析计算，并对节能量加以修正。这些因素包括原材料构成、产品种类与品种构成、产品产量、质量、气候变化、环境控制等。

（5）能源消耗的数据应统一单位，一般用标准煤。项目实际使用能源应以企业实际购入

[1] 资料来源：能源世界网。

能源的测试数据为依据折算为标准煤，不能实测的可参考采用折标系数进行折算。

2. 节能量计算方法

节能量计量方法可以在节能服务公司与企业的节能合约中协商解决，也可以委托第三方权威机构检测与验证。由于节能量是一个相对的数量，针对不同的目的和要求，需采用不同的比较基准。具体计算方法参见第二章相关部分。

3. 单个产品（工序）的节能量计算方法

（1）确定单个产品（工序）的范围。与此产品（工序）直接相关联的所有用能环节，即是单个产品（工序）节能量计算的边界。

（2）确定第 i 个产品（工序）节能量计算的基准能耗 E_{i0}。在实施节能技术改造前规定时间段内，第 i 个产品（工序）边界范围内的所有用能环节消耗的全部能源按规定方法折算为标准煤的总和。

（3）确定节能技术改造前第 i 个产品（工序）产量 P_{i0}。节能技改项目实施以前，规定时间段内第 i 个产品（工序）边界范围内相关生产系统产出产品与服务。产量的确定采用仓库物流记录盘查、生产记录查阅等方法收集。全部产成品、半成品和在制品均应依据国家统计局（行业）规定的产品产量统计计算方法，进行分类汇总。

（4）计算改造前第 i 个产品（工序）单位产量能耗 e_{i0}，公式见（2-6）。

（5）确定节能技术改造后第 i 个产品（工序）的综合能耗 E_{i1}。实施节能技术改造后规定时间内，第 i 个产品（工序）边界范围内的所有用能环节消耗的全部能源按规定方法折算为标准煤的总和。

（6）确定节能技术改造后第 i 个产品（工序）产量 P_{i1}。节能技改项目实施完成后，规定时间段第 i 个产品（工序）边界范围内相关生产系统产出产品与服务。产量的确定方法同（3）。

（7）计算改造后第 i 个产品（工序）单位产量能耗 e_{i1}。按公式（2-6）计算出改造后第 i 个产品（工序）单位产量能耗。

（8）第 i 个产品（工序）节能量 $\triangle E_i$。为剔除由扩能产生的节能量，将项目改造前后第 i 个产品（工序）单位产量能耗的差值与改造前产量的乘积，定义为第 i 个产品（工序）节能量 ΔE_i，计算公式为（2-13）。

4. 项目节能量的计算

（1）计算各个产品（工序）的节能量。按上述单个产品（工序）的节能量计算方法计算各个产品（工序）的节能量 ΔE_i。

（2）估算能耗泄漏 E_L。能耗泄漏是在项目范围内进行的节能活动对项目边界以外的影响。在项目节能计算中应当包括能耗泄漏影响（扣减或增加）。

（3）计算项目节能量 ΔE。按以下公式计算出项目改造后节能量

$$\Delta E = \sum_{i=1}^{n} \Delta E_i - E_L \tag{5-1}$$

式中　n——产品（工序）的总数。

三、节能效益计算

企业的节能技术方案，一般可以保证在节能技术上是有效的，但在经济上是否合理，怎样从众多的技术上可行的方案中选择经济效益最好的方案，而且还要得到客户的认可，要进

行节能技术经济分析。属于节能范围的技术经济分析，大致可以归结为两种类型。一类是效果计算分析，即当用于节能的资金给定以后，要获得多大的节能效益才算合理，或者说当一项工程预期的节能目标已经确定时，应投入多少资金才算合理；另一类是方案选择分析，也就是如何从许多方案中选择经济性最优的方案。

一个节能技术改造项目节能效益的计算方式可能有几种，不管采用什么方式，一定要依据实际审计的数据，否则会带来计算结果不准确或得不到客户认可的情况，这样不利于项目的实施。当然，客户提供的数据也可能不准确，比如燃料的热值等，如果这类数据对计算的结果影响较大时，可以采取测试的方法来确定。

节能效果计算的另一个原则是“保守”。“保守”的目的是：在不至于推翻项目的前提下，得到一个相对合理的节能计算效果。这样做的好处可以尽量避免出现实际效果达不到承诺的情况。

比如对于变频调速改造，理论上的公式为 $P \propto n^3$ ，而电动机在实际运行时往往不满足 $P \propto n^3$ ，所以在进行节能计算时，不能完全利用 $P \propto n^3$ 的关系来处理和计算节能效果，需要根据实际情况“保守”计算，以获得合理的预计节能量，不但避免相应的风险，也有利于做出正确的决策。

（一）节能技术经济分析的主要内容

衡量一个企业的生产活动有一系列的技术经济指标，工业生产企业的技术经济分析主要是针对企业生产过程中能源消耗的状况，如能源利用技术、能源利用工艺、能源利用设备等，分析其是否先进、科学、合理，尤其对耗能大的企业和生产耗能设备的企业，如何降低原材料和燃料动力消耗、提高热效率则是生产企业节能技术经济分析所要解决的重要课题。

目前节能服务公司涉及最多的是工业企业节能技术改造和节能新技术应用的技术经济分析。对能源利用中落后的技术、工艺设备、流程进行新技术、新工业、新设备、新流程的应用改造，是现代化建设对节能工作提出的重要任务，也是目前节能服务公司对企业进行节能改造的主要业务内容。不同行业在不同条件下，如何实现节能技术改造，采用什么样的技术水平，必须考虑经济上是否合理，这就要求进行节能技术经济的分析和研究，提出节能技术改造和节能新技术应用的合理方案和途径，这也是节能服务公司获得资金回收和合理回报的保障。主要内容包括以下两个方面：

（1）对于技术可行性来说，它是项目可行性的前提条件。不同行业的节能专业技术千差万别，即使同一行业，其节能技术也有不同的选择，必须具体情况具体分析。一般的原则要求是：既考虑先进性，又要考虑适用性、可靠性、拓展性等。

（2）采用不同的技术，就会涉及到不同的设备，就会有不同的投资，也会相应出现不同的经济效果。因此，对一个项目来说，首先要尽可能地选择先进的技术，同时还要考虑投资少、回收快，这样的项目可实现最佳的经济效益。

（二）节能技术经济分析的可比条件

在节能工作中，情况是非常复杂的，受到很多因素的影响和制约。因此在进行节能技术经济计算时，必须把各个方面划到可比条件之下，才能进行方案的比较工作。这些可比条件所包含的内容有以下四个方面。

1. 产品产量、质量和品质上的可比

这是有用效果或者说是能满足需要的可比，对此必须明确以下几点：

（1）应该把产品的数量上的可比，理解为可用产品数量上的可比。也就是说，用户有效利用的产品数量，对于相互比较的各个方面应该相等。因为只有达到消费环节的实际产品数量，才能被看作是真正满足需要的部分。

（2）某些产品，在质量和品种上要求比较严格，它们之间不能相互替代，满足它们的要求，是作为生产技术方案可以存在与相互比较的前提，对那些质量和品种要求比较灵活的产品来说，一般可以利用质与量的内在联系，折合成统一的产品单位或通过价值量来计算。

（3）在计算有用效果时，既应包括正产品，又应包括副产品。

2. 社会劳动总消耗的可比

（1）直接费用与间接费用。

（2）生产成本与使用成本。

（3）基本建设费用与勘查、设计费用。

（4）工程投资与流动资金。

（5）项目贷款与建设期利息。

3. 产品生产和资金支出时间上的可比

具体包括以下内容：

（1）应使各相互比较的方案在发挥效益的时间上一致。

（2）应考虑占用资金在时间上的差异的影响。资金占用量在时间上的不同反映到经济效果方面也不同，实际上就是效益不同的表现。

4. 采用价格指标上的可比

具体包括以下内容：

（1）必须顾及到价格与价值背离这一因素，对价格要进行某些必要的调整后才能使用。

（2）必须考虑价格的统一性，如果价格不止一种，就必须利用某些恰当的修正系数进行换算。

（三）节能技术的经济效益评价与分析

1. 节能技术方案经济评价的指标体系

（1）收益类指标。

1）产量指标，实物量和价值量（包括总产值、商品产值、净产值）。

2）品种指标。

3）质量指标。

4）利润指标。

5）节能效果指标，包括节能量和节能率。

（2）消耗类指标。

1）产品成本，是指生产和销售，以及库存、物流、管理等费用之和。

2）投资指标，是指固定资产和流动资金。

3）物资消耗指标，是指短线产品或稀缺的物质资源。

4）时间指标。

（3）效益类指标。

1）单位投资产量，是指年产品数量与节能技术方案（简称方案）投资总额之比，即

$$F=\frac{P}{K} \tag{5-2}$$

式中 F——单位投资产量；

P——年产品数量；

K——方案的投资总额。

2）投资效益系数，指产品年利润总额与方案投资总额之比，即该技术方案的投资利润率。

$$E=\frac{L}{K} \tag{5-3}$$

式中 E——投资效益系数；

L——年利润总额。

3）投资回收期，指方案投资回收所需年限。如用利润总额来回收投资，则投资回收期是投资效益系数的倒数，即

$$T=\frac{K}{L}=\frac{1}{E} \tag{5-4}$$

式中 T——投资回收期。

4）追加投资的效益系数和回收期：反映新方案在原方案基础上追加投资的效益水平，是原方案的收益增量（或费用节约额）与追加投资的比值。

$$E_a=\frac{C_1-C_2}{K_1-K_2}=\frac{\Delta C}{\Delta K} \tag{5-5}$$

式中 E_a——追加投资效益系数；

C_1、C_2——新方案和原方案的年经营费用（年成本）；

K_1、K_2——新方案和原方案的投资额；

ΔC、ΔK——新方案比原方案节约的经营费用和多投资的费用。

同理，如果追加投资ΔK是用年经营费用节约额（即效益）ΔC来回收，则追加投资回收期T_a是追加投资收益系数E_a的倒数，即

$$T_a=\frac{\Delta C}{\Delta K}=\frac{1}{E_a} \tag{5-6}$$

（4）决策指标。有标准投资效益系数E_b和标准投资回收期T_b两种，一般它们也总为倒数，即$E_b=\frac{1}{T_b}$，它们是评价技术方案投资效益系数和投资回收期的合理性尺度，是选择技术方案的决策标准。

技术方案合理性的最低条件是

$$E \geqslant E_b \text{ 或 } E_a \geqslant E_b,$$
$$T \leqslant T_b \text{ 或 } T_a \geqslant T_b$$

能源投资项目的标准投资回收期 T_b 一般要求在五年内。

2. 节能投资标准计算

节能投资的合理标准是根据节能技术改造措施直接节约下来的能源价值来制定的，也是企业做节能项目投资时财务可行性的依据，更是节能服务公司开展节能服务工作的前提和效益保障。如果实际投资小于合理标准 $\bar{K}$，则财务可行，反之不可行。$\bar{K}$ 表达式为

$$\overline{K}=\frac{\Delta\overline{L}\left[(1+i)^{t-n}-1\right]}{i(1+i)^{t}} \tag{5-7}$$

式中 $\bar{K}$ ——节能投资的合理标准，元/吨标准煤；

$\Delta\bar{L}$ ——每节约 1 吨标准煤，企业新增加的利润额，元/吨标准煤。对于节电项目，可直接采用电量单位，元/（千瓦·时）；

i ——银行贷款利率，%；

t ——经济效益计算期，年；

n ——节能技改项目施工期，年。

以某节能技术改造项目为例，施工建设期为一年（n=1），经济效果计算期取五年（t=5），从银行贷款，3～5 年期贷款利率 6.52%，电价按 0.6 元/（千瓦·时）考虑，维护费用忽略不计，$\Delta\bar{L}$ =0.6 元/（千瓦·时），节能投资的合理标准值为：

$$\frac{0.6\left[(1+6.52\%)^{5-1}-1\right]}{6.52\%(1+6.52\%)^{5}}$$

$$=1.93\ [元/（千瓦·时）]$$

按上述计算结果说明，如果该企业节能技改项目节约 1 千瓦·时对应的投资少于 1.93 元，则此项目经济上是合理的。

若国家有关管理部门对该节能技术改造项目给予贴半息的优惠，对企业而言则节能投资的合理投资标准值 $\bar{K}$ 可提高到 2.15 元/（千瓦·时）。

四、节能监测

在节能服务项目的前期节能审计和实施节能改造后均存在对能耗的监测。

能源审计人员对企业的主要工艺过程、主要的用能系统和设备或重要工序的能源消费数据必须清楚。在检查分析诊断过程中，情况复杂，所获得的资料不能满足进一步诊断的要求时，可以综合运用各种监测手段，有针对性地进一步收集、核实资料或进行必要的测试和能量平衡工作。通过监测手段获得必要的数据，运用综合分析的方法得出合理的审计结论。为了取得这些数据，要亲自到现场调查，注意计量仪表工作位置与工作状态，也可以和现场工程师与操作工人交谈。能源审计人员现场调查时，要绘制草图，了解所取得数据的具体工况，标注所取统计数据的位置，便于综合分析与评价。

前面所提到的能耗审计和计算，其目的是为节能项目的可行性分析服务的，是使节能服务公司在进行投资时做到“心中有数”，并且通过计算结果来吸引和说服客户进行节能改造，而真正分享节能效益的依据是通过实际监测得出的数据。节能改造后，全面地检验节能改造是否达到了计划阶段预测的节能效果是非常重要的。可以说，能耗的实际监测是决定合同能源管理项目成败的关键之一。无论用什么方式计算出的数据，最终都要通过实际监测的数据

来验证和校正。实测数据是最有说服力的数据，也是节能服务公司和客户最终认可的数据。无论节能服务公司与客户采取何种分享的方式，进行实测是必不可少的环节。实测的结果最直接地影响着节能服务公司的收益。如果实际监测采用了不适当的方式，监测过程出现失误、监测的项目出现遗漏，那么都将影响到监测的结果，继而影响到节能服务公司的收益，即使前面的工作做得再细致，也会使一部分应该有的效益白白丢掉。

节能监测应满足以下技术条件：

（1）监测应在生产正常、设备运行工况稳定条件下进行，测试工作要与生产过程相适应。应在所实施的节能技术改造项目正常、稳定运行后进行，节能监测只限于节能技术改造项目，所监测系统的工况应与改造前相同。

（2）监测必须按照与监测相关的国家标准进行，尚未制定国家标准的项目，可按行业或地方标准进行监测。

（3）监测过程所用的时间，应根据监测项目的技术要求确定，或与用户协商确定。

（4）监测用的仪表、量具，其精度和量程必须保证所测结果具有可靠性，监测误差应在被监测项目的相关标准所规定的允许范围以内。

具体的节能监测方法根据节能改造项目的不同而不同，如建筑节能监测、工业电热设备监测、工业锅炉监测、电力系统节能监测、空气压缩机压缩系统监测、热力输送系统监测等，节能服务公司可依据不同形式的节能改造项目监测要求进行具体监测。

还需注意的是，能耗的监测方法要得到客户的认可，并在合同中明确，而监测的执行，需要双方参与。这样做无非是为了避免因产生分歧而给节能项目带来不必要的障碍。

第八节　节能服务项目的融资分析

一、节能服务公司基本融资方式

1. 国内商业银行贷款

这是指节能服务公司向国内商业银行申请贷款。根据我国的现实情况，银行贷款是节能服务公司融资的最主要的一种渠道。另外，客户企业也可向商业银行申请贷款，来解决项目资金问题。节能服务公司根据在市场上的知名度、信用记录、还款能力让金融机构产生借贷行为。国有商业银行的资产都比较大，节能项目的融资金额比较小，对他们的吸引力不大，只有把同类技术的节能项目“打捆”后，才有融资的可能。城市商业银行地域限制严格，资产规模偏小，抗风险能力较差，节能项目的融资机会不多。股份制商业银行资产适中，观念较新，有较强的竞争意识，并在全国各地都有一定的网点，在一定的时期内是节能项目主要融资来源。

2. 中小企业信用担保贷款

目前，全国已有一百多个城市建立了中小企业信用担保机构。这些机构大多为公共服务性、行业自律性的非营利性组织，大多采用会员制管理方式。其担保基金的来源，一般是由当地政府的财政拨款、会员自愿交纳的会员基金、社会募集的资金、商业银行的资金等组成。会员企业向银行申请借款时，可由中小企业担保机构予以担保。另外，中小企业还可以向专门开展中介服务的担保公司寻求担保服务。与银行相比较而言，担保公司对抵押品的要求更为灵活。担保公司为了保障自身利益，往往会要求企业提供反担保措施，有时还会派员到企业监控资金流动情况。

3. 合同能源管理项目信用担保贷款

一般的节能服务公司，特别是新的和潜在的节能服务公司的规模较小、经济实力较弱、在银行缺乏资信记录，难以取得业务发展所需的贷款。为了支持节能服务公司的发展，在全球环境基金和世界银行的支持下，国内设立了合同能源管理项目贷款担保专项资金，专门支持节能服务公司的节能项目。实施节能项目的有关企业可充分利用该信用担保渠道。

4. 外国银行贷款

是指为项目筹措资金而向国外银行借款。从实际情况来看，外国银行贷款的利率比政府贷款或国际金融机构贷款的利率高。目前，节能服务公司利用外国银行贷款的主要途径是采用买方信贷方式。买方信贷是指由出口国银行直接向进口商或进口银行提供的信贷。由于节能服务公司经常要就某些设备进行国际招标和采购，当资金周转出现困难时，可向出口国银行申请买方信贷。这种贷款的信贷额度一般低于进口商品价格的85%，其余部分则由进口商首付。进口商在进口货物全部交清后的一段时间内分期偿还或一次性偿还贷款的本金和利息。

5. 国际金融机构贷款

国际金融机构是指为了达到共同目的，由数国联合兴办的在各国间从事金融活动的机构。根据业务范围和参加国的数量，国际金融机构可分为全球性国际金融机构和地区性国际金融机构两大类。前者有国际货币基金组织和世界银行等；后者有国际经济合作银行、国际投资银行、国际清算银行、亚洲开发银行等。我国主要利用世界银行、国际货币基金组织和亚洲开发银行的贷款。随着亚洲基础设施投资银行（亚投行）于2015年成立，节能项目又增加了一个有效贷款渠道。节能服务公司所从事的工作有利于全球环境保护工作，符合国际金融机构贷款的条件和要求，有条件争取这些国际金融机构的资金支持。

6. 融资租赁

所谓融资租赁又称金融租赁或资本租赁，是指不带维修条件的设备租赁业务。融资租赁与分期付款购入设备类似，实质上是承租者向设备租赁公司筹措投资，并以租赁设备的所有权与使用权相分离为特征的新型信贷方式。在全球范围内，融资租赁已成为仅次于贷款的信贷方式。融资租赁兼有融资和节税两种功能。节能服务公司发展到一定规模时，完全可以采用融资租赁方式来取得节能项目所需的各种设备，并实现项目融资效果。融资租赁方式中由承租方支付的手续费及设备交付使用后支付的利息，可在当期直接从应纳税所得额中扣除，因此筹资成本较权益资金成本低。同时，融资租入设备的改良支出可作为递延资产，在不长于五年内摊销。这样，融资租赁可进行快速摊销，具有节税效应。

7. 商业信用

商业信用是指由于延期付款、预收等方式而产生的企业之间的直接信用行为，主要包括：应付账款、商业汇票、票据贴现、预收账款等，如采用分期付款购入设备等方式。对于节能服务公司来说，这类方式的合理选用既不影响公司现有的资金结构，又可适当解决短期资金紧张问题，极具现实意义。

8. 提前结束合同

在与客户协商一致的情况下，节能服务公司可从客户处提前将应收效益款全部收回，从而提前结束合同期。这样，节能服务公司可将提前收回的资金用于其他项目。

9. 应收账款贴现

应收账款贴现就是企业将应收账款按一定的折价转让给银行，从而获得相应的融资款，该融资款额在一定的期限内用收回的账款来偿还。这是一种集贸易融资、商业资信调查、应收账款管理及信用风险担保于一体的新兴的综合性融资方式。对节能服务公司来说，此种融资方式可将项目合同期内应分享的节能效益向银行进行贴现，从而实现提前收回资金，再投向其他项目。银行贴现并没有数额上的限制，不受贷款额度等因素的影响。在将应收账款贴现后，节能服务公司仍然是项目风险的承担者，即第一追索人，仍旧负有保证节能量的责任。这种融资方式还可提高节能服务公司的信誉度，与银行建立良好的合作关系，便于节能服务公司以后直接向银行申请项目贷款。

10. 债权转股权

债转股实际上是债务重组的一种方式。根据我国会计准则，债务重组是指在债务人发生财务困难的情况下，债权人按照其与债务人达成的协议或法院的裁定做出让步的事项。所谓“让步”，是指债权人同意发生财务困难的债务人以低于重组债务账面价值的金额偿还债务。因而，这种方法不仅可以推迟债务清偿的时间，缓解偿还压力，还可改善公司的财务指标及资本结构。然而，通过将债务转为资本来清偿债务，如果节能服务公司是股份制公司，则在法律上有一定的限制。例如，按照我国《公司法》规定，公司发行新股必须具备一定的条件。

从目前情况看，商业银行，尤其是股份制商业银行是节能项目的主要融资来源，应加强对工业企业与银行之间技术信息和融资技巧的交流。在节能项目的技术可行性和经济分析报告中，着重描述对银行有用并感兴趣的信息。对企业加强融资技巧尤其是市场定位的经验、金融知识和管理方面的培训很有必要，否则他们很难说服银行管理人员进行投资。此外，专业的担保公司在节能融资中也将扮演着重要的角色，因此在加大银行节能融资力度的过程中，要充分结合各自的优势。

二、节能服务公司贷款担保计划

1. 节能服务公司贷款担保计划的来由

尽管我国已开展节能工作多年，并取得了世人瞩目的成果，但仍然存在着经济效益良好的节能项目还未普遍推广实施的现象。出现这种状况的主要原因有：缺乏适用的节能技术和设备的信息、中小型节能项目不被重视、用能单位缺乏节能工作经验、新的节能技术存在风险、节能项目及节能服务公司融资难等。

“WB/GEF 中国节能促进项目”就是为了克服这些节能障碍，由我国国家发展改革委与世界银行、全球环境基金合作实施的。该项目第二期的主要工作之一是建立节能服务公司技术支持和技术服务体系，并实施“节能服务公司贷款担保计划”，在全国进一步推广“合同能源管理”的经营模式和培养节能服务市场，最终在我国建立起可持续发展的节能服务产业。该项目第二期将大部分赠款用于建立节能服务公司担保专项资金，专门用于实施节能服务公司贷款担保专项计划，为节能服务公司实施节能服务项目提供融资担保，降低节能服务公司获得金融贷款的门槛，使节能服务公司获得更多的银行商业贷款机会，促进节能服务公司融资渠道的市场化。

中国投融资担保有限公司（1993 年成立，1993～2012 年名称为“中国经济技术投资担保有限公司”）是我国节能服务公司贷款担保计划实施机构，承担利用节能服务公司担保专项资金开展节能服务公司担保业务的义务，并享有相应的权利。

节能服务公司贷款担保计划实施流程示意图如图 5-4 所示。

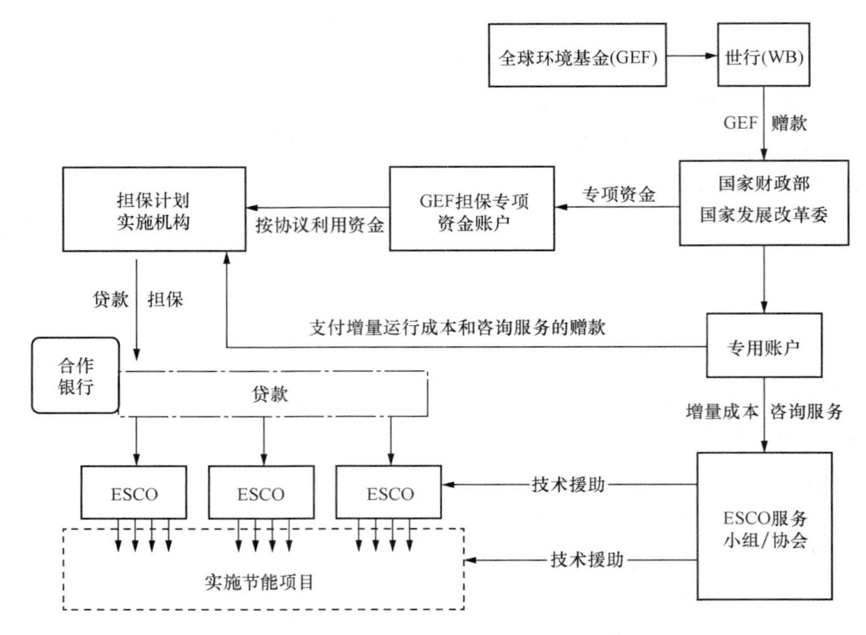

图 5-4 节能服务公司贷款担保计划实施流程示意图

2. 中国投融资担保有限公司

中国投融资担保有限公司（China National Investment and Guaranty Co，Ltd.，简称中投保公司），于 1993 年经国务院批准，由财政部、原国家经贸委发起设立，原名为中国经济技术投资担保有限公司，2013 年改为现名。中投保公司为国家开发投资公司成员企业，是以信用担保为主营业务的全国性专业担保机构。公司运营的“中国担保网”和公司网站是我国担保行业最具影响力的网站。

公司的经营宗旨是，以信用增级为服务方式，提升企业信用，改善社会信用资源配置，提升市场交易效率，促进社会信用体系和信用文化建设，为国民经济和社会发展服务。截至 2013 年底，公司注册资本 45 亿元，资产总额约 98.39 亿元，拥有银行授信 1638 亿元。中诚信国际信用评级有限公司、联合资信评估有限公司、大公国际资信评估有限公司等评级机构继续给予公司长期主体信用等级 AA+。公司设立了华东、上海、大连、天津、沈阳、无锡六家分支机构，为区域经济发展服务。

2010 年，在国家开发投资公司的支持下，公司完成增资改制工作。通过引进建银国际、中信资本、鼎晖投资、新加坡政府投资、金石投资、国投创新六家新股东，公司从国有独资企业变更为中外合资企业，迈入了全新的发展时期。公司与国内一流的银行、证券公司、信托投资公司、金融资产管理公司及专业投资、咨询顾问机构结成了广泛的战略联盟，投资参股了中国国际金融公司、鼎晖投资、恒生电子等相关领域的旗舰企业，初步构建了为客户提供金融及信用综合服务和解决方案的运营平台。

公司建立了广泛的国际联系，于 1998 年成为世界三大担保和信用保险联盟之一的泛美担保协会（PASA）会员；于 2006 年、2009 年先后加入美国保证和忠诚保证协会（SFAA）、国际信用保险和保证协会（ICISA）。公司是拥有 180 家专业担保公司的“中国担保业联盟”的倡议和发起单位，与国内同业具有广泛的合作与交流。2013 年，经中华人民共和国民政部批准，中国融资担保业协会正式登记成立，公司作为主要发起人当选为协会会长单位。

中投保公司形成了由担保业务、投资业务和其他业务三大板块组成的较为完善的业务体系。其中，担保业务包括基于公共融资市场的业务、基于银行间市场的业务、基于资本市场的业务、与银行合作开展的业务、保证担保业务、受托担保业务六大领域，投资业务主要包括长期股票投资、结构化产品投资、现金管理等，其他业务主要包括财务顾问、财富管理、项目评估、融资策划、项目策划等。

3. 担保对象

可以说，只要是以合同能源管理机制实施节能项目的企业都是该担保计划支持的对象。而该担保计划的重点担保对象是节能服务公司，特别是中国节能协会成员。这是由于该担保计划的目的是支持尽可能多的节能项目得以实施，以取得尽可能多的节能、减排温室气体效果；另一目的是促进节能产业的发展，形成可持续发展的实施节能项目的集团力量。而支持节能服务公司，特别是中国节能协会成员可同时实现这两方面的目的。该担保计划支持的一般担保对象是节能服务公司的客户单位和以合同能源管理机制实施节能项目的企业。

4. 节能项目的标准

该担保计划支持的节能项目需要同时符合以下两个条件：

（1）节能服务公司从节能项目所获得的效益分享中，节能收益应超过该项目总收益的 50%。一般节能服务公司实施的项目有多种收益来源，如提高产品质量、节约能源、节约原材料、节省人工、减少排污罚款、提高用电功率因数等。如果节能收益占总收益的 50%以上，本担保计划就认为该项目为其所支持的节能项目。否则，就不属于节能项目，不在本担保计划支持范围。

（2）项目是采用合同能源管理机制实施的。合同能源管理项目的基本特点是投资的返还和合理的利润来自于节能效益，在项目寿命期客户保持正的现金流。

5. 节能服务公司担保专项资金的使用

为了充分发挥有限的专项资金作用，使商业银行最大限度地介入到节能服务公司的融资过程中，设定了节能服务公司担保专项资金的比例担保和快速周转的使用原则。

担保计划可为节能服务公司、节能服务公司的客户或以合同能源管理机制实施节能项目的企业贷款提供比例担保。实施节能项目的企业和相关银行可以向该计划申请比例担保。初期阶段，该计划可提供不高于 90%的比例担保，随着项目的深入逐渐减少担保的比例。担保计划提供的担保期限为 1～3 年，一般不超过 3 年，以便使担保专项资金通过快速周转来支持较多的节能项目。一年期以内的贷款担保优先考虑。

6. 节能服务公司贷款担保程序

WB/GEF 中国节能促进项目二期节能服务公司贷款担保程序流程见图 5-5，节能服务公司申请担保流程见图 5-6。

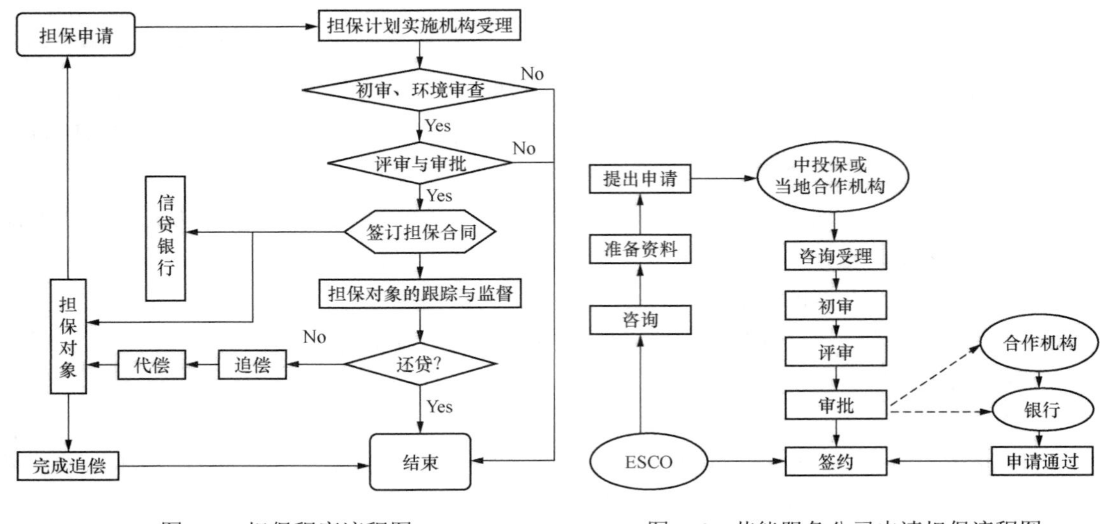

图 5-5 担保程序流程图

图 5-6 节能服务公司申请担保流程图

第九节 合同能源管理项目的风险和对策

一、风险来源和类型

首先，节能服务公司必须了解合同能源管理项目可能具有的各种类型风险。通常一个合同能源管理项目可能具有的风险根据来源不同可分为客户风险和项目自身风险两大类。

（一）客户风险

根据国内示范节能服务公司的经验，客户风险有时比项目自身风险还要高。许多项目的可行性评价为优良，实际运行中的节能效益也很显著，但节能服务公司却难以最终实现预期的收益。其中很大程度是客户原因所致。因此，我们对这种风险要引起足够重视。通常，客户风险主要有以下三种。

1. 客户的信用风险

客户一直保持关注的能力，以及按责任支付能源服务、偿还贷款或租赁的能力，对节能服务公司和出租方都是一种风险，例如客户信用状况好坏、是否会按合同如期付款等。我国目前的信用机制尚不完善，信用状况差的现象较普遍。客户信用差的情况表现为以下几方面。

（1）客户从一开始就存在恶意隐瞒行为，目的是诱使节能服务公司对其投资。

（2）合同执行过程中，客户通过各种手段来转移项目的节能收益。

（3）客户想方设法迟迟不支付属于节能服务公司享有的节能效益部分。

（4）投资市场竞争加剧，其他节能服务公司给予更优惠的条件，客户违约而与其节能服务公司合作。

（5）客户单位改制或更换领导班子，新一届领导不愿履行合同等。

因此，在与客户合作之前，必须注重对其信用状况进行考察。

2. 客户的经营风险

一旦客户由于经营不善、盈利能力下降，若无其他更好的措施，势必会压缩生产规模，这样节能改造后的设备就达不到预定负荷，预计的节能量及效益就会下降，从而导致节能服务公司的收益减少。另外，客户还有可能由于卷入法律纠纷而发生风险。如客户由于从事非法经营或其他重大问题而导致停业或关闭，致使节能服务公司遭受损失。

3. 合同风险

根据国内节能服务公司的经验，节能服务公司与客户签订的合同往往不是非常完善，对一些细节规定得不够详尽，导致在合同执行过程中及合同纠纷解决时存在着大量风险。

（二）项目自身风险

通常，项目自身风险主要有以下几方面。

（1）项目的开发风险。项目的开发风险指的是即使资金已经用于项目的开发，但项目不能完成。这类风险主要由固定资产的投资者承担。

（2）金融和财务风险。金融风险包括宏观经济运行周期、能否如期获得银行贷款、合同期内的通货膨胀率变化、利率变化，有时还要考虑汇率变化。财务风险则因考虑不周致使测算项目的节能效益有误。为避免这种风险，节能服务公司应周全地将项目所有可能的费用都计算在内。

（3）设计及技术风险。包括技术选择、技术购买、技术的先进性和成熟度。

（4）设备原材料采购风险。所安装的设备能否正常运行，不出问题。在这方面，节能服务公司应要求供应商为设备性能提供担保。

（5）工程施工风险。工程施工风险包括分包商能否按预定的进度和预算保质保量地完成合同中规定的各项工作，以及其信誉程度、技术培训、后期维护能力。

（6）节能量风险。节能量风险主要指项目实施后能否实现预期的节能量，这是节能服务公司能否从项目中赢利的主要风险。节能服务公司可能没有详细计算项目的节能量，而项目实施后实际产出的节能量比预期低得多，将导致节能服务公司无法收回投资和利润。此外，评估机构的权威性和公认性是否足够，以及节能服务公司、评估机构和客户三方对评估标准和内容认可的一致性也存在着风险。

（7）运行时间和用户负荷风险。如果用户不使用项目中的耗能设备，就没有节省，节能服务公司投资回收就会出现风险。一般来说，由用户承担这一风险。

（8）能源价格变化风险。能源价格变化将造成项目的节能效益评估结果发生变化，从而导致利益分成变化；或者由于能源政策调整、工业结构调整等政策性因素，导致客户的能耗结构发生重大变化，从而对项目的收益产生较大的影响。

（9）投资回报风险。投资回报风险的主要影响因素包括确定效益分成或固定回报的具体比例和期限、客户的支付能力、政策变化、体制改革、领导更换等。

二、降低风险的方法[1]

若节能服务公司认为项目风险较高，就应寻求减少风险的方法。若在采用了减少这类风险的方法之后，该项目的风险仍不可接受，节能服务公司就应该放弃该项目，转而寻求其他风险低、回报高的项目。减少有关风险的具体方法有以下几点。

（一）对客户进行详尽而客观的评价

主要从以下三个方面进行评价。

[1] 资料来源：中国节能服务网。

1. 客户基本情况

(1)客户公司成立时间、注册资本额、资本到位情况、股东名称及实力等。一般来说,若公司成立时间太短,在与其合作时应予以充分关注;公司注册资本较大时,说明其实力较强;如果客户的股东是很有实力的大公司,那么客户的风险就会小一些。

(2)客户经济形式。客户属于国营、民营、合资或外资企业,不同的所有制形式往往预示着不同的风险程度。但一般因地区而异、因社会发展阶段而异。

(3)企业组织结构。包括全资子公司有多少,控股公司有多少,参股公司有多少,以及各自的状况如何。通过了解这些内容可以全面了解客户的整体经营情况和实力。

(4)企业的综合素质,包括领导素质、社会评价、厂区面貌、员工精神面貌等。通过了解这些内容可以更好地了解企业的经营状况及未来发展趋势。

2. 客户财务情况

(1)了解客户的主营业务和兼营业务。了解所要投资的项目是与主营业务有关,还是与兼营业务有关。一般来说,企业较重视其主营业务,投资于此风险会小一些。

(2)了解经营情况。了解客户的各项经营指标,主要包括生产能力、销售收入、利润总额、总资产、净资产等数据。同时,还要了解客户产品的市场状况、市场竞争情况和市场前景等。一般来说,规模较大、生产经营持续增长、市场前景良好的客户是优质客户。

(3)关注财务报表的审计情况。关注其资产负债表、损益表和现金流量表是否经过审计,审计报告结论是什么,有无保留意见,存在哪些需要说明或调整的事项。

(4)财务状况分析。包括资产变动的来源分析、利润增减额变动分析、利润构成变动分析、资产负债结构分析、获利能力分析、财务比率分析等。

(5)银行负债及偿债能力分析。一方面要分析客户的银行负债情况,另一方面要注重对客户的偿债能力分析。

(6)应收账款与其他应收款分析。主要分析应收账款所占比例、回收时间等。

(7)现金流分析。主要分析利润质量和未来状况,以便全面了解客户的过去和将来的财务状况,充分评估可能的风险。

3. 重大事项

节能服务公司还应该关注客户可能会出现的重大事项,因为重大事项对投资项目的影响往往是巨大的。对重大事项的分析主要包括:

(1)分析客户近期可能进行的重大建设项目或重大投资项目。

(2)对客户可能会出现的重大体制改革,包括资本结构变化、高层人员变动等情况进行调查和分析。

(3)了解客户当前有无面临重大法律诉讼问题。

(4)了解客户近三年是否出现较大的经营或投资失误,如果有,了解其原因是什么。

(5)客户是否参与了股票市场、期货市场的交易。在资金使用方面是否存在违规违纪行为。如果有,客户将会面临很大的法律风险,可能导致投资项目失败。

(6)了解和分析其他重要项目情况,主要针对存在异常情况的资产、负债项目等。

(二)通过多种渠道来收集客户的情况

节能服务公司必须确保客户的业务状况良好,财务制度健全,会按项目的节能量支付给节能服务公司应分享的比例。因此，节能服务公司从一开始就应通过银行、其他客户、客户上级主管部门、客户的客户等多种渠道对客户进行全方面了解，主要包括客户的资信、技术期望值、决策层、发展前景、后续项目的可能性等；并与客户单位的各级领导和有关部门保持联络，随时获得他们对项目的反馈意见，以便改进工作。

降低客户信用风险的方法有：

（1）使用科学的评估方法。可借用银行的信用评估系统，剔除信用不良的客户。示范节能服务公司之一的辽宁节能服务公司就非常成功地与商业银行和保险公司建立了战略合作伙伴关系，利用他们的客户信誉评估系统对自己的目标客户进行科学、系统的评估。同时对客户群进行正确评价和细分。他们根据评估结果，结合本公司的技术特点和全省的行业特点，将客户分为三类：黄金客户、机会客户和高风险客户，并分别采取不同的管理模式，从而将客户信誉风险降到最低。在对客户进行信用评估时，相关项目的负责人员应回避，因为他们的意见可能不够客观。

（2）向与客户有业务往来的其他单位核实客户的信用情况。如向客户的原设备供应商、合作单位等核实。

（三）精选优良的客户

在对客户进行详细的评价基础上，尽可能地选择真正有节能潜力，而且真诚地愿意与节能服务公司合作的优良客户。

（四）签订一份尽可能完善的合同

通过合同的约束来保障项目的正常执行，并保证节能服务公司正常收回应得的收益。

（五）分散风险

为了减少节能服务公司承担的风险，在有条件时，应尽可能分散风险。如由客户投入部分项目所需资金，以减少节能服务公司资金投入量；邀请设备制造商共同参与实施节能项目，用节能效益分期偿还设备费用等方式。

（六）采用其他措施减少风险

采用其他措施来保证合同正常履行，减少风险发生。如可以要求客户提供第三方担保或者资产抵押等有效担保方式。

（七）降低建设风险

节能服务公司必须按合同规定的时间完成项目，以使客户按时付款。如果建设期比计划期延长了许多，节能服务公司的贷款利息就会增加，其他费用也可能会增加，同时也影响在客户心中的地位。降低这种风险的方法有：

（1）在制定施工进度表之前，要沟通好各有关设备的交付日期。

（2）仔细地计划施工步骤，让客户方面相关的管理人员和操作人员介入这一过程，以便他们能指出潜在的施工问题。

（3）建立项目经理负责制，让项目经理对项目施工全面负责。

（4）在施工进度表中留有一定的时间余量，以防可能发生的工期延迟。

（八）降低设备和技术风险

尽管设备制造商对设备的性能和质量有担保，如果所安装的设备运行情况不佳，节能服务公司仍然会为解决有关问题而承担额外费用。减少这种风险的方法有：

（1）尽量使用成熟的、经过考验的技术，如果使用新技术，至少是经过示范应用效果较好的。

（2）采用有可靠性记录的设备，例如，很多电子镇流器都具有极好的性能，但在实际项目中，应选用有良好运行记录的镇流器。

（3）选择愿为其设备提供担保的、优秀的设备供应商，所提供的担保应包括承担更换设备的人工费用。这里要注意，尽量避免接受那些财务状况不太好的设备供应商的设备，尽管他们也提供了优厚的担保。因为，一旦设备出现问题，而该设备制造商却停业了，无力履行其担保责任，这时节能服务公司就会遭受损失。

（九）降低财务风险

节能服务公司应建设项目成本分析的专家队伍，这是取得项目利润的重要前提。降低财务风险的方法有：

（1）不要忽视项目中发生的各种杂费，它们累计起来很可观。例如，更换荧光灯镇流器时要用的导线和连接件，这些材料的成本虽然低，也应计入项目的成本内。

（2）应将“间接”成本，如交通费用、清理现场垃圾费用等计入项目成本内。

（3）明确可能的“附加”成本，应让客户清楚地理解这些都是项目的额外成本。例如，要更换泵或风机上的电动机时，应将滑轮、密封件、皮带等的费用包括进去；如果门窗玻璃或百叶窗损坏了，节能服务公司更换时就有额外费用发生。

（十）降低节能量风险

这是节能服务公司容易犯大错误的地方，降低这种风险的方法有：

（1）对项目的目前状况进行实测，而不能靠假定。例如，对调速传动设备更新改造前，必须确定泵的负荷分布，以精确计算节能量。

（2）为节能量的计算误差留出余地，确定合理的误差幅度。例如，按计算节能量的80%来确定实际的节能量。

（3）对项目的节能量进行连续地监测，密切注视项目实施后未达到预期节能量的早期迹象，以便及时采取补救措施。

（十一）降低投资回报风险

这是合同能源管理业务的独特风险，需要节能服务公司关注和研究。在项目开始前，节能服务公司应结合客户的具体状况制定详尽可行的风险管理方案，确保按计划收回项目投资和应分享的效益。根据国内示范节能服务公司的经验和教训，回避此类风险的方法有：

（1）知己知彼，主动安全。只有全面了解客户的情况，才能做到防患于未然，并在出现风险时有相应的对策来化解。

（2）必须在合同谈判时就与客户将效益分享及期限谈清楚，并向客户解释清楚“为什么”和“怎么做”。如采用资金封闭运行机制，就较好地保证节能服务公司的投资回报，同时也使客户容易接受。

（3）制定合理的分享年限，并留有一定的应变余量，以保证在客户方面出现任何不利变化时，节能服务公司仍然能收回全部投资。

（4）选择权威的能源审计部门监测项目节能量，以保证能公平、合理地进行项目的能耗评估和节能效益分析。该审计部门最好是国家有关部门、当地或该行业影响力较大的机构。

节能服务公司在评估项目效益时，应加强同客户沟通，减少与客户的不同意见。为避免可能导致的效益分享风险，在合同中尽可能明确效益的评估、分配方法。由于合同能源管理项目带给客户的效益不仅是通过节能方式，还有可能是通过降低设备维护费用，延长设备使用寿命，提高产量、质量，降低原材料消耗、降低环境成本等多种渠道来实现降低成本，提高效益的目的。

第十节　案　例　分　析

一、某煤业公司电动机系统节能改造工程项目

客户单位：某煤业公司。

节能服务公司：某节能服务公司。

实施项目：电动机系统节能改造工程。

项目客户调查：该煤业公司是一个以煤为主、多业并举的现代化企业，综合实力雄厚，经营业绩稳定、良好，满足合同能源管理项目的客户标准。

该项目开始前，该煤业公司拥有主要生产设备 5373 台，容量 12.76 万千瓦，采煤机械化程度达到 93%，掘井机械化程度达到 59.5%，年用电量 1.755 亿千瓦•时左右，年电费在 1.3 亿元左右。为节约成本、提高竞争力，该公司迫切希望通过节能技术改造，降低原煤生产成本。

项目实施过程如下。

（一）能效审计

由于历史原因，该煤业公司配置的机械设备多数陈旧老化，效率低、能耗高、运行可靠性低，造成其原煤综合电耗高达 26.42 千瓦•时/吨，导致该公司原煤成本高、效益差。通过调研，发现其主要存在以下几个方面的制约因素。

（1）矿井主风扇风机耗电量大。煤矿作业主要通过井下主扇风机连续运转，为井下送入新鲜空气，排出有害气体，保证井下安全生产。原有的主扇风机是按矿区原设计生产能力 666 万吨/年配置设计的，但实际产量已达 800 万吨/年。风机总容量 6770 千瓦，日耗电量达 13.2 万千瓦•时，占总耗电的 25.38%。可见，调整主扇风机将是大幅降低吨煤综合电耗的有效途径。

（2）输配电设备陈旧、电耗高，均属高耗能设备。该煤业公司的输配电网始建于 20 世纪 70 年代，运行的配电设备及变压器多属于淘汰产品。其中，变压器 201 台，装机容量 7.24 万千瓦，90%为早期的 SJ 型变压器。设备技术落后，空载损耗大，过负荷能力小，效率低。

（3）矿区供水设备电耗高、浪费水现象严重。矿区供水主干线近百千米，建有十余座加压泵站，总容量 8155 千瓦。据测算，当时的日耗电量四万多千瓦•时，占原煤综合电耗的 9.1%。

（4）采掘机械中多数为淘汰型电动机。井下采掘设备装机容量达 2.6 万千瓦，由于矿井生产的不均衡性，设备运行负荷变化较大，致使设备运行负荷率低、功率因数低、无功损耗

大，导致综合用电量居高不下。除此以外，矿井各生产系统仍有大量淘汰型电动机，如JO、JR系列电动机，装机总数1377台，容量约为7.5万千瓦。在节能改造中须逐步更换为新型节能电动机。

（二）项目节能评估及可行性方案

1. 节能评估

（1）采用变频调速节能技术对长期不间断运行设备主扇风机、井下局部扇风机和供水系统的加压泵进行节能技术改造。此项技术属于国家重点推广应用的节能技术，节电率可达40%～50%，预计3～5年内可从节约电费中收回全部投资。

（2）对老旧设备进行电控改造和更换。合理规划，淘汰落后的低效电动机，采用高效电动机；对变压器进行节能改造；编制合理运行方式，减少设备空转，提高电动机系统的运行效率，保证各系统运行的经济、可靠。

（3）对矿区生产的工业设施中负荷变化不大、不能更换电动机的设备，采用就地无功补偿手段，提高功率因数，降低无功损耗，达到节电目的。此项技术节能效果十分明显，初步测算节能达10%以上。

（4）对矿区供电系统网架薄弱、设备陈旧、容载比低、线损率偏高、无功补偿不足、调节能力差等问题，进行重新设计、技术改造，提高供电质量和系统的可靠性。

综上所述，节能服务公司本着合理利用能源、降低能耗、遵循节约与开发并举的原则，以节能技术改造为突破口，积极采用新技术、新工艺、新设备，为实现矿井集中管理和现代化生产、降低开采成本、高产高效奠定坚实基础。

2. 可行性方案

经与煤业公司协商，确定节能改造方案分两期实施，第一期进行的节能改造工程包括矿区生产设备电动机系统变频调速和陈旧设备淘汰更新，运作模式采用改造工程施工模式；第二期进行的节能改造工程包括矿区供水设备的电动机系统变频调速和运行控制优化，运作模式采用节能量保证支付模式。具体如下。

（1）电动机系统变频调速节能改造。对主要通风机、压风机、水泵和提升机等固定设备的电动机系统采用变频调速技术改造，节约电能。在变频调速装置的选择上应充分考虑设备的技术参数，比如待驱动的电动机台数、电动机工作环境、外围设备的选择，以及变频器的使用容量等。

根据该煤业公司的生产实际情况，为矿区主风井及部分水泵房配备变频调速装置，见表5-4。

表5-4　变频调速装置配备一览表

序号	规格型号	单位	数量	序号	规格型号	单位	数量
1	30千瓦、380伏	台	1	6	100千瓦、380伏	台	22
2	37千瓦、380伏	台	3	7	125千瓦、380伏	台	5
3	55千瓦、380伏	台	9	8	132千瓦、380伏	台	4
4	75千瓦、380伏	台	7	9	155千瓦、380伏	台	6
5	90千瓦、380伏	台	5	10	160千瓦、380伏	台	21

续表

序号	规格型号	单位	数量	序号	规格型号	单位	数量
11	260 千瓦、6 千伏	台	2	14	450 千瓦、6 千伏	台	1
12	315 千瓦、6 千伏	台	2	15	630 千瓦、6 千伏	台	3
13	400 千瓦、6 千伏	台	8	16	800 千瓦、6 千伏	台	4

（2）陈旧设备的淘汰更新。采用节能型变压器和高效电动机替换落后的高耗能变压器和电动机，减低变压器损耗，提高电动机运行效率。

1）节能变压器分析及选型。新型节能变压器与原变压器比较起来，有如下优点：

①新型节能变压器与原有变压器相比效率提高了 1%，负载损耗降低了 25%，空载损耗降低 85%。

②新型节能变压器在空载时的功率因数为 0.35，是原变压器的八倍以上。

③新型节能变压器的经济负载率为 20%。

根据矿区电动机使用情况，节能服务公司考虑选择 S9 系列或 S11 系列变压器其中之一。如表 5-5 所示，显示了容量为 400 千伏安的 S9 系列和 S11 系列变压器中配电变压器的相关参数及价格比较。下面分析其经济性。

表 5-5　　容量为 400 千伏安的 S11 和 S9 配电变压器的相关参数及价格比较[12]

型号	空载损耗（瓦）	负载损耗（瓦）	空载电流（%）	阻抗电压（%）	购买价格（元）
S11	565	4300	0.7	4.0	40000
S9	800	4300	1.0	4.0	36000

注　资料来源：赵全乐.线损管理知识 1000 问.北京：中国电力出版社，2006。

说明：不同厂家的设备，参数存在一定差异。

变压器年运行电量及电费计算公式为

$$W = T_0 \times (P_0 + 0.05 \times I_0 \times S_N / 100) + T_k \times (P_k + 0.05 \times U_k \times S_N / 100) \tag{5-8}$$

$$C = W \times P \tag{5-9}$$

式中　W——变压器年运行耗电量，千瓦·时；

C——变压器年运行耗电费用，元；

P_0——空载损耗，千瓦；

P_k——负载损耗，千瓦；

S_N——额定容量，千伏安；

U_k——阻抗电压百分数，%；

I_0——空载电流百分数，%；

P——电价，元/（千瓦·时）；

T_0——变压器全年空载小时数，小时；

T_k——变压器全年等效满载小时数，小时。

变压器的全年空载、等效满载小时数分别按照 8600 和 3100 小时考虑，利用式（5-8）和（5-9）对额定容量为 400 千伏安的 S11 系列和 S9 系列配电变压器的运行情况进行对比，分析如下。

S11 系列配电变压器的年耗电量为

$$W_{S11}=8600\times(0.565+0.05\times0.7\times400/100)+3100\times(4.3+0.05\times4.0\times400/100)$$
$$=21873\text{（千瓦·时）}$$

S9 系列配电变压器的年耗电量为

$$W_{S9}=8600\times(0.80+0.05\times1.0\times400/100)+3100\times(4.3+0.05\times4.0\times400/100)$$
$$=24410\text{（千瓦·时）}$$

按电价 0.72 元/（千瓦·时）考虑，S11 型配电变压器的年耗电费为

$$C_{S11}=21873\times0.72=15748.56\text{（元）}$$

S9 型配电变压器的年耗电费为

$$C_{S9}=24410\times0.72=17575.20\text{（元）}$$

可见，两种变压器的购置价差为 4000 元，年损失电费价差为 1826.64 元。由此可见，选择 S11 型变压器 2.19 年即可收回增加的投资。如运行年限按 20 年计，除增加的投资成本回收期外，可节约电费 3.25 万元，其中未计入运行维护费用及电价调整变动影响。总体来看，采用 S11 型变压器具有明显的经济效益。

因此，节能服务公司为矿区设计配备了合理的变压器组合，如表 5-6 所示。

表 5-6　　电力变压器配备一览表

序号	规格型号	单位	数量	序号	规格型号	单位	数量
1	S11-20/6	台	38	9	S11-250/6	台	25
2	S11-30/6	台	14	10	S11-315/6	台	25
3	S11-50/6	台	11	11	S11-400/6	台	21
4	S11-63/6	台	6	12	S11-500/6	台	14
5	S11-75/6	台	8	13	S11-6300/6	台	1
6	S11-100/6	台	8	14	S11-6300/35	台	1
7	S11-125/6	台	15	15	S11-10000/6	台	4
8	S11-160/6	台	26	16	S11-12500/6	台	4

2）高能耗电动机的更换及选型。节能服务公司采用新型高效率的电动机替换老旧电动机，平均损耗下降 25%以上，效率提高 4%～6%左右。而且高效电动机在相对较宽的负载率范围内具有较高的效率水平。经核算，采用高效电动机的投资回收期为一年。

节能服务公司为矿区设计配备的节能电动机如表 5-7 所示。

表 5-7　　节能电动机配备一览表

序号	规格型号	单位	数量	序号	规格型号	单位	数量
1	1050 千瓦、6 千伏	台	6	3	630 千瓦、6 千伏	台	13
2	710 千瓦、6 千伏	台	8	4	400 千瓦、6 千伏	台	12

续表

序号	规格型号	单位	数量	序号	规格型号	单位	数量
5	315 千瓦、6 千伏	台	20	10	100 千瓦、380 伏	台	22
6	300 千瓦、6 千伏	台	9	11	75 千瓦、380 伏	台	7
7	280 千瓦、6 千伏	台	4	12	55 千瓦、380 伏	台	5
8	220 千瓦、6 千伏	台	12	13	37 千瓦、380 伏	台	4
9	155 千瓦、380 伏	台	12				

（3）电动机系统运行和控制的优化。采用新技术新工艺，优化电动机系统的运行和控制，降低故障率，提高运行效率，减少能耗，如加装软启动器、自动无功补偿柜等。

该煤业公司的电动机装机容量约 12 万千瓦，且大多数单机容量较大，由于生产计划需要，大部分电动机会同步开启。原先的启动方式有两种：①直接启动。这种方式下，将产生很大的启动电流（一般是额定电流的 6～8 倍），将对矿区电网造成很大冲击；②转子串电阻启动。这种方式下，大电流产生的能量会白白浪费在串接的电阻上，而且这种方式会出现较高的启动故障。由此可见，优化电动机启动方式——采用软启动器启动电动机，可以简化操作，降低电动机启动电流，实现电动机的平滑启动，节约电能（可节约能耗 10%左右），延长使用寿命，提高电动机自动化水平。电动机固态启动装置配备见表 5-8。

表 5-8　　电动机固态软启动装置配备一览表

序号	规格型号	单位	数量	序号	规格型号	单位	数量
1	QB-H 型、280 千瓦、6 千伏	台	5	5	QB-H 型、185 千瓦、6 千伏	台	3
2	QB-H 型、250 千瓦、6 千伏	台	4	6	QB-H 型、160 千瓦、6 千伏	台	1
3	QB-H 型、220 千瓦、6 千伏	台	3	7	QB-H 型、132 千瓦、6 千伏	台	1
4	QB-H 型、200 千瓦、6 千伏	台	2				

通过无功补偿装置，可以改善电网质量、节约电能，能取得可观的经济效益，有良好的应用前景。根据矿区生产的实际情况，配备的无功补偿装置见表 5-9。

表 5-9　　无功补偿装置配备一览表

序号	规格型号	单位	数量	序号	规格型号	单位	数量
1	3000 千乏	台	2	5	1500 千乏	台	2
2	2000 千乏	台	2	6	750 千乏	台	2
3	1000 千乏	台	2	7	375 千乏	台	2
4	2250 千乏	台	2				

通过以上各种技术措施改造，不仅可以节约电能，而且可以提高电动机系统设备的可靠

性，降低设备维护量，延长设备的使用寿命，减少设备的停工时间，提高设备运行效率，提高生产率。

经分析，本项目实施后吨煤节电量达到7.42千瓦·时，以该煤业公司年产1000万吨计，可节电7420万千瓦·时，如电价按0.72元/（千瓦·时）计，全年直接节约成本将达5340万元。

（三）商务合同洽谈

本项目采用合同能源管理方式运作，根据项目的实施方案和运作模式，经双方协商，在第一期项目中，甲方（煤业公司）委托乙方（节能服务公司）负责执行项目的能源设计、节能方案设计、节能改造施工建设、用户培训等，双方约定，合同期内，甲方向乙方分阶段支付劳务费用，乙方不分享节能效益；在第二期项目中，甲方（煤业公司）全权委托乙方（节能服务公司）负责项目实施，双方约定，合同期内，乙方按承诺的节能量收取节能效益，低于承诺标准的，节能差量由乙方予以经济补偿，超出承诺标准的，双方按一定比例分享。

主要商务条款如下。

1. 合同双方的职责

合同规定，甲方（煤业公司）应履行的主要职责是：

（1）负责提供场地和施工配合。

（2）负责第一期项目的资金筹措，包括资金贷款。

（3）负责履行项目组织管理职责。

（4）负责建立健全的、完备的项目生产管理制度和机构。

（5）按合同规定向节能服务公司支付费用和节能收益。

合同规定，乙方（节能服务公司）应履行的主要职责是：

（1）负责现场能源效率诊断。

（2）负责节能改造方案设计。

（3）负责第二期项目的资金筹措，包括资金贷款。

（4）负责节能设备的选型、采购、运输、安装、调试和用户培训。

（5）负责设备的运行保障（合同期内）。

（6）负责节能监测和节能量保证。

（7）按合同规定履行商务条款。

2. 项目实施进度计划

双方协商，两期项目分步进行：

第一期项目合同有效期为15个月，建设期12个月，累计试运行期3个月。建设期自2006年5月初开始，至2007年4月底竣工，投入试运行；其中，电动机、变压器改造按6个月计，变频调速装置改造按4个月计，其他电控设备改造按2个月计。

第二期项目合同有效期为5.5年，建设期5个月，累计试运行期1个月。自2006年7月初开始，至2007年12月底竣工。其中，电动机改造按2.5个月计，变频调速装置及其他电控设备改造按1.5个月计。从节能改造完毕正式验收并移交用户使用之日开始为成本回收期，共计5年。

3. 财务条款及节能收益的分配

双方约定：

第一期项目中甲方（煤业公司）在实施项目的不同阶段以工程预付款、工程进度款和竣工款等方式与乙方（节能服务公司）结算工程劳务费用。

第二期项目中依据节能量监测结果，乙方（节能服务公司）收取（补偿或分享）节能经济效益。乙方（节能服务公司）承诺项目实施后的节能率不低于 20%。如需补偿，按监测期电价水平核算支付于甲方；如需分享，甲方分享超出部分节能收益的 90%，乙方分享超出部分节能收益的 10%，按监测期电价水平核算。合同期满后，全部节能收益归甲方。

4. 设备的产权归属

合同期内，设备的所有权属于乙方。合同期满后，设备所有权及全部节能收益完全属于甲方。

（四）技术经济分析

1. 项目投资分析

本项目总投资为 15719.65 万元，包括静态投资和动态投资两部分。其中，静态投资为 15437.21 万元，估算范围包括该煤业公司电动机系统节能改造工程中的设备购置费、安装工程费、基本预备费和其他费用；动态投资为 282.44 万元，主要考虑建设期贷款利息，本项目申请银行贷款 7100 万元人民币，借款年利率 5.85%，根据项目的资金筹措方案，结合贷款条件，贷款利息为 282.44 万元。投资概算见表 5-10。

表 5-10　　投资概算表

序号	费用名称	概算价值（万元）			
		设备购置	安装工程	其他费用	合计
一	变频调速装置	10100.81	24.51		10125.32
二	电动机	1800.95	29.24		1830.19
三	变压器	1426.80	454.80		1881.60
四	电动机固态软启动装置	77.19	1.91		79.10
五	无功补偿成套装置	106.81	0.62		107.43
六	基本预备费	945.88	35.78	28.26	1009.91
七	其他费用			403.66	403.66
八	小计	14458.44	546.86	431.92	1413.57
九	贷款利息			282.44	282.44
十	合计	14458.44	546.86	714.36	15719.65

根据国务院关于固定资产投资项目试行资本金制度的通知（国发〔1996〕35 号），项目资本金比例为项目总投资的 35%以上。本项目的资金筹措主要考虑企业自筹资金和国内银行贷款两种方式。

2. 项目经济评价

根据项目节能潜力评估及项目投资，经计算，本项目的经济评价指标见表 5-11。

表 5-11　　经济评价指标

序号	指标名称	评估值	序号	指标名称	评估值
1	财务内部收益率（全部投资）（%）	24.71	5	投资利润率（%）	18.31
2	项目财务净现值（全部投资）（万元）	13406.9	6	投资利税率（%）	18.08
3	税后投资回收期（含建设期）（年）	4.9	7	借款偿还期（含建设期）（年）	5.14
4	资本金利润率（%）	34.52			

从财务盈利分析计算结果可知，该项目全部投资的内部收益率有望达到 24.7%，远高于基准收益率 15%，全部投资回收期为 4.9 年，也远高于行业投资回收期 8 年，由此可见，该项目具有很强的财务盈利能力。

（五）节能及效益监测

2007 年 5 月 6～8 日，节能监测中心对该项目的实际节能效果进行了现场监测，结论如下：设备运行稳定可靠，操作系统直观，自动化程度较高。节能效果显著，系统综合节电率达到 25.26%，年节电量达 4432.38 万千瓦·时。

节能效益分析如下：

节能改造前，年耗电量 17550 万千瓦·时，电费 12636 万元。

节能改造实施后，年耗电量为

$$17550-4432.38=13117.62（万千瓦·时）$$

按当时实际电价 0.72 元/（千瓦·时）计算，年总节电效益为

$$4432.38\times0.72=3191.31（万元）$$

节能服务项目实施后，双方都获得很大经济效益，同时，还可以为社会节能减排做出供献，相当于年节能能力 1.7 万吨标准煤，年减排二氧化碳 5 万吨，减排二氧化硫 300 吨，减排氮氧化物 100 吨。

（六）项目总结

该节能改造工程项目依靠合理有效的技术方案、设备方案及技术经济等方面的研究和实施，通过安装变频调速、优化控制等设备以及逐步淘汰落后的高能耗机电产品，促进风机、水泵等通用的机电产品提高效率。该项目取得良好的经济效益和社会效益，获得了客户的好评。项目的顺利实施有多方面的因素，主要得益于：

（1）在节能技术的选择上，优先考虑了成熟先进的技术，保证节能率。

（2）在节能设备的选择上，分析了不同方案的技术经济参数，合理选择。

（3）在项目实施中，根据项目和企业的实际情况，采取灵活的合作方式。

（4）积极配合客户开展专业的节能监测工作，保障了双方的利益。

（5）项目符合国家节能政策，具有示范效应，总结经验，对电动机系统节能工作有较现实的推广价值。

二、某宾馆中央空调控制系统节能改造工程项目

客户单位：某宾馆。

节能服务公司：某节能服务公司。

实施项目：中央空调控制系统节能改造工程。

项目客户调查：该宾馆是一家五星级酒店，经营业绩稳定、良好，满足合同能源管理项目的客户标准。

项目实施过程如下。

1. 能效审计

（1）宾馆所在城市的年平均气温是13.0～13.4℃，最冷的1月份平均气温-0.4～0.9℃，极端最低气温-15.6℃；最热的7月份平均气温26.0～26.6℃，极端最高气温43.4℃，四季温差较大。这种地理环境和气候条件造成宾馆的中央空调负荷波动较大。

（2）以往，该宾馆的中央空调系统采用传统的控制技术和设备，其运行控制和管理是传统的人工操作，缺乏先进的控制手段，不能实现空调冷量（或热量）的供应随实际需求的变化而调节，耗电量较大。2011年，中央空调系统耗电量111.5万千瓦·时，电费支出90.3万元。

（3）该宾馆空调使用面积15000米^2，中央空调系统的主要设备配置情况如下：

1）离心式电制冷机组2台，单台电动机功率394千瓦。

2）冷冻循环水泵3台，单台电动机功率55千瓦。

3）冷却循环水泵3台，单台电动机功率55千瓦。

4）冷却塔风机2台，单台电动机功率22千瓦。

（4）主要问题。

1）该中央空调系统采用传统的定流量控制方式。这种控制方式是在设计的额定状态下运行，系统能耗始终处于设计的最大值。实际上，由于外界温度、宾馆客流量的变化以及客人舒适度的差异等原因，在绝大部分时间里，空调系统都未在合理负荷条件下运行，浪费了大量能源。

2）空调系统的水泵、风机等设备长期在额定状态下运行，机械磨损严重，设备故障增加，使用寿命缩短，维护费用很高。

2. 节能项目评估及可行性方案

根据上述情况，需要解决的主要问题是帮助客户实现节能降耗，同时达到延长设备使用寿命、降低维护成本等目的。

针对宾馆中央空调系统的实际情况，节能改造方案为：用先进的“中央空调管理专家系统”取代原有的控制系统。该产品的智能模糊控制功能，可依据环境与负荷的变化，自动择优选择中央空调系统的运行参数，确保空调系统（空调主机、冷冻水系统和冷却水系统）在最佳工况下运行，从而最大限度地降低能耗。同时，该系统还为用户提供了一个应用计算机进行中央空调运行管理的平台，促进中央空调控制与管理的自动化。

具体改造项目内容如下：

（1）装设模糊控制柜1套，实现中央空调的计算机控制和管理。

（2）装设现场模糊控制箱1套，对中央空调运行参数进行处理。

（3）用水泵智能控制柜1套，取代冷却水泵原控制柜。

（4）用风机智能控制柜1套，取代冷却塔风机原控制柜。

（5）装设流量计、水温传感器件、水流压差传感器等，对中央空调运行参数进行采集。

3. 商务合同洽谈

本项目采用合同能源管理方式运作，主要条款如下：

（1）双方的责任。

1）甲方（宾馆）的责任：

①提供设备的安装条件和场地；

②负责设备的使用、管理；

③负责耗电量记录和节能收益计算，并按合同规定向乙方（节能服务公司）支付节能收益。

2）乙方（节能服务公司）的责任：

①负责现场能源效率诊断；

②负责节能改造方案设计；

③负责设备的制造、运输、安装、调试和用户培训；

④负责设备的运行保障；

⑤负责节能监测和节能量保证。

（2）节能收益的分配。本项目采用客户与节能服务公司共享项目实施后节能收益的原则。项目合同期为三年。合同期内，从节能改造项目施工完毕正式验收并移交宾馆使用之日开始，三年内节能服务公司分享节能收益的 90%，以回收其投资；该宾馆分享节能收益的 10%。合同期满后，全部节能收益归宾馆。

（3）设备的产权归属。合同期内，设备的所有权属于节能服务公司，该宾馆只享有设备的使用权。合同期满后，节能服务公司将设备所有权移交给该宾馆，该宾馆拥有设备及全部节能收益。

4. 合同执行

节能服务公司于 2012 年 5 月初成立项目组，开始进驻施工，根据项目进程安排，至 6 月初完成首期模糊控制柜、水泵智能控制柜的安装调试，并在多处计量点装设流量计、水温传感器件、水流压差传感器用以监测和收集空调运行数据；第二期，6 月底完成安装模糊控制箱、风机智能控制柜，7 月上旬完成整套系统调试并通过验收，交付客户投入运行。

5. 节能及效益监测

（1）监测。试运行期间，节能监测中心对该项目的实际节能效果进行了现场监测，结论如下：该设备运行稳定可靠，操作系统直观，自动化程度较高。系统能及时、准确地自动跟踪末端空调负荷。节能效果显著，系统综合节电率达到 35%。

（2）分析。节能改造前，该项目 2011 年耗电量 111.5 万千瓦•时，电费 90.3 万元。

节能改造实施后，按节能监测中心测试的节电率计算，年总节电量为

$$1115000\times35\%=390250\text{（千瓦•时）}$$

按当时实际电价 0.81 元/（千瓦•时）计算，年总节电效益为

$$390250\times0.81=316102.5\text{（元）}$$

在此项目中，节能服务公司投资 50 万元左右，在合同期内可以获得收益 85 万元左右，投资回收期 1.8 年。双方都获得了很大的收益。同时，还为社会做出环保贡献，相当于年节能能力 150 吨标准煤，同时带来环境效益，减排二氧化碳 430 吨，减排二氧化硫 3 吨，减排氮氧化物 1 吨。

6. 项目总结

该项目属于节能效益分享模式，由节能服务公司支付项目实施的设备制造费用及相应的安装、调试等人力资源成本，对客户中央空调系统进行节能技术改造，与客户共同分享节能

效益。主要得益于以下几点：

（1）项目前期的普查和测算工作细致有效，确保了项目的科学性和经济合理性。

（2）项目实施方案的规划设计合理，充分挖掘了节能潜力。

三、电力需求侧管理项目分析决策支持系统

对节能项目进行能耗分析、技术经济评价及效益分析是节能服务公司业务流程中的关键环节，其分析方法和手段将直接影响到项目可行性分析结论。电力需求侧管理项目分析和决策支持类的软件系统可以为节能服务公司的工作提供强有力的专业支撑。借助此类软件系统的支持，节能服务公司可以在已有的成果基础上，将开展电力需求侧管理的工作规范化，为需求侧管理工作的大力推广打下基础。这里介绍国网能源研究院同胜利油田合作开发的电力需求侧管理决策支持系统的一些情况。

1. 项目背景

胜利油田是一个产能大户，同时也是一个耗电和耗能大户，电费支出在直接生产成本中占有相当大的比重，因此，大力开展电力需求侧管理、抑制用电负荷及用电量的增长是企业挖潜增效的重要途径。胜利油田是我国开展电力需求侧管理较早的企业之一，具有丰富的理论和实践经验。

2. 主要功能

国网能源研究院同胜利油田合作开发了一套电力需求侧管理决策支持系统，其主要功能是为电力需求侧管理项目的立项、实施和后评价提供技术支撑，将电力需求侧管理项目的全过程工作程序化实现。该软件系统的核心是以能源消费分析比较为基础，对电力需求侧管理项目进行技术经济分析评价、资金优化规划等，为电力需求侧管理项目的具体投资和实施提供决策依据。具体来讲，该软件系统能完成各类用电设备的能耗分析计算、需求侧管理项目的综合评价、电力系统的特性参数变化分析、资金优化规划、用电负荷及用电量预测、用电设备数据管理等多项工作。

电力需求侧管理辅助决策支持系统功能框图示意见图 5-7。

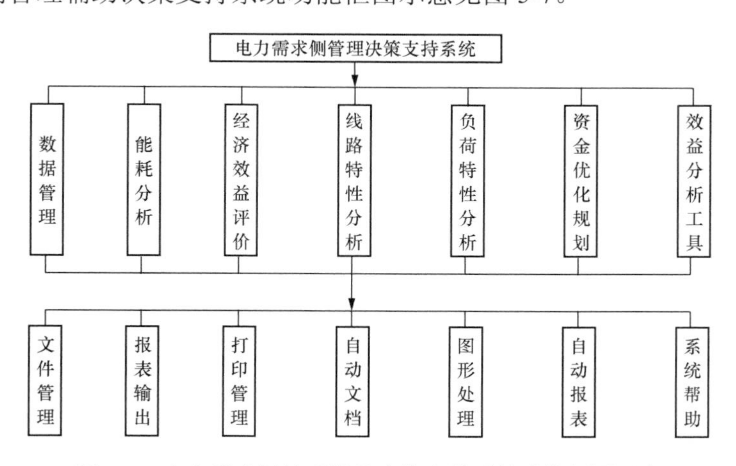

图 5-7　电力需求侧管理辅助决策支持系统功能框图示意

电力需求侧管理决策支持系统的主要功能模块包括：

（1）能耗分析计算模块：能够完成主要生产设备（照明、电动机、制冷、采暖、变压器、控制设备等）、主要生产环节（机采系统、集输系统和注水系统等）和主要 DSM 措施（移峰填谷）

的能耗分析。能耗分析模块框图见图 5-8。

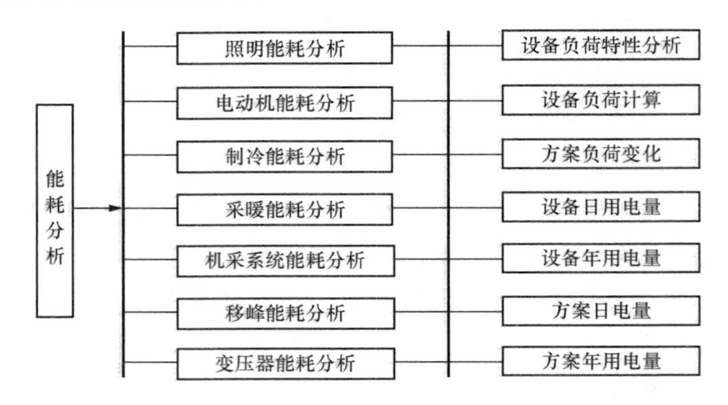

图 5-8　能耗分析模块框图

（2）经济效益评价模块：能够以能耗分析形成的方案为基础，计算项目的能耗、节电成本、年费用、内部收益率、投资回收期、益本比，以及可避免资源量、可减少污染排放量等，还可以针对年费用等指标，分析其对于项目投资和电价的敏感性。经济效益评价模块框图见图 5-9。

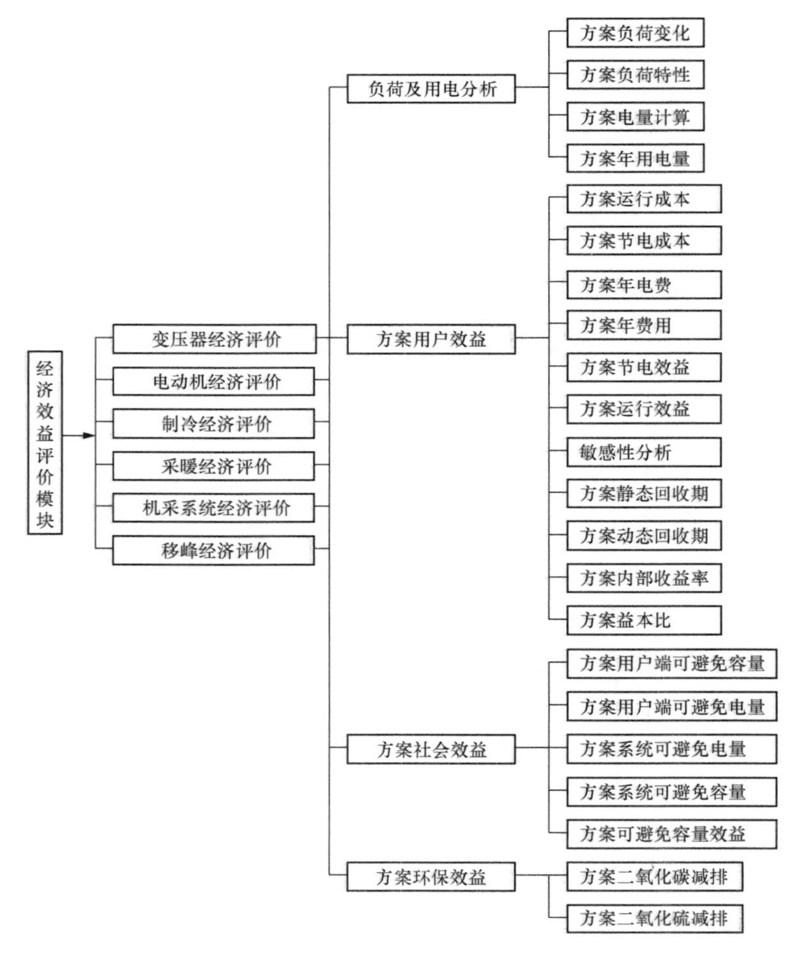

图 5-9　指标评价模块框图

（3）资金优化规划模块：能够针对给定资金、给定设备改造对象等约束，以项目的投资获利最大为目标，通过优化分析，将给定资金科学、合理、有序地分配给不同的改造对象。资金优化规划模块框图见图 5-10。

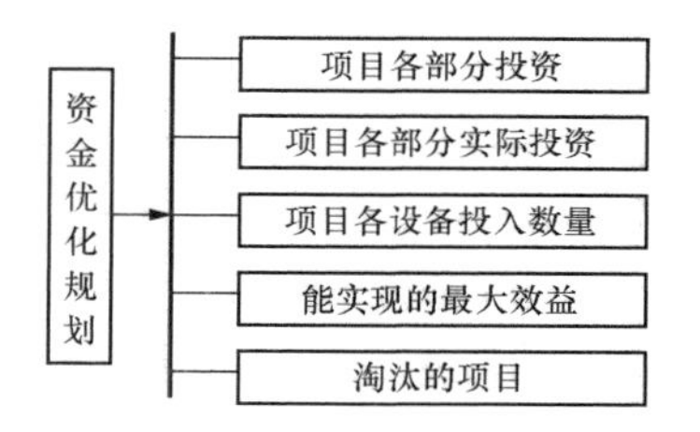

图 5-10 资金优化规划模块框图

（4）负荷和负荷特性分析模块：能够针对 DSM 项目的负荷变化以及由此对电力系统负荷特性带来的影响进行分析。比如，其中的线路特性分析功能，能够计算一条线路的功率因数、线损率等指标在完成电动机改造前后的变化情况。

（5）图表输出功能模块：在能耗分析计算、经济效益评价、资金优化规划、负荷和负荷特性分析过程中，结果都可以以图形、报表和文档等形式输出。

（6）数据管理功能模块：包括了油田现有生产设备和新型设备等数据库，可以灵活进行查询和计算调用。

3. 程序流程

程序流程框图见图 5-11。

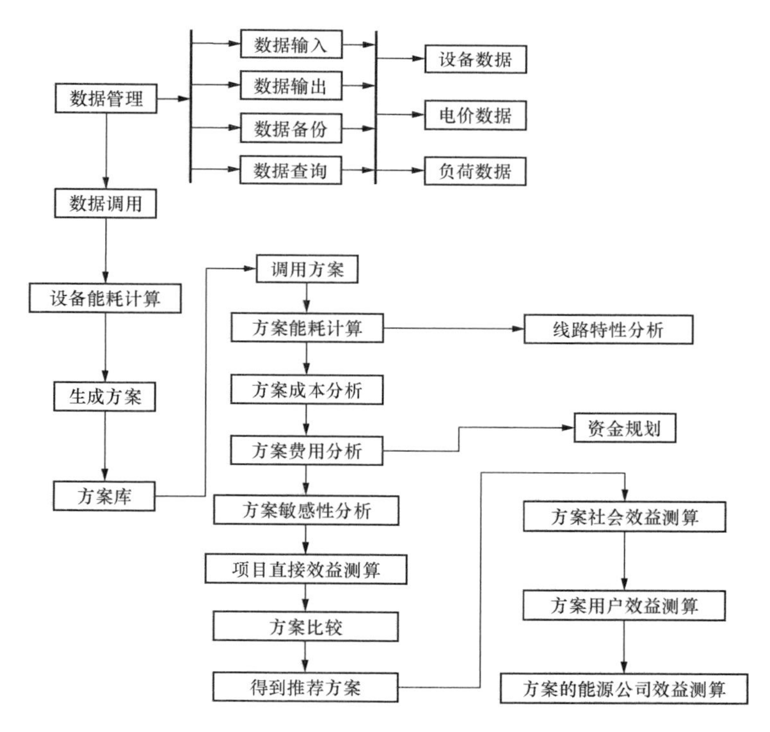

图 5-11 程序流程框图

这套系统由于软件的数据库具有良好的开放性，对石油开采、各类金属与非金属矿采选、化工、建材生产、钢铁冶金、造纸、金属制品等众多的高耗能企业都适用。借助该软件，节能服务公司可以对包括上述行业在内的许多企业进行节能改造可行性分析，企业也可以利用该软件自行分析、决策。

本章参考文献

[1] 中国节能协会节能服务服务产业委员会网站．http://www.emca.cn/.
[2] 中国节能协会节能服务服务产业委员会．市场化节能新机制—合同能源管理，2006.
[3] 朱霖．国外节能服务公司的发展概况．电力需求侧管理，2003，5（1）.
[4] The Canadian Energy Performance Contracting Experience．Presented to the International Seminar on Energy Service Companie．the International Energy Agency，October 27～28，1997.
[5] 国网能源研究院．2013年全国节能节电年度报告．北京：中国电力出版社，2013.
[6] 国电动力经济研究中心，国家计委能源所，美国自然资源保护协会．中国实施需求侧管理研究，2003.
[7] 赵家荣，韩文科．绿色照明工程与节能新机制．中国环境科学出版社，2006.
[8] 中国经济技术投资担保有限公司．节能服务公司融资担保手册（试行），2004.
[9] 中国经济技术投资担保有限公司网站．http://www.guaranty.com.cn/.
[10] 王鲁池，马有江．企业能源管理和节能技术．西安市人民政府节约能源管理办公室，西安市节能监测中心，2006.
[11] 李晋修．重点用能单位能源管理干部——培训教材．吉林省人民政府节能管理办公室，2006.
[12] 赵全乐．线损管理知识1000问．北京：中国电力出版社，2006.

第六章

电力需求侧管理的重要参与者——电力用户

第一节　电力用户是电力需求侧管理的重要参与者

一、电力用户是电力需求侧管理的载体

由于电力用户（简称用户）是电能的直接消费者，无论是政府、电网企业、发电企业、节能服务公司，还是用户自身开展电力需求侧管理，都必须依托电力用户，以电力用户为实施对象，对电力用户的用电设备进行更新改造，对电力用户的用电方式进行调整等，如图6-1所示。

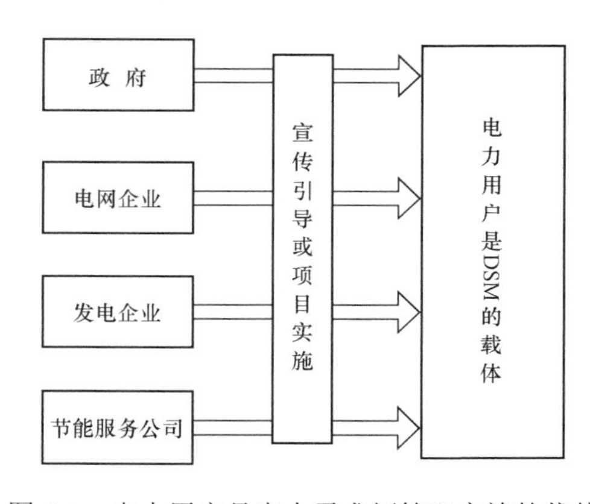

图6-1　电力用户是电力需求侧管理实施的载体

只有电力用户积极参与，才有可能提高终端用电效率、改善用电方式、落实有序用电，才能实现缓建发电装机、输电设备，减少电力建设投资，降低发电、供电成本，节约能源资源，减少污染物排放，从而实现全社会总体费用最小、效益最大的目标。如果没有电力用户的参与，电力需求侧管理将是一个空架子、空理念，将一事无成。因此，电力用户是电力需求侧管理取得实效的社会基础，是电力需求侧管理最重要的参与者。

二、电力用户是实施电力需求侧管理的直接受益者

开展电力需求侧管理，对社会来讲，带来节约能源资源、减排污染物的效益；对电力企业来讲，带来缓建电厂和输变电设备、提高电网运行可靠性的效益；对节能服务公司来讲，带来一系列商机；但最直接的受益者是参与DSM的电力用户。电力用户可以获得多方面的好处，比如节约电费支出、改善工作和生活条件、提高产品竞争力，并从综合社会效益中获益等。

（1）节约电费支出。开展电力需求侧管理，最主要也是最直接的好处就是节约电费支出。无论是提高能效水平，还是移峰填谷，都可以实现节约电费的目标。

某油田于1997年通过在油田本体和终端用户示范区实施电力需求侧管理[1]，项目实施后的第一年用电量就比上一年下降0.61亿千瓦·时，节约电费2391万元；第二年下降1.94亿千瓦·时，节约电费7566万元。两年合计节约电费1亿元。某水泥厂于2000年执行峰谷

分时电价，积极采取技术手段将部分处于高峰时段的负荷转移到低谷，当年节约电费支出近80万元[2]，平均每吨水泥节约成本2～3元。

（2）提高产品质量和竞争力。参与电力需求侧管理，有助于提升企业的生产、管理、技术水平，降低成本，增加效益。同时，由于节约了能源，为国家节能减排工作做出了贡献，承担了相应的社会责任，可以为企业尤其是大企业赢得声誉。对于工艺要求严格的企业，可以通过电力需求侧管理改善生产环境、提高产品质量，从而提高企业的竞争力。

比如，葡萄酒厂的酿酒车间对温度的要求非常严格，美国加州某葡萄庄园在2008年实施电力需求侧管理项目（主要是采用智能化的蓄冰空调）后，车间内的温度得到了有效控制，葡萄酒的质量得到了提高，竞争力有所提高，市场份额略有上升。

（3）改善工作、生活条件。从对人的健康角度来说，高效节能的“绿色照明”灯具具有普通灯具所无法比拟的优质光源，一是更接近自然光，二是灯光光谱中紫外光、红外光减少，三是光的色调合理，四是灯光为无频闪光，光照清晰、适度、柔和。采用高效节能灯具替代普通灯具，在节电的同时，还由于频闪效应的改善，照明质量的提高，对视力的伤害减少，人体舒适度提高[3]，有利于人体健康。

为了节能降耗，降低生产成本，改善工人操作环境，提高劳动生产率，提高产品质量，某企业使用高效照明灯具改造厂房的普通照明灯，虽然灯的数量和总功率减少了，但是光效大大提高了。在降低成本的同时改善了工作环境，提高了工人的舒适度❶。

（4）从综合社会效益中获益。从实施电力需求侧管理的综合社会效益来看，用户会从以下几个方面受益。

1）大量有效地实施电力需求侧管理，对于电力供应侧可以减少或减缓电源的建设，发电设备利用率相应提高，从而改善发电企业的经营状况，降低发电成本；同时使电网负荷水平提高，输配电设备利用率提高，在缩小峰谷差的同时，降低了输配电网的线损，从整体上提高了电网的经济性。相应地，在高电价国家或地区，会带动电价的下降，在低电价国家或地区，会抑制电价的上涨幅度或速度，用户可以从中获得低电价的好处。

2）大量有效地实施电力需求侧管理，可以降低电力系统高峰期负荷需求，电力系统备用容量进一步充裕，改善了电网运行状况，强化了电力供应的安全性、可靠性，大大降低了拉闸限电的概率，从而使用户得到安全可靠的电力供应。

3）有效减少煤炭、石油等化石燃料燃烧后排放的污染物对地球生态系统的严重威胁。二氧化碳是导致温室效应的主要温室气体，二氧化硫和氮氧化物是构成酸雨、雾霾的主要来源，二氧化硫还是导致肺心病的罪魁祸首，这些都对包括人类在内的动植物的生存和成长带来了严重的损害。1952年12月，高浓度的二氧化硫和烟气粉尘连续四天覆盖伦敦上空，4000多人丧生于导致呼吸衰竭的“杀人烟雾”。20世纪80年代，中国的酸雨主要发生在重庆、贵阳和柳州为代表的西南地区，酸雨的面积约为170万千米^2。20世纪以来，酸雨区已经发展到长江以南、青藏高原以东及四川盆地的广大地区，占到国土面积的30%以上[4]，个别地方酸雨频率达到百分之百，已经到了逢雨必酸的地步，严重危害到土壤质量和食物安全。东中部地区经常性出现大范围雾霾天气，特别是京津冀、长三角、华中等地区污染极为严重，

❶ 资料来源：中国节能信息网。

部分地区雾霾天数超过全年的50%。2013年1月30日，全国雾霾面积达到143万千米^2。如果每个电力用户都能动员起来，开展大量有效的电力需求侧管理，就可以节约大量煤炭、石油等化石燃料的消耗，减少污染物排放，从而改善大气环境，有利于人体健康。

三、节约用电是每个用户依法履行的义务

电能是通过发电厂加工后的二次能源，由水、煤、石油、天然气、铀、风能、太阳能、生物质能等一次能源转换而来，并需要经过输变电等设备的传送，才能到达电力用户，因而存在一定的损失。2013年，我国6000千瓦及以上电厂的能源转换总效率大致在45%[5]，加上6%～7%的线损率，从一次能源到电力用户使用的电能，转换效率大致为42%。由此可见，电力用户每浪费1千瓦·时的电能，就浪费了两倍多的一次能源。

《节约能源法》在第四条明确提出“节约资源是我国的基本国策”，第九条提出“任何单位和个人都应当依法履行节能义务，有权检举浪费能源的行为。”以法律的形式规定了节能是每个用户义不容辞的责任。节约用电，人人有责，每个电力用户，无论大小，都有义务积极参与到电力需求侧管理中。只有每个电力用户积极参与到电力需求侧管理工作中，才能聚沙成塔、集腋成裘，才能促进国家节能减排工作的开展，也才能促进资源节约型、环境友好型社会的建立。

大用户实施电力需求侧管理项目实现的节能减排比较明显。例如某油田实施电力需求侧管理项目实现年节约电量4亿千瓦·时，折算节约能源15万吨标准煤，减排二氧化硫3400万吨，减排二氧化碳50.4万吨[1]。

中小用户也会对节能减排做出一定的贡献。假如一个家庭用户采用一只6瓦的节能灯代替40瓦的白炽灯，按照每年使用1000小时计算，可以实现年节约电量34千瓦·时，节能效果不是很明显。假设有30万户居民更换了100万只同样的灯泡，则可以实现年节约电量3400万千瓦·时，相当于一个百万千瓦发电机组一天半的满负荷发电量，折算节约能源1.4万吨，减排二氧化碳3.8万吨，减排二氧化硫260吨。此外，“绿色照明”产品灯管内注汞量小于3.6毫克，而普通灯灯管内的汞含量是其数倍，废弃或破碎的照明产品仍会向环境排放有毒气体，因此采用“绿色照明”产品本身已经对环保做出了贡献。空调、冰箱等其他家电也有很大的节能减排空间。

第二节　国内外电力用户参与电力需求侧管理的经验

自从电力需求侧管理的理念产生以来，很多国家和地区在政府、电力等相关部门的宣传推动下，不断有电力用户参与进来。用户参与电力需求侧管理，主要是在政府制定的法规环境下，通过技术设备改造、管理措施升级等途径提高能效或转移负荷，以达到节约成本、获得收益的目的。几十年来，国内外电力用户积极参与需求侧管理，已经积累了大量的经验。

一、电力用户参与电力需求侧管理的相关政策

本书第三章从政府的角度介绍了一些与电力需求侧管理相关的法律、法规，这些法律、法规对电力用户要积极参与电力需求侧管理、参与节能节电等做出了明确规定。在具体的实践过程中，国内外涌现了一些引导用户参与需求侧管理的模式，在此加以介绍。

（一）电价政策

在实践中，为了推动电力需求侧管理的开展，引导用户合理用电，各国政府和电力部门

出台了一系列电价激励政策，主要包括峰谷分时电价、季节性电价（丰枯电价）、可中断电价（可中断负荷补偿）、梯级电价、两部制电价等。

1. 峰谷分时电价

由于各类电力用户用电特点不同，有些是连续用电、有些是间断用电；有些白天用电、有些晚上用电；有些在高温时用电、有些在低温时用电；有些负荷连续不变、有些负荷不断变化。所以电网的负荷曲线一般都是一条凹凸不平的曲线，如图 6-2 中带圆点的曲线。峰谷时段是根据电网的负荷特性划分出峰、平、谷三个区间，有些地区还会增加一个尖峰区间，如图 6-2 所示。

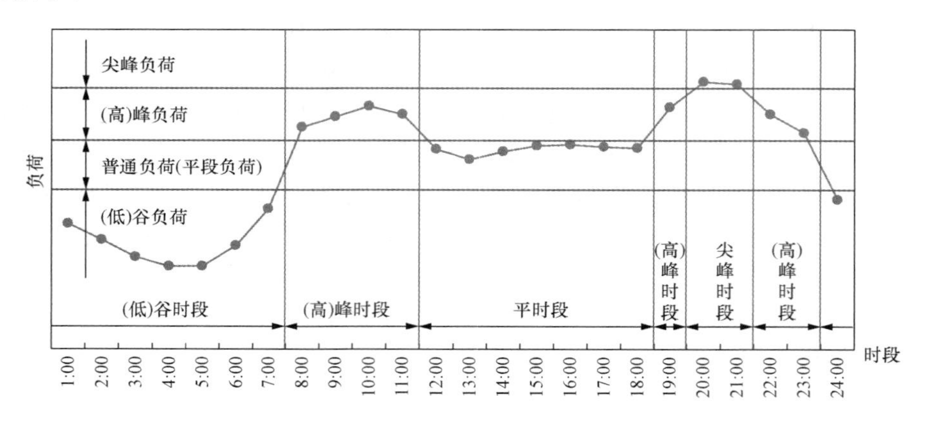

图 6-2　峰、平、谷时段划分的示意图（带点的曲线为典型日的日负荷曲线）

峰谷分时电价就是将各区间的电价设置成有差别的电价，当然是高峰区间的电价高，低谷区间的电价低，目的是为了引导用户将一部分高峰负荷转移到低谷时段。不过，各地区由于电网负荷特性不同，峰谷时间段的划分不甚相同。在电网企业相关网站的客服栏目中，一般都有电价表，其中也显示了峰谷时间段的划分。

平时段的电价（本书称为平电价）维持目录电价水平（政府制定或批复的各个行业的基准电价表，称为目录电价），峰时段的电价（本书称为峰电价）一般为平电价的 1.5 倍以上，谷时段的电价（本书称为谷电价）是平电价的一半左右。有些国家或地区的峰谷电价比达到 10 倍以上，如法国、英国等。目前，我国大多省份都已经开始执行峰谷分时电价，主要针对工业用户，峰谷电价比比较低，一般在 2～5 倍，在实践中可能会逐步拉大；商业用户可以选择采用单一电价或者峰谷分时电价结算；部分省份已经开始在居民用户中推广，如江苏、上海、北京等。

2. 季节性电价（丰枯电价）

每天的电力负荷曲线不是一条直线，一年内不同月份之间的负荷也存在较大差别，主要是由于不同季节的气候、生活习惯或生产习惯、产品原料或市场等存在差异。季节性电价（丰枯电价）是一种主要用在水电比重较大地区的电价政策，目的是为了引导用户将来水较少季节（枯水期）的一部分负荷转移到来水较多的季节（丰水期）。丰水期电价较平时电价便宜，枯水期的电价较贵，如图 6-3 所示。另外，部分地区会为了平抑夏季的空调负荷和冬季的采暖负荷而采取季节性电价，夏、冬两季的电价高于春、秋两季的电价。

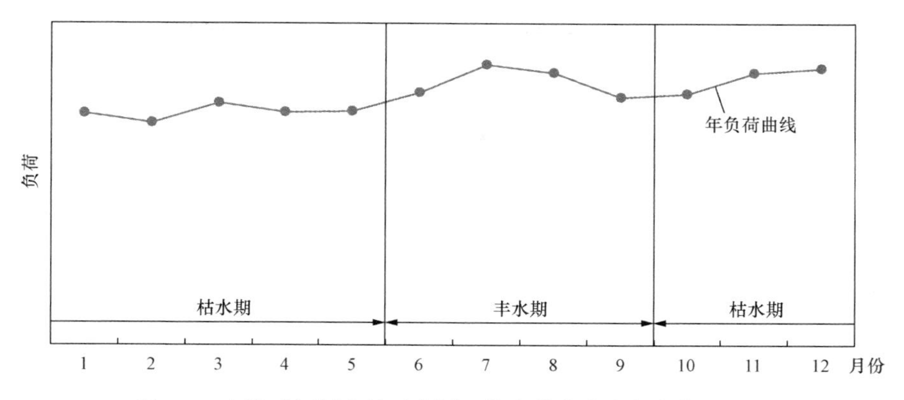

图 6-3 丰枯时间划分的示意图（带点的曲线为年负荷曲线）

3. 可中断电价或可中断负荷补偿

为了吸引那些在电网高峰时间可以临时中断的负荷参与到需求侧管理中，供调度部门在电网负荷高峰时间控制临时中断，同时电网企业根据较高的电价进行结算或者支付一定的补贴。比如河北，每千瓦的负荷中断 1 小时，补贴 1 元。

根据双方自愿互利的原则，电网企业与用户签订协议，调度部门在电网供应紧张时，通知用户中断其部分用电设备用电以降低电力需求。一般会提前 1～2 小时通知用户，因此用户可以根据具体情况决定是否参加。

4. 阶梯（梯级）电价

主要针对居民和工商小用户。将居民和工商小用户的用电量划分为不同电价等级，在一定合理限度内的电量，其电价为普通电价；超过限度之上的电量，电价相应高出一个梯级；用电量越多，电价越高。也可以称为分级递增的累进制电价，如图 6-4 所示。根据国家发展改革委《关于居民生活用电试行阶梯电价的指导意见的通知》（发改价格〔2011〕2617 号）要求，各省陆续出台本地区的阶梯电价。比如《北京市发展和改革委员会关于北京市居民生活用电试行阶梯电价的通知》（京发改〔2012〕831 号）规定，北京居民每月用电量划分为三档，电价实行分档递增。第一档电量为不超过 240 千瓦·时的电量，电价标准维持现价不变；对城乡“低保户”和农村“五保户”设置每户每月 15 千瓦·时的免费用电量。第二档电量为

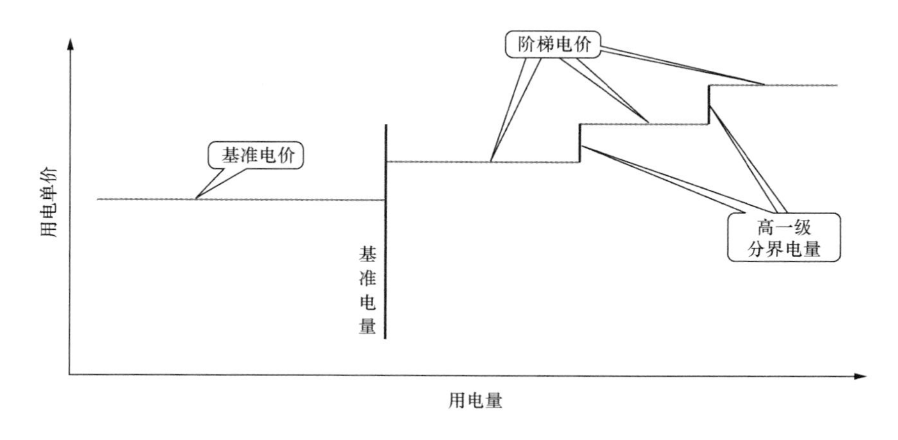

图 6-4 阶梯电价示意图

241～400 千瓦·时之间的电量，电价标准比第一档电价提高 0.05 元/（千瓦·时）。第三档电量为超过 400 千瓦·时的电量，电价标准比第一档电价提高 0.3 元/（千瓦·时）。随着经济社会发展，分档电量标准将按照国家统一部署，适时进行动态调整。此类电价出台的目的是为了鼓励能效提高，减少浪费，养成节约用电的习惯。各地城乡居民生活用电在不同程度上受到阶梯电价的影响，据测算，2014 年上半年安徽省城乡居民生活用电受居民阶梯电价政策影响少增约 5 亿千瓦·时。

5. 两部制电价

两部制电价是针对大企业实行的一种电价政策，分为两部分，基础部分是根据变压器的装接容量或者生产过程中所能达到的最大负荷进行结算的电价，第二部分是普通电价，根据用电量多少进行结算。国家正在大力调整两部制电价结构，将逐步提高基本电价的比重，两部制电价的实施范围将会扩大到用电容量 100 千伏安及以上的非工业、普通工业和商业用户。

根据用户在生产过程中所能达到的最大负荷而设定的电价一般称为最大需量电价。合理选用节电设备，将会减少总设备容量，最大需求或者变压器容量都可以减少，从而节约大量的电费支出。

（二）优惠政策

本书第三章提到在加州出现电力危机后，为鼓励用户节约用电，加州政府通过电力企业给那些在夏季高峰期减少用电 20%以上的用户提供 20%的电费折扣。日本实施了一系列优惠政策，包括补贴、贷款优惠、贴息、税收优惠等，例如对能源效率投资提供低息贷款的条件是：现有设备的能源或石油消耗减少 20%，新项目的能源或石油消耗减少 40%；工厂安装国家指定的 232 种节能设备，可按设备的购置费，从应缴所得税额中扣除 7%，或者在第一年按设备购置费的 30%提取特别折旧。

我国也出台了一些优惠政策对用户购置节电设备给予贷款优惠、税收减免、财政补贴等，吸引用户购买高能效的用电设备。比如有些地区针对购买节能灯的用户给予一定的优惠；对于一些节能项目提供贴息贷款、所得税减免等优惠；在一些地区实施蓄冷空调（包括冰蓄冷空调、水蓄冷空调）工程项目，在申报后可获得项目补贴服务。

（三）重点用能单位受到重点监控

近些年，日本将年消耗燃料 1500 千升标油或消耗电力 600 万千瓦·时以上的一万个单位列为重点用能企业，政府对这些企业的用热、用电及建筑物热损失等提出具体要求，并要求他们配备专职能源管理人员。另外，企业每年要向经济产业省及相关部门报告能耗状况。如不能按期完成节能目标，又提不出合理的改进计划，主管部门有权向社会公布，责令其限期整改，并处以罚金。政府委托节能中心对企业进行能源审计。

2006 年，国家发展改革委等五部委从重点企业入手发起一项节能行动，实施《千家企业节能行动》。千家企业是指钢铁、有色、煤炭、电力、石油石化、化工、建材、纺织、造纸等九个重点耗能行业规模以上独立核算企业，2004 年企业综合能源消费量达到 18 万吨标准煤以上的企业。千家企业 2004 年综合能源消费量合计达到 6.7 亿吨标准煤，占全国能源消费总量的 33%，占工业能源消费量的 47%。在该行动中，对千家企业提出了系统性的节能工作要求，包括建立节能目标、开展能源审核、制定节能规划等，国家建立了系统性的跟踪考核机制。

《千家企业节能行动》不是一个单一政策的推行，而是一系列政策的相互配合和实施，因而具有十分重要的意义。该行动制定了“十一五”期间的主要目标，要求进入《千家企业节能行动》的企业能源利用效率大幅度提高，主要产品单位能耗达到国内同行业先进水平，部分企业达到国际先进水平或行业领先水平，带动行业节能水平的大幅度提高，实现节能1亿吨标准煤左右。在该行动中，通过有效的管理、激励政策的实施、评估机制的建立，来强化政府对重点耗能企业节能的监督管理，促进企业加快节能技术改造，加强节能管理，提高能源利用效率，带动行业节能水平的大幅度提高。这一目标按省进行了分解，并分解到各个企业。加入《千家企业节能行动》的企业都和当地政府签订了节能协议，承诺实现节能目标。

开展《千家企业节能行动》，对于促进企业加快节能技术改造，加强节能管理，提高能源利用效率，提高经济效益具有十分重要的意义，可以带动更多的企业参与节能，在很多省（自治区、直辖市），除了本地所属千家企业纳入了地方的节能管理体系外，还将企业数量进行了扩大，拓展了千家企业节能行动。这对缓解我国经济社会发展面临的能源和环境约束，具有十分重要的意义。截至2008年底，千家企业共实现节能量1.06亿吨标准煤，完成“十一五”节能目标的106.2%，提前两年完成了“十一五”节能任务。参加2008年考核的千家企业共922家（部分企业由于兼并、破产、关停等原因没有参加考核），分布在电力、钢铁、化工、石油、石化、有色、水泥、建材等行业。通过对节能目标完成情况和节能措施落实情况的综合评分，有886家企业考核结果为基本完成及以上等级，其中483家为超额完成等级。

为贯彻落实《中华人民共和国国民经济和社会发展第十二个五年规划纲要》，进一步推动重点用能单位加强节能工作，强化节能管理，提高能源利用效率，2011年，国家发展改革委又联合教育部、工业和信息化部、财政部、住房和城乡建设部、交通运输部、商务部、国务院国资委、国家质检总局、国家统计局、银监会、国家能源局，制定了《万家企业节能低碳行动实施方案》（发改环资〔2011〕2873号）。

万家企业是指年综合能源消费量1万吨标准煤以上以及有关部门指定的年综合能源消费量5000吨标准煤以上的重点用能单位，2010年全国共有17000家左右。万家企业能源消费量占全国能源消费总量的60%以上，是节能工作的重点对象。抓好万家企业节能管理工作，是实现“十二五”单位GDP能耗降低16%、单位GDP二氧化碳排放降低17%约束性指标的重要支撑和保证。

实施《万家企业节能低碳行动实施方案》的主要目标是促进万家企业节能管理水平显著提升，长效节能机制基本形成，能源利用效率大幅度提高，主要产品（工作量）单位能耗达到国内同行业先进水平，部分企业达到国际先进水平；万家企业在“十二五”期间实现节约能源2.5亿吨标准煤；相应的节能目标分解到各省各企业，并定期进行考核。各省各企业都非常重视自身任务的完成，加大升级改造等投入，大部分企业的节能效果还是很明显的，完成甚至超额完成任务。

国家发展改革委在2013年第44号公告中提出，2012年的万家企业共16078家，参加考核的企业14542家，其余1536家企业因重组、关停、搬迁、淘汰等原因未参加考核。参加考核企业中，3760家考核结果为“超额完成”等级，占25.9%；7327家考核结果为“完成”等级，占50.4%；2078家考核结果为“基本完成”等级，占14.3%；1377家考核结果为“未完成”等级，占9.5%。2011～2012年，万家企业累计实现节能量1.7亿吨标准煤，完成“十二五”万家企业节能量目标的69%。

2012年参加万家企业节能目标责任考核的中央企业和单位共1338家，其中612家考核结果为“超额完成”等级，占45.7%；524家考核结果为“完成”等级，占39.2%；87家考核结果为“基本完成”等级，占6.5%；115家考核结果为“未完成”等级，占8.6%。

（四）节能自愿协议

节能自愿协议（voluntary agreement，VA）指的是政府（或授权机构）与企业间达成的一种协议。在该协议中，企业主动承诺达到一定的节能或环保目标，政府则提供相应的支持和激励措施，其评估审计由第三方实施。

节能自愿协议，是目前许多国家为提高能源利用效率所采取的一种非强制性的管理模式。它可以有效地弥补行政、法律手段等强制性节能措施的不足。与强制性节能措施相比，节能自愿协议至少有三个好处。

一是灵活性大。从宏观上看，自愿协议实施形式非常灵活，不同的国家和地区可灵活设计实施方案及形式，甚至连自愿协议的名称都不出现，协议内容、配套政策等也有很大空间。对企业而言，只需承诺达到某个节能或减排目标即可，实现目标的方法和路径完全可以自主选择，政府几乎不予干涉。

二是成本低。与出台行政性政策、制定法律法规相比，政府通过自愿协议可以用更低的费用更快地实现刚性的节能和环保目标，而政策法规的贯彻执行远比自愿协议的实施成本大。

三是兼顾节能和环保。20世纪90年代，在国际社会对减排二氧化碳的磋商还没有明确结果时，许多欧洲国家就将自愿协议作为减排二氧化碳的国家政策。目前，欧美的自愿协议多数就是针对减排温室气体而设计的。

在荷兰，1992年政府与工业部门签订了自愿协议。工业部门承诺在1989～2000年期间提高能效20%，有31个行业的上千家公司加入了协议。到2000年，最终的能效提高了22.3%。

在美国，自愿协议如绿色照明计划，能源之星（参见本书第三章）、气候之星计划、气候挑战计划、铝业自愿伙伴关系计划等，大部分由环保局和能源部主导，参加的行业要承诺采纳政府的特定方案，并达成特定的减量目标，政府则提供相应优惠措施，如认证并授予标志、技术和信息支援、教育培训、资金支持等。

在丹麦，政府规定向企业征收二氧化碳排放税。但如果企业与政府签订自愿协议，就可减免税收。通过自愿协议政策，丹麦每年提高能效2%～4%。

在德国，自愿协议是以提高部门的能源效率和二氧化碳减排为目标，如企业没有达到预定的目标，政府将通过制定更为严格的规章或提高税收来惩罚企业。

在加拿大，自愿协议覆盖了资源重新配置、工艺改进、设备更新和资源综合利用等许多领域，有100多种。

在我国，2003年4月，山东省经济贸易委员会分别与济南钢铁公司和莱芜钢铁公司签署了节能自愿协议，这是我国第一批自愿协议，它拉开了自愿协议登陆中国的序幕。协议约定，参加节能自愿协议的企业可以享受三项优惠政策：获得中国节能自愿协议试点企业荣誉称号、申请的国债贴息项目优先考虑、企业能源利用状况免予检测。

节能自愿协议的实施，给两家企业带来了切实的效益回报。2003年，济南钢铁公司共节能18.7万吨标准煤，减排二氧化硫3360吨，减排二氧化碳64万吨；莱芜钢铁公司共节能3.7

万吨标准煤，减排二氧化硫 662 吨，减排二氧化碳 12.7 万吨。两家企业共实现节能效益 1.22 亿元，并享受了协议中的优惠政策。

《节约能源法》中明确提出要用财税价格等政策支持推广节能自愿协议。近年来，参与的企业越来越多，取得的社会经济效益不断扩大。

二、电力用户与节能服务公司开展需求侧管理合作的步骤

为了有效开展 DSM，避免用户经费不足、融资渠道不畅、经验缺乏等问题，可以借助节能服务公司的力量共同开展。节能服务公司一般会寻找潜在客户，如果电力用户有意愿开展需求侧管理，也可以同节能服务公司联系洽谈。从美国普遍采用的机制来看，有如下几个步骤。

（1）寻找机会（节能服务公司寻找潜在客户或电力用户联系节能服务公司）。每个节能服务公司都会直接或间接雇用人员或团队去寻找或确认潜在的客户、联系电力用户并介绍合同能源管理机制的基本原理。一旦用户有意开展节能改造等 DSM 项目，则可同节能服务公司联系。用户还可以参加节能服务公司召开的会议进行交流，同节能服务公司联系合作。

（2）设备审计。有初步参加需求侧管理的意愿后，节能服务公司会对用户的设备进行粗略的审计及诊断，提出初步的技术上和经济上的建议。

（3）项目协议。在节能服务公司进行投资等级审计后，双方就可以起草基本的项目协议。项目的协议签订可能包括第三方在内（如银行、租房公司等）。具体的不同协议有能源服务协议、节能效益保证合同、项目协议。

（4）工程设计。项目协议签订后，节能服务公司准备节能工程设计的具体技术说明。一些节能服务公司有自己的工程师做工程设计，也有一些节能服务公司雇用工程顾问做这项工作。节能服务公司用这份技术说明进行招标。

（5）工程建设。大部分节能服务公司雇用项目经理监督节能设备的安装。这些项目经理以标准的建设合同为依据对承包商进行监督。工程建设的好坏影响着项目的节能量，所以节能服务公司尤其注意项目的这个阶段。

（6）工程验收。在这几个步骤中，用户不必进行项目的设计、实施，只是负责对项目的验收，用户根据验收结果付款。

（7）维护和监测。节能服务公司在合同期内要对工程进行维护并负责监测。所有的项目还要检测能源的节省费，以此来决定用户、节能服务公司之间的利益分配。

三、电力用户参与电力需求侧管理的经验

今天我们提倡节约用电、科学用电，并非老调重弹。企业运作成本的高低，从根本上决定着企业竞争力的强弱。实施电力需求侧管理，提高电能利用效率，降低用电成本，是工业企业在市场竞争中立于不败之地的制胜之道。

根据法国电力公司对 1200 个用户进行调查的结果表明，39%的用户希望通过电力需求侧管理减少电费，51%的人希望获得怎样用电的建议，超过 70%的人对电力需求侧管理对他们的消费有何影响产生兴趣。可见，有很多用户希望积极参与电力需求侧管理中。在实践中，大量的用户可以获得许多关于科学、合理使用能源的专门知识。

自 20 世纪 90 年代电力需求侧管理的概念引入我国以来，我国电力用户积极参与了电力需求侧管理。以冶金、石化、建材、化工、纺织、机械、医药等行业为代表的大中型电力用

户是我国电力需求侧管理工作的落脚点，在“能源开发与节约并举，把节约放在优先地位”的方针指引下，努力改变高能耗、低产出的粗放型发展模式，积极探索降低成本、增加效益、提高企业竞争力的新路子，取得了很大的成效。

以下是一些企业开展电力需求侧管理工作的经验。

（一）某石油集团公司开展电力需求侧管理的经验

某石油集团公司管辖众多油田，每年的用电量很大，为了节能增效，从 1996～1998 年的三年里推广应用了电力需求侧管理技术。从实行的效果来看，扣除亚洲金融危机等外部环境的因素，DSM 促使高峰电力增长得到了有效控制，年负荷增长率由 1995 年的 7%下降到 1998 年的 1%；年用电量增长率从 1995 年的 8%下降到 1998 年的 4%，比规划水平少用电量 69.74 亿千瓦·时，取得直接经济效益 27.9 亿元。该集团公司在推广电力需求侧管理方面的经验可以概括为以下几点：

（1）坚持因地制宜的原则。集团公司下属很多企业，结合每个企业的实际情况制定示范区方案，逐步推广实施。

（2）坚持先易后难、投入少见效快的原则。对峰谷分时电价政策做出积极响应，首先把容易操作、见效快的削峰填谷作为首要任务；进而抓好降低输配电网损及采油、注水、输油等生产损耗和生活照明损耗等。

（3）严格按照科学程序办事的原则。集团公司成立了一个类似节能服务公司的机构，由该机构负责立项、成立课题组、开展负荷调查、建立基础数据档案、进行技术筛选、确定技术方案等。

这几个原则，对于用户开展电力需求侧管理很有借鉴意义。如果不实事求是、因地制宜，就不能取得好效果；如果不从容易的开始抓起，就会遇到很多困难，不利于工作的推动，还有可能带来一些副作用，产生一些怀疑的情况；如果不尊重科学程序，往往会走弯路，事倍功半。

（二）某油田企业开展电力需求侧管理的经验

某油田是中国的主力油田之一，其终端用电以电力拖动为主，占 90%以上，此外照明用电约占 2%。1997 年，为了控制采油电费成本，开展了以电力拖动和“绿色照明”节电为中心的两项示范工程。在照明方面，采取了以紧凑型荧光灯代替普通白炽灯、细管荧光灯代替粗管荧光灯、高压钠灯代替高压汞灯等三种典型替代方案。在电力拖动方面，采取了超高转差率电动机、空载启动次数可调装置、电磁离合器电动机、变级调速电动机、变频调速器、液力耦合器等六种典型替代方案。

示范工程的实施效果显著，电力拖动示范工程投资 433 万元，削减峰荷 1826 千瓦，一年节电 1447 万千瓦·时，直接节电效益 564 万元，投资回收期仅 9.2 个月；“绿色照明”示范工程投资 135.5 万元，削减峰荷 1670 千瓦，年节电 380 万千瓦·时，直接节电效益 260 万元，投资回收期仅 6.1 个月。

（三）某采油厂开展需求侧管理的经验

某采油厂 2003 年之前的电费占原油成本的比重较高。为了降低电费支出，该厂于 2003 年同节能服务公司合作开展电力需求侧管理。由节能服务公司投资 319 万元（包括项目设计和设备投资等费用，不用采油厂出资），每年可以节省电费 543 万元。除了 2004～2005 年每年将节省电费的一半支付给节能服务公司外，后续各年的节约电费均归该采油厂享受，改造的设备也归采油厂所有，由此可见节能效益和经济效益显著。采取的主要措施有以下几点：

（1）削峰填谷。合理安排生产，将高峰负荷转移到低谷时段。根据电网峰谷时段设计注水泵电动机的运行方式，单台电动机功率为2200千瓦，在电网高峰负荷时段停运4小时，在低谷时段增开一台。此项措施不需任何投资，但可以实现年节约电费90万元左右。

（2）增加6千伏无功补偿装置。为提高线路的功率因数，在配出线安装电容器。共计6300千乏，使功率因数由0.63提高到0.88，投资70万元，年节省电费110万元，投资回收期八个月。

（3）增加0.4千伏电动机无功补偿装置。为提高抽油机电动机功率因数，在每个抽油机的电动机上安装一组与电动机功率匹配的无功静态补偿电容器。总容量9000千乏，投资100万元，使电动机功率因数从0.40提高到0.75，年节省电费280万元，投资回收期4个月。

（4）更新改造高能耗注水泵电动机和低压电动机。为提高泵效，减少电量损耗，将运行多年的J系列电动机更新为Y系列高转差电动机。共计1.5万千瓦，投资120万元，年节省电费63万元，投资回收期23个月。

（四）某钢厂开展电力需求侧管理的经验

某钢厂是一个用电大户，每年仅电费一项就支出近10亿元。在当地政府、电网企业和相关研究机构的指导下，该钢厂从1997年起运用先进的电力需求侧管理技术和方法，对需求侧供电、用电和节电诸多方面进行科学管理，取得了一定的经济效益和社会效益。实施的工作包括：应用移峰填谷技术，努力提高用电负荷率；采用变频调速技术，对风机、水泵类设备进行技术改造；开展老旧变压器节能技术改造；广泛应用电动机省电器进行节能；推动绿色照明工程节约用电；采用无功就地补偿，提高设备运行水平。1999年组织的12个节能改造项目实际投资2226万元，年收益达1000万元以上，综合投资回收期为2.23年。

（五）某煤矿开展电力需求侧管理的经验

某煤矿是一座年产原煤200万吨的中型矿，由于设备老化，能耗大，生产成本很高。2000年，应用电力需求侧管理技术，在煤炭产量同比增长6.0%情况下，实际电耗同比下降3.2%，吨煤综合电耗下降率达9.1%，实现年节电量160万千瓦·时，节约电费100万元。采用的主要措施有：实施配网降损工程，将老旧高耗变压器、导线进行更新改造，对电网布局进行合理调整，安装无功补偿装置，对电动机进行变频调速改造。另外，还在管理方面做了大量工作。比如：①对于负荷较大的部门、车间，实行严格的控制管理，杜绝高峰用电期间的大负荷运行；②加强调度管理，通过电视、监控设备等监控设施，对需要调控的负荷，以及开、停的设备进行全方位调控，使电网处于最佳运行状态；③建立节能技改项目奖励制度，加大超过最大需量处罚力度。

四、电力用户参与电力需求侧管理的外部条件

电力需求侧管理对用户的好处表现在能够降低用户的电费支出，因此，节能节电措施是否投入有效、收益较高，是用户衡量是否参与或者是否积极参与需求侧管理项目的主要标准。

由于存在市场失灵的现象，如果不能通过补贴等措施克服市场障碍，保障合理的投资回报，电力用户作为能效项目的主要参与者，积极性会受到严重影响。

根据一些企业实施电力需求侧管理项目的情况来看，大致存在几个方面的问题：能耗测算问题，供电体制问题，节电意识问题，信息不畅问题，部分产品技术问题及质量问题，使得部分项目初始投资较高，投资回收存在一定风险。

随着节能减排工作的不断推进，国家对电力需求侧管理的重视程度不断加深，将会进一步改善电力需求侧管理工作的外部环境。政府不断健全法制环境，完善激励政策；注重宣传和培训，政府部门、电网企业建设了一些系统平台、DSM网站、节能网站展示中心，开通了免费电话，定期开展地区性、全国性、国际性研讨交流会；不断培育节能服务公司产业，提供能源审计等辅助服务，为电力用户参与电力需求侧管理提供了一定的条件和环境。

为了促进电力需求侧管理工作长效机制的建立，用户要积极响应国家号召，重视节能节电，积极参与到电力需求侧管理工作中来，从多个方面、多种途径为资源节约型、环境友好型社会的建立做出贡献。

第三节　电力用户参与电力需求侧管理的途径和方式

一、终端用电设备和技术的节电机会

电力需求侧管理要取得节电实效，主要是依靠终端用电设备的更新改造实现的。据调查测算，我国照明耗电约占全国发电总量的10%～12%❶，用于拖动作用的电动机用电量约占工业用电量的60%（折合占全国发电量的40%～50%），制冷空调（主要也是依靠电动机工作）用电量约占10%～15%[6]。这些用电设备是终端节电的重点，也存在着较大的节电机会。对用户来讲，也就意味着存在节电的机会。可以依靠科技进步，采用高效设备替代低效设备，还可以通过改变和优化生活习惯、生产方式来实现。

目前，存在节电潜力的设备领域主要有照明设备、家用电器（电炊）、空调、电动机及调速技术、余热余压、热泵技术、变压器、无功补偿技术、生产用电设备及工艺、可中断负荷技术、技术移荷等。随着技术进步，还会出现其他相关设备和技术。在此重点介绍照明设备、电动机、空调等。

（一）照明设备

照明设备包括电光源和照明器具两部分，其中电光源是指发光的器件，如灯泡、灯管，照明器具是指引线、灯头、插座、灯罩、补偿器、控制器等。电光源、照明器具的选择、安装和使用都存在节电机会，其中的重点是电光源。

电光源的分类方式有多种，按照电—光的转换机理可以分为白炽灯、气体放电灯和其他电光源三大类，如图6-5所示。

（1）白炽灯。普通白炽灯用于居室、客厅、大堂、客房、商店、餐厅、走道、会议室、庭院等场所；卤钨灯是在灯泡内注入有一定比例卤化物的一种改进白炽灯，多用于会议室、展览展示厅、客厅、商业照明、影视舞台、仪器仪表、汽车、飞机以及其他特

❶ 资料来源：河北省电力需求侧管理综合网。

殊照明场所。

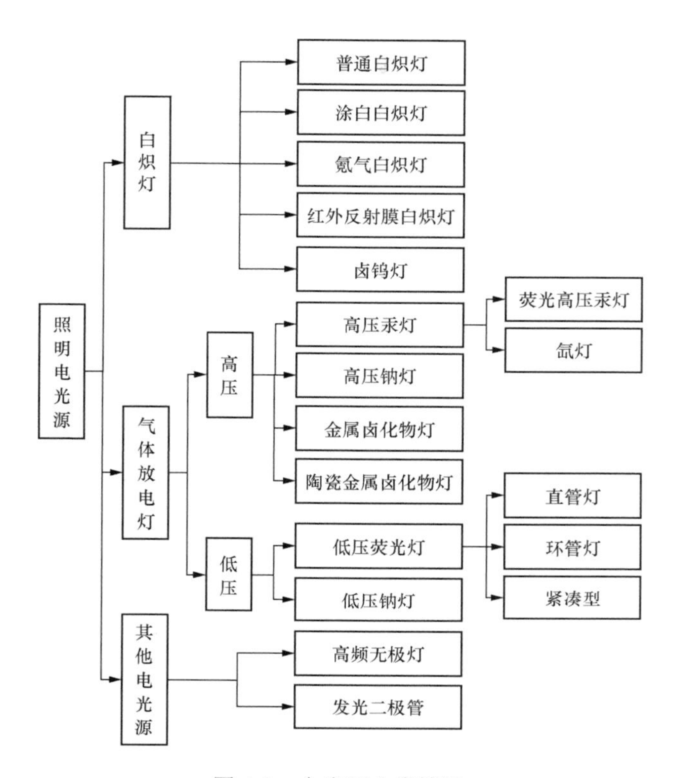

图 6-5　电光源分类情况

（2）气体放电灯。低压荧光灯用于居室、客厅、大堂、客房、商店、餐厅、走道、会议室、庭院等场所；低压钠灯用于隧道、港口、码头、矿场等照明场所；高压汞灯用于道路照明、室内外工业照明、商业照明等；高压钠灯用于道路照明、泛光照明、广场照明、工业照明等；金属卤化物灯用于工业照明、城市亮化工程照明、商业照明、体育场馆照明以及道路照明等；陶瓷金属卤化物灯用于商场、橱窗、重点展示及商业街道等。

（3）其他电光源。高频无极灯用于公共建筑、商店、隧道、步行街、高杆路灯、保安和安全照明及其他室外照明；发光二极管用于交通信号灯、高速道路分界照明、道路护栏照明、汽车尾灯、出口和入口指示灯、桥体或建筑物轮廓照明及装饰照明等，目前逐步在居民家庭中推行。

各国都在不断开发新的照明节电技术，随着技术的进步，不断有新型高效电光源出现，相应带来了节电机会，如表 6-1 所示。

表 6-1　　紧凑型荧光灯替代白炽灯的节电情况

序号	类型	功率（瓦）	替换方式	节电效果（瓦）	节电率或节电费（%）	备注
1	普通白炽灯	100				
2		60				

续表

序号	类型	功率（瓦）	替换方式		节电效果（瓦）	节电率或节电费（%）	备注
3	普通白炽灯	40					
4	紧凑型荧光灯	25	第一种替代方式	用4替代1	75	75	照明度相同
5		16	第二种替代方式	用5替代2	44	73	照明度相同
6		10	第三种替代方式	用6替代3	30	75	照明度相同

表6-1中的第一种替代方式是指用25瓦的紧凑型荧光灯替代100瓦的普通照明白炽灯，在保证了相同照明度的情况下，节约了75瓦的电力负荷，节电率达到75%，相应电费支出也减少了75%；第二种替代方式是指用16瓦的紧凑型荧光灯替代60瓦的普通照明白炽灯，在保证了相同照明度的情况下，节约了44瓦的电力负荷，节电率达到73%，相应电费支出也减少了73%；第三种替代方式是指用10瓦的紧凑型荧光灯替代40瓦的普通照明白炽灯，在保证了相同照明度的情况下，节约了30瓦的电力负荷，节电率达到75%，相应电费支出也减少了75%。

在直管型荧光灯的升级换代中，用电感式T8、电子式T8、电子式T5替代电感式T12，在光效提高的情况下还节电10%～30%，如表6-2所示。

表6-2　　直管型荧光灯替代后的节电情况

序号	管径（毫米）	镇流器+荧光灯型号	功率（瓦）	光通量（流明）	光效（流明/瓦）	替换方式		照度提高（%）	节电率或节电费（%）
1	38	电感式T12	40	2850	72				
2	26	电感式T8	36	3350	93	第一种替代方式	用2替代1	17.54	10
3	26	电子式T8	32	3200	100	第二种替代方式	用3替代1	12.28	20
4	16	电子式T5	28	2900	104	第三种替代方式	用4替代1	1.75	30

表6-2中的第一种替代方式是指用36瓦的电感式T8替代40瓦的电感式T12，在照明度提高17.54%的同时还节电10%；第二种替代方式是指用电子式T8替代电感式T12，在照明度提高12.28%的同时还节电20%；第三种替代方式是指用电子式T16替代电感式T12，在照明度提高1.75%的同时还节电30%。

在选择高强度气体放电灯时，也存在高效与低效之分。正确选择后，可以既提高照明度，又节约电费，如表6-3所示。

表 6-3　　各类高强度气体放电灯的指标

序号	类型	功率（瓦）	光通量（流明）	光效（流明/瓦）	寿命（小时）	替换方式		照度提高（%）	节电率或节电费（%）
1	荧光高压汞灯	400	22000	55	15000				
2	高压钠灯	250	22000	88	24000	第一种替代方式	用 2 替代 1	0	37.5
3	金属卤化物灯	250	19000	76	20000	第二种替代方式	用 3 替代 1	−13.6	37.5
4	金属卤化物灯	400	35000	87.5	20000	第三种替代方式	用 4 替代 1	37.1	0

表 6-3 中的第一种替代方式是指用 250 瓦的金属卤化物灯替代 400 瓦的荧光高压汞灯，在保证了相同照明度的情况下节约电费 37.5%；第二种替代方式是指用 250 瓦的金属卤化物灯替代 400 瓦的荧光高压汞灯，在损失 13.6%照明度的情况下节约电费 37.5%；第三种替代方式是指用 400 瓦的金属卤化物灯替代相同功率的荧光高压汞灯，虽然不带来节电量，但是照明度可以提高 37.1%。

（二）电动机

电动机是电力拖动系统中的关键器件，也是主要耗电部分。按照电源使用种类划分主要有直流和交流两种。

直流电动机的优点是调速性能好，启动、制动、过载转矩大，容易控制，但它的结构复杂、制造成本高、维护量大，还需要直流电源，使得它的应用受到一定的限制，多用于对启动和调速等性能要求比较高的场所。

交流电动机的优点是结构简单、制造成本低、维护方便、运行效率高、工作可靠。其中，用户改造潜力大的领域是感应电动机方面。感应电动机的运行会消耗无功功率，而无功功率的增加会导致功率因数降低，从而限制电力系统提供有功功率的能力，并增加损耗。由于无功功率消耗对电力系统造成不利影响，电价制度中对用户规定了标准功率因数，低于标准功率因数的用户将增加电费支出。从节约成本的角度出发，用户也有必要进行节电改造。

感应电动机的运行原理决定了它既消耗有功功率，把电能转换为机械能；又消耗无功功率，建立必要的旋转磁场。所以，对电动机进行节电的途径主要有两种，一是提高电动机的制造效率，采用高效电动机替代相对低效的普通电动机，它是提高运行效率和功率因数的基础，也是长期以来通行的一个主要节电技术措施；二是提高电动机的运行效率，采用调速技术改善启动性能和运行特性，提高电力拖动的系统效率。

高效电动机有如下优点。

（1）损耗低。高效电动机通过对电气部分进行合理设计及采用低损耗材料，其效率高于标准电动机 1～3 个百分点，其损耗较一般电动机约减少 20%。

（2）投资回收期短。尽管高效电动机制造成本要高于标准电动机 15%～30%，购置费用高，但实践证明，年使用在 2000 小时以上的电动机，由于电费支出的减少，购置高效电动机增加的费用一般在三年以内即可回收，年使用小时越长，回收时间越短。

（3）总维护费用低。高效电动机由于运行温度低、噪声小、运行平稳、振动小，其在寿命期内运行的可靠性和维护工作量要好于标准电动机，寿命期总维护费用也低于标准电动机。

（4）采用高效电动机后，由于无功功率损耗降低，功率因数高，电动机输入功率和输入电流均随之降低，不但降低线路损耗，也使原有供电设备在无形中升容。

从本书第一章的介绍可知，我国目前的电动机效率有较大的提升空间。交流电动机调速技术的发展很快，可以极大地提高电动机的运行效率。从调速技术用途来看，一类是生产工艺过程控制，另一类是调速拖动节电。生产工艺过程控制主要是为了达到改善工艺和提高工效的目的，以获得产品质量提高和产量增加的效益，有些还可以获得一部分节电效益，它广泛应用在国民经济各个部门的生产工艺设备的控制上。调速拖动节电的主要目的是提高电力拖动系统的整体用能效率，从而获得节电效益，主要用在用电负载率低和工况变动较大的风机和泵类等流体设备的拖动上，部分用在用电负载率低和需要重载启动的工作机械上，它们的节电效果非常显著，已经成为交流调速技术节电的主要应用领域。

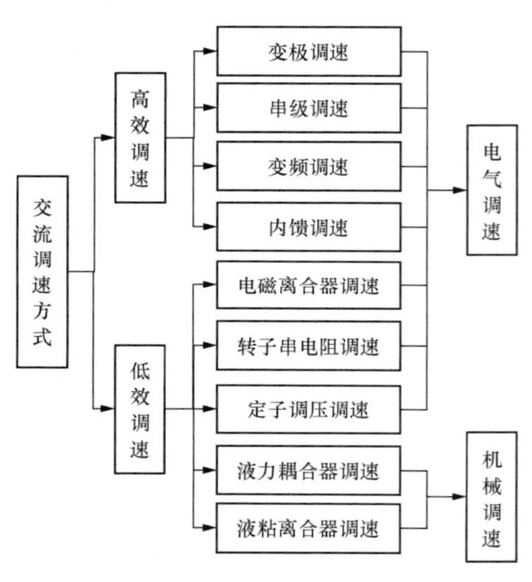

图 6-6　电动机调速方式分类

感应电动机的调速方式有三类：频率调节、磁极对数调节和转差率调节，比较成熟和广泛应用的有九种，如图 6-6 所示。

其中，高效调速和低效调速是从节能的角度来讲的，属于高效的调速方式有变极调速、串级调速，变频调速和内馈调速，属于低效的调速方式有电磁离合器调速、转子串电阻调速、定子调压调速、液力耦合器调速和液粘离合器调速。

从电气和机械的角度来讲，液力耦合器调速、液粘离合器调速属于机械调速方式，其他均属于电气调速方式。

值得一提的是变频调速。变频调速是通过改变电动机定子供电频率来改变旋转磁场同步转速进行调速的，是无附加转差损耗的高效调速方式。它的突出优点是调速效率高，启动能耗低，调速范围宽，可实现无级调速，动态响应速度快，调速精度很高，操作简便，且易于实现生产工艺控制自动化。此外，在装置发生故障后能自动投入工频运行，不会影响生产作业，再加上安装条件比较灵活，应用范围广泛，优于其他调速方式，是市场需求增长最快的调速方式之一。

（三）空调设备

空气调节是在自然环境条件下将室内空气的温度、湿度、清新度等控制在人们生活或设备生产、运行需要的某个范围内，提高人们的舒适度或生产的工效。空气调节的种类繁多，按温度调节的范围来看基本上有两种类型：一种是只有降温功能的冷气空调；另一种是具有降温和升温功能的冷暖空调。按规模大小划分也有两种类型：一种是集中冷源或热源的中央空调，主要用于面积大、房间多的宾馆、商厦、公寓、酒楼、写字楼、展览馆、图书馆、体育馆、医院、影剧院、康乐中心、车间等；另一种是自带冷源或热源的分散空调，如柜式、窗式、分体式空调等，主要用于小面积单房间，如居室、旅馆、饭馆、商店、写字间等。对于中央空调，为了改变用能方式，在传统中央空调系统的基础上加装一套蓄冷设备，这样所组成的空调称为蓄冷空调。它的主要节电功能不体现在节约电量方面（实际是多用电量），而是体现在节约电网的高峰电力负荷、节约电力系统的一次能源方面。对于用户而言可以节省电费支出。

众所周知，普通空调的用电高峰时间段同电网的高峰时间段是重叠的，电网高峰时间，正好是空调运行的高峰时间，电网的低谷时间，也是空调不运行或运行少的时间段。蓄冷空调把不能储存的电能在电网负荷的低谷时间段转换为冷量进行储存，在电网负荷的高峰时间段利用储存的冷量释放实现空气调节，从而实现了用户终端用电负荷的转移，使传统的“硬性负荷”转化为“塑性负荷”，从而在不改变空调需求模式的条件下改变了空调的用电方式，对电力系统运行有很大的贡献。在政府和电网企业制定相应的峰谷分时电价的推动下，蓄冷空调得到了推广应用。

表 6-4 列出了某地区将传统中央空调改造为蓄冷空调后的节约电费成本情况，投资回收期同当地的政策有关，比如电力增容费、峰谷电价比值等。

表 6-4　　某地将传统中央空调改造为蓄冷空调后的节约情况

用户类型	建筑面积（米^2）	系统装机容量降低（%）	投资增加率（%）	年运行费降低率（%）	投资回收期（月）
商厦	4000	28.3	24.8	48.7	19.0
体育馆	75000	30.3	17.8	31.0	21.4
写字楼	23000	37.3	36.3	29.0	82.1

（四）生活习惯

除了对终端用电设备的技术进行更新改造、实现节电外，还可以通过改变生活习惯和优化生活方式来实现，比如适应电价政策，针对国家出台的居民峰谷分时电价，选用合理的设备，选择在电网的低谷时间运行，在高峰时间少用电；针对国家提出的节能倡议，居民应该积极响应，减少家用电器的待机损耗、设定合理的空调温度，提高节约用电的意识。

二、开展需求侧管理的基础工作和流程

（一）基础工作

（1）树立节能节电的思想。不管是大用户，还是小用户，也不管是哪个行业的用户，首先必须树立节能节电的思想，积极参与需求侧管理。电力需求侧管理是国家节能节电的战略选择，政府已经出台一些法律、法规，其中，《节约能源法》明确规定节约能源是每个公民的义务，仍将不断出台相应的政策，促进电力需求侧管理的持续开展。电力用户应认真贯彻执行国家的政策和法规，响应政府号召，积极采用合理用电技术和措施，配合电力经营企业的用电管理活动，参与电力需求侧管理计划的实施。

（2）通过各种渠道跟踪了解电力需求侧管理相关技术设备信息。开展电力需求侧管理，需要采用新的技术设备和技术手段，所以信息是至关重要的。用户需要跟踪了解一些电力需求侧管理相关的信息，了解相关的政策、相关的技术，还可以了解节能服务公司的信息。政府部门、电力企业都很重视宣传推广，大力拓展宣传渠道。比如，政府相关部门专门建立了国家电力需求侧管理平台（http://www.dsm.org.cn）、中国节能信息网（http://www.secidc.org.cn）等网站，国家电网公司及部分省级电力公司专门建立了电力需求侧管理网站（如，http://www.sgdsm.com），建设了一些电力需求侧管理展示厅，并开通了 95598 免费电话。每

个用户都可以通过相关渠道咨询、了解电力需求侧管理相关信息，比如：用电节电知识、最新节能节电技术、节能节电产品及生产商信息、相关电力需求侧管理案例等。用户通过各种信息渠道可以加深对电力需求侧管理的了解，同时也增加了参与电力需求侧管理项目的机会。比如，通过北京电力需求侧管理网站（http://www.bjdsm.com）可以得知，凡在北京地区实施蓄冷空调用电技术（包括冰蓄冷空调、水蓄冷空调）工程项目，自愿申报北京市蓄冷空调示范项目，可获取项目补贴服务。由于节能服务公司在开展 DSM 项目方面具有诸多优势，用户可以多了解一些节能服务公司的信息，比如资质、信誉、开展过的项目等。

（3）重视节能管理，成立相应组织机构。根据有关规定，重点用电单位要按照国家规定定期报送电能利用状况，包括电能消费与需求、负荷变化与需求、用电单耗、实施合理用电措施的节能效益分析等，报送政府相关部门。因此，大、中型电力用户配备具有节约用电专业知识的技术人员、成立相应的需求侧管理机构很有必要，主要从事本单位合理用电管理工作，负责对本单位电能利用状况进行管理、监督、检查，促进本单位节能节电工作的持续、有效开展。

（4）尝试进行用电分析和审计。用电分析和审计的目的是为了了解各类用电设备的用电特性和使用情况，分析评价企业各环节用电效率，寻找薄弱环节和节能节电潜力、移峰填谷潜力，从而找到改进的措施和可以参与电力需求侧管理的环节。一般，节能服务公司开展用电分析和审计更为专业和有经验。

在未同节能服务公司联系之前，各类用户都可以进行一些简单的用电分析和审计，尤其是拥有 DSM 部门的大用户，可以简单分析了解本企业开展电力需求侧管理的潜力或可能性，以及存在潜力的领域。在同节能服务公司进行合作的过程中，也可以做到心中有数，在谈判中占得主动。

此项工作可以借助国网能源研究院研发的“电力需求侧管理辅助决策支持系统”（如图 6-7 所示）的帮助来完成。通过该辅助决策支持系统，除了可以查询一些 DSM 技术设备的参数数据外，还可以分析测算本企业现役设备的能耗水平，更主要的是分析测算设备更新改造、更改生产方式的潜力有多大，实施这些方案需要多少投资，项目实施后的效益有多大，比如节约多少电量、节约多少电费、几年可以收回投资等。辅助决策支持系统界面及相关功能如图 6-7 所示，其中针对用户的主要功能如图 6-8 所示。

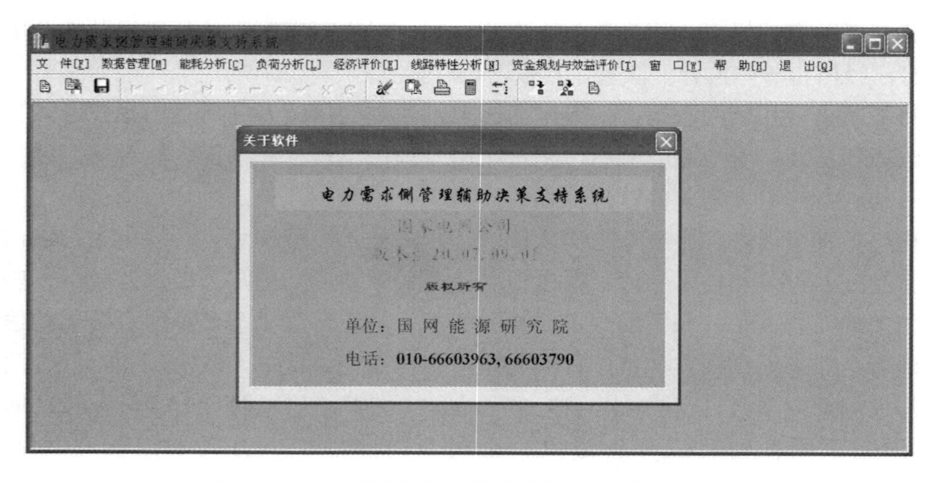

图 6-7 “电力需求侧管理辅助决策支持系统”界面

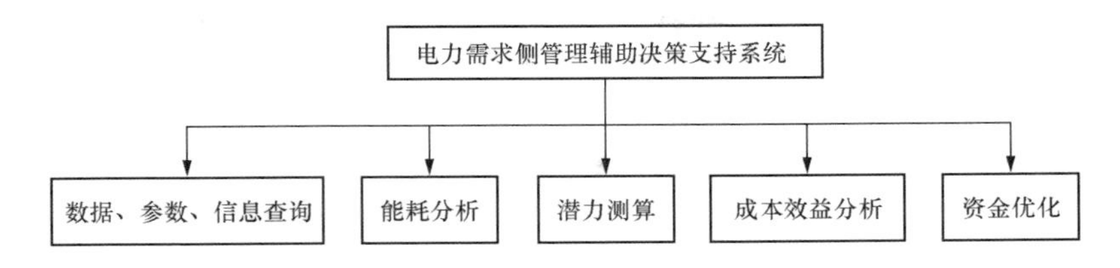

图 6-8 “电力需求侧管理辅助决策支持系统”针对用户的主要功能

1）数据、参数、信息查询。提供包括照明设备、家用电器、电动机、变频设备、蓄能设备、变压器、无功补偿设备等在内的终端设备的参数及新动向。用户可以查询相关领域高效节能设备的价格、性能参数等信息。

2）能耗分析。对企业内服役运行的各类设备的能耗情况进行测算，分析各个工艺流程的电费成本。这些数据可以用来同本行业的竞争对手，或者行业平均水平、先进水平做对比。

3）潜力测算。分析设备更新改造、更改生产方式的节能节支潜力。这些数据可以帮助用户了解本企业的节能潜力大小。

4）成本效益分析。分析将某些设备进行更新改造的投资回收期、益本比等情况。这些数据可以作为领导决定是否参与电力需求侧管理、进行设备更新改造提供一些决策依据。

5）资金优化。如果有一笔资金，该辅助决策支持系统还可以提供最优的电力需求侧管理项目组合方案。

【例 6-1】 首钢集团开展用电分析和审计。

首钢集团在迁出北京之前，是北京的耗能大户。1997 年，原电力部电力科学研究院电力经济技术研究所、原北京市三电办公室同首钢一起对首钢动力厂的一些设备进行了审计，其中一项是具有移峰填谷潜力的净水泵站。

经调查分析，有 5 台水泵可进行移峰填谷，电动机总容量 5×40 千瓦。利用“电力需求侧管理辅助决策支持系统”相关模型进行测算，水泵改造共需费用 52.5 万元，其中开发成本 30 万元，控制装置成本 2.5 万元，水箱改造费用 20 万元，改造后水泵可躲峰运行，五台水泵一年可减少高峰用电（按峰谷表的峰谷时段）58.4 万千瓦·时，以当时的峰谷电价测算，一年可节省电费 12.7 万元，四年左右可收回投资[7]。

经过初步分析和审计，认为开展电力需求侧管理的可行性很大，为以后开展电力需求侧管理工作的决策工作提供了很好的基础数据。

（二）流程

对于电力用户来说，在决定是否参与或实施电力需求侧管理项目之前，一般经历以下三个阶段。

（1）用户对电力需求侧管理有充分认识和理解，通过各种途径了解各级政府、电网企业、发电企业、节能服务公司等的宣传。

（2）用户针对自身的用电情况进行初步的分析或估计，这个过程可以借助一些软件进行测算。

（3）用户决定是否实施相关的电力需求侧管理项目。

在决定实施相关的电力需求侧管理项目之后，有两个渠道开展相关工作，一个是自主开展，一个是同节能服务公司合作共同开展。如果同节能服务公司合作共同开展，具体的流程可以参见本书第五章。如图 6-9 所示，显示了电力用户自主开展电力需求侧管理项目的流程。

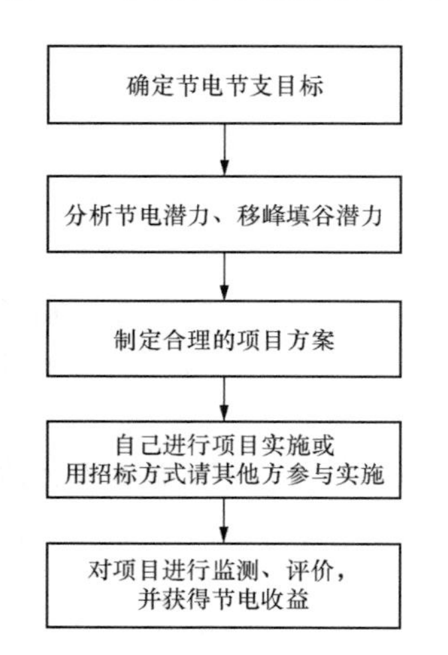

图 6-9　电力用户自主开展需求侧管理的流程

用户自主开展需求侧管理的流程简单而言，就是：

1）设定节电、节支目标。

2）分析节电、移峰填谷潜力。

3）设计制定合理的电力需求侧管理项目方案。

4）实施电力需求侧管理项目，可以通过招投标的方式选择其他单位介入。

5）对项目实施效果进行监测评价（目的是为了总结经验，为后续项目提供参考）。

6）通过项目实现的收益全部归用户自身享受。

三、同节能服务公司合作开展电力需求侧管理

节能服务公司是一种基于合同能源管理机制运作，以盈利为目的的专业化公司。它们为用户提供能源效率审计、节能项目设计、原材料和设备采购、施工、监测、培训、运行管理等“一条龙”服务工作，通过同用户分享项目实施后产生的节能效益来盈利和发展。

如果自主开展，所获得的效益都归自己；如果同节能服务公司合作开展，所获得的效益还要给节能服务公司一部分。为什么要同节能服务公司合作开展呢？

首先，DSM 项目涉及很多因素，比如资金投入、方案设计、设备选择和采购、项目施工、运行和维护等，用户自身开展具有一定的难度，或者需要成立相应的机构完成节能服务公司的功能。

其次，各种政策、技术水平、产品市场存在一定的复杂性或者不确定性，电力用户在实施过程中会存在一定的风险。节能服务公司对政策的研究较多、理解透彻，对市场的接触较多、了解深入，可以更容易地判断开展哪些项目、采购哪些产品。比如，一些企业盲目夸大产品质量和节能效果，扰乱了市场秩序，使用户真假难辨，而节能服务公司专业水平和专业经验比较丰富，可以轻易辨别真伪，避免很多风险。

另外，节能服务公司在项目实施过程中负责项目融资，对项目中所需（用户也可以以书面形式列出、经节能服务公司认可）的设备进行设计、采购、安装、配制和调试，按期完成施工。这一点对用户来讲很重要，因为用户没有融资的压力和风险。

总之，正如本书第五章所讲，节能服务公司积蓄了人才，积累了经验，具有信息更广泛、节能更专业、技术更先进、服务更全面、成本更低廉、管理更科学等方面的优势。对于拥有大量能源设施、资金雄厚的大型企业，如果将他们的能源设施移交给更加专业的节能服务公司来管理，将使管理成本更低，系统可靠性更高，责任更加清楚。

因此，对于投资较少、操作简单、容易掌控的项目，用户可以自主开展；对于投资较多、相对复杂的项目，一般还是同节能服务公司合作开展为宜。

在项目的实施中，节能服务公司负责“一条龙”服务，实现节能目标。那么，用户在开展 DSM 项目的过程中作用如何、应该扮演什么角色呢？

为了确保合作顺利，在选择节能服务公司时，应该进行评估、遴选。各个节能服务公司的背景不同，涉足的领域不同，信用等级不同。电力用户需要对若干家相互竞争的节能服务公司进行评估，然后选择其中一家签约或进行其他商业运作。

为了确保项目进展顺利，就需要用户同节能服务公司进行充分沟通，签订合同加以保证。在签订合同前，可以利用第三方的力量对年节能效益的计算方法及数量、双方分享节能效益的比例等进行评估。在合同中，要对项目的实施进度、节能效益分享的起始日和效益分享时间段、分享节能效益的比例等进行约定，作为对项目评价和效益分享的依据。另外，还要约定项目设备的所属权。一般在合同有效期满和用户付清全部款项之前，项目的所有权属于节能服务公司；在合同有效期满、用户按规定付给节能服务公司应得全部款项之后，根据情况，项目中部分（或全部）设备的所有权归用户。在合同中应该加以明确细化，哪些设备归属用户，哪些设备归属节能服务公司。

为了确保节能目标的顺利实现，要在合同中明确节能效果的测算方法、项目验收的标准，并将对项目的监测和评价落到实处。

为了确保项目节能效果的持续，在项目实施过程中，用户需要接受节能服务公司的培训、指导，完善相关知识，学会如何使用、维护相关设备，提高管理、技术等方面的水平。

第四节　工业用户参与电力需求侧管理的途径和方式

工业用户是用电大户，存在较大的 DSM 潜力。在终端用电方式上，工业用电覆盖了电动机、电热、照明、电化学等各种用电方式，无论从管理措施还是技术手段来分析，工业用户参与电力需求侧管理都存在着巨大的节能潜力，有巨大的获益空间。工业用户应该从管理、技术两个方面开展电力需求侧管理。

一、从管理方面重视

（一）重视电力需求侧管理，成立相应组织机构

大、中型电力用户应当配备具有节电知识的专业技术人员从事 DSM 工作，负责对本单位电能利用状况的管理、监督、检查，促进本单位 DSM 工作的持续、有效开展。对大用户来讲，建立节能减排组织体系，完善相关规章制度，是做好电力需求侧管理工作的基本保障。从已经开展的电力需求侧管理实践来看，大型企业可以在节能减排领导小组的带动下开展电力需求侧管理工作。许多中央企业还设置了专门工作机构，并要求所属企业建立健全节能减排工作机构，构建了从上到下的节能减排组织体系。

（二）加强企业管理，调整产品结构

加强企业管理，是促进 DSM 工作开展的有效途径之一。积极发展技术含量高、附加值高的产品，逐步淘汰落后生产能力，调整产品结构。

虽然每个行业的工艺装备和生产流程不同，但提高能源利用的途径基本相似：一是加强节能管理，建立健全管理体系，实施严格的考核，加强监督检查，加强宣传和培训，不断提高管理素质，提高操作水平，完善信息系统，提高自动控制水平等。二是优化工艺结构和产品结构，提高技术装备水平，通过设备的大型化、自动化提高能源利用效率。三是采用节能新技术，通过节能技术进步不断降低能源消耗。

（三）跟踪DSM技术和设备，积极推广实行更新改造

当今社会是不断发展的社会，是不断推陈出新的社会，国家提出大众创业、万众创新。企业要不断跟踪先进的工艺和技术，通过技术经济分析比较，确定可参与电力需求侧管理项目的领域。在提高技术水平、提高集约化生产水平、优化产品结构、提高竞争力的同时，促进产品产量单耗的下降。

对于新增用电设备，应符合国家规定的最新节能标准，具有节能质量认证标识，具有低能耗、高效率的性能；新增生产工艺的能耗、电耗应符合国家或地方标准；积极采用高效电动机，采用调速技术改善电动机的启动性能和运行特性，提高电力拖动的系统效率。

在生产方式方面，应优先采用电力需求侧管理技术，实现削峰填谷，改善用能结构，提高电能利用率。

（四）适应电价政策，优化生产方式

为了提高电力系统整体效率，国家将不断完善相应的电价政策，比如峰谷分时电价、季节性电价（丰枯电价）、可中断电价等，电力用户应该积极测算本企业移峰填谷潜力，在不影响生产的情况下认真调整生产工艺或运行工况，优化生产方式，将可转移负荷转移至夜间低谷时段运行，实现错峰用电，会取得良好的经济效益。

（五）分析电费账单，挖掘节电潜力

每个工业企业都可以通过对年电费账单的研究来了解电力负荷情况，分析本企业利用电能存在的潜在问题。一般可以通过账单对照下列问题，对企业内部的用能优化环节进行分析。

1. 月负荷是否非常分散

账单中包括每个月的最高负荷。如果这些数据比较分散，则负荷不平稳，电能利用效率低，需要研究出现这一情况的原因及改进方向。比如，是否与市场环境、原材料、气候环境、设备的运行维护状况等因素有关。

2. 最大负荷利用时间是否很低

最大负荷利用时间是计费期内消耗的电量与最大负荷的商。三班制企业的实际值一般在5000小时左右，一班制企业的实际值一般低于2000小时。当然，最大负荷利用小时不仅与工作时间有关，而且与生产设备类型和其他整体条件有关，因此，它可以作为与同行业其他企业、平均水平、先进水平进行对比的依据。这些对比数据的信息需要借助节能服务公司的力量。

3. 谷段电量（低电价电量）所占比重是否合理

对于三班制企业，负荷比较平稳，各时段电量比较均衡。但也有些企业可以将白天或者前半夜的部分工作移到后半夜。比如，某炼铁厂原先有一台破矿机，三班制连续工作才能满足用料需求。后来又购置了一台，在白天的平价时段启动一台，后半夜启动两台，峰时段基本不用，在满足用料需求的情况下将高价时段的负荷转移到了低价时段，谷段电量的比重有所上升，节约了电费支出。对于一班制企业，谷段电量可能会很小，但也可以将一些不影响生产的工作安排在低谷时段进行。比如写字楼可以采用蓄冷空调将部分负荷转移到夜间低谷时段。

通过对上述几个问题的研究分析，即可初步发现有哪些地方可以实施电力需求侧管理项目。

（六）积极参加自愿节能协议

自愿节能协议已经在我国登陆，在山东取得了一些成效，参加的用户也获得了相应的好处。国家仍鼓励企业积极加入自愿节能协议行动中。

万家企业之外的企业可以积极申请参与此项活动。企业在承诺产生节能效益的情况下，政府给一些补贴或优惠政策，对国家对企业都会带来效益，同时还可以大大提高企业的社会形象和产品的无形价值。

二、从技术方面落实

目前，工业用户存在节电潜力的设备领域主要有照明设备、空调、电动机及调速技术、热泵技术、变压器、无功补偿、蓄能技术、生产用电设备及工艺、可中断负荷技术等。随着技术进步，还会出现其他相关设备和技术。下面主要介绍照明设备、电动机和无功补偿等。

（一）照明设备

照明设备应用范围广，从工业、商业到居民用户都涉及。虽然对工业用户来讲，照明用电量所占比重较小，但总量较大，是开展电力需求侧管理的一个重要环节。合理的优化照明方案，具有很大的节能潜力。通常情况下，工业用户的照明优化可从以下环节考虑。

1. 根据照度要求，合理选择电光源

合理的照度主要着眼于保护工作人员的视力，提高产品质量和劳动生产率，一般根据视觉的要求和使用场所的不同来选择电光源：在高大的露天工作场所，光色没有特殊要求时，可以采用高压灯、金属卤化物和高压汞灯等；如果灯悬挂在较低场所时，宜选用荧光灯或低功率高压钠灯。需要发光效率高的大面积场所，可采用金属卤化物灯。具体使用范围可以参考本章第三节。

除合理选择电光源外，合理选择照明器具、充分利用电光源的配置也是需要考虑的需求侧管理环节。

2. 明确优化方式，进行技术替代

我国在实施电力需求侧管理历程中，通过大力推行绿色照明工程，集中在办公室、写字楼、商场、家居、广场、路灯照明等领域，结合不同场所的使用特点和要求，大力推广了T8、T5荧光灯、高压钠灯、金属卤化物灯、高频无极灯等高效照明节电产品，并配套相应的照明布线方案和控制系统，取得了较大的节电效果。

根据实践经验，我国当前照明替代推广的主要领域集中在：用紧凑型荧光灯替代白炽灯，可节电约70%；用细管三基色高效荧光灯替代粗管普通荧光粉低效荧光灯，可节电约25%；用新型高效高压钠灯和金属卤化物灯替代高压汞灯、低效钠灯和卤钨灯，不仅节电，且减少汞污染；用电子镇流器或低能耗电感镇流器替代普通高耗能电感镇流器，可分别节电约55%或40%。近年来，LED灯发展较快，已在交通信号指示、汽车用灯等广泛应用，也逐步进入千家万户，节电可达80%以上，且寿命较长。

【例6-2】 工业用户节能照明改造。

某企业原拟采用17元/支的48瓦的电感镇流器，后经节能服务公司推荐选用35元/支的36瓦的电子镇流器GLYZ-36DFA（X），安装了6000支，使用一年多的实践表明，节能效果十分明显。以下是效益分析的测算情况［当地商业用户电价为0.75元/（千瓦·时），政府按

照每支 8 元的价格提供奖励]:

一、电费对比

1. 用电子镇流器

6000 支×（36/1000）千瓦×8 小时×365 天×0.75 元/（千瓦·时）=47.3040（万元）

2. 用电感镇流器

6000 支×（48/1000）千瓦×8 小时×365 天×0.75 元/（千瓦·时）=63.0720（万元）

3. 每年节省电费

63.0720－47.3040=15.7680（万元）

二、支出购买成本比较

1. 政府奖励部分

6000 支×8 元/支=4.80（万元）

2. 购买成本多支出

35 元/支×0.6 万支–17 元/支×0.6 万元–4.80 万元=6.00（万元）

三、投资回收期

$$\frac{6.0}{15.768} \approx 5 \text{ 个月}$$

四、预计三年总节省人民币支出

15.7680×3–6=41.3（万元）

如果没有政府奖励金，回收期 8 个月。

如果电价为 0.25 元，投资回收期为 14 个月，如果不考虑政府奖励金，回收期需 24 个月。由此可见，电价越高，投资 DSM 项目越合算；如果有政府奖励金，则回收期可缩短。

（二）电动机

电动机应用范围很广，如风机、水泵、拖动系统等。我国电动机效率比国际先进水平低，加上调速技术的进步，电动机领域具有很大的潜力。

1998 年，美国提出了“电动机挑战计划”，通过测算发现，电动机自身效率的提高有 246 亿千瓦·时的节电潜力，占电动机耗能量的 4.3%，采用调速等方法来提高电动机系统的效率有 606 亿千瓦·时的节电潜力。而我国，电动机的能源利用效率普遍比国际先进水平低 20%左右，全社会用电量的 60%左右是电动机所消耗，节能潜力更大。

1. 选用高效电动机促进节能

高效电动机即有效输出功率与输入功率的比值（效率值）达到国家标准节能评价值的电动机，也可理解为低损耗电动机。高效电动机具有效率高、功率因数高、运行温度低、温升富裕量大、振动小、可靠性高、噪声低、互换性好等特点。

高效电动机的运行费用较低，回收较快，效益巨大。仅将一台 200 马力的电动机的效率提高 3.5%，每年就可以节省 2 万多元，回收成本在一年之内，根据电动机的一般寿命 15 年分析，节省的费用十分可观。

【例 6-3】 11 千瓦、4 极标准电动机的经济对比分析。

以 11 千瓦、4 极电动机为例对高效电动机和标准电动机进行经济分析，边界条件为：年运行 4000 小时，负荷率为 75%，电价为 0.5 元/（千瓦·时），贴现率为 6%。分析结果如表

6-5 所示。

表 6-5　　电动机数据对比

电动机系列	电动机价格（元）	10 年运行费用（元）	初始投资占 10 年运行费的比重（%）	投资回收期（年）
标准电动机 Y（η=88%）	3950	138000	2.9	
高效电动机 YX_2（η=91%）	4540	133500	3.4	1.31
高效电动机同标准电动机相比	高 590	节约 4500	高 0.5	

数据表明：电动机初期投资费用为 10 年总运行费用的 3%左右，高效电动机所占比重略高一些。选用高效电动机，多投资的费用不到一年半就可回收。因此，采用高效电动机将给电动机用户带来很大的经济效益。

2. 使用调速技术促进节能

根据交流电动机的运行状态进行转速的调节具有良好的经济性。由于电动机种类繁多，调速改造的空间较大，特别是大中型风机、水泵调速节能技术，其节电率一般在 25%～30%，涉及泵类、风机、压缩机、纺织机械、升降机和运输设备等，广泛分布于采矿、冶金、纺织、化工、电厂、交通运输等行业。比如某锌焙烧厂在回转炉的电动机动上安装了变频器，运行平稳、可靠，操作简单，维护方便，每年节约电量 12 万千瓦·时，还增加产值 118 万元；某钢厂的电渣炉进行变频调速改造后，节电率达到 70%，仅此一项就节约电费 100 万元。需要说明的是，调速改造工程存在一定的技术困难，电力用户应尽量同节能服务公司合作。

我国当前主要推广的高效调速技术有两类，一类是变频调速，一类是内馈调速技术。变频调速技术无附加能差损耗，效率高，调速范围宽，精度高、启动能耗小；而内馈调速技术由于控制电压低、谐波污染小，特别适合需要调速的高压大容量电动机。高效调速技术特别适用于需要频繁调速的风机、泵类负荷，与传统方法相比，节电率可达 20%～60%。因此，高效电动机调速技术有着广阔的应用前景。

3. 电力拖动系统各环节改造节能

电力拖动系统一般存在的问题是：电动机及被拖动设备陈旧落后、效率低；系统匹配不合理，存在“大马拉小车”现象，设备长期处于低负荷运行状态；系统调节方式、控制技术落后，比如有些风机、泵类采用机械节流方式调节，效率比先进技术低。

根据这些问题，用户可以根据具体情况，更新淘汰低效电动机及高耗电设备，积极使用高效节能电动机，稀土永磁电动机，高效传动系统等；合理配置电动机及被拖动设备；积极推广变频调速、永磁调速等先进电动机调速技术，改善风机、泵类电动机系统调节方式，逐步淘汰闸板、阀门等机械节流调节方式；优化电动机系统的运行和控制等。

研究发现，一些行业的电机重点改造领域如下，用户可以根据情况进行对照，充分挖掘节能潜力。

电力——用变频、永磁调速及计算机控制改造风机、水泵系统。

冶金——鼓风机、除尘风机、冷却水泵、加热炉风机、铸造除磷水泵等设备的变频、永磁调速。

有色——除尘系统自动化控制及风机调速。

煤炭——矿井通风机、排水泵调速改造及计算机控制系统。

石油、石化、化工——工艺系统流程泵变频调速及自动化控制。

机电——研发制造节能型电动机、电动机系统及配套设备。

轻工——注塑机、液压油泵的变频、永磁调速。

（三）无功补偿

电动机在消耗电能的过程中，既要消耗有功功率，也要消耗无功功率。如果无功功率由电网输送，则损耗较多，用户的电压质量也会受到影响。因此，为了降低电网线路上的线路损失，提高用户的电压质量，国家对用户的功率因数有一定的限制要求，并分时段计算和考核。随着节能减排工作的深入开展，这一要求将会更加严格。

除了变电站进行集中补偿外，还需要用户进行分散补偿。用户安装无功补偿装置，可以提高功率因数，在降低电网损耗，保证电压质量，提高产品质量的同时，减少电费支出。

第五节　商业用户和居民用户参与电力需求侧管理的途径和方式

商业用户与居民用户以及一些小型的工业用户主要接入电网的配电环节，用电设备功率较小，用户地理分布较为分散。但用电方式主要集中在照明、空调以及家用电器等设备上，通过积极的管理手段以及合理的用能技术的改造，居民商业用户以及小工业用户同样有较大的节电空间。

一、在思想方面重视

（一）积极使用节电产品，养成节电好习惯

《节约能源法》明确规定任何单位和个人都应当依法履行节能义务。广大居民和商业用户应该积极响应国家号召，提高节能意识，使用节能产品。通过积极学习相关法规文件，参与政府、电网企业、节能服务公司等开展的节能调查，接受节能教育和培训，参观电力设备及电力需求侧管理的展示宣传，不断提高节能节电意识，适当改变用电习惯和作息习惯。比如使用有能效标识的节能灯、节能电冰箱、节能空调等设备；空调设定温度根据国家倡导的标准来定（比如夏季空调温度设定不低于26℃，冬季温度设定不高于18℃）；电器设备尽量不待机运行；商场滚梯可以采用传感器，有人使用时才启动，无人使用时停止运行；根据人员多少调控照明灯具的工作方式等。

（二）积极参与政府和电网企业开展的宣传活动

随着电力需求侧管理工作的不断深入，政府和电网企业充分利用广播、电视、报纸、网站等现代化宣传媒体及现场展览等方式开展宣传活动；组织编写和出版各类专业性和普及性书籍与宣传材料，利用各种展览会、展销会、研讨会广泛散发；举办各类专业培训班和科普讲座、国际国内会议，进行学术交流、技术交流、成果经验交流；还组织宣传队伍进社区、进学校，以多形式、多渠道宣传相关的DSM知识。电力用户通过参加这些活动，积极参与到其中，可不断增强节能环保意识，提高对DSM产品技术的认知率和使用信心。

此外，用户通过参与DSM示范项目，比如大宗采购或团体采购、照明节电需求侧管理推广、合同能源管理和“质量承诺制”活动等，也可从中获取较大的经济利益。

（三）适应电价政策，改变和优化用电习惯

针对国家出台的电价政策，比如峰谷分时电价、丰枯电价、可中断电价等，居民可以选用合理的设备，将部分高峰时段用电转移到低谷时段。为便于居民用户了解实行峰谷分时电价的优越性，现结合部分家用电器，举例说明如下。

【例 6-4】 峰谷电价对居民用户的实惠。

如表 6-6 所示，是 2010 年某地区居民电价表，居民可以选择使用单一电价，或者使用峰谷电价。某居民使用家用电器的情况如下：一台洗涤功率 380 瓦、脱水功率 260 瓦的洗衣机，每年使用 50 次，使用时间由原先的 20:00～22:00 改为 23:00～1:00；一个功率为 1500 瓦的热水器，每年的有效热水时间为 1000 小时，热水时间由原先的白天改为 22:00～7:00（并非一直加热）；两盏 40 瓦的白炽日光灯，使用时间为 18:00～23:00；一台 150 瓦的电冰箱，全天使用。计算采用峰谷电价结算给该居民用户带来的实惠。

表 6-6 某地区居民电价

项　目	峰电价	平电价	谷电价	单一电价
时间段	18:00～21:00	8:00～17:00	22:00～7:00	
电价［元/（千瓦·时）］	0.5583	0.5283	0.3583	0.5283

洗衣机：洗衣机的洗涤时间同脱水时间按照 4:1 估算，则每次洗涤时间为 1.6 小时，脱水时间为 0.4 小时。则原先的年电费=（0.380 千瓦×1.6 小时/次+0.260 千瓦×0.4 小时/次）×50 次×0.5283 元/(千瓦·时)=18.8 元；采用峰谷电价后的年电费=(0.380 千瓦×1.6 小时/次+0.260 千瓦×0.4 小时/次）×50 次×0.3583 元/（千瓦·时）=12.8 元；一年可以节约 6 元。

热水器：热水器的热水时间为 1000 小时，则原先的年电费=1.5 千瓦×1000 小时×0.5283 元/（千瓦·时）=792.45 元；虽然热水时间改为 22:00 ~ 7:00，但实际热水时间仍为 1000 小时，采用峰谷电价后的年电费=1.5 千瓦×1000 小时×0.3583 元/（千瓦·时）=537.45 元；一年可以节约 255 元。

日光灯：执行普通居民电价的年电费支出为 2×［0.04 千瓦×5 小时/天×365 天×0.5283 元/(千瓦·时)]=77.1 元；执行峰谷分时电价的年电费支出为 2×[0.04 千瓦×3 小时/天×365 天×0.5583 元/（千瓦·时）+0.04 千瓦×2 小时/天×365 天×0.3583 元/（千瓦·时)]=69.8 元；一年可以节约 7.3 元。

电冰箱：执行普通居民电价的年电费支出为 0.15 千瓦×24 小时/天×365 天×0.5283 元/（千瓦·时）=694.2 元；执行峰谷分时电价的年电费支出为 0.15 千瓦×3 小时×365 天×0.5583 元/（千瓦·时）+0.15 千瓦×9 小时×365 天×0.3583 元/（千瓦·时）+0.15 千瓦×12 小时×365 天×0.5283 元/（千瓦·时）=615.3 元；一年可以节约 78.8 元。

由此可见，适应电价政策，执行峰谷分时电价，或改变生活习惯，居民可以获得一定的实惠。

（四）减少家电设备的待机损耗

针对国家提出的节能倡议，居民应该积极响应，养成良好的节约用电习惯，减少家用电器的待机损耗、设定合理的空调温度等。当家用电器不用时，应该将设备断开电源；在选购产品时，尽量选用低待机能耗的节能型产品。

空调的待机损耗一般在 3～5 瓦，取空调负荷年运行小时 300 小时计算，如果用户有良好的习惯，在不使用空调时不让空调待机运行，可以实现年节约电量 30 千瓦·时。电视的待机损耗一般在 1 瓦，取电视的负荷年运行小时 1000 小时计算，在不使用电视时不让电视待机运行，可以实现年节约电量 8 千瓦·时。这两个家电，一年可以节约 20 元。

二、从技术方面落实

（一）照明

据统计，所有商业用户建筑能源的 20%～40%用于照明，其中又有 60%～85%的照明灯是荧光灯[8]。因此，商业部门可以采取适当的照明改造措施，节约大量的能源。从前面的介绍可以看到，节能灯具的节电率很高，是一个重点领域。

照明设备方面有很大的潜力可挖，但需要指出的是，在我国目前推广节能设备的障碍除产品的经济性外，关键在于节能产品的质量问题。如推广应用节能灯，市场上的产品良莠不齐，一些不合格产品、劣质产品充斥市场，在价格上与不合格的产品进行竞争，有些劣质灯具只用几十小时就报废了，极大的损害了消费者的利益，因此，消费者在选购节能产品的时候应尽量选取获得国家认证的“许可证”产品，贴有“能效标识”的产品，才能达到节能、省钱的良好经济效益。如果需要大量的产品，同节能服务公司合作可以有效降低风险。

【例 6-5】 某商场通过镇流器改造取得良好经济效益。

某商场原先使用双管 48 瓦普通荧光灯配套电感镇流器、启辉器的照明方式，共 1000 组；现进行改造，选用 1000 组双管 36 瓦细管隔栅灯配套双管电子镇流器的方式。其中，普通荧光灯 5 元/支，一组两套电感镇流器和启辉器 30 元，细管隔栅灯 7.5 元/支，双管电子镇流器 65 元/支，每天使用 10 小时，电价 0.7 元/（千瓦·时）。试计算节能效果。

表 6-7　　某商场节能照明改造项目的效益测算过程表

项目	双管 36 瓦细管隔栅灯配套双管电子镇流器	双管 48 瓦普通荧光灯配套电感镇流器、启辉器	比　较
在同等亮度下，每年所需电费	①总功耗=2×36×1000 =72（千瓦） ②电量=2×36×1000×10×365 =26.28（万千瓦·时） ③电费=26.28×0.7 =18.396（万元）	①总功耗=2×48×1000 =96（千瓦） ②电量=2×48×1000×10×365 =35.04（万千瓦·时） ③电费=35.04×0.7 =24.528（万元）	①每年可节约负荷=96–72 =24（千瓦） ②每年可节约电量=35.04–26.28 =8.76（万千瓦·时） ③每年可节省电费=24.528–18.396 =6.132（万元）
灯管支出（按两年支出计，电子两年一次，电感一年一次）	两年灯管支出=7.5×2×1000×1 =1.5（万元）	两年灯管支出=5×2×1000×2 =2（万元）	按两年计，节省灯管支出 0.5 万元，相当于每年节省 0.25 万元，每月节省 208 元
镇流器、启辉器的投资	65×1000=6.5（万元）	30×1000=3.00（万元）	电子比电感多投资 6.5–3=3.5（万元）
政府补贴	每支节能灯管，补助 5 元。 5×2×1000 =1（万元）	限制使用，逐步取消电感镇流器	

不考虑政府补贴和灯管节省，单从电费节省角度考虑，投资回收期为 3.5/6.132=0.570（年）=6.849（月），即不到 7 个月就可以收回投资；

如果考虑灯管节省开支，则投资回收期为3.5/(6.132+0.25)=0.548（年）=6.581（月），即回收期略有减小；

如果再考虑政府补贴，则效益更大，投资回收期为(3.5-1)/(6.132+0.25)=0.392（年）=4.701（月），即不到五个月就可以收回投资。

如果同节能服务公司合作，不必要考虑投资回收期，仅关心节约电费。每年可以节约电费6.132万元，即使将前两年节电效益的一半分给节能服务公司，商场在几年内可以节约电费支出几十万元。

【例6-6】 某大学通过镇流器改造取得良好经济效益。

某大学在一个改造项目中安装了20万支T8细管径36瓦荧光灯和10万只双管电子镇流器，节约电量720万千瓦•时，当地电价0.5元/（千瓦•时）；荧光灯价格7.5元/支，电子镇流器价格为65元/支，政府提供奖励金额为10元/支。试计算（1）不考虑政府奖励金情况下的效益；（2）考虑政府奖励金情况下的效益；（3）电价水平上浮和下调10%的情况下的效益。

计算过程如下：

总投资=20万支×7.5元/支+10万只双管×65元/支=800（万元）;

政府奖励金=10万只×10元/只=100（万元）;

年节约电费=720万千瓦·时×0.5元/（千瓦•时）=360（万元）;

电价上调10%情况下，年节约电费=720万千瓦•时×［0.5元/（千瓦·时）×1.1］= 396（万元）;

电价下调10%情况下，年节约电费=720万千瓦•时×［0.5元/（千瓦·时）×0.9］= 324（万元）。

投资回收期测算见表6-8。

表6-8 某大学节能照明改造项目在不同因素下的投资回收期

	电价上调10%	电价不变	电价下调10%
不考虑政府补贴	800/396=2.02年	800/360=2.22年	800/324=2.47年
考虑政府补贴	（800–100）/396=1.77年	（800–100）/360=1.94年	（800–100）/324=2.16年

由此可见，在大学搞照明设备的电力需求侧管理项目，效果也十分明显。电价越高，节能项目的效益越好，也就是越有必要开展DSM项目。当然，有政府补贴，投资回收期会缩短，但如果不考虑补贴，投资回收期也在2.5年以内，项目是可行的。

如果同节能服务公司合作，不必要考虑投资回收期，仅关心节约电费。每年可以节约电费支出300万～400万元，即使将前三年节电效益的一半分给节能服务公司，大学可以在几年内节约电费支出1000万元左右。

（二）空调

近年来随着社会经济的发展，人民生活水平的不断提高，空调拥有量不断增长。与此同时，随着第三产业的蓬勃发展，中央空调拥有量也在逐年增长。我国空调无论平均用能效率还是管理水平均与国际先进水平还有很大差距，空调负荷转移与节电有很大潜力。主要包括以下几点。

（1）使用高效节能空调。我国空调能效标准较低，各厂家为了争夺市场，降低成本，长期以来忽视了能效。根据我国家用空调能效比测试权威部门的报告，民用空调能效比低于 2.6 的占 28%，高于 3.0 的仅占 7.7%。而高效节能空调的能效比一般可达到 3.5，大大提高了空调的用电效率，与一般空调相比能效可提高 25%以上。

（2）推广蓄冷中央空调。蓄冷中央空调相对于常规中央空调增加一个蓄冷装置，它可以利用电网低谷电力储存冷量，于电网高峰时间释放冷量，不开或少开制冷机，从而转移高峰负荷，从而在不改变空调需求模式的条件下改变了空调的用电方式，是蓄冷空调用电工艺的一大贡献，成为移峰填谷的一个主要技术手段。而且蓄冷中央空调可以比常规空调系统每年节约运行费用 10%～30%。蓄冷技术的最终目的在于通过移峰填谷将用户在高峰用电期的用电负荷降下来，如果工厂需要对环境进行制冷或因为制冰机运行而产生较大的用电高峰，就应该使用蓄冷技术。这种技术的具体实用场合有：①牛奶场、啤酒厂（需要分批制冷）②商厦、体育馆、办公楼（供冷主要发生在白天）。对于旅馆、医院和工厂等负荷曲线较平的用电单位，蓄冷技术不太适用。

（3）调整商用空调温度。目前我国宾馆饭店以及商厦等场所在夏季空调温度一般设定在 24～25℃。适当调整温度，对舒适度的影响并不大，但却可以降低空调负荷。据有关资料介绍，空调温度提高 1℃，可降低负荷 5%以上。国家倡导夏季空调温度设定不低于 26℃，冬季温度设定不高于 18℃。

（4）加强对大型中央空调的设计、安装、运行管理。大型中央空调涉及到主机、水泵管理系统、末端装置、控制系统等多个装置，不仅需要各装置达到节能要求，更需要系统整体优化节能；而且应保持定期调整，才能保证系统在最优状态下运行。我国这方面潜力非常大。

【例 6-7】 某商场蓄冷系统。

某商场的空调供冷面积为 15000 米^2，在节能服务公司的指导下制定蓄冷系统方案。

设计日最高冷负荷为 2200 千瓦，日总负荷冷量为 21000 千瓦·时，设计日逐时冷负荷值如图 6-10 所示。

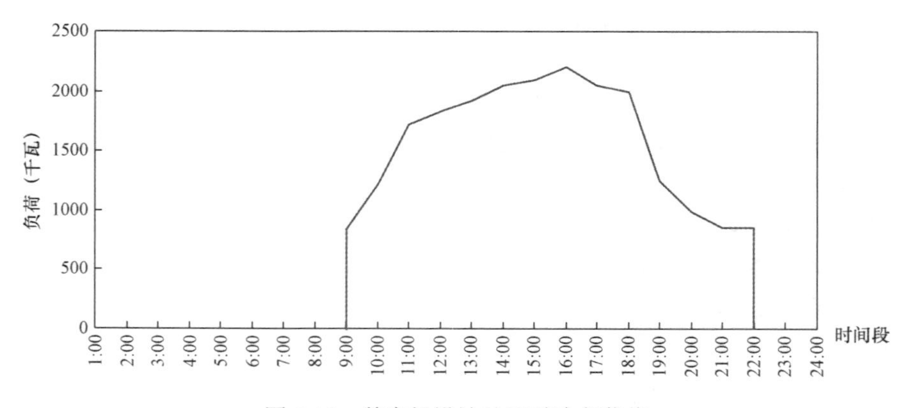

图 6-10 某商场设计日逐时冷负荷值

采用四台制冷量为 350 千瓦的双工况制冷机，蓄冰设备为两个蓄冰罐，总蓄冷量 1.2 万千瓦·时，蓄冷空调主要设备配置及费用如表 6-9 所示。

表 6-9　　蓄冷空调主要设备配置及费用

序号	设备名称	规格	数量	功率（千瓦）	总功率（千瓦）	费用（万元）
1	双工况螺杆机	100RT	4 台	90	360	154
2	冷却水泵	260 米 ^{3}/小时	4 台	15	60	15
3	冷却塔	260 米 ^{3}/小时	2 台	9	18	30
4	冷冻水泵	240 米 ^{3}/小时	4 台	11	44	7.5
5	初级乙二醇泵	350 米 ^{3}/小时	4 台	8	36	10
6	次级乙二醇泵	250 米 ^{3}/小时	4 台	10	40	10
7	乙二醇		21 吨			16.8
8	蓄冰装置					102
9	板式还热器	1250 千瓦	2 台			30
10	电子水处理器	260 米 ^{3}/小时	4			13.6
11	自动控制		1 套			34
	制冷合计				558	422.9

空调系统采用分量蓄冷策略，蓄冰优先工作模式。其中，分量蓄冷系统是指在夜间用低谷电制冷并储存，白天同时使用制冷机和夜间储存的冷量来满足空调负荷。这种蓄冷方式可以降低制冷机的容量，相应的可降低配电设备和用电配额，节约初始投资，同样也降低了运行费用；蓄冰优先是在空调负荷低于蓄冰容量时，先由融冰承担负荷，当空调负荷大于蓄冰容量时，再运行制冷机补足，制冷机在变负荷下运行。该工程的使用年限为 25 年，每年的使用时间为 5～9 月，大致 150 天。

蓄冷空调系统运行策略如表 6-10 所示，其中：①蓄冷（23:00～7:00）：制冷机按制冰工况运行，8 小时共向蓄冰设备蓄冷 11264 千瓦·时（100RT×3.52×4×8 小时=11264 千瓦·时）；②融冰供冷（9:00～22:00）：蓄冰设备融冰输出，按 830 千瓦稳定负荷输出，13 小时共输出冷量 10790 千瓦·时；③制冷机供冷（9:00～22:00）：制冷机变负荷运行，弥补不足的负荷，13 小时供冷量为 10210 千瓦·时。

表 6-10　　蓄冷空调的运行情况

时间	冷负荷（千瓦）	融冰供冷（千瓦）	机组供冷（千瓦）	蓄冷量（千瓦·时）
23:00～7:00	—	—	—	8×1408=11264
7:00～9:00	—	—	—	—
9:00～10:00	830	830	0	—
10:00～11:00	1220	830	390	—
11:00～12:00	1720	830	890	—
12:00～13:00	1830	830	1000	—
13:00～14:00	1920	830	1090	—
14:00～15:00	2050	830	1220	—
15:00～16:00	2090	830	1260	—

续表

时间	冷负荷（千瓦）	融冰供冷（千瓦）	机组供冷（千瓦）	蓄冷量（千瓦·时）
16:00～17:00	2200	830	1370	—
17:00～18:00	2050	830	1220	—
18:00～19:00	2000	830	1170	—
19:00～20:00	1250	830	420	—
20:00～21:00	990	830	160	—
21:00～22:00	850	830	20	
22:00～23:00	—	—	—	—
合计（千瓦·时）	21000	10790	10210	11264

商场所在地区为促进电力需求侧管理中节能技术的应用，对应用双蓄技术的电力用户实施峰谷分时电价的政策，如表 6-11 所示。

表 6-11　　商场实行电价表

项目	高峰	平段	谷段
	8:00～11:00、18:00～23:00	7:00～8:00、11:00～18:00	23:00～7:00
蓄冷电价［元/（千瓦·时）］	0.85	0.58	0.23
常规制冷电价［元/（千瓦·时）］	0.75		

1. 蓄冷空调的运行费用

由于空调负荷的大小与当地的室外气象参数密切相关，根据该地区的气象参数特点，在经济分析中制冷设备的运行费用以 100%负荷供冷的时间占空调供冷期的 20%，75%负荷供冷时间占 50%，50%负荷供冷时间占 20%，25%负荷供冷时间占 10%来计算，商场空调供冷期按 150 天考虑，制冷机制冰工况能效比为 4，制冷机空调工况能效比为 5。运行费用计算如下：

（1）100%负荷运行费用。蓄冷空调在 100%负荷下、设备在蓄冷和双供冷时的运行情况如表 6-12 所示。

表 6-12　　100%负荷情况下运转设备功率消耗情况表　　（单位：千瓦）

工况	主机	冷却水泵	冷却塔	冷冻水泵	初级乙二醇泵	次级乙二醇泵
蓄冰	360	60	18	0	36	0
双供冷	变负荷	60	18	44	36	40

供冷期为：20%×150=30 天。

蓄冰电费：蓄冰工况下，制冷机组、冷却水泵、冷却塔、初级乙二醇泵按工况运行，冷冻水泵和次级乙二醇泵不运行。蓄冰电费=各运行设备功率之和×蓄冰时间×谷段电价。

融冰供冷和空调供冷总电费：供冷时冷却水泵、冷却塔、冷冻水泵、初级乙二醇泵、初级乙二醇泵按工况运行，制冷机组按变动负荷运行。融冰供冷和空调供冷总电费=制冷机的电费+制冷时段辅助设备的运行电费，其中，制冷机的电费=［(高峰时段的供冷量÷空调工况能效比)×峰段电价］+［(平段的供冷量÷空调工况能效比)×平段电价］；制冷时段辅助设备的运行电费=各运行设备功率之和×[(峰段运行时间×峰段电价)+(平段运行时间×平段电价)]。

100%负荷日运行费用=蓄冰电费+融冰供冷和空调供冷总电费=蓄冰电费+制冷机的电费+制冷时段辅助设备的运行电费。

蓄冷空调100%负荷运行费用的运算过程如表6-13所示。

表6-13　　100%负荷下蓄冷空调的运行费用

费用项	运算过程
蓄冰电费	(360+60+18+36)×8×0.23=872.16(元)
制冷机的电费	2160÷5×0.85+8050÷5×0.585=1309.05(元)
制冷时段辅助设备运行电费	(60+18+44+36+40)×(6×0.85+7×0.58)=1813.68(元)
100%负荷日运行费用	872.16+1309.05+1813.68=3994.89(元)
100%负荷30天运行总费用	3994.89×30=11.98(万元)

(2)制冷设备在其他负荷下运行时，运行费用的计算原理与此相同，各中负荷下的日运行费及总费用计算结果如表6-14所示。

表6-14　　各种负荷下蓄冷空调的日运行费用及总费用表

		100%	75%	50%	25%	总计
日费用	蓄冰费用(元)	872.16	842.2323	755.164	532.058	—
	双供冷费用(元)	3114.68	2492.165	1972.5	1813.68	—
	合计(元)	3994.89	3334.397	2747.66	2345.74	—
天数(天)		30	75	30	15	150
总计(万元)		11.98	25.01	8.24	3.52	48.73

2. 常规空调的运行费用

(1)常规空调主要设备的选型。根据该商场空调供冷面积、供冷量以及设计日逐时冷负荷等数据，常规空调的主要设备及费用设计如表6-15所示。

表6-15　　常规空调的主要设备及费用

序号	设备名称	规格	数量	功率(千瓦)	总功率(千瓦)	费用(万元)
1	螺杆式冷水机	340RT	2	240	480	230
2	冷却水泵	500米^3/h	3(一备)	45	90	15
3	冷却塔	500米^3/h	2	25	50	42
4	冷却水泵	450米^3/h	3(一备)	40	80	8.1
5	电子水处理器	500米^3/h	2			14
6	自动控制		1套			26
	制冷合计				700	335.1

(2)100%负荷下空调的运行费用。制冷机空调工况能效比为5。由表6-10可知商场日用电量为21000千瓦·时，电费计算如表6-16所示。

表 6-16　　100%负荷下常规空调的运行费用

费用项目	运　算　过　程
制冷主机电费	21000÷5×0.75=3150.00 元
辅助设备电费	（90+50+80）×13×0.75=2145.00 元
100%负荷下空调的运行电费	3150.00+2145.00=5295.00 元

（3）其他负荷下常规空调的运行费用的计算原理与此相同，负荷在 1200 千瓦以下时，开一台机组和一套水泵即可，运行费用计算结果如表 6-17 所示。

表 6-17　　常规空调各负荷下的运行费用及总费用表

费　用　项　目		100%	75%	50%	25%	总计
日费用	制冷主机（元）	3150	2362.5	1575	787.5	—
	辅助设备（元）	2145	2145	2145	2145	—
	合计（元）	5295	4507.5	3720	2932.5	—
天数（天）		30	75	30	15	150
总计（万元）		15.89	33.81	11.16	4.40	65.25

3. 蓄冷空调与常规空调的对比

常规空调的设备总费用和年维修费用均低于蓄冷空调，但是使用年限较短（为 20 年，比蓄冷空调少五年），更为重要的是蓄冷空调的年支出费用低于常规空调。如果在项目期内每年的效益提取 70%给节能服务公司，商场每年可以节约支出 5 万元，项目合同结束后，每年节约的 16 万元均由商场享受。如表 6-18 所示。

表 6-18　　蓄冷空调和常规空调的各项指标比较

序号	指　　标	蓄冷空调	常规空调	蓄冷空调比常规空调
1	初投资（万元）	422.9	335.1	多 87.8
2	年运行费用（万元）	48.73	65.25	少 16.52
3	年维修费用（万元）	2.1	1.7	多 0.4
4	年费用支出总额（不含初投资）（万元）	50.83	66.95	少 16.12
5	使用年限（年）	25	20	多 5

注　年维修费取设备投资额的 5%。

（三）热泵

热泵技术是近年来在全世界备受关注的新能源技术。人们所熟悉的“泵”是一种可以提高位能的机械设备，比如水泵主要是将水从低位抽到高位。而“热泵”是一种能从自然界的空气、水或土壤中获取低品位热能，经过电力做功，提供可被人们所用的高品位热能的装置。它本身消耗一部分能量，把环境介质中贮存的能量加以挖掘，提高温位进行利用，而整个热泵装置所消耗的功仅为供热量的三分之一或更低，这也是热泵的节能特点。根据热泵机组的制热工况时取热的介质来进行热泵的分类，因此可以分为空气源热泵、水源热泵等几种形式。

热泵系统可供暖、空调，还可供生活热水，一机多用，一套系统可以替换原来的锅炉加空调的两套装置或系统；可应用于宾馆、商场、办公楼、学校等建筑，更适合于别墅住宅的采暖、空调。热泵系统与传统的供暖方式相比较，没有燃烧，没有排烟，也没有废弃物，不需要堆放燃料废物的场地，实现了零排放。除了上述的能量的来源，还可以利用大量的工业余热、废热，以及污水处理厂所生产的中水中的余热。因此，热泵系统可以花费少量的电能，来取得3～4倍的热量，使得运行费用得到大大降低。

由于大多数公用建筑（尤其是商业类建筑）冬季的热负荷要小于夏季冷负荷，而热泵机组的制热能力又大于制冷能力，如果仅仅选择热泵系统，就会导致冬季采暖时，热泵设备的闲置率会达到一半左右，因此，蓄能式热泵系统就应运而生。蓄能式热泵系统，就是将蓄能和热泵两项技术结合在一起，根据建筑物的冬夏季负荷的综合特点，进行全年统筹规划冷热源的系统。

蓄能式热泵系统在进行初投资时，就已经开始考虑节约成本了。一般而言，这种系统可以削减30%左右的热泵容量，因此也就相应减少了30%左右的配电容量。同时，由于主要考虑冬季的需求量，所以对于低位热源侧的需求量也会相应地减少。这些综合的考虑，使得在初投资上较常规的热泵系统都有一定的优势。尤其对于一些水源条件较差的地区，或者没有足够的区域来采用水源热泵技术的工程项目，往往可以通过这种方式得到了解决。在运行方面，尤其是水蓄能式热泵系统，在冬夏季的运行都采用了蓄能的方式，根据电力政策，峰谷电价差在运行期间得到了充分的利用，全年利用峰谷电价的时间可以达到240～280天，使得运行费用将较常规的热泵系统降低20%～30%，因此投资的效益会更大。

【例6-8】 某音像城热泵及蓄能技术应用。

（1）工程概况。某音像城总建筑面积1.26万米^2，是一个较大的音像制品批发基地。该大厦是在原有仓储市场的基础上改造完成，加装中央空调系统，每天运行10小时。夏季最大冷负荷为1260千瓦，冬季最大热负荷为1100千瓦。

（2）蓄能式热泵系统工程设计。从节约能源及运行费用考虑，冷热源决定采用水源热泵技术。由于当地水资源情况单井抽回灌水量均为60米^3/小时，水量较少，如采用常规的水源热泵技术需开采抽回灌井各两口。鉴于大厦每天运行时间仅为10小时，因此考虑采用水源热泵及蓄能技术相结合的方式，将每天机组和井水的运行时段增加到13～14小时，从而降低了对井水的瞬时需求。采用这样的结合方式，只需开采抽回灌井各一口，即可满足系统的需求。

当地为了促进电力需求侧管理工作的开展，对商业用户执行峰谷分时电价，在夏季7～9月还有尖峰电价，如表6-19所示。音像城根据当地电力政策，考虑到现执行的峰谷电价，利用蓄能技术，在夜间电力低谷时段向蓄能设备蓄得能量，并在日间电力高峰时段将夜间蓄得的能量释放出去，可以减少日间电力高峰时段热泵机组备的开机时间，从而降低运行费用。

表6-19　　音像城所在地区峰谷电价表

时　间		尖峰	高峰	平段	谷段
夏季7～9月	时间段	11:00～13:00 20:00～21:00	10:00～11:00 13:00～15:00 18:00～20:00	7:00～10:00 15:00～18:00 21:00～23:00	23:00～7:00
	电价［元/（千瓦·时）］	1.27	1.16	0.72	0.3

续表

时　间		尖峰	高峰	平段	谷段
其余月份	时间段		10:00～15:00 18:00～21:00	7:00～10:00 15:00～18:00 21:00～23:00	23:00～7:00
	电价 [元/（千瓦·时）]		1.16	0.72	0.3

该音像城夏季设计日24小时冷负荷、冬季设计日24小时热负荷曲线如图6-11、图6-12所示。

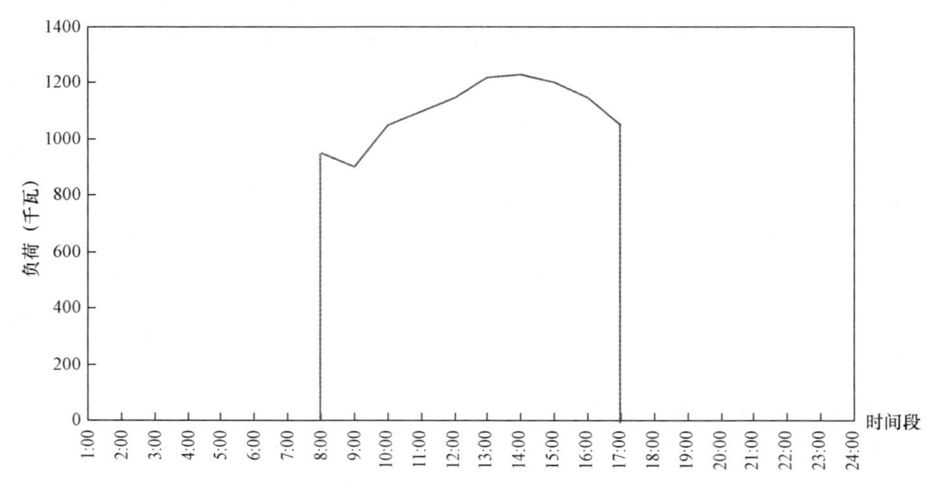

图6-11　夏季设计日24小时冷负荷图

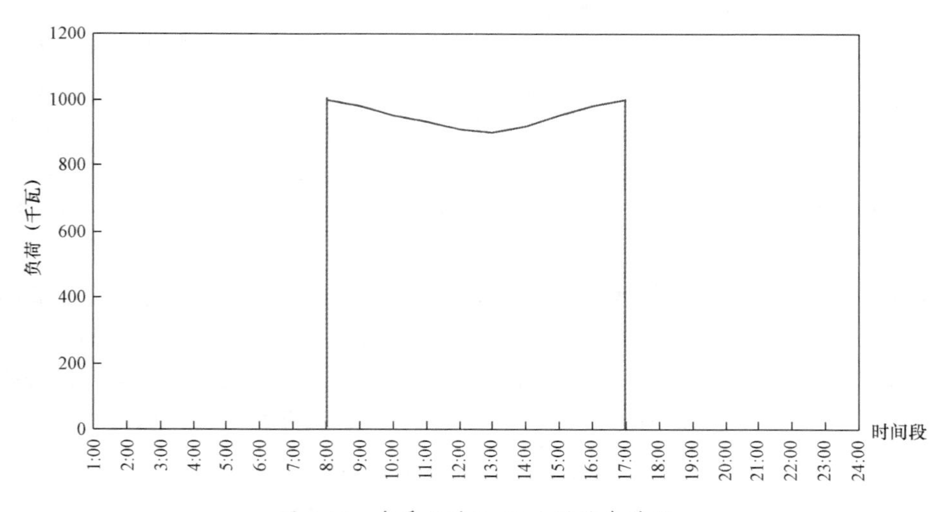

图6-12　冬季设计日24小时热负荷图

根据负荷情况，考虑仅使用一口出水井所能够提供的水量，即60吨/小时的水量，来满足水源热泵对于井水的需求。

选择一台制冷量为840千瓦、制热量为900千瓦的水源热泵机组，在冬夏季夜间电力低谷时段运行，向蓄能罐内蓄得能量，蓄能罐总装置容量为3020千瓦·时。日间电力高峰时段，首先由蓄能罐进行释放能量，在下午电力平段由主机直接进行供冷或供热。

负荷分配情况如图 6-13 所示。

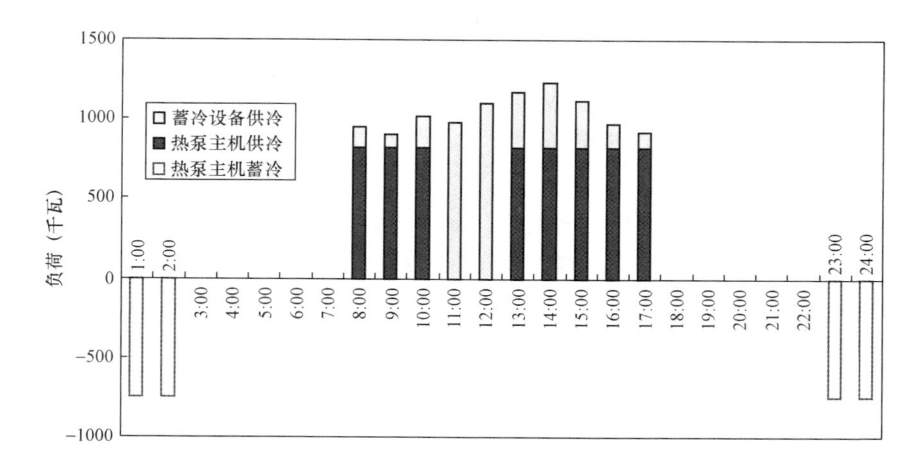

图 6-13　夏季设计日 24 小时设备负荷分配情况图

夏季夜间电力低谷时段热泵设备运行四小时，向蓄能罐内蓄得冷量。日间电力尖峰时段 11:00 ~ 13:00 时段，热泵主机停止运行，由蓄能罐直接提供冷量，其他时段由热泵主机提供冷量，由蓄能罐补充冷量。系统供回水温度为 7 ~ 14℃。

冬季夜间电力低谷时段热泵设备运行三小时，向蓄能罐内蓄得冷量。日间电力高峰时段 10:00 ~ 13:00 时段，热泵主机停止运行，由蓄能罐直接提供热量，其他时段由热泵主机提供热量，由蓄能罐补充热量。系统供回水温度为 4 ~ 47℃。

（3）工程实际运行情况。整个冬季运行费用为 5.8 万元，整个夏季运行费用为 3.8 万元。全年费用总和为 9.6 万元，折合单位平米费用为 7.62 元，比其他方式（如冷暖空调）节省很多电费。

第六节　其他用户参与电力需求侧管理的途径和方式

一般意义上，发电企业和电网企业属于生产和传输电能的企业，属于供应侧，但发电企业需要消耗厂用电，电网企业存在线路损失，也属于特殊的电力用户，也应作为普通用户在内部开展 DSM 项目。如何降低厂用电和线损，也是广义上的需求侧管理，是发电企业和电网企业需要考虑的问题。

一、电力企业

从用户的角度，电力企业参与电力需求侧管理需要从以下几个方面开展工作。

（一）从管理方面重视

1. 加强企业管理，降低厂用电和线路损失

有些电厂存在跑冒滴漏的情况，有些电网企业存在人情电、丢失电的情况，都存在节电的潜力。需要加强节能管理，建立健全管理体系，实施严格的考核，加强监督检查，加强宣传和培训，不断提高管理素质，提高操作水平，完善信息系统，提高自动控制水平等，分析

节电潜力，加强自身管理，不断降低电力需求和损耗。

在我国，中央电力企业在节能管理工作中取得了一些成功的经验。五大发电集团基本都开展了对标管理，实现公司内外同业对标的管理和差距及原因分析。两大电网公司结合本电网实际相继出台了线损管理细则和其他规章制度，已基本建立起综合性、系统性管理指标体系。各基层电网企业都制定了有效的线损指标考核管理办法，明确工作方向、管理范围、主要流程和考核方法；全面开展线损分压、分区、分线、分台区的“四分”管理工作，有效管理线损。

2. 跟踪节能节电技术，实行技术改造，加强节电技术的开发和推广

发电企业和电网企业的设备、流程也在不断推陈出新，电力企业需要不断跟踪先进的工艺和技术，通过技术经济分析比较，确定可参与需求侧管理项目的领域。在提高技术水平、提高竞争力的同时，促进厂用电率和线损率的下降。

发电企业可以采取的主要措施有：对老机组通流部分进行高效化改造；电动机系统推广使用变频技术降低厂用电率；对燃煤锅炉进行等离子体点火、少油点火等技术改造；汽轮机热力系统及疏水系统完善化改造，空气预热器及炉顶密封改造；辅机采用变频等技术，主要辅机采用变频、双速电动机、液力耦合器等调速技术，采用高效风机、高效给水泵等，减少厂用电；治理设备采用成熟可靠的炉内水处理技术，减少锅炉排污等。

电网企业可以采取的主要措施有：推广大截面导线；采用紧凑型线路、柔性输电技术、常规串联电容器补偿、可控串联电容器补偿和静止无功补偿等电力电子技术；在配电网采用卷铁芯变压器、非晶合金变压器、低能耗开关设备、节能金具等节能设备，推广单相配电技术等。提高线路的输送能力和系统稳定水平，改善系统无功补偿和电压质量，降低电网损耗。

（二）从技术方面落实

同其他用户一样，在照明设备、电动机、蓄冷空调等方面都可以开展 DSM 项目。除此以外，还有它们的特殊性，主要有以下几个方面。

1. 发电设备改造及优化运行

我国发电设备技术总体上与国外先进技术相比有一定差距，比如供电煤耗高、超超临界机组比重低等。发电企业可以通过技术创新、系统改造、设备治理、优化运行，进一步降低发电厂的能耗水平、提高经济效益。

1）在技术引进的基础上，努力开发技术先进、容量更大的超临界、超超临界压力机组、大型空冷机组，开发完善具有自主知识产权的集散控制系统（distributed control system，DCS），加强仿真系统的开发应用。

2）继续研究发电厂监控和优化运行、状态检修技术，提高电厂生产自动化水平和管理现代化水平。重点研究和推广机、电、炉一体化控制技术和厂级自动化系统；大力推广新型节能、节油技术如等离子无油点火技术；对大功率风机、泵类辅机采用变频调速技术改造，并采用高效率风机/水泵，减少厂用电耗。

3）对 20 万千瓦级和 30 万千瓦级火电动机组进行更新改造，降低煤耗，提高机组等效可用系数和调峰能力，合理延长机组寿命。

电厂风机、泵类等高压电机用电量大，占厂用电比重较大。很多电厂在电机变频改造方面存在较大潜力，且电机变频改造效果明显，节能改造的可行性较大。根据有关测算，通过

风机、水泵等设备的改造，可以降低厂用电率1.5个百分点。例如，2009年，某电厂对两台引风机和两台送风机实施斩波内馈调速节能改造后，实现年节电量700万千瓦·时、年经济效益200万元，投资回收期不到两年。2010年，某电厂对一台机组进行改造，安装了一台全容量汽动给水泵，促使机组厂用电率下降1.5个百分点左右，供电煤耗下降近1克标准煤/（千瓦·时），年经济效益400万元。某电厂在确保机组稳定运行的情况下，科学合理调整运行方式，增加了高峰时段的上网电量。由此看出，发电企业特别是老机组电厂存在很大的节能节电潜力。

【例6-9】 某电厂凝结水泵节电改造项目❶。

某电厂安装有两台国产临界60万千瓦直接空冷机组，机组凝结水系统所配的筒袋立式凝结水泵采用四级叶轮，其中首级为双吸叶轮，需要吸入净正压头为5.2米。2010年，在经过半年多的高温大负荷运行后发现一些问题：凝结水泵的设计裕量太大，加上机组常年负荷不高（负荷率只有70%），除氧器水位又采用常规的水位节流调整，造成泵经常在高节流的条件下运行，凝泵的运行效率低，凝结水系统节流损失大，厂用电率高。为了节能降耗，节约厂用电，企业决定对凝泵及凝结水系统进行节能优化改造。

首先对凝结水泵和凝结水系统进行了诊断测试。测试的主要项目有凝结水泵性能、凝结水泵管道系统阻力和凝结水热力系统综合参数。得出如下结论：①该泵本身的性能参数与原设计相近，属于正常运行老化，从泵的运行效率来看，节能潜力不大；②整个凝结水管阻压降集中在调整门上，调整门的节流损失太大，应设法减少调整门的节流损失；③凝结水泵在各个测试工况下，凝结泵所需扬程过高，需要将凝结水泵改小。

根据测试结果，结合电厂自身特点，对凝结水泵进行了技术改造，并安装了变频调速。经测试表明，改造后凝结水泵最高运行效率从83%提高到86%，每小时可以节电1000千瓦·时左右，按照年运行6000小时计算，总节电量为600万千瓦·时，按照0.3元/（千瓦·时）上网电价计算，总效益为180万元。

优化改造的总投资为250万元，回收期为17个月，不到一年半。

【例6-10】 某电厂风机变频改造项目❶。

某电厂总装机2×20万千瓦，使用大量6千伏电压等级的风机和水泵，每台机组有两台给水泵、两台循环水泵、两台凝结水泵、两台引风机和两台送风机，功率共计3.05万千瓦，风泵类电机用电占到厂用电的近70%，所以改进全厂6千伏高压电机，降低这些电机用电是降低厂用电率的有效途径。

该电厂在做了相关调查分析后，决定对部分风机进行变频节能改造，为积累经验，先选取了四台送风机进行变频改造。

改造前，锅炉的送风机长期处于运行状态，而机组负荷又多数在13万千瓦以上，这样就迫使两台风机的挡板开度只能维持在不足55%左右，大量的能量消耗在挡板上，使得系统的效率较低，能耗很大。改造后节能效果显著，主要有以下变化。

（1）电动机功率因数大大提高，可以在很宽的转速范围内保持较高的功率因数运行（20%以上转速时功率因数依然大于0.95）。

❶ 资料来源：第二届工业企业节电技术研讨会论文集，2008.

（2）可实现电动机的空载软启动，启动电流（小于额定电流的10%）和时间大为减少，避免了因很大的启动电流造成电动机绝缘老化及由于大电动力矩造成的机械冲击对电机寿命的影响，可减少电机的维护量，节约检修维护费用。

（3）变频调节的控制特性优越，其控制性能远远好于挡板调节，有利于实现系统的集散控制。

（4）采用变频调速后，挡板阀门全开，转速降低时使环境噪音影响得到很大改善。

改造后，四台送风机一年共节约用电量 1700 万千瓦·时，节电率高达 63%，按照上网电价 0.262 元/（千瓦·时）计算，一年可以节约成本 445 万元，收益相当可观，改造总投资大约 800 万元，改造费用只需两年就可以收回。

2. 电网规划与建设节能

（1）实施全国联网。电力资源的优化配置是我国节能的一项重大战略决策。在我国，实现联网送电效益主要表现在：错峰效益，通过错峰可以提高发电机组效率降低煤耗，同时降低输变电损耗、线损；水火互补效益，可以有效节约发电设备的投资，降低发电成本；互为备用效益，实现全国联网，能有效地减少旋转备用和事故备用的容量，从而减少发电设备的装机容量，降低发、供电成本，提高系统的安全可靠性。

为实现全国联网，要努力提高输电技术，研究输电领域相关理论。当前要做好的主要任务是：进一步研究提升特高压输电技术，进一步研究电力市场体制，为全国统一的电力市场做好准备，搞好输电网降损及提高输电能力的实用化技术研究。

（2）加强城乡电网建设与改造。十几年来，我国电网工程的投资落后于发电工程的投资，使得电网的增长明显低于发电和用电两端，成为电能从电厂输送到用户的“瓶颈”，“卡脖子”现象严重。在城乡电网中，配电网的投入更为不足，导致了城乡电网配电能力不足，满足不了经济发展和居民生活用电的要求，局部地区甚至出现线损率上升的现象。

据统计分析表明，用户供电可靠率低而线损率高的主要原因在配电网环节。因此我国城乡电网改造要突出以提高供电可靠性、降低配电网损为目标。具体措施为：进一步加强规划工作，科学地确定规划的技术原则，进行全面规划；简化电压等级，尽量减少变压层次，逐步提高配电电压等级，以有利于配电网的管理和经济运行；简化网络结构和采用新型配电设施，推广节能降耗效果明显的变压器、线路等；对于农村电网，要更新、改造高耗能变压器以及高耗能电动机，适当增装无功补偿设备，坚持“全面规划、合理布局、分散补偿、就地平衡”的原则。

3. 电网生产运行降损节能

电网线损率是电网企业的一项重要综合性技术经济指标，反应了电网的规划设计、生产技术和营销管理水平。目前我国的线损率与世界上发达国家相比还有一定距离，节电潜力较大，把不合理的电能损失减少到最小，使线损率达到先进水平，这是电网企业现代化管理的的核心内容之一。当前我国输、变、配、用电各环节的全部电能损耗率为 16%左右，其中用户部分的电能损耗占全部损耗的 50%左右，主网电能损耗占全部损耗的 30%以上。

（1）电力系统经济调度与经济运行。开展电网的经济调度，实现资源优化配置是全局性和战略性的问题。根据国外和国内调度经验，对于电力系统经济调度可以有一个大体的概念：经济负荷分配可节约燃料 0.5%～1.5%；经济组合的效益可达 1%～2.5%，网损修正效益可达

0.05%～0.5%，水火协调调度的经济效益高于火电系统经济负荷分配的效益。

当前，以能量管理系统（EMS）为基础的经济调度在我国逐步得到广泛的应用，主要针对发电和输电，重点用于大区级电网和省级电网。包含了数据采集与监视（SCADA）、自动发电控制（AGC）、发电计划等内容。随着我国电力工业体制改革的深入，电力市场初步形成，这样，就出现了电力市场环境下的经济调度，包含在电力市场技术支持系统中。

电网的经济运行是电力工业节能降耗的重要环节，主要措施包括：合理调整运行电压，使电压在允许偏差的范围内适度进行调整，达到降损效果；增加并列线路运行，环网开环运行，以达到电力线路经济运行的目的，减少输电损耗；提高变压器经济运行程度，减少变电损耗；调整负荷曲线和平衡三相负荷，以达到提高负荷率、削峰填谷的节电降损目的。

【例 6-11】 某电网公司配电变压器改造项目。

某电网公司 2010 年线损率为 7%，为进一步提高电能输送效率，降低输配线损率，推动电网侧节能减排，除加强节能管理和电网经济运行管理外，还在技术节能方面重点推广节能变压器。

该电网公司存在较多高耗能老旧 S7 型配电变压器，2011 年投资 1 亿元推广应用节能变压器，在经营范围内安装了 2000 台非晶合金变压器和 3500 台单相变压器，其中，单相变压器总容量 20 万千伏安，主要应用于居民生活用电，另外还包括一部分路灯和小商业用电。单相变压器容量类型主要是 50、80、100 千伏安；非晶合金变压器总容量 50 万千伏安。

据统计分析，该电网公司 2012 年线损率下降为 6.5%，3500 台单相变压器一年可节约电量 860 万千瓦·时，2000 台非晶合金变压器一年可节省电量 1200 万千瓦·时，此项目一年节约电量为 2060 万千瓦·时。按照 0.5 元/（千瓦·时）算，该项目一年减少 1030 万元的损失，无论是节能效果还是经济效益，都非常显著。

（2）紧凑型线路技术。我国在输配电线路方面不断应用新技术，在线路规划设计方面，应用紧凑型线路和大截面输电导线。紧凑型线路通过对导线的优化排列，缩小了相间距离，改善电磁环境，大大减少输电线路，节约输电线路成本，提高输电线路的有效利用率，大大降低输配电线路电能损失。

（3）电力系统无功补偿与无功优化。电力系统无功功率与电力系统电压水平有很大的关系，为了使电力系统各处的电压维持在允许的范围内，需要有无功功率的支撑。无功功率一般按就地平衡的原则，进行无功功率的优化运行可以降低系统有功功率网损。一个 100 万千瓦的电力系统，如果无功功率平衡得好，每年从相关发电厂、变电所、用户中节约的电能超过 1 亿千瓦·时，并且可以使这个系统中节约 2 万～3 万千瓦的发电机、变压器和输电设备的容量。实现电力系统无功功率经济运行的措施有：提高系统无功功率补偿能力；实现无功功率的合理平衡调度与自动控制；加强对用户的无功管理，严禁向电网倒送无功；加强无功功率、电压的管理。

2003 年以来，我国在无功自动补偿技术应用推广方面取得一定成果，从一定程度上保证了我国系统输电的质量，确保了我国电网的安全可靠运行，并带来一定的节能降损效益。

【例 6-12】 某电网企业无功补偿项目。

（1）项目背景。某电网企业的一回供电线路的无功补偿不足，功率因数较低，致使电网输电损失较大，不利于电网的安全稳定运行。为提高输电线路的电压质量，挖掘节电降损潜力，该企业根据系统负荷变化，科学调动各种调整手段，安装静止无功补偿成套装置，基本实现了无功的自动调整优化控制，各电压等级之间的无功串动大大减少，电压质量得到改善，电网运行经济性不断提高。

（2）项目改造效果。安装无功补偿装置前后数据对比如表 6-20 所示。安装无功补偿设备后，输电线路运行的安全性、可靠性和经济性得到提高。主要体现在以下几个方面。

表 6-20　　安装无功补偿装置前后数据对比

项目	功率因数	平均电压	配输送能力	线损率（%）
补偿前	0.82			12.6
补偿后	0.92	提高 0.2 千伏	增加 12%	10.8

1）线损率由 12.6%降低到 10.8%，此线路年输送电量约 1100 万千瓦·时，安装无功补偿装置后，输电线路每年少损失电量 28.6 万千瓦·时。

2）提高设备和线路负载能力 12%。安装无功补偿装置后，极大地提高了设备的负载能力，原来只能带七眼机井，并且不能同时运行，现在可以同时开十眼机井，可减少电网投资 8.4 万元。

3）功率因数大大提高。由补偿前的 0.82 提高到补偿后的 0.92，大大提高了电网的输电效率和运行的安全性。

（3）成本效益分析。由前述可知，补偿装置的安装使得每年减少电能损失，电价以 0.563 元/（千瓦·时）计算，年节约电费为16.1万元。另外，由于提高线路输送能力，使得减少电网投资 8.4 万元。

该项目总投资约 40.5 万元，投资回收期为（40.5-8.4）/16.1=1.99（年），只需要两年时间即可收回投资。

二、农业用户

在我国广大农村，尤其是北方地区，农业用户用电的很大部分是灌溉用电，2013 年，我国排灌用电 405 亿千瓦•时，占第一产业用电量的 40%左右。我国农业用户参与电力需求侧管理的领域主要是排灌用电。水泵的节电是农业用户节电的主要潜力之一。因此农业用户参与电力需求侧管理的途径主要是，针对峰谷分时电价，合理安排灌溉的时间；更换高效的电水泵；对农用电动机采取就地无功补偿提高经济效益。美国加州在电力危机期间，电力需求侧管理采取的措施之一就包括改造农业水泵，主要是采用无功就地补偿技术。

目前我国农村电力排灌系统普遍存在功率因数低、无功损耗大及电能浪费严重的情况。电力排灌的作用：一是在多雨年景或暴雨期间排除多余积水；二是在干旱年景或作物需水期间用来灌溉田地。目前，我国农田排灌除少数地区有自流灌溉外，大部分地区均依靠机电排灌。凡电力网覆盖的农村，电力排灌发展都很快。由于农村电力排灌的迅速发展，农用排灌电耗显著增加。根据有关资料，在排灌季节耗电量一般占农村用电量的 15%～25%，并造成排灌期电网高峰负荷。而非排灌季节，又因电力排灌系统效率降低，增加了能量损失。相关调查发现，农村配电网里的农用电力排灌设备由于点多、线路长、面广、负荷需求季节性强，以及现存的“大马拉小车”等多种因素，使得自然功率因数很低，有的甚至低于 0.4。所以，为了降低线路无功损耗，节约电能，改善农用排灌电机运行条件，提高变压器和电动机的负荷系数，使电动机处于经济运行状态，挖掘农村用电潜力，提高经济效益，对农用电动机可采用无功就地补偿技术。用户可减少电费开支，降低电力排灌成本；提高变压器和电网的输出能力，在不需申请增加用电容量的情况下，可适当增加用电负荷，可挖掘农村供用电设备的潜力，缓解电力供应紧张局面；提高电网供电质量，改善排灌设备的工作特性和输出力矩等，是一种有效的节电措施。

由于农业排灌电动机种类繁多，额定功率大小不一，如果一一计算其节电量工作量太大，也无必要。根据有关资料总结得出经验数据，一般电动机采用无功就地补偿技术的综合节电率为10%～22%，取平均值17%。一般情形下，应用无功就地补偿技术后，电动机功率因数可以提高到 0.9 以上，节电效果明显。安装无功就地补偿器价格为约 80 元/千乏。假设农用电动机无功补偿前的功率因数为 0.70～0.85，补偿后的功率因数为 0.95，则排灌电动机需安装 0.3～0.7 千乏/千瓦的补偿器，取平均值 0.5 千乏/千瓦。由于安装很简单，无需安装费用，每千瓦电动机所需技改费为 0.5×80=40（元），而降低电动机负荷每千瓦直接成本为 40÷17%=235（元）。并且在大部分地区，农用排灌电力也实行峰谷电价，可以尽量安排在低谷电价时段进行排灌作业。

我国北方地区一般春灌时间在 3、4、5 月份，排涝时间在 6、7、8、9 月份，冬灌时间在 10、11 月份。总排灌时间一般不超过 1500 小时。在灌溉旺季采用无功就地补偿器的排灌电动机昼夜运行。每年的总排灌时间为 1500 小时，而一般无功就地补偿器的寿命为 10 年。

通过对农业排灌电动机采用无功就地补偿技术的经济效益指标分析表明，农户采用该技术有利可图，该技术在寿命期内很短的时间便可收回投资，农户在一年以内获得投资净效益。并且采用该技术一本多利，投资越大，其经济效果越好。实际上采用该技术还可给社会带来相当可观的经济、资源及环境效益。

第七节　案　例　分　析

普通用户、电力企业都存在改造变压器、无功补偿装置的情况，本节以变压器、无功补偿的改造为例进行介绍。

一、变压器的改造

1. 变压器改造的历程

变压器是电力系统中重要的电器设备之一，在电力系统中，电能的输送和分配以及各种设备的电能利用，都要通过变压器改变电压来实现。变压器在传输电能过程中必定产生损耗。变压器的损耗主要来自铁芯的空载损耗（铁损）和绕组的负载损耗（铜损），这两个损耗值是衡量变压器是否为节能系列产品的主要依据。变压器是重要耗能设备，挖掘其节能潜力十分必要。同时，由于老、旧配电变压器的拥有量大，替换它们可以促进企业自身的节能降耗，带来经济效益。

在政策方面，政府已经出台淘汰高耗能 S7/SL7 系列配电变压器的政策，并成功实施了对 S9 系列配电变压器的推广应用，相继开发了非晶合金变压器、S11 系列变压器等高效变压器；在标准方面，为了大力推动配电变压器的节能，在国家发展改革委与国家电网公司等的倡议下，2004 年国家有关部门相继制定了《配电变压器能效及技术经济评价导则》的电力行业标准以及强制性国家标准《三相配电变压器能效限定值及节能评价值》(GB 20052—2006)。

随着经济的发展及科学技术的进步，新型、低损耗节能变压器相继开发并得到应用。近十多年来，国内许多变压器制造厂引进先进的制造技术和设备，迅速发展了全封闭式变压器、环氧树脂干式变压器、组合式变电站，提高了我国变压器技术水平。这些新型变压器采用了新材料、新工艺和新技术，在节能效果、安全可靠性、免维护等方面都表现了优良的性能。随着时代的前进，企业的发展，能源的日趋紧张，节能型变压器的应用显得尤为重要。目前主要的节能变压器类型有S11、S12、S13系列配电变压器、干式配电变压器、非晶合金变压器、单相绕组铁芯配电变压器、有载调压配电变压器、箱式变压器等。其中，S11系列变压器的使用范围广，性能水平优于S9系列变压器，节约能源，且经济指标适中，与S9系列变压器水平相比，空载损耗平均水平低30%，空载电流平均下降70%，且技术成熟，可大量使用。目前，S12、S13系列变压器也投入使用，指标更优，选用该系列变压器的节电率会更高。

干式配电变压器具有机构简单、维护方便、阻燃、防尘等特点，被广泛应用在对安全运行有较高要求的场合，环氧树脂干式变压器在国内取得了很大的发展，SC（B）9系列的损耗比老式产品大大降低，具体讲，SC（B）9系列比SC（B）8系列干式变压器空载损耗和负载损耗平均可降低10%左右；SC（B）10型节能变压器系列又比SC（B）9系列空载损耗平均降低11%，负载损耗平均降低5.5%，变压器噪声水平也有明显降低。我国和欧洲多使用这一类型干式变压器。

非晶合金配电变压器是一种用非晶合金材料代替冷轧硅钢片做成的变压器，目前，非晶超微晶软磁合金材料已制成各种各样磁性器件代替硅钢、铁氧体和坡莫合金等应用于电力工业、电子工业及电力电子技术领域。非晶合金变压器的总拥有成本（TOC）低于SC（B）9型变压器10%。且随着非晶变压器生产规模的扩大和电价的上涨，非晶变压器将获得更低的TOC值。

单相绕组铁芯配电变压器在许多发达国家，例如美国，已被应用于低压配电的单相三线制系统中，对降低低压配电损耗意义重大。由于单相变压器可以直接安装在用电负荷中心，缩短了供电半径，改善了电压质量，降低了低压线损损耗，用户低压线损的投资也大大降低。而使用单相绕组铁芯变压器对供电质量如电压降、高次谐波都有明显的改善。此种变压器与同容量的三相变压器相比，空载损耗和负载损耗小，特别适用于小负荷分布分散且无三相负荷区域。

有载调压配电变压器是一种在变压器不切断负荷的情况下，通过变压器上配置的有载调压开关，就可以调节变压器的一次绕组，从而使二次输出电压保持稳定的配电变压器。由于配电变压器最靠近负荷，当电网电压和用电负荷波动较大时，出口电压保持稳定显得尤为重要。在这种情况下，可通过变压器的分接开关，在带负荷情况下自动调压，保障配电变压器和低压负荷运行在最佳工况，从而显著降低配变及低压线路的损耗，并延长低压用电设备的运行寿命，提高用电设备运行效率，节能效果较为显著。

箱式变压器广泛应用在城市电网建设中，具有智能化、小型化、防火等功能，是最经济、方便、有效的设备之一。

最近几年来，我国变压器主要通过发展导磁材料（硅钢片）、导电材料（无氧铜导线或铜箔）、变压器结构及工艺等方面的技术来降低变压器的损耗。目前，用于铁芯材料的硅钢片普遍厚度为0.23～0.30毫米，未来将使用更加薄的硅钢片，0.18毫米厚的硅钢片已经开始被应用。非晶材料的发展，也促进了节能变压器的不断发展和进步，节能效果更加明显。

2. 节能变压器的技术经济分析

下面以 S11-MR-400/10 型配电变压器与 S9-M-400/10 型配电变压器经济性对比为例，来分析节能变压器的节能效果。S11 型变压器的空载损耗比 S9 型空载损耗低 30%以上，空载电流也大幅度降低，而负载损耗与 S9 型相当，特别适用于高峰负荷时间短的农村配网和居民用户。这两种变压器的相关参数如表 6-21 所示。

表 6-21　　S11 型和 S9 型配电变压器的相关参数

序号	额定容量（千伏安）	空载损耗（瓦）		负载损耗（瓦）		空载电流（%）		阻抗电压（%）	
		S11	S9	S11	S9	S11	S9	S11	S9
1	30	100	130	600	600	0.4	2.1	4.0	4.0
2	50	130	170	870	870	0.4	2.0	4.0	4.0
3	80	180	250	1250	1250	0.3	1.8	4.0	4.0
4	100	200	290	1500	1500	0.3	1.6	4.0	4.0
5	125	240	340	1800	1800	0.3	1.5	4.0	4.0
6	160	280	400	2200	2200	0.3	1.4	4.0	4.0
7	200	340	480	2600	2600	0.3	1.3	4.0	4.0
8	250	400	560	3050	3050	0.3	1.2	4.0	4.0
9	315	480	670	3650	3650	0.3	1.1	4.0	4.0
10	400	560	800	4300	4300	0.3	1.0	4.0	4.0
11	500	680	960	5100	5100	0.3	1.0	4.0	4.0
12	630	810	1200	6200	6200	0.2	0.9	4.5	4.5
13	800	980	1400	7500	7500	0.2	0.8	4.5	4.5
14	1000	1150	1700	10300	10300	0.2	0.8	4.5	4.5
15	1250	1360	1950	12000	12800	0.2	0.6	4.5	4.5
16	1600	1640	2400	14500	14500	0.2	0.6	4.5	4.5

（1）运行成本分析。变压器年运行电量电费计算公式如式（6-1）和式（6-2）。

$$W = 8600\times(P_0 + 0.05\times I_0 \times S_N /100) + 2200\times(P_k + 0.05\times U_k \times S_N /100) \quad (6\text{-}1)$$

$$C = W \times P \quad (6\text{-}2)$$

式中　W——变压器年运行耗电量，千瓦·时；
C——变压器年运行耗电费用，元；
P_0——空载损耗，千瓦；
P_k——负载损耗，千瓦；
S_N——额定容量，千伏安；
U_k——阻抗电压百分数，%；
I_0——空载电流百分数，%；
P——电价，元/（千瓦·时）；

变压器的全年空载、等效满载小时数分别按照 8600 和 2200 小时考虑，利用式（6-1）和式

（6-2）对额定容量为400千伏安的S11型和S9型配电变压器的运行情况进行对比，分析如下。

400千伏安容量S11型配电变压器的年耗电量为：

$$W_{S11}=8600\times（0.565+0.05\times0.7\times400/100）+2200\times（4.3+0.05\times4.0\times400/100）=17283（千瓦·时）$$

400千伏安容量S9型配电变压器的年耗电量为：

$$W_{S9}=8600\times（0.8+0.05\times1.0\times400/100）+2200\times（4.3+0.05\times4.0\times400/100）=19820（千瓦·时）$$

按电价0.5元/（千瓦·时）考虑，S11型配电变压器的年耗电费为：

$$C_{S11}=17283\times0.5=8642（元）$$

S9型配电变压器的年耗电费为：

$$C_{S9}=19820\times0.5=9910（元）$$

两者年运行成本相差：$\Delta C\%=\dfrac{|C_{S11}-C_{S9}|}{C_{S9}}=12.80\%$

用相同方法分别对其他容量的S11型及S9型变压器产品的年运行成本进行对比测算，结果如表6-22所示。

表6-22　　S11与S9配电变压器年运行成本比较

额定容量（千伏安）	年运行成本（元）		下降百分数（%）
	S9型	S11型	
30	1420	1246	12.26
50	2013	1755	12.82
80	2936	2493	15.09
100	3461	2945	14.91
125	4120	3534	14.22
160	4974	4243	14.70
200	5923	5085	14.16
250	6958	6034	13.29
315	8334	7292	12.50
400	9910	8642	12.80
500	11913	10365	12.99
630	14758	12653	14.26
800	17626	15476	12.20
1000	22835	19847	13.09
1250	27171	23507	13.49
1600	32294	28381	12.12
平均降低			13.11

从表 6-22 可以看出，S11 型产品与 S9 型产品相比，年运行成本平均降低 13.11%。可以看出，单纯从变压器运行成本（未考虑负载率）来看，S11 型比 S9 型配电变压器的经济性好。

（2）新购买 S11 型配电变压器投资回收期的测算。以 400 千伏安配电变压器为例，根据上面的计算，S11 型配电变压器相对于 S9 型配电变压器的年节电量为 2537 千瓦·时（$|W_{S11}-W_{S9}|=|17283-19820|=2537$），折合每千伏安节电量为 6.34 千瓦·时（2573/400=6.34），按照电价 0.5 元/（千瓦·时）计算，年节省电费为 3.17 元，S11 型与 S9 型配电变压器的单位价差约为 4.94 元/（千伏安·年），则 400 千伏安的 S11 型配电变压器相对于 S9 型配电变压器的投资回收期为 1.56 年（4.94/3.17=1.56）。参照表 6-21 的损耗水平，对每种容量的配电变压器进行计算，可得节电效益如表 6-23 所示。

表 6-23　S11 型配电变压器相对于 S9 型配电变压器的节能情况和投资回收期测算表

额定容量（千伏安）	节电量［千瓦·时/（千伏安·年）］	节省电费［千瓦·时/（千伏安·年）］	S11 与 S9 价差［元/（千伏安·年）］	回收时间（年）
50	10.32	5.16	12.30	2.38
80	11.07	5.54	8.58	1.55
100	10.32	5.16	8.49	1.65
125	9.37	4.69	6.23	1.33
160	9.14	4.57	8.72	1.91
200	8.39	4.19	6.96	1.66
250	7.40	3.70	5.96	1.61
315	6.61	3.31	5.98	1.81
400	6.34	3.17	4.94	1.56
500	6.19	3.10	4.32	1.40
630	6.68	3.34	4.00	1.20
800	5.38	2.69	3.94	1.47
1000	5.98	2.99	3.42	1.14
1250	5.86	2.93	2.24	0.76
1600	4.89	2.45	3.29	1.35

注　该价差根据 2002 年生产 S11-M 型的 5 家中标厂家的单位千伏安平均价格与生产 S9-M 型的 10 家中标厂家的单位千伏安平均价格之差。

依照表 6-23 可知，相对于 S9-M 型而言，使用 S11-M 型配电变压器所增加的投资一般可在两年之内收回。上述的比较只基于直接效益，由节能带来的间接效益将更大。因此，新采购配电变压器时，宜采购 S11 型、S12 型或者 S13 型。

二、无功补偿装置的改造流程

无功补偿装置的配置可以根据如下的步骤进行。

1. 明确无功补偿基本原则[10]

进行无功补偿一定要明确无功补偿原则，才能对设备的补偿达到合理配置和最优化补偿，进而才能保证电网和设备的安全、稳定、经济运行。根据电力系统和设备的特点和要求，进行无功补偿时应注意的基本原则为：

（1）分区就地平衡，即 110 千伏及以下配电系统无功功率就地平衡。实施分散就地补偿与变电站集中补偿相结合，以分散补偿为主；电网补偿与用户补偿相结合，以用户补偿为主；高压补偿与低压补偿相结合，以低压补偿为主；降损与调压相结合，以降损为主。

（2）各电压等级的变电站应合理配置适当规模、典型的无功补偿装置，根据设计计算，确定装设无功补偿装置的容量。所装设的无功补偿装置应不引起系统谐波明显放大，避免大量无功功率穿越变压器，主变压器最大负荷时，一次侧功率因数应不低于 0.95，无功补偿装置容量按主变压器容量的 10%～30%配置。

（3）在大量使用电缆的场合，应在不同电压等级、分散配置适当容量的感性无功补偿装置，每台变压器的感性容量不宜大于主变压器容量的 20%。

（4）并联电容器组及并联电抗器宜采用自动投切方式。

（5）变电所主变压器高压侧应具备双向有功功率及无功功率等参数的采集和测量功能。

（6）公用电网的无功补偿以公共配电变压器低压侧集中补偿为主，按公用变压器最大负荷率为 75%，自然功率因数为 0.8，补偿到功率因数达 0.95 以上，一般按公用变压器容量的 20%～40%进行配置。

（7）公用变压器电容器组应装设以电压为约束条件，按变压器无功功率（或电流）进行自动投切的控制装置。

（8）电力用户应根据其负荷性质采取适当的补偿方式和补偿容量进行无功补偿，以保证在高峰负荷时尽量不从系统吸收无功功率、低谷负荷时变压器一次侧功率因数宜达到 0.95 以上。

（9）电力用户补偿容量的配置应达到以下要求：100 千伏安及以上高压供电的电力用户，高功率负荷时变压器一次侧功率因数宜达到 0.95 以上；其他电力用户功率因数宜达到 0.90 以上。

（10）电力用户的无功补偿应根据其负荷变化及时投切按无功功率（无功电流）和电压控制的电容器组，并有防止向系统倒送无功功率的措施。

2. 确定无功电源和无功负荷

要合理的进行无功补偿，必须清楚无功电源、无功负荷的组成及产生，并能正确估算其大小，然后才能做到根据不同运行方式、不同需求正确配置补偿容量及补偿方式，以便电力系统或用户获得最好的电能质量及最大的经济效益。

（1）无功电源。在电网系统中，发电机和输电线路是很重要的无功补偿电源，需求侧通常能碰到的无功电源为输电线路（含电缆线路）、并联电容器、无功静止补偿装置、同步电动机等。其中，同步发电机既是有功电源，又是无功的主要电源。一般中小型发电机的额定功率因数为 0.80～0.85，如果发电机的有功输出未满载，在保证发电机的电压为额定电压，并且定转子电流不超过额定值的条件下，发电机的无功出力还可以适当增加。

输电线路的充电功率是由运行中的输电线路产生的电容电流引起的充电功率，它影响沿线路各点的电压、输电功率和输电因数。因此，用户在分析内部运行情况时，必须计算线路的电容和充电功率。

并联电容器（又称移相电容器）是一种无功电源，其主要用途是补偿电网中感性负荷需要的无功，提高网络的功率因数，并兼有调压的辅助作用。并联电容器由于具有设备简单、安装和维护方便、本身损耗低、节电效果显著等优点，在电力网的无功补偿中得到广泛的应用。

同期调相机实质上是空载运行的同步电动机，既是一种专用的无功功率发电机，它不带任何机械负载，仅从电网上吸收少量的有功功率以供给本身的损耗。调相机的主要用途是发出无功功率，提高电网功率因数，改善电压质量，提高电力系统运行的稳定性。由于调相机容量较大，只能集中使用，一般装于大型的枢纽变电站内。

无功静止补偿装置（静止补偿器）是一种技术先进、调节性能好的动态无功补偿设备。主要由并联电容器组、可调饱和电抗器以及检测与控制系统三部分组成。静止补偿器兼有电容器和调相机二者的优点，既可以发出容性无功功率，又可以消耗容性无功功率；既可以补偿电压偏移，又可以调节电压波动。它的突出优点是反应快，可以在几个周波内快速完成调节，保持网络电压稳定，增强系统的稳定性。

（2）无功负荷。电力系统中的无功负荷主要有电动机、变压器和线路产生。其中，异步电动机的无功功率的损耗主要有两部分，一部分是建立旋转磁场所需要的空载无功功率，另一部分是带负荷时在绕组漏抗中消耗的无功功率。双绕组变压器的无功功率损耗也分为两部分，激磁无功功率损耗与漏磁无功功率，计算时应分别计算，然后求总无功。

3. 确定无功补偿容量

无功补偿容量的确定可从提高功率因数、降低损耗、提高运行电压水平等方面综合考虑。因此，在确定无功补偿容量时，应首先确定补偿的目标，设定预期功率因数的大小、降损的效益以及对运行电压的调整等，然后根据电网或用户的自身特点及情况，找出主要问题，确定合理或最优的无功补偿容量。

4. 合理配置无功设备

根据前面确定最优补偿容量，结合各种无功电源的特点以及电力系统和用户的要求，配置合理的无功补偿设备。

5. 实时跟踪无功补偿效果

电网企业在进行无功补偿后，要实时跟踪无功补偿效果，监测电力设备运行的安全性、稳定性和经济性，看是否达到预期的目标，并在相关分析的基础上给予改进。

本章参考文献

[1] 刘军，张步涵．胜利油田对 IRP/电力需求侧管理的再认识．电力需求侧管理，2001，(3)．

[2] 范奎芳，孙纯祥，李恒中．施行峰谷分时电价提高企业经济效益．电力需求侧管理，2001，(3)．

[3] Howard Wolfman．PE 高效能照明．需求侧管理培训研讨会．中国南京，2000.10.23～10.27．

[4] 中国节能协会节能服务服务产业委员会网站．http://www.emca.cn/．

[5] 杨志荣．能源/电力要与经济和环境协调发展．电力需求侧管理杂志，2001，3（4）．

[6] 中国电力企业联合会．中国电力工业统计数据资料汇编．

[7] 河北省电力需求侧管理综合网网站．http://www.hbdsm.com/．

[8] 杨志荣，劳德容．需求方管理（DSM）及其应用．北京：中国电力出版社，1999.
[9] 亚洲和泰国电力需求侧管理与市场转型．需求侧管理培训研讨会．中国南京．2000.10.23～10.27.
[10] 国家能源办，国家电网公司，国网北京经济技术研究院．我国电力工业节能调研及政策措施研究，2007.
[11] 赵全乐．线损管理知识1000问．北京：中国电力出版社，2006.
[12] 国家电网公司电力需求侧管理指导中心．电力需求侧管理使用技术．北京：中国电力出版社，2005.

第七章

电力需求侧管理的发展前景

第一节　电力需求侧管理的发展

DSM从提出至今三十多年，在电力行业节约能源、减排污染物方面发挥了重要作用。在当前能源资源、气候环境约束成为经济发展的瓶颈，电力体制改革正逐步推进的新形势下，DSM的研究和实施面临新的环境，需要新的评价标准、新的激励机制和新的实施措施，电力需求侧管理将随着电力体制改革的推进而不断发展。

一、电力市场化改革与电力需求侧管理

1. 电力市场化改革是电力工业发展的必然趋势

从20世纪80年代后期以来，在世界范围内开始了电力工业改革的浪潮，电力工业改革的目的是打破垄断、开放市场、引入竞争、提高效率。

电力市场在充分竞争的环境下，是电力的买方和卖方相互作用以决定其价和量的过程。具体来讲，电力市场是采用经济等手段，本着公平竞争、自愿互利的原则，对电力系统中发电、输电、配电、用户等各成员组织协调运行的管理机制和执行系统的总和。

如图7-1所示，表示了电力市场的主要组成部分[1]。发电厂商（generator，用G表示）、发电市场（power market，PM）形成了市场的供给主体；用户（demand-side，用D表示）及零售商（retailor，用R表示）构成了市场的需求主体。而电力市场的输电环节（transmission，用T表示）又包括五个部分：独立系统调度机构（independent system operator，ISO）、输电设备所有者（transmission owner，TO）、电能交易机构（power exchange，PX）、交易协调商（scheduler coordinator，SC），辅助服务商（ancillary service，AS）。

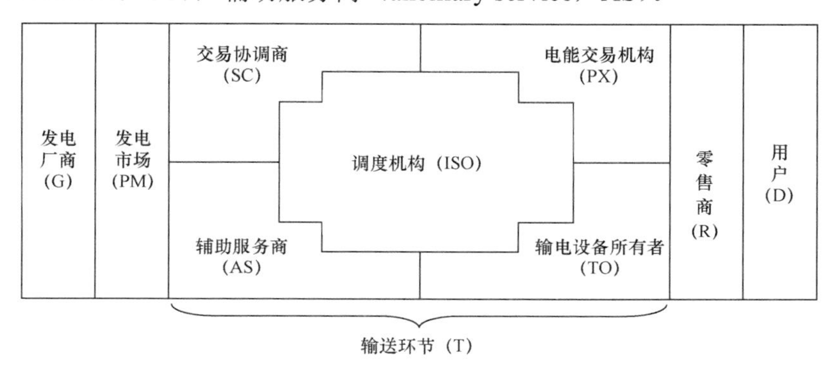

图7-1　电力市场的组成结构图

（1）独立系统调度机构。ISO 调度输电网络的资源并对所有输电用户提供服务。对 ISO 的基本要求是不从电力市场中盈利。ISO 的职责和权力在不同的市场模式中大不相同，主要有：制定运行规则/运行方式；实施调度；对电力系统进行控制与监测；在线电网安全分析；市场行政管理。

（2）输电设备所有者。电网开放的前提是输电设备的所有者对输电系统的用户（包括发电厂商及电能用户）在准入和运用输电设备方面应平等对待，避免歧视。

（3）电能交易机构。PX 的基本功能是针对未来市场对电能的供求双方提供一个交易的场所。市场的周期可能是 1 小时到几个月。最常见的形式是一天前的市场，即在每个运行日的前一天进行电能交易。根据市场的设计，一天前的市场可辅以较长周期的市场或小时前的市场。小时前的市场为运行前 1～2 个小时的电能交易提供可能。但是 PX 的最基本的功能是作为电能供需双方竞争的市场（POOL），并形成市场出清价（market clear price，MCP），然后 MCP 就成为未来市场结算的依据。

（4）交易协调商。SC 是一个把电能供求双方的计划结合在一起的中间商，但不必遵守 PX 的规则。有些市场模式中要求把电能协调限制在中央市场（POOL）之中而不允许其他 SC 进行操作，例如英格兰电力市场就是这样。在有些电力市场模式中可能不存在中央市场（POOL）或者管制的交易机构，电能协调是用一种分散方式进行。在很多新的电力市场结构中，SC 是一个重要组成部分。

（5）辅助服务商。AS 为电力系统可靠运行提供所需的服务，主要是为输电系统安全可靠运行提供有功备用和无功电源。根据市场结构，辅助服务商可以在 PX 或 ISO 进行交易。辅助服务可以捆绑方式提供，也可分别按菜单提供。调节备用、旋转备用和补充运行备用（非旋转备用）等辅助服务可以由用户自己提供。

以上五个电力市场的组成部分在某些电力市场中不一定出现，在某些情况下可能会少一两个组成部分，在另一些情况下，两个或几个组成部分可能合成为一个复合的组成部分，但是，其相应的职能是不可缺少的。例如挪威将 ISO 和 TO 结合在一起，而英格兰将 ISO/TO 和 PX 结合成为国家电网公司。起初美国加利福尼亚州的电力市场结构是将以上五个部分全部分开，但是联邦能源管理委员会（FERC）在 2000 年的 Order No.2000 中要求各地区成立 PX、ISO 和 TO 结合的地区输电机构（Regional Transmission Organization，RTO）。

电力工业市场化改革的最终目的是最大限度地利用市场手段来提高电力工业的市场效率，降低电力生产和供应成本，实现资源优化配置。而就电力工业发展程度和相关社会经济环节来看，这一目标需要分阶段逐步来实现。通过在电力生产的不同环节逐步引入竞争，分级构筑市场结构，使电力市场改革平稳地向前发展。

如表 7-1 所示，表中的四种基本市场模式分别对应于行业垄断、竞争程度不同的环境[2]。

表 7-1　　电力市场不同阶段的竞争模式

电力市场模式	垄断	单一批发	电力批发	零售竞争
特征	全系统垄断	仅发电竞争（发电侧有限竞争和完全竞争）	加上批发商或电网企业选择	加上用户竞争

续表

电力市场模式		垄断	单一批发	电力批发	零售竞争
竞争程度	发电竞争	不	是	是	是
	批发竞争	不	不	是	是
	用户竞争	不	不	不	是
备注				用户须由所接入的供电部门供电	用户可选其他供电部门供电

当前世界各国的电力市场交易模式大致分为两个基本类型：联营模式（pool model，用 P 表示）和双边交易模式（bilateral trades model，用 B 表示）。从这两个基本模式可以派生出 P+B 模式（即联营模式和双边交易模式的有机结合模式）、多边交易模式。

2. 电力市场化改革给 DSM 带来的挑战

从当前主要国家（地区）电力工业改革实践看，电力市场化改革会对需方资源开发投资产生实质性影响，这种影响既有正面的也有负面的。只有制定了清晰、明确的 DSM 政策时，改革才会对电力系统和电力用户实施 DSM 产生积极影响。

国际能源署关于电力工业改革对 DSM 影响程度的研究表明：一般情况下，电力改革对消除 DSM 障碍所起作用很小。某些改革措施，例如厂网分开，事实上反而加大了 DSM 实施的障碍。Edward Vine 与 Jan Hamrin 等人提出：如果政策不当，将影响电力工业改革过程中 DSM 的实施[3]。如果政府部门采取有效措施，将需求侧管理纳入电力工业改革工作之中并进行专题研究，电力工业改革将会对 DSM 项目的实施产生促进作用。

（1）电力市场环境下 DSM 面临着新的困境。在电力市场化改革之前，世界各国的电力工业基本都采用发、输、配、售垂直一体化的垄断经营模式，DSM 项目的实施主体理所当然地应由电力企业来承担。由于一体化的电力企业实施 DSM 项目可以给自身带来巨大的经济收益，因而它有设计并实施 DSM 的积极性。同时，垂直一体化的企业结构也是实施 DSM 的一个有利基础条件。

然而，由于一体化体制往往伴随着垄断价格和效率低下等问题。重组后电力工业的纵向结构基本上都被一分为三：原来一体化模式下的发电环节变成了竞争性发电市场中具有独立利益的主体；电网企业转制成为对全体发电企业和电力用户开放的一个基础设施；售电企业则只负责把那些从批发市场买来的电力销售给最终的用户。在这样的产业结构下，发电、售电及电网企业都没有动力再从供给与需求两个方面来综合考虑资源优化配置问题。发电企业和用户分居电网的两头，撇开技术难度不说，仅投入产出的不对称即可使绝大多数发电厂商敬而远之；同样道理，推广节能灯具和高效动力装置并不能给电网企业带来直接的经济效益，因而电网企业也不会有兴趣继续从事 DSM；而售电企业的效益取决于销售的数量，显然，它们希望出售更多的电力而不是设法使用户少用电。

不难看出，在电力工业重组和市场化改革后，DSM 面临着实施主体缺失的挑战，许多 DSM 项目都陷入了难以为继的窘境。

在我国，随着 2002 年的“厂网分开”，DSM 同样也面临着实施主体缺失的困境。此外，我国 DSM 面临的另一个难题是电价制度还需要进一步完善改进：总体电价水平偏低，没有广泛推行季节性电价、可中断负荷电价等可促使用户自愿节能的一些措施，现行的峰谷电价比也不尽合理。没有合理的峰谷电价差距，用户节省的电费就不足以补偿其调整作息时间而产生的成本，因而很难激励电力用户改变其用电方式实现移峰填谷。没有可中断负荷补偿机制，用户也不会主动在高峰时段将用电设备停下来为电力系统避峰。电价结构不合理导致用户对 DSM 反应冷淡，对实施 DSM 带来难度。

（2）电力需求侧管理实施环境发生较大变化。电力市场化改革，使原先 DSM 实施的环境发生了较大的变化，这些变化有些对 DSM 的实施而言是有益，但有些却加深了 DSM 实施的障碍和壁垒。

市场化改革关注的重点是公司化重组、商业化运营，电力能源效率问题在电力改革的进程中没有得到应有的重视，在某种程度上甚至被忽略。更突出的问题是，电力改革已经对电力能源效率带来了一些负面影响，这主要表现为：一是政府部门节电行政职能逐步弱化；二是终端节电投资激励手段削弱。电力行业垄断体制的解体大大动摇了进行综合资源规划及 DSM 的行业基础。从而，将要面临的一个突出的问题是，电力市场化改革后，DSM 要不要做？美国加州在 2000～2001 年遇到电力市场化危机的教训告诉我们，DSM 至关重要，电力体制改革后，DSM 不但要做，而且要做得更好。另外，“厂网分开”后主导实施 DSM 的主体是谁？是电网企业还是发电企业？从利益关系考虑，电网企业不再负责电源的规划与建设，从事 DSM 工作只有投入没有产出，电网企业不会再有兴趣做 DSM。而发电企业只对移峰填谷有兴趣，节电会使发电企业效益下降。此外，发电企业只与部分大用户有业务往来，与大多数用户没有联系。因而，发电企业大范围地从事 DSM 工作有一定的难度。

对于用户来说，随着实时电价的出现，电价作为一种信息的传导功能将得到更好的体现，电力用户将会更好地根据自己的实际情况参与需方响应，决定电能的消费量和消费时间。

3. 将 DSM 纳入电力市场化改革之中

应该说，电力市场化改革给 DSM 带来挑战的同时，也化解了原有实施 DSM 的一些障碍，给实施 DSM 带来了新的机遇。同时，电力市场化改革的不断深化也呼唤 DSM。21 世纪初加州电力市场危机的教训之一是，需求侧的低弹性会对良好运行的电力市场产生不可预期的负面影响，竞争电力市场机制及规则设计，应使需方资源参与市场竞争。竞争性市场需方参与的重要性，已为国际能源业界广泛认可。需方竞标、需方参与市场竞争，即在系统调度预先通知、执行各类电价激励政策条件下，用户自愿减负荷运行，已被证明是行之有效的高峰负荷转移手段。

从实践中人们已经意识到 DSM 在支持经济与社会可持续发展中起了非常重要的作用，它在减轻能源/电力供应负担的同时，能够在减少社会资本投入、用户电费支出、大气污染排放和全球温室效应的前提下分享经济增长的利益。DSM 不仅是一种节能节电的运作机制，而且是一种长效的公益性活动。

二、电力市场条件下电力需求侧管理的开展

（一）国外电力市场中电力需求侧管理的开展

1. 美国

20 世纪 90 年代，由于电力工业市场化改革带来的不确定性，导致 DSM 项目大幅度下滑。

美国电力企业用于 DSM 项目的总投资降低了50%以上。但 1999 年用于提高能源效率项目的支出仍达到 14 亿美元，这主要是由于采用了系统效益的收费。

DSM 项目在应对加州 2000～2001 年电力市场危机中发挥了很大作用，由于供电中断和趸售电价飞涨的威胁，2001 年总的用电量比 2000 年减少了 6.7%，而经济仍保持增长。需求减少不是自然发生的，而是由于已经采取了一系列的 DSM 措施和政策。截止到 1999 年，加州通过提高能源效率和标准已经转移了1000 万千瓦的峰荷，相当于若干个大型电厂。2001 年，政府应用的一些项目，包括公共教育项目、折扣及其他财政刺激项目，可视为历史上州一级最成功的节能项目。在其他方面，2001 年客户购买的高效电能设备的数目创了纪录，其中有近 10 万个高效电冰箱（比 2000 年多五倍）和 400 万支紧凑型节能灯。

考虑到 DSM 项目的价值，特别是对于一个重组的电力市场的价值，2001 年加州大大增加了 DSM 项目的投资，达到 4.8 亿美元，比 2000 年增加了 50%以上。并将有关“系统效益收费”的法律延长到 2012 年，使加州各电力企业的支出额外增加一小部分。这笔额外费用使能源效率、可再生能源及其技术的发展的投资增加 50 亿美元，这也是单一立法可带来的最大的能源发展基金。

美国 PJM 的需方响应项目。开始于 1991 年的 PJM“主动负荷管理”（active load management，ALM）是用作负荷服务实体或专门的减负服务商（curtailment service provider，CSP）作为终端用户代表参与削减负荷时的管理办法，终端用户需要通过 CSP 参与此计划。CSP 参与 ALM 要求每年支付一定的定金（500～5000 美元），如果 CSP 启用分散发电，则需要取得环境许可。终端用户可自愿参与，参与项目的用户可以得到 5000 美元/（万千瓦·时）的赔偿，或者按实时系统边际电价赔付。有三种类型的 ALM，即直接负荷控制、固定负荷消费水平和根据通知削减负荷。PJM 在 2001 年夏天实施了三次 ALM，当电价高于 1350 美元/（万千瓦·时）时启动，平均减少用电 2.3 万千瓦。自实施 ALM 后，再未出现过紧急发电不足的现象。从 2002 年 7 月以来又补充了“负荷响应项目”（load response program，LRP），目的是鼓励用户广泛参与 LRP，去除了终端用户不能直接参与削减用电的障碍，能够更好地激励用户对实时电价做出反应。同时，允许分散电源参与 LRP。并分别按日前负荷响应项目和实时负荷响应项目制定了具体的实施细则。

2. 英国

英国于 1988 年开始电力市场化改革。由于认为当有市场需求压力时会迫使提高能源效率方法产生，所以英国电力工业重组时没有任何关于提高能源效率或 DSM 的条款。实际经验证明并非如此，三年后，英国建立了一个独立的节能信用单位以设计和监视 DSM 项目。它的第一项指令是通过提高能源效率减少二氧化碳排放。在头四年，英国电力行业通过输电附加费将筹集到的 16500 万美元投资到 500 多个提高能源效率的项目中。估计共节电 68 亿千瓦·时，相当于英国 200 万个家庭的年用电量。同时为鼓励电力企业在 DSM 中发挥主体作用，制定了包括成本回收、收入损失补偿等激励措施。成本回收是指将电力企业实施需求侧管理项目的支出纳入电价成本；收入损失补偿是指政府通过采用售电收入调节机制，将售电收入与售电量部分脱钩，使电力企业不至于因实施需求侧管理减少售电量而遭受经济上的损失。

英国电力市场需求侧参与快速频率响应。英国电力市场中为了应对突然的频率下降，除了发电机提供功率支持外，需求侧也可以响应频率的变化，并且实践已表明需求侧的响应是瞬时的，明显优于发电机。13个水泥制造企业通过集总代理与调度机构谈判签订双边合同参与此响应项目，能减少最大瞬时负荷达11万千瓦。集总代理在其中起着重要的管理和优化的桥梁作用。另外，制冷企业协会也参与此计划，参与分级恢复频率项目。

3. 北欧

北欧电力市场由挪威、瑞典、丹麦、芬兰四国组成，是具有代表性的跨国电力交易市场，运行有电力期货市场和日前现货市场（Elspot）。在Elspot中，同发电商参与市场竞价一样，挪威、瑞典的电力需求侧也参与以“电力购买兆瓦数—时间—价格”为形式的竞价。大用户（1兆瓦以上）可以直接参与需求竞价，比如：工业供热企业充分利用现货市场电价的变化特性，采取多种燃料（用电、燃油或其他替代能源）的锅炉，已证明能够取得经济效益。对于小用户，比如挪威的学校取暖，可以通过他们的供电商作为代理间接参与需求竞争。

在挪威，要求所有配电公司都要从事DSM，配电企业通过地方能源效率中心开展DSM活动，以实际用电量为基准对配电费用征收一笔税。丹麦要求配电企业必须引入综合资源规划，并且准备每两年一个的DSM计划，以及一个20年的提高能源效率计划。丹麦已经建立了节能资金，该资金是从居民与公共服务行业电价上的少量附加电价中筹集的。该资金用于确定和支持能源效率项目，包括电力、热力转换为电热联合运行（CHP）。今天，丹麦每个热电厂都供热，每个工业锅炉都发电。

4. 国外电力市场中实施DSM的经验总结

从国外主要国家的经验可以看出，无论是电力行业重组还是市场本身都无法自动带来能源效率的提高，仍存在大量的市场障碍，包括一些重要的难以评估的外部环境和信息匮乏。事实上，DSM在电力行业重组中往往受到损害，除非它在重组过程中得到充分考虑。在很多国家，DSM的重点正转向配电公司。美国的配电公司已证明在正确的法规范围内，他们有能力采用大量的低成本的提高能源效率措施。

国外实施需求侧管理的成功经验，概括起来主要有以下几点：①出台相关法规政策，如1992年美国颁布的“国家节能政策法案”，对重组后的电力企业开展需求侧管理作出了相关规定；②建立经济激励机制，许多国家为适应电力工业市场化改革，出台了减免税收、低息贷款、财政资助、电价激励等经济政策支持需求侧管理工作的开展，包括系统效益收费、能源相关税收、政府直接出资等，其中应用最普遍的是系统效益收费，它是指按一定比例附加于所有电力用户电价上的费用；③通过市场机制开展能源服务。比如在美国，节能服务公司已经发展成为一门新兴产业；④从主要国家电力市场环境下DSM的实施机制来看，包括美国、英国、北欧在内的大部分地区都实施了需方响应，并取得了很好的成效，可见需方响应是电力市场环境下实施DSM的重要机制。

（二）国际能源署电力需求侧管理计划

近年来，全球电力工业发生了巨大的变革，过去的DSM模式已经不能完全适应当前的形势，有必要重新审视DSM的发展和面临的挑战，以利于DSM的进一步协调健康发展，新形势下DSM的作用和地位、评估方法、实施方法、激励机制、技术支持系统等课题再次成为研究的热点。自1993年开始，国际能源署（IEA）开展了历时10多年的IEA DSM计划，澳大利亚、美国、法国、日本、加拿大、挪威等17个成员国和欧盟一起致力于DSM的研究和开发，开展了以下13个方面的研究和合作[4]。

（1）DSM国际性数据库。IEA强调应进行大量的基础性工作，建立国际性的数据库和评估指导书。该项目花费长达七年时间，通过选择示范工程探讨建立国际性DSM数据库的可行性，然后分发大量问卷调查收集信息，再设计数据库结构，整理输入信息，建立数据库，在此基础上进行数据分析和整理结果，并不断进行数据库和方法的更新，最后形成可用数据库资源和相关分析报告。

（2）适合DSM的通信技术。通信技术需要完成负荷控制、数据传输、数据处理、负荷管理、自动测量与计费、用户报警服务、用户发电管理、远方诊断和监察等功能，与此相关的通信协议、硬件、软件的研究和开发都属于此范畴。

（3）DSM革新技术的合作购买机制。开发了能量消耗减半的干衣机、损耗降低20%～40%的高效电动机、新一代节能25%的复印机等。

（4）先进的集成DSM方法的实现。该项目首先调查了各成员国的企业结构和综合资源规划（IRP）方法，并对各参与国将DSM集成到IRP的过程、模型和方法进行了评估和比较，汇总了用于需求预测和IRP的方法、技术及模型，并提出了改进措施。

（5）市场环境下DSM技术的调查。提出了适合居民、小型商业用户和小型工业用户完成DSM的方法，并在各参与国开展示范工程，然后对各示范工程的结果进行对比分析，试图找到更具共性的DSM方案。

（6）DSM和能源效率改变电力环境的研究。探讨在电力市场环境下有助于DSM实施、提高电能使用效率的机制，具体分为四种，即直接用于改变用电行为的控制机制、资金支持机制、对改变用电行为的终端用户的支持机制和鼓励用户改变用电行为的市场机制，并建立了一套促进DSM和提高电能使用效率的实施机制。

（7）市场转型的国际间合作。为了响应《京都议定书》关于减少温室气体排放量的号召，国际间合作的内容包括提高能源使用效率、增大储能产品的市场份额、加速高效节能技术的推广应用、减少温室气体的排放量，以及建立一个在线的市场转换信息交流的论坛，加快信息的交换与共享。

（8）电力市场下的需求侧竞价。评估和促进电力需求侧竞价（demand side bidding，DSB）作为提高电力供应效率的有效手段，通过考察目前的需求侧竞价机制，评估它们的优势和劣势，挖掘DSB的潜力，开发新的实施方案。

（9）私有化系统下政府部门的作用。比较各国政府在DSM中的地位和作用，评价电力工业解除管制后政府部门的反应及首选措施，提出政府部门在促进DSM实施过程中的有效措施。

（10）DSM绩效合同。推动绩效合同和其他能源服务合同的使用，建立合理的利润分摊机制，吸引节能服务公司、高效节能产品生产商和供应商以及电网企业的参与，分享成功的经验和失败的教训，宣传和推广绩效合同的实施。

（11）分时计费。为实现需求侧竞价要求应进行分时计费，推动小用户实施分时计量及分时计费。当小用户也面临分时付费时，他们自然有在高峰时刻或电价高的时候改变用电方式的积极性。确定对小用户实施分时计费的节能成效，以及相应的定价、控制和有效实施机制。

（12）能量标准。促进全球能量传输标准的协调统一，并形成全球能量标准信息网，促进相互了解和协调能量标准的相互转换。

（13）需方响应资源。2003 年 10 月 15 日通过了由美国能源部门牵头，有 15 个成员国参加的“需方响应资源”项目，旨在推广将需方响应资源融入各国电力市场，研究实现特定目标的必要方法、业务流程、基础、工具和实施过程；建立评价需方响应资源的通用方法；建立需方响应资源对电价、备用、容量市场和市场流动性的影响模型，进而确定需方响应资源的价值；建立相关技术交流的网络平台。

这些项目力求通过多国间的合作研究，全面深入地研究 DSM 在各国电力行业中的作用，挖掘 DSM 的潜力，尤其详细地研究在电力市场环境下 DSM 的实施措施、激励机制和评价标准，为在电力市场中开展 DSM 项目奠定理论基础。

（三）电力市场下各方在 DSM 中的角色定位

随着电力市场化进程的不断推进，参与电力需求侧管理工作的各方的角色和定位会发生一些新的变化和调整。首先是在传统垂直一体化经营下参与 DSM 的各方，如政府、电力企业、用户的角色和定位发生变化，部分参与方可能作用弱化，或者退出，比如电力企业分立为发电企业、电网企业，而发电企业开展 DSM 作用弱化，电网企业成为实施主体。其次，电力市场化改革将催生一些新的市场参与者，比如节能服务公司、市场交易机构、零售商/经济人等。角色变化的根本在于市场机制的形成，由于电力体制改革是逐步推进的，市场化也是逐步深入的，在电力市场不同发展阶段参与 DSM 的各方将会有不同的角色和定位。

1. 政府与市场在 DSM 中的作用

政府关注和支持 DSM 活动主要出于经济和社会可持续发展的长远考虑，在谋求经济和社会发展的同时不能超越资源和环境的承载能力，损害当代的生活质量，剥夺后代可持续发展的机会。政府把社会效益作为衡量 DSM 成效的主要标准，把提高能效、节约用电、减少污染排放、保护支持地球健康的生态系统放在极其重要的位置上。DSM 实施较早的国家的政府，除了通过法规、标准、政策等行政手段来推动节能节电和约束浪费外，还借用政府的权威性直接参与具有长远利益的 DSM 活动，特别在市场机制失灵和存在市场障碍的地方，政府的参与尤为重要。

建立能效市场不像建立蔬菜市场、服装市场、家电市场那么容易，它需要一个渐进的摸索过程。纵观节能活动的历史和 DSM 成长演进的过程，包括美国在内的发达国家在建立能效市场方面也还处于不断改进和完善的阶段。电力工业市场化改革的经验证明，政府依然要发挥在 DSM 中的主导作用，使 DSM 向以市场为导向的方向发展。随着市场转换的逐步到位，当具有商业利益的市场参与者操作的 DSM 项目起到市场驱动的作用后，才有可能逐渐减弱政府直接参与的程度。

随着电力市场的发展完善，市场机制逐步代替政府的指令行为。政府在电力市场中主要起监管作用。以前依靠政府主导而推动的 DSM 项目在电力市场环境下更多的是通过市场机制来实施。政府是在宏观调控下充分发挥市场调节的基础作用，从而保证 DSM 的有效执行。当然，政府在制定相关政策措施上仍然起到主导作用，包括在财政激励、资金机制和电价设计上，以有效的克服在电力市场环境下开展DSM项目时遇到的障碍。

2. 电网企业实施DSM的主体角色逐步转移

传统上，电力需求侧管理是由垂直一体化的电力企业来实施的，但电力工业的市场化改革改变了这一局面。改革后，电网企业继承了电力公司的角色，成为电力需求侧管理的实施主体。同时改革也对原有的DSM的收益分配机制产生影响，而正是收益分配的变化影响了电网企业利润最大化目标的实现，从而限制了电网企业实施电力DSM的积极性。

随着电力市场化改革的进一步深入，由电网企业作为主体而实施的DSM项目将会逐步减少，更多的DSM项目是在市场机制下由用户、节能服务公司、市场交易机构等来实施。因此，电网企业实施DSM的主体角色将逐步转移。尽管如此，由于电网企业在电力市场中的特殊地位，仍然有部分DSM项目必须由电网企业来实施，比如负荷管理、有序用电的实施、节能变压器及无功自动补偿技术的推广应用等。

3. 节能服务公司发挥更大作用

电力市场环境为节能服务公司创造了更广阔的平台。依托市场机制，在DSM的宣传、能效审计、节能监测、信息传播、项目咨询、招标采购、交流培训等活动中，节能服务公司将发挥更积极作用。

节能服务公司凭借其在节能技术、政策信息、服务经验等方面特有的优势，成为电力企业、电力用户、政府节能部门之间的桥梁和纽带，其主要途径有以下三个方面：一是代表政府进行能效监测、能源认证、节能规划方面的咨询服务；二是承担电力企业投入社会服务项目（如抄表、台区管理、表后服务等）的收益；三是为用户实施节能项目并同用户分享节电效益。

4. 市场交易/调度机构提供实施DSM的平台

在电力市场环境下，市场交易/调度机构为市场参与者提供了一个针对各种电力商品的“公平、公正、公开”的交易场所。而DSM项目的各方均可在市场的条件下，参与市场交易/调度机构组织的电力市场交易，从而达到利用市场机制来实施DSM项目的目标。可见，在电力市场环境下，市场交易/调度机构提供了实施DSM的平台。

为此，在电力市场设计时，应该将DSM的实施纳入市场交易/调度机构的考虑范畴，使得在进行市场交易时有利于需方资源参与市场竞争。

5. 零售商或经纪人代替用户参与DSM

当电力市场发展到零售竞争阶段，即用户可以参与市场竞争时，电力市场中将出现一些新的主体、零售商或经纪人。这时，更多的应该是用户通过零售商或经纪人参与市场竞争，实现需方资源与供方资源共同参与市场竞争。为此，零售商或经纪人将代替用户参与DSM，即通过与节能服务公司合作参与DSM，也可以直接通过市场交易/调度机构提供的平台参与DSM。

（四）我国电力市场环境下DSM的发展前景

1. 我国电力工业的市场化进程及前景展望

我国电力市场建设大致可分为三个阶段[6]：1985～1997年，政企合一、发电市场逐步放开阶段；1997～2002年，政企分开、部分省市开展市场化改革试点阶段；2002年至今，厂网分开、竞价上网的改革阶段。

经过 20 多年的改革，我国电力市场的建设在电力投资体制改革、电力企业重组、电价制度形成、区域电力市场建设、电力市场监管及电力法制建设等领域取得了重要进展。发电侧的竞争态势初步形成，区域电力市场的建设稳步推进，跨区输电规模不断扩大，电价市场化改革逐步深入，电力市场监管得到了加强。这些成就的取得促进了我国电力工业的持续健康发展，为我国经济社会的快速发展做出了重要贡献。但同时也应看到，电力市场建设是一项庞大的系统工程，我国电力市场的建设，还处于起步阶段，仍存在许多问题，如电力市场体系不完整，独立的输配电价机制尚未形成，“厂网分开”的遗留问题及“主辅分离”的任务还很艰巨，电力监管体系还不到位，电力体制改革配套措施不够完善，发电环节市场准入审批制度需要改善，电网发展滞后且与电源建设不协调，有利于可持续发展的市场竞争机制尚未形成。所以，构建符合国情的统一开放的电力市场体系任重而道远。

2. 我国电力市场环境下 DSM 的实施机制

DSM 是适合市场经济体制的一种节电运营机制和用电管理技术。政府、电力企业、节能服务公司、电力用户是 DSM 的主要参与者，尤其是处于经济体制变革时期，政府更要发挥在 DSM 实施中的主导作用，在法规、体制、标准、政策和监控、协调、服务等方面创造一个有利于 DSM 的实施环境，以便于电力企业、节能服务公司和电力用户的运营和操作。从我国电力市场化改革进程和DSM开展情况来看，借鉴国外电力市场环境下DSM的开展经验，我国电力市场下 DSM 的发展大概经历以下三个阶段：一是以电网企业作为 DSM 的实施主体阶段，二是以电网企业和节能服务公司共同作为 DSM 的实施主体阶段，三是在完全市场条件下自由参与和开展 DSM 阶段。这三个阶段符合我国电力改革逐步推进的情况，随市场不同参与程度的深入而不断有新的内容。

（1）电网企业作为 DSM 的实施主体阶段。以电网企业作为 DSM 计划的主要执行和操作者，把能效管理和负荷管理一道纳入商业化运营领域，既销售电力，又销售效率，实现供电和节电运营一体化，形成可持续的节电活动，是一个成功的国际经验，也是我国今后一段时期 DSM 发展的一个主要方向。

（2）以电网企业和节能服务公司共同作为 DSM 的实施主体阶段。以电网企业和节能服务公司共同作为 DSM 的实施主体，实行节能服务公司与电网企业共同承担节能节电投资风险，共同分享节能节电收益的运营机制。电网企业主要负责实施 DSM 项目的电网调度，包括对电网设备进行技术改造，提高电网运行水平，负荷管理、有序用电等；节能服务公司通过以绩效为基础的合同能源管理为用户提供各种形式的节能节电服务，包括从能源（用电）审计、节能节电设计、筹集节能节电资金、采购和安装节能节电设备、上岗操作培训到节能节电收益的一条龙服务，也是一个成功的国际经验。

节能服务公司，包括专门从事用电和节电服务的节能服务公司，属于非管制行业，其运作比较灵活、操作程序相对比较简单，项目的可复制性也比较强，又不要求改动电价，易于把优质高效节能节电产品更快地推广到用户。由于市场化改革的逐渐深入，电网企业和节能服务公司共同实施 DSM 计划，为用户提供有成本效益的节能节电服务，是我国在深化电力市场改革阶段实施 DSM 的一条比较可行的途径。

（3）完全市场条件下自由参与和开展 DSM 阶段。当我国电力市场化发展到比较成熟的时期，由于市场已经在电力资源配置方面发挥了基础性的主导作用。电力市场中的一切行为都应该是建立在市场机制的基础上，包括 DSM 的开展，各种投入和产出资源要素均纳入市场范畴。政府负责市场规则的制定和监管作用，市场交易/调度机构为 DSM 的开展提供交易平台，DSM 项目的主要参与者包括：用户、节能服务公司、电网企业、零售商/经纪人等。不同的利益主体选择不同的 DSM 项目在市场交易平台上进行实施。

完全市场条件下 DSM 实施机制如图 7-2 所示。在市场交易机构提供的 DSM 项目运作平台上，电力用户、零售商/经纪人向市场提供相关的 DSM 项目意愿，节能服务公司根据市场发布的 DSM 项目信息获取 DSM 项目。市场监管机构主要对 DSM 项目运作的全过程进行跟踪，维护市场交易的公平性、公开性。电网企业是一个特殊的参与者，既向市场提供一些 DSM 项目，又参与某些具体的 DSM 项目实施，比如有序用电、负荷管理等等。从交易的模式来说，可以模仿电力市场交易模式，分为联营（POOL）模式、双边交易模式和多边交易模式。在联营模式下，市场组织者从用户、零售商/经纪人、电网企业购买相关的 DSM 项目，然后组织节能服务公司进行 DSM 项目招投标。在双边交易模式下，节能服务公司直接与电力用户、零售商/经纪人、电网企业进行 DSM 项目交易。由于大多数 DSM 项目的参与方较多，也可以采用多边交易模式。

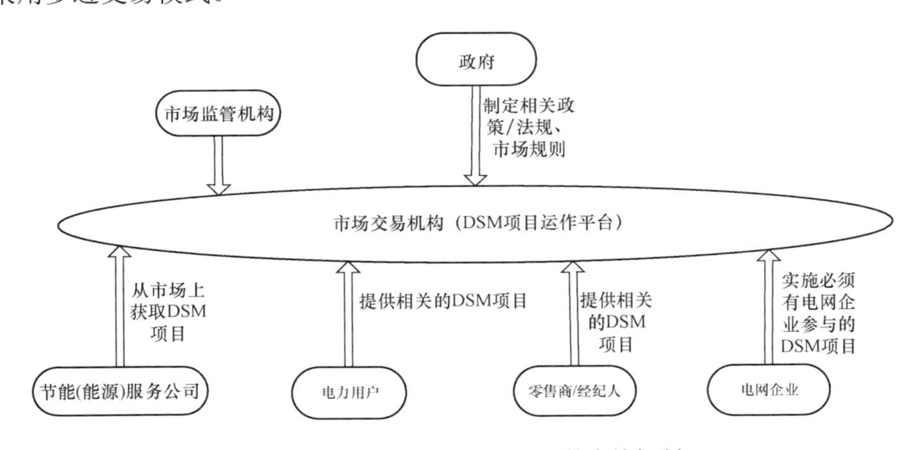

图 7-2　完全市场条件下 DSM 的实施机制

第二节　需　方　响　应

一、需方响应的内涵

需方响应的概念是美国在进行了电力市场化改革后，针对电力需求侧管理如何在竞争市场中充分发挥作用以维护电力系统可靠性、提高电力系统运行效率而提出的。

概括来说，需方响应是指通过技术、经济、行政、法律等手段鼓励和引导用户主动改变常规用电方式、进行科学合理用电，以促进电力资源优化配置，保证电力系统安全、可靠、经济运行的管理工作。

从广义上来讲，需方响应是指电力用户针对市场价格信号、激励，或者来自于系统运营者的直接指令产生响应，改变其固有习惯用电模式的行为。

二、需方响应的分类

根据电力市场成熟度较高的国家需方响应的实施情况以及我国实际情况，需方响应有多种类型。

1. 按照反应方式划分的种类

从不同的反应方式来看，需方响应可以分为“基于价格的需方响应”和“基于激励的需方响应”两类。其中：

基于价格的需方响应是指用户响应零售电价的变化并相应地调整用电需求，包括分时电价、实时电价、尖峰电价和阶梯电价等。用户通过内部的经济决策过程，将用电时段调整到低电价时段，并在高电价时段减少用电，来实现减少电费支出的目的。参与此类需方响应项目的用户可以与需方响应实施机构签订相关的定价合同，但用户在进行负荷调整时是完全自愿的。

基于激励的需方响应是指需方响应实施机构通过制定确定性的或者随时间变化的政策，来激励用户在系统可靠性受到影响或者电价较高时及时响应并削减负荷，包括直接负荷控制、可中断负荷、需求侧投标、紧急需求响应和容量/辅助服务计划等。激励费率一般独立于或者叠加于用户的零售电价之上，并且有电价折扣与切负荷赔偿两种方式。参与此类需方响应项目的用户一般需要与需方响应的实施机构签订合同，并在合同中明确用户的基本负荷消费量和削减负荷量的计算方法、激励费率的确定方法以及用户不能按照合同规定进行响应时的惩罚措施等。

2. 按照导向来源划分的种类

从不同的导向来源来看，需方响应可以分为系统导向和市场导向两种。其中：

（1）系统导向由系统运营者、服务集成者或购电代理商向消费者发出需求消减或转移负荷的信号，通常基于系统可靠性项目，负荷消减或转移的补偿价格由系统运营者或市场确定。

（2）市场导向是由消费者直接对市场价格做出反应、产生行为的或系统的消费方式改变，而价格由批发市场和零售市场之间互动的市场机制形成。

3. 按照实施措施划分的种类

从不同的实施措施来看，需方响应项目类别很多：从分时电价到实时电价，再到两者结合的尖峰电价 CPP，以及在单一固定电价和实时电价这两个极端之间无数的价格创新产品；从紧急需方响应项目到需方竞价（或需方投标，DSB）市场；从补偿式可中断负荷到可中断远期合约（该合约含较低的合同价格和较高的中断价格，当实时价格超过中断价格时，需求方得到中断价格）等。

所有这些项目的一个立足点就是：放松零售价格管制，促进电力价格品种的创新，使用户享有对电价进行响应的机会，提高需方响应的能力，以便在系统约束时能有效平衡发电侧的市场力，将电力价格送回边际成本。

三、需方响应与电力需求侧管理的关系

从电力需求侧管理到需方响应，绝不是一个简单的概念搬弄，而是一个质的拓展，并且两者有较强的关系，相辅相成。

需方响应重在应用基于市场的价格去影响需求的时间和水平，借助需方响应可以为电力需求侧管理的很多技术和措施（如房屋热绝缘、节能照明）等提供更好的经济激励；而电力

需求侧管理重在采用市场价格手段之外的更为广泛的一些措施，如提高终端用电效率和峰荷转移等，借助电力需求侧管理项目可以更充分地发挥、放大需方响应项目的效应。一般来说，需方响应要具备一个前提，那就是电力市场在某种程度上的开放，即具有电力市场价格和发现市场价格的机制。引入需方响应的主要目的之一就是使这一价格的发现过程更有效，而电力需求侧管理则不需要这样的前提。

从需方响应的类别可以看出，系统导向的需方响应和电力需求侧管理具有很大的相关性。能效管理、负荷管理是电力需求侧管理的两个主要领域，其中能效管理项目是影响消费方式的项目，负荷管理项目是影响消费行为的项目。由此看来，负荷管理项目可以看作需方响应项目在市场改革之前的雏形，这些项目在市场改革后发展为系统导向的需方响应；而能效管理项目则在市场改革后仍由政府管制机构和大量的节能服务公司推动和运作。

负荷管理项目包括直接的负荷控制和调整、高峰期电价、分时电价等。需要指出的是，在电力改革前作为负荷管理工具的峰谷电价和分时电价，虽然在市场改革后仍然是需方响应的重要工具，但前后存在着本质的区别：前者是作为垄断电力企业的负荷管理手段，消费者只能被动接受而无选择权；后者则是消费者的一个电价选择，消费者可以自主决定是否参与。

总之，电力需求侧管理只是作为政府和电力企业提升能源效率和电力系统运营效率的有效手段，而需方响应则是全面参与电力市场的新资源：在零售市场，通过价格品种的创新，为消费者提供价格选择和价格导向；在批发市场，为系统运营者提供经济调度手段，作为增加市场灵活性的新的市场资源；在系统安全市场，则全面参与辅助服务市场、容量和备用市场的投标等。需方响应作为一种新的市场资源，是在电力市场环境下推进电力需求侧管理的重要手段。

四、需方响应与有序用电的关系

有序用电是一个有特色的电力需求侧管理领域，通过对有序用电与需方响应对比分析，可以认为，有序用电是在电力市场处于初级阶段时实施需方响应的主要手段，通常是通过行政指令使用户“被动”响应；但在电力市场发展的高级阶段，需方响应更多是通过价格信号、激励措施等引导用户“主动”响应。

（1）有序用电和需方响应都是电力需求侧管理的外在表现形式，同属电力需求侧管理的范畴。电力需求侧管理在不同的市场阶段有着不同的表现形式。在电力市场化改革的初级阶段，主要依据的是各种行政手段，如编制和实施有序用电方案（根据用电缺口制订相应的用电计划）。伴随着电力市场化改革的不断深化，需求侧管理将更多依赖市场的价格杠杆作用，它的最终形式即是目前电力市场成熟的国家中普遍实行的需方响应模式。需方响应模式下，市场机制的资源优化配置作用得到充分发挥，通过电力用户与电力企业的互动，能够提高电力系统的安全性、可靠性和经济性。

现阶段的有序用电与未来的需方响应都是属于电力需求侧管理的范畴，是需求侧管理作用于不同市场化阶段的表现形式。有序用电和需方响应均依赖于需求侧管理工作中的行政手段和经济手段，其区别在于侧重点不同，有序用电侧重于行政手段，而需方响应侧重于市场、经济手段。

（2）有序用电和需方响应是不同市场化程度下的需求侧管理实施手段，二者之间存在阶段性、连续性和继承性。从应用背景和目的来看，二者均为由于电能供应有限，从而引发充分利用发电资源，尽可能满足电力需求的活动，从而达到降低缺电影响程度、节约资源和保护环境、减少电源和电网建设投资、降低用户用电成本的目的。

有序用电的发展过程是逐步由行政手段过渡到市场手段的一个承接过程。在有序用电管理中，政府部门和电网企业是实施主体，实际工作强调整个过程的组织和执行，实施对象是特定情况下的部分用户。需方响应主要侧重于采取市场手段，通过各种电价和经济激励方式，引导客户减少高峰电力需求，从而节约资源和保护环境，减少电源和电网建设投资，降低客户用电成本。不论是有序用电还是需方响应，都是为了达到节能减耗、保护环境，促进经济、社会、环境的可持续发展的目的。有序用电与需方响应的关系如图 7-3 所示。

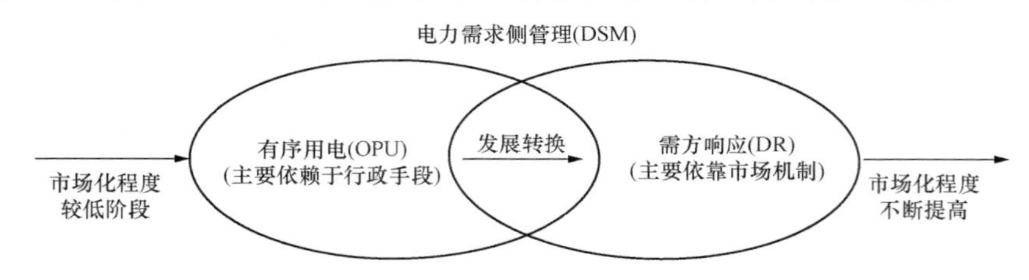

图 7-3　有序用电与需方响应的关系

总的来说，需方响应与有序用电是相互关联的两个主体，有序用电是电力需求侧管理初始阶段的表现形式，需方响应是电力需求侧管理高级阶段的表现形式，需方响应与有序用电之间存在阶段性、连续性和继承性。

五、需方响应定价

需方响应定价是指需求侧的电价根据供求变化和发电成本的变化，在不同时段做出相应调整的一种计价模式。需方响应定价的形式有很多种，主要取决于电力市场环境的开放程度，实时定价（real-time pricing，RTP），是其中最为完美的一种，也是需求侧定价的最高形式。它是以某个非常短的时段为基础的计价模式，延长计价的时间长度（例如以小时为基础），就可以得到分时定价，而峰谷定价则可以看作是只有少数几个时段的一种简单的实时定价。实时电价的替代方案同样有很多种，这些替代方案可以归为两大类：一是从固定电价到实时电价之间的各种价格品种，包括分时电价；二是通常所说的“负负荷方案”（Negawatts），一般都是基于在特定时间对消费者减少消费提供补偿，包括可中断负荷、可选择合同及需求侧竞价等。

不论是实时定价还是其替代方案，需方响应定价的优点都非常明显。

首先，从经济学的角度分析，响应定价是最接近边际成本的一种定价方式，有利于成本的合理分担。在经济学理论中，局部均衡分析和一般均衡分析都表明按照边际成本定价可以实现社会福利最大化。在电力产业中，发电的边际成本时刻都在变化，而且差别很大，定价的时段越短，就越能接近不断变化的边际成本。而价格与边际成本越接近，就越能体现所倡导的成本补偿与公平负担的原则。

其次，响应定价可以充分利用有限的容量资源。国外的实践表明，RTP 在可免装机容量方面有很好的效果。电力产业是资本密集型产业，需要巨大的前期投资，因而我们应当把装机容量视为一种稀缺的资源。我国建设一台 60 万千瓦的火电机组，需要近 30 亿元的投资，水电站的造价还要高些。如果需求侧的价格不包含成本信息或者没有足够的转移消费的激励，势必无法有效地遏制高峰需求，最终将逼迫供给侧不断地新增装机容量。现行的峰谷电价虽然有移峰填谷的功能，但由于时间跨度较大、时间区段固定而难以达到响应定价的效果（例如同是夏季午后的高峰时段，在晴天和雨天两种情况下峰谷电价是不变的，而响应定价就会有差异）。根据美国经济学家伯恩斯坦等人的研究成果，峰谷电价的福利效果最多只有 RTP 的 25%左右。

再次，可以使发电环节过高的电价得到抑制。许多电力市场在发电环节引入竞争后，都发生过发电商使用市场势力抬高电价的问题。以美国加州电力危机为例，需求侧的电价被管制机构锁定，而发电市场的批发电价被抬高到正常价格的 20 倍以上。最终，感受不到任何发电厂商价格信息的高峰负荷，只能依靠拉闸限电来遏制。而一旦在需求侧建立起响应定价，发电侧的尖峰价格就可以及时地传递给消费者，这样，一方面可以通过价格杠杆来抑制用电高峰，另一方面需求的降低也将减弱发电厂商的市场势力，从而抑制过高的电价。

尽管从理论上分析，需方响应定价有着传统定价无法比拟的优势，但在实践中响应定价会受到许多因素的制约。归纳起来主要有以下三点：首先是表计方面的问题，如果分时计量技术滞后或者成本过高，那么响应定价的推广就会受到限制；其次是用户反应方面的问题，响应定价必须有用户的价格响应才是名副其实的响应定价，而一旦由于差价过小或调整成本过高等原因使用户不予响应，那么响应定价的实施效果将大打折扣；还有就是定价信息的告知问题，用户对价格变动的反应取决于价格信息的提前知晓程度，如果信息传递给用户的时间不能满足一定的提前量，那么响应定价也将失去应有的功效。

六、电力需求侧竞价（需方竞价，需方投标，DSB）[4]

（1）电力需求侧竞价的定义。DSB 是 DSM 在电力市场环境下的一种实施机制，使得用户能够通过改变自己的用电方式主动参与市场竞争，获得相应的经济利益，而不再单纯只是价格的接受者。在市场环境下，DSB 是鼓励用户积极改变用电方式、提高用电效率、科学实施 DSM 长效机制的有效方法。

（2）电力需求侧竞价与电力需求侧管理的关系。虽然 DSB 与 DSM 相关，但两者还是有很大区别。总体上讲，DSB 是基于市场的短期负荷响应行为和市场机制，而 DSM 是指长期改变负荷特性的行为和机制，如图 7-4 所示，描述了两者之间的关系。

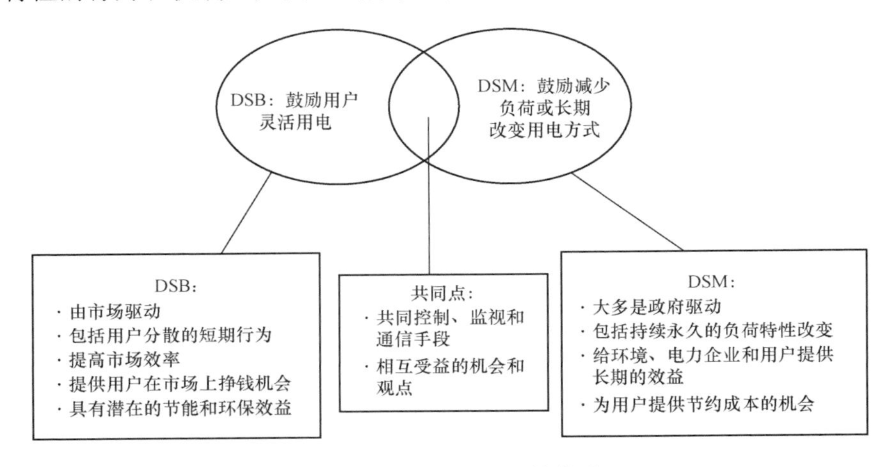

图 7-4　DSB 与 DSM 的关系

（3）电力需求侧竞价的实施方法。电力需求侧竞价有多种实施方法，如全部电量需求参与市场竞争和需求改变量参与市场竞争。全部电量需求参与市场竞争主要有用户直接与发电公司签订双边交易合同和需方（供电公司、电力零售商或大用户）提供与发电公司供给曲线相应的需方需求曲线（如在北欧电力市场中电力零售商的分段线性报价曲线）进行市场投标两种。而需求改变量参与市场竞争相对来说内涵相对广泛，可以是参与主能量市场投标，也可以是参与辅助服务市场投标，或者是参与紧急需求响应投标等。

（4）电力需求侧竞价产品及其服务。在允许需方投标的电力市场中，用户可以主动参与到市场的一系列定价过程中，有利于社会效益的最大化。需方投标作为系统的备用容量有利于提高系统可靠性和备用资源的灵活性，同时，实施需方投标也可以显著提高需求弹性，进而有效抑制发电商的市场力和价格尖峰。

需求侧参与竞争可以充分调动用户改变用电方式的积极性，通过减少用电、节能或能源替代等措施，对系统备用、安全及环保做出贡献，相应也获得一定的回报。因此，需求侧竞争相当于提供了潜在的功率（发电）产品，即所谓的 Negawatts 代替 Megawatts，或称为 DSB 产品。DSB 产品可分成两类：①全部电力需求参与市场竞争；②只参与需求改变量竞争。全部电力参与竞争通过两种方式实现：①用户和发电商之间直接签订一定量和一定价格的双边合同；②用户对自己的需求曲线进行竞价，即在多少电力上希望多少价格，类似发电商的竞价曲线。参与需求改变量的竞争内容就丰富得多，用户可以竞价增负荷，也可以竞价减负荷。在不同的市场运行模型（物理市场或合同市场）、不同时段的市场（日前市场或实时市场）、不同形式的市场（主能量市场或辅助服务市场）下，DSB 产品参与市场的方式和作用都不一样。同时，对于市场中不同的参与者（发电企业、调度机构、配电企业、中间商），DSB 产品的作用也不同。如图 7-5 所示，概括了 DSB 产品可能的用途。

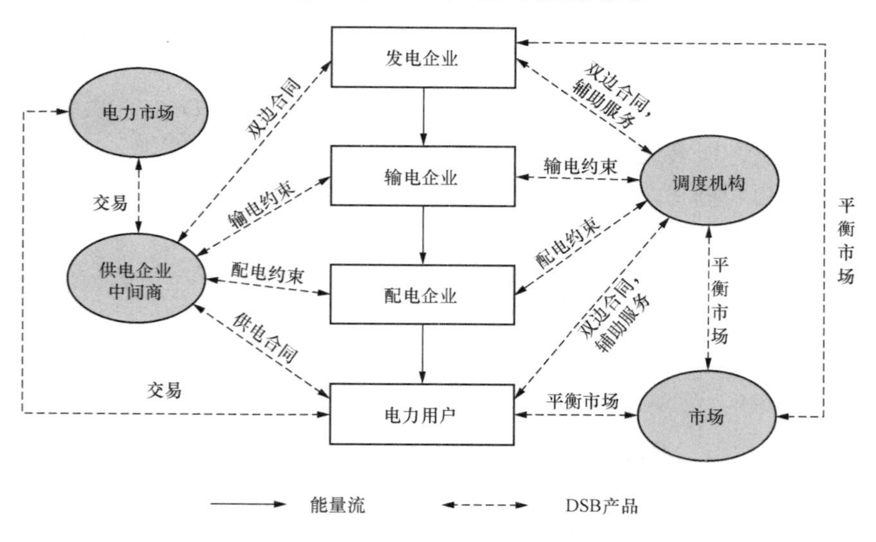

图 7-5　DSB 产品可能的用途

DSB 产品可能的用途有：各种形式的辅助服务、参与可中断供电合同或峰谷电价计划、需求报价参与现货交易、与发电企业之间的双边合同、在平衡市场中竞价增减出力、缓解输配电阻塞等。其中参与辅助服务的环节包括频率控制、电压控制、备用和黑启动。如表 7-2

所示，列出了七个国家电力市场中 DSB 的运行情况。

表 7-2　　7 个国家电力市场中 DSB 的运行情况

国家	辅助服务	输电约束	供电合同	平衡市场	现货市场
芬兰	正在运行	允许	正在运行	允许	允许
荷兰	允许	允许	允许	允许	允许
挪威	允许	正在运行	正在运行	允许	允许
西班牙	允许	允许	正在运行	允许	正在运行
瑞典	正在运行	允许	允许	允许	允许
英国	正在运行	正在运行	正在运行	正在运行	正在运行
希腊	允许	允许	允许	允许	允许

第三节　清 洁 发 展 机 制

一、清洁发展机制介绍

1. 清洁发展机制的定义

清洁发展机制（clean development mechanism，CDM）是《京都议定书》（简称“议定书”）中引入的灵活履约机制之一，它允许《京都议定书》附件一缔约方（38 个工业发达国家）与非附件一缔约方（大多为发展中国家）开展二氧化碳等温室气体减排项目合作。发达国家通过提供资金和先进技术设备在温室气体减排边际成本相对较小的发展中国家实施 CDM 项目，获得一定数量的额外的减排额，帮助其实现《京都议定书》规定下的部分减排义务，同时帮助项目东道国实现可持续发展。因此，CDM 是一种“双赢”的国际合作机制。

2. 清洁发展机制的由来及其意义

《联合国气候变化框架公约》（简称“公约”）于 1992 年 5 月 9 日通过，1994 年 3 月 21 日生效，拥有 189 个缔约方，因此公约非常具有普遍性。公约规定了发达国家与发展中国家之间“共同但有区别的责任”的基本原则，明确了发达国家应承担温室气体人为排放的历史和现实责任，应率先承担减排义务。

1997 年在日本京都召开的公约第三次缔约方会议（COP3）通过了旨在落实公约目标和推动减排进程的《京都议定书》，为发达国家规定了其在第一承诺期（2008～2012 年）内具有约束力的温室气体减排、限控义务和量化指标。而发展中国家首要的任务是社会经济发展以及消除贫困，因此在现阶段不承担减排义务，并允许随着社会经济增长，温室气体排放量有所上升。议定书已于 2005 年 2 月 16 日正式生效。

议定书的生效是全球人类努力保护地球环境以及实现可持续发展的里程碑，它建立了旨在追求全球减排成本效益的创新性的合作机制。科学上讲，温室气体的全球均质性使得地球上任何地方实现的温室气体减排对缓解全球气候变化的效果都是一样的。经济学上讲，发达国家与发展中国家在减排成本上的巨大差异，成为发达国家通过 CDM 项目在发展中国家谋求低成本温室气体减排额的经济驱动力。基于这个原因，议定书纳入了三种基于市场机制的、旨在成本有效地实现减排目标的合作机制，即排放贸易（ET）、联合履约（JI）和清洁发展机制（CDM）。其中唯有 CDM 是发达国家与发展中国家之间的项目级合作机制。

议定书第十二条阐释的清洁发展机制，允许工业化国家的政府或者私人经济实体在发展中国家开展温室气体减排项目并据此获得“经证明的减少排放”信用（CERs）。工业化国家可以用所获得的 CERs 来抵减本国的温室气体减排义务。CDM 机制致力于促进发展中国家的可持续发展，同时允许发达国家借助该机制实现降低大气中温室气体浓度的目标。因此，CDM 是一种“双赢”的机制。

为实现双赢的目标，议定书要求 CDM 项目必须满足如下条件：

（1）每一个相关缔约方必须是自愿参与项目，但 CDM 项目及项目参与方须经参与方国家主管当局（DNA）批准。

（2）项目必须产生实际的、可测量的和长期的温室气体减排效益。

（3）项目产生的温室气体减排必须具有额外性，即当没有 CDM 支持时，该项目活动以及相应的减排量将不会发生。

3. 参与 CDM 合作的意义

随着议定书的生效以及 CDM 的国际国内规则的不断完善，国际 CDM 市场的规模不断扩大。对参与 CDM 合作的各方，无论是发达国家还是发展中国家参与方，吸引它们的均是 CDM 项目可以带来的预期收益。

对发达国家而言，CDM 提供了一种灵活的低成本的履约机制，以便保障其实现议定书规定的具有法律约束力的温室气体限控或减排义务。这对议定书能否顺利执行以及国际减排体制的建立至关重要。CDM 项目还为发达国家提供了更广阔的技术转让渠道与市场，并且可以通过将获得的 CERs 在国际碳交易市场上交易赚取利润，推动减排资源的优化配置。

对发展中国家而言，参加 CDM 项目合作可以获得出售 CERs 的经济收益，有助于实现经济、社会、环境可持续发展，诸如改善环境，改善土地利用方式，减少区域性污染物排放，减少气候变化带来的不利影响；提高经济效益，拓宽融资渠道，获取先进技术，增加就业机会和收入，促进发展、就业以及消除贫困；改善能源结构，提高能效，降低对化石燃料的依存度，促进技术发展和能力建设等。对于那些肩负经济和社会发展重任的发展中国家而言，这些预期的 CDM 效益为发展中国家积极参与 CDM 项目提供了强大的激励。我国是 CDM 减排潜力最大的发展中国家，有研究表明我国将占全球总潜力的大约 35%～36%。充分利用 CDM 机遇，不但可以为参与企业带来较大的经济效益和先进的环境友好技术，同时还可以促进项目所在地乃至全国社会经济的可持续发展。

CDM 的双赢机制还为人类以和平—合作—互利方式解决全球气候变化、社会经济发展和区域性环境相关的国际争端方面提供了一种国际和谐的范例。虽然《京都议定书》的第一承诺期已经结束，各国对未来的减排承诺尚未达成共识，但 CDM 仍有较大的发展空间。

二、清洁发展机制的运作流程和开发潜力

CDM 是一种基于项目的市场机制。从经济学角度上看，CDM 项目活动创造了一种资源商品，即碳减排额 CERs。按照国际核实和核准的规则和程序，CDM 项目的发展中国家东道国可以向缔约方发达国家有偿转让这种资源商品。而这种资源商品是通过具体的 CDM 项目的逐个实施（商业运行）产生的。国际上已经就议定书三种合作机制的碳减排量额度的交易形成各种规模和地域的碳交易市场。因此 CDM 项目的碳减排额 CERs 的生产和销售可以按市场机制的要求运

行，这样不仅能使CDM的交易规范，也提高了CDM项目的经济效益，降低了交易成本。

1. CDM项目开发程序

根据《马拉喀什协定》关于CDM的模式与程序的规定，CDM项目从开始准备到最终实施产生减排量，需要经过以下主要阶段，具体程序如图7-6所示。

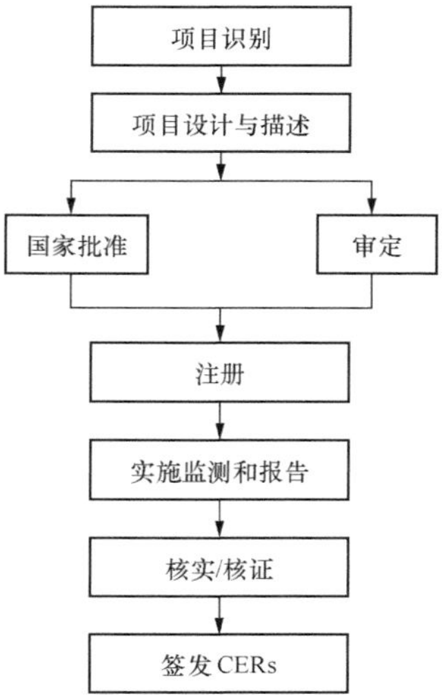

（1）项目识别（前期工作）。CDM项目的概念设计阶段，相关实体就CDM项目的技术选择、规模、资金安排、交易成本、减排量等进行磋商，达成一致意见。

（2）项目设计。确定了要开发的潜在CDM项目之后，项目业主需要提交CDM项目设计文件PDD（中英文），供国内和国际审批。由于PDD文件编制需要对号入座地应用经批准的基准线和监测方法学，以及根据CDM执行理事会（EB）提供的PDD编制指南以及一系列指导意见编写，技术性要求很强，因此项目业主可以聘请CDM开发咨询公司/专家帮助其完成项目设计文件。

项目识别
项目设计与描述
国家批准
审定
注册
实施监测和报告
核实/核证
签发CERs

图7-6 CDM项目开发程序

（3）参与国的批准。按照CDM项目合格性基本条件，申报的CDM项目必须由参与方的国家CDM主管机构（DNA）出具批准函，证明该国政府同意并愿意参加该项目，同意该项目业主实施该CDM项目并证明该项目可以帮助该国实现可持续发展。

（4）项目合格性审定。项目参与者聘请经EB委任的独立的审定机构，按照CDM的模式与程序以及提交的PDD文件对该CDM项目的合格性进行审定（Validation），并提交审定报告。

（5）项目注册。如果独立审定机构的审定报告认为该CDM项目是合格的CDM项目，就会向CDM执行理事会提出项目注册申请（request for registration）。如果执行理事会的审查通过，就正式批准该项目登记注册为CDM项目。

（6）项目实施、监测和报告。注册之后，CDM项目就进入具体实施阶段。项目业主根据经注册的项目PDD文件中的监测计划，对项目活动的相关数据进行监测，并定期提交项目减排量监测报告。

（7）项目减排量的核实和核证。所谓核实：是指经聘请的独立审核机构定期对注册的CDM项目实施的监测数据及所产生的减排量进行独立核实，并确认其结果的准确性，完整性和透明性。所谓核证：是指该独立的审定机构以书面的形式证实该CDM项目活动实现了经核实的减排量。

（8）CERs的签发。独立的审定机构在对减排量核实和核证的基础上，将向执行理事会提交签发这次经核证的减排量CERs的申请。如果执行理事会审查通过，就正式签发该项目本次经核证的减排量CERs。

2. 我国的CDM项目开发领域

我国是温室气体排放大国，同时也是温室效应受害者之一。虽然我国尚不具备承诺温室气体限排或减排的条件与能力，但我国一直在做着不懈的努力（控制人口增长、植树造林、提高能源效率等）。我国人均排放量很低，但年总排放量却位居全球第二位，所以我国将积极参与气候变化领域的国际合作，实施可持续发展战略和气候变化政策，以减少温室气体排放的增长率，促进社会的和谐发展。

根据我国的能源结构、能源战略、环境政策、能源技术路线，CDM 项目技术选择大致归纳如下：

（1）高效洁净的发电技术及热电联产，如天然气—蒸汽联合循环发电、超临界燃煤发电、压力循环流化床锅炉发电、多联产燃煤发电等高效低损耗电力系统。

（2）燃煤工业及民用锅炉窑炉，包括炼焦窑炉、高炉节能技术改造、高耗能工业设备和工艺流程节能改造、钢铁、石化、建材工业等。

（3）电力需求侧管理：工业通用设备节电改造，如变频调速高效马达、高效风机水泵、绿色照明、非晶态高效配电变压器、电热炉改造等。

（4）城市建筑节能示范项目，节能建筑设计，建筑能源系统优化，免烧砖新型建材等。

（5）城市交通节能示范项目，包括天然气燃料车、燃料电池车、高效车辆引擎、混合燃料电动车、生物乙醇和生物柴油应用等。

（6）北方城市推广天然气集中供热。

（7）煤矿煤层甲烷气的回收利用，燃气发电供热。

（8）生物质能高效转换系统：集中供热，供气和发电示范工程。

（9）风力发电场示范项目。

（10）太阳能 PV 发电场示范项目。

（11）城市垃圾焚烧和填埋气甲烷回收发电供暖。

（12）水泥厂工艺过程减排二氧化碳技术改造。

（13）二氧化碳的回收和资源化再利用技术。

（14）植树造林和再造林等。

（15）其他高 GWP 值的氟化气体的减排项目：氢氟碳化物（HFCs）、全氟化碳（PFCs）和六氟化硫（SF_6）等。

其中，我国政府鼓励开发的 CDM 项目类型如表 7-3 所示。

表 7-3　我国政府鼓励开发的 CDM 项目类型情况表

需求侧终端能效提高项目	可再生能源项目
空调制冷效率，供热，其他家电，制冷、喷雾、灭火剂用含氟化学物（HFC，PFC，SF_6）等	风能，太阳能，径流式水电，生物燃料、生物柴油，地热项目，甲烷（煤层气项目、垃圾填埋气利用等），燃料的逸散排放项目，土地适用、土地用途变化和造林项目（西部地区的退耕还林、退耕还草项目）等

三、电力需求侧管理方面的清洁发展机制项目开发

1. 我国的 CDM 项目开发优先领域

根据我国的能源结构和能源效率水平、能源和环境可持续发展战略，我国的 CDM 项目优先开发的领域为能源效率提高或节能、燃料替代和甲烷回收利用等。我国电力工业 CDM 项目技术选择可大致归纳如下。

（1）供应侧。

1）高效洁净的发电技术及热电联产，如天然气（燃气）—蒸汽联合循环发电，超临界

及超超临界燃煤发电，压力循环流化床锅炉发电，多联产燃煤发电等。

2）高效低损耗电力输配系统。

3）现有发电设备的节能技术改造项目。

4）可再生能源发电（风电，水电，太阳能发电，地热发电，生物质发电等）。

5）煤矿煤层甲烷气的回收利用，燃气发电。

6）城市垃圾焚烧和填埋气甲烷回收发电。

7）农业及工业有机废弃物的厌氧工艺甲烷回收利用发电。

（2）需求侧。

1）电力需求侧管理：工业通用设备节电技术改造，如变频调速高效马达、稀土永磁电动机、高效风机水泵、高效压缩机系统优化改造、非晶态高效配电变压器及电热炉改造等。

2）高耗能工业行业余热、废气和余压回收利用发电等，如钢铁企业实施干法熄焦、高炉炉顶压差发电、高炉煤气发电改造以及转炉煤气回收利用；生产线安装低温余热发电装置。

3）高耗电工业行业的工艺流程节电技改项目，如电解铝，电解铜等。

4）城市建筑节能中的DSM项目，如绿色照明，可以在公用设施、宾馆、商厦、写字楼、体育及文艺场馆、居民住户中推广高效节电照明系统、稀土三基色荧光灯、节能空调、节电冰箱及其他节能电器等。

5）旨在有效执行强制性用电设备（照明，空调等）国家能效标准和标识的DSM活动（如加强产品能效检测）。

加纳开发的空调能效检测活动的新方法学“增加高效能产品的市场进入率”适用于推动能效标准和标识实施的项目活动，在中国有较大的推广应用前景。目前中国的节能产品市场良莠不齐，在一定程度上影响了节能产品的市场开发。通过开发此类CDM项目，可以有效地把市场上的低能效和假冒伪劣的节能产品淘汰出去。

6）节电合同能源管理。国外一家能源服务公司在蒙古国乌兰巴托市开发了一个合同能源管理的CDM项目，向CDM执行理事会提交了新方法学——能源服务公司更新或替换锅炉的提高能效项目。虽然它只涵盖了能源合同管理的一个重点领域，却足以说明把节电能源合同管理项目开发成为CDM项目，对我国的能源服务公司有较大的启发示范意义。

CDM项目的直接目标是减排温室气体，即二氧化碳、甲烷、氧化亚氮、氢氟碳化物（HFCs）、全氟化碳（PFCs）、六氟化硫（SF_6），而DSM的直接目标是降低电能消耗。在节电的同时导致节省发电燃耗及相应的二氧化碳排放，因此CDM与DSM两者是相通的。如果节电DSM项目遇到很多财务指标，投融资以及相关技术、政策和机制等方面的障碍，用户没有积极性，可以变换一下思路，在CDM框架内实施，通过转让节电减排量额度吸引发达国家的资金和技术设备，或通过买方的资金担保实施新的DSM实施政策和机制，比如强化用电设备国家能效标准和标识，强化节电合同能源管理等，这样一方面使得DSM节电项目得以成功实施并获得减排量，另一方面保障DSM类型的CDM项目的减排量具有额外性——这是对合格的CDM项目的基本要求。

2. DSM类型CDM项目的开发现状

根据世界银行、德国技术合作公司（GTZ）和中国科技部联合支持的相关研究表明，电力部门是CDM项目潜力最大的部门。其采用边际减排成本（MCA）分析方法，在减排成本为每吨碳0～50美元或每吨二氧化碳0～13.6美元的范围内，按部门模拟CDM的减排潜力情况如表7-4所示。

表7-4　　我国CDM减排潜力分析情况表

行业	份额（%）	行业	份额（%）
钢铁	10.7	铜	0.3
合成氨	4.4	造纸	0.4
乙烯	1.2	商业	4.4
肥料	1.0	交通运输	7.7
水泥	10.4	城市民用	3.3
制砖	6.8	农村民用	8.1
玻璃	0	电力	37.3
铝	4.0	其他	2.9

注　资料来源：清华大学全球气候变化研究所刘德顺《中国CDM项目的障碍因素和观点分析及推动CDM的行动建议》；张安华．清洁发展机制与电力需求侧管理.电力需求侧管理，2007，9（1）。

在中国，DSM类型的CDM项目具有很大的市场潜力。仅对国家发展改革委《节能中长期专项规划》十大节能工程中的两项工程进行大致分析，其减排潜力即相当可观。一是电机系统节能工程。目前，我国各类电动机用电量约占全国用电量的60%，并且实际运行效率比国外低10～30个百分点。若积极推广高效节能电动机、稀土永磁电动机，实施高效节能风机、水泵、压缩机系统优化改造，推广变频调速、自动化系统控制技术，使运行效率提高2个百分点，即可实现年节电量600亿千瓦·时，相当于减排二氧化碳6600万吨。二是绿色照明工程。照明用电约占全国用电量的13%，用高效节能荧光灯替代白炽灯可节电70%～80%，用电子镇流器替代传统电感镇流器可节电20%～30%，交通信号灯由发光二极管（LED）替代白炽灯，可节电90%。若积极在公用设施、宾馆、商厦、大型公共活动场所、居民用户中推广高效节能系统、稀土三基色荧光灯，对高效照明电器产品生产装备线进行自动化改造等，可节电500亿千瓦·时，相当于减排5500万吨二氧化碳。

虽然CDM在我国DSM中的减排潜力相当可观，但就目前所申报并经国家发展改革委批准的CDM项目来看，DSM的CDM项目很少。截至2010年4月25日，国家发展改革委批准的CDM项目共2475个，其中得到EB签订的超过200个，而有关DSM的CDM项目很少，具体情况如表7-5所示。近年来，在包括国家电网公司在内的多方努力下，电力需求侧管理领域的CDM逐步增多。

表7-5　　我国国家发展改革委批准的CDM项目数量

电力项目类型									其他项目
水电	风电	燃料替代（天然气）发电	煤层气（瓦斯）发电	垃圾填埋气发电	余热（废气）发电	桔梗直燃、联烧发电	热电联产	燃气、蒸汽联合循环发电	
88	59	8	4	3	9	4	2	1	30

注　资料来源：根据国家气候变化对策协调小组办公室公布的国家发展改革委批准的CDM项目情况整理。

【例 7-1】国家电网公司高度重视节能减排工作，积极实施 CDM 项目。截至 2012 年 9 月，国家电网公司系统共开发了 16 个 CDM 项目，范围涵盖节能和提高能效、新能源和可再生能源等类型，预计每年二氧化碳减排量约 265.3 万吨，其中在联合国 CDM 执行理事会注册的项目达到八个，包括国家风光储输示范工程 CDM 项目、配电变压器提前更换 CDM 项目、六氟化硫气体回收 CDM 项目等，每年二氧化碳减排量约 137.2 万吨。目前，国家电网公司正在加强碳减排能力建设，发挥电网平台作用，积极研究电力交易与碳交易相结合的途径。

3. DSM 类型 CDM 项目开发的几个主要问题

DSM 类型 CDM 项目涉及以下几个方面的问题。

第一，基准线和监测方法学问题。由于 CDM 项目减排量交易是出售一种非物质“商品”，即是一种“减排量信用/指标”，不存在物流交换，看不见摸不着，因此对项目的减排量必须有科学的方法来进行计算、测量、核实和证明，于是便产生了方法学问题。联合国气候变化框架公约 CDM 执行理事会（EB）规定，一个合格的 CDM 项目必须采用经 EB 批准的方法学和其颁布的标准格式来进行文件的编写及项目的实施。截至 2007 年 12 月 15 日，EB 已批准的 CDM 方法学有 70 个左右（小规模 CDM 项目方法学约 30 左右），截至 2009 年 4 月底，EB 已经批准大约 136 个 CDM 方法学，其中 63 个大规模方法学，14 个整合方法学，43 个小规模方法学，9 个大规模造林和再造林方法学，2 个整合造林和再造林方法学，5 个小规模造林和再造林方法学。而关于节能和 DSM 方面的方法学不多，从而影响了有关 DSM 方面的 CDM 项目的开发。

第二，额外性问题。根据《马拉喀什协定》的相关规定，一个合格的 CDM 项目，必须具有“真实的、可测量的长期的减排效果”。而这种“减排量必须是额外的，即若无该 CDM 项目活动带来的（减排量收益）支持，这种项目活动及其相应的减排量就不会发生。而由于许多 DSM 类型项目的节电成本效益比较好，单从节电投资成本效益指标来看，其作为 CDM 项目的额外性难以论证，必须从其他的障碍因素分析中去论证项目的额外性，因此比其他类型的 CDM 项目显得复杂，增加了 DSM 类型项目开发为 CDM 项目的难度。

第三，基准线和监测方法问题。对于节电型的 DSM 项目，基准线基本上是现有用电设备在节电改造前的用电效率及其现实的和历史的实际排放量。但是由于设备用电效率缺乏历史记录数据，或难以单独计量，或涉及千家万户，难以统计，使得基准线难以量化确定，同样对于作为 CDM 项目实施后的节电量及减排量的监测也面临同样的困难，从而影响了潜在的项目开发者的积极性。

但对 DSM 项目来说，基准线的确定还有一项有利因素，即一旦节电量或负荷容量的节约能够正确地监测，那么考虑到电力供应来自电网，将节电量（考虑电网线损后）乘以电网的基准线电量（OM）和容量（BM）排放因子，就可以获得相应的减排量。我国区域电网的基准线排放因子见表 7-6。

表 7-6　　2010 年我国各区域电网二氧化碳边际排放因子

区域电网	电量边际排放因子［吨/（千千瓦·时）］	容量边际排放因子［吨/（千千瓦·时）］
华北区域电网	1.0302	0.5777
东北区域电网	1.1120	0.6117
华东区域电网	0.8100	0.7125

续表

区域电网	电量边际排放因子［吨/（千千瓦·时）］	容量边际排放因子［吨/（千千瓦·时）］
华中区域电网	0.9779	0.4990
西北区域电网	0.9720	0.5115
南方区域电网	0.9223	0.3769

注　电量边际排放因子是2009～2011年的平均值；容量边际排放因子为2011年的数据。本结果根据公开的上网电厂数据计算。

资料来源：http：//www.docin.com/p-743417620.html。

如果项目节电规模较小，小于6000万千瓦·时/年，那么就可以按照小规模CDM项目的节电能效项目处理，这时可以利用简化的方法学、申报程序和缴纳简化的费用标准，节省交易成本、人力和时间的投入。多个小项目还可以打捆成为单个小项目来处理。对于大宗的单项节电技术的DSM型CDM项目可以按照CDM EB的指导意见，将其组织成为规划型CDM项目，首先将这项节电规划作为单个CDM项目获得CDM批准（P-CDM），然后按照规划型CDM项目的程序，将该规划下的具体节电CDM项目活动逐个地引入，给予审批和实施。对于这些具体项目的审批条件，地点分布和时间跨度都有比较灵活的安排。这样可以明显提高CDM项目的审批效率，降低成本，节省时间。

四、案例分析

1. 案例一：巴西圣保罗市若干超市的节电管理

（1）概况。巴西圣保罗市的Companhia Brasileirade Distribuiçao（CBD）地区是巴西最大的食品零售区，2004年该地区有153亿雷亚尔（约合51亿美元）的总收入，市场份额大约是15%。截至2004年12月，CBD地区有551家超市，有雇员6万多人。本项目的实施对象是其中的13家超市，如表7-7所示。

表7-7　巴西圣保罗市超市CDM项目

序号	超市	地址	项目实施前的用电量（万千瓦·时）	项目实施后的用电量（万千瓦·时）
1	COMPREBEM	Estrada do Campo Limpo, 459 - São Paulo - SP	676.5	581.2
2	EXTRA	Rua Senador Vergueiro,428 - São Caetano do Sul - SP	829.5	562.5
3	PA-SP	Al. Gabriel Monteiro da Silva, 1.351 - São Paulo - SP	251.2	213.3
4	COMPREBEM	Av. Vila Ema, 1370 - Vila Prudente - São Paulo - SP	159.2	135.2
5	COMPREBEM	R. Cons. Moreira de Barros, 2075 - São Paulo - SP	140.6	133.7
6	PA-SP	R. Conselheiro Furtado, 1.440 - São Paulo - SP	129.1	118.1
7	COMPREBEM	Av. Dna. Belmira Marin, 3917 - São Paulo - SP	71.2	62.5
8	PA-SP	Av. Santo Amaro, 3.271 - São Paulo - SP	123.1	105.2
9	PA-SP	Av. Lavandisca, 249/263, Moema - São Paulo - SP	128.0	113.3
10	SENDAS	Av. Felipe Uebe, 451/469 - Campos dos Goytacazes - RJ	128.8	121.1
11	PA-SP	Av. Santo Amaro, 1001 - São Paulo - SP	76.9	68.4
12	PA-SP	Rua Teodoro Sampaio, 1.933 - São Paulo - SP	374.0	284.6
13	COMPREBEM	Rua Pinheiros, 905/19 - São Paulo - SP	55.0	51.8

（2）技术途径。为了监控电力消费，以合同约定特殊服务的方式建立管理体系。

设置日用电量目标，特别是高峰时段的用电目标后，为了达到更高效的超市运作标准，再造超市操作流程，对每个超市都进行这方面的培训。

通过比较若干个超市，确定每个超市的能源需求水平，要兼顾每个品牌的特殊性，因为不同的品牌有不同的消费模式。

最重要的是空调和冷冻系统的运行维护，这类负荷是超市用电的主要部分。因此，需要有非常苛刻的操作维护规程，还要投资改进设备的装配性能。

对大部分超市，把照明灯替换成更高效的节能灯具，根据每个区域的特点，设计更合适、更有效的照明或装饰效果。

对个别超市，将电烤炉替换成天然气烤炉（54 千瓦），将制冷机替换成变频压缩机，在电网负荷高峰期使用自备的发电机（120 千伏安）。

在这个 CDM 项目中，温室气体的减排是通过减少用电来实现的，虽然巴西水电较多，但化石燃料发电比重也很大，特别是在边际发电量中，因此减少用电可以实现节能减排的目的。

（3）基准线。在本项目中，电力消费的基准线是实施本项目之前超市的实际用电量。

实施本项目后，节电量乘以排放因子就是减排二氧化碳的量，测算结果是 2005 年以后，每年可以减排二氧化碳 3195 吨。

2. 案例二：石家庄市绿色照明项目

河北省电力需求侧管理指导中心曾负责国家发展改革委、联合国环境规划署、全球环境基金共同发起的“中国绿色照明工程”在河北省石家庄市实施的示范项目。该项目通过给消费者补贴，推广使用 32 万多个节能灯，加强了全社会的节能意识，并部分缓解了电力供应短缺状况。但该示范项目已于 2004 年结束，为了进一步以补贴的形式，推广通过 ISO 9001 认证和中国节能认证中心认证的高质量的节能灯，河北省电力需求侧管理指导中心决定将推广计划开发成 CDM 项目。

该项目基准线只有两个情景，一是使用白炽灯，一是使用紧凑荧光灯。2005 年 7 月所做的调研结果表明，由于价格过高和质量不稳定，紧凑荧光灯在河北省的使用率很低，全省的紧凑荧光灯安装量只有照明灯具总安装量的 10%，但石家庄市比例高达 31%。同年 11 月所做的调研结果表明，约 97.1%的调查者在没有补贴的情况下，将不购买节能的紧凑荧光灯。因此该项目的基准线选择为使用白炽灯。为了保证项目具有额外性，在购买本项目提供补贴的紧凑荧光灯时，需要用旧的、还可以使用的白炽灯做交换，同时购买者必须填写一份调查表，以判断购买者是否属于“在没有补贴的情况下，将不购买节能的紧凑荧光灯”的居民。

该项目计划每年销售 60 万只紧凑荧光灯，假设有 97%的紧凑荧光灯满足额外性要求。每只紧凑荧光灯的功率为 9.95 瓦，每年运行 2000 小时，据此可计算该项目的年排放二氧化碳 1.3 万吨。与 9.95 瓦紧凑荧光灯亮度相当的白炽灯功率为 40 瓦，按照每年运行 2000 小时计，基准线年排放二氧化碳 5.1 万吨。因此，该项目每年减排二氧化碳 3.8 万吨，减排二氧化硫 270 吨，减排氮氧化物 90 吨。一般，CDM 项目只需计算二氧化碳的减排量。

该项目能减少电网的电力供应，进而相应地减少电网中燃煤电厂的二氧化碳排放，因此该项目的基准线边界设定为电网和满足额外性要求的紧凑荧光灯用户。

第四节 白色证书

一、“白色证书”的概念

1. 基本概念

“白色证书”（又称“可交易白色证书制度”，Trade White Certificate，TWC），是在近年来在欧洲兴起的一种新型节能机制，是与清洁能源中的“绿色证书”相对应的一种证书。它既是一种政策措施又是一种交易体系，有着融命令、控制型管制和基于市场的可交易机制于一体的显著特点。它表示能源在使用阶段实施了节能工程和采用了节能技术，符合法定的节能标准，在规定的时间内完成额定标准的节能量，这种“白色证书”是可交易的，责任方可以通过自己的努力实现节能要求，也可以从其他人手中购买这些证书，以完成自己的节能任务。建立“白色证书”制度旨在通过限定能源供应商等能源提供者在一定时期内的目标能效提高量来提升全社会的能源使用效率。它的实施机制是：在限定期间内，能源供应商需要向监管部门提交一定数量的“证书”，若完不成节能任务，供应商将接受相应的惩罚。这种惩罚将超过购买同等数量“证书”的花费。因此，那些难以完成节能任务的供应商，为避免惩罚则愿意购买“证书”；而那些超额完成任务的企业，则可以出售“证书”获利。

目前已经开始试行“白色证书”体系的国家主要有英国、意大利和法国。由于这一政策措施已经深刻影响到了当前能效市场对能源供应商的角色定位问题，因此欧盟已经开始将上述三个国家的经验运用到整个欧洲的能效提高计划中。

2. 实施对象

“白色证书”作为与“节能”有关的一种认证机制。它的实施对象主要是能源供应商，包括电力企业（主要是发电商和配电商）、燃气公司、节能服务公司等。“白色证书”最开始由政府根据能效目标的完成情况发售给能源供应商，能源供应商之间可以自由买卖。通过实施可交易“白色证书”，一方面可以度量考核能源供应商在规定时间内获得目标能效提高量的情况；另一方面，实现了完全市场化运作，能源供应商可以在一定市场规则条件下通过双边交易或交易市场进行证书的买卖。

根据“白色证书”的设计理念，所有参与方均可以从“白色证书”体系中获益：

（1）对于政府监管部门，“白色证书”提供了与政府目标一致的可测量的方法。

（2）对具有节能目标的义务机构，“白色证书”提供了以最小成本实现目标的方法，也提供了一种灵活性。既可以通过自身的努力来实现，还可以通过与其他义务机构或其他市场参与方签订“白色证书”供应合同来实现。

（3）对于那些能够获得和出售“白色证书”的市场参与方，“白色证书”提供了额外的收入来源。除了获得直接的商业利润之外，还提供了“白色证书”持有和风险管理效益。

3. 选择原因

目前采取“白色证书”的各个国家原因各异，但总结起来，主要有以下几个方面：

（1）满足“京都议定书”的要求。

（2）“白色证书”能够为各参与方提供大量的实际益处。

（3）通过“白色证书”等一系列证书的实施和交易，建立起有助于调整能源效率的供需关系。

（4）由于涉及到能源节约以及环境问题，得到了广大公众的支持。

（5）欧盟指令要求各成员国“通过能源服务和其他的能源效率改进措施来实现逐步增加能源节约年度指标”，并同时指出“白色证书”交易的机制是促进相关项目的实施以及提供吸引力的适当工具。

4. 基于市场的节能政策比较

目前在能源领域，基于市场而制定的提高能效、降低排放的政策主要有：

白色证书：能源效率交易计划——最终使用能源效率计划。

黑色证书：碳交易计划——减少二氧化碳排放量的计划。

绿色证书：可再生能源承诺交易计划——增加发电过程中使用的可再生能源。

其中，涉及面较广的是“绿色证书”和“白色证书”，其特点如下：

（1）两种证书有不同的目标，因此不可以互换。

（2）在证书问题上（仅包括电），绿色能源可以很容易地测量出来。

（3）对“白色证书”节约能源的评估绝对是更加困难的，并且可覆盖更广泛的能源种类。

（4）“白色证书”和“绿色证书”都有相同的二氧化碳减排目标；通过能源效率项目实现的二氧化碳减排量可在交易市场中出售。

（5）“白色证书”交易机制在推动能源效率项目上的有效性值得探索。即，当使用证书交易以促进能源使用效率，而不是通过可再生资源或减少二氧化碳排放量时，节能减排的效率可能会有不同。

二、“白色证书”的运作机制

1. 基本框架

“白色证书”的实施通常是为了配合国家能源节约政策，也包括能源终端使用的节能活动。其运作可以通过多种方式来实现。通常来讲，白色证书的运作一般由三个步骤完成。

第一步：通过听证会，由公共机构（如政府、地方政府）规定白色证书基本原则和操作规范。主要包括以下内容：

（1）全国性节能目标（任务）：国家的节能总目标，以及用一次或终端能源年节约量表示的节能目标。

（2）承担义务机构（OB）：法律规定的需要承担政府强制性节能义务的单位。

（3）合适的节能项目：能产生实际的、显著的、可识别的能源节约量的得到官方正式认可的项目。

（4）合格的节能项目的实施者（EI）：被授权的、能有效地执行节能项目的机构。

（5）节能目标的分解：将全国总目标在承担义务的机构中进行分配。

第二步：将能源节约量和白色证书建立数量上的对应关系。

根据欧盟议会关于终端能源效率和能源服务指导办法的定义，“白色证书”是由独立认证机构颁发的，对市场参与者申报的由于采取节能措施而产生的节能量进行确认的证书。换句话说，将能源节约义务转换成为“白色证书”。“白色证书”的出现使得在一个客观的实物量（如一定数量的能效所有权）和一个波动的、较难测量的实物量（如能源节约量）之间建立了认可的联系机制，如图7-7所示。

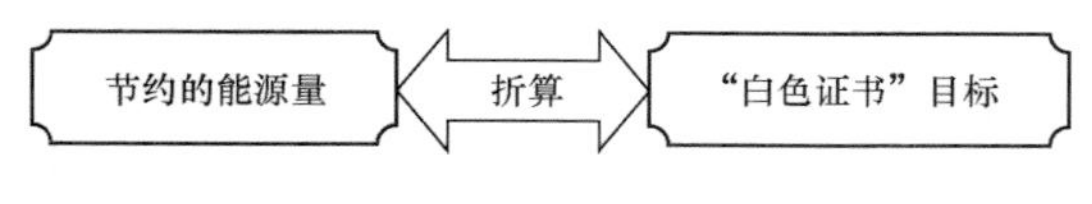

图7-7 “白色证书”目标与节约能源量之间的关系示意图

“白色证书”采取自下而上的测量系统，意味着通过从能源效率措施执行过程中获得的节能（或者减排），都以相对量和通用单位来表示，然后与来自其他节能政策及措施的结果进行合并。当承担节能义务单位需要证明自己的节能量与节能目标的数量关系时，可以依靠颁发的“白色证书”并作为谈判的条件，这在市场环境下是必需的。

值得注意的是，如能源供应商选择“白色证书”，则每个供应商的目标（交付的“能源效率量”）应该设置成它们所分销能源（电力/天然气等）量的百分比，而非绝对值。首先，因为后者大大降低了能源供应商的利润，因为他们不能将证书成本转嫁给用户，因此这样一个证书交易系统将产生严重的风险。而且，脱离市场演化而设置单独的目标看上去是不公平的。其次，该系统风险将可能形成一个非常大的反弹效应，即，引起能源服务消费的极大增长。最后，目标是以销售能源百分比表达的“白色证书”系统，特别适用于促进承担节能义务的个体达到某一层次的节能水平，比传统激励政策更能刺激和挖掘节能潜力。

第三步：在上述机制下，出现了“白色证书”的供应和需求市场。

承担义务的机构必须遵守实现“白色证书”的义务，他们是“白色证书”的需求方（他们也可以制造证书，成为供应方）。合格的节能项目实施者可以得到和拥有认可的“白色证书”，他们作为“白色证书”的供应方。同时，合格的节能项目实施者也可以是承担节能义务的机构。

至此，“白色证书”供应和需求的市场就建立了。一方面，有义务的参与方在无法通过技术改造完成节能任务时，可以根据需要购买相应数量的白色证书。另一方面，没有节能义务的机构获得白色证书，或者有节能义务的机构（义务节能机构）获得了超过节能目标的白色证书，则可以卖出多余的证书。

2. 交易机制

“白色证书”是由政府机构（或认证机构）颁发的对已经节约能源数量的证明。因此，当计算实际节约能源数量时，需要一个基准情景进行对比，如图7-8所示。基准情景是指没有任何节能措施情况下的能源需求。

参与“白色证书”交易的相关各方包括电力和燃气经销商、分销商和节能服务公司等。除了这些社会事业机构，金融媒介以及自发购买者也可以参与。交易参与各方根据如图7-9所示的角色出现在贸易市场中。

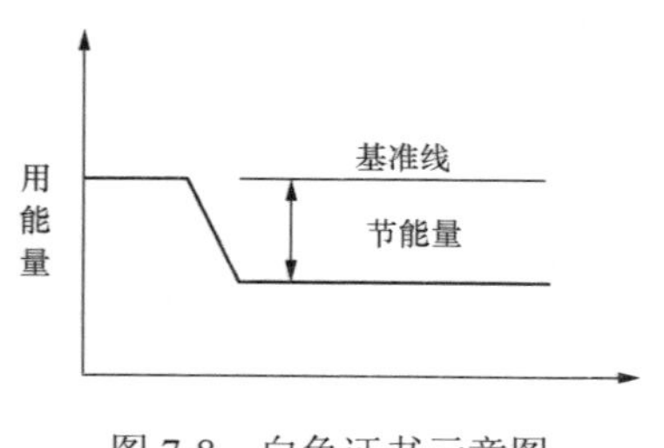

图7-8 白色证书示意图

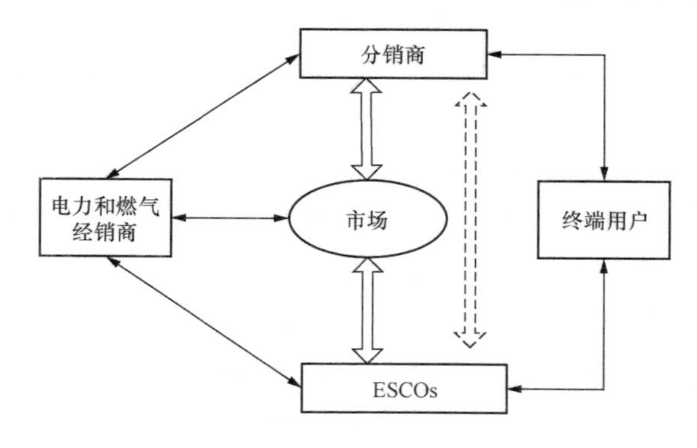

图7-9 参与“白色证书”交易的各方

一般来说，“白色证书”的交易价格取决于下列几个方面：

（1）要求实现的总体节能目标的紧迫性。

（2）能源价格。

（3）节能边际成本曲线的形状（包含所有部分）。

（4）“白色证书”的市场透明度。

（5）可能影响到“白色证书”市场的其他政策变化（如：排放交易体系、税收政策等）。

白色证书的交易机制如图 7-10 所示。

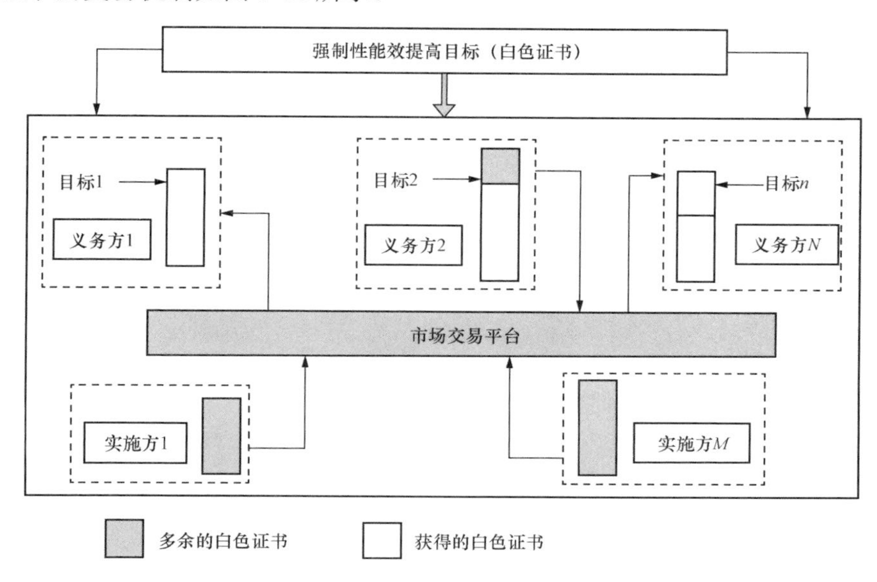

图 7-10　白色证书交易机制

从理论上看，“白色证书”交易使得“白色证书”机制成为纯粹的节能职责以外的一种以市场为基础的选择性方案。对有节能义务的机构（义务节能机构）而言，证书交易有助于其以更为灵活、最小的成本来履行其节能职责；而对能源供应商而言，证书交易要求其选择降低项目成本的方案，并在竞争市场上回收成本，可通过巧妙地组合各种措施来实现这一目标，找到成本、节能和满足最终用户需求之间的最佳状态。

从目前来看，所有存在的“白色证书”计划都涉及某种类型的交易。如意大利通过制度建立交易市场规定电子市场的规则；法国在符合条件方和责任方之间进行直接交易的双边交易机制。证书交易可视为是将规章制度的结果保障与以市场为基础工具的经济效益结合起来的有效方法。

三、“白色证书”实施方案选择

目前，以证书交易为基础的能源节约计划越来越受到决策制定者的支持。它们将社会效益与以市场为基础的工具的经济效率结合在一起，这与自由化市场的框架是一致的。此外，除去“交易”的问题不说，“白色证书”实施方案本身就是一种使官方量化、认可/确定能源节约正式化的有效机制。

（1）义务节能机构必须拥有符合各自义务的白色证书。义务节能机构可以有如下选择：

1）能源（电能、热力）生产商。

2）能源（电能、热力、天然气）分配方。

3）能源或燃料供应商。

4）零售商。

5）消费者。

6）代理商（视实际情况而定）。

（2）节能项目合格的实施者（获得白色证书）。包括：

1）义务节能机构本身。

2）无义务的机构。

3）节能服务公司以及其他的商业能效项目实施者。

4）用户（多为大用户）。

5）市场中介组织（如经纪人或其他参与方）。

6）任何其他经济实体。

（3）节能目标的分解原则。有以下原则：

1）服务客户的数量（或总的市场份额）。

2）分配的能源量。

3）营业额。

（4）合适的节能项目（具备白色证书）。包括：

1）行业。

2）规模。

3）节能效果评估（白色证书的数量）。

4）节能效果的持续性。

5）关于额外节能的评价准则（投产项目已经实现节能或将来能够实现）；其他可供选择的方案。如：①资本/营业额的增加；②创新；③现有市场；④各组成部分平均性能；⑤已存在的标准或规定。

6）监测机制：①持续性；②责任。

（5）不能履约机制。有以下机制：

1）罚款。

2）宽限期。

（6）交易机制（“白色证书”交易规定）。

1）市场参与者。

2）证书的有效期。

3）市场交易的组织（如存在的实时市场、注册管理）。

4）交易的周期。

5）电子交易的安全准则。

6）银行业务（可以将超过节能目标的白色证书存储，供以后使用）。

7）租借业务（在没有执行项目之前颁发一定量的“白色证书”）。

8）继承业务（典型的排放交易机制，证书可以根据过去的价值获得）。

（7）可能的成本回收机制。义务节能机构在实施节能项目的同时，收回在执行节能项目的部分成本。

（8）扩大市场机遇。可扩大市场机遇的范围有：

1）在工业化国家。

2）在欧盟内，以节能和能源服务为基础的国家。

3）需要在节能评价项目中协调。

（9）与其他政策工具共同发挥作用。其他政策工具主要有以下几种：

1）激励政策。

2）征税和免税政策。

3）自愿协议。

4）核心标准。

5）能效审计补贴。

（10）与其他交易机制的相互作用。

1）可再生能源承诺机制（绿色证书）。

2）二氧化碳交易机制（黑色证书）（《京都议定书》与温室气体国际减排交易制度、欧洲温室气体排放额度交易系统）。

（11）“白色证书”的实施风险。

1）“白色证书”的产生带来了交易机会的不确定性，因为需求只能得到推测，尤其是在开始阶段。

2）在开始阶段，证书拥有者可以仅运用小部分已经建立的能源节约手段，而不考虑大部分其他更有效的手段，这些有可能是他们太创新的特点造成的，或者是由市场传播不够造成的。

3）“白色证书”的统计计算标准通常都建立在统计水平上而不是在独立的水平之上，容易产生误导。

4）通过恰当的证书系统目标设计，“白色证书”将是一个有意义的促进节能的政策工具。但是如果设置的目标太弱，则存在一个实际的风险，即“白色证书”系统可能几乎不会产生预期的影响力，从而延迟其他更高效率的政策工具的执行。

（12）节能效果评估。

1）能源利用率。

2）建立一整套标准化方法对每次行为进行节能的整体评测。

3）为避免衡量标准可能会异常地鼓励或阻碍一些特殊行为，针对评测结果，可以从以下几个方面进行调谐：①特殊类型的设备或货物；②节约能源的过程（如转换至再生能源等）；③市场情况。

4）节约的持续时间。若按4%的折扣实现年节约，则节约要一直持续到设备的使用寿命终止。

（13）建议。

从总体上看，“白色证书”交易代表了一种以市场为基础解决能源节约问题的方法，但需要降低不适当的期望和目标，因为这项政策工具不能从总体上处理和解决能源效率低以及与能源效率有关的障碍问题。因此，“白色证书”计划不应取代现行的其他政策，但要加强这些政策的实施。

（1）能源节约的监控和验证方法是更好地保证“白色证书”落实到位的一个挑战性因素。

（2）从开始实施“白色证书”交易计划以及开始执行标准的评估程序时就应当考虑高效设备和高质量建筑行业的大力参与。特别应保证制造商的参与，因为他们是推动高效能源技术最重要的经营者。

（3）因为能源效率是一个不断变化的目标，因此要持久地建立与高效设备技术特点和成本有关的数据库。

（4）需要改进法定标准的执行力度和效力。

（5）应鼓励能源供应商承担长期的能源节约项目。

（6）执行“白色证书”计划的地域应与能源市场的地域范围相对应。

四、“白色证书”在各个国家的实施情况[8, 9]

“白色证书”计划正在意大利、法国、英国等国试行。同时，比利时、荷兰、瑞典和挪威等国家也正积极关注并学习这些国家的经验。尽管各个国家在“白色证书”的设计上符合大体相似的原则，但由于有着各自的不同情况，因而在具体的实施上也存在着各自的特点。

1. 意大利

意大利“白色证书”体系的选择是完全基于政策驱动之上的。首先，意大利在签署的《京都议定书》中承诺在 2008～2012 年间减少二氧化碳的排放。其中，约 26%的减排目标将会通过提高能源市场上需求侧的能源效率来达到。其次，执行欧盟关于电力和燃气自由化方面的指令（96/92/CE 和 98/30/CE）。意大利颁布法令要求节能的执行中包含提高终端使用的能源节约。再者，为了提高市场透明度，意大利政府用市场机制基础上的激励方式逐步来取代传统“政策”手段。

随着能源市场日益自由化，意大利政府认为，实行预定的节能目标，除坚持传统的政策工具外，更需要新的政策工具。2004 年 7 月，意政府以部长令的形式颁布“可交易白色证书”制度，它的设计、实施和监督由意大利电力和燃气管理局（AEEG）负责。新政策工具在设计过程中坚持两条标准，即成本优势和可竞争性，其显著特点是：融命令、控制型管制和基于市场的可交易机制于一体，并明确了“白色证书”交易机制的定量目标。

意大利“白色证书”的实施对象主要是 2001 年拥有 10 万户以上的电力和燃气公司（10 个电力经销商，24 家天然气经销商），办法是按照上一年度各公司能源供给量占总的能源市场份额来分配各自的能效提高目标，并且每年考核一次目标的执行情况。意大利衡量能效提高目标的执行情况主要看能源供应商获得“白色证书”量的多少。“白色证书”最开始由政府根据能效目标的完成情况发售给能源供应商，能源供应商之间可以通过签署双边协议或者直接从市场上购买“白色证书”以完成任务；如不能完成任务，则接受罚款。

随后意大利又引入了新的政策来提高能效项目的资助力度和激励节能服务公司的活动。政府颁布了两项指令，建立了一套既有市场激励又有调控作用的实施计划。一项是市场手段，将可交易的“白色证书”既可以发售给电力企业也可以发售给节能服务公司。另一方面规定税费政策，允许能源供应商通过适当的电力和燃气税费来回收投资成本。在这一政策驱动下，如果节能服务公司可以获得“白色证书”，那么能源供应商就会考虑向其购买证书。

根据双指令所规划的框架，政府设计了三种类型的证书，如表 7-8 所示，其特点是两者之间的替代级别不同。

表 7-8　能源效率证书类型和彼此之间的替代级别

证书类型	实用性/可交易性/替代性			
	电力法令		天然气法令	
	目标的实现与耗电量减少有关	目标的实现与化石能源的消耗减少有关	目标的实现与燃气消耗减少有关	目标的实现与化石能源的消耗减少有关
第一类证书	是	是	否	是
第二类证书	否	是	是	是
第三类证书	否	是	否	是

（1）第一类证书：它们证明的是通过减少能源的消耗，在节约化石能源上所取得的成果。

（2）第二类证书：它们证明的是通过减少天然气的消耗，在节约化石能源上所取得的成果。

（3）第三类证书：它们证明的是通过减少其他矿物燃料的消耗，在节约化石能源上所取得的成果。

这些证书的使用期限严格依据有关的能源节约措施的执行期限（五年或八年）。使用期限将延伸到2005～2009年实行双法令时期以外。

根据交易规则，一旦权威机构批准了相关的能源节约项目（在指定年限内要达到的能源储蓄量），就可以发放“白色证书”。根据交易规则，发放证书的数量反映了公认的节约能源的数量（一份证书=一吨油当量）。此时，“白色证书”被视为权威执行机构评定他们的能源节约目标是否一致的唯一有效文件。他们可以通过双边合同和由市场经营者组织的市场，根据规定的交易原则（交易周期/次数，买卖双方的安全规则）对其进行谈判。协商的内容大致包括，持续交易、每种类型的能源效率证书（电力、燃气、化石能源）、交易手册细则、向买方支付保险金等。

综合来看，意大利实施的“白色证书”体现了双重目的：①它们是证明所节约的一次能源的相应数量的计算工具，为达到这一目的，分销商们必须在规定时间点向权威机构提交相应“白色证书”的数量，用能量值表示（吨油当量）他们在那一阶段被要求完成的任务；②可以对这些证书进行双边交易或在“白色证书”市场上交易。

2. 法国

20世纪90年代，法国对关于能源效率和能源节约的政策重视不够。2003年初，法国境内引发了一场关于能源问题的讨论，节约能源的需求获得了政治舆论的大力支持。考虑到未来的能源供应安全以及《京都协议书》的执行目标，政府不得不制定适当的政策以便将能源问题摆在议事日程的优先位置。但由于公共机构在提高能源效率问题上长期缺乏资金和人力资源，所以，需要建立一套含有更多的关于不同领域（资金、能源供应、帮助用户节约能源的信息的传播）刺激因素的机制。

法国在家居及第三产业的节能工作虽较为分散，但在能源使用效率方面具有重大的突破，这样的背景环境为建立以“白色证书”交易为基础的全国性政策提供了机会。

2005 年，法国颁布了“Loi POPE”法令确定了调整法国未来能源方针的一般原则，其中就包括涉及“白色证书”计划需求的主要规则。2006 年 5 月又颁布了三项法令（关于节能职责的 n°2006—600，关于节能证书的 n°2006—603，关于注册管理的 n°2006—604），确定了考虑远期节能目标而制定的头三年的强制指标为：在 2006 年 7 月～2009 年 6 月内积累并实现 540 亿千瓦•时的节能量，其中节能行为有效期的 4%的折扣率（视不同措施而定）已计算在内，对指标的核实将在这段时期结束时执行。总指标将由涉及不同能源以及依据各自的市场份额来计算的各参与者来共同完成，具体分配如下：50%～64%电力供应，19%～25%燃气供应，3%～5%热力供应，14%～20%其他燃料供应。在供应商做出能源销售声明后进行准确的重新分配，具体的分配标准按能源供应商被评定的销售量确定比例，同时也将考虑运用年度调整体系来调整市场份额的变化。

随后，法国正式出台了《能源白色证书》，确定了如下内容：

（1）房屋能源性能规定。

（2）支持可再生能源开采行动。

（3）财政调节。

（4）实现强制节能。

在文件的最后一条中，规定了节能目标，到 2015 年每年节约能源 2%，到 2030 年每年节约能源 3%。

法国规定白色证书贸易的参与者包括：①责任方——所有能源供应商；②符合条件的执行者。尽管理论上任何参与者都可开展节能计划并获得证书，但考虑到一些不同的情形，获得证书须满足以下条件：第一，必须证明其采用的节能措施可以制造至少 100 万千瓦•时的节约量；第二，对非责任经销商而言，若执行的行为与其主要活动无联系且未产生直接营业收入，它便能获得一些证书。

按照证书交易的相关规定，由产业部负责创建计划方案，管理计划方案的主体，分配节约目标，公布白色证书的潜在客户名单，并在三年应用期中每年发布年度报告，描述方案运行状态及市场状况。法国环境与能源管理机构（ADEME）负责辅助产业部进行解释及评价（即节约计算的方法论），但这些方法由产业部确认生效且其具有最终决定权。国家工业和环境地区管理局（DIIRE）则负责发行“白色证书”。

在执行阶段末期，责任方应将“白色证书”归还转交机构——国家工业和环境管理局；之后，方可对这类授权进行清算。在这以前，市场可以通过逐渐的连续的双边交易缓解可能存在的授权不足与授权过度。证书的交易价将由市场决定，但最高不得超过对违规行为处以罚款的金额；对于违约行为的罚金将按照规定收取。国家证书登记注册处将负责发布用于证书的年平均交易价。

总体来看，法国执行的“白色证书”政策被认为是对其他现有手段进行的补充，如课税扣除等。鼓励参与方在没有津贴的情况下拉动其需求/供应，尽管如此，提高实施质量的措施及其产品（如奖金等）仍正在被考虑中。

3. 英国

这一政策最初制定的灵感来自于美国和欧洲一些国家电力垄断时期的最小资源成本计划，英国在此基础上结合能效市场进行了改进和完善。1994 年，英格兰和威尔士的 12

家能源供应商被要求参与到居民用户的能效提高工作中来，当时是以能效标准考核的形式来要求的，这也就是所谓“白色证书”的前身。1995 年这一责任的实施范围被扩大到了苏格兰的两家电力供应商。1997 年北爱尔兰在其垄断的能源供应侧建立起一套类似的独立能效实施计划。2000 年，这方面工作有了很大进展：能源监管机构被分成了电力和燃气监管机构，能效计划被扩展到了整个英联邦而且包括燃气供应商，更重要的是政府有权利制定相应的能效目标来约束能源供应商的能效提高行为。2002 年，这一计划被冠以“能效协议”的名义开始了第一阶段的实施。第一阶段中，英国要求能源供应商从 2002 年 4 月 1 日～2005 年 3 月 31 日三年的时间里节约 620 亿千瓦·时电量，而实际节电量超过 700 亿千瓦·时，超过计划的 10%以上。其中 55%来自于提高绝热性能，20%来自于高效照明，12%来自于采用高效设备，大约 10%来自于改善供热系统。第二阶段的实施时间从 2005 年 4 月开始，英国能效委员会计划在三年里，将目标提高两倍，约为 1300 亿千瓦·时。从以上数据可以看出，英国“能效协议”计划的实施情况是非常成功的。在第二阶段，英国将这种“能效协议”冠以“白色证书”的形式予以交易，并允许能源供应商之间以双边合同的形式进行“白色证书”的买卖，一些未完成指标的能源供应商为了免受政府的惩罚，就会考虑向超额完成目标的能源供应商购买“白色证书”，证书的价格由市场供需关系来决定，从而带动整个能效市场的繁荣。

五、“白色证书”给我国能效市场的启示

通常，在能源和环境保护政策领域，市场条件下的政策工具备受推崇。这应归因于这些政策工具在设计过程中坚持成本优势和可竞争性这两条标准，使其在市场竞争中具有经济效率和效益，符合能源市场运作的需要，对降低成本具有积极引导和激励作用。特别是当某些国家要求在特定的期限内达到具有强制性节能数量目标时，这些政策工具尤其适用。在能源市场日益自由化的今天，实行预定的节能目标，除坚持传统的政策工具外，更需要新的政策工具。

“白色证书”模式作为一种新兴的节能政策模式，虽然目前欧洲各国还在不断的探索实践当中，且各国在实施过程中方法也有所不同，但有一点可以肯定的是，白色证书模式是一种先进的节能政策模式，它不仅在实施效果上优于传统的节能模式，更重要的是，它较好地解决了发电企业等能源供应商在能效市场中的角色定位问题，很好地调动了能源供应商在能效市场中的积极性。

我国能效市场潜力巨大，经济社会效益十分可观，但存在一些亟待解决的问题。首先，能源供应企业没能有效参与到能效市场中来，在能效市场中的定位不明确。其次，市场机制和行政手段缺乏有机结合，运作机制不规范。第三，除制定能效标准，定期公布淘汰产品目录，运用价格、税费等经济手段外，缺少其他有效的市场化运作手段。

综合各国积累的实践经验，结合目前国内能效市场现状，“白色证书”模式对于我国能效市场的启示主要有：

首先，“白色证书”模式采取行政手段和市场手段相结合、两种手段并举来加强能效管理，这和我国能效工作中的“市场化手段为主，辅以必要的行政手段”思路相吻合，而我国市场和行政手段的结合体系还不完善，因此“白色证书”模式对我国能效工作的开展具有很好的借鉴作用。

其次，合同能源管理是节能工作中一项非常重要的市场化运作手段，节能服务公司在其中发挥着重要的作用，而我国目前合同能源管理还处在刚刚起步的阶段，节能服务公司发展空间有限，如能借鉴白色证书模式，让节能服务公司参与证书的市场交易，不但可以更有效地实现全社会的节能目标，而且也将极大地拓展节能服务公司的发展空间，促进节能服务公司的发展。

第三，能效的获得是一个长期的过程，如果加快能效潜力的获取速度，则可以减少许多无谓的能源消耗，“白色证书”模式限定了能效的提高量和实现时间，加快了能效潜力的获取速度，具有很强的操作性。

第四，发电企业等能源供应商在能效市场中的作用尚未得到很好的发挥，“白色证书”模式能激励能源供应商积极地参与到能效市场中来，帮助其用户开展能效工作，实施效果好的能源供应商还可以从能效市场中获利。

最后，“政府主导、多方参与、市场化运作”是“白色证书”最主要的特点之一，该模式的实施经验将为我国能效工作的市场化改革提供有益的参考。

我国可以借鉴“白色证书”模式，对有关企业的节能工作进行认证，并根据企业的节能量颁发相应的“白色证书”。若企业达不到规定的节能标准，则需要购买“白色证书”或交纳罚款；若企业超过了规定的节能标准，可以卖出多余的“白色证书”或持有以备将来使用。通过“白色证书”的认证和交易，督促企业积极开展能效管理活动，达到节能降耗的目的。值得注意的是，“白色证书”计划规则要透明、明确和简单，特别是决策方，要能够尽可能地综合利益相关者的一致意见，这将有利于此政策的顺利执行。

本章参考文献

[1] 王锡凡，方万良，杜正春．现代电力系统分析．北京：科学出版社，2003．

[2] 于尔铿，韩放，谢开．电力市场．北京：中国电力出版社，1998．

[3] Edward Vine, Jan Hanmrin, Nick Eyre, David Crossley， Michelle Maloney, Greg Watt．Public Policy Analysis of Energy Efficiency and load Management in Changing ElectricityBusiness．Eaergy Policy, 2003, 31（5）.

[4] 周明，李庚银，倪以信．电力市场下电力需求侧管理实施机制初探．电网技术，2005，29（5）.

[5] 郭磊．电力产业需求侧管理与需求侧响应定价．价格理论与实践，2007，(5).

[6] 吴至复，曾鸣．符合国情的统一开放的电力市场体系研究．电网技术，2007，31（10）.

[7] 张安华．清洁发展机制与电力需求侧管理. 电力需求侧管理，2007，9（1）.

[8] Paolo Bertoldi, Ole Langniss．White, green & brown certificates：How to make the most of them? ECEEE 2005 SUMMER STUDY-WHAT WORKS & WHO DELIVERS．

[9] Antonio Capozza. Market Mechanisms For White Certificates Trading, Task XIV Final Report-Based On National And International Studies And Experiences. IEA DSM. Italy: 2006.

[10] 李蒙，胡兆光．国外节能新模式及对我国能效市场的启示．电力需求册管理，2006，8（5).

第八章

电力需求侧管理实验室介绍

第一节　电力需求侧管理实验室的基本概念

一、电力需求侧管理实验室的作用

电力需求侧管理工作是一项系统工程，它涉及到政府、电网企业、发电企业、节能服务公司及电力用户等多个参与方；还涉及 DSM 项目的规划、立项、设计、实施、后评估等众多环节。不同参与方有着各自的目标和利益，各个环节专业性较强，涵盖了电力系统、技术经济、环境保护、法律等方面的知识。这些都为开展 DSM 工作带来很多困难与挑战，而且 DSM 工作中有大量的数据查询、处理、分析、计算等工作，如果这些工作都由人工来完成，将费时、费力、费财。随着信息技术的发展，计算机硬件、软件被广泛应用于数据的查询、传输、存储、分析处理等领域，并具有人脑、人力的延伸等优势。如果将计算机技术应用到 DSM 工作中，建立 DSM 应用平台，解决 DSM 工作中那些繁琐的数据处理、信息共享等问题，将为开展 DSM 工作提供有力的支持。

除了繁琐的数据处理外，对各种 DSM 政策、措施的评估同样需要计算机的支持。为了科学有效地开展 DSM 工作，需要事先预计这些 DSM 政策、措施实施后可能产生的效果。我们往往很难参考历史的政策、措施，因为需要出台的这些政策、措施可能完全是新的，根本没有例子可参考；最好也不要等到这些政策、措施实施一段时间后再回头来对它们进行评估，因为这样可能会因为采取了错误的政策、措施而对经济、社会造成很大的损失。我们需要像物理学家、化学家那样通过做各种实验来观察不同的结果，这样将能及时发现问题，避免损失的发生。但 DSM 工作不是一个物理或化学问题，而是一个社会经济问题，这样的问题应该怎么做实验？马克思认为我们不可能利用手术刀或化学试管去研究社会经济问题，唯一的办法就是利用人的抽象能力来建模，通过计算机软硬件的支持，进行各种模拟实验。

所以建立电力需求侧管理实验室是很有价值的，它不但可以提高我们开展 DSM 的工作效率，还有利于 DSM 政策、措施制定的科学化。国家电力需求侧管理平台（http://www.dsm.gov.cn）就具有这样的功能，为政府、电力企业、电力用户及相关机构、学者开展电力需求侧管理工作提供了一个很好的平台。

二、电力需求侧管理实验室的定义

电力需求侧管理实验室是由计算机信息网络、软件、硬件及行业专家和专业技术人员构成的，以 DSM 信息平台为基础，面向政府、电网企业、发电企业、节能服务公司、电力用户等开展 DSM 相关研究和推广应用工作的集成系统。

通过电力需求侧管理实验室，可以随时查询电力用户的用电情况、电力需求信息，政府、电网企业、节能服务公司等机构的相关信息，各种 DSM 产品的价格、销售及应用情况，已经开展的各类 DSM 项目信息，相关的政策、法律、法规等；可以对各类 DSM 项目进行可行性评估，进行项目设计，随时跟踪 DSM 项目的实施进展，对项目进行后评估等；可以随时对 DSM 政策措施的实施效果进行模拟分析等。

第二节　电力需求侧管理实验室的总体结构

一、电力需求侧管理实验室软件功能结构

如图 8-1 所示，反映了该电力需求侧管理实验室的软件功能结构，总体功能包含两层：支撑层和应用层。其中支撑层是为了开展具体的应用，系统必须具备的基础功能，由数据仓库及其管理系统、模型库及其管理系统、知识库及其管理系统、数据采集、推理机、数据挖掘（data mining，DM）和联机分析处理（on-line analytical processing，OLAP）、中央控制系统十大部件组成；应用层指系统可以开展的 DSM 应用分析及实验，包括项目分析、负荷分析预测、DSM 成本效益评估、DSM 政策模拟、DSM 综合评价等。

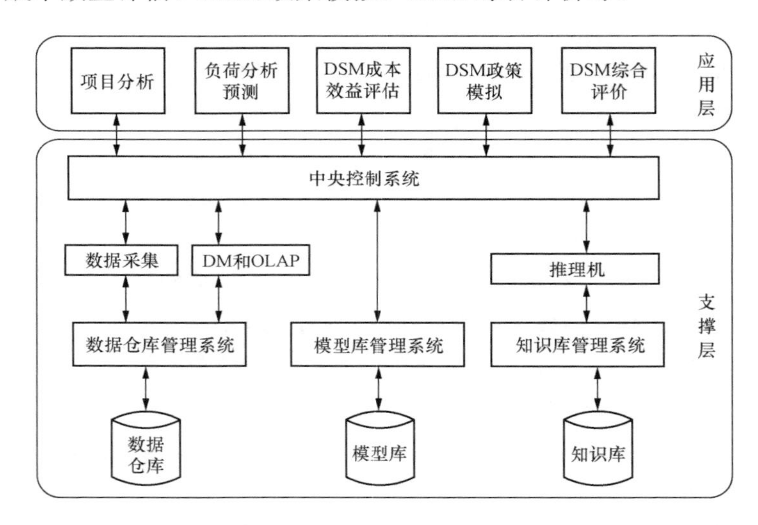

图 8-1　电力需求侧管理实验室软件功能结构

（一）软件支撑层主要部件功能介绍[1]

数据仓库：用来存放大量 DSM 数据，是按一定结构组织在一起的相关数据的集合。一般来说数据仓库的容量很大，数据是面向一定主题而且按一定的组织结构存放，以便查询利用。

数据仓库管理系统：是一组能完成描述、管理、维护数据仓库的程序系统，具体有数据仓库的建立、删除、修改与维护，以及数据存储、检索、排序、索引、统计等功能。

数据采集：通过多种途径分类采集 DSM 的相关信息，包括经济、电力、气候、节能产品、DSM 措施等信息，并对其进行预处理，分类存储到数据库中，从而使得利用数据进行准确定量的分析成为可能。

数据挖掘和联机分析处理（DM 和 OLAP）：是基于数据仓库的数据分析处理方法。其中

DM 主要偏向于从现有的 DSM 数据中提炼出有用的信息，如规则、知识、经验等；而 OLAP 主要偏向于对现有数据进行各种组合和多维分析，如从时间、地域、行业等不同侧面分析 DSM 数据。

模型库：是在计算机中按一定组织结构存储多个模型的集合体，如分析统计、预测、规划、综合评价模型等，这些模型可以重新组合成为新的模型，从而解决更为复杂的问题。

模型库管理系统：是对模型的建立、修改、删除、调用、查询以及评价进行集中控制的程序系统。

知识库：由一系列的规则、专家经验、知识等组成的 DSM 知识集合，供推理机调用，主要用于解决 DSM 研究中的半结构化和非结构化问题。

知识库管理系统：是对知识的建立、维护、调用、查询、评价等进行集中控制的程序系统。

推理机：是一个小型的专家系统，与知识库连接，具有推理功能。

中央控制器：是电力需求侧管理实验室的中心模块，是连接应用层与支撑层的桥梁，主要为完成特定的 DSM 应用，协调、调用支撑层的各部件，并将结果反馈到应用层。

（二）软件应用层功能简介

项目分析：分类统计各地区已完成和正在开展的 DSM 项目，分析各类用户开展 DSM 的情况、DSM 产品情况、DSM 技术使用情况，并进行用户的用电审计及节能节电潜力分析，为 DSM 项目设计提供依据。

负荷分析预测：分析用户的用电情况、负荷特性情况，对用户未来的电力需求及用电负荷进行预测。

DSM 成本效益评估：在 DSM 实施过程中，对不同参与者的成本效益进行分析，并以此对各项 DSM 措施、项目进行评估。

DSM 政策模拟：对 DSM 有关政策的实施效果进行模拟，研究这些 DSM 政策对经济及各参与方可能产生的影响。

DSM 综合评价：综合考虑发电企业、电网企业、电力用户以及社会发展等方面，利用相关方法对 DSM 项目进行全面的评价，确定项目的优劣与可行性。

二、电力需求侧管理实验室软件体系结构

传统的基于客户端/服务器（client/server，C/S）模式的系统运行在局域网环境下，具有较强的数据操纵和事务处理能力，但其封闭的特点使人们难以实现建立完整信息网络；同时，其开发成本较高，兼容、扩展性差，维护麻烦，从而限制了其应用的广度。

浏览器/服务器（browser/server，B/S）模式把 C/S 的胖客户机/瘦服务器结构变为瘦客户机/胖服务器结构，客户端软件简化到只要安装统一的浏览器软件；同时，由于是基于 TCP/IP 协议和 HTTP 协议，很好地解决了跨平台性，使不同的机型、操作系统都能兼容。B/S 结构下的系统不仅易于维护，开发、培训成本低，而且扩展、移植性好，最大限度地实现资源共享，但其具有传输效率低、对网络带宽要求高、信息难于加密等缺点。

若能将二者的优点集成，不仅可实现系统的开放性和通用性，同时还可保持内部系统的封闭性和专用性。因此电力需求侧管理实验室采用基于 C/S 和 B/S 混合模式的多层分布式的体系结构，如图 8-2 所示，包括四层，分别是展示层（包括浏览器和专用客户端程序）、Web 服务层、应用服务层、数据服务层。

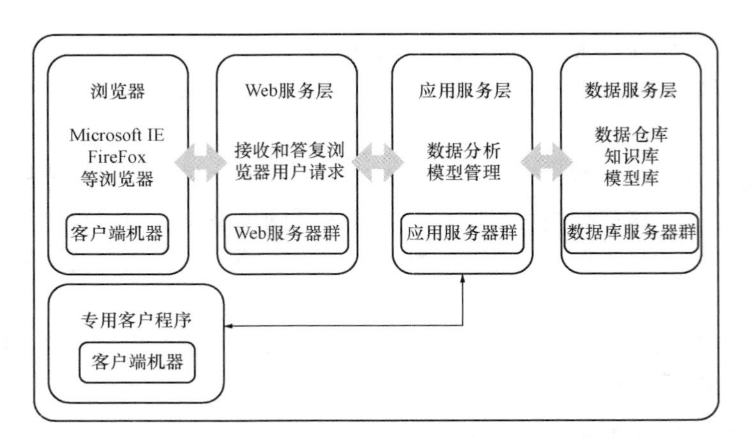

图 8-2　电力需求侧管理实验室软件体系结构

展示层：主要是人机交互界面，负责信息的输入、显示。

Web 服务层：主要负责对使用者通过浏览器传来的请求进行接收与回复。

应用服务层：主要负责事务处理和逻辑运算处理，包括各种分析、模型计算、推理及各功能模块之间的协调、通信等。

数据服务层：主要负责 DSM 数据、知识、模型的存储、组织与各种管理。

三、电力需求侧管理实验室硬件结构

电力需求侧管理实验室硬件结构如图 8-3 所示，从中可以看出构成电力需求侧管理实验室硬件平台的主要设备有客户端计算机、显示设备、各种服务器、交换机以及各类连接线缆等。局域网内的使用者可以直接通过交换机访问实验室的各种应用程序，广域网上的使用者可以通过 Internet 以 Web 方式访问实验室的应用程序。

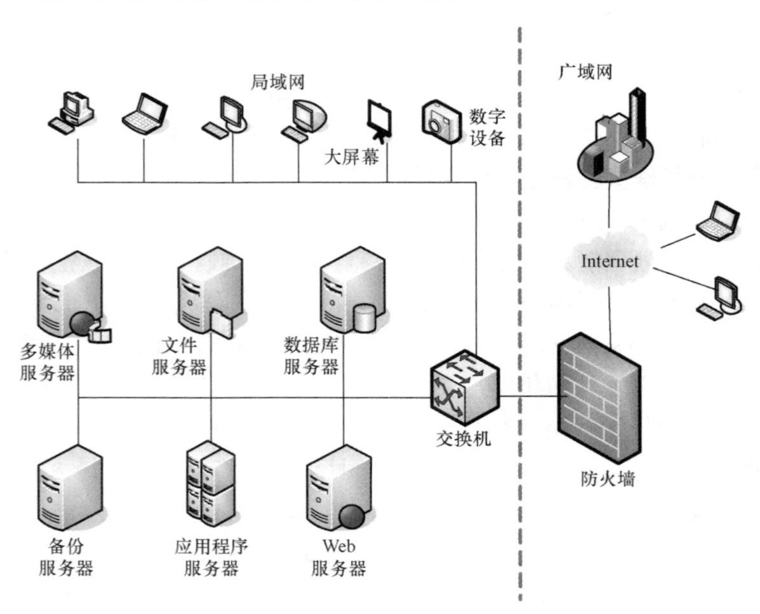

图 8-3　电力需求侧管理实验室硬件结构

服务器是电力需求侧管理实验室硬件平台中的核心部分，主要包括数据库服务器、文件服务器、多媒体服务器、备份服务器、应用程序服务器以及 Web 服务器。其中数据库服务器主要存放关于 DSM 工作的所有数据信息；文件服务器存放关于 DSM 工作的大量文档；多媒体服务器主要存放关于 DSM 工作的多媒体信息；备份服务器负责各类数据、信息的备份；应用程序服务器主要负责存放 DSM 实验室的各种应用程序，使用者可以通过 C/S、B/S 方式来访问；Web 服务器主要存放 DSM 实验室的 Web 程序，使用者可以通过 Web 方式访问。

第三节　电力需求侧管理实验室的关键技术

一、实验经济学[1~5]

实验经济学的研究手段就是经济实验。所谓经济实验指的是一种应用于经济学研究的实验形式。具体说，经济实验所要做的主要是在可控的实验环境下，针对某一经济现象，通过控制某些条件（假设）以改变实验的环境或规则，并观察实验对象的行为，分析实验的结果，以检验、比较和完善经济理论并提供政策决策的依据。经济实验的理论基础是微观经济系统理论，该理论认为一个微观经济系统包括两部分："环境"和"制度"。"环境"用来描述经济主体所处的经济系统特性，一般包括经济代理人的偏好、技术、知识和初始禀赋等属性；"制度"的组成比较复杂，它描述的是经济代理人在由"环境"定义的经济系统中的一系列行为准则，主要包括语言规则、分配规则、成本规则和修正规则等。

通过实验经济学的方法，可以进行五项工作：①理论检验。通过对在实验中观察到的实验对象发出的信息和获得的结果进行比较，我们可以对一个理论进行检验。如果观察值与理论预期值的符合程度越高，同时保证这种符合不是随机造成的，那么就可以说所检验的理论越好。②寻找理论失效的原因。一旦从实验中观察到的结果与理论不同，如果实验的设计没有违背理论的假设，那么就可以认为是理论存在问题，进而通过设计相关实验，可以找到理论失效的具体原因。③建立经验性的规律作为新理论的基础。在经济实验中，理论学家可以轻易地对那些非常复杂的情况进行研究，观察实验结果，从而获得经验性的规律，对新理论的建立进行指导。④环境比较。在同一制度下，通过改变实验的环境，观察改变前后的结果，比较不同环境（例如需求和供给结构）对结果的影响。⑤制度比较。在同一实验环境下，通过改变实验的制度（如信息结构，交易规则等），比较不同制度对结果的影响。

二、智能工程[1，6]

20 世纪，由于生产力的巨大发展，出现了许多大型、复杂的工程技术问题，以运筹学、控制论、信息论与管理科学为基础的系统工程应运而生。它对于实际问题的描述和求解大多都是抽象为数学模型。然而复杂的现实社会中存在着大量的无法用数学方程表达的因果关系，或映射关系，需要对映射关系的含义和形式进行扩展。

智能工程（intelligent engineering，IE）采用描述映射关系的广义模型 $f:X \to Y$，它不仅包括了一般意义上的函数映射关系，还扩充了神经网络形式、逻辑规则形式、模糊形式、关系图形式等，它是系统工程的延伸与发展，不仅继承了系统工程分析问题、解决问题的思路，还融合人工智能、智能计算技术（神经网络、模糊逻辑、遗传算法等）、不确定性理论、多智能体技术等的优势，在智能空间中为研究巨型复杂系统演化提供一种方法。

在广义模型概念下，智能工程将巨型复杂系统的演化用初始状态集合 S_0、目标状态集合 S_n、智能路径集合 PB 三元组来描述：$S(S_0,S_n,PB)$。

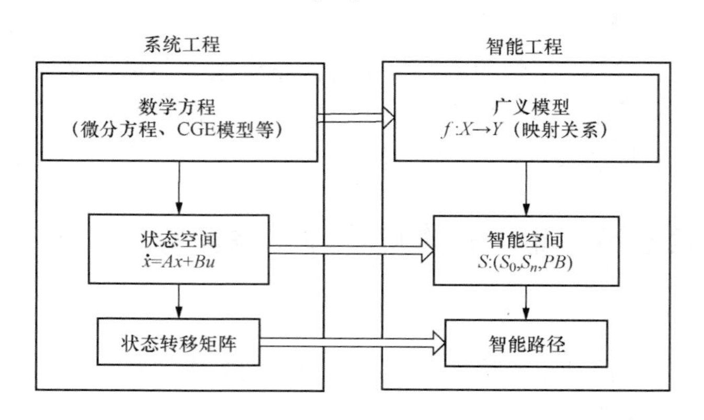

图 8-4　系统工程与智能工程的区别

系统工程与智能工程的区别如图 8-4 所示。科学研究方法的发展路径是由简单的数学模型到系统工程，再到智能工程，这种简单—复杂—简单的发展轨迹，也是科学方法论“否定之否定螺旋式上升”的体现。

三、智能体技术[5~8]

智能体的英文为 Agent，原意为代理，有时又称为主体，是一个物理的或抽象的实体，它能够作用于自身与环境，并能对环境的变化做出反应。智能体具有知识、目标和能力。所谓知识是指智能体关于它所处的环境或它所要求解的问题的描述；目标是指智能体所采取的一切行动都是面向目标的；而能力则指智能体具有推理、决策、规划和控制的能力。

不同的研究人员从不同的研究角度对智能体进行理解。Wooldridge 给出了智能体的“弱概念”和“强概念”的定义。在“弱概念”下，智能体具有以下能力：自主能力（autonomy），可以在没有外界干预的情况运行，而且它对自身的行为和内部状态有一定的控制权；社会能力（sociability），可以与其他智能体进行信息交换，并对其他智能体的行为产生影响；反应能力（reactivity），可以感知所处的环境并对环境做出一定的反应；预动能力（pre-activeness），能够接受某些信息，从而做出面向目标的行为。在“强概念”下，智能体除了具有上述特征外，还应该具有某些人类的特性，如知识、信念、意图和承诺等心智状态。Shoham 提出了面向智能体的编程，认为智能体是一个由信念、能力、选择、承诺等组成的实体。Nwana 定义了智能体的三层概念结构，包括定义层、组织层和合作层，它提供了一种描述智能体应用特征的框架，是对上述定义的具体化。定义层描述智能体实体，包括推理学习机制、目标、资源和技能等；组织层定义智能体与其他智能体的关系；合作层说明智能体的社会能力。Marvin Minsky 从社会智能的角度对智能体进行定义，认为当用特定的方法将只做一些简单事情的个体组成一个群体时就产生了智能，在群体里面可以做简单事情的个体就是智能体。Muller 提出的智能体定义主要包括知识、推理能力和决策能力，同时还强调通信能力和感知能力。这种定义更接近人工智能（AI）中知识处理系统的结构。

一般而言，智能体具有四个基本特性：自主性、反应性、社会性和进化性。

（1）自主性：一个智能体应具有独立的自身拥有的知识和知识处理方法，在自身的有限计算资源和行为控制机制下，能够在没有人类和其他智能体的直接干涉和指导的情况下持续运行，以特定的方式响应环境的要求和变化。并能根据其内部状态和感知到的环境信息，自主决定、控制自身的状态和行为。自主性是智能体区别于其他概念（如过程、对象等抽象概念）的一个重要特征。

（2）反应性：智能体在感知环境、响应环境的同时，并不只是简单被动地对环境的变化做出反应，而是可以表现出受目标驱动的自发行为。智能体的行为是为了实现自身内在的目标，在某些情况下，智能体能够采取主动的行为，对周围的环境进行改变，以达到自身目标的实现。

（3）社会性：智能体往往不是独立存在的，如同现实世界中的生物群体一样，在环境中经常有很多智能体同时生存，形成一个社会性的群体。智能体要不仅能够自主运行，同时应该具有和外部环境中其他智能体相互协作的能力，而且在遇到冲突时能够通过协调消解冲突。

（4）进化性：智能体应具有开放的性质，能够在交互过程中逐步适应环境，自主学习、自主进化。能够随着环境的变化不断扩充自身的知识和能力，提高整个系统的智能化和可靠性。

广义上，具有以上特性的行为实体，如社会机构、生物体、软件、机器人等，均可作为智能体。多个智能体集结在一起，通过各智能体之间相互合作、协作通信，形成了统一协调的整体，系统中各个智能体以独立的方式或者以一起协作的方式来解决问题，这就构成了多智能体系统（multi-agent system，MAS）。目前，多数智能体系统或多智能体系统建成后，外界就不进行干预，让其完全在智能体间的自发交互中演化。电力需求侧管理实验室中的智能体应是开放的，即为开放的智能体，专家可以对其进行调整与干预，干预的主要方面包括智能体的演化过程、推理规则、运行时间以及智能体的主要参数等。

四、数据仓库与数据挖掘[8, 10]

数据仓库（DW）是一个面向主题的、集成的、相对稳定的、反映历史变化的数据集合，用于支持管理决策。对于数据仓库的概念可以从两个层次予以理解：①数据仓库用于支持决策，面向分析型数据处理，它不同于现有的操作型数据库；②数据仓库是对多个异构数据源的有效集成，集成后按照主题进行重组，并包含历史数据。数据仓库的建设是以现有业务系统和大量业务数据的积累为基础。数据仓库不是静态的概念，而是把数据加以整理、归纳和重组，并及时提供相应的决策参考信息。

数据挖掘就是从大量的、有噪声的、模糊的、随机的数据中提取隐含在其中的、人们事先不知道的但又是潜在有用的信息和知识的过程。原始数据可以是结构化的，如关系型数据库中的数据；也可以是半结构化的，如文本、图形、图像数据；甚至可以是分布在网络上的异构型数据。发现知识的方法可以是数学的，也可以是非数学的；可以是演绎的，也可以是归纳的。发现了的知识可以被用于信息管理、查询优化、决策支持、过程控制等方面，还可以用于数据自身的维护。因此，数据挖掘是一门广义的交叉学科，它汇聚了不同领域的研究者，尤其是数据库、人工智能、数理统计、可视化、并行计算等方面的学者和工程技术人员，它把人们对数据的应用从低层次的查询操作提高到为经营决策提供决策支持。

第四节　电力需求侧管理实验室的主要模块

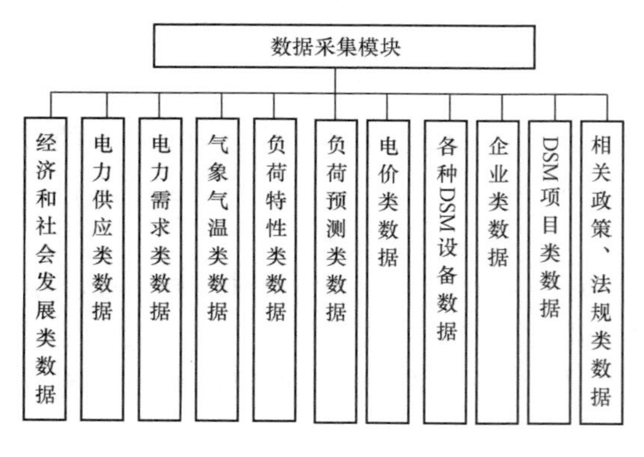

图 8-5　数据采集模块

一、数据采集模块

数据采集模块如图 8-5 所示，主要实现对经济类、电力类、气象气温类等原始数据的多种途径采集和预处理。数据采集为使用者提供手工输入、EXCEL 表格自动导入，以及同其他系统对接等多个方式，而且能够对所采集的数据进行维护，包括添加、修改、删除等，能自动定期备份。

此功能采集的数据主要包括：

（1）经济和社会发展类数据。包括地区 GDP 及其增长，人口及其增长，人均收入及其增长，各行业经济发展状况，未来发展投资规划等。

（2）电力供应类数据。包括装机容量、发电量、购电量、供电量、售电量等。

（3）电力需求类数据。包括年度、月度的分行业用电量、分地区用电量、典型用户的用电量等。

（4）气象气温类数据。各地区每日湿度、最高温度、最低温度、平均温度、降水量、主要河流的来水数据等。

（5）负荷特性类数据。包括分行业、分地区、典型用户的日 24 点负荷数据、日最大负荷、日最小负荷、日平均负荷率、日峰谷差、日峰谷差率、月最大负荷、月最小负荷、月平均负荷、月平均日最大峰谷差、月平均日峰谷差、月平均日峰谷差率、年最大负荷、年最小负荷、年平均日负荷率、年最大峰谷差、年平均日峰谷差、年平均日峰谷差率等。

（6）负荷预测类数据。包括分地区、分行业及典型用户的年、季、月最大负荷、最小负荷及用电量的预测数据等。

（7）电价类数据。包括目录电价表、各类终端用户分类电价、峰谷分时电价、丰枯季节电价等。

（8）各种 DSM 设备数据。包括各设备的数量及相关参数，如蓄能设备、绿色照明、电动机、变压器、高效空调、水泵、风机等的容量、价格、生产厂商等，分地区总的用电设备容量、各类设备的数量、容量数据，分行业总的用电设备容量、各类设备的数量、容量数据，典型用户总的用电设备容量、各类设备的数量、容量数据等。

（9）企业类数据。包括电网企业、发电企业、节能服务公司、典型用户及设备供应商的与 DSM 工作相关信息，如企业的资信、规模、盈利、开展过的 DSM 项目情况等。

（10）DSM 项目类数据。包括已经完成的 DSM 项目数据，如项目的应用效果、成本、效益，正在进行的 DSM 项目实施情况，从 DSM 成本效益模块、DSM 政策模拟模块得到的 DSM 项目信息等。

（11）相关政策、法规类数据。包括政府出台的与 DSM 相关的政策、法规，行业协会或企业发布的相关规章制度、文件等。

二、项目分析模块

如图 8-6 所示，该模块由产品统计、项目统计和节电潜力分析三部分组成。

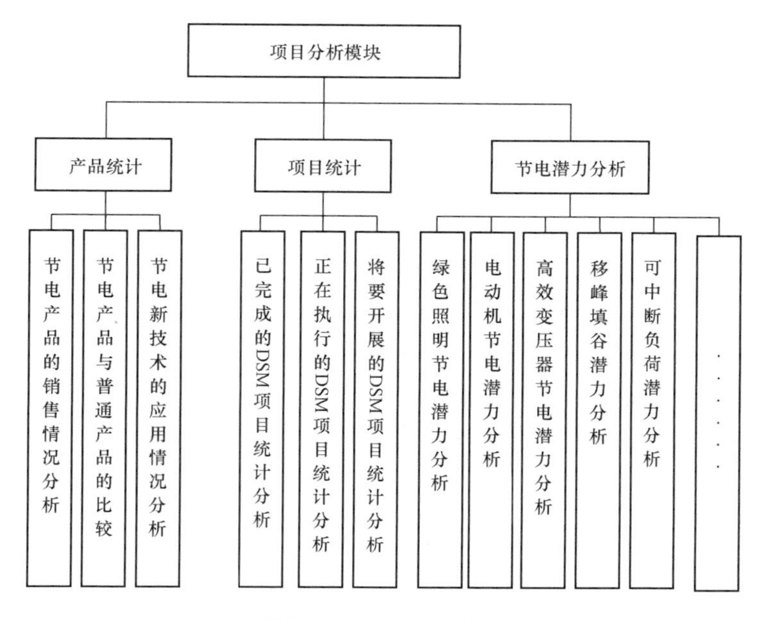

图 8-6　项目分析模块

1. 产品统计

（1）节电产品的销售情况分析：分析节电产品供应商、产品价格以及分地区、分行业的销售数量等。

（2）节电产品与普通产品的比较：包括节电产品与普通产品在价格、寿命、功率等方面的对比分析等。

（3）节电新技术的应用情况分析：主要分析当前市场上各种节能新技术在各个地区的使用情况、作用、使用范围及效果等。

2. 项目统计

（1）已完成的项目统计分析：包括项目的分类、设计及实施过程的全部介绍、项目的成本效益情况、当前项目的应用效果等。

（2）正在执行的 DSM 项目统计分析：包括项目的分类、设计及实施情况、费用构成、在成本效益评估与政策模拟两个模块中分析的相关结果等。

（3）将要开展的 DSM 项目统计分析：包括项目的分类、设计及在成本效益评估与政策模拟两个模块中分析的相关结果等。

3. 节电潜力分析

（1）绿色照明节电潜力分析：在分析用户各类照明设备利用情况的基础上，计算出利用先进照明技术替代落后照明技术的节电潜力，例如用紧凑型荧光灯替换白炽灯、用细管荧光灯替换粗管荧光灯、用高压钠灯替换高压汞灯的节电潜力；可以把各替代技术的节电潜力相加从而得到某行业或某地区的总节电潜力。

（2）电动机节电潜力分析：分析用户各类电动机利用情况，包括电动机的类型、数量、功率、平均利用小时数以及电动机用电占全部用电量的比重，结合全部用电的增长情况计算电动机的节电潜力与削峰潜力，根据未来各年电动机改造项目的市场占有率进一步计算今后各年的节电潜力和削峰潜力。

（3）高效变压器节电潜力分析：分析现有各类变压器利用情况，包括电动机的类型、数量、容量、年运行小时数以及变压器用电量的比重，结合全部用电的增长情况计算高效变压器的节电潜力与削峰潜力。

（4）移峰填谷潜力分析：分析各类用户用电设备、用电情况、典型日负荷曲线的基础上，找出造成高峰负荷的主要原因并确定调荷的重点负荷类型，从而计算移峰填谷的潜力。

（5）可中断负荷潜力分析：针对大用户的用电设备、用电情况，确定哪些负荷在高峰时段是可以压下的，计算可中断用户的负荷中断量。

（6）还可以扩展其他类型的节电潜力分析，比如线路改造等。

三、负荷分析预测模块

如图 8-7 所示，该模块由用电量分析、负荷特性分析、用电量预测、负荷特性预测四部分组成。

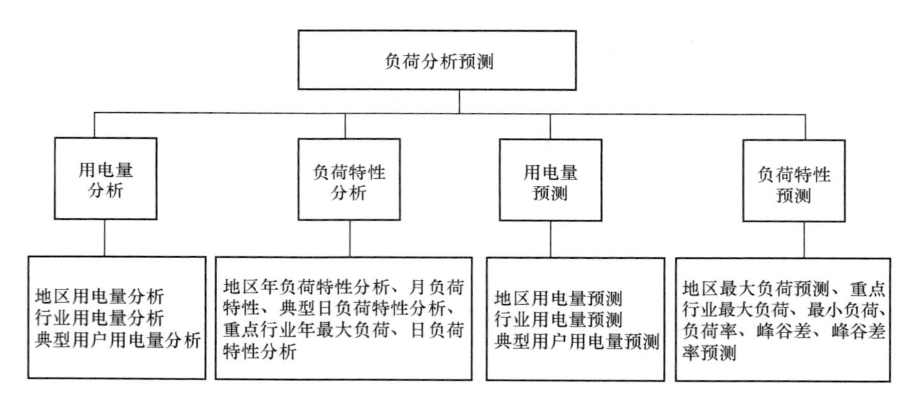

图 8-7 负荷分析与预测模块

1. 用电量分析

按地点、行业、大用户、典型终端用电设备等维度分析用电量信息，包括当月用电量、逐月累计用电量以及全年用电量，并可以分析用电量的同比及环比增速。

2. 负荷特性分析

按地点、行业、大用户、典型终端用电设备等维度分析负荷特性并绘制相应的负荷特性曲线。包括最大负荷、最小负荷、负荷率、峰谷差、峰谷差率等指标，可以进行横向和纵向对比。

3. 用电量预测

利用单变量趋势外推模型、随机时间序列模型、多变量回归模型、神经网络模型、灰色模型、遗传算法模型、组合预测等方法对地区用电量、行业用电量及典型用户用电量进行预测。

4. 负荷特性预测

利用单变量趋势外推模型、随机时间序列模型、多变量回归模型、神经网络模型、灰色模型、遗传算法模型、分类叠加法、最大负荷利用小时数法、组合预测法等预测年最大负荷、最小负荷、峰谷差、最大负荷利用小时数等负荷特性指标进行预测。

四、DSM 成本效益评估模块

如图 8-8 所示，该模块包括电力用户、电网企业、节能服务公司和全社会的成本效益评估以及它们的敏感性分析五部分。

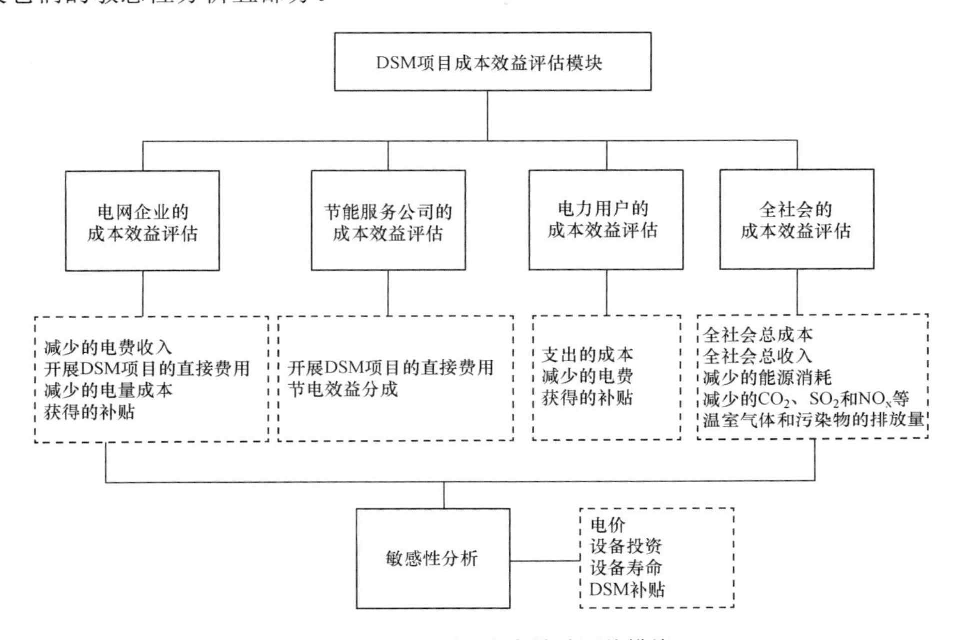

图 8-8　DSM 项目成本效益评估模块

1. 电网企业的成本效益评估

电网企业在 DSM 工作中的主要成本在于因 DSM 工作使用户少用电，从而减少了电网企业的电费收入。同时，由于电网企业是 DSM 工作的实施主体，在开展 DSM 工作中，它不可避免地会发生一些直接费用，如宣传费、管理费、相关系统建设费等，而电网企业的收益主要来自于政府的补贴和可避免电量成本。所以此项功能主要包括计算电网企业的减少的电费收入、开展 DSM 工作的直接费用、所获得的补贴、可避免的电量成本等。

2. 节能服务公司的成本效益评估

节能服务公司在 DSM 工作中的主要成本是提供能源审计、融资借贷、节能设计、设备采购、设备安装、操作培训等环节的支出费用，而它们的收入主要来自用户节电效益的分成。所以此项功能主要包括计算节能服务公司在 DSM 项目中的费用构成和来自用户的 DSM 效益分成等。

3. 电力用户的成本效益评估

电力用户在 DSM 工作中的主要成本分两种情况。如果自主开展项目，则成本是采用高效的节能设备而花费的投资及维护费用，主要收入是其减少的电费支出和来自电网企业、政府等的补贴；如果同节能服务公司合作，则成本基本为零，主要收入来自其减少的电费支出和电网企业、政府等提供的补贴，不过要将其中的一部分支付给节能服务公司。所以此项功能主要包括计算用户的初始投资、年维护费用、减少的电费、获得的补贴，以及同节能服务公司之间的节能效益分享等。

4. 全社会的成本效益评估

从全局资源来看，政府监管机构制定相关的行政、法规保证 DSM 顺利执行，确保资源的最合理化分配、最小的环境污染和最少的政府投资费用。其成本、效益分别是全部成本之和与全部效益之和。除了经济效益以外，全社会的效益还包括环境效益，即减少污染物的排放。因此此项功能主要包括计算全部成本之和、全部收入之和、节约能源量以及二氧化碳、二氧化硫和氮氧化物等温室气体和污染物的减排量等。

5. 敏感性分析

在计算 DSM 项目成本收益时，多数是在电价、设备投资、设备寿命、政府补贴等的基础上计算的，但这些信息具有不确定性，所以此项功能主要分析它们中单个或多个指标的变动对成本效益结果的影响。

五、DSM 政策模拟模块

DSM 政策模拟模块如图 8-9 所示，该模块包括峰谷分时电价政策模拟、建立 DSM 补偿机制模拟、其他 DSM 政策模拟三部分。

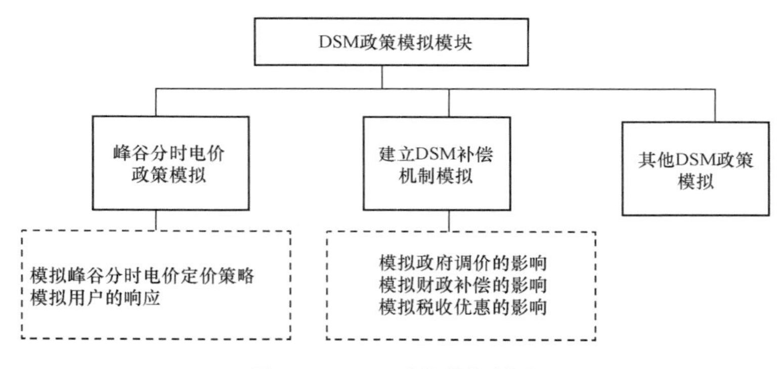

图 8-9 DSM 政策模拟模块

1. 峰谷分时电价政策模拟

模拟政府制定峰谷分时电价的影响。具体包括计算用户电力需求的电价弹性（包括自弹性与交叉弹性）、模拟电力用户对不同分时电价的响应，确定最优的峰谷分时电价策略。

2. 建立 DSM 补偿机制模拟

模拟以不同方式建立 DSM 补偿机制对节电、减排所产生的效果。具体包括模拟政府调整电价的影响、政府实施财政补偿的影响以及政府实施税收优惠的影响。

3. 其他 DSM 政策模拟

利用模糊数学、人工智能等方法对开展 DSM 工作中的有关政策进行模拟，计算实施这些政策所产生的效果。

六、DSM 综合评价模块

DSM 综合评价模块如图 8-10 所示，它包括评价指标设置、指标权重计算、DSM 项目评价三部分。

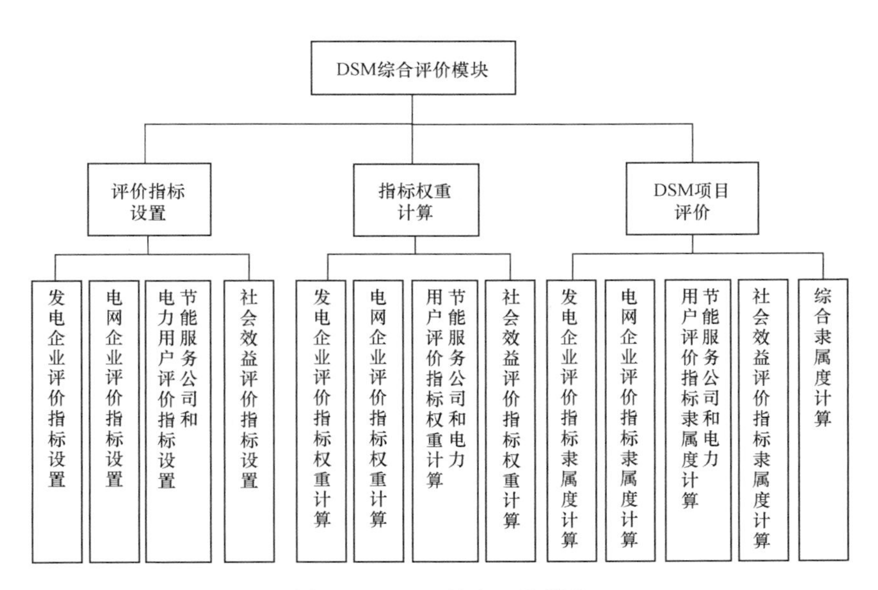

图 8-10 DSM 综合评价模块

1. 评价指标设置

主要是建立 DSM 综合评价指标体系，包括发电企业评价指标、电网企业评价指标、节能服务公司和电力用户评价指标及社会效益评价指标，共计四类，这些评价指标还可以在实践中不断扩展完善。

发电企业的评价指标主要有可避免峰荷容量、可避免燃料成本费用、可避免机组不正常启停费用、可避免机组运行和检修费用、可避免环境污染造成补偿费用等。

电网企业的指标主要有减少的售电收入、投入的宣传费用、可避免电网投资费用、供电可靠性、用户满意率、负荷率的提高等。

节能服务公司和电力用户的评价指标主要有初始设备投资总费用、增加的运行和维护费用、平均投资回收期、实施 DSM 项目获得的补偿、减少的电费支出等；

社会效益评价指标主要有减少的发电用煤量、减少的二氧化碳排放量、减少的二氧化硫排放量、减少的氮氧化物排放量等。

2. 指标权重计算

指标权重计算是综合评价中的一个重要组成部分，所谓的指标权重指的是评价指标相对于评价目标的重要程度。计算指标权重的方法很多，本章第六节介绍应用层次分析法（AHP）逐层确定各评价指标权重过程。

3. DSM 项目评价

应用模糊综合评价法对 DSM 项目进行评价。首先根据专家或调研情况确定 DSM 项目中各指标的隶属度（隶属度是该评价指标在多大程度上属于某评语集，如很好、好、较差等），其次结合各指标的权重计算 DSM 项目的综合隶属度，通过该综合隶属度即可判断出该 DSM 项目是否可行等。有关模糊综合评价法的计算过程见本章第六节。

第五节　重点功能模块

一、企业节电项目的成本效益评估模块

（一）总体功能介绍

本模块的功能主要是立足于企业，通过分析不同节电方案的收益情况，综合考虑，从众多节电方案中选择一个最优的方案进行实施。另外，本模块还可以分析如何在有限的资金条件下，合理开展DSM项目，挖掘最大的节电潜力。总体功能结构如图8-11所示。

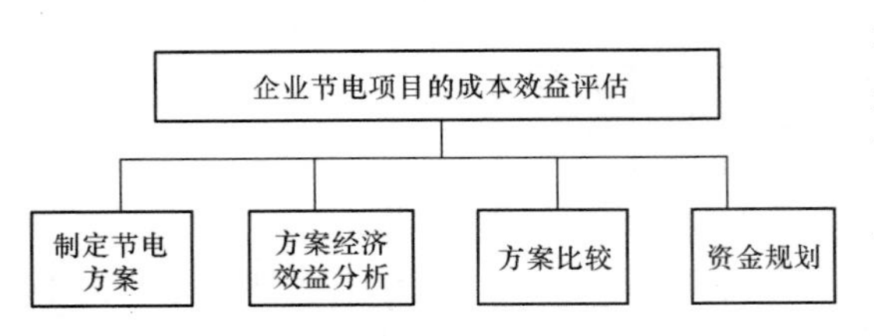

图8-11　成本效益评估的总体功能结构

（二）子功能介绍

1. 制定节电方案

节电方案有许多形式，可以按设备进行分类，有局部方案，也有整体方案。如图8-12所示，在制定节电方案的过程中，一般可以先形成设备方案，然后在设备方案的基础上形成其他综合方案。

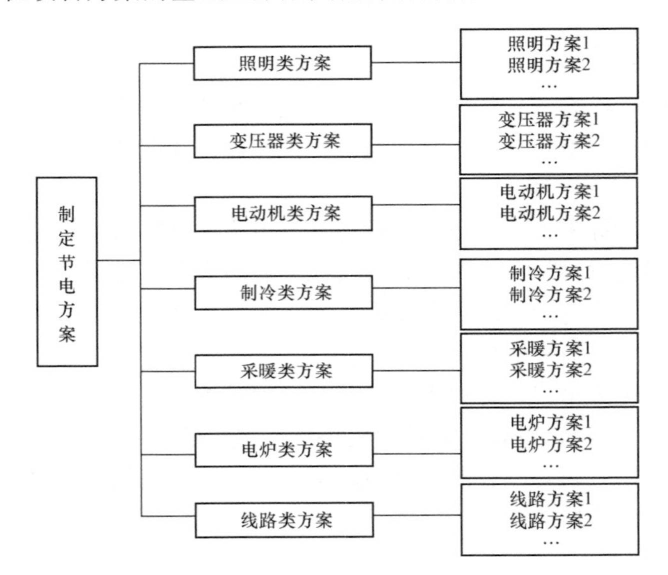

图8-12　制定节电方案的流程

2. 方案经济效益分析

方案制定后，要分析每个方案的经济效益。如图8-13所示，各方案的经济效益分析主要包括负荷特性分析、用电量分析、初始投资分析、维护费用分析、电费支出分析、方案可避免容量和可避免电量分析、二氧化碳、二氧化硫和氮氧化物等温室气体和污染物的排放分析，其具体的计算方法可参阅本书第二章第五节的相关内容。

3. 方案比较

在分析了方案的经济效益之后，需要进一步计算方案的静态投资回收期、动态投资回收期、内部收益率、净现值、益本比等指标，并分析这些指标对电价、设备寿命、投

资等的敏感性，最后综合考虑，选择一个最满意、最优的方案。方案比较的流程如图 8-14 所示。

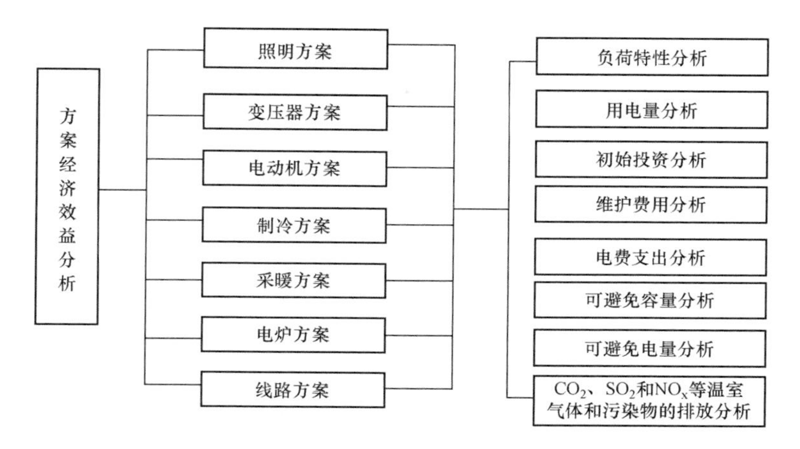

图 8-13　方案经济效益分析的流程

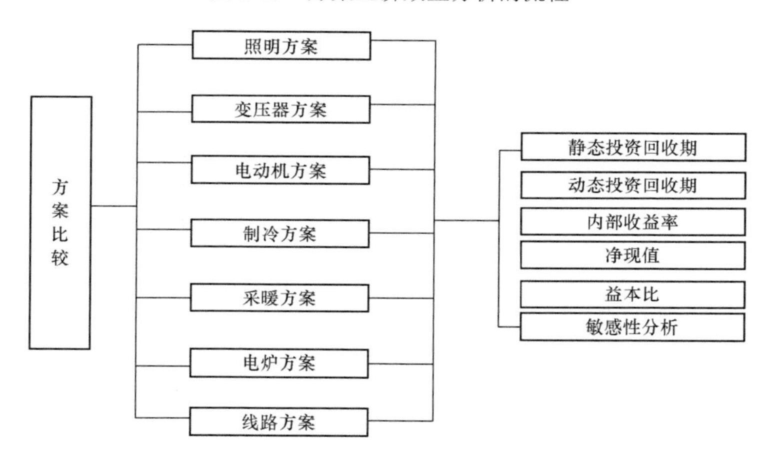

图 8-14　方案比较的流程

4. 资金规划

在选出的最优方案中，包含各种需要替换的设备，如果企业的资金充足，可以把这些设备全部替换，但如果企业的资金有限，就需要利用现有的资金先替换一部分设备，其余的设备替换推迟。如图 8-15 所示，该项功能应用优化模型确定需要替换的设备及数量。

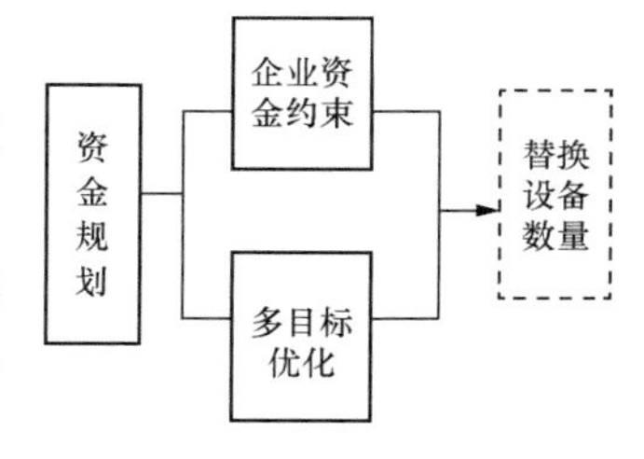

图 8-15　资金规划的流程

（三）模型介绍

本模块涉及到较多的数学模型，如资金的时间价值模型、敏感性分析模型、优化模型等，其中前两者在本书的前面章节有相关介绍，这里主要介绍资金优化模型。

建立资金优化模型，目的是在有限的资金约束下，能够获得最大的节电效益，模型由目标函数和约束条件两部分组成。

1．目标函数

（1）综合益本比 R 最大：

$$\max R=\max\frac{\sum_{t=1}^{N}\sum_{i=1}^{n}\left[B(t)-C(t)\right]}{\sum_{t=1}^{N}\sum_{i=1}^{n}C(t)} \tag{8-1}$$

（2）投资回收期 T 最小：

$$\min T=\min\left\{\sum_{t=1}^{T}\sum_{i=1}^{n}\left[B(t)-C(t)\right]=0\right\} \tag{8-2}$$

在式（8-1）和式（8-2）中：$B(t)=f\left[x_i(t)\right]$，表示第 t 年替换设备所带来的收益，$x_i(t)$ 表示第 t 年用于替换的第 i 种设备的数量，f 表示收益函数；$C(t)=g\left[x_i(t)\right]$，表示第 t 年替换设备的成本，g 表示成本函数，N 表示项目寿命期或合同期。

2．约束条件

$$\begin{cases}\text{资金约束:}\sum_{t=1}^{N}\sum_{i=1}^{n}C(t)\leqslant C_0\\ \text{设备量约束：}l_i(t)\leqslant x_i(t)\leqslant u_i(t)\end{cases} \tag{8-3}$$

式中　C_0——企业可以利用的资金数量；

l_i（t）——所用替代设备数量的下限；

u_i（t）——所用替代设备数量的上限；

资金约束——该节电项目需要花费的所有费用不能超过企业可以利用的资金数量；

设备量约束——每年所用的替代设备数量应该在规定的范围内。

二、建立 DSM 补偿机制模拟模块

（一）总体功能介绍

如图 8-16 所示，本模块包括政府调价模拟、财政补贴模拟、税收优惠模拟三个子功能，每个子功能都需要模拟对节电的影响和对减排的影响。由于政府调价会直接影响物价水平，因此该项子功能较另外两个增加对物价影响的模拟。

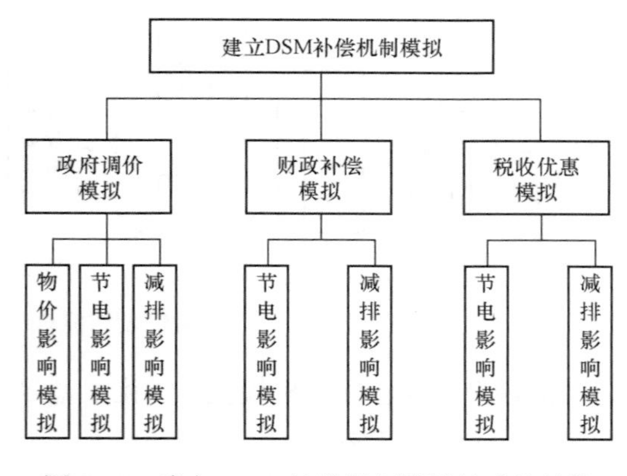

图 8-16　建立 DSM 补偿机制模拟的功能结构

（二）子功能介绍

1．政府调价模拟

（1）政府调价的物价影响模拟。政府的目的是在不会引起社会物价大幅波动的前提下筹集足够的 DSM 资金，如果没有达到这个目的，政府将进一步提高电费附加水平。如图 8-17 所示，政府调价对物价影响的模拟包括确定调价规则和计算各行业价格变化两部分，通过行业价格变动即可计算居民消费价格指数（consumer price index，CPI）的变动。

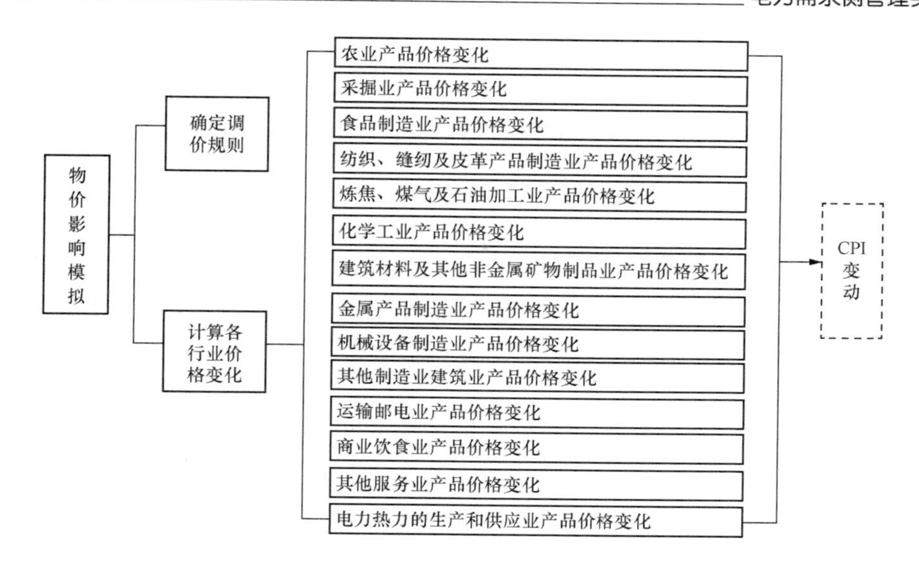

图 8-17　政府调价的物价影响的模拟流程

（2）政府调价的节电影响模拟。行业节电量来自两方面：第一，由于电价上涨，各行业将会适当减少电力需求，这主要由行业电力需求的价格弹性决定；第二，政府把征收的DSM 资金用于 DSM 补偿，各行业将利用这些补偿资金进行节能改造，从而达到节电效果。所以，如图 8-18 所示，节电影响模拟包括征收 DSM 资金节电模拟和补偿 DSM 资金节电模拟。

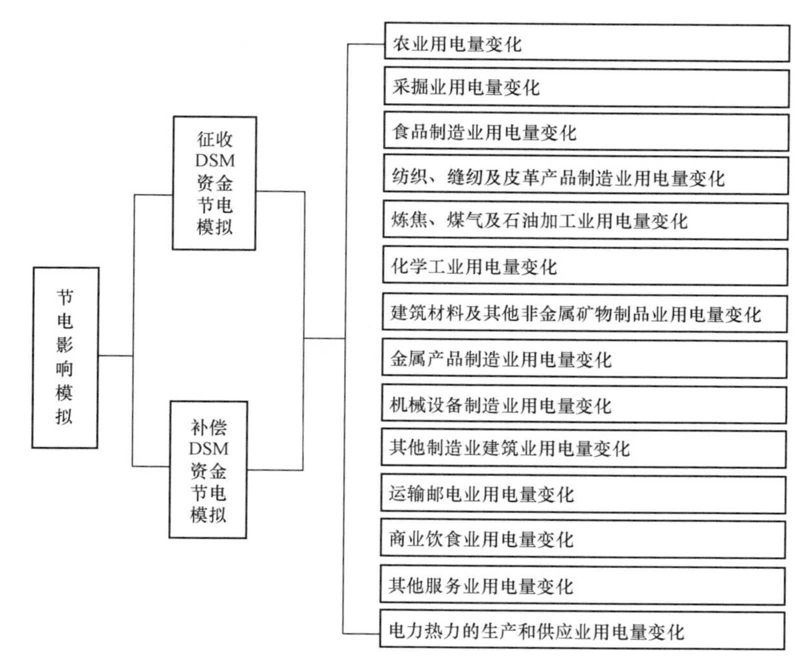

图 8-18　政府调价的节电影响的模拟流程

（3）政府调价的减排影响模拟。因为行业用电量的减少，这将会降低对煤炭等化石燃料

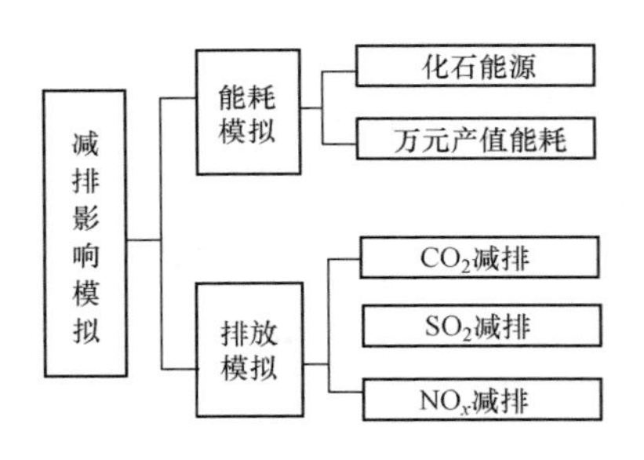

图 8-19　政府调价的减排影响的模拟流程

的消费，从而使得二氧化碳、二氧化硫和氮氧化物等污染物的排放减少。如图 8-19 所示，减排影响模拟包括能耗模拟和排放模拟两项功能。

2. 政府补偿模拟

（1）政府补偿的节电影响模拟。政府补偿是政府在预算中划出一部分资金用于实施 DSM 项目的补偿，这部分功能与前面“补偿 DSM 资金模拟”的功能相似，这里不再详细介绍。

（2）政府补偿的减排影响模拟。通过各类用户减少的用电量，可计算出能耗及排放的减少量，这与前面“政府调价的减排影响模拟”的功能相似，这里不再详细介绍。

3. 税收优惠模拟

（1）税收优惠的节电影响模拟。税收优惠主要是指对研发、生产和使用节能产品的企业、用户在增值税、所得税等方面给予一定的减免。针对不同对象、不同税种，税收减免所产生的节电效果将不相同。在详细调研的基础上，结合专家经验，构建税收优惠政策与节电效果两者之间的知识库，即可模拟不同的税收优惠政策所产生的节电效果。

（2）税收优惠的减排影响模拟。通过用户减少的用电量，可计算出能耗及排放的减少量，这与前面“政府调价的减排影响模拟”的功能相似，这里也不再详细介绍。

（三）模型介绍

利用多智能体（multi-agent）技术，我们可以建立政府调价模拟的数学模型，下面主要从该模型所涉及的多智能体框架、智能体设计和仿真流程三个方面介绍。

1. 政府调价模拟的多智能体框架

政府调价模拟主要涉及两类智能体：政府智能体和行业智能体，此外基于开放智能体的思想，还应有专家参与。政府调价模拟的多智能体框架如图 8-20 所示，其中行业智能体有 15 个，每个行业智能体所代表的行业如表 8-1 所示。

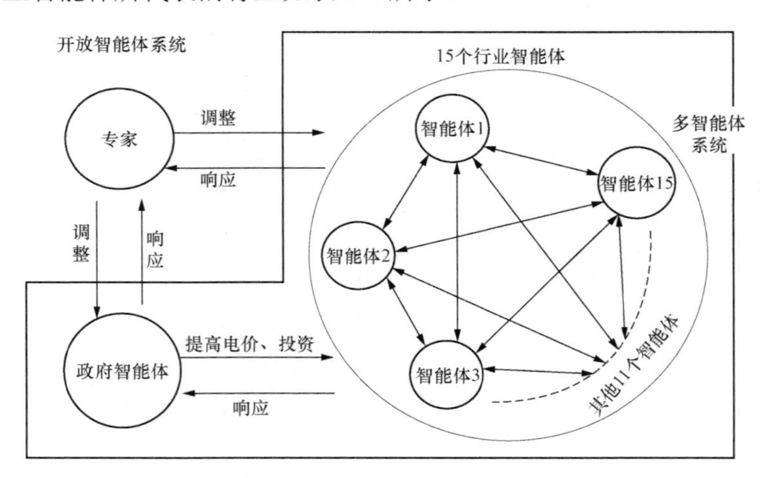

图 8-20　政府调价模拟的多智能体框架

表 8-1　　15 个行业智能体的具体名称

智能体编号	代表行业	智能体编号	代表行业
智能体 1	农业	智能体 9	建筑材料及其他非金属矿物制品业
智能体 2	采掘业	智能体 10	金属产品制造业
智能体 3	食品制造业	智能体 11	机械设备制造业
智能体 4	纺织、缝纫及皮革产品制造业	智能体 12	建筑业
智能体 5	其他制造业	智能体 13	运输邮电业
智能体 6	电力热力生产和供应业	智能体 14	商业饮食业
智能体 7	炼焦、煤气及石油加工业	智能体 15	其他服务业
智能体 8	化学工业		

政府智能体与行业智能体之间的联系主要体现在前者要提高后者的电价，前者利用增收的电费补贴给后者用于节能改造以及后者的响应三方面；各个行业智能体之间的联系主要体现在用电成本上升所带来的行业生产成本及产品价格的联动上涨方面；政府智能体、行业智能体与专家之间的联系主要体现在专家的干预及智能体对此的响应上。

2. 智能体设计

（1）政府智能体。

1）政府智能体的目标。为了建立 DSM 的补偿机制，有效地推动 DSM 工作的开展，政府希望在不影响经济正常运行的前提下尽量筹集更多的 DSM 专项资金，其目标可以表示如下：

$$\begin{aligned} \max Y &= \max\{f(\Delta r)\} \\ s.t: \Delta CPI &\leqslant \Delta CPI_{\max} \end{aligned} \tag{8-4}$$

式（8-4）中 Y 代表政府征收的需求侧管理专项资金数量，它是电费附加比例（Δr）的函数。约束条件为居民消费价格指数的变动 ΔCPI 不能大于允许的上限 $\Delta CPI_{\max}$。

2）政府智能体的行为。政府智能体的结构如图 8-21 所示，包含了目标、推理机、规则库、感知器、效应器、数据库六部分。

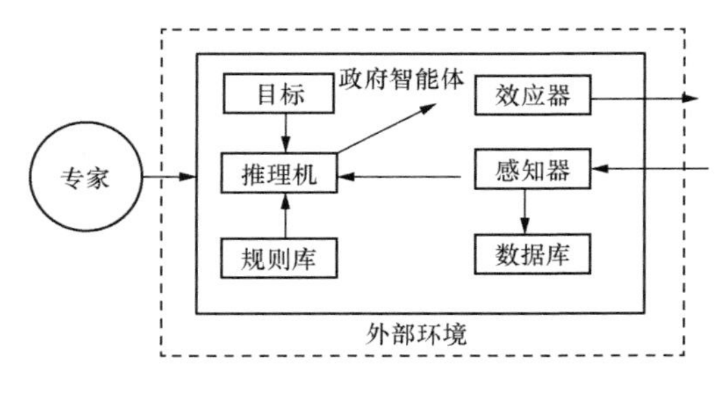

图 8-21　政府智能体的结构

它首先按一定比例提高电价，通过效应器直接作用于外部环境；然后通过感知器从外部环境中获取行业智能体产品价格的变动信息；接着推理机根据此信息计算 ΔCPI，并按照规则库中的规则确定电价调整策略；之后通过效应器作用于外部环境，并根据各行业智能体新的响应信息确定新一轮的电价调整策略；如此迭代，最后直到满足目标为止。

推理机计算 ΔCPI 的公式为：

$$\Delta CPI = \sum_{i=1}^{n} \Delta p_i w_i \tag{8-5}$$

式中　Δp_i——第 i 行业产品价格的变动幅度；

w_i——第 i 行业产品的消费占全社会消费的比重。

多收的电费全部作为 DSM 专项资金，政府智能体需要对该资金进行分配，分别投向各行业智能体以用作技术改造。资金分配问题需要考虑的因素很多，本书采用简化处理的办法，假设政府按公平的原则，将资金平均投向各行业。

政府智能体作为开放智能体，外界专家完全可以干预和调整政府智能体的电价调整和资金分配策略。

3）政府智能体电价调整策略。政府智能体确定电价调整策略的规则可以简单表示为：

如果 $\Delta CPI_{\max} - \Delta CPI > 0.00001$，则按照适当的步长增加电价调整幅度 Δr 的值；

如果 $\Delta CPI_{\max} - \Delta CPI < 0$，则按照适当的步长减小电价调整幅度 Δr 的值；

如果 $0 < \Delta CPI_{\max} - \Delta CPI < 0.00001$，则此时的电价调整幅度 Δr 就是政府智能体的选择。

（2）行业智能体。

1）行业智能体的目标。作为盈利企业，行业智能体的长期目标一直是利润最大化。对于政府提高电价，行业智能体的短期目标将是力争利润在电价上涨前后保持不变，表示为：$B_i=B_{i0}$，其中 B_i 表示行业智能体 i 在电价调整后的利润，B_{i0} 表示行业智能体 i 在电价调整前的利润。

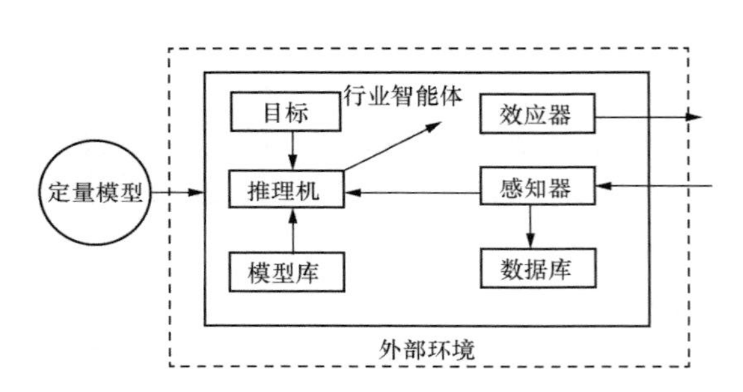

图 8-22　行业智能体的结构

2）行业智能体的行为。

行业智能体的结构如图 8-22 所示，与政府智能体的结构大致相同，不同之处在于政府智能体是利用专家规则进行推理的，而行业智能体是利用定量模型进行推理的。

电力作为国民经济的基础产业，同时作为各行业的中间投入，电价的变动将会直接影响各行业的生产成本，各行业的生产成本将影响到各自的销售价格，销售价格的变动又会影响到以这些产品为中间投入的行业的生产成本，从而又会导致其销售价格的变化，这样不断反复交叉影响，直到最后各行业产品的价格处于均衡状态为止。所以各行业智能体的行为应该是（以行业智能体 i 为例）：首先通过感知器从外部环境中获取电价及其他行业产品价格的变动信息；接着推理机根据此信息应用模型库中的模型进行推理，确定其产品价格上涨的幅度（Δp_i），并通过效应器直接作用于外部环境；其他行业智能体根据此价格变动信息（Δp_i）调整自身的产品销售价格；行业智能体 i 根据此时的外部环境又重新确定自身的调价策略，直到最后各行业智能体的产品价格处于均衡状态为止。

因为电价上升，行业智能体第二个行为就是减少用电量，可以用该智能体的用电需求的价格弹性来描述。行业智能体用电需求的价格弹性是指电价的相对变动所引起的用电量的相对变动，数值上等于用电量的变动率与对应电价的变动率的比值，其计算公式为：

$$\varepsilon_i = \frac{\partial e_{\mathrm{d}i} / e_{\mathrm{d}i}}{\partial p_{\mathrm{e}} / p_{\mathrm{e}}} \tag{8-6}$$

式中　ε_i——智能体 i 用电需求的价格弹性；

$e_{\mathrm{d}i}$——智能体 i 的电力需求；

p_e——电价。

等式右边分子部分表示其用电量的变化率，分母部分表示电价的变化率。

从该式可以看出在不同的电价水平上，计算的价格弹性值将有所不同。一般来说，价格水平越高，此弹性值的绝对值越小，价格水平越低，此弹性值的绝对值越大。各行业智能体的电力需求价格弹性的确定需要大量的实证数据。

由于政府将筹集的 DSM 专项资金又投向各行业用于节能改造，因此行业智能体的第三个行为将是运用该资金开展节能改造工作，由此而产生一定的节能效果。智能体对资金使用方式的不同，将带来不同的节能效果，对此，本书采用专家判断的方法确定各行业智能体利用资金的节能效果。

3）行业智能体的产品价格调整策略。根据投入产出理论的价格形成理论[10]，行业智能体总产值由中间投入价值与增加值构成：

$$\sum_{i=1}^{n} X_{ij} + D_j = X_j \tag{8-7}$$

式中 X_j——智能体 j 的总产值；

X_{ij}——智能体 i 对智能体 j 的中间投入；

D_j——智能体 j 的增加值。

式（8-7）可转换为：

$$\sum_{i=1}^{n} p_i x_{ij} + D_j = p_j x_j \tag{8-8}$$

式中 p_i——智能体 i 的产品价格；

p_j——智能体 j 的产品价格；

x_j——智能体 j 的总产出（产量）；

x_{ij}——智能体 j 对智能体 i 的中间消耗。

由式（8-8）两边同除以 x_j 可以得到：

$$\sum_{i=1}^{n} p_i a_{ij} + d_j = p_j \tag{8-9}$$

式中 a_{ij}——直接消耗系数；

d_j——增加值率。

假设智能体 n（本书为电力）的产品价格变化了 Δp_n，所引起别的智能体产品价格变化为 Δp_1，Δp_2，…，Δp_{n-1}，并假设价格的相互影响是通过成本变化来传递的，各智能体的增加值率不受价格变动影响。根据式（8-9）可得：

$$\begin{cases} a_{11}(\Delta p_1 + p_1) + a_{21}(\Delta p_2 + p_2) + \cdots + a_{n1}(\Delta p_n + p_n) + d_1 = \Delta p_1 + p_1 \\ a_{12}(\Delta p_1 + p_1) + a_{22}(\Delta p_2 + p_2) + \cdots + a_{n2}(\Delta p_n + p_n) + d_2 = \Delta p_2 + p_2 \\ \vdots \\ a_{1,n-1}(\Delta p_1 + p_1) + a_{2,n-1}(\Delta p_2 + p_2) + \cdots + a_{n,n-1}(\Delta p_n + p_n) + d_{n-1} = \Delta p_{n-1} + p_{n-1} \end{cases} \tag{8-10}$$

式（8-10）经变化可推导出行业智能体的产品价格调整策略：

$$\begin{pmatrix} \Delta p_1 \\ \Delta p_2 \\ \vdots \\ \Delta p_{n-1} \end{pmatrix} = \begin{bmatrix} 1-a_{11} & -a_{21} & \cdots & -a_{n-1,1} \\ -a_{12} & 1-a_{22} & \cdots & -a_{n-1,2} \\ \vdots & \vdots & \ddots & \vdots \\ -a_{1,n-1} & -a_{2,n-1} & \cdots & 1-a_{n-1,n-1} \end{bmatrix}^{-1} \begin{bmatrix} a_{n1} \\ a_{n2} \\ \vdots \\ a_{n,n-1} \end{bmatrix} \Delta p_n \tag{8-11}$$

上式是在实物型投入产出表的基础上分析价格变动的绝对量，但如果是价值型投入产出表，则式（8-11）中所有的价格变化都是相对量，即相对原价格的变动幅度。

3．仿真流程

根据各智能体的行为，模拟仿真政府调价的流程，如图 8-23 所示。必要时，专家可以对仿真过程进行干预。

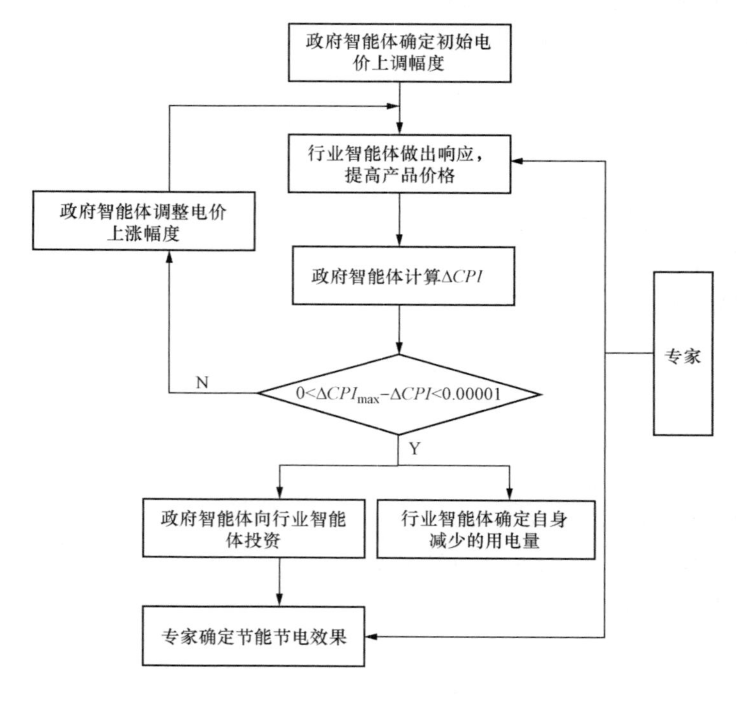

图 8-23 仿真流程

第一步：政府智能体确定电价上调的初始幅度。

第二步：根据政府智能体的调价信息，各行业智能体按照调价策略提高产品价格。

第三步：因为各行业智能体产品价格都在上涨，政府智能体将计算总体物价指数的变动，并看 CPI 的变动是否在允许的范围内。如果超出了允许的范围，说明电价上涨的幅度大了，政府智能体将适当减小上调的幅度，智能体之间开始新一轮的交互；如果在允许的范围内，说明调价的幅度已经达到了极限，此时筹集的 DSM 资金应该是最多的。

第四步：政府智能体将所筹集的 DSM 资金补偿给各行业智能体用于节能改造；行业智能体因为电价上涨，减少自身的用电量。

第五步：领域专家根据各行业智能体所获得的补偿资金多少确定节电效果。

三、峰谷分时电价模拟模块

（一）总体功能介绍

本模块是模拟政府根据用户的用电特性，制定合理的峰谷电价策略。如图 8-24 所示，主要包括峰谷时段管理、用户响应矩阵管理、最优峰谷电价模拟三大子功能。

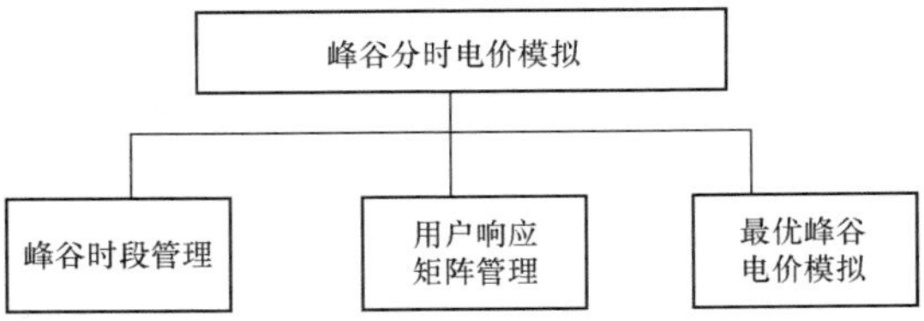

峰谷分时电价模拟
峰谷时段管理
用户响应矩阵管理
最优峰谷电价模拟

图 8-24　峰谷分时电价模拟功能的结构

（二）子功能介绍

1. 峰谷时段管理

根据各类用户的用电特性划分峰、谷、平时段，包括农业用户、工业用户、商业用户、居民及典型用户的时段划分，其中典型用户可以是各类企业、行业等。峰谷时段管理的内容如图 8-25 所示。

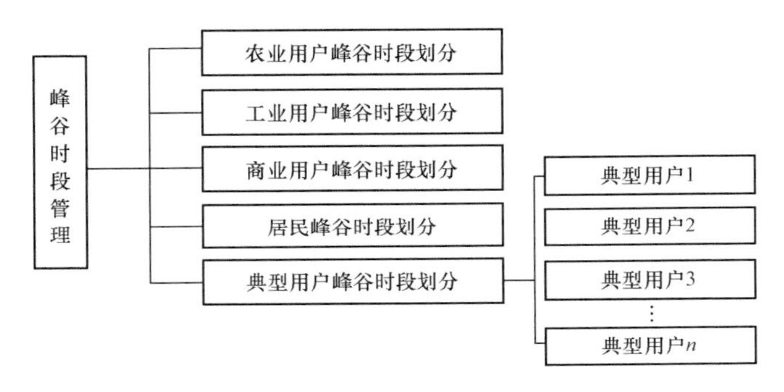

图 8-25　峰谷时段管理

2. 用户响应矩阵管理

在大量调研的基础上，确定各用户的响应矩阵，该矩阵中包括各时段的自弹性系数和交叉弹性系数（在后面的模型介绍中有详细解释），用户响应矩阵管理的内容如图 8-26 所示。随着调研数据的完善，此响应矩阵的数据可以进行更新。

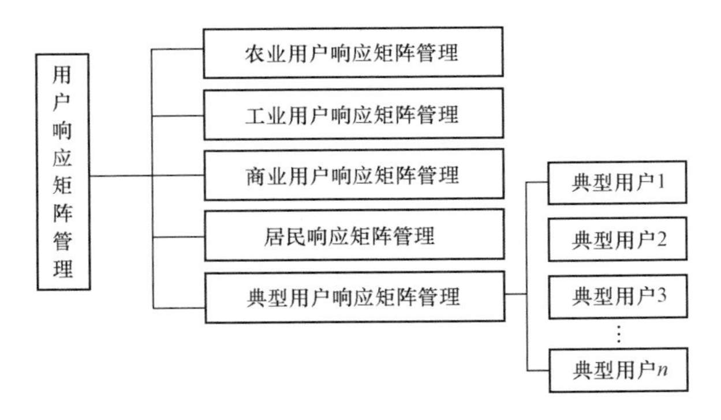

图 8-26　用户响应矩阵管理

3. 最优峰谷分时电价模拟

根据用户的用电特性，确定合适的峰谷分时电价，在满足用户的电力需求与意愿的基础上，能够最大限度地减小该用户的最大负荷及峰谷差，提高系统的负荷率。最优峰谷分时电价模拟的内容如图 8-27 所示。

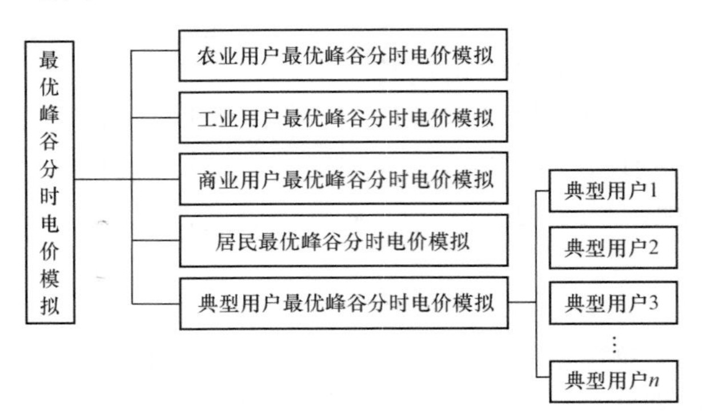

图 8-27　最优峰谷分时电价模拟

（三）模型介绍

1. 峰谷电价用户响应矩阵

用户响应的行为体现在调整企业内部的用电时段，分时段地改变用电方式。为了量化用户对峰谷分时电价的响应，用电价弹性矩阵来表示用户的价格需求弹性。峰谷分时电价的价格弹性是指各峰、谷、平时段价格的变动所引起的电量变动，即在一定的时间段内，用电量变化的百分比与相应的电价变动百分率之比。

用户对电价的响应表现为单时段响应和多时段响应。单时段响应指的是用户决定某时段的用电量只与本时段的电价变化有关。其通常发生在用户该时段的可变电量中。多时段响应是指用户决定某一时段的用电量受其他时段电价的影响，原用电量在各时间段内重新分配，将电量从电价较高的时段转移到电价相对较低的时段。这种用户响应通常与用户的生产类型以及生产班制有关。

定义电价的自弹性系数 ρ_{ii}，表示用户对峰谷分时电价的单时段响应：

$$\rho_{ii} = \frac{\Delta Q_i / Q_i}{\Delta P_i / P_i} \tag{8-12}$$

$$\Delta Q_i = \int_i [f_{\mathrm{TOU},t}(P_\mathrm{p}, P_\mathrm{s}, P_\mathrm{v}) - f_t(P_t)]\mathrm{d}t \tag{8-13}$$

$$\Delta P_i = P_{\mathrm{TOU},i} - P_i \tag{8-14}$$

式中　ΔQ_i——i 时段用户实行峰谷分时电价前后的电量变化值；

ΔP_i——i 时段用户实行峰谷分时电价前后的电价变化值；

$P_{\mathrm{TOU},i}$——i 时段的峰谷分时电价；

Q_i、P_i——i 时段未实行峰谷电价前的电量、电价；

P_p、P_s、P_v——峰、平、谷时段的电价；

$f_{\mathrm{TOU},t}(P_\mathrm{p}, P_\mathrm{s}, P_\mathrm{v})$——实行峰谷分时电价后 t 时刻的用户负荷，它是峰平谷各时段的电价的函数；

$f_t(P_t)$——未实行峰谷分时电价时 t 时刻的用户负荷，它是 t 时刻电价 P_t 的函数。

若 ΔP_i=0，则 i 时段用户的自弹性系数为 0。

定义交叉弹性系数ρ_{ij}表示用户对峰谷分时电价的多时段响应：

$$\rho_{ij}=\frac{\Delta Q_i/Q_i}{\Delta P_j/P_j} \tag{8-15}$$

式中　i，j——不同的时间段。

若ΔP_j=0，则i时段用户的交叉弹性系数为0。

通过上述定义，可以得到如下的电价弹性矩阵E：

$$E=\begin{bmatrix}\rho_{11} & \rho_{12} & \cdots & \rho_{1n}\\ \rho_{21} & \rho_{22} & \cdots & \rho_{2n}\\ \vdots & \vdots & \vdots & \vdots\\ \rho_{n1} & \rho_{n2} & \cdots & \rho_{nn}\end{bmatrix} \tag{8-16}$$

式中　n——时段数。

2. 峰谷分时电价用户响应度模型

根据式（8-16）可以求出实行峰谷电价后用户用电量的变化率列向量：

$$\begin{bmatrix}\Delta Q_1/Q_1\\ \Delta Q_2/Q_2\\ \vdots\\ \Delta Q_n/Q_n\end{bmatrix}=\frac{1}{n}E\begin{bmatrix}\Delta P_1/P_1\\ \Delta P_2/P_2\\ \vdots\\ \Delta P_n/P_n\end{bmatrix} \tag{8-17}$$

继而得出实行峰谷分时电价后的用电量为：

$$\begin{bmatrix}Q'_1\\ Q'_2\\ \vdots\\ Q'_n\end{bmatrix}=\frac{1}{n}\begin{bmatrix}Q_1 & & & 0\\ & Q_2 & & \\ & & \ddots & \\ 0 & & & Q_n\end{bmatrix}E\begin{bmatrix}\Delta P_1/P_1\\ \Delta P_2/P_2\\ \vdots\\ \Delta P_n/P_n\end{bmatrix}+\begin{bmatrix}Q_1\\ Q_2\\ \vdots\\ Q_n\end{bmatrix} \tag{8-18}$$

式中　Q'_i——实行峰谷分时电价后i时段的用电量。

式（8-18）即为用户响应度模型。通过式（8-18）得到的用户响应度模型虽然可以接近实际情况，但并没有考虑用户在一定的时段内负荷存在一定的固定负荷比率这一现实约束，而且受设备运转能力限制还存在负荷上限，由式（8-18）计算出来的Q'_i有可能大于该时段的最大负荷，或小于该时段的固定负荷，应对该式进行修正：

$$Q'^{*}_i=\begin{cases}Q_{Fi} & Q'_i<Q_{Fi}\\ Q'_i & Q_{Fi}\leqslant Q'_i<Q'_{\max i}\\ Q'_{\max i} & Q_{\max i}\leqslant Q'_i\end{cases} \tag{8-19}$$

式中　Q'^{*}_i——实行峰谷分时电价后i时段的用电量修正值；

Q_{Fi}——i时段的固定负荷；

$Q'_{\max i}$——i时段的最大负荷。

3. 用户满意度函数

用户满意度是电力营销的概念，在制定峰谷分时电价时，应充分考虑用户对峰谷分时电价的满意度。峰谷分时电价价差过大，引起用户生产方式发生较大幅度的改变，会导致用户对实行峰谷分时电价产生抵制情绪，其满意度下降。因此，在制定峰谷分时电价时应充分考虑用户满意度。本书定义的用户满意度从用户对用电方式的满意度和对电费支出的满意度两个不同方面进行衡量。对用电方式的满意度是衡量用户用电方式变化量的指标，对电费支出的满意度是衡量用户电费支出变化量的指标。

（1）用户对用电方式的满意度。在未实行峰谷电价之前，用户按照最适合自己的生产方式安排用电方式，此时用户对用电方式的满意度最大。实行峰谷电价后，用户做出响应，改变用电方式以追求较小的电费增加量。这时用电量在时间轴上进行了重新组合，形成新的用户负荷曲线。本书中定义用户对用电方式的满意度是建立在调整电量与原负荷曲线的差值基础之上的，具体表示为：

$$\varepsilon = 1 - \frac{\int_0^{23} \left| f_{\mathrm{TOU},t}(P_\mathrm{p}, P_\mathrm{s}, P_\mathrm{v}) - f_t(P_t) \right| \mathrm{d}t}{\int_0^{23} f_t(P_t) \mathrm{d}t} \tag{8-20}$$

式中 ε——用户对用电方式的满意度；

$\int_0^{23} \left| f_{\mathrm{TOU},t}(P_\mathrm{p}, P_\mathrm{s}, P_\mathrm{v}) - f_t(P_t) \right| \mathrm{d}t$——实行峰谷分时电价的用户各时段用电量变化值之和。

式（8-20）体现了用户用电方式的改变以及用户用电量的变化情况。在实行峰谷分时电价后，不考虑用户用电量的大幅度变化（成倍增长）时，用户对实行峰谷分时电价的满意度 $\varepsilon \in [0,1]$。当用户未改变各时段用电量时，用户满意度最大，其值为 1；用户用电方式即各时段的用电量改变越大，其满意度越低；在用户完全不用电的极端情况下，用户满意度为 0。

值得注意的是在上述用户对用电方式的满意度函数中并没有考虑因改变用电方式而发生的费用，比如调整生产工艺而带来的其他成本的增加、储能设备的购置费用等。对于不同行业用户和同一行业中的不同用户来讲，这部分费用是否发生以及大小都有很大的差别，很难量化，但它体现了用户参与峰谷分时电价的主观意愿，可以在用户价格响应矩阵中有所体现。这部分费用的发生直接导致用户用电方式发生变化，使 ε 偏离 1。

（2）用户对电费支出的满意度。峰谷分时电价制定的原则之一就是用户实行峰谷分时电价后的电价总体水平不变。以峰、平、谷电价比为 3:2:1 为例，若要实现电价总体水平不变，峰时段电量与谷时段电量变动必须相等。而当峰时段电量大于谷时段电量时，则电价总体水平就会上升而超过原来的电价水平；当谷时段电量大于峰时段电量时，则电价总体水平就会降低而低于原来的电价水平。实际工作中，峰谷时段电量正好均衡相等的情况是很难达到的，而较多的情况是峰谷时段电量不均衡，峰时段用电量大于谷时段用电量。因此如果用户不是按照峰谷电价比来安排用电量，其电费支出会受到很大的冲击。本书定义的用户对电费支出的满意度是衡量用户单位生产成本中电费支出的变化量的指标，具体表示为：

$$\theta = 1 - \frac{C(P_\mathrm{p}, P_\mathrm{s}, P_\mathrm{v}) - C(P_0)}{C(P_0)} \tag{8-21}$$

式中 θ——用户对电费支出的满意度；

$C(P_0)$——未实行峰谷分时电价时用户的电费支出，它是原电价 P_0 的函数；

$C(P_p,P_s,P_v)$——实行峰谷分时电价后用户的电费支出，它是峰平谷各时段的电价的函数。

（3）用户综合满意度的测量。综合以上分析，用户的综合满意度应是对用电方式的满意度和对电费支出的满意度两者的加权平均数，本书给出的用户综合满意度模型为：

$$\Re = \gamma_1\varepsilon + \gamma_2\theta \tag{8-22}$$

$$\gamma_1 + \gamma_2 = 1 \tag{8-23}$$

式中 $\Re$——用户的综合满意度；

γ_1——用户对用电方式的满意度的权值；

γ_2——用户对电费支出的满意度的权值。

γ_1、γ_2 对于不同的用户设置不同值，以体现不同用户对用电方式改变和电费支出的重视程度的不同。如对于电费在企业生产成本中占很大比重的用户，对电费支出的满意度的权值较大；而对于生产时间以及作业工序要求较为严格的用户，对用电方式的满意度的权重较大。

由于对于重视程度的描述本身就是一个含有主观因素较多的模糊判断，具体计算时可以根据用户自身对二者的主观描述进行赋值，赋值方法可参照表 8-2，其中 γ_1、γ_2 代表 ε 和 θ。

表 8-2　　模糊描述的赋值方法

模糊描述	赋值［γ_1，γ_2］	模糊描述	赋值［γ_1，γ_2］
A 与 B 同等重要	［0.5，0.5］	A 比 B 很重要	［0.8，0.2］
A 比 B 稍重要	［0.6，0.4］	A 比 B 极端重要	［0.9，0.1］
A 比 B 明显重要	［0.7，0.3］		

4. 基于用户响应和满意度峰谷分时电价决策模型

采用多目标规划模型，以峰谷平时段电价为变量，实现削峰填谷和使用户满意度最大化的目的。即实现日负荷曲线最大峰荷最小化、日负荷曲线峰谷差最小化的目的，同时又达到用户的满意度最大化。

目标函数为：

$$\min(\max Q'^{*}) \tag{8-24}$$

$$\min(\max Q'^{*} - \min Q'^{*}) \tag{8-25}$$

$$\max \Re \tag{8-26}$$

约束条件为：

$$P_{\min} \leqslant P_{\mathrm{TOU}} \leqslant P_{\max} \tag{8-27}$$

式（8-24）表示系统最大负荷最小化，式（8-25）表示系统负荷峰谷差最小化，式（8-26）表示用户满意度最大化，式（8-27）设定了峰谷分时电价的变化区间。

由于目标函数的几个目标相互冲突，可以使用 Pareto 解进行求取。Pareto 解是有效解，是指不牺牲其他目标函数的前提下，不可能改进任何一个目标函数。求解时可以采用极小化方法、设定权值法以及目标函数法等方法，本书采用定权值法将式（8-24）、式（8-25）、式（8-26）转化为单目标规划：

$$\min\left(\lambda_1\frac{\max Q^{*}}{\max Q}+\lambda_2\frac{\max Q^{*}-\min Q^{*}}{\max Q-\min Q}-\lambda_3\Re\right) \tag{8-28}$$

$$\lambda_1+\lambda_2+\lambda_3=1 \tag{8-29}$$

式中 $\max Q$——未实行峰谷电价前的最大负荷；

$\max Q-\min Q$——未实行峰谷电价前峰谷差。

用$\frac{\max Q^{*}}{\max Q}$和$\frac{\max Q^{*}-\min Q^{*}}{\max Q-\min Q}$计算的目的是为了将其取值范围设定为1左右，以便与$\Re$在同一水平上进行比较，避免因为数值上相差过大带来的影响。λ_1、λ_2、λ_3分别代表式(8-24)、式（8-25）、式（8-26）的权值。

具体计算时，由于式（8-24）和式（8-25）体现的都是用户对系统削峰填谷的贡献，可以将二者设为相同的权值，即可将上述单目标规划进一步转化为如下形式：

$$\min\left[\omega_1\left(\frac{\max Q^{*}}{\max Q}+\frac{\max Q^{*}-\min Q^{*}}{\max Q-\min Q}\right)-\omega_2\Re\right] \tag{8-30}$$

$$\omega_1+\omega_2=1 \tag{8-31}$$

ω_1、ω_2分别代表用户对系统削峰填谷的贡献以及自身满意度的权重。其取值对式（8-30）的优化结果会有一定的影响，对于不同行业取值不尽相同。如对于峰谷差较大的用户或耗电量占系统较大比例的用户，ω_1取值可大些；而对于电价较为敏感，用电满意度的下降会引起社会较强烈反映的用户，如居民用户，ω_2取值应较大。可以看出ω_1、ω_2仍然是含有主观因素较多的模糊判断，具体计算时可以根据电网企业对二者的经验描述进行赋值，方法如表8-2所示。

第六节 重点分析方法

一、层次分析法（AHP）计算指标权重

假设评价指标体系是一个相互独立的层次结构，如图8-28所示，一般各层的指标（或属性）不超过九个。

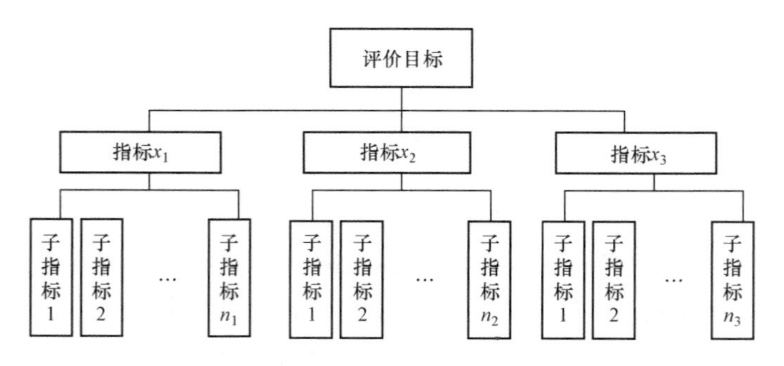

图8-28 AHP法中的指标结构

用层次分析法（AHP）确定指标权重的主要步骤为：建立递阶层次结构、构造两两比较判断矩阵、计算各指标相对权重、检验判断矩阵一致性、综合权重计算。

1. 构造两两比较判断矩阵

根据专家的经验，参照表 8-3 的标准，通过评价指标之间的两两比较，构造判断矩阵 A 见式（8-32），其中 a_{ij} 表示指标在同一个父指标下，子指标 u_i（i=1，2，…，n）相对于子指标 u_j 的重要程度的赋值。

表 8-3　　分级比例标度参考表

赋值（u_i/u_j）	说　明
1	两个指标相比，具有同等的重要性
3	两个指标相比，前者比后者稍微重要
5	两个指标相比，前者比后者明显重要
7	两个指标相比，前者比后者强烈重要
9	两个指标相比，前者比后者极端重要
2、4、6、8	上述两相邻判断的中间情况
倒数	后者比前者重要的情况，指标 x_i、x_j 比较的标度和 x_j、x_i 比较的标度互为倒数

$$A=\begin{bmatrix} a_{11} & a_{12} & \cdots & a_{1m} \\ a_{21} & a_{22} & \cdots & a_{2m} \\ \vdots & \vdots & \ddots & \vdots \\ a_{m1} & a_{m2} & \cdots & a_{mm} \end{bmatrix} \tag{8-32}$$

2. 权向量 W 的计算

计算其相应的权向量 W，即为各评价指标重要性排序，其计算规则如表 8-4 所示。

表 8-4　　权 向 量 计 算 表

判断矩阵 A	各行元素连乘积	行元素积的 m 次方根	将向量 $\overline{w}_i$ 作归一化处理
$\begin{bmatrix} a_{11} & a_{12} & \cdots & a_{1m} \\ a_{21} & a_{22} & \cdots & a_{2m} \\ \vdots & \vdots & \ddots & \vdots \\ a_{m1} & a_{m2} & \cdots & a_{mm} \end{bmatrix}$	$M_i=\prod_{j=1}^{m}a_{ij}$	$\overline{w}i=\sqrt[m]{M_i}$	$w_i=\overline{w}_i\sum_{i=1}^{m}\overline{w}_i$
备注	m 为判断矩阵的阶数；a_{ij} 为判断矩阵的元素；w_i 为权向量 W 的第 i 个元素		

3. 判断矩阵的一致性检验

第一步：计算判断矩阵的最大特征根。

$$\lambda_{\max}=\sum_{i=1}^{m}\frac{(A\bullet W)_i}{nw_i} \tag{8-33}$$

式(8-33)中 A 为判断矩阵；W 为权向量；$(A\bullet W)_i$ 表示 A、W 矩阵相乘后的合成矩阵 $A\bullet W$ 的第 i 个元素；m 为判断矩阵的阶数；w_i 为权向量的第 i 个元素。

第二步：计算判断矩阵偏离一致性指标。

$$CI=\frac{\lambda_{\max}-m}{m-1} \tag{8-34}$$

由已知的矩阵阶数 m，确定平均随机一致性指标 RI。对于“1–9”阶判断矩阵，m 与 RI 的关系如表 8-5 所示。

表 8-5　　平均随机一致性指标 **RI** 值表

判断矩阵阶数（m）	1	2	3	4	5	6	7	8	9
随机一致性指标（RI）	0.00	0.00	0.58	0.90	1.12	1.24	1.32	1.41	1.45

第三步：随机一致性比率。

$$CR=\frac{CI}{RI} \tag{8-35}$$

如果随机一致性比率 $CR<0.10$，则认为符合满意的一致性要求，通过判断矩阵得出的结果是正确的；如果随机一致性比率 $CR\geqslant 0.10$，则需要调整判断矩阵，直至满意为止。

4. 综合权重计算

利用判断矩阵计算了各层指标的权重后，需要计算底层指标的综合权重。底层指标的综合权重等于该指标的权重与父指标权重的乘积。例如假设子指标 u_i 就是底层指标，对于父指标 x_j 的权重为 w_i，而父指标 x_j 对于目标的权重为 w_j^0，则底层指标 u_i 的综合权重为 $y_i=w_j^0 w_i$，所有底层指标综合权重构成的向量为：

$$Y=(y_1,y_2,y_3,\cdots,y_n) \tag{8-36}$$

二、模糊综合评价法的计算过程

模糊综合评价法是综合评价方法的一种，主要包括构建评价指标、确定指标权重、确定评语集、计算模糊判断矩阵、计算综合隶属度五项内容。其中指标权重的确定方法与 AHP 一样，下面主要介绍后三项内容。

1. 确定评语集

评语集：$V=\{v_1,v_2,v_3,\cdots,v_k\}$，表示评价指标所属的评价等级。一般采用五级，$V=\{v_1$（优秀），$v_2$（良好），$v_3$（一般），$v_4$（较差），$v_5$（差）$\}$。

2. 确定模糊判断矩阵

假设底层的第 i 个指标为 u_i，从 u_i 着眼 DSM 项目对选择等级 v_j（j=1，2，…，5）的隶属度为 r_{ij}，这样就可以得出 u_i 的单因素评判集：

$$r_i=(r_{i1},r_{i2},r_{i3},r_{i4},r_{i5}) \tag{8-37}$$

这样 m 个指标的评价集就构造出一个总的评价矩阵 R，即每一个被评价对象确定了从 U 到 V 的模糊关系 R，如下式：

$$R=(r_{ij})_{m*5}=\begin{bmatrix} r_{11} & r_{12} & r_{13} & r_{14} & r_{15} \\ r_{21} & r_{22} & r_{23} & r_{24} & r_{25} \\ & & \cdots & & \\ r_{m1} & r_{m2} & r_{m3} & r_{m4} & r_{m5} \end{bmatrix} \tag{8-38}$$

3. 计算综合隶属度

结合层次分析法的综合权重向量 Y，即可计算 DSM 项目的综合隶属度向量 B，也可以称为该 DSM 项目的综合评判集。

$$B = Y \bullet R = (b_1, b_2, b_3, b_4, b_5) \tag{8-39}$$

式中 b_1——该 DSM 项目属于优秀的程度；

b_2——该 DSM 项目属于良好的程度；

b_3——该 DSM 项目属于一般的程度；

b_4——该 DSM 项目属于较差的程度；

b_5——该 DSM 项目属于差的程度。

本章参考文献

[1] 胡兆光，单葆国，等．电力供需模拟实验——基于智能工程的软科学实验室．北京：中国电力出版社，2009.

[2] 胡兆光．电力经济智能模拟实验室研究．中国电力，2005，38（1）.

[3] 胡兆光．电力经济学引论．北京：清华大学出版社，2013.

[4] 丁伟，李蒙．实验经济学及其在电力市场中的应用．现代电力，2007， 24（1）.

[5] 任韬．实验经济学与经济仿真．理论与当代，2007，（2）.

[6] 胡兆光，方燕平．智能工程及其在电力发展战略研究中的应用．中国电机工程学报，2000，20（3）.

[7] 刘梅招，杨莉，甘德强．基于 Agent 的电力市场仿真研究综述．电网技术，2005，29（4）.

[8] 袁家海，丁伟，胡兆光．基于 Agent 的计算经济学及其在电力市场理论中的应用综述．电网技术，2005，29（7）.

[9] 邹斌，李庆华，言茂松．电力拍卖市场的智能代理仿真模型．中国电机工程学报，2005， 25（15）.

[10] 陈京民．数据仓库与数据挖掘技术．北京：电子工业出版社，2002.

[11] 刘起运，陈璋，苏汝劼．投入产出分析．北京：中国人民大学出版社，2006.

[12] 丁伟，袁家海，胡兆光．基于用户价格响应和满意度的峰谷分时电价决策模型．电力系统自动化，2005，10（25）.

[13] 杜栋，庞庆华．现代综合评价方法与案例精选．北京：清华大学出版社，2006.